Jan Peter Gehrke, Patrick Köberle

Physik im Studium – Ein Brückenkurs

De Gruyter Studium

Weitere empfehlenswerte Titel

Moderne Physik. Von Kosmologie über Quantenmechanik zur Festkörperphysik
Jan Peter Gehrke, Patrick Köberle, 2017
ISBN 978-3-11-052622-6, e-ISBN (PDF) 978-3-11-052623-3,
e-ISBN (EPUB) 978-3-11-052633-2

C-Programmieren in 10 Tagen. Eine Einführung für Naturwissenschaftler und Ingenieure
Jan Peter Gehrke, Patrick Köberle, Christoph Tenten, Michael Baum, 2020
ISBN 978-3-11-048512-7, e-ISBN (PDF) 978-3-11-048629-2,
e-ISBN (EPUB) 978-3-11-049476-1

Mathematik für angewandte Wissenschaften. Ein Vorkurs für Ingenieure, Natur- und Wirtschaftswissenschaftler
Joachim Erven, Matthias Erven, Josef Hörwick, 2017
ISBN 978-3-11-052684-4, e-ISBN (PDF) 978-3-11-052686-8,
e-ISBN (EPUB) 978-3-11-052697-4

Licht. Eine Einführung für Chemiker, Physiker und Lebenswissenschaftler
Joachim Erven, Matthias Erven, Josef Hörwick, 2017
ISBN 978-3-11-072819-4, e-ISBN (PDF) 978-3-11-072820-0,
e-ISBN (EPUB) 978-3-11-072840-8

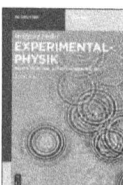

Experimentalphysik. Band 1: Mechanik, Schwingungen, Wellen
Wolfgang Pfeiler, 2020
ISBN 978-3-11-067560-3, e-ISBN (PDF) 978-3-11-067568-9,
e-ISBN (EPUB) 978-3-11-067586-3

Jan-Peter Gehrke, Patrick Köberle

Physik im Studium – Ein Brückenkurs

3. Auflage

DE GRUYTER
OLDENBOURG

Autoren
Jan Gehrke
DHBW Stuttgart
Herdweg 29
70174 Stuttgart
Jan-Peter.Gehrke@dhbw-stuttgart.de

Patrick Köberle
Aixheimer Str. 14a
70619 Stuttgart
beratung@patrick-koeberle.de

ISBN 978-3-11-070392-4
e-ISBN (PDF) 978-3-11-070393-1
e-ISBN (EPUB) 978-3-11-070408-2

Library of Congress Control Number: 2021943678

Bibliografische Information der Deutschen Nationalbibliothek
Die Deutsche Nationalbibliothek verzeichnet diese Publikation in der Deutschen Nationalbibliografie;
detaillierte bibliografische Daten sind im Internet über http://dnb.dnb.de abrufbar.

© 2021 Walter de Gruyter GmbH, Berlin/Boston
Druck und Bindung: CPI books GmbH, Leck
Umschlaggestaltung: theasis / E+ / Getty Images

www.degruyter.com

Für unsere Frauen
Ilona und Désirée

Empfehlungen zur Verwendung dieses Buches

Der Schritt von der soeben beendeten Schule in ein technisches Studium ist meist ein sehr großer. Während in der Schule eine breitere Wissensvermittlung im Vordergrund stand, spezialisiert man sich jetzt auf ein ganz bestimmtes Fachgebiet, um später einen entsprechenden Beruf ausüben zu können. Auch das Studium selbst hat Ähnlichkeiten zum Berufsalltag. Anders als in der Schule ist man wesentlich mehr verpflichtet, sich um das eigene Bestehen im Studium zu kümmern. Prüfungen gibt es nur einmal im Semester, und die müssen bestanden werden, da man sonst sehr schnell auf einen Schlingerkurs gerät. Eine der größten Schwierigkeiten wird die Motivation sein, immer wieder Neues zu lernen, auch wenn es anstrengend ist. Mathematik und Physik sind in den technischen Studiengängen deswegen prädestiniert, bei Studenten für Unmut zu sorgen. Die Vorlesungen schreiten oft sehr schnell voran, der Stoff wird aus Zeitgründen komprimiert vermittelt. Gedankengänge nachzuvollziehen erfordert ein großes Maß an Konzentration und der entstehende Frust bei ausbleibendem Verständnis treibt die Motivation schnell in den Keller. Auch die Autoren dieses Buches haben diese Erfahrung gemacht. Bei der Konzeption stand deswegen die Ausführlichkeit des Lehrstoffs im Vordergrund. Der Leser soll die Möglichkeit haben, auch abseits exakter mathematischer Formulierungen durch das Lesen von reinem Text ein Verständnis zu erlangen. Oft sind Gedankengänge, die sich in einer Abfolge von Gleichungen niederschlagen, davor in Worte zusammengefasst. Formeln quantifizieren die vorangestellten Überlegungen, indem sie physikalische Größen (abgekürzt durch Formelzeichen) in einen Zusammenhang stellen, der zahlenmäßige Aussagen erlaubt. Der Leser wird feststellen, dass das Lernen in der Physik deutlich leichter wird (und im besten Fall sogar Spaß macht), wenn er den roten Faden nicht verliert. Wie sich dieser durch die einzelnen Kapitel zieht, wird durch kurze Rückblicke im Text verdeutlicht.

Herleitungen von wichtigen Ergebnissen erfolgen ohne die Verwendung von Zahlen, da diese keine Möglichkeit bieten, Zusammenhänge zu verstehen. So wird man durch bloßes Verrechnen von Zahlenwerten beispielsweise immer wieder feststellen, dass man Raketen unterschiedlicher Massen immer auf die gleiche Geschwindigkeit bringen muss, damit sie das Gravitationsfeld der Erde verlassen können. Aber erst eine Herleitung der Fluchtgeschwindigkeit zeigt, dass diese von der Raketenmasse nicht abhängt. Dieser Umstieg auf abstraktere Herleitungen ist notwendig, da unsere heutige Technik eine derartige Abstraktion erfordert, um beherrschbar zu bleiben. Man macht sich am besten klar, dass Herleitungen nur Gedankengänge darstellen, die man (allerdings in wesentlich längerer Form) auch in Worte fassen könnte. Es bietet sich sogar an, die verwendeten Buchstaben gedanklich mit den Namen für die verwendeten Größen zu versehen, also nicht m zu lesen, sondern „Masse". An einigen Stellen findet sich auch im Text eine solche Ausformulierung. Außerdem werden auch in der Praxis Berechnungen am Computer gemacht, denen das Schreiben eines Programms vorausgeht. Dafür gibt es speziell für den Ingenieurbereich angepasste Softwarepake-

https://doi.org/10.1515/9783110703931-202

te, und die Denkweise beim Erstellen eines Programms lehnt sich sehr stark an die Formelsprache an, die in der Physik verwendet wird. Zusätzlich wird die Anwendung der erarbeiteten Ergebnisse natürlich durch Beispiele verdeutlicht, um ein Gespür für das Rechnen und auch die Größenordnungen zu erlangen. Auch diese werden sehr ausführlich gerechnet, um einerseits den Gedankengang aufzuzeigen, der für die Lösung eines Problems nötig ist. Schließlich bedeutet „Problemlösung" nicht, die passende Formel zu suchen und lediglich Zahlen einzusetzen. Andererseits kommt es auch beim Einsetzen von Zahlen oft zu Unfällen, da eine Formel physikalische Größen in einer bestimmten Einheit erwartet. So sollte man z.B. für eine Temperatur von 20 °C nicht den Zahlenwert 20 in den Taschenrechner eingeben, wenn in der Formel der Wert in der Einheit Kelvin benötigt wird und deswegen die Zahl 293,15 die richtige gewesen wäre (ein Unterschied von immerhin einer ganzen Größenordnung ...). Die Liste solcher Beispiele ist lang. Doch nicht nur vorgerechnete Beispiele sollen das Einüben ermöglichen, auch an Aufgaben, die jeweils am Ende eines Abschnitts angeboten werden, kann der Leser sein Verständnis und seine Rechenfertigkeiten austesten.

Dieses Buch setzt bei den Kenntnissen an, die in der Schule erlangt wurden und führt dann in den einzelnen Kapiteln jeweils mehr und mehr Konzepte ein, die gegen Ende immer deutlicher über das Schulniveau hinausgehen. Das Umformen von Termen nach einer bestimmten Größe gehört zu den vorausgesetzten mathematischen Kenntnissen, ebenso sollte der Leser wissen, was eine lineare und eine quadratische Funktion ist. Differential- und Integralrechnung gehören zu den anspruchsvollsten Dingen, die im Mathematikunterricht besprochen werden. Wir werden diese im Zuge der Anwendung auf physikalische Probleme noch einmal in neues Licht rücken. Teilweise verzichten wir dabei auf mathematische Exaktheit, um die Anschauung hervorzuheben. Auch die Vektorrechnung werden wir wiederholen. Insbesondere werden es auch Schreibweisen sein, die im Studium vorkommen und die besonders am Anfang zu Problemen führen können. Wir werden dem eine entsprechende Einführung an den jeweiligen Stellen entgegensetzen. Somit sollte der Leser das Buch schon im Vorkurs verwenden können, die komplexeren Teile der einzelnen Kapitel sollen dem eigentlichen Studium vorbehalten sein.

Herleitungen von wichtigen Sachverhalten können sich manchmal etwas hinziehen. Dies ist ein gutes Stück der großen Ausführlichkeit geschuldet, welche zu kleineren, aber auch zahlreicheren Rechenschritten führt. Der Leser soll beim Anblick einer Seite mit vielen Gleichungen deswegen nicht gleich den Mut verlieren. Der beste Weg ist der des Nachvollziehens der einzelnen Schritte, eventuell mit der einen oder anderen kleinen Notiz. Wenn die einzelnen Schritte erst einmal verstanden sind, stellt sich auch ein besseres Verständnis für Zusammenhänge ein.

Wir wünschen einen guten Start in den Vorkursen und ein erfolgreiches sowie spannendes Studium!

Stuttgart, im Sommer 2021   Patrick Köberle und Jan Peter Gehrke

Inhalt

Abkürzungsverzeichnis

Tab. 1: Einige wichtige Naturkonstanten. Quelle: CODATA, http://physics.nist.gov/cuu/Constants

Konstante	Symbol	Wert und Einheit
Avogadro-Zahl	N_A	$6{,}02 \cdot 10^{23} \ \mathrm{mol}^{-1}$
Boltzmann-Konstante	k_B	$1{,}38 \cdot 10^{-23} \ \mathrm{J\,K}^{-1}$
Dielektrizitätskonstante des Vakuums	ε_0	$8{,}85 \cdot 10^{-12} \ \mathrm{C\,V}^{-1}\,\mathrm{m}^{-1}$
Elektronenmasse	m_e	$9{,}11 \cdot 10^{-31} \ \mathrm{kg}$
Elementarladung	e	$1{,}602 \cdot 10^{-19} \ \mathrm{C}$
Gaskonstante	R	$8{,}31 \ \mathrm{J\,mol}^{-1}\,\mathrm{K}^{-1}$
Gravitationskonstante	G	$6{,}67 \cdot 10^{-11} \ \mathrm{m}^3\,\mathrm{kg}^{-1}\,\mathrm{s}^{-2}$
Lichtgeschwindigkeit	c	$3{,}00 \cdot 10^{8} \ \mathrm{m\,s}^{-1}$
Permeabilität des Vakuums	μ_0	$4\pi \cdot 10^{-7} \ \mathrm{T\,m\,A}^{-1}$
Planck'sches Wirkungsquantum	h	$6{,}63 \cdot 10^{-34} \ \mathrm{J\,s}$
reduziertes Planck'sches Wirkungsquantum	$\hbar$	$1{,}05 \cdot 10^{-34} \ \mathrm{J\,s}$
Rydberg-Konstante	R_H	$1{,}097 \cdot 10^{7} \ \mathrm{m}^{-1}$
Stefan-Boltzmann-Konstante	σ	$5{,}67 \cdot 10^{-8} \ \mathrm{W\,m}^{-2}\,\mathrm{K}^{-4}$

https://doi.org/10.1515/9783110703931-204

Tab. 2: Verwendete griechische Buchstaben.

Buchstabe	Name
α	Alpha
β	Beta
γ	Gamma
δ, Δ	Delta
ε	Epsilon
η	Eta
θ	Theta
κ	Kappa
λ	Lambda
μ	Mü
ν	Nü
π	Pi
φ, Φ	Phi
ψ	Psi
ϱ	Rho
σ, Σ	Sigma
ω, Ω	Omega
τ	Tau

1 Einige Vorbereitungen

Die Physik hängt in hohem Maß von mathematischen Werkzeugen ab. Diese können fast beliebig komplex werden, sodass man beim Erlernen von Physik unabdingbar auch Kenntnisse in Mathematik benötigt. Die Schwierigkeit hierbei ist oft, dass von Anfang an Konzepte verwendet werden, welche in den Mathematikvorlesungen noch gar nicht behandelt wurden. Wir wollen in diesem Buch Streifzüge durch mathematisch allzu schwieriges Terrain unterlassen. Gleichwohl benötigen wir einige Begriffe, die zumindest in Teilen von der Schule her bekannt sein sollten. Um eine Grundlage zu schaffen, fassen wir diese Begriffe im vorliegenden Kapitel zusammen, sodass auf sie im späteren Verlauf zurückgegriffen werden kann. Das vielleicht schwierigste Gebiet stellt die Differential- und Integralrechnung dar. Dies wird zwar in der Schule behandelt, soll aber hier noch einmal aus Sicht der physikalischen Anwendung dargestellt werden. Dabei soll es nicht um strenge Herleitungen gehen, sondern vielmehr ein grundlegendes Verständnis für die Methodik vermittelt werden. Das eigentliche Lösen von Integralen wird nur kurz vorgestellt, da wir nur wenige Integrale benötigen werden, welche auch von der Schule her bekannt sein sollten. Weiterhin werden geometrische Grundlagen wiederholt, sowie ein kurze Einführung in das Gebiet der komplexen Zahlen gegeben.

Neben der Mathematik, welche man für theoretische Überlegungen und Rechnungen benötigt, ist die Messung seit jeher fester Bestandteil der Physik. Dabei spielen auch Einheiten physikalischer Größen eine wichtige Rolle. Erfahrungsgemäß bereitet der Umgang damit immer wieder Schwierigkeiten, sodass wir auch diesem Problem entgegentreten wollen. Anhand der Zeit- und Längenmessung wird gezeigt, wie physikalische Größen definiert werden und wie man mit physikalischen Einheiten allgemein umgeht.

1.1 Mathematische Grundlagen

Wir gehen davon aus, dass fundamentale Techniken wie das Lösen von linearen und quadratischen Gleichungen und linearen Gleichungssystemen mit zwei Variablen bekannt sind. Dazu gehört auch das Umformen von Termen sowie die Verwendung von Potenz- und Logarithmengesetzen. Es sollen hier im Wesentlichen Themen angesprochen werden, die in der Oberstufe erlernt werden, da hier zwischen einzelnen Schularten die meisten Unterschiede auftreten.

https://doi.org/10.1515/9783110703931-001

1.1.1 Geometrie

Es kommt in der Physik oft vor, die Geometrie einer Problemstellung untersuchen zu müssen. Dabei spielen trigonometrische Funktionen eine wichtige Rolle, und meist verwendet man dabei deren Definitionen, z.B. bei der Zerlegung von Kräften nach zueinander senkrecht stehenden Komponenten. Die Winkelfunktionen, namentlich Sinus, Cosinus und Tangens, sind als Seitenverhältnisse von rechtwinkligen Dreiecken definiert:

$$\sin \varphi = \frac{\text{Gegenkathete}}{\text{Hypotenuse}}, \tag{1.1}$$

$$\cos \varphi = \frac{\text{Ankathete}}{\text{Hypotenuse}}, \tag{1.2}$$

$$\tan \varphi = \frac{\text{Gegenkathete}}{\text{Ankathete}} = \frac{\sin \varphi}{\cos \varphi}. \tag{1.3}$$

Es lässt sich nun eine sehr große Zahl von Beziehungen zwischen den Winkelfunktionen herleiten, die man in üblichen Formelsammlungen findet, falls man sie benötigt. Eine sehr fundamentale ist dabei eine Variante des Satzes von Pythagoras:

$$\sin^2 \varphi + \cos^2 \varphi = 1. \tag{1.4}$$

Dies kann sehr hilfreich sein, Terme drastisch zu verkürzen, besonders bei mehrfacher Anwendung. Es empfiehlt sich, auf ein solches Muster zu achten.

Physikalische Größen wie Kräfte oder Geschwindigkeiten werden repräsentiert durch Vektoren. Diese mathematischen Objekte sind Richtungsangaben, kombiniert mit einer Länge, weswegen man sie als Pfeil darstellt. In der in diesem Buch verwendeten Notation werden Vektoren durch fettgedruckte Kleinbuchstaben dargestellt z.B. $\boldsymbol{a}$.[1] Zwei Vektorpfeile schließen zusammen einen Winkel ein, welchen man sehr einfach über das Skalarprodukt bestimmen kann. Das Skalarprodukt wird durch einen Punkt zwischen den beiden Vektoren kenntlich gemacht und ist wie folgt definiert:

$$\boldsymbol{a} \cdot \boldsymbol{b} = a_1 b_1 + a_2 b_2 + a_3 b_3 = \sum_{i=1}^{3} a_i b_i. \tag{1.5}$$

Hier haben wir das Summensymbol verwendet, welches die Schreibarbeit oftmals verkürzt und häufig Verwendung findet. Den Winkel zwischen den Vektoren erhält man aus folgender Beziehung:

$$\cos \varphi = \frac{\boldsymbol{a} \cdot \boldsymbol{b}}{|\boldsymbol{a}|\,|\boldsymbol{b}|}. \tag{1.6}$$

---

[1] In der Schule macht man Vektoren meist durch einen Pfeil über dem Buchstaben kenntlich, es gibt aber auch die Konvention, den Buchstaben zu unterstreichen.

Der Betrag eines Vektors berechnet sich mit Hilfe des Satzes von Pythagoras:

$$|\boldsymbol{a}| = \sqrt{a_1^2 + a_2^2 + a_3^2}. \tag{1.7}$$

Oft kommt ein Spezialfall vor, die Frage, wann zwei Vektoren senkrecht aufeinander stehen. Dann ist der Cosinus genau 0, und man kann dies leicht prüfen, indem man das Skalarprodukt komponentenweise ausmultipliziert. Soll nun der Winkel explizit ausgewertet werden, muss man noch die Umkehrfunktion des Cosinus, den Arcuscosinus, berechnen:

$$\varphi = \arccos \frac{\boldsymbol{a} \cdot \boldsymbol{b}}{|\boldsymbol{a}|\,|\boldsymbol{b}|}. \tag{1.8}$$

Neben dem Skalarprodukt gibt es noch das Kreuzprodukt, auch Vektorprodukt genannt. Dieses verwendet man, um zu zwei Vektoren $\boldsymbol{a}$ und $\boldsymbol{b}$ einen dritten Vektor $\boldsymbol{c}$ zu konstruieren, sodass dieser senkrecht auf den beiden ersten steht. Auch dies geht recht einfach:

$$\boldsymbol{c} = \boldsymbol{a} \times \boldsymbol{b} = \begin{pmatrix} a_2 b_3 - a_3 b_2 \\ a_3 b_1 - a_1 b_3 \\ a_1 b_2 - a_2 b_1 \end{pmatrix}. \tag{1.9}$$

Die einzige Schwierigkeit ist hier wohl, mit den Indizes nicht durcheinander zu kommen. Die Vektoren $\boldsymbol{a}$, $\boldsymbol{b}$ und $\boldsymbol{c}$ bilden in dieser Reihenfolge ein Rechtssystem. Zur Veranschaulichung und Orientierung weist man die Vektoren am besten Daumen, Zeigefinger und Mittelfinger der rechten Hand zu. Eine Möglichkeit, sich Formel (1.9) zu merken, besteht in dem in Abbildung 1.1 gezeigten Schema.

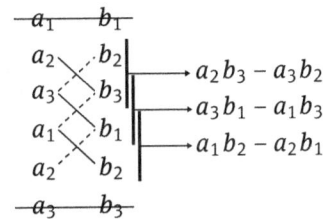

Abb. 1.1: Schema zum Merken des Kreuzproduktes: Die beiden Vektoren werden nebeneinander jeder für sich jeweils zweimal untereinander notiert, die erste und die letzte Zeile gestrichen und die verbleibenden Zahlen über Kreuz miteinander multipliziert. Das Vorzeichen ist positiv bei Verbindungen von oben nach unten und negativ für die andere Richtung.

1.1.2 Differential- und Integralrechnung

Die überwiegende Mehrzahl physikalischer Gesetze ist in ihrer allgemeinen Form so formuliert, dass die räumliche oder zeitliche *Änderungsrate* einer Größe in Abhängigkeit zu weiteren Größen gestellt wird. Bei der Lösung einer Aufgabe muss dann oft von der Änderungsrate auf den Wert einer Größe geschlossen werden. Schauen wir uns diese Änderungsrate anhand einer beliebigen Funktion an, welche wir mit f bezeichnen. Diese soll von einer ebenfalls beliebigen Größe t abhängen (auch x wäre eine Wahl gewesen, wir wollen uns aber klarmachen, dass nicht alle physikalischen Größen mit dem gleichen Symbol bezeichnet werden). Wenn wir nach der Änderungsrate fragen, so meinen wir damit, wie weit sich der Funktionswert von f ändert, wenn man an t ein wenig herumspielt. Wir untersuchen also nur ein kleines Intervall Δt (mit Δ werden meist Intervalle oder Differenzen bezeichnet). Als Näherung für die Änderungsrate m schreiben wir nun:

$$m \approx \frac{\Delta f}{\Delta t}. \tag{1.10}$$

Dieser Wert wird immer genauer, wenn man das Intervall Δt immer kleiner macht. Dabei nimmt auch die Änderung des Funktionswertes ab. Mathematisch führt man nun einen Prozess durch und lässt das Intervall Δt gegen Null streben. Wir sprechen explizit von einem Prozess und setzen nicht fest die Zahl 0 ein, denn durch 0 kann man nicht teilen. Der *Grenzprozess* wird wie folgt notiert:

$$m(t) = \lim_{\Delta t \to 0} \frac{\Delta f}{\Delta t} = \frac{df}{dt}. \tag{1.11}$$

Hier haben wir nicht mehr das Symbol Δ verwendet, sondern ein d. Dies ist eine abkürzende Schreibweise, weder hinter df noch hinter dt verbirgt sich eine feste Zahl. Beide Größen sind vielmehr so aufzufassen, dass sie während des Grenzprozesses unendlich klein werden. Man nennt sie auch *Differentiale*. Diese Schreibweise ist sehr praktisch, da man in gewisser Hinsicht mit dem Differential dt genauso rechnen kann wie mit der Differenz Δt. Die Änderungsrate m an der Stelle t ist die Steigung einer Tangente an die Funktion f an eben dieser Stelle. Man nennt die Tangentensteigung auch *Ableitung*. In der Mathematik lernt man dazu noch die nötigen Voraussetzungen, unter denen man die Ableitung auf eben beschriebene Art auch berechnen kann. Außerdem gibt es für alle entsprechend gutartigen Funktionen auch Ableitungsfunktionen, welche in Formelsammlungen tabelliert sind.

Satz 1.1 *Die Ableitungsfunktion*
Die Ableitung einer Funktion f gibt die Tangentensteigung an einer Stelle x wieder:

$$f'(x) = \lim_{\Delta x \to 0} \frac{\Delta f}{\Delta x} = \frac{df}{dx}. \tag{1.12}$$

Dabei sind df und dx Differentiale, unendliche kleine Größen, für die man keine festen Zahlen einsetzen darf, weil sie einen kontinuierlichen Prozess darstellen.

Man kann nun umgekehrt fragen, wie sich viele kleine Änderungen der Funktion summieren, wie weit sich also eine Funktion über ein ganzes Intervall verändert, wenn man an jeder Stelle nur die unendlich kleine Änderung kennt. Bezeichnen wir die Ableitung der Funktion f wieder mit dem Buchstaben m. Innerhalb eines endlichen

Intervalls Δx beträgt dann die Änderung des Funktionswertes:

$$\Delta f \approx m(x)\,\Delta x. \tag{1.13}$$

Nun summiert man alle Änderungen über ein größeres Intervall hinweg und erhält damit „unterm Strich", also nach Addition aller einzelnen Änderungen die Differenz der beiden Funktionswerte am Ende und am Anfang des Intervalls:

$$f(x_1) - f(x_0) \approx \sum m(x)\,\Delta x \tag{1.14}$$

Diese Schreibweise ist noch sehr symbolisch, da nicht näher ausgeführt wird, wie man die Summe zu bilden hat. Wir wollen auf dieses Detail nicht weiter eingehen, sondern verweisen auf die Mathematikvorlesungen. Jedoch müssen wir aus der Näherung eine Gleichheit machen. Wie auch bei der Bildung der Ableitung muss dazu das einzelne Intervall Δx in einem Prozess unendlich klein gemacht werden. Symbolisch verwendet man nicht mehr das Summenzeichen, welches der Summation über einzelne Summanden vorbehalten ist, sondern geht über zum *Integral*:

$$f(x_1) - f(x_0) = \int_{x_0}^{x_1} m(x)\,\mathrm{d}x. \tag{1.15}$$

Man sieht die Ähnlichkeit zwischen der Summe und dem Integral. Auf diese wird in den Kapiteln noch öfter hingewiesen. Es sollen hier nicht sämtliche Rechenkniffe besprochen werden, welche man zum Lösen von Integralen benötigt, sondern vielmehr die Idee vermittelt werden, welche hinter dieser Schreibweise steckt. Integrale bilden, wie wir nun gesehen haben, die Umkehrung der Ableitung, sodass man von der Änderungsrate einer Größe auf deren Änderung innerhalb eines Intervalls schließen kann.

Satz 1.2   *Das Integral*
Kennt man in einem Intervall von x_0 bis x_1 an jedem Punkt die Änderungsrate $m(x)$ einer Funktion f, so kann man mittels Integration die Änderung von f über das gesamte Intervall bestimmen:

$$f(x_1) - f(x_0) = \int_{x_0}^{x_1} m(x)\,\mathrm{d}x. \tag{1.16}$$

Dies lehnt symbolisch an die Summation aller Änderungen an.

1.1.3 Rechenregeln der Differential- und Integralrechnung

Wir wollen an dieser Stelle kurz die für die Differentialrechnung wichtigsten Ableitungsregeln zusammenfassen und kleine Beispiele hierfür geben, da dieser Themenblock in der Schule auch häufig von einem Taschenrechner übernommen wird. Der sichere Umgang mit Funktionen im händischen Rechnen ist aber eine grundlegende Voraussetzung für den Erfolg in einem der Mathematik zugetanen Studiengang. Die Diskussion der wichtigsten Integrationstechniken bleibt den Mathematikvorlesungen vorbehalten. Wir schauen uns hier nur die sog. *Partielle Integration*, auch *Produktintegration* genannt, an, da wir sie später benötigen werden. Weitere Techniken würden den Rahmen sprengen.

1.1.3.1 Ableitungsregeln

Wir gehen davon aus, dass die wichtigsten Ableitungsregeln bereits beherrscht werden oder zumindest weitestgehend bekannt sind. Wir wollen an dieser Stelle trotzdem eine kurze Auflistung geben. Im Folgenden seien u und v differenzierbare Funktionen und c ist eine reelle Konstanten. Dann gelten die folgenden Ableitungsregeln:

- *Faktorregel:*
  Für $f(x) = c \cdot u(x)$ ist

$$f'(x) = c \cdot u'(x) \tag{1.17}$$

  die Ableitung.
- *Summenregel:*
  Für $f(x) = u(x) + v(x)$ ist

$$f'(x) = u'(x) + v'(x) \tag{1.18}$$

  die Ableitung.
- *Produktregel:*
  Für $f(x) = u(x) \cdot v(x)$ ist

$$f'(x) = u'(x) \cdot v(x) + u(x) \cdot v'(x) \tag{1.19}$$

  die Ableitung.
- *Quotientenregel:*
  Für $f(x) = \frac{u(x)}{v(x)}$ ist

$$f'(x) = \frac{u'(x) \cdot v(x) - u(x) \cdot v'(x)}{[v(x)]^2} \tag{1.20}$$

  die Ableitung.
- *Kettenregel:*
  Für $f(x) = (u(v(x))$ ist

$$f'(x) = u'(v) \cdot v'(x) = \frac{du}{dv} \cdot \frac{dv}{dx} \tag{1.21}$$

  die Ableitung.

Bei der Kettenregel bietet sich die sog. *Leibniz-Notation* an. Anstelle von $u'(x)$ schreiben wir $\frac{du}{dx}$. Damit wird diese Regel etwas klarer, denn aus $\frac{df}{dx} = \frac{du}{dv} \cdot \frac{dv}{dx}$ erkennen wir besser, dass der erste Faktor nach v abgeleitet wird und der zweite nach x (äußere mal innere Ableitung). Die Notation hat noch weitere Vorteile, denn mit den gegebenen Differentialen kann man fast wie mit normalen Variablen rechnen. Das mag an dieser Stelle noch mit keinem Vorteil verbunden sein, aber bei den Substitutionsregeln für die Integration oder auch beim Lösen von Differentialgleichungen wird das einmal von großem Nutzen für uns sein. Bis es soweit ist, können wir das ja mal im Hinterkopf behalten, dann fällt es uns an entsprechender Stelle später etwas leichter.

Beispiel 1.1   *Einmal ableiten, bitte*

Man differenziere f mit

$$f(x) = \frac{\sin x^2}{\cos x^2 + 1}.$$

Lösung: Wir haben hier die Quotientenregel kombiniert mit der Kettenregel anzuwenden. Es ergibt sich:

$$
\begin{aligned}
f'(x) &= \frac{\left(\sin x^2\right)' \cdot \left(\cos x^2 + 1\right) - \left(\cos x^2 + 1\right)' \cdot \sin x^2}{\left[\cos x^2 + 1\right]^2} \\[2mm]
&= \frac{2x \cdot \cos x^2 \cdot \left(\cos x^2 + 1\right) + 2x \cdot \sin x^2 \cdot \sin x^2}{\left[\cos x^2 + 1\right]^2} \\[2mm]
&= \frac{2x \cdot \left(\cos^2 x^2 + \cos x^2 + \sin^2 x^2\right)}{\left[\cos x^2 + 1\right]^2} \\[2mm]
&= \frac{2x \cdot \left(\cos x^2 + 1\right)}{\left[\cos x^2 + 1\right]^2} = \frac{2x}{\cos x^2 + 1}
\end{aligned}
$$

Damit haben wir die Ableitung gefunden. Für den letzten Schritt haben wir das bereits bekannte Additionstheorem (was wir uns wirklich merken sollten!) $\sin^2 \varphi + \cos^2 \varphi = 1$ verwendet. Das kommt auch noch häufiger vor.

1.1.3.2 Übersicht zu wichtigen Stammfunktionen

Der Integration von Funktionen begegnen wir in diesem Buch immer wieder. Das ist die eher schlechte Nachricht. Die Gute ist, dass es sehr viele elementare Funktionen sind, die wir betrachten, so dass sich mit einer Hand voll einfacher Regeln die meisten Integrationen bewerkstelligen lassen. Da die Erinnerung an die meisten sog. *Stammfunktionen* mit dem Verlassen der Schule aber augenblicklich zu verblassen scheint oder durch den Einsatz entsprechender Hilfsmittel ohnehin getrübt ist, führen wir hier eine Übersicht zu einigen wichtigen Stammfunktionen bereits (hoffentlich) bekannter Funktionen an. Im Vergleich dazu finden sich die Ableitungen. Sie sollen als zusätzliche Merkhilfe dienen, da es hier viele Gemeinsamkeiten gibt und wir oft durch das Ableiten darauf kommen können, wie wir integrieren müssen. Von der Gültigkeit der gezeigten Stammfunktionen kann sich der Leser durch einfaches Ableiten überzeugen.[2] In den Übersichten verwenden wir dabei den Begriff „Aufleiten" um den Zusammenhang mit dem Ableiten zu unterstreichen, auch wenn der Begriff „Integrieren" natürlich der eigentlich korrekte ist. Zusätzlich erläutern wir immer, welche der bereits zum Ableiten aufgelisteten Regeln hier in quasi umgekehrter Weise beim Integrieren zum Einsatz kommen.

1.1.3.3 Ganzrationale Funktionen

Bringen wir eine ganzrationale Funktion auf die Form

$$f(x) = a_n x^n + a_{n-1} x^{n-1} + \ldots + a_1 x + a_0,$$

so können wir summandenweise ableiten bzw. integrieren und es gilt:

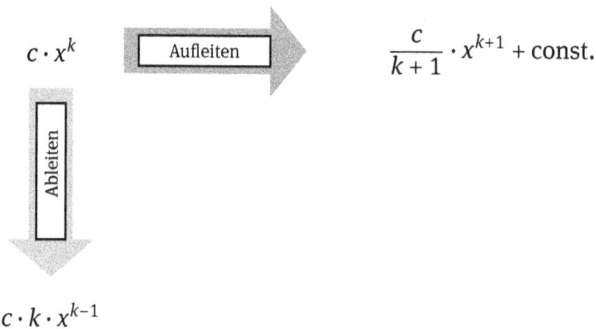

Abb. 1.2: Übersicht zu Ableitung und Stammfunktion einer Potenzfunktion, ausgenommen $k = -1$.

Unter dem Stichwort **lineare Substitution** läuft die in der zweiten Abbildung gezeigte Stammfunktion. Sie ergibt sich, wenn wir beachten, dass die innere Ableitung nur eine Konstante liefert, weil wir es bei der inneren Funktion mit einer linearen Funktion zu tun haben ($m \neq 0$). Diese Eigenschaft können wir dann beim Integrieren ausnutzen. **Anmerkung:** In beiden Fällen können die Hochzahlen auch rationale Zahlen sein, außer der Zahl -1. Für diese gilt:
Sei $f(x) = \frac{1}{x}$, dann gilt

$$\int f(x)\mathrm{d}x = \ln |x| + \text{const.}.$$

---

2 Die Grafiken und ein Teil der Darstellung sind aus dem Buch *Brückenkurs Mathematik – Fit für Mathematik im Studium* entnommen, welches ebenfalls im Verlag De Gruyter erschienen ist.

$$(m \cdot x + b)^k \quad \boxed{\text{Aufleiten}} \implies \frac{c}{m \cdot (k+1)} \cdot (m \cdot x + b)^{k+1} + \text{const.}$$

Ableiten

$$m \cdot k \cdot (m \cdot x + b)^{k-1}$$

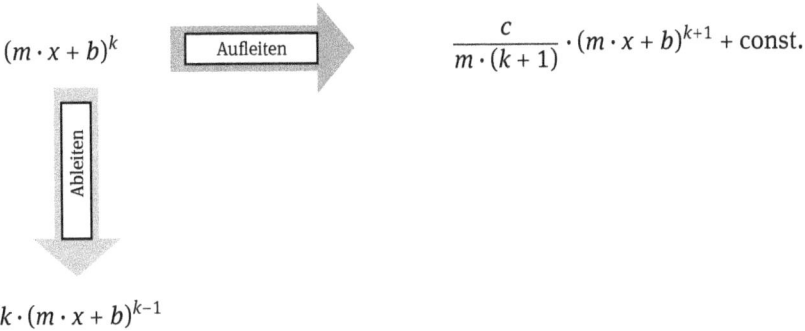

Abb. 1.3: Übersicht zu Ableitung und bei einer Potenzfunktion mit linearer innerer Funktion.

Für die Begründung hierzu verweisen wir auf die mathematische Literatur zur Vorbereitung auf ein entsprechendes Studium.

1.1.3.4 Trigonometrische Funktionen
Auch für Sinus und Kosinus können wir eine einfache Regel angeben, solange die innere Funktion eine lineare ist. Wir erhalten unter Berücksichtigung der Tatsache, dass

$$f(x) = \sin(x) \quad f'(x) = \cos(x)$$
$$f''(x) = -\sin(x) \quad f'''(x) = -\cos(x)$$
wieder von vorne …

die in den Abbildungen 1.4 und 1.5 gezeigten Stammfunktionen für den Sinus und für den Kosinus.

1.1.3.5 e-Funktionen
Hierzu benötigen wir die Kettenregel, sowohl für die Ableitung als auch für die Überlegungen zur Integration (wieder kommt die lineare Substitution zum Einsatz). Wir erhalten dann die in Abbildung 1.6 gezeigte Regel.

Bei schwierigeren Hochzahlen (keine linearen Funktionen mehr im Inneren) müssen wir zu anderen Techniken greifen oder die Integration gelingt gar nicht. Wir gehen hier aber nicht weiter darauf ein, das ist dann Gegenstand einer entsprechenden Mathematikvorlesung. Ein wenig Glück haben wir hier aber trotzdem: Ableiten funktioniert, dank der Kettenregel, immer noch problemlos:

$$a \cdot e^{g(x)} \rightarrow \text{ableiten} \rightarrow a \cdot g'(x) \cdot e^{g(x)}.$$

$$a \cdot \sin(m \cdot x + b)$$

Aufleiten

$$-\frac{a}{m} \cdot \cos(m \cdot x + b) + \text{const.}$$

Ableiten

$$a \cdot m \cdot \cos(m \cdot x + b)$$

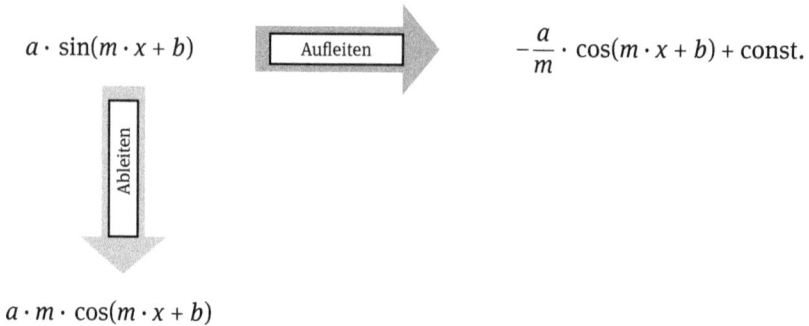

Abb. 1.4: Übersicht zu Ableitung und Stammfunktion bei der Kosinusfunktion mit linearem Argument.

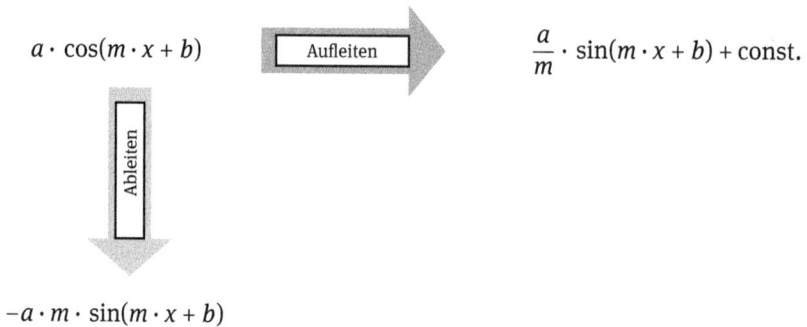

$$a \cdot \cos(m \cdot x + b)$$

Aufleiten

$$\frac{a}{m} \cdot \sin(m \cdot x + b) + \text{const.}$$

Ableiten

$$-a \cdot m \cdot \sin(m \cdot x + b)$$

Abb. 1.5: Übersicht zu Ableitung und Stammfunktion bei der Sinusfunktion mit linearem Argument.

1.1.3.6 Integrieren mittels der linearen Substitution

Wir haben bereits ein paar Mal die lineare Substitution als Technik bei der Integration erwähnt. Was sie bewirkt, hat die Auflistung der entsprechenden Stammfunktionen gezeigt. Die Substitution im Allgemeinen ist beim Integrieren eine der effektivsten und umfassendsten Techniken, die einem viele Tore öffnen kann. Darum wollen wir die lineare Substitution hier an einem Beispiel erläutern. Betrachten wir f mit $f(x) = (mx + b)^k$ mit $m \neq 0$. Wir haben dann

$$\int f(x)\mathrm{d}x = \int (mx + b)^k \mathrm{d}x$$

zu berechnen. Wir setzen jetzt $u(x) := mx + b$ und bilden die Ableitung:

$$u'(x) = \frac{\mathrm{d}u}{\mathrm{d}x} = m \Leftrightarrow \mathrm{d}x = \frac{\mathrm{d}u}{m}$$

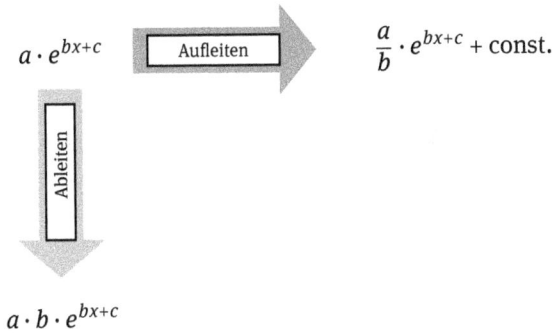

Abb. 1.6: Übersicht zu Ableitung und Stammfunktion bei e-Funktion mit linearem Exponenten.

Hier kommt die Leibniz-Notation sehr gelegen, da mit ihr der Zusammenhang zwischen dx und du hergestellt werden kann und der Austausch der Integrationsvariablen überhaupt erst möglich wird. Damit können wir auch beim Integral substituieren:

$$\int f(x)dx = \int (mx + b)^k dx = \int f(u) \frac{du}{m} = \frac{1}{m} \int u^k du.$$

Hier haben wir ausgenutzt, dass multiplikative Konstanten vor das Integral gezogen werden dürfen. Es ist dann

$$\frac{1}{m} \int u^k du = \frac{1}{m \cdot (k+1)} u^{k+1} + \text{const.} = \frac{1}{m \cdot (k+1)} \cdot (mx + b)^{k+1} + \text{const.}$$

Im letzten Schritt haben wir wieder u durch den Term mit x ersetzt (*Rücksubstitution*) und fertig ist unsere Stammfunktion. Bei linearen inneren Funktionen können wir diese Technik immer anwenden. Es ist dann stets $dx = \frac{du}{m}$.

1.1.3.7 Partielle Integration

Produkte von Funktionen zu integrieren ist schon eine etwas trickreichere Angelegenheit. Wir haben hier in gewissem Sinne die Produktregel umzukehren. Zu Beginn sei $f = g \cdot h$, mit g und h als differenzierbaren Funktionen auf einem vorgegebenen Intervall $I = [a; b]$, gegeben. Die Intervallgrenzen vernachlässigen wir im Folgenden, der Übersicht wegen. Mit der bekannten Ableitungsregel für Produkte erhalten wir gleichzeitig aus dem Produkt $u \cdot v$ zweier differenzierbarer Funktionen die Funktionsgleichung

$$(u(x) \cdot v(x))' = u'(x) \cdot v(x) + u(x) \cdot v'(x)$$

Aus Ableitungen kann man auch Stammfunktionen erkennen, man kehrt einfach den Prozess um. Daher folgt:

$$\int (u(x) \cdot v(x))' \, dx = \int (u'(x) \cdot v(x) + u(x) \cdot v'(x)) \, dx$$

Nach den Regeln für die Integralrechnung können wir das Integral auf der rechten Seite auseinander ziehen:

$$u(x) \cdot v(x) = \int u'(x) \cdot v(x) \, dx + \int u(x) \cdot v'(x) \, dx$$

Jetzt formen wir noch ein wenig um und bauen die Integrationsgrenzen wieder ein. Dann ergibt sich:

$$\int_a^b (u(x) \cdot v'(x)) \, dx = \left[u(x) \cdot v(x) \right]_a^b - \int_a^b (u'(x) \cdot v(x)) \, dx$$

Damit sind wir nun in der Lage, eine Funktion f mit $f(x) = g(x) \cdot h(x)$, wobei wir g und h entsprechend interpretieren, nämlich $g(x) = u(x)$ und $h(x) = v'(x)$, zu integrieren. Wir halten fest:

Satz 1.3 *Die partielle Integration oder Produktintegration*
Eine Funktion f sei auf dem betrachteten Intervall das Produkt der beiden differenzierbaren Funktionen g und h. Es ist

$$f(x) = g(x) \cdot h(x) = u(x) \cdot v'(x).$$

$h(x)$ wird hierbei als Ableitung von $v(x)$ festgelegt. Dann gilt:

$$\int_a^b f(x) \, dx = \int_a^b (u(x) \cdot v'(x)) \, dx = \left[u(x) \cdot v(x) \right]_a^b - \int_a^b (u'(x) \cdot v(x)) \, dx. \qquad (1.22)$$

Da die Integration noch teilweise durchzuführen ist (partiell eben) und von den verwendeten Formeln abhängt, so dass wir keinen komplett ausgerechneten, allgemeinen Ausdruck angeben können, sprechen wir von der partiellen Integration. Bei geschickter Wahl der Faktoren kann das neue Integral auf der rechten Seite aber ein lösbares sein.

Nun folgen noch zwei Rechentricks für die praktische Anwendung.

Satz 1.4 *Rechenpraxis 1 – Die nicht Reduzierbare*
In diesem Fall ist das auf der rechten Seite stehende Integral dem eigentlich zu lösenden Integral gleich. Dann können wir es nach links bringen und durch die resultierende 2 dividieren.

$$\int_a^b (u(x) \cdot v'(x)) \, dx = \frac{1}{2} \cdot \left[u(x) \cdot v(x) \right]_a^b \qquad (1.23)$$

Diese Vorgehensweise ist zu wählen, wenn sich keine der Funktionen wirklich vereinfachen lässt, z.B. bei dem Funktionsterm $\cos^2 x = \cos x \cdot \cos x$. Auf diesen Funktionsterm und das zugehörige Integral gehen wir in Abschnitt 4.8.3 los.

Satz 1.5 *Rechenpraxis 2 – Immer und immer wieder*
Es kann passieren, dass es für gewisse Integrale notwendig ist, die partielle Integration mehrfach durchzuführen, z.B. bei $x^3 \cdot \sin x$. Mit jedem Schritt wird dann eine der beiden Funktion vereinfacht. Im gegebenen Beispiel wird der Grad der Potenzfunktion reduziert (drei Mal partiell integrieren!).

Beispiel 1.2 *Lasst uns üben*

Man bestimme die Stammfunktionen der Funktionen f und g mit
a) $f(x) = x^2 \cdot e^{-x}$ und
b) $g(x) = \sin x \cdot \cos x$
mit Hilfe der partiellen Integration.

Lösung zu a):
Wir haben hier die Funktionen $u(x) = x^2$ und $v'(x) = e^{-x}$. Diese Wahl treffen wir, da x^2 beim Ableiten einen kleineren Grad bekommt. Mit unserer Wahl folgt, dass $u'(x) = 2x$ und $v(x) = -e^{-x}$ sind. Damit können wir unsere Formel zusammenbauen:

$$\int f(x)\,dx = \int x^2 \cdot e^{-x}\,dx = \left[-x^2 \cdot e^{-x}\right] + 2 \cdot \int x \cdot e^{-x}\,dx$$

Die Verrechnung von Vorzeichen haben wir dabei gleich durchgeführt und den konstanten Faktor aus dem verbleibenden Integral heraus gezogen. Dieses müssen wir uns nochmal anschauen, denn auch hier ist eine partielle Integration nötig. Wir setzen $u(x) = x$ und $v'(x) = e^{-x}$ mit der gleichen Argumentation wie eben. Es sind dann $u'(x) = 1$ und $v(x) = -e^{-x}$ und wir erhalten (nur für das hintere Integral, ohne Vorfaktor):

$$\int x \cdot e^{-x}\,dx = \left[-x \cdot e^{-x}\right] + \int e^{-x}\,dx = \left[-x \cdot e^{-x}\right] - e^{-x}$$

Das noch verbleibende Integral konnten wir gleich lösen, da es ja nur eine e-Funktion ist. Damit haben wir, wenn wir beide Rechnungen zusammen nehmen, die Stammfunktion

$$\int f(x)\,dx = -x^2 e^{-x} - 2x e^{-x} - 2e^{-x}.$$

Das ist die gesuchte Stammfunktion (eine Konstante kann noch addiert werden, aber das ist hier nebensächlich).
Lösung zu b):
Da beide Funktionen sich bei den Ableitungen nichts schenken, können wir unsere Faktoren frei den beiden Interpretationsmöglichkeiten zuordnen. Wir wähle $u(x) = \cos x$ und $v'(x) = \sin x$ und erhalten damit $u'(x) = -\sin x$ und $v(x) = -\cos x$. In die Formel eingesetzt ergibt sich daher:

$$\int g(x)\,dx = \int \sin x \cdot \cos x\,dx = \left[-\cos^2 x\right] - \int \sin x \cdot \cos x\,dx$$

Es liegt nun genau der Fall vor, bei dem die rechte Seite den gleichen Integrand enthält wie die linke Seite. Wir können diese also nach links holen und durch den resultierenden Vorfaktor 2 dividieren. Wir erhalten:

$$\int g(x)\,dx = -\frac{\cos^2 x}{2}$$

Bis auf eine frei wählbare additive Konstante haben wir damit die Stammfunktion gefunden. Hätten wir die Faktoren bei diesem Beispiel anders herum interpretiert, dann wäre $\frac{\sin^2 x}{2}$ unsere Lösung gewesen. Diese unterscheidet sich aber (was man mit dem bekannten Additionstheorem $\sin^2 \varphi + \cos^2 \varphi = 1$ sofort sehen kann) nur um eine additive Konstante von dem Ergebnis hier, was bei Stammfunktionen allerdings erlaubt ist.

1.1.4 Komplexe Zahlen

Man lernt in der Schule verschiedene Zahlenmengen. Ganz am Anfang stehen die natürlichen Zahlen, mit denen man die Anzahl verschiedener einzelner Elemente beziffern kann. Man bezeichnet diese Zahlenmenge mit $\mathbb{N}$. Diese Zahlen kann man beliebig addieren und miteinander multiplizieren, es wird immer wieder eine natürliche Zahl herauskommen. Doch bei der Subtraktion kann es passieren, dass man ein Ergebnis erhält, welches kleiner als Null wird. Deswegen erweitert man die Zahlenmenge auf die ganzen Zahlen, abgekürzt mit $\mathbb{Z}$. Die nächste Rechenart, welche man darin nicht gefahrlos ausführen kann, ist die Division. Dabei können auch Bruchteile von Zahlen das Ergebnis sein. Um diese neuen Zahlen erfassen zu können, erweitert man nun auf die Menge der rationalen Zahlen $\mathbb{Q}$. Die Grundrechenarten sind damit abgedeckt. Doch in der Geometrie kommen Fragestellungen auf, die man auch innerhalb der rationalen Zahlen nicht mehr beantworten kann. Als Beispiel sehen wir uns die Länge der Diagonalen eines Quadrats an. Nach dem Satz von Pythagoras kann man diese unter Verwendung einer Wurzel berechnen. Bei einem Quadrat der Kantenlänge 1 ist das Ergebnis $\sqrt{2}$, was nicht mehr durch eine rationale Zahl darstellbar ist. Die nächste Erweiterung führt deswegen auf die reellen Zahlen $\mathbb{R}$. Diese schließen nun jede Lücke auf dem Zahlenstrahl, die mit rationalen Zahlen nicht mehr erfasst werden konnte.

Doch die folgende Aufgabe lässt sich innerhalb der reellen Zahlen nicht mehr lösen: die Gleichung $x^2 = -1$. Dies mag zunächst als rein mathematische Spielerei anmuten, es besteht keine offensichtliche Notwendigkeit, diese Gleichung zu lösen. Doch dieses Gedankenspiel führt auf ein Instrument, welches sich in Physik und Technik großer Verwendung erfreut. Da man auf dem Zahlenstrahl keine Zahl findet, welche die Gleichung löst, muss man eine ganz neue Symbolik definieren. In diesem Fall führt dies zunächst auf die *imaginäre Einheit* i.

> **Definition 1.1** *Die imaginäre Einheit*
> Man definiert als imaginäre Einheit
>
> $$i^2 = -1. \tag{1.24}$$
>
> Mit dieser lassen sich Gleichungen der Form $x^2 = -1$ lösen.

Diese neue Zahl liegt nicht mehr auf dem Zahlenstrahl. Um sie dennoch geometrisch lokalisierbar zu machen, erweitert man den Zahlenstrahl zur Zahlenebene. Die darin befindlichen Zahlen nennt man *komplexe Zahlen*, und gibt der zugehörigen Zah-

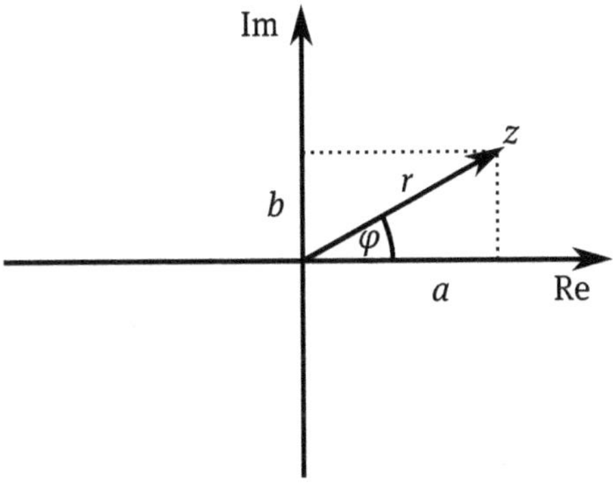

Abb. 1.7: Die komplexe Zahlenebene. Nach rechts werden auf der reellen Achse die bekannten reellen Zahlen aufgetragen, nach oben die imaginären Zahlen. Um eine komplexe Zahl z darzustellen, kann man entweder den Realteil a und den Imaginärteil b angeben, oder den Winkel φ und den Radius r.

lenmenge die Abkürzung $\mathbb{C}$. Da eine komplexe Zahl einen Punkt in einer Ebene beschreibt, kann man zu ihrer Darstellung eine Art Vektorschreibweise verwenden. Man benötigt zwei Komponenten: der *Realteil* gibt an, wie weit man nach rechts oder links gehen muss, der *Imaginärteil* beschreibt die vertikale Positionierung.

Satz 1.6 *Kartesische Darstellung komplexer Zahlen*
Komplexe Zahlen z beschreiben Punkte in der komplexen Ebene und lassen sich nach Realteil a und Imaginärteil b zerlegen:

$$z = a + ib. \tag{1.25}$$

Nun gelten auch für komplexe Zahlen Rechenregeln. Addition und Subtraktion definiert man wie bei Vektoren komponentenweise.

Beispiel 1.3 *Addition komplexer Zahlen*

Es sollen die beiden komplexen Zahlen $z_1 = 2 + 4i$ und $z_2 = -8 + 3i$ addiert werden.

Lösung: Wir addieren Real- und Imaginärteil getrennt:

$$z_3 = 2 - 8 + (4 + 3)\,i = -6 + 7i.$$

Auch die Multiplikation stellt keine Schwierigkeit dar, man muss nur beachten, dass $i^2 = -1$ gilt.

Beispiel 1.4 *Multiplikation komplexer Zahlen*

Es sollen die beiden komplexen Zahlen $z_1 = 2 + 4i$ und $z_2 = 7 + 2i$ multipliziert werden:

Lösung: Wir bilden zuerst Klammern und lösen diese dann wie gewohnt auf:

$$z_3 = (2 + 4i)(7 + 2i) = 2 \cdot 7 + 2 \cdot 2i + 7 \cdot 4i + 4 \cdot 2i^2 = 14 + 4i + 28i - 8 = 6 + 32i.$$

Um die Division zu verstehen, müssen wir uns klarmachen, dass das Produkt aus $z = a + ib$ und $\bar{z} = a - ib$ (*konjugiert komplexe Zahl zu z*) eine reelle Zahl ergibt:

$$(a + ib)(a - ib) = a^2 - abi + bai - b^2 i^2 = a^2 + b^2. \tag{1.26}$$

Das Ziel bei der Division ist, das Ergebnis wieder in Real- und Imaginärteil aufteilen zu können. Schauen wir uns das auch an einem Beispiel an.

Beispiel 1.5 *Division komplexer Zahlen*

Es sollen die beiden komplexen Zahlen $z_1 = 5 + 2i$ und $z_2 = 8 + 4i$ dividiert werden.

Lösung: Wir machen zuerst den Nenner reell, indem wir den Bruch erweitern:

$$z_3 = \frac{z_1}{z_2} = \frac{5 + 2i}{8 + 4i} = \frac{(5 + 2i)(8 - 4i)}{(8 + 4i)(8 - 4i)} = \frac{(5 + 2i)(8 - 4i)}{8^2 + 4^2} = \frac{(5 + 2i)(8 - 4i)}{80}.$$

Dann führen wir das Produkt im Zähler aus:

$$z_3 = \frac{5 \cdot 8 - 5 \cdot 4i + 2 \cdot 8i - 2 \cdot 4i^2}{80} = \frac{40 - 20i + 16i + 8}{80} = \frac{48}{80} - \frac{4}{80}i = \frac{3}{5} - \frac{1}{20}i.$$

Nachdem wir uns nun mit den grundlegenden Rechenregeln vertraut gemacht haben, wollen wir eine weitere Möglichkeit der Darstellung komplexer Zahlen kennenlernen. Bisher haben wir in einem kartesischen Koordinatensystem den Real- und Imaginärteil angegeben. Man kann jedoch auch die Länge r des Pfeils, welcher die komplexe Zahl repräsentiert, und den Winkel φ, welchen dieser Pfeil mit der reellen Achse einschließt, angeben. Diese beiden Größen charakterisieren die komplexe Zahl ebenfalls vollständig.

Satz 1.7 *Polardarstellung einer komplexen Zahl*
Eine komplexe Zahl ist durch ihren Betrag r und den Winkel φ, welchen sie mit der reellen Achse einschließt, vollständig bestimmt. In dieser *Polardarstellung* lautet eine komplexe Zahl:

$$z = r\,e^{i\varphi}. \tag{1.27}$$

Diese Darstellung wird in der Physik häufig verwendet. Es gelten sämtliche bekannten Rechengesetze, die imaginäre Einheit wird wie jede andere Zahl auch behandelt.

Insbesondere lässt sich die Exponentialfunktion auch ableiten oder integrieren, wenn der Winkel z.B. eine Zeitabhängigkeit besitzt.

Nun lässt sich ein Zusammenhang zwischen der kartesischen und der Polardarstellung finden, die Euler-Moivre-Formel, die wir hier ohne Beweis angeben.

Satz 1.8 *Die Euler-Moivre-Formel*
Man kann auf folgende Weise die Darstellung komplexer Zahlen wechseln:

$$r\,e^{i\varphi} = r\cos\varphi + i\,r\sin\varphi. \tag{1.28}$$

Diesen Zusammenhang bezeichnet man als Euler-Moivre-Formel.

1.1.5 Lösen von LGS

1.1.5.1 Das Gauß-Verfahren

Ein lineares Gleichungssystem (LGS) mit drei Gleichungen und drei Unbekannten kann mit dem Gauß-Verfahren gelöst werden. Der Beweis ist konstruktiver Natur und erklärt auch gleich die Methode an sich. Wir wollen an dieser Stelle aber nur zeigen, wie das Verfahren im Fall eines LGS mit drei Gleichungen und drei Unbekannten funktioniert.

Definition 1.2 *LGS mit drei Gleichungen und drei Unbekannten*
Struktur:

$$
\begin{array}{rcrcrcll}
a_{11}x_1 &+& a_{12}x_2 &+& a_{13}x_3 &=& b_1 & \text{(I)}\\
a_{21}x_1 &+& a_{22}x_2 &+& a_{23}x_3 &=& b_2 & \text{(II)}\\
a_{31}x_1 &+& a_{32}x_2 &+& a_{33}x_3 &=& b_3 & \text{(III)}
\end{array}
$$

Dabei sind $a_{11}, a_{12}, a_{13}, a_{21}, a_{22}, a_{23}, a_{31}, a_{32}, a_{33} \in \mathbb{R}$ die sog. Koeffizienten und $b_1, b_2, b_3 \in \mathbb{R}$ bilden die rechte Seite. Mit x_1, x_2 und x_3 werden die Unbekannten/Variablen bezeichnet. Ihre Werte sollen gefunden werden.

Der Doppelindex der Koeffizienten hat seinen Sinn darin, dass wir später nur noch mit den Koeffizienten rechnen werden und deswegen wissen sollten, welcher wo steht. Die erste Zahl gibt die Zeile an, die zweite die Spalte. Anhand eines kleinen Beispieles wollen wir dieses erläutern, wobei wir jeden Schritt durchführen werden.

Beispiel 1.6 *Nimm 3*

Zu lösen sei das folgende LGS:

$$
\begin{array}{rcrcrcll}
x_1 & & &+& 2x_3 &=& 12 & \text{(I)}\\
x_1 &+& 2x_2 &+& 3x_3 &=& 15 & \text{(II)}\\
3x_1 &+& x_2 & & &=& 5 & \text{(III)}
\end{array}
$$

Lösung: Wir arbeiten zur Lösung die einzelnen Schritte ab.
- *Schritt 1:* Zuerst wollen wir x_1 in den Gleichungen (II) und (III) eliminieren. Dazu verwenden wir die erste Gleichung und addieren diese auf die anderen (wie die Gleichungen dabei kombiniert werden, wird rechts neben den Gleichungen vermerkt).

$$
\begin{array}{rrrrclll}
x_1 & & & + & 2x_3 & = & 12 & \text{(I)} \\
 & 2x_2 & + & & x_3 & = & 3 & \text{(IV)} = (-1) \cdot \text{(I)} + \text{(II)} \\
 & x_2 & - & & 6x_3 & = & -31 & \text{(V)} = (-3) \cdot \text{(I)} + \text{(III)}
\end{array}
$$

- *Schritt 2:* Da wir nun x_1 zwei Mal los sind, verfahren wir mit den neuen Gleichungen (IV) und (V) ebenso.

$$
\begin{array}{rrrrclll}
x_1 & & & + & 2x_3 & = & 12 & \text{(I)} \\
 & 2x_2 & + & & x_3 & = & 3 & \text{(IV)} \\
 & & & & 13x_3 & = & 65 & \text{(VI)} = \text{(IV)} + (-2) \cdot \text{(V)}
\end{array}
$$

- *Schritt 3:* Gleichung (VI) liefert uns den Wert für die Variable x_3 mit $x_3 = 5$. Jetzt gehen wir rückwärts. x_3 setzen wir in eine der Gleichungen (IV) oder (V) ein und können damit x_2 berechnen: $x_2 = -1$. Nun nehmen wir $x_3 = 5$ und $x_2 = -1$ und setzen sie in Gleichung (I) ein, wobei aber (II) und (III) auch gingen. Es ergibt sich $x_1 = 2$.

Diese Vorgehensweise wollen wir allgemein festhalten.

Satz 1.9   *Eine Übersicht zum Gauß-Verfahren*
Das Ziel beim Gauß-Verfahren ist es, die *Stufenform* zu erlangen. Hierzu verwendet man *Elementarumformungen*. Diese sind für uns:
- Eine Gleichung darf mit einer von 0 verschiedenen Zahl multipliziert werden.
- Die Vielfachen zweier Gleichungen dürfen zueinander addiert werden.

Mit diesen einfachen Techniken handeln wir folgende Schritte zur Lösung eines LGS mit drei Gleichungen und drei Unbekannten ab:
Schritt 1: Eliminierung der Variablen x_1 in den Gleichungen (II) und (III). Dazu werden die Gleichungen mit geeigneten Zahlen multipliziert und Gleichung (I) zu diesen addiert. Es entstehen die neuen Gleichungen (IV) und (V).
Schritt 2: Mit den beiden Gleichungen (IV) und (V) (beide ohne x_1) eliminieren wir die Variable x_2 in Gleichung (V). Es ergibt sich eine weitere Gleichung (VI). Die Stufenform des LGS liegt nun vor:

$$
\begin{array}{rrrrclll}
a_{11}x_1 & + & a_{12}x_2 & + & a_{33}x_3 & = & b_1 & \text{(I)} \\
 & & \tilde{a}_{22}x_2 & + & \tilde{a}_{23}x_3 & = & \tilde{b}_2 & \text{(IV)} \\
 & & & & \tilde{a}_{33}x_3 & = & \tilde{b}_3 & \text{(VI)}
\end{array}
$$

Die Notation mit der Schlange über einem Buchstaben soll verdeutlichen, dass dies neue Werte sind. Diese basieren auf den alten Koeffizienten und den getätigten Rechenschritten.
Schritt 3: Gleichung (VI) liefert den Wert für x_3. Diesen setzen wir in Gleichung (IV) ein und es ergibt sich x_2. Mit Gleichung (I) und den berechneten Werten folgt letztendlich der Wert für x_1. Wir nennen diese Technik aus Schritt 3 *Rückwärtseinsetzen*.

Das Verfahren funktioniert auch für mehr Gleichungen. Bei n Gleichungen mit n Unbekannten eliminieren wir nacheinander x_1, x_2 bis x_{n-1}. Die letzte Gleichung liefert den Wert für x_n. Durch Rückwärtseinsetzen erhalten wir sukzessive die Werte von x_{n-1} bis x_1. Das LGS ist damit gelöst.

Eine praktischere Schreibweise basiert auf den Rechenregeln für Matrizen. Auf diese wollen wir aber nicht eingehen (das ist wieder Stoff der Vorlesungen in Mathematik), sondern nur die Konsequenzen verwenden. Wir können die Variablen in unseren Rechnungen nämlich auch weg lassen, dann wird das Ganze ein wenig übersichtlicher und wir sparen uns etwas Schreibarbeit. Wir notieren das LGS dann als *erweiterte Koeffizientenmatrix*. Im Folgenden sehen wir uns an, wie das bereits besprochene Beispiel 1.6 in dieser Notation aussieht.

Beispiel 1.7 *Beispiel 1.6 in Matrixnotation*

Man bestimme die Lösung des LGS aus Beispiel 1.6 in der Matrixschreibweise.

Lösung:

$$
\begin{pmatrix}
1 & 0 & 2 & | & 12 \\
1 & 2 & 3 & | & 15 \\
3 & 1 & 0 & | & 5
\end{pmatrix}
\quad \Leftrightarrow \quad
\begin{pmatrix}
1 & 0 & 2 & | & 12 \\
0 & 2 & 1 & | & 3 \\
0 & 1 & -6 & | & -31
\end{pmatrix}
$$

$$
\Leftrightarrow
\begin{pmatrix}
1 & 0 & 2 & | & 12 \\
0 & 2 & 1 & | & 3 \\
0 & 0 & 13 & | & 65
\end{pmatrix}
$$

Damit sind wir bei dem gleichen Ergebnis angekommen wie im bereits gerechneten Beispiel 1.6. Nun können wir wie dort die Technik Rückwärtseinsetzen anwenden oder den Gauß von unten nach oben durchexerzieren. Das sieht dann so aus:

$$
\begin{pmatrix}
1 & 0 & 2 & | & 12 \\
0 & 2 & 1 & | & 3 \\
0 & 0 & 13 & | & 65
\end{pmatrix}
\quad \Leftrightarrow \quad
\begin{pmatrix}
1 & 0 & 2 & | & 12 \\
0 & 2 & 1 & | & 3 \\
0 & 0 & 1 & | & 5
\end{pmatrix}
$$

$$
\Leftrightarrow
\begin{pmatrix}
1 & 0 & 0 & | & 2 \\
0 & 2 & 0 & | & -2 \\
0 & 0 & 1 & | & 5
\end{pmatrix}
\quad \Leftrightarrow \quad
\begin{pmatrix}
1 & 0 & 0 & | & 2 \\
0 & 1 & 0 & | & -1 \\
0 & 0 & 1 & | & 5
\end{pmatrix}
$$

Damit können wir direkt aus der letzten Matrix die Werte $x_1 = 2$, $x_2 = -1$ und $x_3 = 5$ ablesen. Durch die Positionen der Einser ist festgelegt, welche Variable welchen Wert hat.

1.1.5.2 Eine Alternative: Die Cramersche Regel

Es gibt noch andere Methoden zum Lösen eines LGS. Eine davon ist die *Cramersche Regel*, deren mathematische Grundlagen wir hier nicht näher erläutern können. So wie wir sie vorstellen, funktioniert die Rechnung auch nur für ein LGS mit drei Gleichungen und drei Unbekannten. Für LGS mit noch mehr Variablen ist die Rechnung zwar ebenso möglich, aber die Berechnung der dazu notwendigen *Determinanten* ist aufwendiger, das gezeigte Schema kann nicht so ohne weiteres fortgesetzt werden. Halten wir erst einmal fest, was wir unter einer Determinante einer (3×3)-Matrix (lies: drei kreuz drei) verstehen wollen.

Satz 1.10 *Determinante einer (3 × 3)-Matrix*

Jeder quadratischen Matrix (gleich viele Zeilen und Spalten) kann eine Zahl zugeordnet werden. Die Definition beruht auf den mit Vorzeichen behafteten elementaren Produkten und kann hier nicht näher erläutert werden. Wir merken uns nur, dass man für eine (3 × 3)-Matrix (drei Gleichungen, drei Unbekannte) die Determinante der Koeffizientenmatrix (ohne die rechte Seite, also keine erweiterte Koeffizientenmatrix) wie folgt bestimmt:

Für ein LGS der Form

$$
\begin{aligned}
a_{11}x_1 &+ a_{12}x_2 + a_{13}x_3 = b_1 \quad &\text{(I)}\\
a_{21}x_1 &+ a_{22}x_2 + a_{23}x_3 = b_2 \quad &\text{(II)}\\
a_{31}x_1 &+ a_{32}x_2 + a_{33}x_3 = b_3 \quad &\text{(III)}
\end{aligned}
$$

ist die Koeffizientenmatrix A (Matrizen bezeichnen wir mit Großbuchstaben) gegeben durch

$$
A = \begin{pmatrix} a_{11} & a_{12} & a_{13} \\ a_{21} & a_{22} & a_{23} \\ a_{31} & a_{32} & a_{33} \end{pmatrix}
$$

Die zugehörige Determinante berechnet sich nach der *Sarrus-Regel*:

Damit folgt für die Determinante von A:

$$
\det(A) = a_{11}a_{22}a_{33} + a_{12}a_{23}a_{31} + a_{13}a_{21}a_{32}
$$
$$
- a_{13}a_{22}a_{31} - a_{11}a_{23}a_{32} - a_{12}a_{21}a_{33} \tag{1.29}
$$

Einen schönen Nebeneffekt, den die Determinante mit sich bringt, ist der, dass man mit ihr bestimmen kann, ob ein LGS eindeutig lösbar ist oder nicht lösbar bzw. mehrdeutig lösbar. Diese Begriffe müssen wir kurz erläutern und das werden wir an der *Stufenform* durchführen. Wir erinnern uns:

$$
\begin{aligned}
a_{11}x_1 &+ a_{12}x_2 + a_{33}x_3 = b_1 \quad &\text{(I)}\\
&\tilde{a}_{22}x_2 + \tilde{a}_{23}x_3 = \tilde{b}_2 \quad &\text{(IV)}\\
&\tilde{a}_{33}x_3 = \tilde{b}_3 \quad &\text{(VI)}
\end{aligned}
$$

Alle nicht notierten Koeffizienten sind Null, was wir durch das Gauß-Verfahren begründet haben. Die mit Buchstaben notierten Koeffizienten sollten von Null verschieden sein. Und das ist hier der entscheidende Punkt. Denn sind bestimmte dieser Koeffizienten gleich Null, dann gilt es zu unterscheiden, welcher der genannten Fälle (lösbar, unlösbar, mehrdeutig lösbar) vorliegt. Für unsere LGS mit drei Gleichungen und drei Unbekannten ergibt sich dann das folgende Bild:

- *LGS ist eindeutig lösbar:* Alle Koeffizienten in der Stufenform mit den Indizes 11, 22 und 33 sind von Null verschieden. Wir bestimmen aus der letzten Gleichung sofort x_3 und erhalten die übrigen Variablenwerte durch Rückwärtseinsetzen.
- *LGS ist mehrdeutig lösbar:* Bei der Durchführung des Gauß-Verfahrens verschwindet mindestens eine Gleichung. In diesem Fall können wir eine der Variablen als *freien Parameter* wählen, also z.B. $x_3 = t$ setzen und t darf alle möglichen Werte annehmen. Die anderen Variablen rechnen wir dann in Abhängigkeit von diesem Parameter durch Rückwärtseinsetzen aus.
- *LGS ist unlösbar:* Beim Gauß-Verfahren entsteht spätestens in der Stufenform ein Widerspruch, d.h. wir erhalten eine Gleichung der Form $0 = c$, wobei c irgendeine beliebige Zahl außer Null sein kann. Dann ist das LGS unlösbar, weil es keine widerspruchsfreie Lösung gibt, denn eine Gleichung tanzt immer aus der Reihe.

Was hat das nun mit der Determinante zu tun? Ist die Determinante gleich Null, dann liegt einer der beiden hinteren Fälle vor, ansonsten ist das LGS eindeutig lösbar!

Satz 1.11 *Determinanten und Lösbarkeit eines LGS*
Ist die Determinante einer Koeffizientenmatrix nicht Null, dann ist das zugehörige LGS eindeutig lösbar.

Für diese Fälle ist die Cramersche Regel wie gemacht. Wir müssen hier insgesamt vier Determinanten bestimmen und diese miteinander verrechnen. Das fassen wir gleich als Satz zusammen und schauen uns die Technik an einem Beispiel an. An diesem können wir dann auch gleich ausprobieren, ob wir das Bilden einer Determinante einer (3×3)-Matrix tatsächlich verstanden haben.

Satz 1.12 *Die Cramersche Regel*
Ein LGS mit drei Gleichungen und drei Unbekannten (allgemeiner Fall: n Gleichungen und n Unbekannte) mit der Koeffizientenmatrix A, das eindeutig lösbar ist $(\det(A) \neq 0)$, hat die Lösung

$$x_1 = \frac{\det A_1}{\det A}; \; x_2 = \frac{\det A_2}{\det A}; \; x_3 = \frac{\det A_3}{\det A}. \tag{1.30}$$

Die A_k mit $k = 1, 2, 3$ entstehen dabei aus der Matrix A, indem die k-te Spalte einfach durch die rechte Seite des LGS ersetzt wird.

Das hört sich recht umsetzbar an, also wollen wir das mit dem bereits bekannten LGS aus den vorangegangenen beiden Beispielen mal ausprobieren, denn da wissen wir ja, was das Ergebnis sein soll.

Beispiel 1.8 *Cramer dich nicht*

Wir lösen das LGS aus Beispiel 1.6 mit Hilfe der Cramerschen Regel.

Lösung: Die erweiterte Koeffizientenmatrix lautet für das vorliegende LGS bekanntermaßen

$$\left(\begin{array}{ccc|c} 1 & 0 & 2 & 12 \\ 1 & 2 & 3 & 15 \\ 3 & 1 & 0 & 5 \end{array}\right)$$

Damit haben wir die Koeffizientenmatrix

$$A = \begin{pmatrix} 1 & 0 & 2 \\ 1 & 2 & 3 \\ 3 & 1 & 0 \end{pmatrix}$$

vorliegen. Nach Sarrus rechnen wir (einmal ausführlich)

```
    +   +   +
   1   0   2 ⋮ 1   0
        ╲ ╳ ╳ ╱
   1   2   3 ⋮ 1   2
      ╱ ╳ ╳ ╲
   3   1   0 ⋮ 3   1
   -   -   -
```

Ausgerechnet ergibt dies (immer den Linien nach!) $\det(A) = -13 \neq 0$. Damit ist das LGS eindeutig lösbar und wir dürfen weiter rechnen. Jetzt ersetzen wir nacheinander die erste, zweite und dritte Spalte (die anderen bleiben dabei immer unbehelligt) durch die rechte Seite. Das ergibt die drei Matrizen

$$A_1 = \begin{pmatrix} 12 & 0 & 2 \\ 15 & 2 & 3 \\ 5 & 1 & 0 \end{pmatrix} ; A_2 = \begin{pmatrix} 1 & 12 & 2 \\ 1 & 15 & 3 \\ 3 & 5 & 0 \end{pmatrix} ; A_3 = \begin{pmatrix} 1 & 0 & 12 \\ 1 & 2 & 15 \\ 3 & 1 & 5 \end{pmatrix}.$$

Hierzu gilt es nun drei Mal nach Sarrus die Determinante zu berechnen. Wir erhalten

$$\det A_1 = -26; \det A_2 = 13; \det A_3 = -65.$$

Bilden wir die in der Cramerschen Regel verlangten Quotienten, dann erhalten wir tatsächlich die bereits durch Gauß verifizierte Lösung (sonst wäre das echt blöd!):

$$x_1 = \frac{-26}{-13} = 2; x_2 = \frac{13}{-13} = -1; x_3 = \frac{-65}{-13} = 5.$$

Die Cramersche Regel findet v.a. bei der Berechnung von Stromnetzwerken in der Elektrotechnik ihr Klientel, aber auch bei der ein oder anderen Rechnung in der Physik ist es praktisch, von ihr etwas gehört zu haben. Auch wenn wir nur den nicht so rechenintensiven Fall der (3 × 3)-Matrizen betrachtet haben, lässt sich schon erahnen, dass hier ein recht spannender Teil der Mathematik vor uns liegt.

1.2 Messungen in der Physik

Zeitdifferenzen, Entfernungen und Massen werden schon seit Jahrhunderten gemessen. Dazu mussten die Menschen Grundeinheiten festlegen, und eine Länge oder eine zeitliche Dauer in Vielfachen dieser Einheiten angeben. Diese Einheiten waren lange Zeit keinesfalls genormt, und die Elle, der Fuß oder der Schritt sind nur einige wenige Beispiele allein für verschiedene Längenmaße. Auch für andere Messgrößen gab es solche Einheiten. Doch auch wenn es in den unterschiedlichen Kulturen eine ganze Reihe von Maßsystemen gab (und gibt), so gab und gibt man eine Messgröße immer in Vielfachen einer Basiseinheit an.

Satz 1.13 *Messungen in der Physik*

Bei jeder physikalischen Messung gibt man die gemessene Größe x als Produkt einer Einheit und einem Zahlenwert an, der das Vielfache oder den Bruchteil dieser Einheit wiedergibt:

$$x = \{x\}\,[x]. \tag{1.31}$$

Darin bedeutet $[x]$ die Einheit der Messgröße und $\{x\}$ den Zahlenwert.

Beispiel 1.9 *Längenmessung*

Beim Ausmessen der Länge einer Wand wird ein Meterstab verwendet, den man vom Anfang bis zum Ende der Wand insgesamt 2,7 mal anlegen muss. Die Länge l der Wand beträgt also

$$l = 2{,}7 \cdot 1\,\text{m} = 2{,}7\,\text{m}. \tag{1.32}$$

Im europäischen Raum sind Maßsysteme weitgehend vereinheitlicht, speziell in der Physik wird das internationale Einheitensystem (SI, vom französischen *système internationale*) verwendet. Das Verwenden von Einheiten wird des öfteren nachlässig behandelt, doch es sei schon hier darauf hingewiesen, dass beim späteren Rechnen nicht nur die angegebenen Zahlenwerte auf dem Papier stehen sollen, sondern unbedingt auch die Einheiten. Nur so kann man sicher sein, schon beim Einsetzen von Zahlenwerten in eine Formel die richtige Einheit verwendet zu haben, und außerdem kann man am Ende kontrollieren, ob die erwartete Einheit auch herauskommt. Meist werden Rechnungen auch mit anderen diskutiert, sodass ein gemeinsames Verständnis der verwendeten Einheiten unbedingt erforderlich ist. Mit ein wenig Übung wird dies zu einer Selbstverständlichkeit.

Ein einheitliches Maßsystem ist für Messungen und die Kommunikation von Messergebnissen an Kollegen (insbesondere in anderen Ländern) sicher ein großer Fortschritt, doch man muss die Maßeinheiten auch definieren. In Paris liegt beispielsweise ein Platinstab, dessen Länge man auf ein Meter festgelegt hat. Damit sich seine Länge nicht verändert, wird er unter speziellen Bedingungen aufbewahrt. Dieses Urmeter wurde genutzt, um andere Längenmesser zu eichen. Die Einheit der Zeit, die Sekunde, lässt sich z.B. als bestimmter Bruchteil eines Tages definieren. Grundsätzlich benötigt man für die Messung der Zeit einen Vorgang, der immer gleich abläuft. Die Erdrotation ist dafür prinzipiell geeignet, oder auch der Umlauf der Erde um die Sonne. Doch diese

Bewegungen sind nicht ganz gleichbleibend, da die Erde keine völlig starre Kugel in einer völlig luftleeren Umgebung ist, was sich in einer leicht veränderlichen Rotations- oder Umlaufdauer bemerkbar macht. Das Pendel einer Uhr schwingt periodisch, hat aber den Nachteil, dass es nicht überall auf der Erde gleich schnell schwingt. Auf der Suche nach einem möglichst gleichbleibenden periodischen Vorgang ist man in der Welt der Atome fündig geworden. Man hat zu Beginn des 20. Jahrhunderts herausgefunden, dass Atome fähig sind, Licht bei ganz bestimmten Frequenzen auszustrahlen und zu absorbieren. Diese Frequenzen sind für jede Atomsorte spezifisch, und allein bestimmt durch unveränderliche Größen, die Naturkonstanten. Wenn man nun eine ganz bestimmte Sorte von Atomen auswählt und die Schwingungen, die das ausgesendete oder absorbierte Licht in einem Messgerät erzeugt,[3] zählt, so kann man darüber die Sekunde festlegen, denn eine einzelne Schwingung dauert immer gleich lang. Die Wahl fällt schließlich auf das Cäsium-133-Isotop.

Definition 1.3 *Die Sekunde*
Die Einheit der Zeit ist die Sekunde. Sie wird definiert über die Anzahl der Schwingungsvorgänge, die das Licht hervorruft, welches beim Übergang zwischen zwei Hyperfeinniveaus in ^{133}Cs entsteht. Nach 9192631770 solcher Schwingungsvorgänge ist eine Sekunde vergangen. Diese Zahl ist nicht vollkommen willkürlich, sondern soll möglichst gut mit vorangehenden Definitionen übereinstimmen.

Um die Zeit auf diese Art auch praktisch zu messen, nutzt man heute Atomuhren. Diese erzeugen ein Zeitsignal, mit dem sich andere (nicht so genaue) Zeitmesser immer wieder synchronisieren. Atomuhren gehen so genau, dass sie erst nach Hunderttausenden oder gar Millionen von Jahren um eine einzige Sekunde von der tatsächlichen Zeit abweichen. Das mag nach einer übertriebenen Genauigkeit klingen, doch hoch präzise Zeitmessungen finden schon im Alltag ihre Anwendung.

Welche Vorgänge nutzt man abseits der Atomuhren noch, um die Zeit zu messen?

Die Längeneinheit hat man einst über den oben erwähnten Platinstab definiert. Der Platinstab hat, wie auch die Erdrotation als Zeitmaß den Nachteil, dass er nicht unveränderlich ist. Durch Temperaturänderung kann er sich ausdehnen oder zusammenziehen. Auch hier möchte man eine Definition, die nicht von den Umgebungseinflüssen abhängt, sondern allein von den Grundgesetzen der Physik. Hier geht man einen Umweg über eine weitere physikalische Größe, die Lichtgeschwindigkeit. Durch Messungen wurde gezeigt, dass sich das Licht mit der immer gleichen Geschwindigkeit durch den Raum bewegt. Diese Geschwindigkeit ist ebenfalls eine Naturkonstante. In

---

3 Licht wird durch schwingende elektrische Ladungen erzeugt und kann bei der Absorption wiederum Ladungen zu Schwingungen anregen. Auf weitere Details der Messelektronik und der zugrundeliegenden Physik können wir hier nicht eingehen.

einer Sekunde legt das Licht also auch eine bestimmte Strecke zurück, aus der sich die Länge eines Meters ableiten lässt. Da auch die Sekunde auf Naturkonstanten zurückgeführt wurde, ist diese Strecke immer und überall gleich. Nun muss man der Lichtgeschwindigkeit also nur einen Wert zuweisen, woraus sich dann die Längeneinheit ergibt.

Definition 1.4 *Das Meter*

Das Meter ist die Strecke, die das Licht in einer $1/299792458$ Sekunde im Vakuum zurücklegt. Entsprechend definiert man die Lichtgeschwindigkeit als

$$c = 299792458 \ \frac{m}{s} . \tag{1.33}$$

Die Definition der Lichtgeschwindigkeit ist auch hier so gewählt, dass sie mit vorangegangenen Messungen konsistent ist, bei denen zuerst das Meter definiert wurde.

In der Physik sind neben den Einheiten für Zeit und Länge noch viele weitere in Gebrauch, die sich aus den SI-Einheiten zusammensetzen. Die bis jetzt noch nicht besprochenen Basiseinheiten sind das Kilogramm (kg) für die Masse, das Mol (mol) für die Stoffmenge, das Kelvin (K) für die Temperaturmessung, das Ampere (A) für die elektrische Stromstärke und das Candela (Cd) für die Lichtstärke. Bis auf letztere werden wir in diesem Buch allen Einheiten begegnen.

Aufgaben

Aufgabe 1.1 Skalar- und Kreuzprodukt

Man zeige, dass jeder der beiden Vektoren a und b senkrecht zu deren Kreuzprodukt $c = a \times b$ steht. Dabei nutze man die Darstellung der drei Vektoren in ihren Komponenten und führe dann die Skalarprodukte aus.

Aufgabe 1.2 Ableitungen

Man berechne die Ableitungen zu folgenden Funktionen:

a) $f(x) = 4x^3$
b) $f(x) = \ln 2x$
c) $f(x) = \ln x^2$
d) $f(x) = e^{-2x} \sin x$

Aufgabe 1.3 Integrale

Man berechne folgende Integrale:

a) $\int_0^1 x^2 \, dx$

b) $\int_0^{\pi/2} \sin x \, dx$

c) $\int_0^\infty e^{-3x} \, dx$

d) $\int_2^4 \frac{2}{x} \, dx$

e) $\int x^2 \cdot \sin x \, dx$

f) $\int e^x \cdot \sin x \, dx$

g) $\int_0^{2\pi} \sin^2 x \, dx$

Aufgabe 1.4 Multiplikation und Division komplexer Zahlen
Gegeben sind die beiden komplexen Zahlen $z_1 = 7 + 9i$ und $z_2 = -5 + 2i$. Man führe einmal die Multiplikation und einmal die Division durch.

Aufgabe 1.5 Ableiten komplexwertiger Funktionen
Gegeben ist die Funktion $f(t) - 2e^{3i\,t}$. Wie lautet ihre erste und zweite Ableitung?

Aufgabe 1.6 Gauß und Cramer
Man entscheide bei den drei folgenden LGS, ob es sich um eindeutig lösbare Systeme handelt und berechne diese dann mit der Cramerschen Regel. Ist ein System nicht eindeutig lösbar, soll mit dem Gauß-Verfahren untersucht werden, ob das LGS unlösbar oder mehrdeutig lösbar ist.
a) LGS 1:

$$
\begin{array}{rcrcrclc}
2x_1 & - & x_2 & - & x_3 & = & 8 & \text{(I)} \\
x_1 & + & 2x_2 & + & 2x_3 & = & -6 & \text{(II)} \\
3x_1 & + & x_2 & - & 2x_3 & = & 26 & \text{(III)}
\end{array}
$$

b) LGS 2:

$$
\begin{array}{rcrcrclc}
x_1 & - & 2x_2 & - & 2x_3 & = & 0 & \text{(I)} \\
x_1 & + & x_2 & & & = & 2 & \text{(II)} \\
2x_1 & - & x_2 & - & 2x_3 & = & 2 & \text{(III)}
\end{array}
$$

c) LGS 3:

$$
\begin{array}{rcrcrclc}
x_1 & + & 2x_2 & - & 8x_3 & = & 4 & \text{(I)} \\
x_1 & - & 4x_2 & + & 4x_3 & = & 8 & \text{(II)} \\
-2x_1 & + & x_2 & + & 6x_3 & = & 10 & \text{(III)}
\end{array}
$$

2 Mechanik

Die Mechanik bildet traditionell den Einstieg in die Physik, was sicher auch daran liegt, dass mechanische Vorgänge unseren gesamten Alltag durchdringen und uns deswegen sehr vertraut sind. Mechanik bietet oftmals eine gewisse Anschaulichkeit, die es so in anderen Gebieten der Physik nicht gibt. Die logischen Strukturen der Physik sowie auch die Denkweise der Physiker, Naturerscheinungen auf das Wesentliche zu abstrahieren, sind besonders am Anfang ungewohnt und schwierig, sodass der Rückgriff auf die bekannten Dinge aus dem Alltag beim Lernen und Anwenden eine gewisse Hilfe darstellt. Für viele Ingenieure stellt die Mechanik auch das Hauptarbeitsgebiet dar, sei es in der Baustatik, der Hydrodynamik im Luftfahrtwesen oder im Maschinenbau. In diesem Kapitel wollen wir einige Grundlagen für das weiterführende Verständnis in den genannten Disziplinen sowie auch für die Physik insgesamt erarbeiten. Dabei werden wir uns zuerst mit der Beschreibung von Bewegungen beschäftigen, denn um Bewegung geht es in der Mechanik. Anschließend fragen wir nach der Ursache von Bewegungen. Diese werden durch drei Gesetzmäßigkeiten bestimmt, welche die theoretische Basis für die gesamte Mechanik bilden. Die Grundgesetze lassen sich dann auf konkrete Problemstellungen anwenden, was wir im Anschluss auch tun werden. Doch es lassen sich auch Folgerungen daraus ziehen, die wiederum allgemeine Aussagen darstellen und mit denen man weitere Probleme oftmals bequemer lösen kann. Dies wird uns zu Erhaltungsgrößen führen, mit denen wir uns ausführlich beschäftigen werden. Danach wenden wir uns noch den Kreisbewegungen zu, und als Abschluss dieses Kapitels folgt eine Einführung in die Beschreibung von Schwingungen und Wellen. Dieser Teil wird mathematisch etwas anspruchsvoller als die vorangehenden sein und bietet damit die Möglichkeit, weiterführende physikalische und mathematische Konzepte darzustellen.

2.1 Kinematik

Bevor man die Bewegung von Massen unter dem Einfluss von Kräften untersuchen kann, muss man ein Grundgerüst für die Beschreibung von Bewegungen aufbauen. Wir beschränken uns auf einzelne punktförmige Massen, sodass es darum gehen wird, die Bahn zu erfassen, auf der sich die Masse bewegt. Neben dem Ort eines Teilchens zu einem gegebenen Zeitpunkt lassen sich noch weitere Größen definieren, die Geschwindigkeit und die Beschleunigung. Letztere werden wir benötigen, um die Bewegung von Massen mit einer Ursache dieser Bewegung zu verknüpfen. In der Kinematik soll uns jedoch nur die Beschreibung der Bewegung interessieren.

https://doi.org/10.1515/9783110703931-002

2.1.1 Bahnkurven

Wenn wir im folgenden von punktförmigen Massen oder Massenpunkten sprechen, so meinen wir, dass die Ausdehnung eines Körpers vernachlässigbar klein ist. Diese Näherung vereinfacht die Diskussion dahingehend, dass wir uns nur um die Position der Masse, nicht aber um ihre Orientierung Gedanken machen müssen. Ein Beispiel für einen Körper, bei dem die Näherung sicher nicht gilt, ist ein Kreisel. Die Drehung um seine Symmetrieachse ist gerade die Bewegung, die von Interesse ist. Hingegen sind kleine Bälle oder Murmeln näherungsweise als Massenpunkte anzusehen, da wir eine eventuelle Drehung nicht berücksichtigen müssen, solange diese nur sehr langsam erfolgt. Die Masse selbst ist für die Diskussion noch nicht relevant, da wir in der Kinematik ja nicht nach der Ursache der Bewegung fragen. Da wir jedoch ein materielles Objekt beschreiben wollen, sprechen wir hier schon von der sich bewegenden Masse.

Eine Murmel, die über den Boden rollt, befindet sich zu jedem Zeitpunkt ihrer Bewegung an einem anderen Ort r. Dieser Ort ist eine Funktion von der Zeit, d.h. jedem Zeitpunkt innerhalb eines Intervalls wird eine Position zugeordnet, an der sich die Murmel befindet. Diese Funktion nennt man die *Bahnkurve*, welche die Murmel beschreibt.

Definition 2.1 *Die Bahnkurve einer Punktmasse*
Der Ort eines Massenpunktes wird in drei Dimensionen mit

$$r = \begin{pmatrix} x \\ y \\ z \end{pmatrix} \tag{2.1}$$

bezeichnet. In der Ebene entfällt die z-Koordinate, in einer Dimension wird aus dem Vektor r eine skalare Größe, die man meist mit x bezeichnet. Die Bahnkurve ist eine Funktion des Ortes r von der Zeit t, man schreibt

$$r(t) = \begin{pmatrix} x(t) \\ y(t) \\ z(t) \end{pmatrix}. \tag{2.2}$$

Eine Bahnkurve in einer Ebene ist beispielhaft in Abbildung 2.1 dargestellt. Darin ist auch die Position des Massenpunktes zu einem bestimmten Zeitpunkt markiert. Eine Bewegung in der Ebene findet sich in der Realität z.B. beim Autofahren wieder, sofern man nicht gerade eine sehr bergige Strecke fährt. Flugzeuge bewegen sich in allen drei Raumdimensionen, einen Teil der Flugbahn kann man sogar an den hinterlassenen Kondensstreifen sehen.

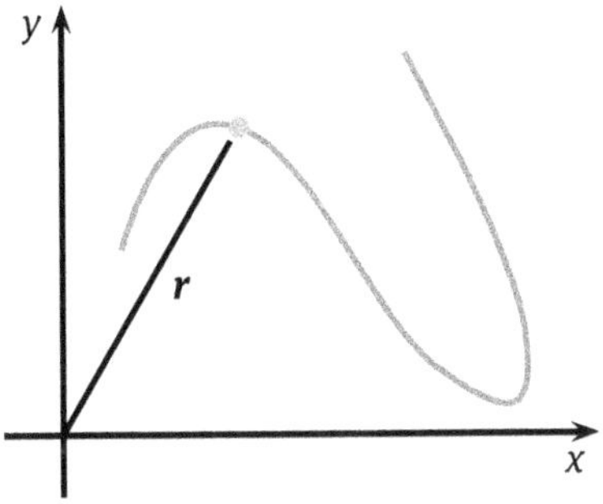

Abb. 2.1: Eine Bahnkurve in der Ebene. Der Vektor *r* beschreibt einen Punkt, der zu einem bestimmten Zeitpunkt durchlaufen wird. Die Kurve muss nicht unbedingt eine Funktion y(x) sein, wie man am rechten Ende sehen kann. Die Masse bewegt sich hier wieder rückwärts.

2.1.2 Geschwindigkeit und Beschleunigung

In der Bahnkurve $\mathbf{r}(t)$ steckt nicht nur die Information über die Position einer Masse zu einem gegebenen Zeitpunkt, sondern auch, wie schnell sich die Masse bewegt. Die Geschwindigkeit ist ein vertrauter Begriff, doch wir benötigen eine klare mathematische Definition. Wenn wir davon sprechen, wie schnell sich ein Objekt bewegt, so drücken wir damit intuitiv aus, wie lange es dauert, bis eine bestimmte Strecke zurückgelegt wurde. Aus der Schule ist uns wahrscheinlich noch bekannt, dass die Geschwindigkeit gerade das Verhältnis aus der zurückgelegten Strecke und der dafür benötigten Zeit ist. Dadurch ist gewährleistet, dass ein kleines Zeitintervall bei einer gegebenen Strecke eine größere Geschwindigkeit bedingt als ein größeres Intervall. Wir sprechen hier bewusst von Intervallen, da sich die Geschwindigkeit ja auch ändern kann. Innerhalb eines kleinen zeitlichen Intervalls wird diese Änderung aber nur sehr klein sein, sodass wir näherungsweise von einer konstanten Geschwindigkeit sprechen können. Ein erster Versuch zur Definition der Geschwindigkeit in einer Dimension sieht also wie folgt aus:

$$v \approx \frac{\Delta x}{\Delta t}. \tag{2.3}$$

Dabei bedeutet Δt das betrachtete Zeitintervall und Δx die währenddessen zurückgelegte Strecke. Die Näherung rührt daher, dass sich die Masse innerhalb des Zeitintervalls Δt nicht exakt mit einer bestimmten Geschwindigkeit bewegen muss, sondern wie oben schon angesprochen eine leichte Veränderung der Geschwindigkeit möglich ist. Wie kann man diese Näherung möglichst gut machen? Das einfachste Vorgehen wird sein, der Masse nicht genug Zeit zu geben, um ihre Geschwindigkeit zu ändern. Wir wählen das Zeitintervall Δt also so klein wie möglich. Damit wird auch weniger Wegstrecke zurückgelegt, und sowohl der Nenner in (2.3) als auch der Zähler schrumpfen. Das Verhältnis von beiden könnte also weitgehend unverändert bleiben. Im mathematischen Sinn wird die Geschwindigkeit schließlich exakt berechnet, wenn man das Zeitintervall unendlich klein werden lässt. Achtung: Wir setzen explizit nicht Null ein, also ein feste Zahl, sondern lassen das Intervall in einem Prozess immer kleiner werden. Gleichzeitig wird auch die zurückgelegte Strecke immer kleiner, und wir gehen davon aus, dass das Verhältnis sich einer festen Zahl annähert. Die genauen Voraussetzungen, unter denen dies auch funktioniert, werden in der Mathematikvorlesung besprochen. Für diesen Prozess, der am Ende die Geschwindigkeit als Grenzwert liefert, schreibt man:

$$v(t) = \lim_{\Delta t \to 0} \frac{\Delta x}{\Delta t} = \frac{dx}{dt} = \dot{x}(t). \tag{2.4}$$

Hier kommen gleich mehrere Schreibweisen zum Einsatz, die in der Physik gebräuchlich sind. Die beiden Terme Δx und Δt sind Differenzen zwischen zwei Streckenpunkten bzw. Zeitpunkten. Es sind endliche Größen, was bedeutet, dass man für sie Zahlen einsetzen kann. Bei Geschwindigkeitskontrollen wird dies gemacht: Man misst kurz hintereinander, wo sich ein Auto befindet, bildet die Differenz Δx der gefahrenen Strecke und setzt diese ins Verhältnis zur gefahrenen Zeit. Die Limes-Schreibweise stellt den Grenzprozess dar, bei dem die Differenzen immer kleiner gemacht werden und im Grenzfall Δt gegen den Wert Null strebt. Abkürzend für diesen Prozess wird die Schreibweise dx/dt verwendet, sie bedeutet aber genau das gleiche. Die Differentiale dx und dt erinnern aber an ihre Herkunft, die Differenzen. Da mit Differentialen ein Prozess abgekürzt wird, kann man für sie keine Zahlen einsetzen. Der Differentialquotient wird auch als Ableitung bezeichnet. Üblicherweise wird die Ableitung einer Funktion mit einem Strich gekennzeichnet. Auch in der Physik hält man sich an diese Konvention, mit Ausnahme der Ableitung nach der Zeit. Diese macht man durch einen Punkt kenntlich und schreibt $\dot{x}(t)$. Die Abhängigkeit von der Zeit t bedeutet, dass es sich bei der Geschwindigkeit wieder um eine Funktion handelt. Also wird nun jedem Zeitpunkt eine Geschwindigkeit zugeordnet.

Jetzt wollen wir unser Blickfeld etwas erweitern und von der Bewegung in einer Dimension übergehen zur allgemeinen Bahnkurve in zwei oder drei Dimensionen. Wie definiert man hier die Geschwindigkeit? Halten wir uns an das gerade besprochene Vorgehen: Wir bilden die Differenz zweier Punkte auf der Bahn und teilen diese durch die Zeit, die für das Zurücklegen der Strecke benötigt wurde. Anschließend lassen wir die Differenzen in Differentiale übergehen. Dieses Vorgehen ist in Abbildung 2.2 dargestellt. Die Differenz zweier Vektoren wird komponentenweise gebildet. Das Zeitintervall Δt ist eine skalare Größe, sodass man jede Komponente einzeln durch Δt dividieren muss. Also erhält man wieder als Näherung der Geschwindigkeit für ein endliches Zeitintervall:

$$\mathbf{v} \approx \frac{\Delta \mathbf{r}}{\Delta t} = \frac{\begin{pmatrix} \Delta x \\ \Delta y \\ \Delta z \end{pmatrix}}{\Delta t}. \tag{2.5}$$

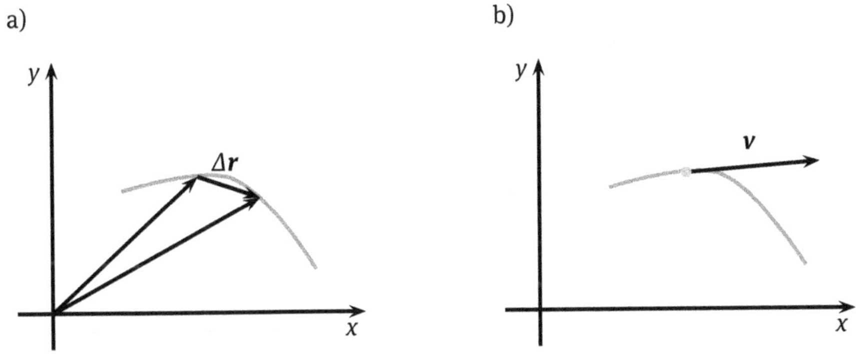

a)

b)

Abb. 2.2: Zur Definition der Geschwindigkeit. Zuerst wird die vektorielle Positionsänderung Δr während einer endlichen Zeitdauer Δt bestimmt (a). Der Vektor Δr zeigt etwa in Richtung der Bahn (hier aus Darstellungsgründen noch recht ungenau). Lässt man das Zeitintervall gegen Null streben (b), wird aus dem Verhältnis von Positionsänderung Δr und Dauer Δt die Geschwindigkeit v, welche in Richtung der momentanen Bewegung zeigt und damit eine Tangente an die Bahnkurve ist.

Die Geschwindigkeit ist eine vektorielle Größe, sie enthält also als Information einen Betrag und eine Richtung. Welche Richtung das sein wird, ist ebenfalls aus Abbildung 2.2 ersichtlich: Die Differenz zweier nahe beieinander liegender Punkte auf der Bahnkurve ist ein Vektor, der ungefähr in Richtung der Bewegung zeigt. Im nun folgenden Grenzprozess rücken diese beiden Punkte immer näher aneinander, und schließlich wird sich daraus eine Tangente an die Bahnkurve ergeben. Doch da der Abstand der Punkte und somit der Betrag des entstehenden Differenzvektors gegen Null geht, ist es nötig, durch die Zeit zu dividieren, in der eine Masse vom einen Punkt zum nächsten kommt. Diesen Limes bilden wir wie oben auch:

$$v(t) = \begin{pmatrix} v_x(t) \\ v_y(t) \\ v_z(t) \end{pmatrix} = \lim_{\Delta t \to 0} \frac{\Delta r}{\Delta t} = \begin{pmatrix} dx/dt \\ dy/dt \\ dz/dt \end{pmatrix} = \begin{pmatrix} \dot{x}(t) \\ \dot{y}(t) \\ \dot{z}(t) \end{pmatrix} = \dot{r}(t). \tag{2.6}$$

Man sieht, dass sich die Geschwindigkeit wie oben berechnen lässt, nur dass man jetzt jede Komponente des Vektors der Bahnkurve einzeln nach der Zeit ableiten muss. Die Schreibweisen bleiben die gleichen, zur Unterscheidung der Komponenten des Geschwindigkeitsvektors verwendet man Indizes. Die Komponente v_x gibt an, wie schnell sich die Masse gerade in x-Richtung bewegt, Entsprechendes gilt für die anderen Komponenten.

Definition 2.2 *Die Geschwindigkeit*
Die Geschwindigkeit einer Masse auf der Bahnkurve $\boldsymbol{r}(t)$ ist die zeitliche Ableitung des Ortsvektors:

$$\boldsymbol{v}(t) = \begin{pmatrix} v_x(t) \\ v_y(t) \\ v_z(t) \end{pmatrix} = \begin{pmatrix} \dot{x}(t) \\ \dot{y}(t) \\ \dot{z}(t) \end{pmatrix} = \dot{\boldsymbol{r}}(t). \tag{2.7}$$

Von einer konstanten Geschwindigkeit spricht man, wenn $\boldsymbol{v}(t)$ zu jedem Zeitpunkt den gleichen Wert besitzt.

Beispiel 2.1 *Löst der Blitzer aus?*

Auf einer Straße ist eine maximale Geschwindigkeit von 80 km/h erlaubt. Ein Blitzer misst im Abstand von 0,1 s die Position eines Autos und stellt dabei fest, dass es sich um 2,2 m weiterbewegt hat. Wird der Blitzer aktiv?

Lösung: Während der kurzen Zeit von 0,1 s kann man die Geschwindigkeit des Autos als konstant betrachten. Diese beträgt dann:

$$v = \frac{\Delta x}{\Delta t} = \frac{2,2\ \text{m}}{0,1\ \text{s}} = 22\ \frac{\text{m}}{\text{s}} = 22 \cdot \frac{\frac{1}{1000}\ \text{km}}{\frac{1}{3600}\ \text{h}} = 22 \cdot 3,6\ \frac{\text{km}}{\text{h}} = 79,2\ \frac{\text{km}}{\text{h}}.$$

Das Auto fährt so schnell wie erlaubt.

Die Geschwindigkeit entlang der Bahnkurve muss keinesfalls konstant sein, sondern wird sich im Regelfall ständig verändern. Wie bei der Positionsänderung kann man fragen, wie schnell sich die Geschwindigkeit verändert, und die Überlegungen sind die gleichen wie oben. Man beginnt wieder mit zwei nahe beieinander liegenden Zeitpunkten und misst jeweils die Geschwindigkeit. Dann bildet man die Differenzen und setzt diese ins Verhältnis. Dieses bezeichnet man als *Beschleunigung*. Wie auch die Geschwindigkeit ist die Beschleunigung eine vektorielle Größe.

Definition 2.3 *Die Beschleunigung*
Die Beschleunigung a gibt an, wie sich die Geschwindigkeit pro Zeitintervall verändert:

$$\boldsymbol{a}(t) = \begin{pmatrix} a_x(t) \\ a_y(t) \\ a_z(t) \end{pmatrix} = \lim_{\Delta t \to 0} \frac{\Delta \boldsymbol{v}}{\Delta t} = \begin{pmatrix} \dot{v}_x(t) \\ \dot{v}_y(t) \\ \dot{v}_z(t) \end{pmatrix} = \dot{\boldsymbol{v}}(t). \tag{2.8}$$

Da die Geschwindigkeit die erste Ableitung des Vektors der Bahnkurve nach der Zeit ist, ergibt sich als Beschleunigung die zweite zeitliche Ableitung:

$$\boldsymbol{a}(t) = \dot{\boldsymbol{v}}(t) = \ddot{\boldsymbol{r}}(t) \tag{2.9}$$

Nun haben wir die drei wichtigen Größen, mit denen wir eine Bahnkurve beschreiben, zusammen. Wir sehen, dass bei einer vorgegebenen Bahnkurve $\boldsymbol{r}(t)$ sowohl die

Geschwindigkeit als auch die Beschleunigung durch einmaliges bzw. zweimaliges Ableiten nach der Zeit gewonnen werden können. Der interessante und für die Anwendung relevante Fall wird jedoch der sein, wenn die Bahnkurve noch gar nicht bekannt ist und aus der Beschleunigung rekonstruiert werden soll. Wie wir damit umgehen, werden wir im folgenden untersuchen.

2.1.3 Einige spezielle Bewegungsformen

2.1.3.1 Die gleichförmige Bewegung

Die einfachste Bewegungsform, die es gibt, ist die Bewegung einer Masse ohne jede Beschleunigung. Wir wollen nun aus dieser Information, $a = 0$, die Geschwindigkeit $v(t)$ und die Bahn $x(t)$ bestimmen. Der Einfachheit halber bewegen wir uns zunächst nur in einer Dimension, die Erweiterung auf drei räumliche Dimensionen ist aber im Anschluss kein Problem mehr. Versuchen wir es zuerst mit der Geschwindigkeit. Wir wissen, dass die Beschleunigung die erste zeitliche Ableitung der Geschwindigkeit ist. Da die Beschleunigung Null ergeben soll, lautet die Frage: Welche Funktion wird nach dem Ableiten Null? Die Antwort ist nicht eindeutig, denn jede beliebige konstante Funktion erfüllt diese Bedingung. Da wir nicht mehr über den Wert dieser Konstanten wissen, schreiben wir für diese Funktion einfach:

$$v(t) = v_0 = \text{const.} \tag{2.10}$$

Um eine Konstante kenntlich zu machen, verwendet man gern den Index 0, bei verschiedenen Konstanten nummeriert man einfach weiter durch. Für v_0 können wir je nach Szenario einen bestimmten Wert einsetzen. Unsere Aufgabe ist damit erst einmal gelöst. Wenden wir uns also der zweiten Frage zu: Wie lautet die Funktion $x(t)$? Auch hier gilt wieder der Zusammenhang, dass die Geschwindigkeitsfunktion $v(t)$ die erste zeitliche Ableitung des Ortes $x(t)$ ist. Diese Ableitungsfunktion ist konstant, also $v(t) = v_0$. Also bleibt für die Bahnkurve nur eine lineare Funktion übrig. Doch wieder gilt, dass es unendlich viele lineare Funktionen gibt, deren Ableitung den Wert v_0 besitzen. Jede Konstante verschwindet beim Ableiten, und so kann man jede beliebige Verschiebung zu der linearen Funktion addieren. Die allgemeine Lösung für unser Problem lautet damit:

$$x(t) = v_0 t + x_0. \tag{2.11}$$

Die zweite Konstante, x_0 ist wiederum nicht näher bestimmt. Wie man sich durch Ableiten dieser Funktion leicht überzeugt, erfüllt sie die Bedingung $a = 0$. Physikalisch bedeutet das Ergebnis, dass sich die Masse mit der Geschwindigkeit v_0 bewegt und zum Zeitpunkt $t = 0$ beim Ort x_0 aufhält. Durch die beiden Konstanten hat man also etwas Spielraum, die Lösungsfunktion anzupassen.

Beispiel 2.2 *Bestimmung einer Bahnkurve*

Eine Masse bewegt sich gleichförmig entlang der x-Achse. Nach $t = 1,3$ s befindet sie sich an der Stelle $x = 1,2$ m, nach $t = 2,7$ s bei $x = 2,8$ m. Man stelle die Gleichung für die Bahnkurve auf. Mit welcher Geschwindigkeit bewegt sich die Masse? Wo befindet sie sich bei $t = 5$ s?

Lösung: Wir setzen zuerst die gegebenen Informationen über die Positionen der Masse ein und erhalten damit ein Gleichungssystem:

$$x(1,3 \text{ s}) = 1,2 \text{ m} = v_0 \cdot 1,3 \text{ s} + x_0,$$

$$x(2,7 \text{ s}) = 2,8 \text{ m} = v_0 \cdot 2,7 \text{ s} + x_0.$$

Dieses Gleichungssystem besteht aus zwei Variablen und zwei Gleichungen. Um es zu lösen, wählen wir folgenden Weg. Wir ziehen die erste Gleichung von der zweiten ab und erhalten:

$$1,6 \text{ m} = v_0 \cdot 1,4 \text{ s}.$$

Dies lösen wir nach v_0 auf:

$$v_0 = \frac{1,6 \text{ m}}{1,4 \text{ s}} = 1,1 \frac{\text{m}}{\text{s}}.$$

Mit diesem Ergebnis bestimmen wir x_0:

$$1,2 \text{ m} = 1,1 \frac{\text{m}}{\text{s}} \cdot 1,3 \text{ s} + x_0 \quad \Leftrightarrow \quad x_0 = 1,2 \text{ m} - 1,5 \text{ m} = -0,3 \text{ m}.$$

Damit lautet die Bahnkurve:

$$x(t) = 1,1 \frac{\text{m}}{\text{s}} \cdot t - 0,3 \text{ m}.$$

Die Masse bewegt sich mit $v_0 = 1,1$ m/s. Nach 5 s befindet sie sich bei

$$x(5 \text{ s}) = 1,1 \frac{\text{m}}{\text{s}} \cdot 5 \text{ s} - 0,3 \text{ m} = 5,2 \text{ m}.$$

Eine Masse bewegt sich in einer Raumrichtung genauso wie in den anderen Richtungen auch. Wir können also das Ergebnis der Bahnkurve bei gleichförmiger Bewegung sofort verallgemeinern.

Satz 2.1 *Bahnkurve einer gleichförmigen Bewegung*
Eine gleichförmige Bewegung (Beschleunigung $a = 0$) wird durch folgende Bahnkurve beschrieben:

$$r(t) = v_0 t + r_0. \tag{2.12}$$

Darin sind v_0 und r_0 frei wählbare zwei Konstanten, mit deren Hilfe man die Bahn auf spezielle Anfangsbedingungen anpassen kann.

Bevor wir uns die nächste Bewegungsform ansehen, blicken wir noch einmal auf unseren Lösungsweg, auf dem wir von der Angabe $a = 0$ zur Bahnkurve gelangt sind. Wir haben immer von der Ableitung einer Funktion auf die Funktion selbst geschlossen.

Dabei haben wir nicht im eigentlichen Sinne gerechnet, sondern vielmehr rückwärts gedacht: Wie muss eine Funktion beschaffen sein, damit ihre Ableitung verschwindet oder konstant wird? Wir kennen aber ein Werkzeug, mit dem man diesen Weg rechnerisch gehen kann. Die Umkehrung der Ableitung ist das Integral, also müssen wir die Ableitungsfunktion integrieren. Dies werden wir nun auch tun, wenn wir uns an die nächst schwierigere Bewegung machen.

2.1.3.2 Die gleichmäßig beschleunigte Bewegung

Eine gleichmäßig beschleunigte Bewegung wird durch $a(t) = a_0 = $ const beschrieben. Wieder bleiben wir zuerst in einer Dimension und erweitern das Ergebnis am Ende auf drei Raumrichtungen. Gesucht ist die Bahn $x(t)$. Als Zwischenschritt bestimmen wir aber wieder die Geschwindigkeit. Für diese gilt:

$$\dot{v}(t) = \frac{\mathrm{d}v}{\mathrm{d}t} = a(t) = a_0. \tag{2.13}$$

Die Ableitung der Geschwindigkeit ist konstant, also muss die Geschwindigkeit selbst eine lineare Funktion sein. Diesmal wollen wir aber den Weg über das Integral gehen. Zunächst multiplizieren wir mit dem infinitesimalen Zeitschritt $\mathrm{d}t$ und erhalten die Geschwindigkeitsänderung $\mathrm{d}v$ während dieser Zeit:

$$\mathrm{d}v = a(t)\,\mathrm{d}t = a_0\,\mathrm{d}t. \tag{2.14}$$

Um alle Geschwindigkeitsänderungen zu summieren, bilden wir auf beiden Seiten das Integral, was ja nichts anderes macht als eine Summe von unendlich vielen und unendlich kleinen Bestandteilen auszuwerten. Grenzen setzen wir keine ein, da wir keine Angaben besitzen. Die einzige Information ist ja $a(t) = a_0$. Wir erhalten:

$$\int \mathrm{d}v = \int a_0\,\mathrm{d}t. \tag{2.15}$$

Die linke Seite mag ein wenig ungewohnt aussehen, da keine Funktion unter dem Integral steht. Das macht nichts, wir können uns einfach eine 1 denken und diese integrieren. Die 1 ist eine konstante Funktion, und ein Integral über eine Konstante ist eine lineare Funktion. Da die Integrationsvariable v ist, lautet die Stammfunktion auch schlicht v. Da es sich aber um ein unbestimmtes Integral handelt, müssen wir die Integrationskonstante noch berücksichtigen. Diese besitzt die Einheit einer Geschwindigkeit, also bezeichnen wir sie mit v_0. Die rechte Seite unserer Gleichung ist ebenfalls ein Integral über eine konstante Funktion, diesmal a_0. Die Integrationsvariable ist die Zeit t, und die Stammfunktion lautet $a_0\,t$. Auch hier müssen wir wieder eine Integrationskonstante berücksichtigen. Nach dem Integrieren bleibt also folgendes übrig:

$$v + v_0 = a_0\,t + a_0\,t_0. \tag{2.16}$$

Der Term $a_0\,t_0$ auf der rechten Seite ist eine Konstante und besitzt die Einheit einer Geschwindigkeit, sowie auch v_0 auf der linken Seite. Man erhält durch zwei solcher

Terme aber keine neue Information, weswegen wir die beiden Integrationskonstanten zu einer einzigen zusammenfassen, die wir auch mit v_0 bezeichnen und gleich auf die rechte Seite bringen:

$$v(t) = a_0\,t + v_0. \tag{2.17}$$

Dieser Weg zur Geschwindigkeit war offenbar deutlich länger als einfach eine lineare Funktion zu raten. In diesem Fall ist das sicher richtig. Dennoch können wir hier an einem noch sehr einfachen Beispiel demonstrieren, wie in der Mechanik und auch in der gesamten Physik Integrale eingesetzt werden können, um eine Funktion zu bestimmen, von der man nur eine Ableitung kennt. Es ist reine Gewöhnungssache, der Ablauf wird immer der gleiche sein.

Von der Geschwindigkeit müssen wir noch auf die Bahn $x(t)$ schließen. Auch hier werden wir wieder integrieren. Der Zusammenhang zwischen der Geschwindigkeit und dem Ort lautet:

$$\dot{x}(t) = \frac{\mathrm{d}x}{\mathrm{d}t} = v(t) = v(t) = a_0\,t + v_0. \tag{2.18}$$

Wir multiplizieren wieder mit dem infinitesimalen Zeitelement $\mathrm{d}t$:

$$\mathrm{d}x = v(t)\,\mathrm{d}t = (a_0\,t + v_0)\,\mathrm{d}t. \tag{2.19}$$

Im nächsten Schritt integrieren wir wieder:

$$\int \mathrm{d}x = \int (a_0\,t + v_0)\,\mathrm{d}t. \tag{2.20}$$

Auf der linken Seite werden dabei alle Änderungen des Ortes $\mathrm{d}x$ summiert, rechts stehen zwei Terme. Der eine ist linear, der andere ist konstant. Hier kommt unser Wissen über Stammfunktionen zum Einsatz. Aus der linearen Funktion wird eine quadratische, aus der konstanten Funktion eine lineare. Außerdem berücksichtigen wir noch die Integrationskonstanten, die wir gleich zu einer einzigen zusammenfassen, da sie links und rechts die Einheit eines Ortes haben wird (und haben muss):

$$x(t) = \frac{1}{2}\,a_0\,t^2 + v_0\,t + x_0. \tag{2.21}$$

Wo wird das beschriebene Vorgehen, von der Beschleunigung auf die Position zu schließen, in der Praxis eingesetzt?

Die Richtigkeit dieses Ergebnisses können wir leicht durch zweimaliges Ableiten bestätigen. Durch das zweimalige Integrieren sind zwei Integrationskonstanten v_0 und x_0 hinzugekommen, die wir auf ein gegebenes Problem anpassen können.

Beispiel 2.3 *Beschleunigung aus dem Stand*

Eine Masse wird konstant mit $a = 1{,}2\ \mathrm{m/s^2}$ beschleunigt. Zu Beginn befindet sie sich bei $x = 0$ und ruht. Welche Geschwindigkeit erreicht sie nach 3 s und wie weit hat sie sich bewegt?

Lösung: Bei konstanter Beschleunigung gilt für die Geschwindigkeit:

$$v(t) = a_0\, t + v_0.$$

Da die Bewegung hier aus der Ruhe heraus erfolgt, ist $v_0 = 0$. Somit finden wir für die Geschwindigkeit nach 3 s:

$$v(3\text{ s}) = 1{,}2\ \frac{\mathrm{m}}{\mathrm{s^2}} \cdot 3\text{ s} = 3{,}6\ \frac{\mathrm{m}}{\mathrm{s}}.$$

Da die Bewegung auch noch bei $x = 0$ beginnt, gilt für die zurückgelegte Strecke:

$$x(t) = \frac{1}{2} a_0\, t^2.$$

Nach 3 s befindet sich die Masse dann an folgendem Ort:

$$x(3\text{ s}) = \frac{1}{2} \cdot 1{,}2\ \frac{\mathrm{m}}{\mathrm{s^2}} \cdot (3\text{ s})^2 = 5{,}4\text{ m}.$$

Die Masse ist in dieser Zeit 5,4 m weit gekommen.

Die Erweiterung unserer Ergebnisse auf drei Raumrichtungen geschieht wie oben. Jede Komponente der Beschleunigung a_0 wird dabei einzeln integriert.

Satz 2.2 *Die gleichmäßig beschleunigte Bewegung*
Wird eine Masse gleichmäßig mit $a(t) = a_0$ beschleunigt, so gelten folgende Gesetze für die Geschwindigkeit und den Ort:

$$v(t) = a_0\, t + v_0, \tag{2.22}$$

$$r(t) = \frac{1}{2} a_0\, t^2 + v_0\, t + r_0. \tag{2.23}$$

Wie auch bei einer gleichförmigen Bewegung sind die beiden Konstanten v_0 und r_0 frei wählbar und werden erst bei gegebenen Anfangsbedingungen festgelegt.

2.1.3.3 Bewegung auf einer Kreisbahn

Von der Bewegung in einer Raumrichtung gehen wir nun über zu einer Bewegungsform, die in einer Ebene stattfindet: die Kreisbewegung. Diese werden wir später noch genauer untersuchen, hier soll uns genügen, die Bahnkurve zu bestimmen. Wir kennen weder den Vektor der Beschleunigung, noch haben wir eine Angabe zur Geschwindigkeit. Wir gehen hier etwas anders vor. Der Mittelpunkt des Kreises, auf dem sich die Masse bewegen soll, sei der Ursprung unseres Koordinatensystems, die Masse hat also immer den Abstand r_0 zum Ursprung. Die Bewegung finde in der xy-Ebene, also bei $z = 0$, statt. Außerdem sei die Geschwindigkeit betragsmäßig konstant.

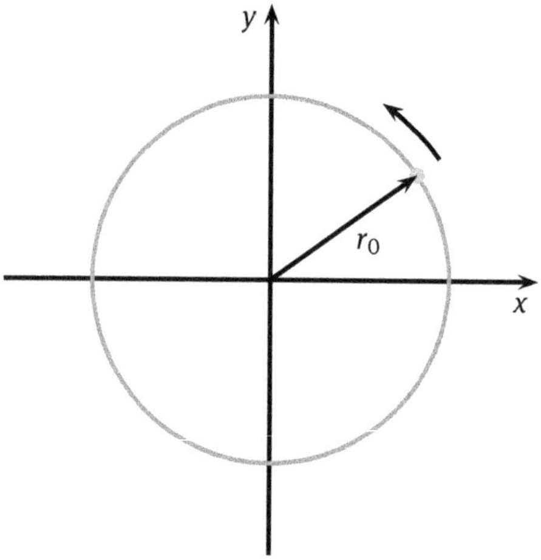

Abb. 2.3: Eine Kreisbahn. Die Masse bewegt sich im Abstand r_0 zum Ursprung gegen den Uhrzeigersinn.

Eine solche Bewegung ist in Abbildung 2.3 dargestellt. Die Bewegung verläuft periodisch, nach der Dauer eines Umlaufs kommt die Masse wieder am Ausgangspunkt an. Aus der Mathematik kennen wir periodische Funktionen, speziell Sinus- und Cosinus-Funktionen. Wir wollen versuchen, diese zur Beschreibung der Kreisbahn zu verwenden. Den Startpunkt der Bewegung wählen wir bei $x = r_0$ und $y = 0$. Die x-Koordinate ist maximal und wird kleiner, während die y-Koordinate zuerst einmal anwachsen wird. Wenn wir uns den Sinus und den Cosinus ansehen, stellen wir fest, dass der Sinus für die y-Komponente der Bewegung geeignet sein könnte und der Cosinus für die x-Komponente. Setzt man jeweils 0 ein, so wird der Cosinus 1 und der Sinus 0. Multipliziert man dies noch mit r_0, so entspricht das genau den Koordinaten am Startpunkt. Zum Zeitpunkt $t = 0$ kann man also schreiben:

$$\boldsymbol{r}(t = 0) = \begin{pmatrix} r_0 \\ 0 \end{pmatrix} = \begin{pmatrix} r_0 \cos(0) \\ r_0 \sin(0) \end{pmatrix} = r_0 \begin{pmatrix} \cos(0) \\ \sin(0) \end{pmatrix}. \tag{2.24}$$

Die Geschwindigkeit auf der Bahn habe den Betrag v_0 (wieder eine unbestimmte Konstante...). Die Umlaufdauer T kann man nun aus v_0 und dem Radius der Bahn r_0 bestimmen. Bei konstanter Geschwindigkeit gilt ja, dass diese das Verhältnis aus zurückgelegter Strecke und dafür benötigter Zeit ist. Die Umlaufdauer suchen wir, die Strecke ist der Kreisumfang U, den man aus dem Radius berechnen kann:

$$v_0 = \frac{U}{T} \quad \Leftrightarrow \quad T = \frac{U}{v_0} = \frac{2\pi r_0}{v_0}. \tag{2.25}$$

Die Umlaufzeit bezeichnet man auch als Periodendauer. Die Sinus- und die Cosinus-Funktion haben jeweils die Eigenschaft, dass eine volle Periode durchlaufen wurde, wenn das Argument der Funktion um 2π größer wurde. Man spricht auch von 2π-periodischen Funktionen. Zum Zeitpunkt $t = T$ muss im Sinus und im Cosinus also jeweils 2π stehen, denn zu diesem Zeitpunkt befindet sich auch die Masse wieder am Ausgangspunkt. Der folgende Ansatz leistet genau dies:

$$\boldsymbol{r}(t) = r_0 \begin{pmatrix} \cos\left(\frac{2\pi}{T} t\right) \\ \sin\left(\frac{2\pi}{T} t\right) \end{pmatrix}. \tag{2.26}$$

Setzt man $t = 0$ und $t = T$ ein, so sieht man, dass sich die Masse jeweils bei $x = r_0$ und $y = 0$ befindet. Doch die Periodizität allein macht noch keine Kreisbahn aus, der Abstand der Masse zum Mittelpunkt muss auch noch konstant bei r_0 liegen. Wir prüfen unseren Ansatz dahingehend, indem wir den Betrag des Ortsvektors bilden:

$$\left| \boldsymbol{r}(t) \right|^2 = r_0^2 \cdot \left(\cos^2\left(\frac{2\pi}{T} t\right) + \sin^2\left(\frac{2\pi}{T} t\right) \right) = r_0^2. \tag{2.27}$$

Im letzten Schritt haben wir die trigonometrische Variante des Satzes von Pythagoras verwendet. Der Betrag des Ortsvektors ist also konstant bei r_0, und somit muss durch unseren Ansatz tatsächlich ein Kreis beschrieben werden.

Satz 2.3 *Die Kreisbahn*
Eine Kreisbahn in der xy-Ebene mit dem Radius r_0 und der Bahngeschwindigkeit v_0 wird beschrieben durch

$$\boldsymbol{r}(t) = r_0 \begin{pmatrix} \cos\left(\frac{2\pi}{T} t\right) \\ \sin\left(\frac{2\pi}{T} t\right) \end{pmatrix}. \tag{2.28}$$

Die Umlaufdauer ist

$$T = \frac{2\pi r_0}{v_0}. \tag{2.29}$$

Aufgaben

Aufgabe 2.1 Bremsen
Ein Auto beginnt bei einer Geschwindigkeit von $50\,\mathrm{km/h}$ konstant zu bremsen. Nachdem es 15 m weiter gefahren ist, beträgt seine Geschwindigkeit noch $42\,\mathrm{km/h}$. Wie weit fährt es, bis es zum Stillstand kommt? Wie lange dauert das Bremsmanöver?

Aufgabe 2.2 U-Bahn
Eine U-Bahn fährt an der Haltestelle los und beschleunigt konstant mit $1,0\,\mathrm{m/s^2}$ für 15 s. Anschließend fährt sie mit konstanter Geschwindigkeit für 21 s weiter.
a) Wie weit kommt die U-Bahn in dieser Zeit?
b) Wie lang muss sie anschließend mit $-0,7\,\mathrm{m/s^2}$ bremsen, um zum Stillstand zu kommen?
c) Wie weit liegen beide Haltestellen auseinander?

Aufgabe 2.3 Tiefer Brunnen
Ein Stein fällt in einen Brunnen. Zu Beginn dieser Bewegung ruht er und wird dann konstant mit $a_z = -10\ \mathrm{m/s^2}$ beschleunigt (negative z-Richtung). Nach 2,4 s hört man den Aufprall. Wie tief ist der Brunnen, wenn die Schallgeschwindigkeit 300 $\mathrm{m/s}$ beträgt?

Aufgabe 2.4 Bahngeschwindigkeit der Erde
Die Erde braucht für einen Umlauf um die Sonne 365 Tage und bewegt sich in sehr guter Näherung auf einer Kreisbahn mit Radius $1,5 \cdot 10^8$ km. Wie groß ist die Bahngeschwindigkeit in $\mathrm{km/h}$? Welche Strecke legt die Erde an einem Tag zurück?

2.2 Die Bewegungsgesetze

Wie sich eine Masse bewegt, haben wir im letzten Abschnitt ausführlich unter die Lupe genommen. Neben dem Ortsvektor kamen als Kenngrößen einer Bahnkurve noch die Bahngeschwindigkeit und die Beschleunigung ins Spiel. Die zentrale Frage in diesem Abschnitt lautet: Warum bewegt sich eine Masse? Wir werden sehen, dass wir die Ursache dafür direkt mit der Beschleunigung in Verbindung bringen können. Um daraus wieder auf die Bahnkurve zu schließen, werden wir von den nun gewonnenen Erkenntnissen Gebrauch machen.

2.2.1 Die Kraft

Die Kraft ist einer der Begriffe, die man sich nur schwer vorstellen kann, weil sie nicht direkt erfassbar sind. Kräfte lassen sich weder direkt sehen noch anfassen, lediglich ihre Wirkungen kann man wahrnehmen. Auf welche Arten zeigen sich uns Kräfte? Beispielsweise benötigt man Kraft, um einen Körper zu verformen. Eine Feder wird durch eine einwirkende Kraft gestreckt oder gestaucht, ein Fußball wird einen Moment lang eingedellt, wenn er auf einen Torpfosten trifft. Doch nicht nur in der Verformung von materiellen Objekten zeigen sich Kräfte, auch in der Änderung der Geschwindigkeit machen sie sich bemerkbar. So kann sich einerseits die Richtung der Bewegung verändern, andererseits der Betrag der Bahngeschwindigkeit. Halten wir uns dazu noch einmal vor Augen, dass ein Vektor wie die Geschwindigkeit sowohl einen Betrag als auch eine Richtung besitzt, und beides lässt sich getrennt voneinander beeinflussen. Bei einer Kreisbewegung kann der Betrag der Bahngeschwindigkeit konstant bleiben, die Richtung ändert sich ständig. Eine Kreisbewegung kommt also durch den Einfluss von Kräften zustande. Und während ein Zug auf gerade Strecke fährt, kann er dennoch schneller oder langsamer werden. Auch hier sind Kräfte am Werk.

Um Kräfte zu messen, nutzt man beispielsweise Metallfedern, deren Auslenkung einer bestimmten Kraft entspricht und die man auf einer Skala ablesen kann. Die Feder muss so beschaffen sein, dass sie nach der Krafteinwirkung wieder in den ursprünglichen Zustand zurückkehrt, also elastisch ist. Wie Federkräfte aussehen, werden wir im nächsten Abschnitt kennenlernen. Bei Kraftmessern nutzt man das Prinzip der Verformung durch Krafteinwirkung aus. Die zweite Möglichkeit ist die Messung über die Geschwindigkeitsänderung, also die Beschleunigung. Hier ist allerdings Vorsicht geboten, da eine solche Messung nur unter bestimmten Umständen durchgeführt werden kann.

Definition 2.4 *Die Kraft*
Kräfte zeigen sich durch die Verformung von Gegenständen und die Änderung des Geschwindigkeitsvektors. Die Einheit der Kraft ist das Newton, abgekürzt mit dem Buchstaben N. Bei der Messung der Kraft über die Beschleunigung gilt, dass die Krafteinwirkung von 1 N dazu führt, eine Masse von 1 kg in 1 s auf die Geschwindigkeit 1 $^m/_s$ zu bringen.

2.2.2 Der Impuls

Was hat die am meisten durchschlagende Wirkung? Eine Stubenfliege oder ein PKW? Die Frage ist so nicht vollständig gestellt, wie man sich schnell klarmacht. Der PKW hat zwar die größere Masse, doch bei extrem langsamer Fahrt wird ein Fußgänger keinen Schaden durch einen Aufprall nehmen. Die leichte Stubenfliege aber kann, wenn sie sich im Weltraum auf einer Erdumlaufbahn mit hoher Geschwindigkeit auf einen Satelliten zubewegt, ein Loch in dessen Solarflügel reißen. Die Masse allein bestimmt die Wirkung bei einem Zusammenstoß also nicht. Eine hohe Geschwindigkeit kann die geringe Masse ausgleichen. Dies legt nahe, für die Beschreibung von Stößen eine neue Größe festzulegen, die das Produkt aus Masse und Geschwindigkeit ist. Denn gerade durch eine solche Multiplikation kann eine der beiden Größen die andere kompensieren, sodass die Wirkung die gleiche ist.

Definition 2.5 *Der Impuls*
Ein Körper der Masse m, der sich mit der Geschwindigkeit v bewegt, besitzt den Impuls

$$p = mv. \tag{2.30}$$

Der Impuls ist wie auch die Geschwindigkeit ein Vektor, zeigt also in Richtung der Bewegung der Masse. Da er ein Produkt aus zwei Größen ist, lässt er sich auch auf zwei Arten verändern. Einerseits kann man die Geschwindigkeit einer Masse vergrößern oder verkleinern, andererseits lässt sich aber auch die Masse selbst verändern. Bei einer Rakete geschieht dies während des Startvorgangs ständig, abgebrannter Treibstoff wird nach unten ausgestoßen und die Rakete wird somit stetig leichter.

2.2.3 Die Newton'schen Axiome

In den „Mathematischen Prinzipien der Naturphilosophie", die Isaac Newton im Jahr 1687 veröffentlicht hat, werden die grundlegenden Gesetze der Mechanik vorgestellt, nach denen jede Bewegung einer Masse unter dem Einfluss von Kräften beschrieben werden kann. Diese Gesetze (insgesamt sind es vier) werden wir im folgenden kennenlernen. Heute würde man ein solches Werk als Musterbeispiel theoretischer Physik ansehen, da Newton aus experimentellen Befunden seiner Kollegen und Vorgänger die wesentlichen Strukturen extrahiert und in eine mathematische Form gegossen hat. Die Gesetze sind erstaunlich einfach, und dennoch beschreiben sie sämtliche Vorgänge in der Mechanik, sofern die betrachteten Bewegungen mit nicht allzu großer Geschwindigkeit stattfinden. Erst Einstein hat über 200 Jahre nach Newton mit seiner Relativitätstheorie an diesem Punkt eine Erweiterung geschaffen. In der Praxis werden die Newton'schen Gesetze aber heute noch verwendet, sowohl in der technischen Mechanik als auch in der Raumfahrt.

2.2.3.1 Das 1. Axiom

Das erste Newton'sche Gesetz oder Axiom beschreibt das Verhalten von Körpern ohne Krafteinwirkung.

> **Satz 2.4** *Das Trägheitsgesetz*
> Ohne die Einwirkung von Kräften bleibt ein Körper in Ruhe oder bewegt sich auf einer geraden Bahn mit konstanter Geschwindigkeit weiter.

Die Konsequenz des Trägheitssatzes hat jeder schon einmal erlebt, wenn er in einer anfahrenden Bahn oder einem anfahrenden Auto scheinbar nach hinten gedrückt wird. Ohne eine Kraft aufzubringen würde man an einem Ort verharren, während das Fahrzeug beschleunigt. Jede Masse besitzt die Eigenschaft, träge zu sein, das Maß für die Trägheit ist die Masse selbst. Man spricht deswegen auch von träger Masse.

Das Trägheitsgesetz definiert eine ganz bestimmte Art von Koordinatensystemen, in denen man Bewegungen beschreiben kann. Ein solches Koordinatensystem, in dem die kräftefreie Bewegung eines Körpers gleichförmig verläuft, also geradlinig und mit konstanter Geschwindigkeit, nennt man *Inertialsystem*. Das anfahrende Auto stellt kein Inertialsystem dar, denn von ihm aus betrachtet wird der Fußgänger am Straßenrand nach hinten beschleunigt, während keine Kräfte auf ihn wirken. Auch die Erdoberfläche ist kein Inertialsystem, die Rotation macht sich z.B. durch die Anwesenheit von Passatwinden in Äquatornähe bemerkbar, die bei ruhender Erde auf der Nordhalbkugel nicht nach Süd-Westen (bzw. Nord-Westen auf der Südhalbkugel), sondern nach Süden bzw. Norden wehen würden. Dennoch kann man die Erde für viele Anwendungen näherungsweise als Inertialsystem betrachten. Raumstationen sind Inertialsysteme, wenn auch nur räumlich beschränkte. In ihnen kann man einen Gegenstand in jede beliebige Richtung abwerfen, und er wird sich immer auch einer gerade Bahn und mit konstanter Geschwindigkeit bewegen. Auch jedes andere Koordinatensystem, welches sich mit konstanter Geschwindigkeit relativ zu einem Inertialsystem bewegt, ist wieder ein Inertialsystem. Die Definition eines solchen Systems ist nötig, um ein Referenzsystem für die Messung von Beschleunigungen zu besitzen. Das nächste Axiom basiert auf dieser Festlegung.

Wie lässt sich auf der Erde ein lokales Inertialsystem realisieren?

2.2.3.2 Das 2. Axiom

Ein geeignetes Koordinatensystem für die Messung von Beschleunigungen haben wir nun definiert. Das 2. Newton'sche Axiom setzt nun die zeitliche Änderung der Bewegung einer Masse in Beziehung zu den auf die Masse wirkenden Kräften.

Satz 2.5 *Die Grundgleichung der Mechanik*
Die Änderung des Bewegungszustandes eines Körpers wird durch eine Kraft hervorgerufen und ist dieser proportional sowie gleichgerichtet:

$$F = \dot{p}. \tag{2.31}$$

Bei konstanter Masse kann man auch schreiben:

$$F = m\dot{v} = ma. \tag{2.32}$$

Die Bewegungsgleichung gilt in dieser Form nur in Inertialsystemen, wie sie durch das 1. Axiom definiert sind. Aus der Bewegungsgleichung ist die Einheit der Kraft ersichtlich. Es gilt:

$$1\,\text{N} = 1\,\text{kg}\frac{\text{m}}{\text{s}^2}. \tag{2.33}$$

Die Grundgleichung werden wir verwenden, um Berechnungen anzustellen, also um Bahnkurven zu bestimmen, wenn bestimmte Kräfte vorgegeben sind. Meistens wird die Form (2.32) verwendet, da die Masse sich auf ihrer Bahn nur unter bestimmten Umständen verändert (z.B. beim Start einer Rakete). Das Verwendungsschema für (2.31) oder (2.32) ist immer das gleiche: Man stelle alle Kräfte auf, die auf eine Masse wirken, setze diese in die Bewegungsgleichung ein, und dann versucht man mit Hilfe von mehr oder weniger viel Mathematik, aus der Beschleunigung auf die Bahnkurve zu schließen. Dass dies im Einzelfall durchaus schwierig werden kann, liegt in der Natur der Sache. Doch nicht nur Bahnkurven lassen sich mit der Bewegungsgleichung bestimmen, entgegen ihres Namens kann man sie auch verwenden, um Probleme in der Statik zu lösen. Und schließlich gilt sie nicht nur für eine einzelne Masse, sondern auch für mehrere Massen und sogar kontinuierliche Medien wie Flüssigkeiten und Gase. Hier leitet man aber je nach Modell weitere Gleichungen aus (2.31) oder (2.32) ab.

2.2.3.3 Das 3. Axiom

Neben den Kräften, die global auf alle Massen gleich einwirken (wie z.B. die Gravitation), gibt es noch Kräfte zwischen den einzelnen Massen. Diese bezeichnet man als *Wechselwirkungskräfte*. Diese unterliegen dem 3. Newton'schen Gesetz.

Satz 2.6 *Das Wechselwirkungsgesetz*
Übt ein Körper 1 auf einen Körper 2 eine Kraft F_{12} aus, so hat dies eine Gegenkraft F_{21} zur Folge, welche der ersten entgegen gerichtet ist, aber den gleichen Betrag besitzt:

$$F_{12} = -F_{21}. \tag{2.34}$$

Anschaulich kann man sich das wie folgt klarmachen. Zwei Menschen gleicher Masse stehen sich auf zwei Skateboards gegenüber. Zwischen ihnen verläuft ein Seil, an dem sich beide festhalten. Nun zieht der eine an dem Seil die zweite Person zu sich her. In der Folge setzt er sich jedoch selbst in Bewegung, da auf ihn automatisch eine Gegenkraft wirkt. Da die beiden Kräfte jeweils wieder mit der Impulsänderung verknüpft sind, kann man hier schon ahnen, dass bei der Behandlung von wechselseitigen Stößen wohl auf das 3. Axiom zurückgegriffen werden muss.

Kann man ein Segelschiff bei Windstille theoretisch dadurch antreiben, indem man selbst in die Segel bläst und gleichzeitig auf dem Schiff steht?

2.2.3.4 Das 4. Axiom

In der Physik hat man es mit realen Objekten zu tun. Auch wenn man eine Kraft nicht anfassen kann, so kommt sie doch in der Realität vor. In der Mathematik hingegen sind sämtliche Objekte rein gedanklicher Natur. Wir verwenden diese jedoch, um damit physikalische Objekte zu erfassen. So wird aus der Kraft in der mathematischen Beschreibung ein Vektor. Dass dies zulässig ist, sagt uns das 4. Axiom.

Satz 2.7 *Addition von Kräften*
Kräfte addieren sich wie Vektoren.

Dieser kurze Satz bedeutet, dass das reale Objekt „Kraft" die gleichen Eigenschaften besitzt, wie das mathematische Objekt „Vektor" und speziell bei der Addition von Kräften die gleichen Regeln gelten, wie man sie in der Mathematik für Vektoren definiert hat. Auch für alle anderen physikalischen Objekte gilt eine solche Korrespondenz zu einem mathematischen Konstrukt. Man sieht an dieser Stelle den Unterschied zwischen den beiden Wissenschaften und auch, wie sich die Physik der Mathematik zur Beschreibung von Naturgesetzen bedient.

Welche physikalischen Größen werden ebenfalls als Vektoren dargestellt? Welches mathematische Objekt korrespondiert mit der Masse?

a)

b)

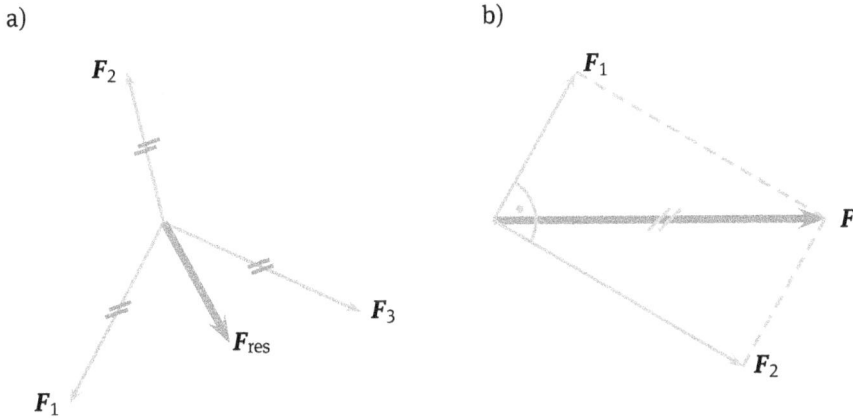

Abb. 2.4: Zur Kräfteaddition. In Bild a) greifen mehrere Kräfte an einer Masse an. Daraus resultiert in der Summe eine Gesamtkraft F_{res} (fett gezeichnet). Die ursprünglichen Kräfte wurden durchgestrichen, um deutlich zu machen, dass diese nun nicht mehr wirken. Bild b) zeigt die Umkehrung, die Zerlegung einer Kraft nach zwei Teilkomponenten. In diesem Beispiel stehen die Komponenten senkrecht zueinander. Das ist nicht zwingend notwendig, aber der übliche Anwendungsfall.

2.3 Erste Anwendungen der Bewegungsgesetze

Die Spielregeln der Mechanik zu kennen ist eine Sache, sie auch verwenden zu können eine ganz andere. In diesem Abschnitt soll es darum gehen, anhand konkreter Beispiele das eben erlernte Handwerkszeug anzuwenden. Außerdem müssen wir noch einige Kräfte, die in den Anwendungen vorkommen können, kennenlernen.

2.3.1 Kräfteaddition und Kräftezerlegung

Nach dem 4. Newton'schen Axiom addieren sich Kräfte wie Vektoren. Diese Addition sowie auch deren Umkehrung wollen wir uns jetzt anschauen. In Abbildung 2.4 a) ist die Addition von Kräften dargestellt. Aus drei Kräften wird eine Gesamtkraft. Eine solche Addition geschieht grafisch, indem man zur Spitze des ersten Kraftvektors geht und daran den zweiten Kraftvektor ansetzt. Dann setzt man an die neue Spitze den dritten Kraftvektor usw. Man darf nicht vergessen, die ursprünglichen Kräfte durchzustreichen, denn nur der Kraftpfeil, welcher am Ende übrig bleibt, ist für eine Beschleunigung verantwortlich. Auch eine teilweise Ersetzung ist möglich. Dann sucht man sich einen Teil der Kraftpfeile aus und addiert diese auf die gleiche Weise zu einer Gesamtkraft, wobei dann eben noch Kräfte übrig bleiben. Doch rein grafisch wird man üblicherweise nicht arbeiten, dieses Vorgehen dient primär dazu, eine Skizze anzufertigen. Um quantitative Aussagen zu erhalten, muss man rechnen. Schauen wir uns das an einem kleinen Beispiel an. Der einzige Unterschied zu einer reinen Mathematikaufgabe ist, dass man die physikalischen Einheiten berücksichtigen muss und nicht nur Zahlenwerte addiert.

Beispiel 2.4 *Addition von Kräften*

Gegeben sind die drei Kräfte

$$F_1 = \begin{pmatrix} 1 \\ -0{,}4 \\ 5 \end{pmatrix} \text{N}, \quad F_2 = \begin{pmatrix} 8{,}9 \\ 4 \\ 2{,}3 \end{pmatrix} \text{N}, \quad F_3 = \begin{pmatrix} -5{,}7 \\ -2 \\ 2 \end{pmatrix} \text{N}.$$

Wie lautet die resultierende Kraft F_{res}?

Lösung: Wir addieren die drei Kraftvektoren und erhalten:

$$F_{res} = F_1 + F_2 + F_3 = \begin{pmatrix} 1 \\ -0{,}4 \\ 5 \end{pmatrix} \text{N} + \begin{pmatrix} 8{,}9 \\ 4 \\ 2{,}3 \end{pmatrix} \text{N} + \begin{pmatrix} -5{,}7 \\ -2 \\ 2 \end{pmatrix} \text{N} = \begin{pmatrix} 4{,}2 \\ 1{,}6 \\ 9{,}3 \end{pmatrix} \text{N}.$$

In Abbildung 2.4 b) ist gezeigt, wie man eine einzelne Kraft in zwei Komponenten zerlegen kann. Oft wählt man die Komponenten so, dass sie senkrecht aufeinander stehen, dies ist aber nicht zwingend. Man gibt zuerst nur die Richtungen der beiden Kraftkomponenten vor. Die passende Länge haben sie, wenn man die beiden Ersatzkräfte zu einem Parallelogramm zusammensetzen kann, wie in der Abbildung gezeigt. Man nennt diese ein Kräfteparallelogramm. Beim Konstruieren verwendet man dabei Parallelverschiebungen, wie man rechnerisch vorgeht, werden wir gleich sehen. Doch zunächst wollen wir ein paar Kräfte kennenlernen, die in der Mechanik häufig auftreten, sodass wir uns auch einigen Anwendungsfällen zuwenden können.

2.3.2 Ein Potpourri von Kräften

Die einzige Kraft, die wir ständig wahrnehmen, ist die Erdanziehung. Überall auf der Erde fühlen wir uns etwas gleich schwer, da die Erde näherungsweise eine Kugel mit radialsymmetrischer Massenverteilung ist. Bis in nicht allzu große Höhen ist die Erdanziehung etwa konstant und immer nach unten gerichtet. Wenn wir ein Koordinatensystem wählen, dessen z-Achse senkrecht nach oben zeigt, so gilt für die Gewichtskraft ein einfaches Gesetz.

Satz 2.8 *Die Gewichtskraft*
In der Nähe der Erdoberfläche gilt für die anziehende Gravitationskraft:

$$F_G = m\boldsymbol{g} = m \begin{pmatrix} 0 \\ 0 \\ -g \end{pmatrix}, \tag{2.35}$$

wobei der Ortsfaktor g meist mit dem Wert 9,81 N/kg angegeben wird. Da es sich bei g um eine Beschleunigung, die Fallbeschleunigung, handelt, kann man auch die Einheit m/s² verwenden.

An diesem Gesetz sieht man: Masse ist nicht nur träge, wie es das 1. Newton'sche Gesetz besagt, sondern auch *schwer*. Es scheint eine Eigenart der Natur zu sein, dass jede Art von Masse (Blei, Sauerstoff, Cyclohexan...) das gleiche Verhältnis von Schwere und Trägheit aufweist. Durch die Eigenschaft, schwer zu sein, wird eine Masse von der Erde angezogen, durch ihre Trägheit erfährt sie eine bestimmte Beschleunigung.

Das Gesetz für die Gewichtskraft gilt nur in der Nähe der Erdoberfläche. Newton hat in seinen „Prinzipien" aber nicht nur die Bewegungsgesetze postuliert, sondern gleich noch ein Kraftgesetz mitgeliefert, nach welchem sich Planeten um die Sonne bewegen und denen auch alle anderen Massen, ob groß oder klein, gehorchen müssen. Dies stellt eine Verallgemeinerung von (2.35) dar.

Satz 2.9 *Das allgemeine Gravitationsgesetz*
Zwischen zwei Massen wirkt immer eine gravitative Anziehung:

$$F_{grav} = -G\frac{m_1 m_2}{r^2}\,\boldsymbol{e}_r. \tag{2.36}$$

Die einzelnen Größen bedürfen einer Erklärung. Die Gravitationskraft wirkt zwischen zwei Massen, m_1 und m_2, welche den Abstand r besitzen. Will man die Kraft auf die Masse m_1 wissen, so ist der Vektor $\boldsymbol{e}_r$ so zu wählen, dass er von m_2 auf m_1 zeigt (siehe hierzu Abbildung 2.5). Außerdem ist $\boldsymbol{e}_r$ auf die Länge 1 normiert. Entsprechend muss man die Richtung von $\boldsymbol{e}_r$ umdrehen, wenn man die Kraftwirkung von m_1 auf m_2 bestimmen möchte. Die Stärke der Gravitation wird mit dem Faktor G skaliert. Diese Naturkonstante besitzt den Wert $6,67 \cdot 10^{-11}$ m³/kg s². Ihre sehr kleine Zahl hat zur Folge, dass die Gravitation eine sehr schwache Kraft ist. In der Elektrizitätslehre wird eine Kraft auftreten, deren Gesetzmäßigkeit dieselbe Form aufweist wie (2.36), die aber um viele Größenordnungen stärker ist. Dass wir diese elektrische Kraft im Alltag trotz ihrer gewaltigen Größe nicht spüren, liegt daran, dass diese sowohl anziehend als auch abstoßend sein kann. Die Gravitation hingegen ist ausschließlich anziehend. Ihre Stärke nimmt mit zunehmendem Abstand ab, dennoch ist sie noch in riesigen Entfernungen nicht Null und sorgt dafür, dass selbst Sterne in den äußeren Bereichen einer Galaxie noch zu deren Zentrum gezogen werden und sich dabei auf einer Kreisbahn bewegen.

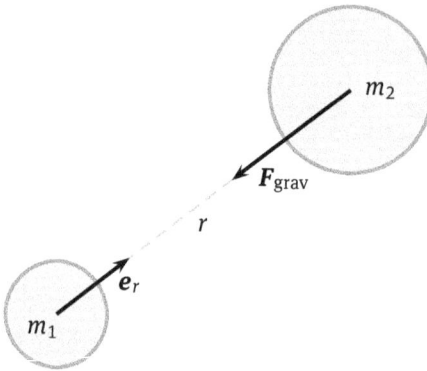

Abb. 2.5: Gravitationskraft einer Masse m_1 auf eine Masse m_2. Beide Massen besitzen den Abstand r, der Richtungsvektor e_r zeigt entlang des vektoriellen Abstands und besitzt die Länge 1. Die Gravitationskraft greift bei m_2 an und ist entgegen des Richtungsvektors auf m_1 gerichtet. Nach dem Wechselwirkungsgesetz kann man ein zweites solches Bild zeichnen, bei dem die Kraft bei m_1 angreift und genau in Gegenrichtung zeigt.

Beispiel 2.5 *Anziehungskraft zweier Bleikugeln*

Welche Beschleunigung erfahren zwei Bleikugeln der Masse 2,0 kg im Abstand 0,05 m aufgrund ihrer Gravitation?

Lösung: Die Gravitationskraft auf jede der beiden Bleikugeln beträgt:

$$F_{grav} = 6{,}67 \cdot 10^{-11} \, \frac{m^3}{kg \, s^2} \cdot \frac{2{,}0 \, kg \cdot 2{,}0 \, kg}{(0{,}05 \, m)^2} = 1{,}07 \cdot 10^{-7} \, N.$$

Die Beschleunigung nimmt damit den winzigen Zahlenwert

$$a = \frac{F_{grav}}{m} = \frac{1{,}07 \cdot 10^{-7} \, N}{2{,}0 \, kg} = 5{,}3 \cdot 10^{-8} \, \frac{m}{s^2}$$

an, was aber noch messbar ist.

Oft spielen in der Technik Kräfte eine Rolle, welche durch federnde Elemente hervorgerufen werden. Eine Feder besitzt die Eigenschaft, dass die Kraft, die man zu ihrer Auslenkung benötigt, dieser proportional und entgegen gerichtet ist. Man bezeichnet einen solchen linearen Zusammenhang auch als Hook'sches Gesetz. Es gilt innerhalb einer gewissen Näherung. Dehnt man eine Feder zu weit, so verlässt man den elastischen Bereich und verformt die Feder dauerhaft, und die Kraft folgt anderen Gesetzen.

Satz 2.10 *Federkräfte und Hook'sches Gesetz*
Lenkt man eine Feder um die Strecke *x* aus oder staucht sie entsprechend, so widersetzt sich die Feder mit folgender Kraft:

$$F_{\text{Feder}} = -Dx. \tag{2.37}$$

Der Proportionalitätsfaktor *D* ist eine materialspezifische Konstante mit der Einheit N/m.

Das Minuszeichen in (2.37) bedeutet, dass die Feder nach links zieht, wenn man sie nach rechts auslenkt und umgekehrt.

Unvermeidlich sind in der Anwendung Reibungskräfte. Der negative Anklang im Wort „unvermeidlich" ist darin begründet, dass Reibung in einer Maschine immer zu einem erhöhten Energieaufwand führt, weil durch Reibung Verluste entstehen. Diese sind unwirtschaftlich und müssen deswegen minimiert werden. Drei Arten von Reibung sollen hier besprochen werden. Rutscht ein Körper auf einer Oberfläche, so sorgen winzige Unebenheiten sowie anziehende Kräfte zwischen den elementaren Bausteinen der Materialien für bremsende Kräfte. Beides kann z.B. durch flüssige Schmierstoffe weitgehend beseitigt werden. Im einfachsten Modell ist diese Gleitreibung unabhängig von der Geschwindigkeit, mit der die Oberflächen gegeneinander verschoben werden. Sie hängt aber von der Kraft ab, mit der beide Körper gegeneinander gedrückt werden. Diese Abhängigkeit ist linear, sodass bei doppelter Kraft auf die Oberflächen auch eine doppelt so große Reibungskraft entsteht. Doch nicht nur beim Gleiten gibt es Reibung, auch ein rollendes Rad wird etwas gebremst. Im einfachsten Modell nimmt man wieder an, dass die Größe Rollreibung nicht von der Geschwindigkeit abhängt, zur senkrecht wirkenden Kraft aber proportional ist. Gerade haben wir schon eine Ursache der Reibung identifiziert: Kleine Unebenheiten in den Oberflächen. Diese können auch dafür sorgen, dass die beiden Körper sich auf mikroskopischem Maßstab verhaken, wenn man sie aufeinander drückt. Zieht man sie nun gegeneinander, verhindert dieses Verhaken das Losrutschen. Erst wenn man mit ausreichend großer Kraft zieht, wird die maximale Haftreibung überwunden und die Bewegung geht in ein Gleiten über, wobei als bremsende Kraft die Gleitreibung wirkt. Wieder ist die Reibung proportional zur Kraft, die senkrecht auf den Oberflächen steht.

Satz 2.11 *Reibungskräfte*
Werden zwei Oberflächen mit der Normalkraft F_N gegeneinander gedrückt, so wirkt beim Gleiten die Gleitreibungskraft F_{gl}, beim Rollen die Rollreibungskraft F_{roll} und vor dem Gleiten die maximale Haftreibungskraft $F_{h,\max}$:

$$F_{\text{gl}} = f_{\text{gl}} F_N, \tag{2.38}$$

$$F_{\text{roll}} = f_{\text{roll}} F_N, \tag{2.39}$$

$$F_{h,\max} = f_{h,\max} F_N. \tag{2.40}$$

Die Reibungskoeffizienten $f_{\text{gl}}, f_{\text{roll}}$ und $f_{h,\max}$ hängen von den jeweiligen Oberflächen

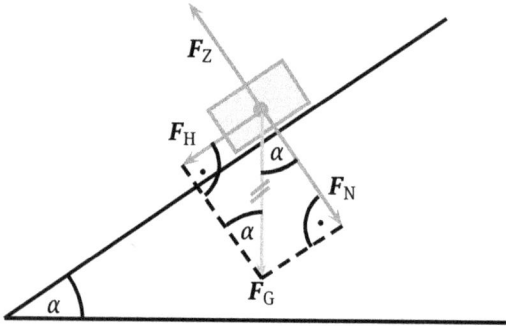

Abb. 2.6: Die Schiefe Ebene. Eine Masse kann sich unter dem Einfluss der Gewichtskraft F_G auf der Ebene, welche um den Winkel α geneigt ist, bewegen. Man ersetzt die Gewichtskraft dafür durch zwei Kräfte. Die Hangabtriebskraft F_H wirkt parallel zur Ebene, die Normalkraft F_N steht senkrecht auf dieser. Außerdem ist noch eine sogenannte *Zwangskraft* F_Z beteiligt, welche die Ebene auf die Masse ausübt und damit verhindert, dass sie durch die Ebene hindurchfällt.

ab und sind dimensionslos. Im Allgemeinen gilt:

$$f_{roll} < f_{gl} < f_{h,max}. \tag{2.41}$$

Um das Modell etwas zu erweitern, kann man annehmen, dass Roll- und Gleitreibungskräfte eine Geschwindigkeitsabhängigkeit besitzen. Dies tritt z.B. beim freien Fall mit Luftwiderstand auf. Jedes Objekt wird dabei immer schneller, bis die Reibungskraft so groß wird wie die Gewichtskraft. In dieser Gleichgewichtssituation fällt der Körper mit konstanter Geschwindigkeit.

2.3.3 Die schiefe Ebene

Ein erstes Beispiel für die Anwendung der Kräftezerlegung und die Lösung der Bewegungsgleichung stellt die schiefe Ebene dar. Sie ist zusammen mit einer auf ihr befindlichen Masse in Abbildung 2.6 dargestellt.

Die einzige Kraft, die auf die Masse einwirkt, ist zunächst ihre Gewichtskraft, die senkrecht nach unten zeigt. Die Aufgabe lautet nun, die Bewegung der Masse zu bestimmen. Doch wir stehen zunächst noch vor einem Problem: Wenn außer der Gewichtskraft keine weiteren Kräfte im Spiel sind, fällt die Masse einfach nur senkrecht nach unten. Dies ist offenbar nicht der Fall, und wir müssen ein wenig näher hinsehen. Es bietet sich an, die Gewichtskraft in zwei Teilkomponenten zu zerlegen, die jeweils senkrecht zur Ebene und parallel zu dieser stehen. Die Parallelkomponente nennt man die Hangabtriebskraft F_H, die zweite Komponente heißt Normalkraft F_N. Letztere drückt die Masse auf die Ebene. Daraufhin antwortet die Ebene jedoch mit einer Gegenkraft F_Z, um nicht eingedellt zu werden. Diese geometrische Einschränkung, die Festigkeit der Ebene, ist der Grund für die Bezeichnung *Zwangskraft*. Sie ist der Normalkraft genau entgegen gerichtet und besitzt denselben Betrag wie diese.[4] Effektiv bleibt damit nur noch die Hangabtriebskraft übrig, um die Masse zu beschleunigen. Wenn wir diese bestimmen, können wir mit Hilfe der Bewegungsgleichung den zeitlichen Verlauf der Bewegung ausrechnen. In Abbildung 2.6 können wir auch einen Zusammenhang zwischen der Gewichtskraft und der Hangabtriebskraft sehen. Da die Kräftezerlegung in zwei senkrechte Teilkomponenten erfolgt ist, bilden die Vektoren F_G und F_H zwei Seiten eines rechtwinkligen Dreiecks. Der Vektor der Gewichtskraft stellt die Hypotenuse dar, die Hangabtriebskraft die Gegenkathete bezüglich des Neigungswinkels α (Man überlege sich einmal, warum α gerade an dieser Stelle auftritt). Nach der Definition der Sinusfunktion im rechtwinkligen Dreieck gilt nun für die Beträge der Kräfte:

$$\sin \alpha = \frac{F_H}{F_G} \quad \Leftrightarrow \quad F_H = F_G \sin \alpha. \tag{2.42}$$

Setzen wir noch ein, was wir über die Gewichtskraft wissen, so erhalten wir folgendes Ergebnis für die Hangabtriebskraft einer Masse m auf einer schiefen Ebene:

$$F_H = mg \sin \alpha. \tag{2.43}$$

Beispiel 2.6   *Ein steiler Hang*

Ein Fahrradfahrer beschließt bei einer Steigung von 12 %, sein Rad den Berg hinauf zu schieben. Das Rad besitzt eine Masse von 13 kg. Welche Kraft muss der „Fahrer" bei konstanter Geschwindigkeit aufbringen, um den Hangabtrieb zu überwinden?

Lösung: Eine Steigung von 12 % bedeutet, dass es pro Meter Wegstrecke in der Ebene (nicht entlang der schiefen Ebene) um 0,12 m nach oben geht. Der Neigungswinkel ergibt sich damit wie folgt:

$$\tan \alpha = 12 \,\% \quad \Leftrightarrow \quad \alpha = \arctan 0{,}12 = 6{,}84°.$$

Damit ergibt sich folgende Hangabtriebskraft, die der Radfahrer beim Schieben überwinden muss:

$$F_H = mg \sin \alpha = 13 \text{ kg} \cdot 9{,}81 \, \frac{\text{N}}{\text{kg}} \cdot \sin 6{,}84° = 15 \text{ N}.$$

Die Bewegung auf einer schiefen Ebene kann weiter an die Realität angepasst werden, wenn man Reibungseffekte hinzunimmt. Wir verwenden für das folgende Beispiel eine

---

4 Diese Zwangskräfte treten an allen Stellen der Mechanik auf, wo geometrische Einschränkungen für die Bahn gelten, z.B. auch bei einem Pendel. Während man in einfachen Situationen noch leicht damit fertig wird, kann schon eine kleine Erweiterung wie das Doppelpendel zu unüberwindlichen Schwierigkeiten bei der Verwendung der Newton'schen Bewegungsgleichung führen. Dieses konzeptionelle Problem lässt sich durch eine Umformulierung der Mechanik nach Lagrange jedoch beheben. Wir werden hier jedoch nicht darauf eingehen können.

konstante Gleitreibungskraft, mit der eine Masse auf der Ebene gebremst wird. Die Reibungskraft ist der Bewegung immer entgegen gerichtet.

Beispiel 2.7 *Rutschen*

Eine Masse von 3,0 kg rutscht eine Ebene mit Neigungswinkel $\alpha = 7°$ hinunter. Die Gleitreibungszahl beträgt $f_{gl} = 0,02$ und der Ortsfaktor ist $g = 9,81$ N/kg. Mit welcher Beschleunigung bewegt sich die Masse den Berg hinunter?

Lösung: Aufgrund der Gravitation wirkt folgende Hangabtriebskraft auf die Masse:

$$F_H = mg \sin \alpha = 3,0 \text{ kg} \cdot 9,81 \, \frac{\text{N}}{\text{kg}} \cdot \sin 7° = 3,6 \text{ N}.$$

Der Hangabtriebskraft ist eine konstante Gleitreibung entgegen gerichtet, welche folgenden Betrag besitzt:

$$F_{gl} = f_{gl} F_N = f_{gl} \, mg \cos \alpha = 0,02 \cdot 3,0 \text{ kg} \cdot 9,81 \, \frac{\text{N}}{\text{kg}} \cdot \cos 7° = 0,58 \text{ N}.$$

Effektiv erhält die Masse also folgende Beschleunigung:

$$a = \frac{F_H - F_{gl}}{m} = \frac{3,6 \text{ N} - 0,58 \text{ N}}{3,0 \text{ kg}} = 1,0 \, \frac{\text{m}}{\text{s}^2}.$$

2.3.4 Wurfparabeln

In einem Inertialsystem fliegt ein Ball auf einer geraden Bahn, bis er auf ein Hindernis trifft. Auf einem Fußballplatz auf der Erde wird dies sicher nicht so ablaufen. Um eine bessere Sicht auf das Wesentliche zu bekommen, vernachlässigen wir für den Moment sämtliche Reibungseffekte. Die einzige Kraft, welche auf den Ball einwirkt, ist also die Gewichtskraft, und diese zeigt auf den Fußballplatz. Der Ball fliegt durch den Raum, und somit müssen wir zur Beschreibung der Bahnkurve die vektorielle Darstellung verwenden. Wir können ohne Beschränkung der Allgemeinheit annehmen, dass der Ball in x-Richtung abgeschossen wird, wobei er sich anfangs auch noch nach oben, also in z-Richtung, bewegt. Dies ist in Abbildung 2.7 dargestellt.

Zur Lösung der Bewegungsgleichung benötigen wir zuerst die beschleunigende Kraft. Diese sieht wie folgt aus:

$$\mathbf{F} = \begin{pmatrix} 0 \\ -mg \end{pmatrix}. \tag{2.44}$$

Nun können wir die beschleunigende Kraft wie üblich in die Newton'sche Bewegungsgleichung einsetzten und erhalten daraus dann folgende Beschleunigung:

$$\mathbf{F} = m\mathbf{a} \quad \Leftrightarrow \quad \mathbf{a} = \frac{\mathbf{F}}{m} = \begin{pmatrix} 0 \\ -g \end{pmatrix}. \tag{2.45}$$

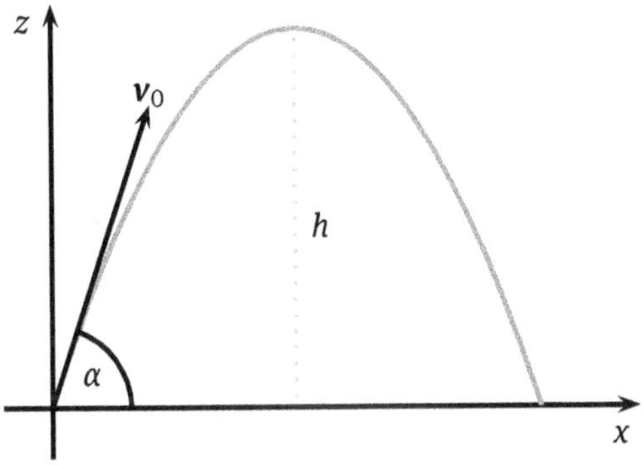

Abb. 2.7: Flug einer Masse bei konstanter Gewichtskraft. Die Anfangsgeschwindigkeit v_0 schließt mit der x-Achse den Winkel α ein, die Masse erreicht die Höhe h.

In der ersten Komponente (also in x-Richtung) ist die Beschleunigung Null, und somit handelt es sich hierbei um eine gleichförmige Bewegung. In z-Richtung ist die Beschleunigung konstant, die Bewegung wird in dieser Richtung also gleichmäßig beschleunigt ablaufen. Für beide Bewegungsformen kennen wir bereits die Lösung und können diese deswegen (zunächst ganz allgemein) gleich angeben:

$$r(t) = \begin{pmatrix} x(t) \\ z(t) \end{pmatrix} = \begin{pmatrix} v_{0,x}t + x_0 \\ -\frac{1}{2}gt^2 + v_{0,z}t + z_0 \end{pmatrix}. \tag{2.46}$$

Darin tauchen natürlich wieder Integrationskonstanten auf, die wir auf die Bewegung anpassen müssen. Der Einfachheit halber lassen wir den Flug am Ursprung beginnen, sodass wir $x_0 = 0$ und $z_0 = 0$ setzen können. Als freie Parameter bleiben noch die beiden Geschwindigkeitskomponenten übrig, mit denen wir die Richtung beim Start sowie den Betrag der Geschwindigkeit festlegen können. Für den Betrag der Anfangsgeschwindigkeit gilt:

$$|v_0|^2 = v_{0,x}^2 + v_{0,z}^2. \tag{2.47}$$

Der Winkel, den die Anfangsgeschwindigkeit mit der x-Achse einschließt, hängt von den Geschwindigkeitskomponenten $v_{0,x}$ und $v_{0,z}$ ab, welche die beiden Katheten in einem rechtwinkligen Dreieck bilden:

$$\tan \alpha = \frac{v_{0,z}}{v_{0,x}}. \tag{2.48}$$

Andererseits gilt:

$$\cos \alpha = \frac{v_{0,x}}{v_0}, \tag{2.49}$$

$$\sin \alpha = \frac{v_{0,z}}{v_0}. \tag{2.50}$$

Formal sind wir damit am Ende der Lösung angelangt. Man kann aber noch einen Schritt weitergehen und eine analytische Form der Bahnkurve angeben. Bis jetzt sind die beiden Komponenten der Bahnkurve getrennt voneinander in Abhängigkeit eines Parameters t angegeben. Man kann diesen Parameter aber auch entfernen und dadurch eine Kurve $z(x)$ bestimmen. Dazu formen wir die erste Komponente in (2.46) nach t um:

$$t = \frac{x}{v_{0,x}}. \tag{2.51}$$

Wie beim Lösen von Gleichungssystemen nehmen wir nun diese Zeit und ersetzen sie damit in der zweiten Komponente von (2.46):

$$
\begin{aligned}
z(x) \; &= -\frac{1}{2}g\left(\frac{x}{v_{0,x}}\right)^2 + v_{0,z}\frac{x}{v_{0,x}} \\
&\overset{(2.48)}{=} -x^2\frac{g}{2v_{0,x}^2} + x\tan\alpha \\
&\overset{(2.49)}{=} -x^2\frac{g}{2v_0^2\cos^2\alpha} + x\tan\alpha.
\end{aligned}
\tag{2.52}
$$

Wir sehen also, dass die Flugbahn unter Einwirkung der konstanten Gewichtskraft eine Parabel ist, die durch den Steigwinkel α, die Anfangsgeschwindigkeit v_0 und den Ortsfaktor g bestimmt wird. Fassen wir unsere Ergebnisse noch einmal zusammen.

Satz 2.12 *Die Wurfparabel*

Wirft man eine Masse unter dem Winkel α gegen die x-Achse am Koordinatenursprung mit der Anfangsgeschwindigkeit v_0 ab, so ist die Flugbahn eine Parabel:

$$z(x) = -x^2\frac{g}{2v_0^2\cos^2\alpha} + x\tan\alpha. \tag{2.53}$$

Die Parameterform der Bahnkurve lautet:

$$r(t) = \begin{pmatrix} v_{0,x}t \\ -\frac{1}{2}gt^2 + v_{0,z}t \end{pmatrix}. \tag{2.54}$$

Beispiel 2.8 *Höchster Punkt einer Wurfparabel*

Welche Höhe erreicht eine Masse, welche unter einem Winkel von 70° mit der Geschwindigkeit $v_0 = 5{,}8$ m/s abgeschossen wird? Der Ortsfaktor beträgt 9,81 m/s².

Lösung: Die maximale Höhe kann man z.B. bestimmen, indem man fragt, wann die Geschwindigkeit in z-Richtung Null wird. Dies ist ausschließlich am höchsten Punkt der Fall. Der Geschwindigkeitsverlauf in z-Richtung ergibt sich als Ableitung der Bahnkurve $z(t)$:

$$v_z(t) = \dot{z}(t) = -gt + v_{0,z}.$$

Daraus erhält man den Zeitpunkt t_1, zu welchem die Bewegungsrichtung wechselt:

$$t_1 = \frac{v_{0,z}}{g}.$$

Nun müssen wir noch die z-Komponente der Anfangsgeschwindigkeit ersetzen, welche nach (2.50) mit dem Anstiegswinkel und dem anfänglichen Betrag der Geschwindigkeit verknüpft ist:

$$t_1 = \frac{v_0 \sin \alpha}{g} = \frac{5{,}8 \, \frac{m}{s} \cdot \sin 70°}{9{,}81 \, \frac{m}{s^2}} = 0{,}56 \text{ s}.$$

Die maximale Höhe ist die z-Komponente der Bahn zu diesem Zeitpunkt:

$$h = z(t_1) = -\frac{1}{2} \cdot 9{,}81 \, \frac{m}{s^2} \cdot (0{,}56 \text{ s})^2 + 5{,}8 \, \frac{m}{s} \cdot \sin 70° \cdot 0{,}56 \text{ s} = 1{,}5 \text{ m}.$$

Zum Abschluss des Abschnitts über Wurfparabeln soll noch folgende Anregung angebracht werden, mit der auch noch eine konkrete Anwendung der Wurfparabeln aufgezeigt werden soll:

Was versteht man unter einem Parabelflug? Was passiert dabei und warum?

Zur Beantwortung sollte man gegebenenfalls auch noch einmal einen Blick auf die Bewegungsgesetze werfen. Der Begriff des Inertialsystems kommt hier noch einmal sehr anschaulich zur Anwendung.

Aufgaben

Aufgabe 2.5 Rechnerische Bestimmung der Fallbeschleunigung
Man leite aus dem allgemeinen Gravitationsgesetz den Ortsfaktor g her, der auf der Erdoberfläche die Fallbeschleunigung beschreibt. Die Masse der Erde ist $m = 5{,}9 \cdot 10^{24}$ kg, der Erdradius $r = 6350$ km. Wie groß ist die Fallbeschleunigung in einer Höhe von 36000 km über dem Erdmittelpunkt?

Aufgabe 2.6 Ausrollen eines Zuges
Ein Zug der Masse $6{,}3 \cdot 10^4$ kg rollt mit der Geschwindigkeit 15 km/h auf einem geraden Gleisstück. Der Rollreibungskoeffizient beträgt 0,0012, der Ortsfaktor 9,81 N/kg. Nach welcher Strecke kommt der Zug zum Stehen, wenn man vom Luftwiderstand absieht?

Aufgabe 2.7 Federn - nebeneinander und hintereinander
Zwei gleiche Federn mit Stärke D werden einmal aneinander und einmal nebeneinander gehängt. Man zeige, dass sich im ersten Fall für das Gesamtsystem beider Federn eine neue Federstärke ergibt, die halb so groß ist wie die der einzelnen Federn, und im zweiten Fall eine doppelt so große Federkonstante herauskommt.

Aufgabe 2.8 Rutschen auf der schiefen Ebene
Ein Holzklotz liegt auf einer schiefen Ebene mit variablem Neigungswinkel. Die Masse des Klotzes beträgt 0,8 kg, der Ortsfaktor 9,81 N/kg und die maximale Haftreibungszahl ist $f_{h, max} = 0{,}4$. Bei welchem Neigungswinkel kommt der Klotz ins Rutschen?

Aufgabe 2.9 Schiefer Wurf von erhöhter Lage
Eine Kugel wird von einer erhöhten Position (10 m über dem Erdboden) unter einem Winkel von 30°
abgeschossen. Der Geschwindigkeitsbetrag am Anfang ist 2,0 $^m/s$, der Ortsfaktor beträgt 9,81 $^m/s^2$.
a) Welche Distanz liegt, gemessen nur in x-Richtung, zwischen Abschuss- und Landepunkt?
b) Unter welchem Winkel kommt die Masse auf?

Aufgabe 2.10 Maximale Flugweite
Ein Fußball wird am Boden abgeschossen und soll möglichst weit fliegen. Man bestimme den optimalen Abschusswinkel.

2.4 Erhaltungsgrößen

Um in der Mechanik eine Bewegung beschreiben zu können, muss eine Bewegungsgleichung gelöst werden, was je nach Problemstellung zu einem mehr oder weniger großen Aufwand führen kann. Oft müssen Integrale berechnet werden, da von der interessanten Größe nur die zeitliche Änderung, also die Ableitung, bekannt ist. Es gibt jedoch ein wichtiges und mächtiges Hilfsmittel. Unter bestimmten Umständen tauchen Größen auf, die während der gesamten Bewegung ihren Wert nicht verändern. Man nennt sie aufgrund dieser Eigenschaft *Erhaltungsgrößen*. Durch geschicktes Anwenden dieser Größen kann man sich unter Umständen viel Rechenaufwand sparen. In diesem Abschnitt werden wir drei Erhaltungsgrößen kennenlernen, die von besonderer Bedeutung sind und nicht nur in der Mechanik auftreten.

2.4.1 Der Energiesatz

2.4.1.1 Die Arbeit

Wenn man eine große Masse vom Boden anhebt, ist das anstrengend. Ebenso ist jemand erschöpft, nachdem er ein Auto angeschoben hat oder mit dem Fahrrad einen Berg hinauf gefahren ist. Alle diese Beispiele haben eines gemeinsam: Eine Masse wird bewegt, wofür eine Kraft nötig ist. Erfahrungsgemäß ist der Grad der Erschöpfung umso größer, je weiter der Weg oder je größer die Kraft ist. Im Extremfall bewegt sich eine Masse einen Weg entlang, ohne dass man Kraft für den Fortgang der Bewegung benötigt. Näherungsweise gilt dies für eine Fahrt auf ebener Strecke, wenn man das Gefährt einfach rollen lässt. Ebenso muss man keinen Aufwand betreiben, um eine Masse an einem Kranhaken lediglich hängen zu lassen. Hier ist zwar Kraft im Spiel, aber keine Positionsänderung. Aus diesen Überlegungen heraus kann man zu der Hypothese gelangen, dass das Produkt aus Kraft und Weg ein Maß für den Aufwand darstellt, den man betreiben muss, um eine Masse zu bewegen. Dass es tatsächlich Sinn hat, auf diese Art eine Messgröße zu definieren, wird sich im folgenden erst noch zeigen. Doch zuerst müssen wir die neue Messgröße, die wir *Arbeit* nennen und mit dem Buchstaben W bezeichnen werden, auch definieren. „Produkt aus Kraft und

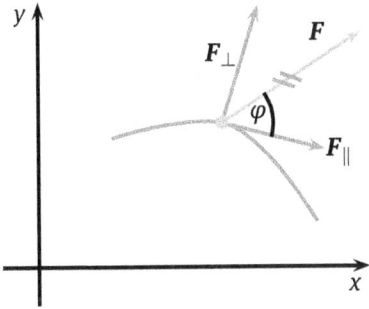

Abb. 2.8: Eine Masse bewegt sich auf einer Bahn $r(t)$ und es wirkt eine Kraft F auf sie ein. Um die momentan verrichtete Arbeit zu berechnen, benötigt man die Komponente der Kraft in Bewegungsrichtung, $F_\parallel$. Diese schließt mit dem Kraftvektor F den Winkel φ ein.

Weg" ist noch zu ungenau. Während man Fahrrad fährt, kann sich die Kraft ja auch verändern, also zu einer ortsabhängigen Größe werden. Wenn es bergauf geht, ist die benötigte Kraft größer als bei einer Fahrt ins Tal. Und zwischendurch kann man den Antrieb auch aussetzen. Man kann also immer nur für ein kurzes Wegstück die Arbeit auf die genannte Art berechnen, weil man in diesem Fall näherungsweise davon ausgehen kann, dass die Kraft konstant ist. Außerdem müssen wir uns klarmachen, dass in allen bisher betrachteten Beispielen die Kraft immer entlang des Weges gewirkt hat. Die Kraft ist eine vektorielle Größe, die teilweise oder ganz in andere Richtungen als in die der momentanen Bewegung zeigen kann. Doch bleiben wir zunächst bei einer eindimensionalen Bewegung. In einem ersten Versuch sieht die Definition der Arbeit wie folgt aus:

$$\Delta W = F \, \Delta x. \tag{2.55}$$

Wenn die Kraft über die Wegstrecke Δx konstant ist, können wir die verrichtete Arbeit auf diese Art bedenkenlos ausrechnen. Doch wenn die Kraft variabel ist, können wir nur dann zu einem exakten Ergebnis kommen, wenn die Wegstrecke unendlich klein wird. Dieses Vorgehen ist uns schon aus der Kinematik bekannt und wird uns auch später immer wieder begegnen. Wir schreiben also:

$$dW = F \, dx. \tag{2.56}$$

In einer Dimension ist dies soweit vollständig. Doch wie sieht es aus, wenn die Masse durch den Raum bewegt wird oder die Kraft in eine beliebige Richtung zeigt? In Abbildung 2.8 wird dies verdeutlicht. Es stellt sich die Frage, wie die Projektion des Kraftvektors F auf die Verschiebung dr aussieht, denn diese Projektion müssen wir ja mit dem Betrag der zurückgelegten Wegstrecke $|dr|$ multiplizieren. Wie man in Abbildung 2.8 erkennt, ist diese Projektion gerade $|F| \cdot \cos \varphi$. Damit beträgt die Arbeit:

$$dW = |F_\parallel| \cdot |dr| = |F| \cdot \cos \varphi \, |dr|. \tag{2.57}$$

Den Winkel zwischen den Vektoren $\boldsymbol{F}$ und $\mathrm{d}\boldsymbol{r}$ bestimmen wir über das Skalarprodukt:

$$\cos\varphi = \frac{\boldsymbol{F}\cdot\mathrm{d}\boldsymbol{r}}{|\boldsymbol{F}|\cdot|\mathrm{d}\boldsymbol{r}|}. \tag{2.58}$$

Setzen wir dies noch ein, finden wir wieder einen einfachen Ausdruck für die Arbeit, die bei einer kleinen Verschiebung $\mathrm{d}\boldsymbol{r}$ entlang einer Bahn im Raum verrichtet wird:

$$\mathrm{d}W = \boldsymbol{F}\cdot\mathrm{d}\boldsymbol{r}. \tag{2.59}$$

Definition 2.6 *Die Arbeit*

Benötigt man bei der Verschiebung einer Masse auf einer Bahn um das Stück $\mathrm{d}\boldsymbol{r}$ die Kraft $\boldsymbol{F}$, so verrichtet man dabei die Arbeit $\mathrm{d}W$:

$$\mathrm{d}W = \boldsymbol{F}\cdot\mathrm{d}\boldsymbol{r}. \tag{2.60}$$

Statt des Skalarprodukts kann man auch den Winkel zwischen der Verschiebung und der Kraft verwenden:

$$\mathrm{d}W = F\,\mathrm{d}r\cdot\cos\varphi. \tag{2.61}$$

Bei konstanter Kraft kann man auf die differentielle Schreibweise verzichten:

$$W = \boldsymbol{F}\cdot\Delta r = F\,\Delta r\cdot\cos\varphi. \tag{2.62}$$

Die Einheit der Arbeit ist das Joule:

$$[W] = 1\,\mathrm{J} = 1\,\mathrm{kg}\frac{\mathrm{m}^2}{\mathrm{s}^2}. \tag{2.63}$$

Aufgrund des Winkels zwischen Kraft und Bewegungsrichtung kann die Arbeit positiv oder negativ werden. Im einen Fall muss man selbst Arbeit aufwenden, im anderen Fall erhält man sie als Nutzen.

Beispiel 2.9 *Schieben eines Wagens*

Ein Wagen wird eine Strecke von 2,3 m weit geschoben, wobei die Kraft unter einem Winkel von 20° zur Bewegungsrichtung wirkt. Ihr Betrag ist 430 N. Welche Arbeit wird dabei verrichtet?

Lösung: Die Kraft ist konstant, was bedeutet, dass wir die Arbeit gemäß der Definition (2.62) berechnen können:

$$W = F\,\Delta r\cdot\cos\varphi = 430\,\mathrm{N}\cdot 2,3\,\mathrm{m}\cdot\cos 20° = 930\,\mathrm{J}.$$

Wie gehen wir vor, wenn die Kraft einmal nicht konstant und der Weg nicht nur unendlich klein ist? Wir werden alle Teilarbeiten entlang des gesamten Weges aufsummieren, also integrieren müssen. Der Weg wird uns in Form einer Bahnkurve $\boldsymbol{r}(t)$ vorgegeben sein. Als Variable tritt hier die Zeit t auf. Wir formulieren deswegen unsere

Frage ein wenig um: Welche Arbeit wird in der Zeit dt verrichtet? Wir kennen zwar nur eine Definition, in welcher der Weg $d\boldsymbol{r}$ auftritt, doch diesen kann man ausrechnen, wenn man die Zeitspanne dt kennt. Der zurückgelegte Weg und die Zeit sind ja über die Geschwindigkeit miteinander verbunden:

$$d\boldsymbol{r} = \boldsymbol{v}\, dt. \tag{2.64}$$

Mit dieser Ergänzung kommen wir weiter. Die innerhalb der kurzen Zeit dt verrichtete Arbeit lautet jetzt:

$$dW = \boldsymbol{F} \cdot d\boldsymbol{r} = \boldsymbol{F} \cdot \boldsymbol{v}\, dt. \tag{2.65}$$

Bewegt man eine Masse auf einer Bahn vom Startzeitpunkt t_0 bis zum Ende t_1, integriert man auf beiden Seiten:

$$W = \int_{t_0}^{t_1} dW = \int_{t_0}^{t_1} \boldsymbol{F}(\boldsymbol{r}(t)) \cdot \boldsymbol{v}(t)\, dt. \tag{2.66}$$

Beispiel 2.10 *Arbeit entlang einer Bahnkurve*

Eine Masse bewegt sich bei konstanter Beschleunigung $\boldsymbol{a}$ auf folgender Bahn:

$$r(t) = \frac{1}{2} a t^2,$$

mit

$$a = \begin{pmatrix} 1 \\ -4 \\ 8 \end{pmatrix} \frac{m}{s^2}.$$

Die Kraft wird beschrieben durch

$$\boldsymbol{F}(r) = \begin{pmatrix} 1 \\ 2 \\ 3 \end{pmatrix} N.$$

Welche Arbeit wird bei der Bewegung verrichtet, wenn diese bei $t_0 = 0$ beginnt und bei $t_1 = 4$ s endet?

Lösung: Zur Auswertung des Arbeitsintegrals benötigt man die Bahngeschwindigkeit:

$$v(t) = \dot{r}(t) = \boldsymbol{a}t = \begin{pmatrix} 1 \\ -4 \\ 8 \end{pmatrix} \frac{m}{s^2} \cdot t.$$

Die Kraft ist konstant, deswegen können wir alles sofort einsetzen:

$$W = \int_{t_0}^{t_1} \boldsymbol{F}(\boldsymbol{r}(t)) \cdot \boldsymbol{v}(t)\, dt = \int_0^{4\,s} \begin{pmatrix} 1 \\ 2 \\ 3 \end{pmatrix} N \cdot \begin{pmatrix} 1 \\ -4 \\ 8 \end{pmatrix} \frac{m}{s^2} \cdot t\, dt = \int_0^{4\,s} 17\,N\, \frac{m}{s^2} \cdot t\, dt.$$

Zu integrieren bleibt nach der Auswertung des Skalarprodukts nur noch eine lineare Funktion, deren Stammfunktion wir gleich angeben können:

$$W = 17 \, \text{N} \, \frac{\text{m}}{\text{s}^2} \left[\frac{1}{2} t^2 \right]_0^{4\,\text{s}} = 8{,}5 \, \text{N} \, \frac{\text{m}}{\text{s}^2} \left(16 \, \text{s}^2 - 0 \right)$$

$$= 136 \, \text{N\,m} = 136 \, \text{kg} \, \frac{\text{m}}{\text{s}^2} \, \text{m} = 136 \, \text{kg} \, \frac{\text{m}^2}{\text{s}^2} = 136 \, \text{J}.$$

Fassen wir dies noch einmal zusammen.

> **Satz 2.13** *Das Arbeitsintegral*
> Bewegt sich eine Masse entlang einer Bahn $r(t)$ in einem Kraftfeld $F(r)$, so wird während der Bewegung folgende Arbeit verrichtet:
>
> $$W = \int_{t_0}^{t_1} F(r(t)) \cdot \dot{r}(t) \, dt. \qquad (2.67)$$
>
> Diese Art von Integral bezeichnet man auch als Arbeits- oder Wegintegral, da entlang eines Weges verrichtete Arbeit aufsummiert wird.

2.4.1.2 Der Energiesatz

Arbeit ist ein Maß für den Aufwand, den man betreibt, um eine Masse durch Einsatz einer Kraft einen bestimmten Weg entlang zu bewegen. Doch wo ist dieser Aufwand abgeblieben? Oder im Fall einer negativen Arbeit: Wo kommt dieser Nutzen für uns her? Ein paar Beispiele sollen uns als Anregung dienen. Die Newton'sche Bewegungsgleichung sagt uns, dass eine Masse unter der Einwirkung einer Kraft beschleunigt wird. Im einfachsten Fall ist die Kraft konstant und die Bewegung somit eine gleichmäßig beschleunigte. Während Arbeit verrichtet wird, erhöht sich die Geschwindigkeit der Masse. Beim Abbremsen muss man eine Kraft entgegen der Bewegungsrichtung aufwenden. Man bekommt damit dieselbe Arbeit wieder heraus, die man vorher beim Beschleunigen hineingesteckt hat. Die Arbeit scheint also in der Bewegung der Masse abgeblieben zu sein. Wenn man eine Feder spannt, muss man ebenfalls Arbeit aufbringen. Beim Entspannen läuft der Vorgang genau rückwärts ab und man bekommt die Arbeit zurück. Hier wird die Arbeit so umgewandelt, dass sie sich in der gespannten Feder befindet. Als letztes Beispiel betrachten wir das Anheben eines Gewichts. Während bei diesem Vorgang die Kraft des Gewichthebers in Richtung der Bewegung zeigt (nach oben), sind beim Absetzen Kraft und Positionsänderung genau entgegen gerichtet. Die Arbeit wechselt dadurch beim Absetzen gerade ihr Vorzeichen und kommt in gleicher Menge wieder zurück. In diesem Fall wurde sie umgewandelt und in der erhöhten Lage des Gewichts gespeichert.

Wir sehen anhand dieser Beispiele, dass Arbeit, die während eines Vorgangs erbracht wird, in eine Zustandsgröße umgewandelt und dabei gespeichert wird. Außerdem lässt sich diese Zustandsgröße wieder zurückverwandeln und Arbeit aus dem

Speicher herausholen. Diese Zustandsgröße nennen wir *Energie*. Sie tritt in zwei verschiedenen Formen auf. Einmal ist sie im Bewegungszustand einer Masse gespeichert, wir sprechen dann von *kinetischer Energie* E_{kin}. Die zweite Form von Energie hängt vom Ort ab. Bei einer Feder bedeutet dies, wie weit sie gedehnt oder gestaucht wurde. Der Gewichtheber bringt eine Masse in eine bestimmte Höhe. Eine solche Form von Energie, die ortsabhängig ist, nennt man *potentielle Energie*, abkürzt mit E_{pot}. Wir wollen nun bestimmen, wie groß die kinetische Energie einer Masse m ist, wenn sie auf die Geschwindigkeit v beschleunigt wurde. Der Einfachheit halber betrachten wir eine eindimensionale Bewegung, das Ergebnis lässt sich auf drei Raumrichtungen aber leicht erweitern. Die Bewegungsgleichung multiplizieren wir zuerst auf beiden Seiten mit einer kleinen Verschiebung dx:

$$F \, \mathrm{d}x = ma \, \mathrm{d}x = m\dot{v} \, \mathrm{d}x. \tag{2.68}$$

Auf der linken Seite steht die entlang des Wegstücks dx verrichtete Arbeit. Wir beschleunigen nun einen Weg der Länge x_0, wobei wir bei $x = 0$ und aus der Ruhe heraus starten. Die Geschwindigkeit am Ende sei v_0. Wie die Kraft genau aussieht, spielt keine Rolle. Entscheidend ist nur, auf welche Geschwindigkeit die Masse am Ende gebracht wird. Nun integrieren wir auf beiden Seiten:

$$\int_0^{x_0} F \, \mathrm{d}x = W = \int_0^{x_0} m \frac{\mathrm{d}v}{\mathrm{d}t} \, \mathrm{d}x. \tag{2.69}$$

Auf der rechten Seite ordnen wir nun um, sodass die Integrationsvariable nicht mehr x, sondern v lautet. Entsprechend müssen wir die Grenzen umbenennen:

$$W = \int_0^{v_0} m \frac{\mathrm{d}x}{\mathrm{d}t} \, \mathrm{d}v = \int_0^{v_0} mv \, \mathrm{d}v. \tag{2.70}$$

Zu dieser linearen Funktion können wir die Stammfunktion sofort angeben und die Grenzen einsetzen:

$$W = m \left[\frac{1}{2} v^2 \right]_0^{v_0} = \frac{1}{2} m v_0^2. \tag{2.71}$$

Auf der linken Seite steht die Arbeit W, die wir beim Beschleunigen aufwenden mussten, rechts die kinetische Energie, in welche die Arbeit umgewandelt wurde. Im Raum bewegt sich eine Masse mit der Geschwindigkeit $\boldsymbol{v}$, doch diese lässt sich unter Beachtung der Rechenregeln des Skalarprodukts ebenfalls quadrieren.

Definition 2.7 *Kinetische Energie*
Bewegt sich eine Masse m mit der Geschwindigkeit $\boldsymbol{v}$, so besitzt sie die kinetische Energie

$$E_{\mathrm{kin}} = \frac{1}{2} m v^2. \tag{2.72}$$

Die Einheit der kinetischen Energie ist das Joule.

Die kinetische Energie ist eine Zustandsgröße, somit spielt es keine Rolle, wie die Masse beschleunigt wurde. Nur die Geschwindigkeit am Ende der Beschleunigung ist entscheidend.

Beispiel 2.11 *Kinetische Energie eines LKW*

Ein LKW der Masse $m = 40\,\text{t}$ bewegt sich mit einer Geschwindigkeit von $90\,\text{km/h}$ über die Autobahn. Welche kinetische Energie besitzt er?

Lösung: Die kinetische Energie beträgt:

$$E_{kin} = \frac{1}{2}mv^2 = \frac{1}{2} \cdot 40000\,\text{kg} \cdot \left(90 \cdot \frac{1000\,\text{m}}{3600\,\text{s}}\right)^2$$

$$= 20000\,\text{kg} \cdot \left(25\,\frac{\text{m}}{\text{s}}\right)^2 = 1{,}25 \cdot 10^6\,\text{kg}\,\frac{\text{m}^2}{\text{s}^2} = 1{,}25 \cdot 10^6\,\text{J}.$$

Wir haben uns oben schon klargemacht, dass die gespeicherte kinetische Energie wieder vollständig in Arbeit zurückverwandelt werden kann, wenn man die Masse abbremst. Da Energie eine Zustandsgröße ist, Arbeit jedoch ein Prozess, stellt sich die Frage, wo die Energie als nächstes hinwandert, wenn beim Abbremsen wieder Arbeit verrichtet wird. Hier kommen wir zu einer entscheidenden Aussage über die Energie. Da sie in verschiedenen Formen auftritt, kann man sie von einem Speicher in den nächsten überführen, wobei unter bestimmten Umständen nichts verloren geht. Die Gesamtenergie ändert sich dann nicht.[5] Wenn also eine Masse ihre kinetische Energie verringert, so muss gleichzeitig ihre potentielle Energie steigen, sodass die Summe konstant bleibt. Diese Aussage lässt sich aus der Newton'schen Bewegungsgleichung folgern, was jedoch einen erhöhten Rechenaufwand bedeutet und hier deswegen nicht ausgeführt wird.

Satz 2.14 *Der Energiesatz*
Die zeitliche Änderung der Summe von kinetischer Energie E_{kin} und potentieller Energie E_{pot} ist gleich der pro Zeiteinheit aufgebrachten Arbeit:

$$\frac{\mathrm{d}}{\mathrm{d}t}(E_{kin} + E_{pot}) = \boldsymbol{F} \cdot \dot{\boldsymbol{r}}. \tag{2.73}$$

Ohne äußere Kräfte oder wenn diese senkrecht zur Bewegungsrichtung stehen, bleibt die Gesamtenergie deswegen konstant:

$$E_{ges} = E_{kin} + E_{pot} = \text{const.} \tag{2.74}$$

---

5 In der Wärmelehre werden wir diesbezüglich noch eine Erweiterung kennenlernen. Wenn man jede erdenkliche Energieform und das größtmögliche System betrachtet, also das Universum, nimmt die gesamte Energie nach derzeitigem Wissensstand tatsächlich einen festen Wert an.

Nun schauen wir uns noch die zwei genannten Formen potentieller Energie im Detail an. Beim Spannen einer Feder wird eine Kraft benötigt, welche proportional zur Dehnung ist:

$$F_{\text{Feder}} = Dx. \tag{2.75}$$

Hier steht kein Minuszeichen, da es sich um die Kraft handelt, welche wir zum Dehnen benötigen, die Feder selbst zieht in die andere Richtung. Nun dehnen wir die Feder beginnend beim entspannten Zustand, welcher durch $x = 0$ gekennzeichnet sein soll. Die Auslenkung der Feder nach dem Spannen sei s. Die dafür nötige Arbeit rechnen wir wie gewohnt aus:

$$W = \int_0^s F_{\text{Feder}}\, dx = \int_0^s Dx\, dx = \left[\frac{1}{2}Dx^2\right]_0^s = \frac{1}{2}Ds^2. \tag{2.76}$$

Diese Arbeit wird beim Spannen in potentielle Energie umgewandelt, welche dann in der Feder gespeichert ist.

Satz 2.15 *Potentielle Energie einer Feder*
Die potentielle Energie einer um die Strecke s ausgelenkten Feder beträgt:

$$E_{\text{Feder}} = \frac{1}{2}Ds^2. \tag{2.77}$$

Die Richtung der Auslenkung spielt keine Rolle, Dehnen und Stauchen führen also gleichermaßen zu einer Erhöhung der potentiellen Energie.

Als zweites Beispiel haben wir das Anheben einer Masse betrachtet. Wir müssen entgegen der Gewichtskraft arbeiten, und für diese gilt in der Nähe der Erdoberfläche:

$$F_{\text{G}} = mg. \tag{2.78}$$

Wenn wir eine Masse also von der Höhe 0 auf die Höhe h bringen wollen, müssen wir dafür folgende Arbeit aufwenden:

$$W = \int_0^h F_{\text{G}}\, dx = \int_0^h mg\, dx = [mgx]_0^h = mgh. \tag{2.79}$$

Wieder wird diese Arbeit in der nun erhöhten Lage der Masse gespeichert.

Satz 2.16 *Lageenergie einer Masse*
Befindet sich eine Masse in einer Höhe h bezüglich eines Nullniveaus, so besitzt sie folgende Lageenergie:

$$E_{\text{Lage}} = mgh. \tag{2.80}$$

Nach diesen theoretischen Überlegungen sollten wir die gewonnenen Erkenntnisse nun anhand von Beispielen verinnerlichen und den Umgang mit dem Energiesatz üben. Zunächst soll eine Feder betrachtet werden, die eine Masse abbremst.

Beispiel 2.12 *Stoßdämpfer*

Eine Masse m = 2 kg bewegt sich mit der Geschwindigkeit v = 1,4 m/s auf eine Feder mit Federkonstante D = 90 N/m zu. Wie weit wird die Feder durch den Aufprall gestaucht?

Lösung: Am Anfang steckt die Energie vollständig in der Bewegung der Masse, am Ende vollständig in der Feder:

$$E_{kin} = E_{Feder}.$$

Wir setzen die bekannten Ausdrücke für die beiden Energieformen ein und lösen nach der Dehnung s der Feder auf:

$$\frac{1}{2}mv^2 = \frac{1}{2}Ds^2 \quad \Leftrightarrow \quad s = v\sqrt{\frac{m}{D}}.$$

Zuletzt setzen wir noch Zahlen ein:

$$s = 1,4\ \frac{m}{s} \cdot \sqrt{\frac{2\ kg}{90\ \frac{N}{m}}} = 0,21\ \frac{m}{s}\sqrt{\frac{kg\,m}{N}} = 0,21\ \frac{m}{s}\sqrt{\frac{kg\,m}{\frac{kg\,m}{s^2}}} = 0,21\ m.$$

Im nächsten Beispiel geht es um die Umwandlung von kinetischer Energie in Lageenergie.

Beispiel 2.13 *Sparsam fahren*

Ein Auto der Masse m = 1200 kg bewegt sich mit der Geschwindigkeit v = 50 km/h auf ebener Strecke. Nun folgt ein Anstieg bis zu einer Kuppe, zu der eine Höhendifferenz von 20 m besteht. Kann der Fahrer das Auto den Berg ganz hinaufrollen lassen, ohne weiter Gas zu geben? Der Ortsfaktor beträgt g = 9,81 m/s.

Lösung: Zu Beginn besitzt das Auto nur kinetische Energie. Beim Hinaufrollen wird diese nach dem Energiesatz in Lageenergie umgewandelt, da die Gesamtenergie konstant bleiben muss. Wenn die anfängliche kinetische Energie größer ist als die Lageenergie auf der Kuppe, so kann der Fahrer sein Auto einfach rollen lassen. Am Anfang der Bewegung gilt also:

$$E_{kin} = \frac{1}{2}mv^2 = \frac{1}{2} \cdot 1200\ kg \cdot \left(50 \cdot \frac{1000\ m}{3600\ s}\right)^2 = 600\ kg \cdot \left(13,9\ \frac{m}{s}\right)^2$$
$$= 2,31 \cdot 10^5\ J.$$

Die Lageenergie auf der Kuppe beträgt:

$$E_{Lage} = mgh = 1200\ kg \cdot 9,81\ \frac{m}{s^2} \cdot 20\ m = 2,35 \cdot 10^5\ J.$$

Die Lageenergie ist größer als die anfängliche kinetische Energie, also muss der Fahrer zusätzlich Gas geben, um die Kuppe zu erreichen.

2.4.1.3 Die Leistung

Man kann mit dem Fahrrad langsam oder schnell einen Berg hinauf fahren, die Arbeit, die man zur Erhöhung der Lageenergie benötigt, ist jeweils gleich, denn diese hängt ausschließlich von der Höhendifferenz ab. Energie ist eine Zustandsgröße, sie hängt nie davon ab, wie man in einen bestimmten Zustand gekommen ist. Dennoch macht es offenbar einen Unterschied, gemütlich zu radeln oder unter größerer Anstrengung in kurzer Zeit den Berg zu erklimmen, und es erscheint deswegen sinnvoll, diese Anstrengung mit einer neuen physikalischen Größe zu würdigen. Diese besteht aus dem Verhältnis von Arbeit und dazu benötigter Zeit, und man nennt diese neue Größe *Leistung*. Auch dieser Begriff findet sich an vielen Stellen im Alltag wieder, in der technischen Anwendung ist seine Relevanz evident. Bei der Definition der Leistung muss man wie immer bei solchen Verhältnissen beachten, dass die verrichtete Arbeit nicht in jedem Zeitintervall gleich sein muss und man deswegen wieder zu einer differentiellen Definition übergeht. Damit wird die Leistung zeitabhängig. Wie auch bei anderen Größen wie Geschwindigkeit und Beschleunigung ist es umgekehrt möglich, die differentielle Definition umzudrehen aus dem zeitlichen Verlauf der Leistung wieder auf die insgesamt verrichtete Arbeit zu schließen.

Definition 2.8 *Die Leistung*

Die Leistung P ist ganz allgemein das Verhältnis von erbrachter Arbeit ΔW und der dafür benötigten Zeit Δt:

$$P = \frac{\Delta W}{\Delta t}.$$ (2.81)

Ist die Arbeit innerhalb der Zeitspanne Δt nicht konstant, verwendet man wieder eine differentielle Schreibweise:

$$P = \frac{dW}{dt}.$$ (2.82)

Die Einheit der Leistung ist das Watt:

$$[P] = 1\,\text{W} = 1\,\frac{\text{J}}{\text{s}}.$$ (2.83)

Diese Definition von Leistung gilt nicht nur in der Mechanik, sondern auch in allen anderen Gebieten der Physik. Allerdings gibt es in den verschiedenen Teildisziplinen unterschiedliche Möglichkeiten, die Arbeit auszurechnen (in der Elektrizitätslehre geht das über die Spannung und den Strom, in der Mechanik kommen wir gleich noch darauf zu sprechen). Daher findet man noch weitere (spezialisierte) Formeln für die Leistung. Betrachten wir zur Illustration folgendes Beispiel.

Beispiel 2.14 *Radfahrt mit Gegenwind*

Ein Radfahrer muss mit Gegenwind kämpfen. Er bewegt sich mit einer Geschwindigkeit von 30 km/h auf einer Ebene und benötigt für die Fahrt eine Kraft von 60 N (in Bewegungsrichtung, nicht auf die Pedale). Welche Arbeit verrichtet er innerhalb einer Sekunde? Welche Leistung erbringt er dabei?

Lösung: In einer Sekunde legt er folgende Strecke zurück:

$$\Delta x = v\,\Delta t = 30 \cdot \frac{1000\ \text{m}}{3600\ \text{s}} \cdot 1\ \text{s} = 8{,}3\ \text{m}.$$

Die Kraft ist konstant, also können wir die Arbeit leicht ausrechnen:

$$\Delta W = F\,\Delta x = 60\ \text{N} \cdot 8{,}3\ \text{m} = 498\ \text{J}.$$

Dies alles geschieht innerhalb einer Sekunde und deshalb gilt für die Leistung:

$$P = \frac{\Delta W}{\Delta t} = \frac{498\ \text{J}}{1\ \text{s}} = 498\ \text{W}.$$

Damit dieser Zahlenwert auch in Bezug zu etwas bekanntem gesetzt wird, sollte man sich mit der folgenden Frage einmal kurz beschäftigen.

Welche Leistungen haben unterschiedliche Haushaltsgeräte? Welche Leistung kann ein Auto aufbringen?

Das Beispiel lässt sich noch etwas verallgemeinern. Bei jeder Bewegung, für die man eine Kraft benötigt, wird Arbeit verrichtet. Da die Bewegung in einer bestimmten Zeit abläuft, kann man dafür auch die Leistung angeben. Gehen wir von der Arbeit aus, die während eines kleines Wegstücks dx verrichtet wird und teilen diese durch die benötigte Zeit dt:

$$P = \frac{dW}{dt} = \frac{F\,dx}{dt} = F\dot{x} = Fv. \tag{2.84}$$

In drei Raumrichtungen benötigen wir die entsprechende Definition der Arbeit, im Ergebnis ersetzen wir die Kraft und die Geschwindigkeit durch Vektoren und bilden das Skalarprodukt.

Satz 2.17 *Leistung entlang einer Bahnkurve*
Bewegt sich eine Masse unter Aufwendung einer Kraft entlang einer Bahn, so wird folgende mechanische Leistung erbracht:

$$P = \mathbf{F} \cdot \dot{\mathbf{r}}. \tag{2.85}$$

Als abschließende Bemerkung sei noch gesagt, dass die Leistung zu jede Zeitpunkt angegeben wird. Bei konstanter Leistung erhöht sich somit die aufgewendete Arbeit linear mit der Zeit.

Beispiel 2.15 *Fernsehen*

Ein Fernseher hat eine Leistung von 60 W. Welche Energiemenge benötigt er während eines zweistündigen Films?

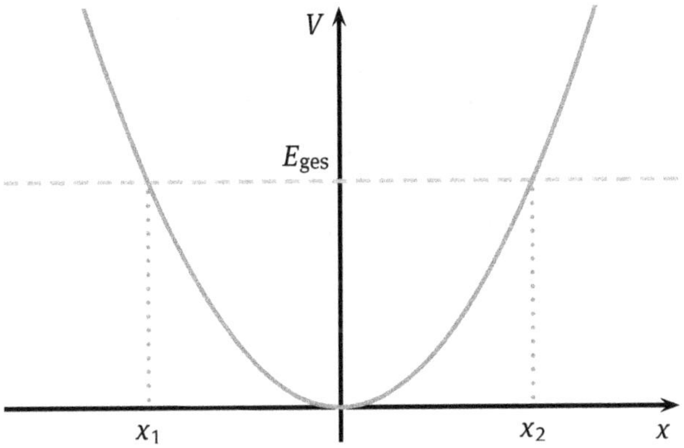

Abb. 2.9: Das Potential einer Feder. Die Gesamtenergie einer beispielhaften Bewegung ist gestrichelt eingezeichnet. Die Bewegung verläuft zwischen den Umkehrpunkten x_1 und x_2.

Lösung: Bei konstanter Leistung gilt:

$$\Delta W = P\,\Delta t = 60\ \text{W} \cdot 2 \cdot 3600\ \text{s} = 4{,}3 \cdot 10^5\ \text{J}$$
$$= 4{,}3 \cdot 10^5\ \text{W s} = 4{,}3 \cdot 10^2\ \text{kW} \cdot \frac{1}{3600}\ \text{h} = 0{,}12\ \text{kW h}.$$

2.4.2 Der Potentialbegriff

Wird einem mechanischen System von außen keine Leistung zugeführt, so ändert sich sein Energiegehalt auch nicht, das ist die Aussage des Energiesatzes. Die Summe aus kinetischer und potentieller Energie bleibt konstant. Wir haben ebenfalls gesehen, dass potentielle Energie ausschließlich vom Ort eines Teilchens abhängt, nicht aber von seiner Geschwindigkeit. Das lag daran, dass auch die Kräfte nur eine Ortsabhängigkeit besaßen. Dies finden wir z.B. bei der gravitativen Anziehung zweier Massen wieder. Die Gravitationskraft, welche eine Masse erfährt, hängt nur von ihrer relativen Position zur anderen Masse ab. Die potentielle Energie, oder kurz auch nur *Potential* genannt besitzt durch ihre Ortsabhängigkeit die Eigenschaft, dass man die Bewegung schon ohne Rechnung qualitativ verstehen und veranschaulichen kann. Schauen wir uns dazu die potentielle Energie einer Masse an, die an einer Feder hängt. Diese haben wir schon oben ausgerechnet. Hier verwenden wir nur die Bezeichnung V statt E_{Feder}, da diese auch für alle anderen Potentiale gilt:

$$V(x) = \frac{1}{2}Dx^2. \tag{2.86}$$

Eine grafische Darstellung dieses Potentials ist in Abbildung 2.9 zu sehen. Da keine äußeren Kräfte wirken, bleibt die Gesamtenergie erhalten. An jedem Ort, den die Masse erreichen kann, nimmt E_{ges} also den gleichen Wert an. Ein solcher ist in Abbildung 2.9

ebenfalls eingezeichnet. Die konstante Funktion schneidet die Parabel an zwei Punkten. Zwischen diesen ist das Potential kleiner als die Gesamtenergie. Zusammen mit einer bestimmten kinetischen Energie wird überall wieder der Wert E_{ges} erreicht. Außerhalb dieses Bereichs übersteigt die potentielle Energie die Gesamtenergie, sodass dieser Bereich energetisch verboten ist. Somit wird ohne jede Rechnung klar, dass die Bewegung einer Masse in dem gegebenen Potential immer zwischen zwei Punkten verlaufen muss. An diesen Umkehrpunkten ist die kinetische Energie Null. Hingegen wird sie maximal am Potentialminimum. Welche Kraft wirkt nun? Die Federkraft, aus der wir das Potential durch Integration gewonnen haben, lautet:

$$F_{Feder} = -Dx. \tag{2.87}$$

Erinnern wir uns, dass die Integration die Umkehrung der Ableitung darstellt. Somit kann man aus dem Potential durch Ableiten die Kraft gewinnen:

$$F = -\frac{dV}{dx}. \tag{2.88}$$

Die Kraft ist der Auslenkung entgegen gerichtet, zeigt also im Potentialbild in die Richtung, in der das Potential abfällt. Daher auch das Minuszeichen. Also können wir (ebenfalls ohne Rechnung) aus dem Potentialverlauf sogar schon die beschleunigenden Kräfte herauslesen. Das Potentialminimum ist dabei besonders interessant, da hier die Ableitung und somit die Kraft verschwindet. Setzt man die Masse an einen solchen Punkt, bleibt sie dort einfach liegen ohne sich zu bewegen. Man spricht von einer *Gleichgewichtslage*. Auch bei einem Potentialmaximum wirkt keine Kraft (bei einer Feder kommt das nicht vor). Setzt man die Masse an den Punkt eines Potentialmaximums, so bleibt sie also auch dort liegen. Im Unterschied zu einem Potentialminimum ist die Gleichgewichtslage aber nicht stabil, denn schon eine kleine Auslenkung führt dazu, dass eine Kraft auf die Masse wirkt, die sie aus der Gleichgewichtslage entfernt.

Vom Beispiel der Feder ausgehend kann man sich weitere Kräfte ansehen und deren Potentiale aufstellen. Auch im atomaren Bereich findet man Potentiale, die aussehen wie in Abbildung 2.9, obwohl zwischen den Teilchen keine Federn existieren. Wenn also zwei Systeme die gleiche Potentialstruktur aufweisen, verhalten sie sich auch gleich. Solche Abstraktionen sind in Physik und Technik sehr wichtig.

Die Ortsabhängigkeit der Kraft ist notwendig, damit wir durch Integration auf die potentielle Energie oder das Potential schließen können, in dem sich eine Masse bewegt. Geschwindigkeitsabhängige Kräfte wie Reibung besitzen kein solches Potential. Doch es gibt auch rein ortsabhängige Kräfte, für die sich kein Potential konstruieren lässt. Solche Kräfte erhalten nicht die Gesamtenergie, sind also nicht *konservativ*. Im Gegensatz dazu besitzen konservative Kräfte ein Potential und erhalten die Energie. Auf die zugrundeliegende Mathematik können wir hier jedoch nicht näher eingehen und verweisen dafür auf die Vektoranalysis, welche in den Mathematikvorlesungen behandelt wird.

2.4.3 Der Impulssatz

2.4.3.1 Die Herleitung

Beim Billard lässt sich gut beobachten, wie Stöße zwischen zwei Kugeln ablaufen. Dieses mechanische System ist besonders illustrativ, für Stöße finden sich aber auch andere Beispiele wie etwa der Rückstoß, den der Kopf einer Duschbrause erfährt, wenn man das Wasser aufdreht. Flugzeugtriebwerke stellen eine etwas ausgefeiltere Variante der Duschbrause dar. Doch wie lässt sich beschreiben, was beim Zusammenstoß zweier Massen passiert? Dies muss durch die Newton'schen Gesetze abgedeckt werden, denn weitere Grundgesetze gibt es in der Mechanik nicht. Da es hier um Bewegungen geht, scheint das 2. Gesetz nötig zu werden, für die Wechselwirkung beim Stoß brauchen wir das 3. Gesetz. Denn bei einem Zusammenstoß üben die beiden Partner (oder Gegner) wechselseitig Kräfte aufeinander aus:

$$F_{12} = -F_{21}. \tag{2.89}$$

Jede der beiden Kräfte ist verknüpft mit der Impulsänderung jeder der beiden Massen. Wenn auf die Massen keine weiteren Kräfte als die Wechselwirkung zwischen ihnen wirken, dann gilt:

$$\dot{p}_1 = -\dot{p}_2 \quad \Leftrightarrow \quad \frac{\mathrm{d}p_1}{\mathrm{d}t} = -\frac{\mathrm{d}p_2}{\mathrm{d}t}. \tag{2.90}$$

Die beiden Impulsänderungen $\mathrm{d}p_1$ und $\mathrm{d}p_2$ sind hier noch bezogen auf ein kurzes Zeitintervall, das jedoch auf beiden Seiten auftritt und durch Multiplikation mit $\mathrm{d}t$ entfernt werden kann. Nun ist die Impulsänderung die Differenz der Impulse unmittelbar nach und unmittelbar vor dem Stoß, sodass wir schreiben können:

$$p_{1,\,\mathrm{nach}} - p_{1,\,\mathrm{vor}} = -\left(p_{2,\,\mathrm{nach}} - p_{2,\,\mathrm{vor}}\right). \tag{2.91}$$

Wir bringen noch die beiden Impuls nach und vor dem Stoß je auf eine Seite und erhalten das folgende Ergebnis:

$$p_{1,\,\mathrm{nach}} + p_{2,\,\mathrm{nach}} = p_{1,\,\mathrm{vor}} + p_{2,\,\mathrm{vor}}. \tag{2.92}$$

Während sich also die einzelnen Impulse beim Stoß verändern, bleibt die Summe der beiden Impulse erhalten. Dies gilt allerdings nur unter der Voraussetzung, dass, wie schon erwähnt, keine weiteren Kräfte auf die beiden Massen einwirken. Wenn noch andere Kräfte gleichermaßen auf dei beiden Massen wirken (z.B. Reibung oder Gravitation), bleibt die Summe der Impulse vor und nach dem Stoß nicht konstant. Auf eine vollständige Herleitung verzichten wir und geben statt dessen nur das Ergebnis an.

> **Satz 2.18** *Der Impulssatz*
> Bei einem Stoß zwischen zwei Massen bleibt die Summe der Einzelimpulse bei Abwesenheit von
> äußeren Kräften erhalten:
>
> $$p_1 + p_2 = p_{\text{ges}} = \text{const.} \tag{2.93}$$
>
> Sind neben der Wechselwirkung zwischen den Massen noch weitere Kräfte beteiligt, so gilt in Er-
> weiterung:
>
> $$\dot{p}_{\text{ges}} = F. \tag{2.94}$$

Der Impulssatz (2.94) besagt, dass der gesamte Impuls aller Massen wieder der Newton'schen Bewegungsgleichung gehorcht, wenn man als Kraft auch die Summe aller
auf die einzelnen Massen wirkenden Kräfte einsetzt.

2.4.3.2 Zentraler elastischer Stoß

Wir wollen den Impulssatz nun nutzen, um das Zusammenstoßen zweier Kugeln, wie
es beim Billard ständig passiert, zu beschreiben. Außer der abstoßenden Kraft zwischen den beiden Kugeln soll es keine weiteren Kräfte geben, sodass wir die Impulserhaltung ausnutzen können. Außerdem sehen wir von Reibung und Verformung der
Massen ab. Solche Stöße nennt man *elastisch*. Der Einfachheit halber sei die Bewegung eindimensional, sodass wir auf die Vektorschreibweise verzichten können. Nach
der Impulserhaltung gilt:

$$p_{1,\text{vor}} + p_{2,\text{vor}} = p_{1,\text{nach}} + p_{2,\text{nach}} \tag{2.95}$$

$$\Leftrightarrow \quad m_1 v_{1,\text{vor}} + m_2 v_{2,\text{vor}} = m_1 v_{1,\text{nach}} + m_2 v_{2,\text{nach}}. \tag{2.96}$$

Dies ist eine Gleichung, die aber zwei unbekannte Geschwindigkeiten enthält. Das
ist eine Information zu wenig, um beide Größen zu bestimmen. Die zweite Gleichung
kommt aus der Energieerhaltung, die hier aufgrund fehlender äußerer Kräfte ebenfalls
gilt. Da nur Bewegungsenergie vorkommt, gilt:

$$\frac{1}{2} m_1 v_{1,\text{vor}}^2 + \frac{1}{2} m_2 v_{2,\text{vor}}^2 = \frac{1}{2} m_1 v_{1,\text{nach}}^2 + \frac{1}{2} m_2 v_{2,\text{nach}}^2. \tag{2.97}$$

Um aus diesem eher unangenehmen Gleichungssystem eine Lösung zu bekommen,
formen wir zuerst die Impulsgleichung um:

$$m_2 \left(v_{2,\text{vor}} - v_{2,\text{nach}} \right) = -m_1 \left(v_{1,\text{vor}} - v_{1,\text{nach}} \right). \tag{2.98}$$

Als nächstes ist die Energiegleichung dran, wobei wir die Faktoren 1/2 durch Division
entfernen und außerdem die dritte binomische Formel verwenden:

$$m_2 \left(v_{2,\text{vor}} - v_{2,\text{nach}} \right) \left(v_{2,\text{vor}} + v_{2,\text{nach}} \right)$$
$$= -m_1 \left(v_{1,\text{vor}} - v_{1,\text{nach}} \right) \left(v_{1,\text{vor}} + v_{1,\text{nach}} \right). \tag{2.99}$$

Diese Umformung hat den Vorteil dass wir jetzt die zweite durch die erste der beiden umgeformten Gleichungen dividieren können:

$$v_{2,\text{vor}} + v_{2,\text{nach}} = v_{1,\text{vor}} + v_{1,\text{nach}}. \tag{2.100}$$

Zusammen mit dem Impulssatz (2.98) erhalten wir also folgendes lineares Gleichungssystem:

$$m_2 \left(v_{2,\text{vor}} - v_{2,\text{nach}} \right) = -m_1 \left(v_{1,\text{vor}} - v_{1,\text{nach}} \right), \tag{2.101}$$

$$v_{2,\text{vor}} + v_{2,\text{nach}} = v_{1,\text{vor}} + v_{1,\text{nach}}. \tag{2.102}$$

Dieses können wir nun mit bekannten Mitteln nach den beiden Geschwindigkeiten nach dem Stoß auflösen. Multiplikation von (2.102) mit m_2 und Addition zu (2.101) liefert:

$$2m_2 v_{2,\text{vor}} = (m_2 - m_1)v_{1,\text{vor}} + (m_1 + m_2)v_{1,\text{nach}}. \tag{2.103}$$

Nach einer weiteren kleinen Umformung bekommen wir daraus schließlich die Geschwindigkeit der ersten Masse nach dem Stoß:

$$v_{1,\text{nach}} = \frac{2m_2 v_{2,\text{vor}} + (m_1 - m_2)v_{1,\text{vor}}}{m_1 + m_2}. \tag{2.104}$$

Auf entsprechende Weise kommt man an die Geschwindigkeit der zweiten Masse:

$$v_{2,\text{nach}} = \frac{2m_1 v_{1,\text{vor}} + (m_2 - m_1)v_{2,\text{vor}}}{m_1 + m_2}. \tag{2.105}$$

Um das ein wenig zu üben, betrachten wir zwei Beispiele. Zuerst geht es um einen Stoß zweier leicht unterschiedlich schwerer Kugeln.

Beispiel 2.16 *Zentraler Stoß zweier Kugeln*

Eine Kugel der Masse $m_1 = 0{,}13$ kg ruht auf einem Billardtisch. Dann bewegt sich eine zweite Kugel der Masse $m_2 = 0{,}1$ kg mit der Geschwindigkeit $v_{2,\text{vor}} = 0{,}3$ m/s auf den Mittelpunkt der ersten zu. Welche Geschwindigkeiten besitzen die beiden Kugeln nach dem Stoß?

Lösung: Die Geschwindigkeit der Kugel nach dem Stoß betragen:

$$v_{1,\text{nach}} = \frac{2 \cdot 0{,}1 \, \text{kg} \cdot 0{,}3 \, \frac{\text{m}}{\text{s}} + 0}{0{,}13 \, \text{kg} + 0{,}1 \, \text{kg}} = 0{,}26 \, \frac{\frac{\text{kg m}}{\text{s}}}{\text{kg}} = 0{,}26 \, \frac{\text{m}}{\text{s}},$$

$$v_{2,\text{nach}} = \frac{0 + (0{,}1 \, \text{kg} - 0{,}13 \, \text{kg}) \cdot 0{,}3 \, \frac{\text{m}}{\text{s}}}{0{,}13 \, \text{kg} + 0{,}1 \, \text{kg}} = -0{,}039 \, \frac{\text{m}}{\text{s}}.$$

Da die Geschwindigkeit der ersten Kugel positiv ist, bewegt sie sich nach rechts, während die zweite, welche von links auf die erste geschossen wurde, mit kleiner Geschwindigkeit auch wieder nach links zurück rollt.

Beim nächsten Beispiel lassen wir das Massenverhältnis sehr groß werden.

Beispiel 2.17 *Stoß bei sehr unterschiedlichen Massen*

Eine kleine Masse $m_1 = 0{,}01$ kg bewege sich mit der Geschwindigkeit $v_{1,\,vor} = 0{,}5$ m/s auf eine große ruhende Masse $m_2 = 100$ kg zu und stoße mit dieser elastisch. Welche Geschwindigkeiten ergeben sich nach dem Stoß? Wie groß sind die Impulsänderungen?

Lösung: Die Gesetze für einen elastischen Stoß liefern diesmal:

$$v_{1,\,nach} = \frac{0 + (0{,}01\ \text{kg} - 100\ \text{kg}) \cdot 0{,}5\ \frac{m}{s}}{0{,}01\ \text{kg} + 100\ \text{kg}} = -0{,}5\ \frac{m}{s},$$

$$v_{2,\,nach} = \frac{2 \cdot 0{,}01\ \text{kg} \cdot 0{,}5\ \frac{m}{s} + 0}{0{,}01\ \text{kg} + 100\ \text{kg}} = 1 \cdot 10^{-4}\ \frac{m}{s}.$$

Aufgrund der sehr unterschiedlichen Massen bewegt sich m_2 nach dem Stoß fast gar nicht, während m_1 als kleinerer Stoßpartner nur das Vorzeichen seiner Geschwindigkeit ändert. Die Impulsänderungen betragen:

$$\Delta p_1 = p_{1,\,nach} - p_{1,\,vor} = m_1 \left(v_{1,\,nach} - v_{1,\,vor} \right)$$

$$= 0{,}01\ \text{kg} \cdot \left(-0{,}5\ \frac{m}{s} - 0{,}5\ \frac{m}{s} \right) = -0{,}01\ \frac{\text{kg}\,m}{s},$$

$$\Delta p_2 = p_{2,\,nach} - p_{2,\,vor} = m_2 \left(v_{2,\,nach} - v_{2,\,vor} \right)$$

$$= 100\ \text{kg} \cdot \left(1 \cdot 10^{-4}\ \frac{m}{s} - 0 \right) = 0{,}01\ \frac{\text{kg}\,m}{s}.$$

Die Impulsänderungen beider Massen sind betragsmäßig gleich und mit entgegengesetztem Vorzeichen versehen, wie es die Impulserhaltung auch fordert.

Das vorangegangene Beispiel zeigt, dass bei einem Massenverhältnis $m_1/m_2 \to 0$ die kleinere Masse reflektiert wird, während die größere ihre Geschwindigkeit beibehält. Der Impulsübertrag auf die größere Masse ist dabei gerade der doppelte Impuls der kleinen Masse vor dem Stoß.

Wie muss man die Rechnung in Beispiel 2.17 verändern, wenn das Massenverhältnis mathematisch gesehen gegen Null geht?

Satz 2.19 *Elastische Stöße*
Bei einem zentralen elastischen Stoß gilt für die Geschwindigkeiten der Massen nach dem Stoß:

$$v_{1,\text{nach}} = \frac{2m_2 v_{2,\text{vor}} + (m_1 - m_2)v_{1,\text{vor}}}{m_1 + m_2}, \tag{2.106}$$

$$v_{2,\text{nach}} = \frac{2m_1 v_{1,\text{vor}} + (m_2 - m_1)v_{2,\text{vor}}}{m_1 + m_2}. \tag{2.107}$$

Geht das Massenverhältnis m_1/m_2 gegen Null und ruht die größere der beiden Massen vor dem Stoß, so gilt für die Impulsänderungen der beiden Massen:

$$\Delta p_1 = -2p_1, \tag{2.108}$$

$$\Delta p_2 = 2p_1. \tag{2.109}$$

Die kleine Masse überträgt somit ihren doppelten Anfangsimpuls auf die größere Masse.

Es sei noch angemerkt, dass die Energieerhaltung ein Alleinstellungsmerkmal elastischer Stöße ist. Den Gegensatz bilden inelastische Stöße, bei welchen die mechanische Energie aufgrund von Verformungen oder Reibung nicht mehr erhalten bleibt. Beispiele wären eine Knetkugel, die man gegen eine Wand wirft, oder eine Metallkugel, die in ein Stück Holz geschossen wird. Um hier noch Aussagen treffen zu können, ist es im Allgemeinen nötig, die Menge der Energie, welche verloren geht, abschätzen zu können.

2.4.3.3 Der Kraftstoß

Wirkt auf eine Masse eine Kraft ein, so bewirkt dies nach dem 2. Newton'schen Gesetz eine Impulsänderung. In der Bewegungsgleichung ist diese jedoch auf ein unendlich kleines Zeitintervall bezogen, geschieht also momentan. Wirkt die Kraft längere Zeit ein, so wird die Änderung des Impulses auch einen endlichen Wert annehmen. Diese Erkenntnis ist zwar nicht prinzipiell neu, wir wollen sie aber hier noch einmal in Zusammenhang mit dem Impulsbegriff setzen. Zuerst betrachten wir eine zeitlich konstante Kraft. Für diese lautet die Bewegungsgleichung:

$$\boldsymbol{F} = \frac{\Delta \boldsymbol{p}}{\Delta t} \quad \Leftrightarrow \quad \Delta \boldsymbol{p} = \boldsymbol{F}\,\Delta t. \tag{2.110}$$

Der Impulsübertrag ist das Produkt aus Kraft und Zeitintervall. Dieses Produkt nennt man auch *Kraftstoß*. Ist die Kraft zeitlich veränderlich, müssen wir wieder zu einer differentiellen Schreibweise übergehen:

$$\mathrm{d}\boldsymbol{p} = \boldsymbol{F}(t)\mathrm{d}t. \tag{2.111}$$

Interessiert man sich für den Impulsübertrag oder Kraftstoß zwischen den beiden Zeitpunkten t_0 und t_1, so muss man beide Seiten integrieren:

$$\Delta \boldsymbol{p} = \int_{t_0}^{t_1} \boldsymbol{F}(t)\,\mathrm{d}t. \tag{2.112}$$

Dies hat eine gewisse Ähnlichkeit mit einem Integral, das eine schon bekannte Größe definiert. Integriert man die Kraft über einen Weg, so erhält man als Ergebnis die verrichtete Arbeit oder die übertragene Energiemenge.

> **Definition 2.9** *Der Kraftstoß*
> Bei einer zeitlich konstanten Kraft bezeichnet man das Produkt aus Kraft und Zeitintervall als Kraftstoß:
>
> $$\Delta p = F \Delta t. \tag{2.113}$$
>
> Verändert sich die Kraft mit der Zeit, so muss man ein Integral auswerten:
>
> $$\Delta p = \int_{t_0}^{t_1} F(t)\, dt. \tag{2.114}$$

> **Beispiel 2.18** *Beschleunigen eines Autos*
>
> Ein Auto der Masse $m = 1300$ kg wird mit der konstanten Kraft $F = 4000$ N von der Geschwindigkeit $v_1 = 10\ \mathrm{m/s}$ auf $v_2 = 30\ \mathrm{m/s}$ beschleunigt. Man bestimme mit Hilfe der Definition des Kraftstoßes die Dauer für diesen Vorgang.
>
> *Lösung*: Die Impulsänderung beträgt
>
> $$\Delta p = m(v_2 - v_1) = 1300\ \mathrm{kg}\,(30\ \mathrm{m/s} - 10\ \mathrm{m/s}) = 2{,}6 \cdot 10^4\ \frac{\mathrm{kg\,m}}{\mathrm{s}}.$$
>
> Da die Kraft konstant ist, kann man ansetzen:
>
> $$\Delta t = \frac{\Delta p}{F} = \frac{2{,}6 \cdot 10^4\ \frac{\mathrm{kg\,m}}{\mathrm{s}}}{4000\ \mathrm{N}} = 13\ \frac{\mathrm{kg\,m}}{\mathrm{s\,N}} = 6{,}5\ \mathrm{s}.$$
>
> Ohne die Definition des Kraftstoßes zu bemühen, hätte man auch die Beschleunigung bestimmen und daraus die Fahrzeit berechnen können.

2.4.4 Der Drehimpulssatz

2.4.4.1 Begriffsfindung und -definition

Eine Eiskunstläuferin dreht eine Pirouette. Dabei holt sie zuerst Schwung mit ausgestreckten Armen und zieht diese dann an den Körper. Während sie dies tut, nimmt ihre Rotationsgeschwindigkeit zu. Streckt sie die Arme wieder aus, verlangsamt sich die Drehbewegung. Wir wollen nun den „Schwung" genauer untersuchen und in einen physikalischen Begriff packen. Vereinfachend ersetzen wir einen Arm der Eiskunstläuferin durch eine punktförmige Masse, welche sich (an einer Schnur befestigt) auf einer Kreisbahn bewegt. Den zweiten Arm könnten wir ebenfalls ersetzen, wir wollen in unserem einfachen Modell aber nur mit einer Masse auskommen. Verkleinert man den Radius dieser Kreisbahn (indem man die Schnur zum Mittelpunkt zieht), so erhöht sich die Geschwindigkeit der Masse auf der Bahn. Man stellt dabei fest, dass die Geschwindigkeit gerade umgekehrt proportional zum Bahnradius ist. Das Produkt aus Bahngeschwindigkeit und -radius bleibt also unverändert, so wie auch bei der Eiskunstläuferin. Damit haben wir gleich zwei Erkenntnisse gewonnen. Zum einen scheint es sinnvoll zu sein, eine neue physikalische Größe zu definieren, in welche das Produkt von Bahngeschwindigkeit und Bahnradius eingeht. Und zum anderen ist diese Größe unter bestimmten Umständen zeitlich unveränderlich, also eine weitere Erhaltungsgröße. Oben haben wir von „Schwung" gesprochen, jetzt wollen wir diesen aus dem Alltag stammenden Begriff durch den in der Physik verwendeten Ausdruck *Drehimpuls* ersetzen. Das hierfür verwendete Symbol ist das L. Im Fall einer konstanten Masse macht es keinen Unterschied, diese noch in das Produkt mit aufzunehmen, also nicht die Geschwindigkeit, sondern den Impuls mit dem Bahnradius zu multiplizieren. Damit besitzt eine Masse m auf einer Kreisbahn mit Radius r und Bahngeschwindigkeit v den folgenden Drehimpuls L:

$$L = rmv = rp. \tag{2.115}$$

Unter der noch zu beweisenden Annahme, dass der Drehimpuls bei einer Pirouette konstant bleibt, sieht man, dass der Impuls bzw. die Bahngeschwindigkeit sich verdoppelt, wenn man den Radius halbiert. Doch stellt dieses Beispiel nur einen Spezialfall dar, da wir eine reine Kreisbewegung der Masse vorausgesetzt haben. Wir können uns ebenso einen weiteren Spezialfall vorstellen, in welchem sich die Masse auf einer geraden Bahn vom Mittelpunkt wegbewegt. Hier findet überhaupt keine Drehung mehr statt, was sich aber auch im Wert des Drehimpulses widerspiegeln soll. Genauer gesagt soll der Drehimpuls Null werden, wenn sich die Masse genau radial nach außen bewegt. Für diesen Fall und alle anderen zwischen Kreis- und Radialbewegung müssen wir die bisherige Definition erweitern. Wie wir dabei vorgehen können, ist in Abbildung 2.10 zu sehen. Der Ortsvektor und die momentane Geschwindigkeit schließen gemeinsam den Winkel φ ein. Bei einer Kreisbewegung ist dieser Winkel immer 90°. Uns interessiert nun genau der Anteil der Geschwindigkeit $\boldsymbol{v}$, welcher tangential an einer gedachten Kreisbahn liegt, also mit $\boldsymbol{r}$ den Winkel 90° einschließt. Diese Komponente ist in Abbildung 2.10 mit $\boldsymbol{v}_\perp$ bezeichnet. Wie man sich über die Trigonometrie im gezeigten rechtwinkligen Dreieck klarmacht, ist der Betrag von $\boldsymbol{v}_\perp$ gerade $v \sin \varphi$. Das passt mit unserer Forderung zusammen, bei einer reinen Kreisbewegung den Betrag der Bahngeschwindigkeit in den Drehimpuls eingehen zu lassen, da der Sinus bei 90° gerade 1 wird, und im anderen Extremfall einer reinen Radialbewegung ($\varphi = 0$) der Drehimpuls Null wird, da $\sin 0 = 0$. Halten wir diese Erweiterung des Drehimpulsbegriffs einmal fest. Für seinen Betrag gilt bei einer beliebigen Bewegung:

$$L = rmv \sin \varphi = rp \sin \varphi. \tag{2.116}$$

Nun muss man bei gegebener Bahnkurve an jedem Punkt den Winkel zwischen Ortsvektor und Bahngeschwindigkeit oder Impuls bestimmen. Die einfachste Möglichkeit

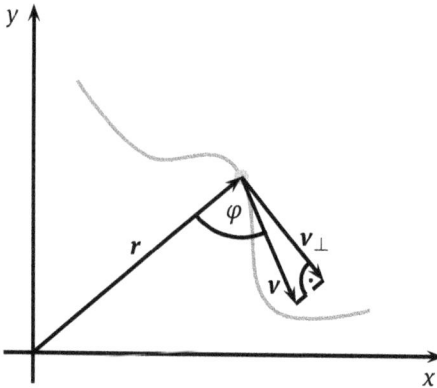

Abb. 2.10: Zur Definition des Drehimpulses. An jedem Punkt besitzt die Geschwindigkeit v eine Komponente $v_\perp$ senkrecht zum Ortsvektor. Diese wird verwendet, um daraus den Drehimpuls am gegebenen Bahnpunkt zu berechnen. Ihr Betrag ist $v_\perp = v \sin \varphi$.

hierfür bietet das Kreuzprodukt zwischen dem Ortsvektor und dem Impuls, denn in dessen Betrag geht gerade der Sinus mit ein. Dadurch wird auch der Drehimpuls zu einem Vektor, welcher senkrecht auf r und p steht.

Definition 2.10 *Der Drehimpuls*
Der Drehimpuls L einer Punktmasse wird definiert als

$$L = r \times p. \tag{2.117}$$

Für seinen Betrag gilt:

$$L = rp \sin \varphi, \tag{2.118}$$

wobei φ der Winkel zwischen den Vektoren r und p ist. Der Drehimpuls stellt als charakteristische dynamische Größe bei Rotationsbewegungen das Analogon zum Impuls bei translatorischen Bewegungen dar. Der Wert von L hängt von der Wahl des Koordinatenursprungs ab, da sich diese auf den Ortsvektor r der Bahn auswirkt.

Wir haben nun ein Maß gefunden, mit dem wir den Schwung einer Masse bei rotatorischen Bewegungen beziffern können. Zur vollen Entfaltung kommt dieser neue Begriff aber erst bei der Untersuchung von ausgedehnten Körpern wie z.B. Schwungrädern und Kreiseln. Die Mechanik starrer Körper ist jedoch ein sehr umfangreiches und schwieriges Gebiet, dass wir hier nicht behandeln können. Punktmassen bieten aber die Möglichkeit, sich anhand einfacher Beispiele mit dem Begriff des Drehimpulses vertraut zu machen.

Beispiel 2.19 *Drehimpuls bei gleichförmiger Bewegung*

Eine Masse $m = 2,0$ kg bewegt sich mit der Geschwindigkeit $v = 3,5$ m/s in x-Richtung. Die Bewegung beginnt bei $r_0 = (0, 0,4 \text{ m}, 0)^T$. Wie groß ist der Drehimpuls? Wie verändert L seinen Wert, wenn man das Koordinatensystem so verschiebt, dass die Bewegung bei $r_0 = (0, 0,8 \text{ m}, 0)^T$ beginnt?

Lösung: Zuerst benötigen wir den Vektor r der Bahnkurve. Da wir den Betrag der Geschwindigkeit, die Bewegungsrichtung und den Startpunkt kennen, können wir die Bahnkurve sofort angeben:

$$r(t) = \begin{pmatrix} 3,5 \; \frac{m}{s} \\ 0 \\ 0 \end{pmatrix} t + \begin{pmatrix} 0 \\ 0,4 \text{ m} \\ 0 \end{pmatrix} .$$

Der Impuls der Masse ist:

$$p(t) = mv(t) = 2,0 \text{ kg} \cdot \begin{pmatrix} 3,5 \; \frac{m}{s} \\ 0 \\ 0 \end{pmatrix} = \begin{pmatrix} 7,0 \; \frac{\text{kg m}}{s} \\ 0 \\ 0 \end{pmatrix} = \textbf{const.}$$

Wir verwenden nun die Definition (2.117), um damit den Drehimuls in seiner vektoriellen Form zu bestimmen:

$$L(t) = r(t) \times p(t) = \left(\begin{pmatrix} 3,5 \; \frac{m}{s} \\ 0 \\ 0 \end{pmatrix} t + \begin{pmatrix} 0 \\ 0,4 \text{ m} \\ 0 \end{pmatrix} \right) \times \begin{pmatrix} 7,0 \; \frac{\text{kg m}}{s} \\ 0 \\ 0 \end{pmatrix}$$

$$= \begin{pmatrix} 3,5 \; \frac{m}{s} \\ 0 \\ 0 \end{pmatrix} t \times \begin{pmatrix} 7,0 \; \frac{\text{kg m}}{s} \\ 0 \\ 0 \end{pmatrix} + \begin{pmatrix} 0 \\ 0,4 \text{ m} \\ 0 \end{pmatrix} \times \begin{pmatrix} 7,0 \; \frac{\text{kg m}}{s} \\ 0 \\ 0 \end{pmatrix}$$

$$= 0 + \begin{pmatrix} 0,4 \text{ m} \cdot 0 - 0 \cdot 0 \\ 0 \cdot 7,0 \; \frac{\text{kg m}}{s} - 0 \cdot 0 \\ 0 \cdot 0 - 0,4 \text{ m} \cdot 7,0 \; \frac{\text{kg m}}{s} \end{pmatrix} = \begin{pmatrix} 0 \\ 0 \\ -2,8 \; \frac{\text{kg m}^2}{s} \end{pmatrix} = \textbf{const.}$$

Obwohl es sich nicht um eine Kreisbahn handelt und sich der Winkel zwischen dem Ortsvektor und dem Bahnimpuls ständig verändert, ist der Drehimpuls zeitlich konstant. Ersetzt man in der Rechnung den Startpunkt durch $r_0 = (0, 0,8 \text{ m}, 0)^T$, so verdoppelt sich der Drehimpuls, auch wenn die Geschwindigkeit unverändert bleibt. Man sieht daran die Abhängigkeit des Drehimpulses von der Wahl des Koordinatenursprungs.

2.4.4.2 Der Drehimpulssatz

Im Folgenden wollen wir uns der Frage widmen, wie man den Drehimpuls während einer Bewegung beeinflussen kann. Da sich alle Bewegungsformen an die drei Newton'schen Gesetze halten müssen, werden wir hier auch ansetzen, um die Zeitabhängigkeit des Drehimpulses bei der Anwesenheit von Kräften zu erhalten. Schauen wir uns hierzu die Zeitableitung des Drehimpulses an, wobei wir von der Definition (2.117) ausgehen und die Masse als konstant ansehen:

$$\dot{\boldsymbol{L}} = \frac{\mathrm{d}\boldsymbol{L}}{\mathrm{d}t} = \frac{\mathrm{d}}{\mathrm{d}t}\,(m\boldsymbol{r} \times \boldsymbol{v})$$

$$= \frac{\mathrm{d}}{\mathrm{d}t}\,(m\boldsymbol{r} \times \dot{\boldsymbol{r}}) = m\dot{\boldsymbol{r}} \times \dot{\boldsymbol{r}} + m\boldsymbol{r} \times \ddot{\boldsymbol{r}}. \tag{2.119}$$

Wir haben hier die Produktregel verwendet, die auch bei Kreuzprodukten gilt (siehe hierzu auch Aufgabe 2.22). Das erste der beiden Kreuzprodukte verschwindet, da beide Vektoren identisch sind. Somit bleibt noch das zweite Kreuzprodukt übrig:

$$\dot{\boldsymbol{L}} = m\boldsymbol{r} \times \ddot{\boldsymbol{r}} = \boldsymbol{r} \times \dot{\boldsymbol{p}}. \tag{2.120}$$

Die Ableitung des Impulses, welche hierin auftritt, wird durch die Bewegungsgleichung mit einer Gesamtkraft $\boldsymbol{F}$ verknüpft, welche auf die Masse einwirkt. Deswegen gilt nun der folgende Zusammenhang:

$$\dot{\boldsymbol{L}} = \boldsymbol{r} \times \dot{\boldsymbol{p}} = \boldsymbol{r} \times \boldsymbol{F}. \tag{2.121}$$

Der Term auf der rechten Seite erhält den Namen *Drehmoment*, und wird mit M bezeichnet.[6] Damit sehen wir, dass ein Drehmoment zu einer zeitlichen Veränderung des Drehimpulses führt.

> **Satz 2.20** *Der Drehimpulssatz*
> Die Ableitung des Drehimpulses ist gleich dem gesamten einwirkenden Drehmoment:
>
> $$\dot{\boldsymbol{L}} = \boldsymbol{M}, \tag{2.122}$$
>
> mit
>
> $$\boldsymbol{M} = \boldsymbol{r} \times \boldsymbol{F}. \tag{2.123}$$
>
> Dies ist der Drehimpulssatz. Ohne äußeres Drehmoment bleibt der Drehimpuls erhalten:
>
> $$\dot{\boldsymbol{L}} = 0 \quad \Leftrightarrow \quad \boldsymbol{L} = \text{const.} \tag{2.124}$$

Der Drehimpulssatz entspricht dem Impulssatz für translatorische Bewegungen. Das Drehmoment korrespondiert mit der Kraft. Während es bei Translationen nicht wichtig ist, wo die Kraft angreift, spielt der Angriffspunkt $\boldsymbol{r}$ für das Drehmoment jedoch eine entscheidende Rolle, wie man aus der Definition (2.123) sehen kann. Auch die Richtung der Kraft geht in das Drehmoment ein. Steht sie senkrecht auf dem Ortsvektor $\boldsymbol{r}$, wird das Drehmoment maximal, zeigt $\boldsymbol{F}$ in Richtung von $\boldsymbol{r}$, so verschwindet das Drehmoment. Man bezeichnet $\boldsymbol{r}$ in diesem Zusammenhang auch als Hebelarm. Die Richtungsabhängigkeit wird damit anschaulich: Übt man eine Kraft senkrecht auf einen

---

6 Man findet aber auch die Bezeichnungen T, D oder N in der Literatur. Im Zweifelsfall hilft der Blick in den Fließtext.

Hebel aus, so erzielt man eine maximale Wirkung, zieht man hingegen in Hebelrichtung, bleibt die Hebelwirkung aus.

Beispiel 2.20 *Stemmeisen*

Ein Stemmeisen besitzt eine Länge von 0,5 m. Der Drehpunkt wird so gewählt, dass der längere Hebelarm eine Länge von $r_1 = 0,45$ m besitzt. Welche Kraft übt das Stemmeisen mit dem kürzeren Hebelarm r_2 im statischen Fall aus, wenn am längeren eine Kraft von $F_1 = 400$ N angreift? Die Kräfte wirken jeweils senkrecht zum Hebel.

Lösung: Da es sich um einen statischen Fall handelt, ist der Drehimpuls Null. Somit muss nach dem Drehimpulssatz auch die Summe der Drehmomente verschwinden. Links und rechts wird betragsmäßig also das gleiche Drehmoment erzeugt:

$$r_1 F_1 = r_2 F_2 \quad \Leftrightarrow \quad F_2 = \frac{r_1 F_1}{r_2} = \frac{0,45 \text{ m} \cdot 400 \text{ N}}{0,05 \text{ m}} = 3600 \text{ N}.$$

Auf diese Art können durch ein entsprechend großes Verhältnis der beiden Hebelarme gewaltige Kräfte hervorgerufen werden.

Mit dem Drehimpulssatz sehen wir auch, warum sich die Eiskunstläuferin beim Anziehen der Arme immer schneller dreht: Da keine Drehmomente von außen einwirken, bleibt der Drehimpuls erhalten. Bei kleiner werdendem Abstand der Arme vom Körper muss sich deshalb die Rotationsgeschwindigkeit erhöhen. In der Astronomie findet man ein ähnliches Beispiel. Wenn ein Stern am Ende seines Lebens kollabiert, muss sich die Rotationsgeschwindigkeit erhöhen. Im Fall von Pulsaren kann dies zu einer Umlaufdauer bis hinunter zu Millisekunden gehen.

Aufgaben

Aufgabe 2.11 Beschleunigen auf verschiedene Geschwindigkeiten
Welche Arbeit ist nötig um einen Wagen der Masse 1300 kg aus dem Stand auf 25 km/h zu beschleunigen? Wie viel Arbeit benötigt man für die weitere Beschleunigung auf 50 km/h?

Aufgabe 2.12 Eisenbahnwagen
Ein Eisenbahnwagen der Masse 20 t prallt mit der Geschwindigkeit 1 m/s auf ein Hindernis. Dabei werden die beiden Pufferfedern je um 0,1 m eingedrückt, bis der Wagen still steht. Wie groß ist die Federkonstante D?

Aufgabe 2.13 Pendel
Ein Metallstück der Masse 1,2 kg hängt an einem Seil der Länge 0,6 m und wird um 60° gegen die Vertikale ausgelenkt. Welche Lageenergie hat es gegenüber der ursprünglichen Position? Der Ortsfaktor beträgt 9,81 m/s².

Aufgabe 2.14 Dehnen einer Feder
An einer Feder mit der Federkonstante $D = 20$ N/kg hängt eine Masse von 0,3 kg. Wie weit ist die Feder gedehnt? Man rechne mit einem Ortsfaktor von 9,81 m/s².

Aufgabe 2.15 Fluchtgeschwindigkeit
Mit welcher Geschwindigkeit muss eine Rakete auf der Erde starten, um ohne weitere Beschleunigung das Gravitationsfeld verlassen zu können? Keine gravitative Bindung bedeutet, dass die Gesamtenergie der Rakete in unendlich großem Abstand zur Erde größer als Null wird. Die Masse der Erde beträgt $5,9 \cdot 10^{24}$ kg, die Gravitationskonstante ist $G = 6,67 \cdot 10^{-11}$ m^3/kg s^2, und der Abstand des Startpunktes zum Erdmittelpunkt sei 6400 km.

Aufgabe 2.16 Wasserkraftwerk
Durch den Querschnitt eines Flusses fließen in jeder Sekunde 140 m^3 Wasser mit einer Geschwindigkeit von 2 m/s. Welche Leistung könnte man in einem Wasserkraftwerk maximal entnehmen? Die Dichte des Wassers beträgt 1000 kg/m^3.

Aufgabe 2.17 Motorleistung
Der Motor eines Autos bringt beim Beschleunigen die konstante Leistung von 70 kW auf. Nach welcher Zeit beträgt die Geschwindigkeit des Autos (Masse m = 1300 kg) 80 km/h?

Aufgabe 2.18 Schuss auf Metallstück
Ein Metallstück der Masse m_1 = 1,0 kg hängt an einem 0,7 m langen Seil. Dann wird es von links von einer kleinen Metallkugel der Masse m_2 = 0,02 kg getroffen, welche mit der Geschwindigkeit v_2 = 9,4 m/s angeflogen kommt. Der Stoß erfolgt voll elastisch, der Ortsfaktor beträgt 9,81 m/s^2.
a) Wie groß ist die Geschwindigkeit der am Seil hängenden Masse unmittelbar nach dem Stoß?
b) Auf welche Höhe wird die große Masse beim Ausschwingen angehoben?
c) Wie groß ist dort der Auslenkungswinkel?

Aufgabe 2.19 Schuss auf Holzblock
Ein Holzblock der Masse m_1 = 3 kg hängt an einem Seil. Dann wird er von links von einer kleinen Metallkugel der Masse m_2 = 0,02 kg getroffen, welche mit der Geschwindigkeit v_2 = 14 m/s angeflogen kommt. Die Kugel bleibt dabei im Holz stecken. Mit welcher Geschwindigkeit schwingt der Holzklotz los?

Aufgabe 2.20 Strahltriebwerk
Die mit einer Geschwindigkeit von 3,8 km/s aus einem Triebwerk ausgestoßenen Verbrennungsgase erzeugen eine konstante Schubkraft von $4,2 \cdot 10^5$ N. Wie viel Masse wird innerhalb von 20 s ausgestoßen?

Aufgabe 2.21 Gewehrkugel
Eine Kugel der Masse 0,02 kg verlässt den Lauf eines Gewehrs mit der Geschwindigkeit 600 m/s. Welche konstante Kraft muss der Schütze aufbringen, wenn er den Rückstoß innerhalb von 0,3 s abfängt?

Aufgabe 2.22 Ableiten von Kreuzprodukten
Man zeige, dass für die Ableitung eines Kreuzprodukts gilt:

$$\frac{d}{dt} \boldsymbol{a} \times \boldsymbol{b} = \dot{\boldsymbol{a}} \times \boldsymbol{b} + \boldsymbol{a} \times \dot{\boldsymbol{b}}.$$

Ansatz: Man notiere die Kreuzprodukte in Komponentenschreibweise.

2.5 Kreisbewegungen

Die Kreisbewegung haben wir schon einmal kurz untersucht, als wir Beispiele für verschiedene Bewegungsformen gesammelt haben. Hier wollen wir uns noch einmal mit dieser Bewegung befassen und dabei insbesondere klären, was die Ursache für die kreisförmige Bahn ist. Außerdem lassen sich bei Anwendungsaufgaben Erhaltungssätze und Kräftezerlegungen nutzbringend einsetzen.

2.5.1 Kenngrößen einer Kreisbewegung

Eine Kreisbahn ist durch zwei Größen charakterisiert: Die Bahngeschwindigkeit v der Masse und den Bahnradius r_0. Wir wissen schon, wie diese Kenngrößen mit der Umlaufdauer in Verbindung stehen:

$$T = \frac{2\pi r_0}{v}. \tag{2.125}$$

Neben der auf der Bahn zurückgelegten Strecke pro Zeiteinheit, also der Bahngeschwindigkeit, lässt sich auch angeben, welchen Winkel die Masse pro Zeiteinheit überstreicht. Diese neue Größe nennen wir *Winkelgeschwindigkeit* und bezeichnen sie mit dem Symbol ω. Im Bogenmaß wird ein Winkel definiert als das Verhältnis der Bogenlänge auf dem Kreis zum Radius. Wir müssen also überlegen, wie groß der Kreisbogen ist, den die Masse in einer Zeit Δt überstreicht. Diesen teilen wir dann durch das Zeitintervall und den Radius. Bei vorgegebener Bahngeschwindigkeit ist die Länge des Kreisbogens gerade $v\,\Delta t$. Damit können wir die Winkelgeschwindigkeit angeben.

Definition 2.11 *Die Winkelgeschwindigkeit*
Die Winkelgeschwindigkeit wird definiert als

$$\omega = \frac{v}{r_0}. \tag{2.126}$$

Ihre Einheit ist ¹/s.

Die Winkelgeschwindigkeit steht in direkter Beziehung zur Umlaufdauer:

$$T = \frac{2\pi}{\omega}. \tag{2.127}$$

Nun erinnern wir uns an die Darstellung der Bahnkurve. Diese lautet:

$$\boldsymbol{r}(t) = r_0 \begin{pmatrix} \cos\left(\frac{2\pi}{T}\,t\right) \\ \sin\left(\frac{2\pi}{T}\,t\right) \end{pmatrix}. \tag{2.128}$$

Darin ersetzen wir nun die Umlaufdauer durch die Winkelgeschwindigkeit:

$$\boldsymbol{r}(t) = r_0 \begin{pmatrix} \cos\left(\omega\,t\right) \\ \sin\left(\omega t\right) \end{pmatrix}. \tag{2.129}$$

2.5.2 Die Zentripetalkraft

Um eine Masse auf einer Kreisbahn zu halten, benötigt man eine Kraft, da zwar die Geschwindigkeit betragsmäßig konstant ist, jedoch ständig ihre Richtung ändert. Eines der beiden Merkmale von Krafteinwirkungen finden wir also wieder. Wie groß diese Kraft ist und in welche Richtung sie zeigt, wollen wir uns anhand der Newton'schen Bewegungsgleichung klarmachen. Wir gehen also in gewissen Sinn den umgekehrten Weg: Das Rezept für die Verwendung der Bewegungsgleichung lautet ja, erst alle Kräfte zu finden, einzusetzen und dann auf die Bahnkurve zu schließen. Wir kennen die Bahn schon und wollen die Kraft bestimmen. Leiten wir also die Bahnkurve (2.129) zweimal nach der Zeit ab:

$$\dot{\boldsymbol{r}}(t) = r_0 \begin{pmatrix} -\omega \sin(\omega t) \\ \omega \cos(\omega t) \end{pmatrix}, \tag{2.130}$$

$$\ddot{\boldsymbol{r}}(t) = r_0 \begin{pmatrix} -\omega^2 \cos(\omega t) \\ -\omega^2 \sin(\omega t) \end{pmatrix} = -\omega^2 \boldsymbol{r}(t). \tag{2.131}$$

Multiplizieren wir dies noch mit der Masse, so erhalten wir die Kraft, welche die Masse auf ihrer Bahn hält. Da sie dem Ortsvektor entgegen zum Zentrum der Bahn gerichtet ist, nennt man sie *Zentripetalkraft* (*petere* bedeutet *nach etwas streben*).

> **Satz 2.21** *Die Zentripetalkraft*
> Eine Masse wird durch die Zentripetalkraft
>
> $$\boldsymbol{F}_Z = -m\omega^2 r_0 \begin{pmatrix} \cos(\omega t) \\ \sin(\omega t) \end{pmatrix} = -m\omega^2 \boldsymbol{r}(t) \tag{2.132}$$
>
> auf einer Kreisbahn mit Radius r_0 und Winkelgeschwindigkeit ω gehalten. Für ihren Betrag gilt:
>
> $$F_Z = m\omega^2 r_0 = \frac{mv^2}{r_0}. \tag{2.133}$$

Die Zentripetalkraft ist die einzige Kraft, die man benötigt, um eine Masse auf einer Kreisbahn zu halten. Insbesondere in Richtung der Bewegung wirkt keine Kraft, sodass die Masse zwar beschleunigt wird (die Bewegungsrichtung ändert sich), aber keine Arbeit verrichtet wird. Kräfte, die immer senkrecht zur momentanen Bewegungsrichtung wirken, nennt man auch *wattlose* Kräfte.

Beispiel 2.21 *Berechnung einer Zentripetalkraft*

Mit welcher Kraft muss man eine Masse von 2,7 kg zum Mittelpunkt ziehen, um sie bei 3 Umdrehungen pro Sekunde auf einer Kreisbahn mit Radius 0,9 m zu halten?

Lösung: Bei jeder Umdrehung wird der Vollwinkel von 2π einmal durchlaufen, entsprechend beträgt die Winkelgeschwindigkeit:

$$\omega = 3 \cdot \frac{2\pi}{s} = \frac{6\pi}{s}.$$

Damit können wir die Zentripetalkraft bestimmen:

$$F_Z = 2{,}7 \text{ kg} \cdot \left(\frac{6\pi}{s}\right)^2 \cdot 0{,}9 \text{ m} = 863 \text{ N}.$$

2.5.3 Ein Blick aus dem rotierenden Bezugssystem

Aus dem Alltag mag der Begriff der *Zentrifugalkraft* bekannt sein. Auch die Zentrifuge, eine Maschine zum Trennen von Stoffen verschiedener Dichte, geht mit diesem Begriff einher. Oft spricht man auch von der *Fliehkraft*. Man meint damit eine Kraft, welche eine Masse nach außen zieht, wenn sie eine Kreisbahn beschreibt. Gerade haben wir jedoch gezeigt, dass bei einer Kreisbewegung nur eine Kraft nach innen hin wirkt. Wie kommt es dann zu dieser weiteren Kraft? Um dies zu verstehen, müssen wir uns noch einmal klarmachen, dass die Newton'sche Bewegungsgleichung, die wir zur Herleitung der Zentripetalkraft verwendet haben, in dieser Form ausschließlich in Inertialsystemen Gültigkeit besitzt. Und wir haben einen Standpunkt in einem Inertialsystem eingenommen. Dabei sehen wir die Masse rotieren. Doch es gibt andere Standpunkte, die Masse zu beobachten. Wir können uns ja auch in ein Bezugssystem setzen, welches der Rotation folgt, sodass die Masse in diesem rotierenden System als ruhend erscheint. Von diesem Standpunkt aus betrachtet, erscheint es so, als ob die Masse nach außen gezogen wird. So hat man als Fahrgast in einem Kettenkarussell z.B. den Eindruck, nach außen gezogen zu werden. Dieser Wirkung weist man im rotierenden System eine Kraft zu, die Zentrifugalkraft. Sie besitzt bei Kreisbewegungen den gleichen Betrag wie die Zentripetalkraft, ist dieser aber entgegen gerichtet. Außerdem erscheint sie nur in einem mitrotierenden Bezugssystem, welches kein Inertialsystem darstellt und in welchem die Bewegungsgleichung wie wir sie kennen nicht gilt. Von einem Inertialsystem aus betrachtet findet man hingegen keine Zentrifugalkraft mehr. Es handelt sich nur um eine *Scheinkraft*, weil sie sich durch den Übergang zu einem Inertialsystem entfernen lässt.

Um dies noch etwas zu verdeutlichen, entfernen wir uns für den Moment von den Kreisbewegungen und lassen einen variablen Radius zu. Als Beispiel betrachten wir eine Masse, welche so auf einer Stange angebracht ist, dass sie sich reibungsfrei entlang dieser bewegen kann, jedoch immer auf der Stange verbleibt. Die Stange selbst befestigt man an einem Motor, welcher sich mit konstanter Winkelgeschwindigkeit dreht. Dabei beobachtet man, dass die Masse sich weg vom Zentrum der Rotation bewegt, und zwar mit umso größerer Geschwindigkeit, je weiter sie sich schon entfernt hat. Von einem Inertialsystem aus betrachtet ist die einzige Kraft, welche auf die Masse wirkt, senkrecht zur Stange gerichtet. Eine Zentripetalkraft wirkt nicht, da es keine Reibung gibt und die Stange die Masse somit nicht zum Mittelpunkt ziehen kann. Im mitrotierenden System sieht man, wie die Masse vom Zentrum beschleunigt wegfliegt. Will man diese Beschleunigung mit einer Kraft als Ursache verknüpfen, wie man es

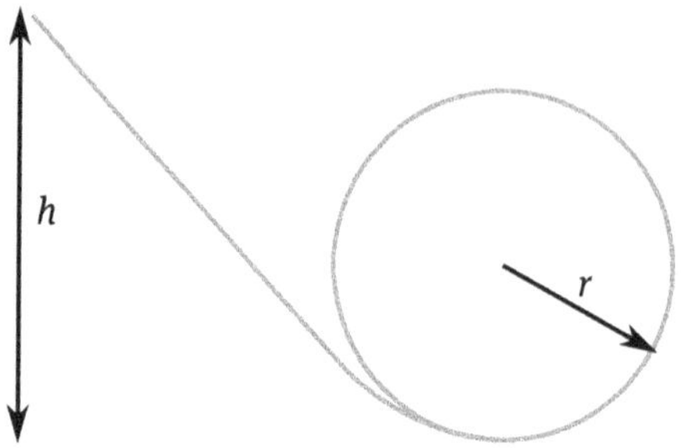

Abb. 2.11: Looping in einer Achterbahn.

auch in Inertialsystemen tut, muss man als Ursache dieser Beschleunigung die Zentrifugalkraft einführen, welche in Richtung der Stange nach außen zeigt. Anhand dieses Beispiels sieht man, wie die Zentrifugalkraft ins Spiel kommt, und dass dies auch nur im rotierenden Bezugssystem möglich ist.

2.5.4 Achterbahn

Achterbahnen sind nicht nur nervlich, sondern auch physikalisch reizvolle Systeme, welche in der Planungsphase unter Anwendung der Grundgesetze der Mechanik so ausgelegt werden, dass Menschen darin zwar keine Schaden nehmen, aber an den Rand ihrer Leistungsfähigkeit gebracht werden können. Wir wollen jetzt einen Looping untersuchen, und diesen so gestalten, dass ein Wagen von einem erhöhten Startpunkt zuerst nach unten fährt und dann in den Looping eintritt, wobei der oberste Punkt gerade kräftefrei durchlaufen werden soll. Dann haben die Insassen für einen Moment das Gefühl, vollkommen schwerelos zu sein. Der Looping ist in Abbildung 2.11 gezeigt. Er hat den Radius r und der Wagen startet aus dem Stand bei der Höhe h. Wenn der Wagen im höchsten Punkt des Loopings wieder auf gleicher Höhe wäre wie beim Start, wäre seine Geschwindigkeit zu diesem Zeitpunkt nach dem Energiesatz genau Null und er könnte die Kreisbahn gar nicht durchlaufen. Vielmehr würden die Insassen einfach hängen bleiben, was der Forderung nach Kräftefreiheit widerspricht. Also müssen wir den Startpunkt bei gegebenem Radius des Loopings höher legen.

Beginnen wir mit der Frage nach der Geschwindigkeit, die man benötigt, um im höchsten Punkt des Loopings kräftefrei zu sein. Diese Forderung bedeutet, dass die Zentripetalkraft gleich der Gewichtskraft des Wagens sein muss, denn die Gewichtskraft realisiert an diesem Punkt die Zentripetalkraft vollständig:

$$F_Z = F_G \quad \Leftrightarrow \quad \frac{mv^2}{r} = mg. \tag{2.134}$$

Daraus erhalten wir die benötigte Geschwindigkeit:

$$v_1 = \sqrt{rg}. \tag{2.135}$$

Zu diesem Zeitpunkt befindet sich der Wagen in der Höhe $d = 2r$ über dem Boden. Seine kinetische Energie ist durch die benötigte Geschwindigkeit vorgegeben. Nun verwenden wir den Energiesatz, um die Höhe des Startpunktes zu bestimmen. Am Anfang besitzt der Wagen nur potentielle Energie, im obersten Punkt des Loopings sowohl potentielle als auch kinetische Energie. Da die Gesamtenergie zu jedem Zeitpunkt die gleiche ist, gilt also:

$$E_{\text{Start}} = E_{\text{Loop}} \quad \Leftrightarrow \quad mgh = mgd + \frac{1}{2}mv_1^2. \tag{2.136}$$

Dies können wir wiederum nach der gesuchten Starthöhe h_0 auflösen:

$$h_0 = d + \frac{1}{2g}v_1^2 = 2r + \frac{1}{2g}rg = \frac{5r}{2}. \tag{2.137}$$

Wir fragen noch, welche Beschleunigung die Insassen am untersten Punkt erfahren, wenn der Looping ein zweites Mal durchlaufen wird. Hier besitzt der Wagen nur kinetische Energie, sodass wir auf seine Geschwindigkeit v_2 schließen können. Der Energiesatz lautet:

$$E_{\text{pot}} = E_{\text{kin}} \quad \Leftrightarrow \quad mgh_0 = \frac{1}{2}mv_2^2. \tag{2.138}$$

Damit ergibt sich für die Geschwindigkeit:

$$v_2 = \sqrt{2gh_0} = \sqrt{2g\frac{5r}{2}} = \sqrt{5gr}. \tag{2.139}$$

Am untersten Punkt muss die Schiene die nach oben gerichtete Zentripetalkraft vollständig realisieren. Außerdem muss sie in die gleiche Richtung noch die Gewichtskraft der Fahrgäste kompensieren. Die Kraft, welche hier auf die Insassen wirkt, ist also die Summe aus Zentripetal- und Gewichtskraft:

$$F = F_Z + F_G = \frac{mv_2^2}{r} + mg = \frac{5mgr}{r} + mg = 6mg. \tag{2.140}$$

Damit ergibt sich in diesem Szenario eine maximale Beschleunigung von $6g$, was bedeutet, dass die Fahrgäste das sechsfache ihrer üblichen Gewichtskraft erfahren. Dieser Wert ist schon nahe an dem, was Menschen ohne gesundheitliche Folgeschäden aushalten können. Beim Design einer Achterbahn muss daher eine Abwägung stattfinden, wo der Nervenkitzel endet und die Besucher eventuell auf eine weitere Fahrt verzichten werden.

Aufgaben

Aufgabe 2.23 Bewegung der Erde um die Sonne
Nach aktuellem Wissensstand bewegt sich die Erde auf einer Kreisbahn einmal in 365 Tagen um die Sonne. Die Masse der Sonne beträgt $M = 2{,}00 \cdot 10^{30}$ kg, die Erdmasse $m = 5{,}9 \cdot 10^{24}$ kg und die Gravitationskonstante ist $G = 6{,}67 \cdot 10^{-11}$ m³/kg s².

a) Wie groß ist die Umlaufdauer T in Sekunden?
b) Wie groß ist die Bahngeschwindigkeit v in Abhängigkeit des Radius' r der Bahn?
c) Man überlege sich das Kräftegleichgewicht für diese Kreisbahn und berechne daraus ihren Radius.

Aufgabe 2.24   Hammerwerfen
Ein Hammerwerfer dreht sich mit 2,5 Umdrehungen pro Sekunde unmittelbar vor dem Abwurf des Hammers. Die Seillänge beträgt 1,2 m, die Armlänge 0,5 m und die Masse des Hammers 7,25 kg.
a) Mit welcher Geschwindigkeit fliegt der Hammer los?
b) Welche Kraft muss der Hammerwerfer aufbringen, um den Hammer auf einer Kreisbahn zu halten? Welche Masse könnte man mit dieser Kraft bei einem Ortsfaktor von $g = 9{,}81$ N/kg halten?
c) Eine Hammerwerferin verwendet einen Hammer mit einer Masse von 4,0 kg. Kurz vor dem Abwurf dreht sie sich mit 2,0 Umdrehungen pro Sekunde um sich selbst und zieht den Hammer mit einer Kraft von 2000 N zu sich hin. In welchem Abstand zum Körper der Werferin befindet sich der Hammer?

Aufgabe 2.25   Geostationärer Satellit
Ein geostationärer Satellit behält relativ zum Erdboden immer die gleiche Position bei, dreht sich also einmal in 24 Stunden um die Erde. Dies ist nur über dem Äquator möglich. In welcher Höhe befindet sich der Satellit, dass er durch die Erdanziehung auf einer Kreisbahn gehalten wird? Die Masse der Erde beträgt $5{,}9 \cdot 10^{24}$ kg und die Gravitationskonstante ist $G = 6{,}67 \cdot 10^{-11}$ m^3/$_{\text{kg s}^2}$.

Aufgabe 2.26   Formel-1
Ein Formel-1-Auto fährt mit einer Geschwindigkeit von 100 km/h in eine Kurve mit Radius 30 m. Wie groß muss der Haftreibungskoeffizient mindestens sein, damit das Auto nicht aus der Kurve fliegt? Die Masse des Autos beträgt 700 kg und der Ortsfaktor ist $g = 9{,}81$ N/kg.

2.6 Harmonische Schwingungen

Wenn wir unsere Umgebung betrachten, können wir viele Dinge entdecken, die schwingen. Da gibt es z.B. alte Uhren, deren Pendel sich hin- und herbewegt. Neuere Uhren enthalten statt eines Pendels einen Quarzkristall. Dessen Schwingungen kann man nicht mehr direkt sehen, dafür sind sie zu schnell (mehrere 10^4 bis 10^6 Schwingungen in der Sekunde), aber sie sorgen für einen sehr genauen Gang der Uhr. Wenn wir sprechen, müssen wir unsere Stimmbänder in Schwingung versetzen. Und selbst das Licht, das in unsere Augen fällt, wird durch etwas erzeugt, das schnelle Schwingungen ausführt (im Bereich 10^{14} Schwingungen pro Sekunde). Obwohl diese Phänomene aus vollkommen unterschiedlichen Bereichen kommen, lässt sich für alle eine gemeinsame Beschreibung finden, wie wir in späteren Kapiteln noch sehen werden. Hier wollen wir uns zunächst rein mechanischen Schwingungen widmen. Diese sind aus dem Alltag schon bekannt, und der Leser wird deswegen wahrscheinlich ein intuitives Gespür für die Vorgänge haben, die wir dann mit Mathematik auskleiden wollen. Wir werden die nötigen Konzepte dafür schrittweise entwickeln und erweitern, eine vollständige Abhandlung des mathematischen Rahmens soll aber der Mathematikvorlesung vorbehalten bleiben.

2.6.1 Grundlegende Begriffe

Um Schwingungsvorgänge beschreiben zu können, benötigt man zuerst einige Begriffe, die in diesem Zusammenhang ständig verwendet werden. Da eine Schwingung ein Vorgang ist, der sich ständig wiederholt, ist die Dauer eines Einzelvorgangs eine charakteristische Größe. Die Schwingungsdauer wird mit dem Buchstaben T bezeichnet und in Sekunden (s) gemessen. Die Anzahl der Schwingungen pro Sekunde nennt man die Frequenz f (manchmal auch ν), und sie hängt mit der Schwingungsdauer über

$$f = \frac{1}{T} \qquad (2.141)$$

zusammen. Die Einheit der Frequenz ist das Hertz (1 Hz = 1/s). Die Kreisfrequenz ω stimmt bis auf einen Faktor mit der Frequenz überein. Man definiert sie als

$$\omega = 2\pi f. \qquad (2.142)$$

Ihre Einheit ist 1/s, nicht Hz (reine Konvention). Außerdem muss man noch angeben, wie stark etwas eigentlich schwingt. Bei mechanischen Pendeln ist dies eine maximale Auslenkung oder Amplitude. Sie wird oft mit A bezeichnet und in Metern (m) gemessen. Nun haben wir alle nötigen Begriffe beisammen und können uns dem ersten Modell zuwenden.

2.6.2 Der ungedämpfte, ungetriebene harmonische Oszillator

2.6.2.1 Masse-Feder-Pendel ohne Gravitationskraft

Wahrscheinlich wird jeder schon in mehr oder weniger direkter Form gesehen haben, wie sich ein Mensch, der an einem Gummiseil hängt, in die Tiefe fallen lässt, dabei einen Punkt erreicht, an dem das Seil gestrafft wird, dieses immer länger wird und dabei den Fall bremst. Schließlich erreicht der Springer den tiefsten Punkt des Falls (nicht zu nah am Boden) und wird wieder in die Höhe gerissen. Dann wird er wieder nach unten fallen und das Ganze wiederholt sich einige Male, bis schließlich eine ruhige Position eingenommen wird (die Ruhelage). Wir wollen einen solchen Vorgang von der physikalischen Seite betrachten (auch das kann nervenaufreibend sein, ist aber wesentlich ungefährlicher). Dabei müssen wir einige störende Effekte aus unserem Sichtfeld entfernen, um das Modell möglichst einfach zu halten. Da ist z.B. das Pendeln des Springers, hervorgerufen durch einen nicht vollkommen senkrechten Fall. Der Luftwiderstand und Reibungseffekte im Seil bremsen die Bewegung irgendwann ab. Schließlich wird der erneute Fall durch die Gravitation der Erde verursacht, das

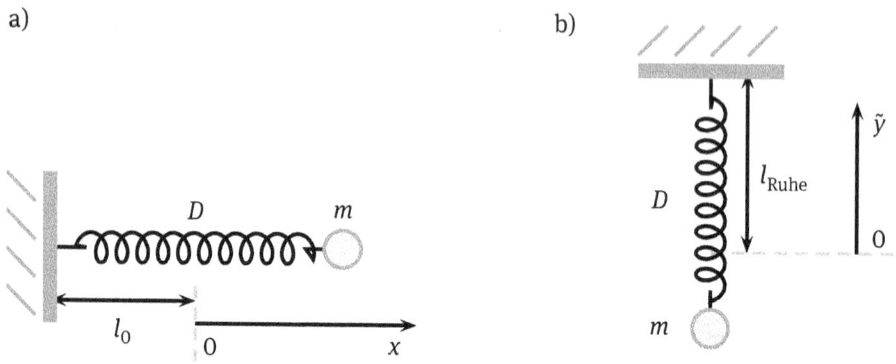

a)

b)

Abb. 2.12: Zwei Anordnungen eines Masse-Feder-Pendels. a) keine Gravitation, b) Gravitation verlängert die Feder in der Ruhelage.

Seil hat damit nichts zu tun; wir müssten die Bewegung daher abschnittsweise untersuchen. Um uns dies zu ersparen, ersetzen wir in unserem Modell das Gummiseil durch eine Feder, die an einer Wand befestigt ist und an der eine Masse hängt. Alles andere entfernen wir aus dem Universum. Die Feder selbst besitze eine vernachlässigbar kleine Masse und Reibung soll ebenfalls unberücksichtigt bleiben, zumindest für den Moment. Im entspannten Zustand hat die Feder eine Länge l_0, so wie auch vorher das Gummiseil eine gewisse Länge besaß. Dies ist schematisch in Abbildung 2.12 a) dargestellt. Wenn man die Masse nun in eine Richtung auslenkt, zieht oder drückt die Feder in die andere Richtung (das Gummiseil besaß die Eigenschaft, nur ziehen zu können). Die Federkraft kennen wir schon. Sie hängt von der Auslenkung x ab und lautet:

$$F = -Dx. \tag{2.143}$$

Zur Erinnerung: Die Einheit der Federkonstante D ist N/m. Andere Kräfte wirken nicht auf die Masse, da sich ja momentan nichts anderes in unserem Modellkosmos befindet. Halten wir hier schon einmal fest, dass die Auslenkung x in diesem Zusammenhang nicht einfach eine feste Zahl ist, sondern sich mit der Zeit ändern wird, da nach dem Loslassen die Masse hin- und herschwingen wird. Es handelt sich also um eine Funktion $x(t)$, wobei wir die Zeit t nur nicht explizit als Variable hingeschrieben haben. Um die Bewegung nun mathematisch zu beschreiben, rufen wir uns die Newton'sche Bewegungsgleichung in Erinnerung. Demnach ist die Kraft, die auf eine Masse wirkt, gleich der momentanen Beschleunigung multipliziert mit der Masse selbst:

$$F = ma. \tag{2.144}$$

Für die Kraft auf der linken Seite von Gleichung (2.144) müssen wir alle auf die Masse wirkenden Kräfte einsetzen, hier also die Federkraft (2.143). Damit lautet schließlich die Bewegungsgleichung:

$$-Dx = ma. \tag{2.145}$$

Wir rufen uns auch in Erinnerung, dass die Beschleunigung a die zweite zeitliche Ableitung der Ortsfunktion $x(t)$ ist, also

$$a(t) = \ddot{x}(t). \tag{2.146}$$

Fügen wir dies alles zusammen, so erhalten wir folgendes:

$$-Dx(t) = m\ddot{x}(t). \tag{2.147}$$

Nach einer weiteren kleinen Umformung kommen wir zu einem wichtigen Zwischenergebnis.

Satz 2.22 *Bewegungsgleichung des ungedämpften harmonischen Oszillators*
Die Bewegung eines ungedämpften harmonischen Oszillators lässt sich durch folgende Bewegungsgleichung beschreiben:

$$\ddot{x}(t) + \frac{D}{m}x(t) = 0. \tag{2.148}$$

Für den speziellen Fall eines Masse-Feder-Systems haben wir jetzt die Bewegungsgleichung gebaut, wobei unser Vorgehen ganz dem Newton'schen Regelwerk entspricht: Notiere alle Kräfte, die auf die Masse wirken können (hier gibt es nur eine Kraft, und die hängt ausschließlich vom momentanen Ort der Masse ab), und setzte die Summe aller Kräfte in die Newton'sche Bewegungsgleichung ein. Bevor wir uns näher mit der Bewegungsgleichung (2.148) beschäftigen, erweitern wir unser Modell noch etwas und lassen eine Gravitationskraft auf die Masse wirken.

2.6.2.2 Masse-Feder-Pendel mit Gravitation

Wir wollen sehen, welchen Einfluss die Gravitation auf unser Pendel hat und fügen dazu eine homogene (d.h. ortsunabhängige) Kraft, die nach unten wirken soll, hinzu. Wie in Abbildung 2.12 b) gezeigt, werden positive Auslenkungen nach oben gemessen und mit dem Buchstaben y bezeichnet. Da die Gravitation nach unten wirkt, gilt für sie das Kraftgesetz

$$F_{\text{grav}} = -mg. \tag{2.149}$$

Wie oben hat auch hier die Feder eine Länge l_0, wenn keine Masse an ihr hängt. Durch die Gravitation wird die Feder in ihrer *Ruhelage* jedoch etwas verlängert. Dasselbe haben wir schon bei unserem Seilspringer gesehen: Wenn er nach dem Auspendeln in *Ruhe* am Seil hängt, ist dies etwas länger als ohne Gewicht. Diese Ruhelage ist dadurch gekennzeichnet, dass die Gravitationskraft und die ihr entgegen gerichtete Federkraft (oder Seilkraft) gleich groß sind, denn dann ist die Summe der Kräfte Null. Wenn wir die durch das Gewicht verursachte Verlängerung der Feder mit y_0 bezeichnen, gilt also folgendes Kräftegleichgewicht:

$$-mg - Dy_0 = 0. \tag{2.150}$$

Man bemerke die beiden Minuszeichen: Das erste kommt daher, dass die Gravitationskraft nach unten zeigt, das zweite, weil die Federkraft der Auslenkung y_0 entgegen gerichtet ist. Wir können jetzt nach der Auslenkung y_0 umformen und erhalten:

$$y_0 = -\frac{mg}{D}. \tag{2.151}$$

Die Auslenkung ist negativ, da die Feder ja nach unten gezogen wird, hin zu negativen y-Werten. Wenn wir nun die gesamte Länge der Feder in der Ruhelage bestimmen wollen, müssen wir natürlich den Betrag davon nehmen und ihn zu l_0 addieren:

$$l_{\text{Ruhe}} = l_0 + \frac{mg}{D}. \tag{2.152}$$

Nach diesen Vorarbeiten, deren Sinn wir gleich besser verstehen werden, machen wir uns wieder daran, die Bewegungsgleichung aufzustellen. Zusätzlich zur Federkraft (2.143) wirkt jetzt aber auch noch die Gravitationskraft (2.149). Deren Summe müssen wir in die Newton'sche Bewegungsgleichung einsetzen und erhalten:

$$-Dy(t) - mg = m\ddot{y}(t). \tag{2.153}$$

Wir nehmen noch eine kleine Umformung vor, sodass wir fast die gleiche Form wie die Bewegungsgleichung (2.148) erhalten, mit dem Unterschied des Ortsfaktors g:

$$\ddot{y}(t) + \frac{D}{m}y(t) + g = 0. \tag{2.154}$$

Nun wenden wir einen kleinen Trick an, mit dem wir den Ortsfaktor formal entfernen können. Wir führen eine neue Variable ein, die wir mit $\tilde{y}$ bezeichnen und die mit der Auslenkung y wie folgt zusammenhängt:

$$\tilde{y}(t) = y(t) + y_0 = y(t) - \frac{mg}{D}. \tag{2.155}$$

Für die zeitliche Ableitung von $\tilde{y}$ gilt:

$$\ddot{\tilde{y}}(t) = \ddot{y}(t). \tag{2.156}$$

Jetzt setzen wir diese neue Variable sowie ihre Ableitung in die Bewegungsgleichung (2.154) ein:

$$\ddot{\tilde{y}}(t) + \frac{D}{m}\tilde{y}(t) = 0. \tag{2.157}$$

Wir sehen jetzt, dass diese Bewegungsgleichung genau die gleiche Sruktur hat wie Gleichung (2.148), nur die Variable heißt anders. Wenn wir uns im folgenden also an die Lösung Gleichungen (2.148) und (2.157) machen, müssen wir uns nur einmal den Weg überlegen, die Lösung selbst ist für beide Probleme gültig.

2.6.2.3 Lösung der Bewegungsgleichung

Bevor wir damit beginnen, die Bewegungsgleichung (2.148) bzw. (2.157) zu lösen, sollten wir uns erst einmal mit dieser Art von Gleichung vertraut machen und uns Klarheit verschaffen, was wir unter einer Lösung hier überhaupt verstehen. Wenn wir an uns schon vertraute Gleichungen denken, z.B. lineare, quadratische oder Bruchgleichungen, so mussten wir beim Lösen immer nach der gesuchten Variable umformen. Am Ende stand dann meist eine Zahl (manchmal auch mehrere oder gar keine), die man für die gesuchte Variable einsetzen musste, damit die Gleichung erfüllt war. Hier haben wir etwas Neues: Wir suchen nicht eine einzelne Zahl, sondern gleich eine ganze *Funktion*. Neben der Funktion selbst taucht in der Bewegungsgleichung (2.148) aber auch noch deren zweite Ableitung, also die *differenzierte* Funktion, auf, und man nennt (2.148) deswegen eine *Differentialgleichung*. Diese können wir sicher nicht lösen, indem wir einfach nach $x(t)$ umformen. Es bliebe die zweite Ableitung stehen. Wir suchen vielmehr eine Funktionsvorschrift. Wenn wir diese und ihre zweite Ableitung in die Bewegungsgleichung (2.148) einsetzen, muss die Differentialgleichung erfüllt sein. Der Werkzeugkasten zum Lösen von Differentialgleichungen ist sehr reichhaltig bestückt und es benötigt einige Zeit, bis man sich darin auskennt. Wir beschränken uns in diesem Zusammenhang darauf, nur unsere Bewegungsgleichung zu lösen und verweisen für die allgemeine Abhandlung auf die Mathematikvorlesungen. Das einfachste Vorgehen in unserem Fall ist das Raten einer Lösung. Auch wenn das auf den ersten Blick weniger mit Rechnen als mit Glück zu tun hat: Wir werden die Lösung nicht vollständig raten, sondern nur einen Ansatz machen und diesen dann doch wieder durch Rechnen so anpassen, dass er die Gleichung erfüllt. Lassen wir uns für den Ansatz von unserer Intuition leiten. Wir erwarten wie beim Seilspringer auch, dass die Masse an der Feder periodisch hin- und herpendelt. Eine sehr einfache mathematische Funktion, die sich periodisch zwischen zwei Maximalwerten hin- und herbewegt, ist die Sinusfunktion. Versuchen wir also als Ansatz für die Lösung von (2.148) die Funktion

$$x(t) = A \sin \omega_0 t. \tag{2.158}$$

Die Konstante A ist die Amplitude der Schwingung, ω_0 die Kreisfrequenz. Beides ist noch unbestimmt. In der Bewegungsgleichung steht noch die zweite Ableitung von $x(t)$, also leiten wir auch den Ansatz (2.158) zweimal nach der Zeit ab:

$$\dot{x}(t) = A\omega_0 \cos \omega_0 t, \tag{2.159}$$

$$\ddot{x}(t) = -A\omega_0^2 \sin \omega_0 t. \tag{2.160}$$

Jetzt können wir die Ansatzfunktion in die Bewegungsgleichung einsetzen:

$$-A\omega_0^2 \sin \omega_0 t + \frac{D}{m} A \sin \omega_0 t = 0. \tag{2.161}$$

Wir klammern die Sinusfunktion aus:

$$A \sin \omega_0 t \left(-\omega_0^2 + \frac{D}{m} \right) = 0. \tag{2.162}$$

Die letzte Gleichung besteht auf der linken Seite aus einem Produkt zweier Faktoren, welches Null werden soll. Ein Produkt wird immer dann Null, wenn mindestens ein Faktor Null wird. Die Sinusfunktion verschwindet für bestimmte Werte von t, allerdings verlangen wir ja, dass die ursprüngliche Differentialgleichung zu *jedem* Zeitpunkt erfüllt ist, nicht nur ab und zu. Also müssen wir dafür sorgen, dass der zweite Faktor verschwindet. Die Bedingung dafür lautet:

$$-\omega_0^2 + \frac{D}{m} = 0. \tag{2.163}$$

Der gewählte Ansatz erfüllt also unsere Bewegungsgleichung, wenn wir für die Kreisfrequenz der Schwingung den Wert

$$\omega_0 = \sqrt{\frac{D}{m}} \tag{2.164}$$

wählen. Die Amplitude ist auch jetzt noch nicht bestimmt, wir kümmern uns gleich darum. Als Zwischenergebnis können wir zunächst festhalten:

$$x(t) = A \sin\left(\sqrt{\frac{D}{m}}\, t\right). \tag{2.165}$$

Wir haben nun eine Funktion gefunden, welche die Bewegungsgleichung erfüllt. Man nennt eine solche Schwingung auch *harmonisch*, weil die Federkraft proportional zur Auslenkung ist. Generell heißen alle Schwingungsvorgänge harmonisch, die sich durch eine Differentialgleichung wie (2.148) beschreiben lassen. Die physikalische Aussage der Lösung (2.165) ist, dass das Pendel mit einer bestimmten Frequenz schwingt, die nur von der Federkonstante und der Masse abhängt, ganz egal, ob wir die Gravitation in das Modell aufnehmen oder nicht (Erinnerung: Die Bewegungsgleichung (2.157) ist jetzt ja auch schon gelöst!). Außerdem schwingt das Pendel in diesem Modell bis in alle Ewigkeit, da wir ja Reibungseffekte ausdrücklich vernachlässigt haben. Die Wirklichkeit sieht natürlich anders aus, irgendwann wird das Pendel zum Stillstand kommen. Reibung werden wir aber erst im nächsten Schritt in unser Modell aufnehmen. Bleibt noch die Frage nach der bisher nicht weiter festgelegten Amplitude A der Schwingung. Diese wird erst dann einen Wert bekommen, wenn wir das Pendel auslenken und loslassen. Es ist handelt sich also um eine *Anfangsbedingung*, die wir bei jedem Mal aufs Neue frei wählen können. Allerdings bekommen wir jetzt noch ein Problem: Gemäß unserer Lösungsfunktion (2.165) befindet sich das Pendel zum Zeitpunkt $t = 0$ immer in der Ruhelage bei $x = 0$. Wenn wir das Pendel aber bei $t = 0$ maximal auslenken, ist (2.165) nicht mehr die richtige Lösung. Wir müssen hier offenbar noch nachbessern. Gehen wir dazu nochmal zu unserem Ansatz (2.158) zurück. Er erfüllt zwar die Bewegungsgleichung, ist aber nicht die einzig mögliche Lösung. Die Kosinusfunktion

$$x(t) = B \cos \omega_0 t \tag{2.166}$$

hätten wir ebenfalls wählen können. Die Rechnung ist die gleiche wie wir sie mit der Sinusfunktion schon durchgeführt haben. Für die Kreisfrequenz ω_0 werden wir deswegen auch wieder den bekannten Wert erhalten. Es stellen sich somit zwei Fragen: Wie gehen wir nun mit zwei Lösungen um, wenn wir doch nur eine einzige suchen? Und gibt es vielleicht noch andere Lösungsfunktionen, die wir bisher nur übersehen haben? Auf beide Fragen gibt die Theorie linearer Differentialgleichungen einfache und klare Antworten. Findet man mehrere linear unabhängige Lösungen, so ist die Summe der einzelnen Lösungen wieder ein Lösung. Und die Anzahl der linear unabhängigen Lösungen ist gleich der höchsten auftretenden Ableitung in der Differentialgleichung, in unserem Fall also zwei. Somit können wir sicher sein, dass wir alle Lösungen gefunden haben.

Satz 2.23 *Lösung des ungedämpften harmonischen Oszillators*
Die allgemeine Lösung eines ungedämpften harmonischen Oszillators lautet:

$$x(t) = A \sin \omega_0 t + B \cos \omega_0 t. \tag{2.167}$$

Hier tauchen auch zwei verschiedene Konstanten A und B auf. Wiederum können wir dies physikalisch verstehen. Die Auslenkung der Masse bei $t = 0$ ist nicht die einzige Anfangsbedingung, wir müssen auch angeben, mit welcher Geschwindigkeit sich das Pendel zu diesem Zeitpunkt bewegt. Mit diesen beiden Bedingungen sind die zwei Konstanten festgelegt. Übrigens: Die gefundene Lösung ist sowohl für den harmonischen Oszillator ohne als auch mit Gravitation gültig, die Bewegungsgleichungen (2.148) und (2.157) weisen ja dieselbe Struktur auf. Die ursprüngliche Bewegungsgleichung eines Federpendels im Gravitationsfeld müssen wir nicht gesondert lösen, wir verwenden statt dessen nur das Transformationsgesetz (2.155). Dadurch wird auf die Lösung noch eine konstante Auslenkung addiert und das Pendel schwingt somit lediglich um eine andere Ruhelage herum.

Beispiel 2.22 *Stoßdämpfer - mit und ohne Auto*

Der Stoßdämpfer eines Autos besitzt eine Federkonstante von $2,0 \cdot 10^4$ N/m. Mit welcher Frequenz schwingt er, wenn er mit einer Masse von 300 kg belastet wird (ein Stoßdämpfer trägt auch nur ein Viertel der Gesamtmasse)? Wie ändert sich die Frequenz, wenn statt eines Autos nur ein Massenstück von 10 kg daran befestigt wird?

Lösung: Das Auto schwingt mit einer Frequenz von

$$f = \frac{\omega_0}{2\pi} = \frac{1}{2\pi} \sqrt{\frac{D}{m}} = \frac{1}{2\pi} \sqrt{\frac{2,0 \cdot 10^4 \, \frac{N}{m}}{300 \text{ kg}}} = 1,3 \text{ Hz}.$$

Das viel leichtere Massenstück erhöht die Schwingungsfrequenz wesentlich:

$$f = \frac{1}{2\pi} \sqrt{\frac{2,0 \cdot 10^4 \, \frac{N}{m}}{10 \text{ kg}}} = 7,1 \text{ Hz}.$$

2.6.3 Der gedämpfte harmonische Oszillator

2.6.3.1 Aufstellen der Bewegungsgleichung

Bis jetzt ist unser Modell eines Oszillators noch sehr einfach. Wir haben insbesondere darauf verzichtet, Reibungseffekte zu berücksichtigen. Dies wollen wir jetzt nachholen. Reibung ist zwar immer vorhanden, z.B. durch den Luftwiderstand oder in der Feder selbst, aber das sind im Normalfall sehr kleine Kräfte, die sich nur bei längeren Schwingungszeiten durch ein langsames Abklingen der Schwingung bemerkbar machen. Um etwas stärkere Reibung in unser System zu bringen, tauchen wir das Massenstück in ein Ölbad, in dem es schwingen kann. Die zähe Flüssigkeit wird dafür sorgen, dass die Auslenkung des Pendels mit der Zeit deutlich abnimmt. Um zu verstehen, was „deutlich" genau heißt, müssen wir die Reibungskraft kennen. Im Allgemeinen gibt es verschiedene Formen von Reibungskräften, die sich grundsätzlich darin unterscheiden, wie sie von der Geschwindigkeit des Körpers abhängen, auf den die Reibung wirkt. In unserem Fall gehen wir davon aus, dass die Reibung umso größer wird, je schneller sich die Masse bewegt, d.h. die Reibungskraft soll proportional zur Geschwindigkeit und dieser entgegen gerichtet sein. In Formeln bedeutet dies:

$$F_R = -b\dot{y}. \tag{2.168}$$

Darin ist b eine Reibungskonstante, die von der Flüssigkeit und der Form des Pendels abhängt. Eine solche Zahl findet man durch eine Messung heraus. Neben der Reibung wirken noch die Gravitation und die Federkraft. Da wir die Bewegungsgleichung für diese beiden Kräfte schon mit (2.157) notiert haben, müssen wir diese nur noch um die Reibungskraft (2.168) erweitern, wobei wir die Tilde ˜ aus Gründen der Übersichtlichkeit weglassen:

$$\ddot{y}(t) + \frac{b}{m}\dot{y}(t) + \frac{D}{m}y(t) = 0. \tag{2.169}$$

Der Term D/m hat oben schon die Abkürzung ω_0^2 erhalten, für b/m schreiben wir nun 2γ. Der Grund für die zusätzliche 2 ist hier nicht ersichtlich, wir kommen aber später noch darauf zurück.

> **❗ Satz 2.24** *Bewegungsgleichung des gedämpften harmonischen Oszillators*
> Die Bewegungsgleichung des gedämpften Pendels lautet:
>
> $$\ddot{y}(t) + 2\gamma\dot{y}(t) + \omega_0^2 y(t) = 0. \tag{2.170}$$

Damit haben wir wieder eine Differentialgleichung, diesmal aber noch mit einem Term, der proportional zur ersten Ableitung der Funktion ist. Wie dieser die Lösung verändert, werden wir im Folgenden untersuchen. Dabei unterscheiden wir nach der Größe der Reibungskonstante γ. Wenn diese sehr klein wird, d.h. $\gamma \ll \omega_0$, ist der zweite Term in (2.170) vernachlässigbar und (2.170) geht über in die Bewegungsgleichung (2.157). Reibung dominiert hingegen, wenn $\gamma \gg \omega_0$. Der Grenzfall liegt bei $\gamma = \omega_0$.

Wir sehen, dass γ die Dimension einer Kreisfrequenz besitzt, also $1/\text{s}$. Eine Frequenz gibt eine Zeitskala vor, auf der physikalische Vorgänge ablaufen, und es ist generell sehr instruktiv, sich die verschiedenen Zeitskalen eines physikalischen Systems anzusehen und das Verhalten schon vor der (manchmal auch umfangreichen) Lösung zu verstehen.

2.6.3.2 Lösung I: Schwingungsfall

Zuerst betrachten wir den Fall $\gamma < \omega_0$. Wie schon beim ungedämpften Pendel werden wir zur Lösung von Gleichung (2.170) einen Ansatz machen. Ohne diesmal unserer Intuition zu vertrauen, gehen wir einen eher mathematisch geprägten Weg und wählen als Ansatzfunktion

$$y(t) = A e^{\lambda t}. \tag{2.171}$$

Es tauchen hier wieder eine nicht näher bestimmte Amplitude A sowie eine „Frequenz" λ auf. Eine Exponentialfunktion mag etwas seltsam anmuten, schließlich wollten wir doch etwas beschreiben, das eher einer Sinusfunktion ähnelt. Wie wir gleich sehen werden, hat unser Ansatz durchaus seine Berechtigung, und unsere Intuition hätte uns vielleicht in die Irre geführt (das kommt in der Physik manchmal vor). Wir benötigen jetzt die erste und die zweite Ableitung unseres Ansatzes:

$$\dot{y}(t) = A\lambda e^{\lambda t}. \tag{2.172}$$

$$\ddot{y}(t) = A\lambda^2 e^{\lambda t}. \tag{2.173}$$

Jetzt können wir wie gewohnt alles in die Bewegungsgleichung (2.170) einsetzen. Dabei klammern wir gleich die Amplitude A und die Exponentialfunktion aus:

$$A e^{\lambda t} \left(\lambda^2 + 2\gamma\lambda + \omega_0^2 \right) = 0. \tag{2.174}$$

Wieder treffen wir auf ein Produkt, das zu jedem Zeitpunkt t verschwinden soll. Die Exponentialfunktion tut uns diesen Gefallen nicht, also müssen wir es wieder mit der Klammer versuchen. Wenn wir uns deren Inhalt genau ansehen, stellen wir fest, dass es sich um eine quadratische Gleichung für λ handelt. Man nennt dies in der Theorie linearer Differentialgleichungen auch das charakteristische Polynom. Seine Nullstellen lauten:

$$\lambda_{1,2} = -\gamma \pm \sqrt{\gamma^2 - \omega_0^2}. \tag{2.175}$$

Hier wird auch die Definition der Dämpfungskonstante γ in der Bewegungsgleichung (2.170) zusammen mit dem Faktor 2 klar: Wir ersparen uns die 2 dadurch in der Lösung für λ und in allen weiteren Schritten. Erinnern wir uns, dass wir gerade den Fall $\gamma < \omega_0$ untersuchen. Was passiert dann mit der Wurzel? Der Radikand ist negativ, d.h. die

Wurzel ist eine imaginäre Zahl. Mit i $= \sqrt{-1}$ können wir nämlich schreiben:

$$\lambda_{1,2} = -\gamma \pm \sqrt{(-1)\left(\omega_0^2 - \gamma^2\right)}$$

$$= -\gamma \pm i\sqrt{\omega_0^2 - \gamma^2}. \tag{2.176}$$

Der nächste Schritt besteht wieder darin, die Ansatzfunktion mit Leben zu erfüllen, also die erhaltenen Lösungen für λ einzusetzen und eine Funktion zu generieren, die zwei frei wählbare Parameter enthält, sodass wir die Lösung auf eine beliebige Anfangsauslenkung und -geschwindigkeit des Pendels anpassen können:

$$y(t) = A e^{\left(-\gamma + i\sqrt{\omega_0^2 - \gamma^2}\right)t} + B e^{\left(-\gamma - i\sqrt{\omega_0^2 - \gamma^2}\right)t}$$

$$= e^{-\gamma t}\left(A e^{i\sqrt{\omega_0^2 - \gamma^2}\,t} + B e^{-i\sqrt{\omega_0^2 - \gamma^2}\,t}\right). \tag{2.177}$$

Im zweiten Schritt haben wir einen Teil der Exponentialfunktion ausgeklammert. Da γ eine positive reelle Zahl ist, handelt es sich um eine mit der Zeit abfallende Exponentialfunktion. Diese wird mit der nachfolgenden Klammer multipliziert. Sie besteht aus einer Summe zweier komplexer Exponentialfunktionen, wir sind aber an einer rein reellen Funktion interessiert. Das schaffen wir mit der Euler-Formel:

$$e^{ix} = \cos x + i\sin x. \tag{2.178}$$

Wenn wir jetzt z.B. $A = B = \frac{1}{2}\tilde{A}$ setzen, so fallen die Sinusterme weg und wir erhalten eine rein reelle Lösung:

$$y(t) = \tilde{A} e^{-\gamma t} \cos \sqrt{\omega_0^2 - \gamma^2}\,t. \tag{2.179}$$

Eine andere Möglichkeit ist $A = -B = -\frac{1}{2}i\tilde{B}$. Mit dieser Wahl entfernen wir die Kosinusterme, und es bleibt übrig:

$$y(t) = \tilde{B} e^{-\gamma t} \sin \sqrt{\omega_0^2 - \gamma^2}\,t. \tag{2.180}$$

Im Ergebnis haben wir wieder zwei Lösungen, die linear unabhängig und reell sind. Ihre Summe muss ebenfalls eine Lösung sein, und wir können schließlich die Lösung des gedämpften Pendels im Fall kleiner Reibung angeben.

Satz 2.25 *Lösung des gedämpften harmonischen Oszillators I*
Bei schwacher Dämpfung, $\gamma < \omega_0^2$, lautet die Lösung der Bewegungsgleichung des harmonischen Oszillators:

$$y(t) = e^{-\gamma t}\left(A \cos \sqrt{\omega_0^2 - \gamma^2}\,t + B \sin \sqrt{\omega_0^2 - \gamma^2}\,t\right). \tag{2.181}$$

Die Lösungsfunktion enthält zwei wichtige Erweiterungen im Vergleich zum ungedämpften Pendel: Zum einen nimmt die Amplitude der Schwingung exponentiell mit der Zeit ab. Zum anderen wird die Frequenz der Schwingung kleiner: Während die Kreisfrequenz des ungedämpften Pendels bei ω_0 liegt, ist sie jetzt

$$\omega = \sqrt{\omega_0^2 - \gamma^2}. \tag{2.182}$$

Je zäher die Flüssigkeit wird, in der sich das Pendel befindet, umso größer wird die Dämpfungskonstante γ und umso langsamer schwingt das Pendel. Was aber passiert, wenn wir die Dämpfung so stark machen, dass sie die kleinste Zeitskala vorgibt, also $\gamma > \omega_0$? Diesen Fall untersuchen wir im nächsten Abschnitt.

2.6.3.3 Lösung II: Starke Dämpfung

Wir wählen auch im Fall starker Dämpfung, $\gamma > \omega_0$, wieder den Lösungsansatz (2.171). Diesen setzen wir in die Bewegungsgleichung (2.170) ein und stellen das charakteristische Polynom auf. Wir erhalten wieder die Lösung (2.175). Diesmal ist die Wurzel jedoch reell! Wir können deshalb sofort die beiden linear unabhängigen Lösungen der Differentialgleichung konstruieren.

> **Satz 2.26** *Lösung des gedämpften harmonischen Oszillators II*
> Im Fall starker Dämpfung, $\gamma > \omega_0$, lautet die Lösung des harmonischen Oszillators:
>
> $$y(t) = e^{-\gamma t} \left(A e^{\sqrt{\gamma^2 - \omega_0^2}\, t} + B e^{-\sqrt{\gamma^2 - \omega_0^2}\, t} \right). \tag{2.183}$$

Auf großen Zeitskalen nimmt die Lösung wieder exponentiell ab. In der Klammer stehen aber zwei weitere reelle Exponentialfunktionen. Die eine klingt ebenfalls mit der Zeit ab, die andere wächst jedoch an. Gerade für kleinen Zeiten besteht deswegen die Möglichkeit, dass die Lösung insgesamt anwächst, bevor sie vollends gegen Null strebt. Maximal ein Nulldurchgang ist möglich, aber keine echte Schwingung mehr. Aus diesem Grund haben wir als Ansatz zur Lösung der Bewegungsgleichung (2.170) auch die Exponentialfunktion gewählt. Sie bietet nicht nur die Möglichkeit, eine Schwingung zu beschreiben, sondern ist flexibel genug, auch den Verlauf eines stark gedämpften Pendels abzubilden. Einen Fall haben wir aber noch nicht besprochen: den Grenzfall, wenn $\gamma = \omega_0$.

2.6.3.4 Lösung III: Aperiodischer Grenzfall

Auch für den Grenzfall $\gamma = \omega_0$ machen wir wieder den gewohnten Ansatz (2.171) und stellen das charakteristische Polynom auf. Jetzt gibt es aber nur noch eine einzige Lösung für λ, weil die Wurzel verschwindet:

$$\lambda = -\gamma. \tag{2.184}$$

Bisher konnten wir immer zwei linear unabhängige Lösungen aus den beiden Werten λ_1 und λ_2 konstruieren. Auch jetzt muss das möglich sein, da wir immer zwei Anfangsbedingungen angeben können. Im Fall einer solchen doppelten Nullstelle des charak-

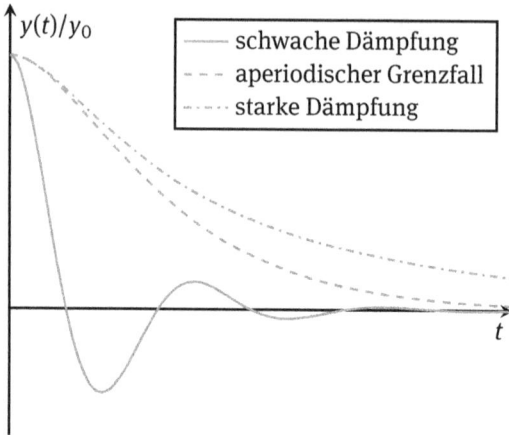

Abb. 2.13: Lösungen des gedämpften harmonischen Oszillators für schwache Dämpfung, starke Dämpfung und den aperiodischen Grenzfall.

teristischen Polynoms gibt die Theorie linearer Differentialgleichungen folgende Antwort: Um eine zweite, linear unabhängige Lösung zu erhalten, multipliziert man die Ansatzfunktion einmal noch mit t.

Satz 2.27 *Lösung des gedämpften harmonischen Oszillators III*
Im aperiodischen Grenzfall, $\gamma = \omega_0$, lautet die Lösung des harmonischen Oszillators

$$y(t) = Ae^{-\gamma t} + Bte^{-\gamma t}. \tag{2.185}$$

Die Abklingzeit wird jetzt nur noch durch die Zeitkonstante γ vorgegeben. Die Lösung strebt schneller gegen Null als bei starker Dämpfung, was in der Anwendung besonders dann interessant wird, wenn man bei einem potentiell schwingungsfähigen System durch dämpfende Bauteile vermeidet, dass es anfängt zu schwingen, aber gleichzeitig ein einmal ausgelenktes System möglichst schnell wieder in die Ruhelage bekommen möchte. Man nennt dies den aperiodischen Grenzfall.

2.6.3.5 Zusammenfassung der drei Lösungen
Zum Abschluss wollen wir die drei Lösungen noch einmal bildlich darstellen. In Abbildung 2.13 sind die Zeitverläufe der Position des Pendels für verschiedene Dämpfungswerte γ dargestellt. Schwache Dämpfung sorgt für eine abklingende Schwingung, während der aperiodische Grenzfall sich vom Fall starker Dämpfung dadurch unterscheidet, dass das Pendel deutlich schneller in die Ruhelage findet.

2.6.4 Getriebene Schwingungen

Die letzte Erweiterung, die wir noch in unser Modell eines harmonischen Oszillators aufnehmen, ist ein äußerer Antrieb. Solche erzwungenen Schwingungen spielen in der Technik eine große Rolle, teils kommt eine äußere Anregung bewusst ins Spiel, z.B. bei elektrischen Schwingkreisen,[7] manchmal ist sie aber auch ein hinderlicher Nebeneffekt, den man soweit als möglich minimieren muss. Dafür ist ein grundlegendes Verständnis erzwungener Schwingungen nötig. Um soviel Einsicht wie möglich bei überschaubarem Aufwand zu erlangen, untersuchen wir im Folgenden eine sinusförmige Anregung. Diese lässt sich z.B. realisieren, indem man das Masse-Feder-Pendel nicht an einer festen Wand, sondern an einer sich sinusförmig hin- und herbewegenden Aufhängung befestigt. Dadurch wirkt folgende zusätzliche Kraft auf die Feder und damit auch auf die Masse:

$$F = F_0 \sin \omega_d t. \tag{2.186}$$

Darin ist F_0 die maximal wirkende Kraft und ω_d die Kreisfrequenz der äußeren Anregung. Der Rest des Oszillators bleibt unverändert, insbesondere behalten wir auch die Reibung im Modell.

> **Satz 2.28** *Bewegungsgleichung des getriebenen harmonischen Oszillators*
> Ein gedämpfter harmonischer Oszillator, der sinusförmig durch eine äußere Kraft angetrieben wird, lässt sich durch die folgende Bewegungsgleichung beschreiben:
>
> $$\ddot{y}(t) + 2\gamma\dot{y}(t) + \omega_0^2 y(t) = \frac{F_0}{m} \sin \omega_d t. \tag{2.187}$$

Bevor wir uns der Lösung von (2.187) zuwenden, wollen wir zunächst qualitativ überlegen, wie sich das System verhalten wird. Wir wissen, dass eine einmal angeregte Schwingung durch die Dämpfung mit der Zeit zum Erliegen kommt, da durch die Reibung mechanische Energie aus dem System entnommen wird. Die Anregung versorgt den Oszillator jedoch kontinuierlich mit Energie, sodass er weiterhin schwingen wird. Die Vermutung liegt nahe, dass er dies mit der Frequenz der äußeren Anregung tun wird. Nach einem Einschwingvorgang, währenddessen die *Eigenschwingung* des Oszillators abklingt, wird sich wohl ein stationärer Schwingungszustand einstellen. Für diese Schwingung machen wir nun einen Ansatz, in den wir unsere Vermutung, dass die Schwingungsfrequenz gleich der Anregungsfrequenz ist, einfließen lassen. Da sich zeigen wird, dass eine reine Sinusfunktion als Ansatz zu wenig ist, nehmen wir noch eine Cosinusfunktion hinzu. Unser Ansatz lautet damit:

$$y(t) = A \sin \omega_d t + B \cos \omega_d t. \tag{2.188}$$

---

[7] Es sei hier schon angemerkt, dass die Beschreibung von elektromagnetischen Schwingungen vollkommen analog zu der mechanischer Schwingungen ist.

Hierin tauchen zwei unabhängige Amplitude A und B auf, die noch nicht bestimmt sind. Wenn unser Ansatz richtig ist, wird sich dabei aber eine Bedingung ergeben, welche diese Koeffizienten festlegt. Wie bisher auch schon setzen wir die Ansatzfunktion in die Differentialgleichung (2.187) ein, wobei wir die erste und zweite Ableitung von (2.188) benötigen:

$$\dot{y}(t) = A\omega_d \cos \omega_d t - B\omega_d \sin \omega_d t, \tag{2.189}$$

$$\ddot{y}(t) = -A\omega_d^2 \sin \omega_d t - B\omega_d^2 \cos \omega_d t. \tag{2.190}$$

Dies setzen wir in die Bewegungsgleichung (2.187) ein, wobei wir gleich nach den Sinus- und Cosinustermen sortieren:

$$\left(-A\omega_d^2 - 2\gamma B\omega_d + A\omega_0^2\right) \sin \omega_d t$$
$$+ \left(-B\omega_d^2 + 2\gamma A\omega_d + B\omega_0^2\right) \cos \omega_d t = \frac{F_0}{m} \sin \omega_d t. \tag{2.191}$$

Diese Gleichung muss zu jedem Zeitpunkt erfüllt sein, so wie auch die ursprüngliche Bewegungsgleichung, von der sie abstammt. Dies ist nur möglich, wenn alle Vorfaktoren der Sinus- und Cosinusfunktionen getrennt voneinander verschwinden. In diesen Vorfaktoren stecken aber die noch unbestimmten Koeffizienten A und B, sodass wir die beiden sich ergebenden Gleichungen damit erfüllen können. Diese lauten nun:

$$-A\omega_d^2 - 2\gamma B\omega_d + A\omega_0^2 = \frac{F_0}{m}, \tag{2.192}$$

$$-B\omega_d^2 + 2\gamma A\omega_d + B\omega_0^2 = 0. \tag{2.193}$$

Die Lösung dieses linearen Gleichungssystems ist nicht weiter schwierig und sei dem Leser als kleine Übungsaufgabe überlassen. Man findet für die Koeffizienten folgende Ausdrücke:

$$A = \frac{\frac{F_0}{m}\left(\omega_0^2 - \omega_d^2\right)}{\left(\omega_0^2 - \omega_d^2\right)^2 + 4\gamma^2\omega_d^2}, \tag{2.194}$$

$$B = \frac{-2\gamma\omega_d \frac{F_0}{m}}{\left(\omega_0^2 - \omega_d^2\right)^2 + 4\gamma^2\omega_d^2} \tag{2.195}$$

Nun müssen wir nur noch die Lösungsfunktion aufschreiben:

$$y(t) = \frac{\frac{F_0}{m}}{\left(\omega_0^2 - \omega_d^2\right)^2 + 4\gamma^2\omega_d^2}\left(\left(\omega_0^2 - \omega_d^2\right)\sin \omega_d t - 2\gamma\omega_d \cos \omega_d t\right). \tag{2.196}$$

Formal sind wir damit fertig, doch man kann noch eine kleine Umformung der Lösung vornehmen, die eine größere Anschaulichkeit ermöglicht. Dazu verwenden wir aus der Mathematik ein Additionstheorem für trigonometrische Funktionen, welches man in einer Formelsammlung findet:

$$A \sin \omega t + B \cos \omega t = C \sin \left(\omega t - \varphi\right), \tag{2.197}$$

mit

$$C = \sqrt{A^2 + B^2}, \tag{2.198}$$

$$\tan \varphi = -\frac{B}{A}. \tag{2.199}$$

Angewendet auf unsere Lösungsfunktion führt dies auf

$$y(t) = C \sin(\omega_d t - \varphi), \tag{2.200}$$

wobei wir jetzt die Amplitude C der Schwingung und die *Phasenverschiebung* φ gegenüber der Anregung (nach ein wenig Rechenarbeit) angeben können:

$$C = \frac{\frac{F_0}{m}}{\sqrt{\left(\omega_0^2 - \omega_d^2\right)^2 + 4\gamma^2 \omega_d^2}}, \tag{2.201}$$

$$\varphi = \arctan \frac{2\gamma\omega_d}{\omega_0^2 - \omega_d^2}. \tag{2.202}$$

Diese Umformulierung hat den Vorteil, dass wir die Schwingung des Oszillators besser mit der Anregung vergleichen können. Beide Schwingungen werden durch eine Sinusfunktion beschrieben, allerdings ist die Schwingung des Oszillators gegenüber der äußeren Anregung um eine Phase φ verschoben. Außerdem sehen wir nun, dass die Amplitude der Schwingung von der Anregungsfrequenz ω_d abhängt. Diese Abhängigkeit ist nicht ganz einfach zu erkennen, Abbildung 2.14 zeigt deswegen grafisch den typischen Verlauf der Schwingungsamplitude.

Bei sehr kleinen Anregungsfrequenzen schwingt der Oszillator mit derselben Amplitude wie die Anregung, hochfrequente Anregungen sorgen dafür, dass die Schwingungsamplitude beliebig klein wird. Dazwischen nimmt die Amplitude ein Maximum an, man spricht von einer *Resonanz*. Diese stellt in der Technik oft den interessanten Fall dar, weil der Oszillator dann die Anregungsenergie vollständig aufnimmt. Ohne Reibung, durch welche Energie auch wieder abgegeben werden kann, würde sich das System aufschaukeln und es käme zu einer *Resonanzkatastrophe*. Doch auch mit Reibung kann es nötig sein, die starke Schwingung in der Nähe der Resonanz zu unterdrücken, z.B. durch zusätzliche Dämpfung, oder man vermeidet Anregungen mit der entsprechenden Resonanzfrequenz.

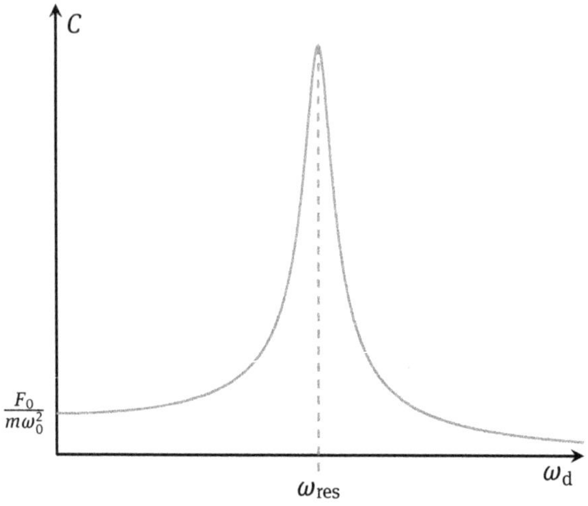

Abb. 2.14: Verlauf der Amplitude eines getriebenen und gedämpften harmonischen Oszillators über der Frequenz der Anregung. Das Maximum kann mehr oder weniger stark ausgeprägt sein, abhängig von der Dämpfung und sorgt im Extremfall für eine Resonanzkatastrophe.

Satz 2.29 *Lösung des harmonisch getriebenen Oszillators*
Wird ein Oszillator sinusförmig mit der Frequenz ω_d angeregt, so schwingt er ebenfalls sinusförmig und mit derselben Frequenz:

$$y(t) = C \sin(\omega_d t - \varphi) \tag{2.203}$$

Die Amplitude C und die Phasenlage φ lauten:

$$C = \frac{\frac{F_0}{m}}{\sqrt{\left(\omega_0^2 - \omega_d^2\right)^2 + 4\gamma^2 \omega_d^2}}, \tag{2.204}$$

$$\varphi = \arctan \frac{2\gamma\omega_d}{\omega_0^2 - \omega_d^2}. \tag{2.205}$$

Die Resonanzfrequenz ω_{res} erhält man aus (2.204), indem man mittels einer Kurvendiskussion das Maximum von $C(\omega)$ bestimmt. Man erhält

$$\omega_{res} = \sqrt{\omega_0^2 - 2\gamma^2}. \tag{2.206}$$

Man erkennt, dass es nur dann eine physikalisch sinnvolle Antwort auf die Frage nach einem Maximum der Amplitude gibt, wenn die Dämpfung γ nicht zu groß wird, da wir sonst als Lösung eine rein imaginäre Frequenz bekämen. Dennoch kann uns niemand verbieten, eine große Dämpfung zu wählen. Dies stellt nur scheinbar einen Widerspruch dar, denn wenn die Dämpfung so groß wird, dass $\omega_0 < \sqrt{2}\,\gamma$, so wird lediglich die Ableitung der Amplitudenfunktion (2.204) niemals Null. Dennoch gibt es ein Maximum, welches dann bei $\omega_d = 0$ liegt. Von dort an fällt C streng monoton ab.

Verschwindet die Dämpfung, fällt die Resonanzfrequenz mit der Anregungsfrequenz zusammen. Abschließend noch eine Frage zum Nachdenken:

Auf einem Tisch steht eine Messvorrichtung, die sehr empfindlich gegenüber Erschütterungen ist. Wie konzipiert man mittels Tischplatte(n) und Federn eine möglichst vibrationsfreie Unterlage?

Zur Beantwortung dieser Frage sollte man sich eine Konstruktion überlegen, welche sowohl hohe als auch niedrige Frequenzen dämpft und nicht zu einem ausgeprägten Maximum im Spektrum führt.

Aufgaben

Aufgabe 2.27 Federpendel - Parameter bestimmen I
Wir betrachten ein Federpendel, das die Bewegung

$$x(t) = A \cdot \cos \omega t$$

mit $A = 0,1$ m und $\omega = 0,2\pi\,1/s$ ausführt.
a) Man stelle die Funktion für die Geschwindigkeit und die Beschleunigung auf.
b) Wie lauten die maximale Geschwindigkeit und die maximale Beschleunigung?
c) Wo befindet sich das Pendel, wenn die Geschwindigkeit maximal ist? Wo befindet es sich bei minimaler Geschwindigkeit? Wie groß ist die Beschleunigung an diesen Orten?

Aufgabe 2.28 Federpendel - Parameter bestimmen II
Bei einer Schwingung der Kreisfrequenz $\omega_0 = 90\,1/s$ sind zum Zeitpunkt $t_0 = 0,00$ s die Auslenkung $x_0 = 2,00$ cm und die Geschwindigkeit $\dot{x}_0 = 3,00\,m/s$ gemessen worden. Welche Werte haben die Amplitude A und die Phase φ für eine Bewegung, die durch

$$x(t) = A \cos(\omega_0 t + \varphi)$$

gegeben ist?

Aufgabe 2.29 Dämpfung im Ölbad
Eine Kugel der Masse $m = 0,25$ kg führt, an einer Feder der Federkonstanten $D = 50\,N/m$ hängend, in einem Ölbad gedämpfte Schwingungen aus. Für die Reibungskraft gilt $F_R = -b\dot{x}$ mit $b = 0,377\,kg/s$. Die Ort-Zeit-Funktion der Schwingung ist

$$x(t) = x_A e^{-\gamma t} \sin(\omega_1 t + \alpha).$$

a) Man bestimme die Kreisfrequenz ω_1 und die Abklingkonstante γ.
b) Wie groß ist das Verhältnis zweier aufeinander folgender Maximalausschläge x_{n+1}/x_n? Anmerkung: Es ist nicht nötig, durch Ableiten die Maxima zu bestimmen. Man überlege statt dessen, wie groß der zeitliche Abstand zwischen zwei Maxima (oder generell phasengleichen Auslenkungen) ist.

Aufgabe 2.30 Stoßdämpfer eines LKW
Federn und Stoßdämpfer eines kleinen LKW werden so ausgelegt, dass sich die Karosserie bei voller Beladung (Masse $m = 1800$ kg) um eine vorgegebene Strecke $s = 0,1$ m senkt und dass die Räder

(Radmasse m_R = 40 kg) bei Stößen im aperiodischen Grenzfall schwingen. Es soll vorausgesetzt werden, dass alle vier Räder gleich belastet sind und jedes Rad einzeln gefedert und gedämpft ist. Der Ortsfaktor beträgt g = 9,81 $^m/_{s^2}$.

a) Wie groß müssen die Richtgröße D einer Feder und die Dämpfungskonstante γ sein?
b) Wie groß ist die Reibungskonstante b?

Aufgabe 2.31 Bodenwellen

Auf einer sanierungsbedürftigen Straße sind in einem Abschnitt mehrere kleine Schlaglöcher der Tiefe 5,00 cm zu finden, die aus unerfindlichen Gründen genau im Abstand 11,0 m aufeinander folgen. Ein Auto der Masse 980 kg (ohne Radmassen) muss nun über diese Straße fahren. Die Gesamtfederkonstante seiner Stoßdämpfer ist $1,30 \cdot 10^5$ $^N/_m$, die Reibungskonstante ist $2,80 \cdot 10^3$ $^{kg}/_s$.

a) Bei welcher Geschwindigkeit v sind die vertikalen Schwingungen des PKW am größten? Machen Sie sich dazu klar, dass eine Anregung nicht unbedingt sinusförmig sein muss. Auch die periodische Abfolge der Schlaglöcher kann unter Einbeziehung der Geschwindigkeit in eine Anregungsfrequenz umgerechnet werden.
b) Auf welchen Wert x_m kann die Schwingungsamplitude anwachsen?

2.7 Beschreibung mechanischer Wellen

Dieser Abschnitt soll dazu dienen, dem Leser das Gebiet von Wellenphänomenen vorzustellen, ohne zu sehr in die Tiefe zu gehen. Mechanische Wellen treten an vielen Stellen in Erscheinung, z.B. als Wasserwellen oder als Schallwellen. Alle Phänomene haben jedoch eines gemeinsam: Wellen breiten sich in einem Medium aus, das auf mikroskopischer Ebene aus Teilchen besteht, welche Kräfte aufeinander ausüben, die denen von Federn ähneln. Jedes Teilchen führt also für sich Schwingungen aus, wodurch die nächsten Nachbarn direkt beeinflusst werden. Durch diese Kopplung wandert eine Anregung durch das gesamte Medium. Um die Propagation von Wellen zu beschreiben, beginnen wir mit gekoppelten Oszillatoren und stellen für diese Bewegungsgleichungen auf. Anschließend verkleinern wir den für uns sichtbaren Ausschnitt immer weiter, bis wir schließlich keine einzelnen Teilchen mehr erkennen und das Medium für uns kontinuierlich aussieht. Dies wird uns dann von den Bewegungsgleichungen der einzelnen Teilchen zu einer einzigen neuen Bewegungsgleichung führen, welche die fortschreitende Welle beschreibt. Da dieser Teil mathematisch etwas anspruchsvoller ist, kann er beim ersten Lesen auch übersprungen werden. Er stellt jedoch die Grundlage für das Verständnis von elektromagnetischen Wellen dar, die im späteren Verlauf noch diskutiert werden sollen.

2.7.1 Die lineare Atomkette

Mikroskopisch gesehen besteht Metall aus einer periodischen Anordnung von Atomen, welche gedanklich durch Federn der Stärke D verbunden sind. Eine solche Kette

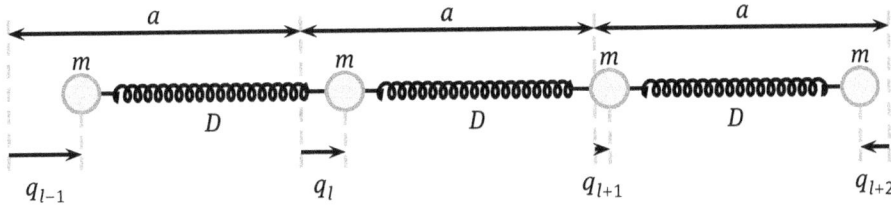

Abb. 2.15: Ein Ausschnitt einer linearen Kette von Atomen zusammen mit den hier verwendeten Bezeichnungen.

von Atomen ist ausschnittsweise in Abbildung 2.15 dargestellt. Alle Atome besitzen die gleiche Masse und werden mit dem Index l durchnummeriert. In der Gleichgewichtslage sind alle Atome kräftefrei und besitzen zu ihren Nachbarn alle denselben Abstand a. Diese Größe nennt man auch *Gitterkonstante*. Die Ruhelänge der Federn sei gerade a. Jedes einzelne Teilchen kann nun um seine Ruhelage herum schwingen, wobei wir die jeweiligen Auslenkungen aus den Ruhelagen mit q_l bezeichnen. Wir beschränken unsere Betrachtungen auf *longitudinale* Auslenkungen, also Auslenkungen entlang der Verbindungsachse. Denkbar sind aber Anregungen senkrecht zur Verbindungslinie, die man *transversal* nennt.

Auf jedes Atom wirken zwei Kräfte: Links und rechts zieht oder drückt jeweils eine Feder. Wie groß diese Kräfte jeweils sind, hängt vom Abstand des Atoms zu seinen beiden Nachbarn ab. Schauen wir uns das am Teilchen mit der Nummer l an. Rechts davon sitzt Teilchen $l + 1$, links das Teilchen $l - 1$. Lenkt man Teilchen $l + 1$ etwas nach rechts aus ($q_{l+1} > 0$) und lässt l an seiner Gleichgewichtsposition sitzen, so muss eine Kraft auf l nach rechts wirken. Entsprechend wird l nach links gedrückt, wenn $l + 1$ nach links verschoben wird, also $q_{l+1} < 0$. Somit finden wir für die Kraft vom rechten Nachbarn:

$$F_{\text{rechts}} = D(q_{l+1} - q_l). \tag{2.207}$$

Entsprechend stellt man die Kraft des linken Nachbarn $l - 1$ auf:

$$F_{\text{links}} = -D(q_l - q_{l-1}). \tag{2.208}$$

Im entspannten Zustand, wenn also die Auslenkungen q_{l-1}, q_l und q_{l+1} alle verschwinden, sind die Federkräfte wie gefordert Null. Damit sind wir bereits soweit, dass wir die Bewegungsgleichung für das Atom mit der Nummer l aufschreiben können, da außer den beiden Federkräften keine weiteren Kräfte wirken. Setzen wir diese in die Newton'sche Bewegungsgleichung ein, so erhalten wir:

$$m\ddot{q}_l = D(q_{l+1} - q_l) - D(q_l - q_{l-1}), \tag{2.209}$$

bzw. noch etwas zusammengefasst

$$m\ddot{q}_l = D(q_{l+1} + q_{l-1} - 2q_l). \tag{2.210}$$

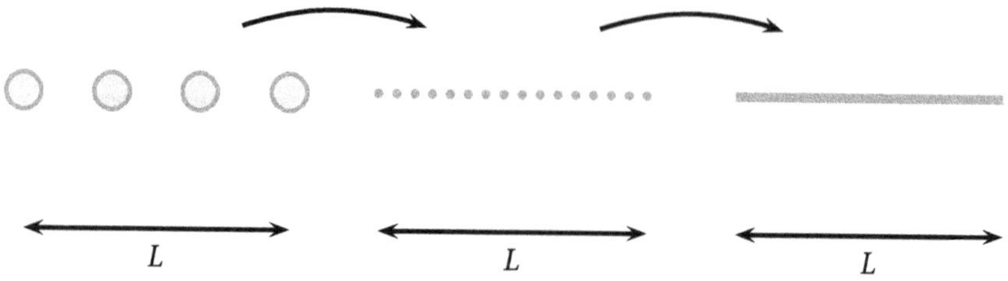

Abb. 2.16: Veranschaulichung des Übergangs von der Atomkette zu einem Kontinuum. Es werden immer mehr Teilchen mit kleiner werdender Masse in die Kette gepackt, gleichzeitig erhöht sich die Stärke der Federn (hier nicht eingezeichnet).

Die Bewegung eines bestimmten Atoms hängt von der seiner beiden Nachbarn ab. Dies ist neu, denn bisher haben wir nur eine einzige Bewegungsgleichung für ein einzelnes Teilchen betrachtet. Hier tritt der Effekt der Kopplung von Bewegungsgleichungen auf. Stellt man sich nun einen Festkörper vor, der typischerweise aus 10^{23} Teilchen bestehen kann, ergibt sich eine ungeheuer große Zahl von gekoppelten Differentialgleichungen, die jedoch alle die gleiche Struktur aufweisen. Wir wollen hier nicht auf das Lösungsschema eingehen, sondern nur die mathematische Beschreibung von einzelnen gekoppelten Teilchen kennenlernen. Diese soll die Ausgangsposition für das eigentliche Problem bilden, den Festkörper als kontinuierlichen Stoff zu behandeln, dessen einzelne Atome uns aufgrund ihrer Winzigkeit als zusammenhängende Masse erscheinen.

2.7.2 Übergang zum Kontinuum

Wir untersuchen nun eine Atomkette einer festen Länge L, die aus N Atomen bestehen soll, welche den Abstand a besitzen. Diese drei Größen hängen wie folgt zusammen:

$$L = Na. \tag{2.211}$$

Um von einer Kette, bestehend aus einzelnen erkennbaren Teilchen, zu einer zusammenhängenden Masse überzugehen, verkleinern wir die Teilchen und deren Abstand a, wobei wir gleichzeitig immer mehr Teilchen in die Kette stecken. Die Länge der Kette soll dabei unverändert bleiben. Mathematisch bedeutet dies also:

$$
\begin{aligned}
a &\to 0 \\
N &\to \infty \\
L &= Na \quad \text{const.}
\end{aligned}
\tag{2.212}
$$

Bis jetzt haben wir die Teilchen nummeriert, doch wir können deren Gleichgewichtslagen leicht in Positionsangaben x übersetzen:

$$x = la. \tag{2.213}$$

Bei den Auslenkungen der Teilchen aus ihren Ruhelagen heraus haben wir bisher den Index l zur Auffindung eines Teilchens benutzt. Jetzt können wir aber auch die Ruheposition x des Teilchens verwenden und angeben, wie groß die Auslenkung an einer bestimmten Stelle ist. Beide Beschreibungen sind bis auf die Diskretisierung der Position gleichbedeutend, sodass wir schreiben können:

$$\begin{aligned} q_l &\to q(x) \\ q_{l+1} &\to q(x + a) \\ q_{l-1} &\to q(x - a). \end{aligned} \tag{2.214}$$

In der alten Schreibweise wird die Auslenkung nummeriert, weswegen ein Index auftaucht. Nun kommt eine reelle Zahl ins Spiel, und die Auslenkung wird zu einer Funktion des Orts. In dieser Schreibweise lautet dann die Bewegungsgleichung (2.210):

$$m\ddot{q}(x, t) = D(q(x + a, t) + q(x - a, t) - 2q(x, t)). \tag{2.215}$$

Da nicht nur die Gesamtlänge, sondern auch die Gesamtmasse endlich bleiben soll, führen wir die Massendichte ein:

$$\varrho = \frac{m}{a}. \tag{2.216}$$

Damit können wir die Bewegungsgleichung weiter umformen, indem wir durch die Gitterkonstante a dividieren:

$$\frac{m}{a}\ddot{q}(x, t) = \varrho\ddot{q}(x, t) = Da\frac{q(x + a, t) - 2q(x, t) + q(x - a, t)}{a^2}. \tag{2.217}$$

Bevor wir den Grenzübergang $a \to 0$ durchführen können, müssen wir berücksichtigen, dass sich bei Halbierung der Federlänge die Federkonstante verdoppelt (siehe auch Aufgabe 2.7). Das Produkt aus Federkonstante und Gitterkonstante bleibt also ebenfalls endlich und wir bezeichnen dieses Produkt mit g:

$$Da = g. \tag{2.218}$$

Jetzt treten in der Bewegungsgleichung nur noch Größen auf, die von der Gitterkonstanten unabhängig sind:

$$\varrho\ddot{q}(x, t) = g\frac{q(x + a, t) - 2q(x, t) + q(x - a, t)}{a^2}. \tag{2.219}$$

Jetzt können wir den Kontinuumslimes $a \to 0$ bilden, was auf der rechten Seite von (2.219) zu einer zweiten räumlichen Ableitung führt (siehe Aufgabe 2.32):

$$\ddot{q}(x, t) - \frac{g}{\varrho}\frac{\partial^2 q(x, t)}{\partial x^2} = 0. \tag{2.220}$$

Dieses Ergebnis nennt man die *Wellengleichung*. Sie beschreibt die Verschiebung q eines Teilchens im Medium an der Stelle x zur Zeit t. Das Symbol ∂ bedeutet wie auch ein d, dass eine Funktion nach einer bestimmten Variable abgeleitet werden muss. Der Grund für diese neue Symbolik soll an dieser Stelle jedoch nicht näher erläutert werden, da er für das Verständnis der Wellengleichung für den Moment nicht wichtig ist. Wir wollen unser Augenmerk zunächst nur auf die Struktur der Gleichung richten, da sie auch in anderen Bereichen auftauchen wird, nicht nur in der Mechanik. Hier haben wir die Auslenkung von Teilchen in einem Festkörper beschrieben, doch es lassen sich damit auch Wellen ganz anderer Natur beschreiben, z.B. elektromagnetische Wellen. In der Elektrodynamik wird sich ebenfalls eine solche Gleichung ergeben, mit welcher sich ausbreitende Schwingungen in einem elektrischen und magnetischen Feld beschrieben werden. Wie Schallwellen in einem materiellen Medium besitzen auch elektromagnetische Wellen eine Ausbreitungsgeschwindigkeit. Diese lässt sich aus der Wellengleichung ablesen (ohne dass wir das hier näher begründen). Im Fall der von uns untersuchten Atomkette beträgt diese Geschwindigkeit:

$$c = \sqrt{\frac{g}{\varrho}}. \tag{2.221}$$

In der Elektrodynamik steht an der entsprechenden Stelle ein anderer Term, aber auch dort kann man die Ausbreitungsgeschwindigkeit ganz einfach ablesen.

Satz 2.30 *Die Wellengleichung in einer Dimension*
In einem kontinuierlichen Medium können sich durch die Kopplung einzelner Atome Anregungen in Form von Verschiebungen der Atome wellenartig ausbreiten. Diese Verschiebungen werden durch die Wellengleichung beschrieben:

$$\ddot{q}(x, t) - c^2 \frac{\partial^2 q(x, t)}{\partial x^2} = 0. \tag{2.222}$$

Die Ausbreitungsgeschwindigkeit der Wellen beträgt c und hängt vom jeweiligen Material ab.

Die Wellengleichung (2.222) beschreibt die Ausbreitung von Wellen z.B. in einem dünnen Metallstab. Bevor wir uns mit Lösungen dieser neuen Art von Gleichung beschäftigen, geben wir noch eine Verallgemeinerung der Wellengleichung an, die für Wellen in einem dreidimensionalen Medium gültig ist.

Satz 2.31   *Die Wellengleichung in drei Dimensionen*
In einem in drei Raumdimensionen ausgedehnten Medium breiten sich Wellen gemäß der dreidimensionalen Wellengleichung aus:

$$\ddot{q}(r, t) - c^2 \left(\frac{\partial^2 q(r, t)}{\partial x^2} + \frac{\partial^2 q(r, t)}{\partial y^2} + \frac{\partial^2 q(r, t)}{\partial z^2} \right) = 0. \tag{2.223}$$

Abkürzend schreibt man auch

$$\ddot{q}(r, t) - c^2 \Delta q(r, t) = 0, \tag{2.224}$$

wobei das Δ den Laplace-Operator bezeichnet, der die Summe der zweiten räumlichen Ableitungen verkörpert.

2.7.3 Lösungen der Wellengleichung

Nachdem wir die Wellengleichung nun hergeleitet haben, wollen wir sie noch etwas unter die Lupe nehmen, da wir eine derartige Gleichung noch nicht gesehen haben, dieser Typ aber in der Anwendung häufig auftritt. Die zugrunde liegende Mathematik ist durchaus anspruchsvoll, weswegen insbesondere der Abschnitt über Lösungen der Wellengleichung auf einer Kreisscheibe zu den Expertenthemen gehört. Ungeachtet dessen können wir einige Konzepte erlernen, und die Mathematik besitzt hier auch einen gewissen Charme. Wir untersuchen in diesem Rahmen nur eine einzige Randbedingung, nämlich eine verschwindende Auslenkung auf dem Rand. Dies soll uns für unsere Zwecke genügen. Ein auf dem Rand festgehaltenes schwingendes Medium stellt jedoch nicht die Allgemeinheit dar.

2.7.3.1 Vorbetrachtungen

Welche Erwartungen stellen wir an eine Lösung der Wellengleichung (2.222)? Differentialgleichungen haben wir schon untersucht. Eine solche Art von Gleichung verknüpft die Ableitung einer Funktion (z.B. die zeitliche Ableitung) mit dem Funktionswert (für den einfachsten Fall siehe Bewegungsgleichung (2.148) zur Untersuchung des harmonischen Oszillators). Die Lösung der Bewegungsgleichung ist eine Funktion. Die Wellengleichung (2.222) verknüpft die zeitliche Ableitung der Auslenkung eines Mediums mit der räumlichen Ableitung. Auch hier werden wir eine ganze Funktion suchen, die vom Ort und der Zeit so abhängt, dass die Ableitungen die Wellengleichung erfüllen. Bei der Untersuchung des harmonischen Oszillators haben wir gesehen, dass die Lösung noch Freiheitsgrade enthält, die erst durch die Vorgabe von Anfangsbedingungen festgelegt werden. Bei der Wellengleichung ist es ähnlich. Die Anfangsbedingung ist hier aber nicht nur ein einzelner Funktionswert, sondern alle Werte der Funktion, also die Funktionswerte an jedem Ort zu einem bestimmten Zeitpunkt. Wie auch beim harmonischen Oszillator genügen aber nicht nur die Werte der Funktion, man braucht auch noch die Werte der Ableitung, da es sich um eine Differentialgleichung 2. Ordnung handelt. Zusätzlich müssen wir eine Randbedingung vorgeben, also festlegen, wie sich das schwingende Medium an seinen Rändern verhält. Mit diesen Vorgaben ist die zeitliche Entwicklung des Mediums im Prinzip berechenbar. Wir wollen uns jedoch auf eine spezielle Art von Wellen beschränken, da diese eine Basis für weitergehende Betrachtungen bilden: Wir untersuchen im Folgenden stehende Wellen.

2.7.3.2 Eingespannte Saite

Wir betrachten hier ein eindimensionales Medium wie z.B. eine Gitarrensaite oder einen dünnen Metallstab. Die Saite ist an beiden Rändern fest eingespannt und die Auslenkung am Rand damit Null. Die Länge der Saite sei l (Achtung: Diesem Wert kommt gleich eine entscheidende Bedeutung bei der Lösung zu). Die Aufgabe ist es, zu klären, welche Möglichkeiten die Saite hat, Schwingungen auszuführen bzw. wie Wellen durch sie hindurch wandern können. Welcher Art die Auslenkungen sind, spielt für die folgende mathematische Abhandlung übrigens keine Rolle. Eine gezupfte Saite wird formal genauso beschrieben wie Dichteschwankungen in einem Metallstab, auf den man an einem Ende mit einem Hammer schlägt.

Wir versuchen einen Ansatz, der die zeitliche und die räumliche Abhängigkeit der Lösungsfunktion auf zwei separate Funktionen verteilt:

$$q(x, t) = \eta(t) \cdot \psi(x). \tag{2.225}$$

Diese Art von Lösung beschreibt gerade eine stehende Welle, da für jeden Punkt im Raum die Auslenkung zeitlich gleich moduliert wird. Es wird also ein festes räumliches Grundmuster der Welle geben, welches global nur noch mit einem zeitlich veränderlichen Faktor multipliziert wird. Wie damit die umgangssprachlichen Wellen beschrieben werden können, welche ja durch das Medium hindurch wandern, werden wir später sehen. Jetzt wollen wir zunächst diese spezielle Form der Lösung untersuchen. Wie schon bei den Differentialgleichungen auch, setzen wir unseren Ansatz (2.225) in die Wellengleichung (2.222) ein:

$$\ddot{\eta}(t) \cdot \psi(x) = c^2 \eta(t) \cdot \psi''(x). \tag{2.226}$$

Wir dividieren durch ψ und durch η:

$$\frac{\ddot{\eta}(t)}{\eta(t)} = c^2 \frac{\psi''(x)}{\psi(x)}. \tag{2.227}$$

Jetzt sehen wir, dass auf der linken Seite nur Funktionen mit einer zeitlichen Abhängigkeit stehen, während rechts nur der Ort als Variable auftritt. Wenn diese Gleichung immer und überall erfüllt sein soll (also insbesondere, wenn wir den Ort konstant halten und die Zeit verändern oder umgekehrt), dann ist das nur möglich, wenn beide Seiten dieselbe Konstante darstellen. Bezeichnen wir diese Konstante mit $-\omega^2$, erhalten wir zwei getrennte Gleichungen für die räumliche und die zeitliche Entwicklung:

$$\frac{\ddot{\eta}(t)}{\eta(t)} = -\omega^2, \tag{2.228}$$

$$c^2 \frac{\psi''(x)}{\psi(x)} = -\omega^2. \tag{2.229}$$

Formen wir noch etwas um:

$$\ddot{\eta}(t) + \omega^2 \eta(t) = 0, \tag{2.230}$$

$$c^2 \psi''(x) + \omega^2 \psi(x) = 0. \tag{2.231}$$

Beide Gleichungen kennen wir schon: Es handelt sich um die gleiche Form, die wir schon beim harmonischen Oszillator untersucht haben. Die Lösungen lauten daher:

$$\eta(t) = A \sin \omega t + B \cos \omega t, \tag{2.232}$$

$$\psi(x) = C \sin \frac{\omega}{c} x + D \cos \frac{\omega}{c} x. \tag{2.233}$$

Hier stehen einige Konstanten: A, B, C, D, ω und c. Einzig die Ausbreitungsgeschwindigkeit c ist bekannt, da es sich um eine Materialkonstante handelt, die fest in der Wellengleichung steht. Die Kreisfrequenz ω ist unbekannt. Bis jetzt wissen wir nur, dass wir diese Konstante benötigen, da bei der Trennung von räumlicher und zeitlicher Lösung zwei identische Terme entstanden sind. Diesen haben wir mit der Kreisfrequenz lediglich einen Wert als Platzhalter zugewiesen. Dennoch können wir nun eine Aussage darüber machen. Erinnern wir uns, dass die Saite auf dem Rand eingespannt sein soll und die Länge l ist. Es muss also gelten:

$$\psi(0) \overset{!}{=} 0, \tag{2.234}$$

$$\psi(l) \overset{!}{=} 0. \tag{2.235}$$

Unabhängig vom tatsächlichen Wert von ω muss der Cosinus-Term in (2.233) verschwinden, da er bei $x = 0$ nicht verschwindet, der Sinus-Term hingegen weist diese Eigenschaft auf. Somit reduziert sich das Problem auf folgende Gleichung zur Bestimmung von ω:

$$\sin \frac{\omega}{c} l = 0. \tag{2.236}$$

Die Integrationskonstante C spielt hierbei keine Rolle. Nun wissen wir, dass der Sinus immer Null wird, wenn das Argument ein ganzzahliges Vielfaches von π ist, sodass wir schreiben können:

$$\frac{\omega}{c} l = m\pi, \tag{2.237}$$

mit $m = 1, 2, 3, \dots$ Damit sehen wir, dass es unendlich viele verschiedene Frequenzen ω_m gibt, die mit dem Index m durchnummeriert werden und von der Saitenlänge l sowie von der Ausbreitungsgeschwindigkeit c bestimmt werden:

$$\omega_m = \frac{mc\pi}{l}. \tag{2.238}$$

Wir fassen die bisher erarbeitete Lösung zusammen. Der räumliche Anteil muss dafür nur mit dem zeitlichen multipliziert werden:

$$q_m(x, t) = (A \sin \omega_m t + B \cos \omega_m t) \cdot C \sin \frac{\omega_m}{c} x. \tag{2.239}$$

Da zu jeder Frequenz eine eigene Lösung gehört, wurden auch diese nummeriert. Nun führen wir neben der Schwingungsfrequenz als zeitliche Charakteristik noch einen korrespondierenden Parameter für den räumlichen Anteil ein: Die *Wellenzahl k*. Diese hängt mit der Schwingungsfrequenz ω wie folgt zusammen:

$$k_m = \frac{\omega_m}{c}. \tag{2.240}$$

Diese Größe besitzt die Einheit 1/m und ist über einen Faktor 2π mit der Wellenlänge λ verknüpft:

$$\lambda_m = \frac{2\pi}{k_m}. \tag{2.241}$$

Eine große Wellenzahl bedeutet also eine kleine Wellenlänge.

Jetzt stehen noch drei Integrationskonstanten in unserer Lösung. Wir wissen schon, dass der zeitliche Anteil der Lösung auch anders geschrieben werden kann, sodass eine Amplitude und eine Phasenlage sichtbar wird. Durch Multiplikation mit der Konstante C ändert sich nur noch einmal die Amplitude, sodass wir aus zwei Faktoren auch einen machen können. Also können wir die Anzahl der Integrationskonstanten auf zwei reduzieren, was uns schon vom harmonischen Oszillator her vertraut ist. Wir benötigen diese Konstanten, um die Lösung auf eine konkrete anfängliche Auslenkung der Saite anpassen zu können. Das Ergebnis fassen wir nun zusammen.

Satz 2.32 *Schwingungsformen einer eingespannten Saite*
Die Wellengleichung in einer Dimension für ein an beiden Enden eingespanntes Medium der Länge l und mit der Ausbreitungsgeschwindigkeit c besitzt folgende Lösungen:

$$q_m(x, t) = (A \sin \omega_m t + B \cos \omega_m t) \sin k_m x. \tag{2.242}$$

Die Schwingungsfrequenz ist

$$\omega_m = \frac{mc\pi}{l}, \tag{2.243}$$

die Wellenzahl hängt damit über

$$k_m = \frac{\omega_m}{c} \tag{2.244}$$

zusammen, mit $m = 1, 2, 3, \dots$.

Die stehenden Wellen q_1 und q_2 sind zur Veranschaulichung in Abbildung 2.17 dargestellt. Für $m = 1$ hat die Welle auf der Saite keine Nullstellen (außer natürlich an den Rändern), mit jeder höheren Ordnung kommt eine Nullstelle hinzu.

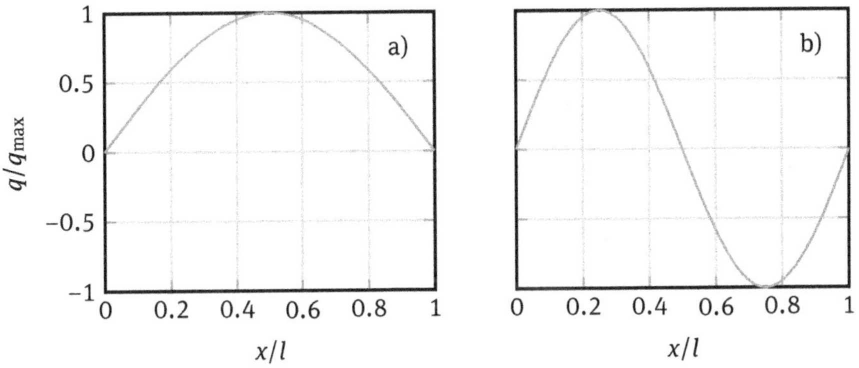

Abb. 2.17: Verschiedene Lösungen der Wellengleichung in einer Dimension. Die Einheit auf der x-Achse ist die Saitenlänge l, die Einheit auf der y-Achse ist auf das Maximum der Auslenkung bezogen. Das Teilbild a) zeigt die Mode zu $m = 1$, Teilbild b) stellt die Mode $m = 2$ dar. Die m-te Mode hat (abgesehen von den Rändern) immer $m - 1$ Nullstellen.

Diese Lösungen hätte man auch ohne Wellengleichung konstruieren können. Dieser Abschnitt dient jedoch als Vorbereitung, um zu erkennen, dass die Form der Lösung und deren Vielfalt durch eine Quantisierungsbedingung, nämlich die Saitenlänge l, und eine Randbedingung bestimmt wird. Auch andere Randbedingungen lassen sich realisieren, beispielsweise ein eingespanntes und ein freies Ende. Die Lösung wird ganz analog zum jetzt beschrittenen Weg gefunden. Man muss nur den räumlichen Anteil der Lösung entsprechend anpassen, was durch die Integrationskonstanten C und D geschieht. Im nächsten Abschnitt wenden wir das Vorgehen auf eine quadratische Membran an, untersuchen also ein zweidimensionales Problem.

2.7.3.3 Eingespannte quadratische Membran

Wir erweitern die Problemstellung aus dem vorangehenden Abschnitt um eine weitere Dimension und starten mit der Wellengleichung:

$$\ddot{q}(x, y, t) - c^2 \left(\frac{\partial^2 q(x, y, t)}{\partial x^2} + \frac{\partial^2 q(x, y, t)}{\partial y^2} \right) = 0. \tag{2.245}$$

Die Membran sei am Rand eines Quadrats der Kantenlänge l fest eingespannt. Wieder wollen wir stehende Wellen auf der Membran untersuchen und wählen den gleichen Ansatz wie oben:

$$q(x, y, t) = \eta(t) \cdot \psi(x, y). \tag{2.246}$$

Der räumliche Anteil hängt nun natürlich von zwei Variablen ab. Wir setzen den Ansatz wieder in die Wellengleichung ein und erhalten:

$$\ddot{\eta}(t) \cdot \psi(x, y) = c^2 \eta(t) \left(\frac{\partial^2 \psi(x, y)}{\partial x^2} + \frac{\partial^2 \psi(x, y)}{\partial y^2} \right). \tag{2.247}$$

Wieder können wir durch ψ und durch η dividieren:

$$\frac{\ddot{\eta}(t)}{\eta(t)} = c^2 \left(\frac{\psi_{xx}(x, y)}{\psi(x, y)} + \frac{\psi_{yy}(x, y)}{\psi(x, y)} \right). \tag{2.248}$$

Um die Brüche nicht über die Maßen groß werden zu lassen, haben wir die zweiten räumlichen Ableitungen mit ψ_{xx} und ψ_{yy} abgekürzt. Es handelt sich nur um eine Schreibweise. Auch wenn wir jetzt eine weitere räumliche Dimension betrachten, sehen wir auf dieser Ebene, dass auf der linken Seite nur eine Zeitabhängigkeit auftritt, während rechts nur ein räumlicher Anteil steht. Also separieren wir wie oben auch, indem wir die beiden Seiten gleich einer einzigen Konstanten setzen und diese wieder mit $-\omega^2$ bezeichnen:

$$\ddot{\eta}(t) + \omega^2 \eta(t) = 0, \tag{2.249}$$
$$c^2 \left(\psi_{xx}(x, y) + \psi_{yy}(x, y) \right) + \omega^2 \psi(x) = 0. \tag{2.250}$$

Hier tauchen wieder zwei verschiedene Ableitungen getrennt voneinander auf. Versuchen wir den nun schon mehrmals verwendeten Separationsansatz ein weiteres Mal. Dazu stellen wir die räumliche Wellenfunktion wie folgt dar:

$$\psi(x, y) = \varphi^{(1)}(x) \cdot \varphi^{(2)}(y). \tag{2.251}$$

Wenn wir diesen Ansatz in die verbleibende Wellengleichung (2.250) einsetzen und durch ψ dividieren, erhalten wir:

$$\frac{\varphi_{xx}^{(1)}(x)}{\varphi^{(1)}(x)} + \frac{\varphi_{yy}^{(2)}(y)}{\varphi^{(2)}(y)} = -\frac{\omega^2}{c^2}. \tag{2.252}$$

Es tauchen zwei Terme auf, die einmal nur von x und einmal nur von y abhängen. Deren Summe muss gleich einer Konstanten sein. Mit der gleichen Argumentation wie oben auch können wir sagen, dass die beiden Funktionen von x und von y für sich genommen konstant sein müssen, diesmal sind diese Konstanten aber nicht gleich. Nur deren Summe muss einen bestimmten Wert besitzen, nämlich $-\omega^2/c^2$. Wir kürzen diesen letzten Wert wie oben auch mit der Wellenzahl k ab und erhalten folgende Forderungen:

$$\frac{\varphi_{xx}^{(1)}(x)}{\varphi^{(1)}(x)} = -k_x^2, \tag{2.253}$$

$$\frac{\varphi_{yy}^{(2)}(y)}{\varphi^{(2)}(y)} = -k_y^2, \tag{2.254}$$

$$k_x^2 + k_y^2 = k^2. \tag{2.255}$$

Diese Gleichungen sind von einem uns bekannten Typ und wir können die Lösungen auch gleich angeben:

$$\varphi^{(1)}(x) = A \sin k_x x + B \cos k_x x, \tag{2.256}$$

$$\varphi^{(2)}(y) = C \sin k_y y + D \cos k_y y. \tag{2.257}$$

In beiden Raumrichtungen muss aufgrund der Randbedingung (eingespannte Membran!) gelten:

$$\varphi^{(1)}(0) = 0, \tag{2.258}$$

$$\varphi^{(2)}(0) = 0, \tag{2.259}$$

$$\varphi^{(1)}(l) = 0, \tag{2.260}$$

$$\varphi^{(2)}(l) = 0 \tag{2.261}$$

Genau wie oben können wir damit die Integrationskonstanten B und D Null setzen und die Wellenzahl auf ganz bestimmte Werte einschränken:

$$k_{x,m} = \frac{m\pi}{l}, \tag{2.262}$$

$$k_{y,n} = \frac{n\pi}{l}. \tag{2.263}$$

Die räumliche Lösung ist damit vollständig. Die zeitliche Lösung muss (2.249) erfüllen, aber auch hier tritt wieder der schon bekannte Typ von Differentialgleichung auf, sodass wir die Lösung gleich angeben können:

$$\eta(t) = E \sin \omega t + F \cos \omega t. \tag{2.264}$$

Die Schwingungsfrequenz ω ist auch schon festgelegt. Wir hatten oben die Abkürzung $\omega/c = k$ eingeführt, außerdem wird k durch (2.255) mit den beiden Wellenzahlen für die x- und y-Richtung verknüpft. Also können wir explizit die Schwingungsfrequenz in Abhängigkeit der Wellenzahlen angeben:

$$\omega_{mn}^2 = c^2 \left(k_{x,m}^2 + k_{y,n}^2 \right). \tag{2.265}$$

Jetzt ist die Lösung vollständig. Nicht alle Integrationskonstanten sind bei der Multiplikation der einzelnen Lösungen relevant, sodass wir insgesamt folgendes Ergebnis erhalten.

Satz 2.33 *Schwingungsformen einer eingespannten quadratischen Membran*
Die Wellengleichung in zwei Dimensionen für ein am Rand eingespanntes quadratisches Medium der Kantenlänge l und mit der Ausbreitungsgeschwindigkeit c besitzt folgende Lösungen:

$$q_{mn}(x, y, t) = (A \sin \omega_{mn} t + B \cos \omega_{mn} t) \sin k_{x,m} x \sin k_{y,n} y. \tag{2.266}$$

Die Schwingungsfrequenz ist

$$\omega_{mn} = \frac{\sqrt{m^2 + n^2}\, c\pi}{l}, \tag{2.267}$$

die Wellenzahlen werden durch

$$k_{x,m} = \frac{m\pi}{l}, \tag{2.268}$$

$$k_{y,n} = \frac{n\pi}{l}. \tag{2.269}$$

definiert, mit $m, n = 1, 2, 3, \ldots$.

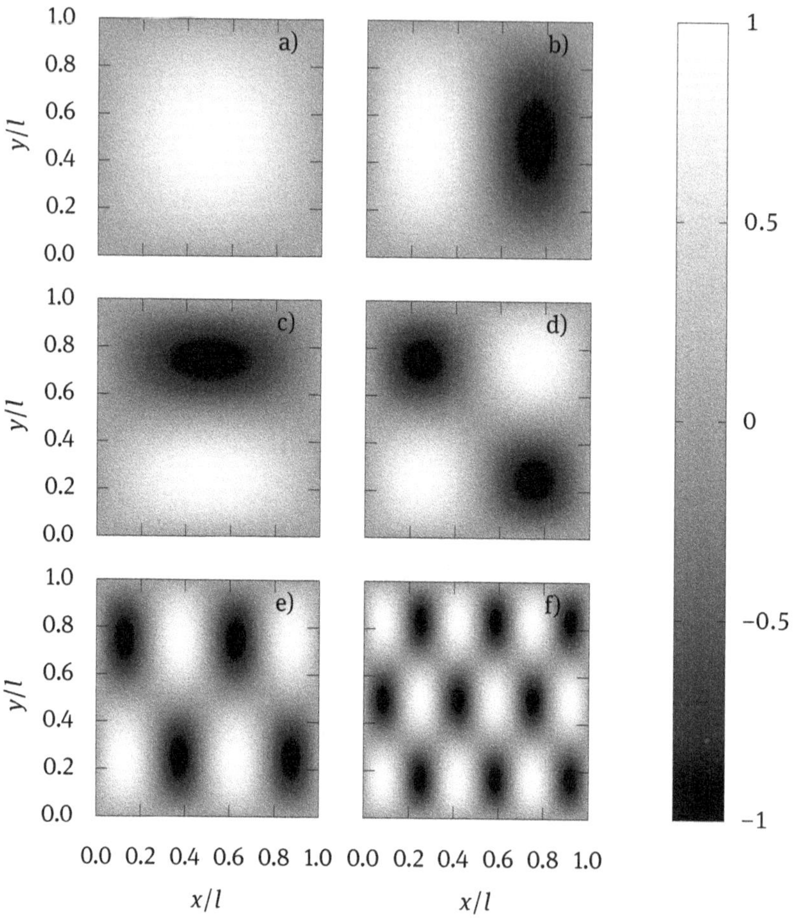

Abb. 2.18: Lösungen der Wellengleichung auf einem Quadrat. Bilder a)-e) zeigen die Moden q_{11}, q_{21}, q_{12}, q_{22}, q_{42} und q_{63}. Die Färbung gibt die Auslenkung in Einheiten der maximalen Amplitude an.

Um eine bessere Vorstellung dieser Lösungen zu bekommen, sind beispielhaft einige der ersten Schwingungsmoden in Abbildung 2.18 dargestellt. Während es bei der schwingenden Saite noch Nullstellen der Lösungsfunktion q gab, sind es in zwei Dimensionen Nulllinien. Die 11-Mode hat noch keine Nulllinie, die 21-Mode besitzt die Nulllinie $x = 0$. Die 12-Mode ist dazu um $90°$ gedreht und besitzt die Nulllinie $y = 0$. Die höheren Moden besitzen entsprechend weitere Nulllinien, jeweils parallel zur x- bzw. y-Achse.

2.7.3.4 Eingespannte kreisförmige Membran

Wir haben uns nun von dem noch recht einfachen Problem einer schwingenden Saite vorgearbeitet zu einer Lösung der Wellengleichung in zwei Dimensionen. Immer sind wir dabei jedoch auf den gleichen Typ von Differentialgleichung gestoßen, den wir schon beim harmonischen Oszillator ausgiebig untersucht hatten. Nun wollen wir noch ein letztes Beispiel betrachten, das einen erhöhten Schwierigkeitsgrad besitzt (das soll jedoch nicht als Abschreckung verstanden werden). Wir schauen uns wieder eine schwingende und am Rand eingespannte Membran an, also ein zweidimensionales Problem. Alles was wir im Vergleich zum vorangehenden Beispiel ändern, ist die Geometrie. Die Membran soll nun kreisförmig sein und den Radius ϱ_0 besitzen. Die veränderte Form der Membran wird sich sicherlich auch in der Lösung niederschlagen. Zu Beginn benötigen wir ein Hilfsmittel aus der Vektoranalysis, das wir hier nur im Ansatz vorstellen können. Für ein weitergehendes Verständnis ist der Besuch einer entsprechenden Mathematikvorlesung unerlässlich.

Wir formulieren unser Problem wieder auf die mathematische Art. Der erste Schritt ist leicht, wir schreiben die Wellengleichung in zwei Dimensionen einmal auf:

$$\ddot{q}(x, y, t) - c^2 \left(\frac{\partial^2 q(x, y, t)}{\partial x^2} + \frac{\partial^2 q(x, y, t)}{\partial y^2} \right) = 0. \tag{2.270}$$

Dann machen wir wieder unseren Separationsansatz, da wir ja nur stehende Wellen untersuchen wollen:

$$q(x, y, t) = \Phi(x, y) \cdot \eta(t). \tag{2.271}$$

Diesen Ansatz setzen wir in die Wellengleichung ein und trennen nach räumlichem und zeitlichem Anteil:

$$\frac{1}{c^2} \frac{\ddot{\eta}(t)}{\eta(t)} - \frac{\Phi_{xx}(x, y)}{\Phi(x, y)} - \frac{\Phi_{yy}(x, y)}{\Phi(x, y)} = 0. \tag{2.272}$$

Wieder müssen die auftretenden Terme mit rein zeitlicher und rein räumlicher Abhängigkeit gleich einer einzigen Konstante sein, die wir nun mit $-k^2$ bezeichnen.[8] Die Separation mündet also wieder in zwei bekannten Gleichungen:

$$\ddot{\eta}(t) + c^2 k^2 \eta(t) = 0, \tag{2.273}$$

$$\Phi_{xx}(x, y) + \Phi_{yy}(x, y) + k^2 \Phi(x, y) = 0. \tag{2.274}$$

Wenn wir berücksichtigen, dass $\omega = ck$ ist, können wir die zeitliche Lösung von oben abschreiben. Interessanter wird nun der räumliche Teil (2.274). Da wir eine spezielle Symmetrie der Membran als Randbedingung vorliegen haben, werden wir (2.274) so

---

8 Wir haben hier die Ausbreitungsgeschwindigkeit an einer anderen Stelle stehen als bei den vorangehenden Beispielen. Daher tritt hier die Wellenzahl als Konstante auf. Es ändert jedoch nichts an der Lösung - sehen wir diesen Abzweig vom bisherigen Weg als kleine Übung an.

nicht weiter untersuchen können. Die kartesischen Koordinaten x und y sind einfach ungeeignet, um eine kreisförmige Geometrie zu beschreiben. Deshalb passen wir nun die Koordinaten dem Problem an. Wir beschreiben die Punkte auf der Membran mit Hilfe von Polarkoordinaten. Das bedeutet, dass wir jeden Punkt auf der Membran angeben durch den Abstand zum Mittelpunkt und durch einen Winkel (so wie wir es auch schon bei komplexen Zahlen gemacht haben, siehe dazu Abbildung 1.7). Um es mathematisch exakt auszudrücken, hängen die kartesischen Koordinaten x und y mit den Polarkoordinaten ϱ und φ wie folgt zusammen:

$$\varrho^2 = x^2 + y^2, \tag{2.275}$$

$$\tan \varphi = \frac{y}{x}. \tag{2.276}$$

Die Funktion q, welche nun die Auslenkung der Membran beschreibt, hat an jedem Punkt einen eindeutigen Wert, auch die zweiten Ableitungen (anschaulicher: die Krümmung der Funktion), sind unabhängig von der Wahl der Koordinaten, mit denen ein Punkt auf der Membran beschrieben wird. Die Wertepaare (x, y) und (ϱ, φ) sind allerdings für denselben Punkt unterschiedlich. Das bedeutet, dass die Lösungsfunktion q strukturell anders von x und y abhängt als von ϱ und φ. Das folgende Beispiel soll dies illustrieren. In kartesischen Koordinaten habe eine Funktion f die Form $f(x, y) = x^2 + y^2$. Dann lautet sie in Polarkoordinaten, also mit der Übersetzungsvorschrift (2.275): $f(\varrho, \varphi) = \varrho^2$. Eine Abhängigkeit vom Winkel besteht nicht, die Funktion sieht in beiden Darstellungen also anders aus. Und es ändert sich nicht nur die Darstellung der Funktion, sondern auch die Vorschrift, wie man die zweiten Ableitungen berechnet. Dies zu begründen ist Aufgabe der Mathematikvorlesung. Wir geben nur die Rechenregel an. Die Wellengleichung (2.274) lautet in Zylinderkoordinaten:

$$\frac{1}{\varrho} \frac{\partial}{\partial \varrho} \left(\varrho \frac{\partial \Phi(\varrho, \varphi)}{\partial \varrho} \right) + \frac{1}{\varrho^2} \frac{\partial^2 \Phi(\varrho, \varphi)}{\partial \varphi^2} + k^2 \Phi(\varrho, \varphi) = 0. \tag{2.277}$$

Diese Gleichung besitzt eine völlig andere Struktur als in kartesischen Koordinaten, doch soll uns dieser Umstand nicht stören. Wir haben nur eine Umformulierung unseres eigentlichen Problems vorgenommen, nämlich die Wellengleichung auf der Kreisscheibe zu lösen. Dabei werden wir die Randbedingung $\Phi(\varrho_0, \varphi) = 0$ berücksichtigen müssen. In Polarkoordinaten ist es ganz einfach möglich, diese Bedingung aufzuschreiben. In kartesischen Koordinaten hätten wir damit deutlich mehr Schwierigkeiten gehabt. Doch jetzt müssen wir (2.277) auch lösen. Wieder machen wir einen Separationsansatz:

$$\Phi(\varrho, \varphi) = R(\varrho) \cdot U(\varphi). \tag{2.278}$$

Setzen wir dies in (2.277) ein und dividieren durch Φ, so erhalten wir:

$$\frac{1}{\varrho R(\varrho)} \frac{\partial}{\partial \varrho} \left(\varrho R'(\varrho) \right) + \frac{1}{\varrho^2} \frac{U''(\varphi)}{U(\varphi)} + k^2 = 0. \tag{2.279}$$

Multiplizieren wir noch mit ϱ^2, so ergeben sich Terme, die entweder nur von ϱ oder nur von φ abhängen:

$$\frac{\varrho}{R(\varrho)} \frac{\partial}{\partial \varrho} \left(\varrho R'(\varrho) \right) + \varrho k^2 = -\frac{U''(\varphi)}{U(\varphi)}. \tag{2.280}$$

Wieder müssen die linke und die rechte Seite gleich einer einzigen Konstante sein. Diese nennen wir n^2. Aus der rechten Seite ergibt sich damit folgende einfache und wohl bekannte Differentialgleichung:

$$U''(\varphi) = -n^2 U(\varphi). \tag{2.281}$$

Die Lösung haben wir jetzt schon des öfteren gesehen:

$$U_n(\varphi) = C_n \cos n\varphi + D_n \sin n\varphi. \tag{2.282}$$

An n kann nun eine Bedingung gestellt werden, da die Lösung eindeutig sein muss. Das bedeutet, dass $U(\varphi = 0) = U(\varphi = 2\pi)$ gelten muss. Das kann nur erfüllt werden, wenn n ganzzahlig ist (man versuche es doch einmal mit nicht-ganzzahligen Werten...). Negative Werte von n liefern keine neuen Lösungen, sodass wir uns auf die natürlichen Zahlen einschließlich der Null beschränken. Da n also die Rolle eines Index' spielt, haben wir n auch als solchen an die Lösung angehängt. Wenn wir die vollständige Lösung kennen, werden wir damit die Schwingungsmoden einfach nummerieren können.

Jetzt müssen wir noch die linke Seite von (2.280) gleich n^2 setzen:

$$\frac{\varrho}{R(\varrho)} \frac{\partial}{\partial \varrho} \left(\varrho R'(\varrho) \right) + \varrho k^2 = n^2. \tag{2.283}$$

Wir multiplizieren mit R, führen die Ableitung nach ϱ aus und sortieren ein wenig um:

$$\varrho^2 R''(\varrho) + \varrho R'(\varrho) + \left(k^2 \varrho^2 - n^2 \right) R(\varrho) = 0. \tag{2.284}$$

Für dieses doch etwas kompliziertere Objekt findet man in einer gut sortierten Formelsammlung, dass es sich um die sogenannte Bessel'sche Differentialgleichung handelt.[9] Diese Differentialgleichung besitzt als Lösungen die Besselfunktionen. Man unterscheidet Besselfunktionen 1. und 2. Art, wobei für uns nur die 1. Art in Frage kommt, da nur diese keine Divergenz aufweist. Man bezeichnet diese Funktionen mit J_n, wobei es sich bei n um denselben Index handelt, der auch in der Differentialgleichung steht. Besselfunktionen besitzen, wie auch trigonometrische Funktionen, unendlich viele Nullstellen, sind aber nicht periodisch. Die Lösung schreibt man wie folgt:

$$R(\varrho) = J_n(k\varrho). \tag{2.285}$$

---

9 Wir sind hier nicht ganz exakt. Eigentlich müssten wir die Konstante k noch durch eine lineare Variablentransformation absorbieren, was wir der Einfachheit halber aber nicht ausführen.

Bis zu diesem Schritt war k eine nicht näher festgelegte Konstante. Dies ändert sich jetzt. Wir haben oben schon angemerkt, dass die Lösung $R(\varrho)$ bei $\varrho = \varrho_0$ verschwinden muss. Das bedeutet, dass die Besselfunktion auf dem Rand eine Nullstelle besitzen muss. Die m-te Nullstelle der Besselfunktion J_n bezeichnen wir mit γ_{nm}. Es muss also folgendes gelten:

$$R(\varrho_0) = J_n(k\varrho_0) \overset{!}{=} 0 \quad \Leftrightarrow \quad k\varrho_0 \overset{!}{=} \gamma_{nm}. \tag{2.286}$$

Daraus ergibt sich eine Bedingung für die Konstante k:

$$k_{nm} = \frac{\gamma_{nm}}{\varrho_0}. \tag{2.287}$$

Die Lösung für R lautet damit:

$$R_{nm}(\varrho) = J_n(k_{nm}\varrho). \tag{2.288}$$

Fassen wir nun alle diese Teillösungen zu einer vollständigen Lösung zusammen.

> **Satz 2.34** *Schwingungsformen einer eingespannten kreisförmigen Membran*
> Eine auf einem Kreis mit Radius ϱ_0 eingespannte Membran besitzt folgende fundamentale Schwingungsformen:
>
> $$q_{nm}(\varrho, \varphi, t) = J_n(k_{nm}\varrho)\,(C_n \cos n\varphi + D_n \sin n\varphi) \times$$
> $$(A \sin \omega_{mn}t + B \cos \omega_{mn}t), \tag{2.289}$$
>
> mit
>
> $$k_{nm} = \frac{\gamma_{nm}}{\varrho_0}, \tag{2.290}$$
> $$\omega_{nm} = c k_{nm}. \tag{2.291}$$
>
> Dabei sind $m \in \mathbb{N}$ und $n \in \mathbb{N}_0$, γ_{nm} ist die m-te Nullstelle der Besselfunktion J_n.

Auch hierfür haben wir zur Veranschaulichung in Abbildung 2.19 einige Moden bildlich dargestellt. Wie bei einer quadratischen Membran gibt es Nulllinien, da wir uns ja in zwei Dimensionen befinden. Entsprechend der Geometrie zeigen die Nulllinien aber hier entlang der radialen Koordinate ϱ (das sind dann Geraden, die vom Mittelpunkt nach außen zeigen) bzw. in φ-Richtung (das sind Kreise). Beide Arten sind in den Teilbildern von Abbildung 2.19 zu sehen. Der Index n gibt direkt die Anzahl der Nulllinien an, die radial nach außen zeigen; die Anzahl der kreisförmigen Nulllinien beträgt $m - 1$.

2.7.3.5 Fortschreitende Wellen

Wie steht es nun um Wellen, die sich fortbewegen, im Gegensatz zu den stationären Schwingungsmustern? Um zu verstehen, wie man etwas anderes als stehende Wellen beschreiben kann, muss man sich klarmachen, dass nicht nur jede einzelne stehende

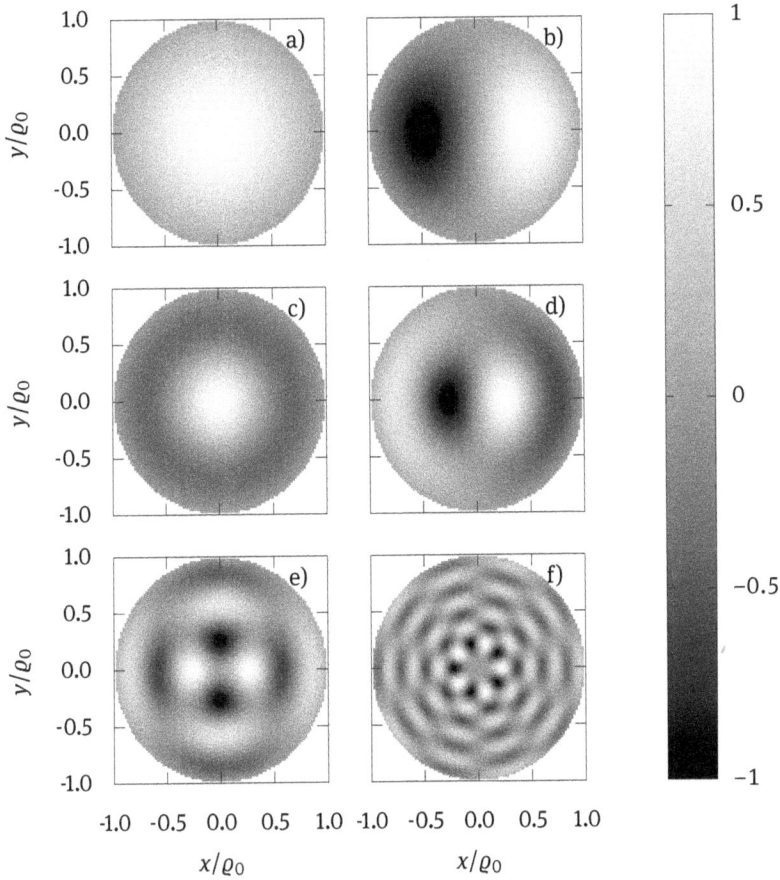

Abb. 2.19: Lösungen der Wellengleichung auf einer Kreisscheibe. Die 01-Mode (a) ist rotationssymmetrisch. In Abbildung b) wird diese Symmetrie gebrochen (11-Mode). Abbildung c) (02-Mode) zeigt nur eine Nulllinie in φ-Richtung, während in d) (12-Mode) noch eine radiale Nulllinie hinzukommt. Die Abbildungen e) und f) zeigen die 23- und 57-Mode.

Welle eine Lösung der Wellengleichung darstellt, sondern auch jede beliebige Summe aller möglichen (und damit unendlich vielen) stehenden Wellen. Gehen wir das an einem Beispiel durch. Wir gehen wieder zurück zum Anfang und schauen uns die schwingende Saite an. Dort sind wir zu dem Ergebnis gekommen, dass die räumliche Lösung der stehenden Welle bei zwei eingespannten Enden eine reine Sinus-Funktion ist, wobei die Wellenlänge so gewählt werden muss, dass auf den Rändern die Nullstellen der Sinus-Funktion liegen (siehe dazu noch einmal die Lösung der Wellengleichung, (2.242), zusammen mit der Kreisfrequenz (2.243) und der Wellenzahl (2.244)). Jede dieser räumlichen Lösungen wird mit einer zeitabhängigen Sinus- oder Cosinus-Funktion (oder einer Kombination davon) multipliziert, wobei es für jede Wellenlänge auch jeweils eine Frequenz gibt. Diese Tatsache macht es möglich, dass wir auch

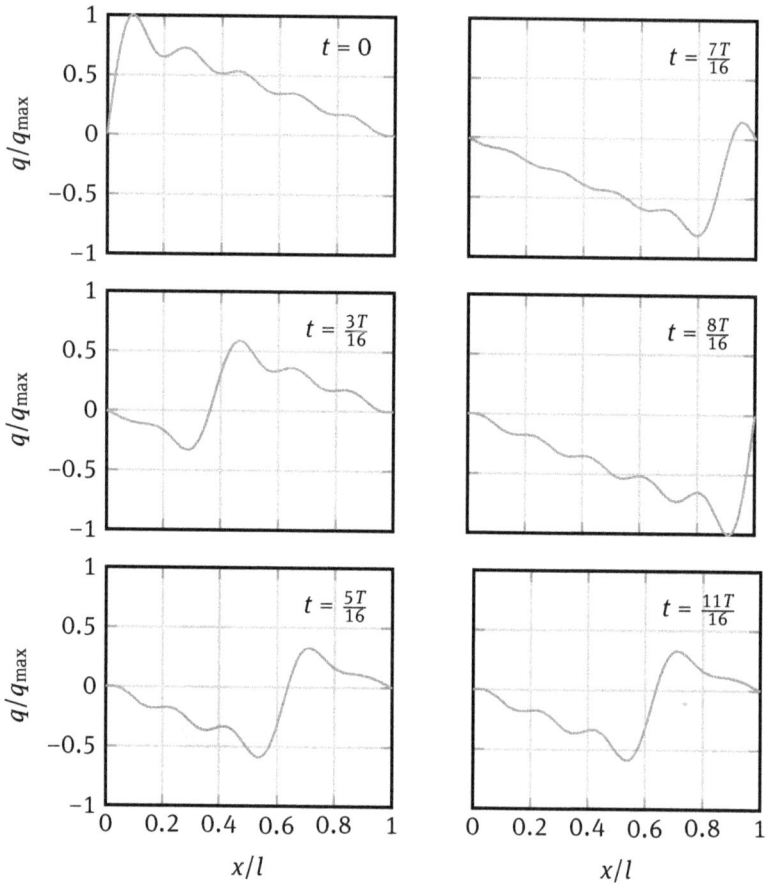

Abb. 2.20: Zeitliche Entwicklung einer Welle in einer Dimension.

eine räumlich lokalisierte Funktion durch die Saite wandern lassen können (eine stehende Sinuswelle ist weder räumlich lokalisiert, noch wandert sie). Nun addieren wir exemplarisch mehrere Einzellösungen der Wellengleichung (die Saite ist eingespannt, daher besteht der räumliche Anteil nur aus einem Sinus):

$$q(x, t) = \sum_{m=1}^{10} \frac{1}{m} \cos\left(\frac{m\pi c}{l} t\right) \sin\left(\frac{m\pi}{l} x\right). \tag{2.292}$$

Wie diese Wellenfunktion zu verschiedenen Zeitpunkten aussieht, ist in Abbildung 2.20 dargestellt. Man erkennt eine sägezahnartige Auslenkung über den ganzen Bereich im ersten Bild ($t = 0$). Im weiteren Zeitverlauf wandert die Auslenkung nach rechts, kommt am rechten Rand an und wandert wieder zurück. Damit ist die Superposition der stehenden Wellen selbst keine stehende Welle mehr. Der Grund liegt in den erwähnten unterschiedlichen Zeitabhängigkeiten der einzelnen Lösungen.

Dieses einfache Beispiel soll in erster Linie der Illustration dienen. Durch solche Superpositionen lassen sich natürlich auch weitere Wellenmuster generieren, was insbesondere interessant wird, wenn wir unendlich viele Beträge betrachten. Das Stichwort in der Mathematik hierzu ist die Fourier-Reihe, ein sehr mächtiges Werkzeug mit einer großen Anschaulichkeit (für mathematische Verhältnisse). Wir wollen jedoch an dieser Stelle nicht noch tiefer einsteigen. Wer bis hierher durchgehalten hat, darf sich nun auf die Schulter klopfen lassen. Es war ein hartes Stück Arbeit mit den Wellen.

Aufgaben

Aufgabe 2.32   Differentialquotient der zweiten Ableitung
Man zeige, ausgehend von der Definition der ersten Ableitung,

$$f'(x) = \lim_{\varepsilon \to 0} \frac{f(x + \varepsilon) - f(x)}{\varepsilon},$$

dass für die zweite Ableitung gilt:

$$f''(x) = \lim_{\varepsilon \to 0} \frac{f(x + \varepsilon) - 2f(x) + f(x - \varepsilon)}{\varepsilon^2}.$$

Aufgabe 2.33   Lösungen der 1D-Wellengleichung
Man zeige, dass die Funktionen

$$\psi_1(x, t) = A \sin(\omega t - kx)$$

und

$$\psi_2(x, t) = B e^{-(\omega t - kx)^2}$$

die 1D-Wellengleichung (2.222) mit $c = \omega/k$ erfüllen.

Aufgabe 2.34   Ebene Wellen
Auf welcher geometrischen Form liegen identische Auslenkungen der folgenden Welle (Achtung: dreidimensional!)?

$$\psi(\mathbf{r}, t) = A \sin(\omega t - \mathbf{k} \cdot \mathbf{r}).$$

3 Thermodynamik

Die Thermodynamik befasst sich mit einer speziellen Form von Energie, der Wärmeenergie. Sie ist allgegenwärtig, wird transportiert, gespeichert und in andere Energieformen umgewandelt. All dies kann an einem Körper Veränderungen hervorrufen,
und eine Veränderung bedeutet einen Übergang von einem Zustand in einen anderen. Also spielen wohl auch Größen eine Rolle, die den thermodynamischen Zustand
charakterisieren. Dazu gehören z.B. die Temperatur und der Druck. In diesem Kapitel
werden hauptsächlich Gase untersucht, zumeist jenseits des Siedepunkts, da ein Gas
mit vergleichsweise einfachen Mitteln behandelt werden kann. Außerdem können anhand von Modellsystemen wie einem idealisierten Gas manche Vorgänge schon rudi-
mentär beschrieben werden, die in der Realität ungleich komplizierter ablaufen und
eine Beschreibung manchmal gar nicht oder nur mit sehr großem numerischem Aufwand möglich ist.

Zunächst werden wir uns mit einigen experimentellen Beobachtungen befassen,
auch damit, wie wir Thermodynamik im Alltag erleben können. Dabei werden wir
die wichtigsten Zustandsgrößen festlegen und einfache Möglichkeiten zu ihrer Bestimmung entwickeln. Die experimentellen Erkenntnisse kann man nutzen, um Beziehungen zwischen den Zustandsgrößen herzustellen und diese auf ein mathematisches Fundament zu stellen. Im Gegensatz zu den Beobachtungen in unserer makroskopischen Welt kann man sich fragen, was Wärmeenergie eigentlich mikroskopisch
bedeutet. Dazu werden wir ein Gas als eine Ansammlung von winzigen Teilchen betrachten und zwischen deren rein mechanischem Verhalten und den beobachtbaren
Zustandsgrößen eine Beziehung herstellen. Dieser Teil erfordert ein wenig Rechenarbeit, geht jedoch nicht über die Schulmathematik hinaus. Anschließend werden wir
das Modell von Gasen etwas mehr der Realität anpassen und dabei feststellen, dass
es neben dem gasförmigen Zustand auch mindestens noch einen weiteren, flüssigen
Zustand geben muss. Nach diesem kurzen Ausflug in die Welt realer Gase bereiten wir
mit dem Energiesatz die Umwandlung von Wärme in andere Energieformen vor, was
in der Anwendung eine wichtige Rolle spielen wird. Auf welche Art Wärmeenergie in
einem Gas gespeichert werden kann, wird die zentrale Frage im darauf folgenden Abschnitt sein. Mit der Umwandlung von Wärmeenergie und der Möglichkeit, sie auch zu
speichern, stehen uns dann die Möglichkeiten zur Verfügung, hin zur eigentlichen Dynamik zu gehen und in Gasen auf verschiedenste Arten und Weisen Zustandsänderungen hervorzurufen. Damit bewegen wir uns auch schon auf die Anwendung der Thermodynamik zu. Anhand der Carnot-Maschine untersuchen wir sehr ausführlich ein
Gerät zur Verrichtung von Arbeit durch Nutzung von Wärmeenergie. Dieses ist zwar
ein sehr theoretisches Modell, hat aber den Vorzug der vergleichsweise leichten mathematischen Handhabung und wir werden eine Aussage treffen können, die in jeder
anderen thermodynamischen Maschine auch Gültigkeit besitzt. Nach dem Gedanken-
experiment schauen wir uns noch einige in der Technik genutzte Maschinen an und

https://doi.org/10.1515/9783110703931-003

werden mit dem Verflüssigen von Gasen noch einmal auf die Phasenübergänge zurückkommen. Den Abschluss dieses Kapitels bildet eine Einführung in die Beschreibung von Transportmöglichkeiten von Wärmeenergie. Dieser Teil ist mathematisch schon etwas anspruchsvoller, wir begnügen uns deswegen wieder mit Spezialfällen, die noch mit Papier und Bleistift behandelt werden können.

3.1 Phänomenologische Thermodynamik

Viele Vorgänge in unserer Umwelt haben mit Wärme zu tun. Wir können unterschiedliche Temperaturen wahrnehmen und so zwischen heiß und kalt unterscheiden. Manche Menschen spüren sogar den Luftdruck und reagieren auf dessen Änderungen mit Kopfschmerzen. Täglich kommen wir mit thermodynamischen Phänomenen in Berührung. Ziel dieses Abschnitts ist es, solcherlei Beobachtungen zusammenzutragen und die wichtigsten Messgrößen, Druck und Temperatur, phänomenologisch einzuführen. Wir beschränken uns zunächst noch auf Gase jenseits des Übergangs zu einer Flüssigkeit (oder einem Festkörper). Mit Hilfe von Messgeräten, die wir ebenfalls untersuchen werden, lassen sich Zusammenhänge zwischen thermodynamischen Größen in Gasen aufstellen. Diese werden wir am Ende dieses Abschnitts noch genauer unter die Lupe nehmen.

3.1.1 Thermodynamik im Alltag

Um Kaffee oder Tee aufzubrühen, muss man Wasser erhitzen. Im Winter gefriert dieses auf der Straße, lässt sich aber mit Streusalz wieder verflüssigen (in größeren Mengen jedoch ist dies nicht nur für Autos schädlich). Treffen größere Luftmassen unterschiedlicher Temperatur in der Atmosphäre aufeinander, zieht dies einen Wetterwechsel nach sich. Jenseits von Naturgewalten macht sich der Mensch Wärme aber auch zu Nutze, vor 150 Jahren noch durch die Dampfmaschine, heute in Motoren, um Fahrzeuge anzutreiben. In diesen und anderen Wärmekraftmaschinen wird Wärmeenergie *umgewandelt*, zunächst in Bewegungsenergie, in Kraftwerken aber weiter in elektrische Energie, die sich leichter über große Distanzen transportieren lässt. Generell entsteht in den Maschinen dabei *Abwärme*, die heute unter dem Zwang, immer energieeffizienter zu wirtschaften, noch möglichst gut verwendet sein will. So gibt es mittlerweile z.B. Fernwärmenetze, die Haushalte mit Wärme versorgen. Auch besteht die Möglichkeit, Wärme aus dem Boden oder der Luft zu entnehmen und damit ein Haus zu beheizen. In Kühlschränken oder Klimaanlagen sind wir an kalter Luft interessiert.[10] Dabei wird ebenfalls Wärme transportiert. Wir sehen also, dass wir ständig auf

---

10 Wir sprechen explizit nicht von „Kälte" . Stattdessen können wir sagen, dass der Luft Wärme entzogen wird.

vielerlei Arten mit Thermodynamik konfrontiert werden. Wenn wir Wärme und thermodynamische Vorgänge für uns nutzbar machen wollen, müssen wir (wie immer in der Physik) einige Gesetzmäßigkeiten beachten. Vor der Formulierung von Gesetzen stehen jedoch Begriffe, die wir dafür benötigen. Wenn wir über Temperatur, Wärme und Druck sprechen, müssen wir uns also erst klar machen, wie wir diese Größen messen können.

3.1.2 Thermodynamische Messgrößen und Begriffe

3.1.2.1 Der Druck

Der Druck spielt in der Thermodynamik eine wesentliche Rolle und ist gleichzeitig eine sehr einfach zu definierende Messgröße. Er gibt an, welche Kraft F pro Fläche A wirkt und wird mit dem Buchstaben p bezeichnet. Hier beschäftigen wir uns insbesondere mit dem Druck in Gasen.

Definition 3.1 *Der Druck*

Der Druck wird definiert als Kraft pro Fläche:

$$p = \frac{F}{A}. \tag{3.1}$$

Seine Einheit ist das Pascal, das sich aus der Definition (3.1) wie folgt ergibt:

$$[p] = 1\,\frac{N}{m^2} = 1\,Pa. \tag{3.2}$$

Eine weitere verwendete Einheit ist das Bar, und es gilt die Umrechnung

$$1\,bar = 10^5\,Pa. \tag{3.3}$$

Der Druck ist eine skalare Größe, er besitzt also keine Richtung. Der Luftdruck in unserer Atmosphäre beträgt in Meereshöhe etwa 10^5 Pa = 1 bar, abhängig von der Wetterlage. Gase werden in Tankflaschen unter hohem Druck gelagert, man geht hier bis zu mehreren 10 bar. Wie wir noch sehen werden, kann der Druck in einem Gas nicht negativ werden. Von Unterdruck spricht man, wenn in einem Behälter ein geringerer Druck herrscht als in der Umgebung. Mit der Vorrichtung in Abbildung 3.1 misst man deswegen zunächst einmal eine Druckdifferenz. Man spricht von einem relativen Druck. Im ausgeglichenen Zustand der Membran ist dieser Null. Im Gegensatz dazu gibt es noch einen absoluten Druck, den man aber nur deswegen definieren kann, weil es für den Druck einen Nullpunkt gibt, der nicht unterschritten werden kann. Den Absolutdruck erhält man, indem man die gemessene Druckdifferenz zu dem Druck addiert, der im ausgeglichenen Zustand der Membran herrscht.

Um den Druck zu messen, gibt es heute eine Vielzahl von Messgeräten oder Sensoren, sogenannte Manometer, die auf unterschiedliche Druckbereiche und Genauigkeiten ausgelegt sind. Ein sehr einfaches Gerät ist in Abbildung 3.1 gezeigt. Ein Behälter, der Luft bei einem bestimmten Druck enthält, wird von einer Membran luftdicht

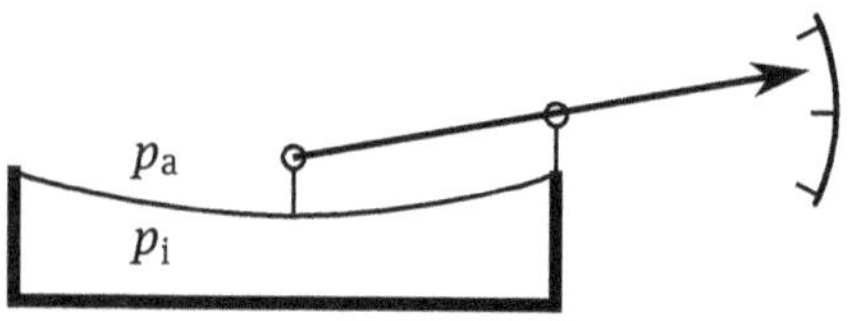

Abb. 3.1: Ein einfaches Manometer, bestehend aus einer Membran, an der ein Zeiger angebracht ist. Ist der Außendruck p_a größer als der Innendruck p_i, so wölbt sich die Membran wie gezeigt nach innen. Dadurch wird auch der Zeiger bewegt und man kann den Außendruck auf der Skala ablesen.

verschlossen. Ist der Druck außerhalb größer als im Innern des Behälters, wird die Membran nach innen gedrückt, weil die Kraft von außen größer ist als die Gegenkraft von innen. Umgekehrt würde sich die Membran ein wenig nach außen stülpen, wenn der Außendruck kleiner als der innere Druck wird. Die Membran bewegt schließlich einen Zeiger, sodass man auf einer Skala den Außendruck ablesen kann. Dieses eher theoretische Instrument ließe sich noch deutlich verfeinern, man nutzt in der Technik heute aber elektronische Sensoren, die die Auslenkung einer winzigen Membran über die damit einhergehende Änderung eines elektrischen Widerstands messen und diese in einen Druck umrechnen. Die Membran ist bei dieser Art Sensor jedoch geblieben.

3.1.2.2 Die Temperatur

Neben dem Druck ist wahrscheinlich die Temperatur die bekannteste Messgröße in der Thermodynamik. Sie beschreibt, ob sich etwas für uns heiß oder kalt anfühlt. Wenn wir ein Messgerät für die Temperatur entwickeln, also ein Thermometer, so soll dieses natürlich auch etwas anzeigen, das mit unserer Wahrnehmung verträglich ist. Allerdings müssen wir uns auch im Klaren darüber sein, dass unsere Wahrnehmung subjektiv ist, wir unter bestimmten Umständen die gleiche Temperatur also auch unterschiedlich empfinden. Man denke z.B. daran, dass sich ein Gegenstand aus Metall und einer aus Holz unterschiedlich warm anfühlen, auch wenn sie beide dieselbe Temperatur haben, weil sie eine Weile im gleichen Raum lagen. Und wir müssen uns außerdem vergegenwärtigen, dass der Temperaturbereich, in dem wir selbst unbeschadet etwas wahrnehmen können, doch ziemlich klein ist. Die Temperatur von heißem Wasser oder gar von flüssigem Metall können wir nicht mehr erfühlen. Gleiches gilt natürlich auch für den kalten Bereich. Ein Thermometer muss unseren Wahrnehmungsbereich also sinnvoll erweitern. Um nun ein solches Gerät zu bauen, müssen wir wissen, wodurch sich die Temperatur eigentlich verändern lässt. Dies werden wir später noch ausführlich untersuchen, für den Moment soll uns die Tatsache genügen, dass man hierfür Energie zu- oder abführen muss. Die auch in der Alltagssprache verwendete „Wärme" ist nichts anderes als eine spezielle Energieform (und nicht mit der Temperatur gleichzusetzen). Wir stellen uns nun folgendes Experiment vor: Wir nehmen einen Körper, der eine Eigenschaft besitzt, die sich durch die Zufuhr von Wärme verändert. Weitere Eigenschaften dieses Körpers sollen sich nicht oder nur unmerklich verändern. Außerdem soll sich der Körper in dieser einen Eigenschaft reversibel verändern, nach Abfuhr der Wärme also auch wieder in den ursprünglichen Zustand zurückkehren und nicht (wie etwa Kunststoff) z.B. seine chemische Zusammensetzung ändern. Nun führen wir in gleichen Mengen immer mehr Wärme zu. Die Temperatureinheit auf der Skala des Thermometers entspreche einer Einheit zugeführter Wärmeenergie. Dieses noch sehr theoretische Messinstrument wurde vor über 250 Jahren von Anders Celsius in die Praxis umgesetzt. Er nahm als Referenztemperaturen den Gefrier- und den Siedepunkt von Wasser und unterteilte dieses Temperaturintervall in 100 Teile. Diese Skala nutzen wir noch heute. Wir sagen, dass Wasser bei 0 °C (Grad Celsius) gefriert und bei 100 °C kocht. Bei gegebener Wassermenge benötigen wir zu jeder weiteren Erhöhung der Temperatur um 1 °C die gleiche Energiemenge. Diese Temperaturskala ist natürlich willkürlich. Ebenso gut hätte man den Schmelz- und Siedepunkt von Eisen nehmen können. Der Nachteil hierbei ist jedoch, dass dieser Temperaturbereich weit jenseits unserer Alltagserfahrung liegt, und wir wollten ja ein Thermometer, das den uns zugänglichen Bereich abdeckt und erweitert. Außerdem ist es schwierig, bei solch hohen Temperaturen vernünftig zu eichen, vom Energieaufwand Eisen zu kochen ganz zu schweigen. Dennoch gibt es auch andere Temperaturskalen, z.B. die Fahrenheit-Skala. Diese ist ebenfalls linear, die Temperatureinheit ist aber von der auf der Celsius-Skala verschieden.

Definition 3.2 *Die Celsius-Skala*
Der Gefrierpunkt des Wassers entspricht einer Temperatur von 0 °C, der Siedepunkt 100 °C. Temperaturen in der Einheit °C werden mit ϑ bezeichnet.

Realisiert wird das Messinstrument als Glaskapillare, die mit Quecksilber gefüllt ist. Der dünne Quecksilberfaden dehnt sich mit steigender Temperatur immer mehr aus, und da die Ausdehnung proportional zur Temperatur ist, kann man letztere durch die Länge des Quecksilberfadens messen. Man kann aber auch jede andere Eigenschaft eines Körpers nutzen, die von der Temperatur abhängt. Heute haben wir z.B. die Möglichkeit, den elektrischen Widerstand von Metallen oder Halbleiterbauelementen zu messen. Dieser ändert sich in einem bestimmten Temperaturbereich ebenfalls linear. Insgesamt gibt es für unterschiedliche Anwendungen, die verschiedene Genauigkeiten und Messtemperaturen erfordern, angepasste Thermometer.

Beispiel 3.1 *Widerstandsthermometer*

Ein Widerstandsthermometer misst den Widerstand R von Blei, der sich gemäß

$$R(\vartheta) = R_0(1 + A\vartheta) \tag{3.4}$$

linear mit der Temperatur ändert. Bei $\vartheta = 0$ °C beträgt der Widerstand $R = R_0 = 100\ \Omega$, der Koeffizient A hat den Wert $A = 3,9083 \cdot 10^{-3}\ (°C)^{-1}$. Welchen Widerstand besitzt das Thermometer bei einer Temperatur von $\vartheta = 70$ °C?

Um auch größere Temperaturen zu messen, muss eine Nichtlinearität des Widerstands berücksichtigt werden, sodass dieser wie folgt von der Temperatur abhängt:

$$R(\vartheta) = R_0(1 + A\vartheta + B\vartheta^2),\qquad(3.5)$$

mit einem Koeffizienten $B = -5,775 \cdot 10^{-7}$ $(°C)^{-2}$. Welchen Widerstand misst man so bei $\vartheta = 200\ °C$? Wie groß ist die Empfindlichkeit $\frac{dR}{d\vartheta}$ jeweils bei $70\ °C$ und $200\ °C$?

Lösung: Wir setzen die Temperatur in (3.4) ein und erhalten

$$R(70\ °C) = 100\ \Omega\ \left(1 + 3,9083 \cdot 10^{-3}\ (°C)^{-1} \cdot 70\ °C\right) = 127,36\ \Omega.$$

Verbessert man das Thermometer, indem man auch den quadratischen Term in (3.5) berücksichtigt, so erhält man:

$$R(200\ °C) = 175,86\ \Omega.$$

Die Empfindlichkeit erhält man durch Ableiten von (3.5) nach der Temperatur ϑ:

$$\frac{dR}{d\vartheta} = R_0(A + 2B\vartheta).$$

Bei $70\ °C$ ergibt sich nach (3.4) eine Empfindlichkeit von $0,3827\ \Omega/°C$, bei $200\ °C$ sind es noch $0,3678\ \Omega/°C$. Die Empfindlichkeit gibt an, wie stark sich der Widerstand mit der Temperatur ändert. Eine große Änderung macht die Messung der Temperatur genauer.

Im Quecksilberthermometer wird die Eigenschaft genutzt, dass sich Quecksilber mit steigender Temperatur ausdehnt. Auch andere Stoffe tun dies. Ähnlich wie beim Widerstandsthermometer ist die Volumenänderung in einem gewissen Bereich proportional zur Temperatur. Wie stark ein Material auf einen Temperaturanstieg oder -abfall mit einer Volumenänderung reagiert, wird durch eine materialspezifische Größe beschrieben, die wir den Volumenausdehungskoeffizienten nennen und mit γ bezeichnen. Bei einer Temperaturänderung $\Delta\vartheta$ ändert sich das Volumen eines Körpers um ΔV:

$$\Delta V = \gamma V_0 \Delta\vartheta.\qquad(3.6)$$

Darin ist V_0 das Volumen bei einer Referenztemperatur, gegenüber der wir die Änderung $\Delta\vartheta$ angeben. In Tabelle 3.1 sind für drei Materialien die Volumenausdehnungskoeffizienten angegeben. Bei festen Stoffen, wie z.B. Eisenbahnschienen, ist es nützlich, auch die Längenänderung in einer bestimmten Richtung anzugeben. Auch dafür gibt es einen Materialwert, den Längenausdehnungskoeffizienten α, und die Längenänderung gehorcht einem ähnlichen Gesetz wie die Volumenänderung:

$$\Delta l = \alpha l_0 \Delta\vartheta.\qquad(3.7)$$

Zwischen α und γ besteht für kleine Temperaturänderungen ein einfacher Zusammenhang:

$$\alpha = \frac{1}{3}\gamma.\qquad(3.8)$$

Tab. 3.1: Volumenausdehnungskoeffizienten einiger Materialien.

Stoff	$\gamma\,/\,(^{\circ}C)^{-1}$
Aluminium	$72 \cdot 10^{-6}$
Glas	10 bis $40 \cdot 10^{-6}$
Quecksilber	$181 \cdot 10^{-6}$

Beispiel 3.2   *Fest vernietet*

Um Nieten fest in einem vorgebohrten Loch zu verankern, kühlt man die Nieten ab, damit sie sich zusammenziehen und in diesem Zustand genau in die Bohrung passen. Beim anschließenden Erwärmen sind die Nieten versucht, sich wieder auf das ursprüngliche Volumen auszudehnen, wodurch sie fest in die Bohrung eingespannt werden. Wie weit muss man Aluminiumnieten abkühlen, wenn sie bei 20 °C einen Durchmesser von 4,0035 mm besitzen und in ein Loch mit dem Durchmesser 4,00 mm passen sollen?

Lösung: Aus Tabelle 3.1 liest man für Aluminium einen Volumenausdehnungskoeffizienten von $\gamma = 72 \cdot 10^{-6}$ (°C)$^{-1}$ ab, woraus für den Längenausdehnungskoeffizienten $\alpha = 24 \cdot 10^{-6}$ (°C)$^{-1}$ folgt. Die Längenänderung, die durch die Abkühlung erzielt werden soll, beträgt $\Delta l = -0,0035$ mm. Damit finden wir folgende Temperaturänderung:

$$\Delta\vartheta = \frac{\Delta l}{\alpha l_0} = \frac{-0,0035 \text{ mm}}{24 \cdot 10^{-6} \, (^{\circ}C)^{-1} \cdot 4,0035 \text{ mm}} = -36 \text{ K}. \tag{3.9}$$

Damit die Aluminiumnieten gerade so in die Bohrung passen, muss man sie auf −16 °C abkühlen.

3.1.2.3 Die physikalische Temperaturskala

Die Celsius-Skala ist dahingehend willkürlich, als dass ihr Nullpunkt durch nichts Einzigartiges, physikalisch Besonderes, festgelegt wird (auch andere Stoffe als Wasser haben ja einen Schmelzpunkt). Es wäre schöner, eine Temperaturskala zur Verfügung zu haben, die durch die Physik, und nicht durch den Menschen bestimmt wird. Um dorthin zu gelangen, benötigen wir eine experimentelle Beobachtung zum Verhalten von Gasen bei unterschiedlichen Temperaturen.

In einem geschlossenen Behälter befindet sich ein Gas sowie ein Thermometer und ein Manometer. Das Experiment besteht darin, den Druck in Abhängigkeit von der Temperatur des Gases zu messen. Das Ergebnis ist sehr einfach: Der Druck ändert sich linear mit der Temperatur.

Satz 3.1 *Temperaturabhängigkeit des Drucks in Gasen: Gesetz von Gay-Lussac*
Misst man den Druck in einem Gas bei verschiedenen Temperaturen, so findet man eine lineare
Abhängigkeit:

$$p(\vartheta) = p_0 (1 + \gamma\vartheta). \tag{3.10}$$

Darin ist p_0 der Druck bei 0 °C und γ eine Konstante, die den Wert

$$\gamma = \frac{1}{273,15 \,°C} \tag{3.11}$$

besitzt. Der Zusammenhang (3.10) wurde unabhängig von Gay und Lussac gefunden.

Diesen Befund muss man ein wenig einwirken lassen. Es spielt keine Rolle, welches
Gas man in den Behälter gibt, es ist auch nicht wichtig, unter welchem Druck es bei
0 °C steht. Der Term in der Klammer von (3.10) bleibt in allen Versuchen gleich. Insbesondere die Größe γ besitzt immer den gleichen Wert. Abbildung 3.2 verdeutlicht
den Zusammenhang noch einmal für drei verschiedene Gase. Der Druck wächst immer linear mit der Temperatur, die Steigung ist immer eine andere, aber die Konstante
γ sorgt dafür, dass sich alle Geraden bei einer Temperatur $\vartheta = -273,15\,°C$ schneiden. Diese Temperatur ist außerdem dadurch ausgezeichnet, dass der Druck hier verschwindet. Wie oben schon erwähnt, kann der Druck in einem Gas nicht negativ werden. Somit ist auch eine weitere Abkühlung des Gases unter $\vartheta = -273,15\,°C$ nicht
möglich.

Definition 3.3 *Die physikalische Temperaturskala*
Messungen an Gasen zeigen, dass die Temperatur

$$\vartheta = -273,15\,°C \tag{3.12}$$

nicht unterschritten werden kann. Man bezeichnet sie als *absoluten Nullpunkt*. Darauf aufbauend
führt man die absolute Temperaturskala ein, die nach Lord Kelvin benannt ist. Diese physikalische
Temperatur wird mit T bezeichnet und es gilt die Umrechnung

$$T = \vartheta + 273,15\,°C. \tag{3.13}$$

Die Temperatureinheit ist das Kelvin:

$$[T] = K. \tag{3.14}$$

Die Schrittweiten auf der physikalischen Kelvin- und der phänomenologischen Celsius-Skala sind
gleich, eine Temperaturänderung um 1 K ist also gleich einer Änderung um 1 °C.

Die Kelvin-Skala ist die gewünschte physikalisch motivierte Temperaturskala, der in
ihr auftretende Nullpunkt ist nicht beliebig, sondern von der Natur festgelegt. Wir werden im folgenden beide Skalen benutzen. Wichtig ist nur, dass die meisten Formeln
so aufgebaut sind, dass sie Temperaturen in Kelvin erwarten. Gegebenenfalls muss
man vor dem Einsetzen von Zahlenwerten also gemäß (3.13) umrechnen. Wir können
nun auch die Abhängigkeit des Drucks von der Temperatur (3.10) mit Hilfe der Kelvin-

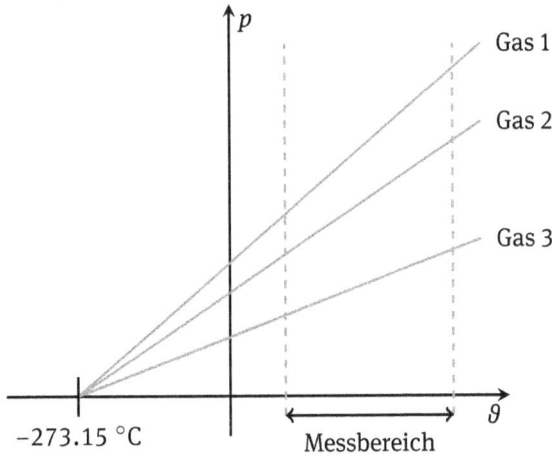

Abb. 3.2: Zusammenhang zwischen dem Druck in einem Gas und der Temperatur. Es sind Messungen an drei verschiedenen Gasen gezeigt, durchgeführt in einem bestimmten Temperaturbereich. Die Messwerte liegen jeweils auf einer Geraden, die in den drei Versuchen unterschiedliche Steigungen und Verschiebungen besitzen. Extrapoliert man die Geradenstücke jeweils, so schneiden sie sich alle bei einer Temperatur von $\vartheta = -273{,}15\,°C$ und einem Druck von 0 Pa.

Skala angeben. Dafür müssen wir nur die Celsius-Temperatur ϑ gemäß (3.13) durch die Kelvin-Temperatur T ersetzen:

$$p(T) = p_0 \left(1 + \gamma(T - 273, 15\,°C)\right) = p_0 \left(1 + \gamma T - 1\right) = p_0 \gamma T. \tag{3.15}$$

In dieser Form ist der Druck also einfach proportional zur Temperatur, ohne dass noch eine konstante Verschiebung auftritt.

3.1.2.4 Das ideale Gas

Wir untersuchen in diesem Kapitel nur das thermische Verhalten von Gasen, stellvertretend für Systeme, die aus einer sehr großen Zahl von Teilchen bestehen. Festkörper z.B. besitzen weitere spezielle thermische Eigenschaften, die hier aber nicht mehr besprochen werden können. Ein Gas ist hingegen erst einmal etwas sehr Einfaches. Es besteht aus einer Art oder mehreren Arten von Teilchen. Die Luft, die wir atmen, enthält hauptsächlich Stickstoffmoleküle, daneben noch Sauerstoff, etwas Kohlendioxid und ein paar Edelgasatome. Diese Moleküle und Atome können sich weitgehend frei bewegen, der mittlere Abstand der Teilchen ist, gemessen am Teilchendurchmesser, sehr groß. Diese Teilchen bewegen sich durch den weitgehend leeren Raum, nur ab und an kommen sie ihren Artgenossen näher. Dies ist der Moment, in dem es interessant wird. Atome und Moleküle sind zwar nach außen elektrisch neutral, kleine Ladungsverschiebungen in der Elektronenhülle sorgen aber dafür, dass sich zwei Teilchen bei hinreichend kleinem Abstand ein wenig anziehen. Man nennt diese Anziehung auch die *van der Waals-Kraft*. Diese Wechselwirkung macht die exakte Behandlung von Gasen mathematisch sehr schwierig. Sie ist aber nur sehr klein. Wenn zwei Moleküle sich nun nahekommen, aber sehr schnell unterwegs sind, erfahren sie so gut wie keine Ablenkung. Man kann in diesem Fall die van der Waals-Kraft vernachlässigen. Das macht die Rechnung erheblich viel einfacher. Weiterhin sieht ein Molekül ein anderes nur als einen fernen *Punkt*. Der mittlere Abstand ist ja ebenfalls sehr groß gegenüber der Ausdehnung eines Teilchens. Was bleibt in diesem Modell also übrig? Punktförmige Moleküle und Atome bewegen sich die meiste Zeit auf geraden Bahnen durch den Raum, erst wenn sie frontal auf ein anderes Teilchen treffen, ändern sie durch den Stoß ihre Richtung und fliegen dann wieder ungehindert weiter. Aufgrund dieser beiden Idealisierungen (punktförmige Teilchen und keine Wechselwirkungen außer Stößen) spricht man von einem *idealen Gas*.

> **Definition 3.4** *Das ideale Gas*
> Ein ideales Gas besteht aus Teilchen, die man als punktförmig ansehen kann und die sich gegenseitig nicht spüren, außer bei einem zentralen Stoß.

Wir werden die meiste Zeit mit idealen Gasen arbeiten, da diese wie erwähnt mathematisch sehr leicht zu beschreiben sind. Auch wenn man ein Gas numerisch, also mit Hilfe eines Computer untersucht, ergeben sich entscheidende Vorteile bezüglich der Rechenzeit. Man verwendet in einfachen Computermodellen eine überschaubare Zahl von einigen tausend Teilchen und lässt diese gemäß den Gesetzen der Mechanik durch den Raum fliegen und untereinander Stöße ausführen, wie es auch im Kapitel Mechanik untersucht wurde. Von einem solchen Modell werden wir noch Gebrauch machen.

Da es aber erst eine Wechselwirkung möglich macht, dass sich Gase beim Abkühlen verflüssigen und schließlich auch fest werden können, werden wir noch einen kleinen Ausflug unternehmen und Gase einer realistischeren Betrachtung unterziehen.

3.1.2.5 Einige Größen aus der Chemie und Atomphysik

In der Thermodynamik hat man es mit extrem unterschiedlichen Skalen zu tun. Auf der einen Seite stehen winzige Teilchen mit unvorstellbar kleinen Massen. Auch die Kräfte zwischen diesen Teilchen sind extrem klein. Auf der anderen Seite gibt es aber eine riesige Zahl von Teilchen. Typischerweise sind in einem kleinen Behälter 10^{23} Atome und Moleküle eingeschlossen. Um nicht jedes mal sehr große oder sehr kleine Zahlenwerte angeben zu müssen, definiert man passende Einheiten, und gibt Massen und Teilchenzahlen in Vielfachen dieser Einheiten an. Historisch bedingt verwendet man für die Definition einer atomaren Masseneinheit ein bestimmtes Kohlenstoffisotop.

Tab. 3.2: Einige relative Atommassen verschiedener Elemente. Die Zahlenwerte beziehen sich jeweils auf das einzelne Atom.

Stoff	Symbol	m_r
Wasserstoff	H	1,008
Helium	He	4,0026
Lithium	Li	6,939
Kohlenstoff	C	12,01
Stickstoff	N	14,01
Sauerstoff	O	16,00
Aluminium	Al	26,98
Eisen	Fe	55,85

Definition 3.5 *Die atomare Masseneinheit*
Die atomare Masseneinheit m_a wird definiert als $1/12$ der Masse des Kohlenstoffisotops ^{12}C und besitzt folgenden Zahlenwert:

$$m_a = 1,6605 \cdot 10^{-27} \text{ kg.} \tag{3.16}$$

Die *relative Atommasse* m_r ist das Verhältnis einer Masse zur Masseneinheit m_a:

$$m_r = \frac{m}{m_a}. \tag{3.17}$$

Einige relative Atommassen sind in Tabelle 3.2 aufgeführt. Beim Kohlenstoff fällt auf, dass seine relative Atommasse nicht exakt den Wert 12 annimmt. Der Grund liegt darin, dass die Masseneinheit auf das Isotop ^{12}C bezogen wurde, in der Tabelle aber ein Mittelwert über alle Isotope gebildet wurde. In der Natur gibt es neben ^{12}C auch noch ^{13}C und ^{14}C, jeweils mit unterschiedlichen Häufigkeiten. Auch bei den anderen Elementen sind Mittelwerte angegeben.

Für die Definition der Einheit der Teilchenzahl verwendet man ebenfalls das Kohlenstoffisotop ^{12}C und legt willkürlich (aber nicht sinnfrei) die Anzahl der Kohlenstofatome in einer bestimmten Gewichtsmenge dieses Elements als Basiseinheit fest.

Definition 3.6 *Die Stoffmenge*
Man bezeichnet die Anzahl N der Atome in 12 g Kohlenstoff ^{12}C als ein Mol und kürzt diese Einheitsmenge mit der Avogadro-Zahl N_A ab. Das sind

$$N_A = 6,022 \cdot 10^{23} \text{ mol}^{-1}. \tag{3.18}$$

Jede andere Teilchenzahl wird in Vielfachen der Avogadro-Zahl angegeben:

$$N = \nu N_A. \tag{3.19}$$

Dabei ist ν die Stoffmenge in Mol.

Es spielt keine Rolle, um welche Teilchen es sich handelt, also ob wir es mit einem Mol

Kohlenstoffatome, Elektronen oder Ionen zu tun haben. Die Avogadro-Zahl definiert nur eine Anzahl von Teilchen.

Beispiel 3.3 *Eine Menge Stickstoff*

Welche Masse besitzen 5 mol Stickstoffmoleküle?

Lösung: Im Fall von Kohlenstoff ^{12}C wäre die Antwort sehr einfach: 1 mol hat eine Masse von 12 g, 5 mol wiegen folglich 60 g. Stickstoff hat nur eine andere Atommasse. Aus Tabelle 3.2 lesen wir ab, dass für ein Stickstoff*molekül* $m_r = 28,02$ gilt. Ein Dreisatz liefert uns für die Masse von 5 mol molekularem Stickstoff:

$$m = 5\ \text{mol} \cdot 12\ \frac{\text{g}}{\text{mol}} \cdot \frac{28,02}{12} = 140,1\,\text{g}.$$

Das Beispiel lässt sich noch verallgemeinern, sodass wir einen Zusammenhang zwischen der Menge eines bestimmten Stoffs und deren Masse formulieren können.

Satz 3.2 *Stoffmenge und Stoffmasse*
Eine Menge von v Mol eines Stoffes mit der relativen Atommasse m_r besitzt die Masse

$$m = v m_r \frac{\text{g}}{\text{mol}}. \tag{3.20}$$

Das Ergebnis hat die Einheit Gramm, nicht Kilogramm.

Nachdem wir nun die grundlegenden Größen gesammelt haben, können wir uns daran machen Zusammenhänge zwischen thermodynamischen Größen zu finden.

3.1.3 Zustandsgleichung idealer Gase

Im letzten Abschnitt haben wir schon das Gesetz von Gay-Lussac kennengelernt, welches den Druck in einem Gas in Abhängigkeit von der Temperatur angibt. Im experimentellen Aufbau hat der Behälter, in dem sich das Gas befindet, ein bestimmtes Volumen V. Das Gesetz von Gay-Lussac beschreibt also den Zusammenhang zwischen Druck und Temperatur *bei einem festen Volumen*. Eine weitere Gesetzmäßigkeit wurde schon Ende des 17. Jahrhunderts von Boyle und Mariotte gefunden. Lässt man die Temperatur konstant und variiert das Volumen eines Gases, so bleibt das Produkt aus Druck und Volumen konstant. Und schließlich gibt es noch eine dritte Möglichkeit, mit Druck, Temperatur und Volumen zu spielen: Bei konstantem Druck findet man, dass sich das Volumen proportional mit der Temperatur ändert.

Satz 3.3 *Zusammenhänge zwischen Druck, Temperatur und Volumen*
Bei konstanter Temperatur gilt das Gesetz von Gay-Lussac:

$$p \sim T. \tag{3.21}$$

Lässt man die Temperatur konstant und ändert das Volumen eines Gases, so findet man das Gesetz von Boyle-Mariotte:

$$pV = \text{const.} \tag{3.22}$$

Schließlich ist das Volumen, das ein Gas einnimmt, bei konstantem Druck proportional zur Temperatur:

$$V \sim T. \tag{3.23}$$

Beispiel 3.4 *Volumenänderung eines Gases*

Ein Gas besitze bei einem Druck von 1013 hPa das Volumen 24 l. Welcher neue Druck stellt sich ein, wenn man das Gas bei konstanter Temperatur auf 26 l ausdehnt?

Lösung: Wir bezeichnen den Druck am Anfang mit p_0 und das zugehörige Volumen mit V_0, nach der Expansion mit p_1 und V_1. Nach dem Gesetz von Boyle und Mariotte (3.22) bleibt das Produkt aus Druck und Volumen vor und nach der Expansion gleich:

$$p_0 V_0 = p_1 V_1.$$

Dies löst man nach dem gesuchten Druck p_1 auf:

$$p_1 = \frac{p_0 V_0}{V_1} = \frac{1013 \text{ hPa} \cdot 24 \text{ l}}{26 \text{ l}} = 935{,}1 \text{ hPa}.$$

Die Gleichungen (3.21) - (3.23) decken jeweils den Fall ab, dass eine der drei Größen Druck, Temperatur und Volumen konstant bleibt. Wie man anhand des Beispiels aber sieht, ist es dadurch nicht möglich, bei gegebenem Druck und Volumen auf die Temperatur zu schließen. Der Proportionalitätsfaktor fehlt noch. Diesen kann man nur experimentell ermitteln, und führt damit alle drei Gleichungen zu einer einzigen zusammen.

Satz 3.4 *Zustandsgleichung idealer Gase*

In einem idealen Gas hängen der Druck p, die (absolute) Temperatur T und das Volumen V des Gases über die sogenannte Zustandsgleichung zusammen:

$$pV = Nk_B T \tag{3.24}$$

Darin geht noch die Anzahl N aller Moleküle im Gas ein, sowie eine Konstante k_B, die nach Ludwig Boltzmann benannt ist und deren Wert experimentell ermittelt werden kann:

$$k_B = 1,38 \cdot 10^{-23}\,\text{J}\,\text{K}^{-1}. \tag{3.25}$$

Da man im Allgemeinen nicht die Anzahl der Teilchen, sondern die Molzahl v verwendet, gibt es noch eine weitere, gebräuchlichere Formulierung der Zustandsgleichung:

$$pV = vRT, \tag{3.26}$$

Wobei die Konstante $R = N_A\,k_B$ den Wert

$$R = 8,31\,\text{J}\,\text{mol}^{-1}\,\text{K}^{-1} \tag{3.27}$$

annimmt.

Mit (3.24) bzw. (3.26) sollten wir uns ein wenig vertraut machen. Halten wir jeweils eine Größe konstant, so finden wir die experimentell ermittelten Gesetze (3.21) – (3.23) wieder. Doch was bedeutet eigentlich der Begriff *Zustandsgleichung*? Ein Zustand ist, wie der Name sagt, etwas stationäres, zeitunabhängiges. Ein Zustand steht im Gegensatz zu einer Veränderung, einem sogenannten Prozess. Während sich thermodynamische Größen ändern, gehorchen sie nicht unbedingt einer Zustandsgleichung. Prozesse werden wir später noch genauer untersuchen. Doch wird ein Gas, welches sich in einem stationären Zustand befindet, auch automatisch durch die Zustandsgleichung (3.24) beschrieben? Die Antwort lautet: Nein! Diese Zustandsgleichung gilt nur für *ideale Gase*. Erinnern wir uns: Ein ideales Gas ist dadurch gekennzeichnet, dass die Moleküle als punktförmig angesehen werden können, die keinerlei Wechselwirkungen aufeinander ausüben, außer Stöße. Das muss nicht in jedem Gas gelten. In der Tat ist (3.24) nur eine Näherung, die besonders bei hohen Temperaturen und kleinen Dichten gut wird. Abweichungen von dieser Idealisierung und deren Konsequenzen werden wir später noch diskutieren. Betrachten wir zunächst noch ein einfaches Beispiel.

Beispiel 3.5 *Volumenberechnung*

Welches Volumen nimmt ein Mol eines idealen Gases bei 20 °C und 1013 hPa ein?

Lösung: Nach der Zustandsgleichung (3.26) gilt für alle idealen Gase:

$$V = \frac{vRT}{p} = \frac{1\,\text{mol} \cdot 8,31\,\text{J}\,\text{mol}^{-1}\,\text{K}^{-1} \cdot 293,15\,\text{K}}{1,013 \cdot 10^5\,\text{Pa}} = 0,024\,\text{m}^3 = 24\,\text{l}.$$

Dieser Wert ist möglicherweise schon aus der Chemie bekannt. Hier können wir im Rahmen einer typischen Anwendung der Zustandsgleichung reproduzieren.

Aufgaben

Aufgabe 3.1 Wasserstoffgas
In einem Behälter mit dem Volumen 0,1 m³ befindet sich gasförmiger Wasserstoff bei einer Temperatur von 25 °C. Der Druck beträgt 1,0 MPa. Wie groß ist die Anzahl der Moleküle in dem Behälter? Welcher Stoffmenge entspricht das?

Aufgabe 3.2 Masse der Luft
Man bestimme die Masse von 1 mol Luft. Dazu nehme man an, dass Luft ein Gemisch aus 78 % aus Stickstoff (relative Atommasse m_r = 28), zu 21 % aus Sauerstoff (m_r = 32) und zu 1 % aus Argon (m_r = 84) ist.

Aufgabe 3.3 Ausdehnung von Luft
Auf welches Volumen dehnt sich bei konstantem Druck die Luft in einem Raum von 8,00 · 5,00 · 2,50 m³ bei offenen Fenstern aus, wenn die Temperatur von 20 °C auf 30 °C steigt? Um wie viel Prozent nimmt dabei die Luftdichte ab?

Aufgabe 3.4 Fieberthermometer
Ein altes Fieberthermometer besteht aus einem mit Quecksilber gefüllten Reservoir mit oben anschließender Glaskapillare. Das Reservoir besitzt ein Volumen von 4,0 ml, bei einer Temperatur von 35,0 °C befindet sich darin das ganze Quecksilber. Welchen Innendurchmesser muss die Kapillare haben, damit bei einer Temperaturerhöhung um 1 K der Quecksilberfaden 1,0 cm nach oben steigt? Der Volumenausdehnungskoeffizient von Quecksilber beträgt γ = 181 · 10^{-6} (°C)$^{-1}$, es ist nur die Ausdehnung des Quecksilbers im Reservoir zu betrachten.

Aufgabe 3.5 Geschrumpfter Eiffelturm
Der Eiffelturm besitzt im Sommer (20 °C) eine Höhe von etwa 300 m. Um wie viel Prozent schrumpft der Turm im Winter bei −10 °C? Der Eiffelturm besteht aus Eisen, der Längenausdehnungskoeffizient beträgt α = 1,2 · 10^{-5} (°C)$^{-1}$.

Aufgabe 3.6] Reifendruck
Ein Autofahrer pumpt nach dem Reifenwechsel seine Reifen auf einen Druck von 0,32 MPa auf. Die Temperatur beträgt dabei 20 °C. Nun fährt er gleich los auf die Autobahn und stellt am Ende der Fahrt an einer anderen Tankstelle fest, dass der Reifendruck nun 0,37 MPa beträgt. Was hat sich noch verändert und auf welchen Wert?

Aufgabe 3.7 Druckmessung
Ein langes Rohr taucht senkrecht und zu einem Teil in ein Becken mit Wasser, der größte Teil befindet sich oberhalb der Wasseroberfläche. Das obere Ende des Rohres wird luftdicht verschlossen und die im Rohr befindliche Luft mit einer Vakuumpumpe entfernt. Wie weit kann dabei das Wasser im Rohr emporsteigen, wenn man von einem vollständigen Vakuum im oberen Teil des Rohres ausgeht und der Luftdruck außerhalb 1013 hPa beträgt? Der Ortsfaktor auf der Erde ist g = 9,81 N kg^{-1} und die Dichte des Wassers beträgt 1000 kg m^{-3}.

3.2 Kinetische Gastheorie

Warum verhalten sich Gase so, wie wir es im vergangenen Abschnitt anhand von Experimenten aus vergangenen Jahrhunderten kennengelernt haben? Worum handelt es sich eigentlich bei Wärme? Und was ist die Ursache dafür, dass sich der Druck in einem Gas bei steigender Temperatur ebenfalls erhöht? Diese Fragen waren lange Zeit ungeklärt. Wärme wurde z.B. als eine Art Stoff angesehen, der in einem Körper steckt. Heute wissen wir, dass diese Vorstellung von Wärme nicht zutreffend ist. Um unser Verständnis von Gasen zu vertiefen, untersuchen wir in diesem Abschnitt deren thermodynamisches Verhalten auf mikroskopischer Ebene. Jedes Gas besteht aus einer unvorstellbar großen Zahl von Teilchen, meist Molekülen. Nur im Fall von Edelgasen sind es Atome. Wir sehen diese Teilchen nicht, dennoch müssen sie mit ihrem Verhalten für das verantwortlich sein, was wir bei makroskopischer Betrachtung als Druck oder Temperatur wahrnehmen.

3.2.1 Grundgleichung der kinetischen Gastheorie

3.2.1.1 Die Herleitung

Wir beginnen damit, die Bewegung einer sehr großen Zahl von Teilchen möglichst sinnvoll zu beschreiben. Da wir unsere Überlegungen möglichst einfach halten wollen, beschränken wir uns auf ideale Gase. Diese bestehen, wie wir wissen, aus Teilchen, die sich gegenseitig nicht spüren, außer bei einem direkten Zusammenstoß. Die Ausdehnung der Teilchen ist verschwindend klein, gemessen am durchschnittlichen Abstand zweier Teilchen. Sie ist aber nicht exakt Null, da sonst Stöße nicht mehr möglich wären. Außerdem sind die Teilchen kugelförmig. Diese Voraussetzungen machen die mechanische Beschreibung deswegen sehr einfach, weil sich ein Teilchen die meiste Zeit auf einer geraden Bahn mit konstanter Geschwindigkeit durch den Raum bewegt. Erst wenn es auf die Wand des Gefäßes oder ein anderes Teilchen trifft, muss man den Impulssatz anwenden um die neue Geschwindigkeit und Bewegungsrichtung zu berechnen.

Wie in Abbildung 3.3 gezeigt, stellen wir uns vor, die Teilchen der Masse m befänden sich in einer Box mit Volumen V. Die Gesamtzahl der Teilchen beträgt N, und ein typischer Wert ist 10^{23}. Zwar ließen sich die Bewegungen aller Teilchen mit Hilfe der Newton'schen Grundgleichung beschreiben, aufgrund der schieren Größe ihrer Zahl ist es jedoch vollkommen aussichtslos und auch gar nicht sinnvoll, die Bahnen aller Moleküle oder Atome zu verfolgen. Und das weder in der Theorie noch im Experiment. Wir müssen uns deswegen etwas anderes einfallen lassen. Da das Verhalten eines einzelnen Moleküls für uns nicht wichtig ist, sondern nur, was die „Masse" im Durchschnitt macht, versuchen wir, sinnvolle Mittelwerte zu bilden, um dann mit nur noch wenigen Größen verwertbare Aussagen zu treffen. Zuerst machen wir uns daran, den Druck, den die Teilchen auf eine der Wände ausüben, zu bestimmen. Diese Untersu-

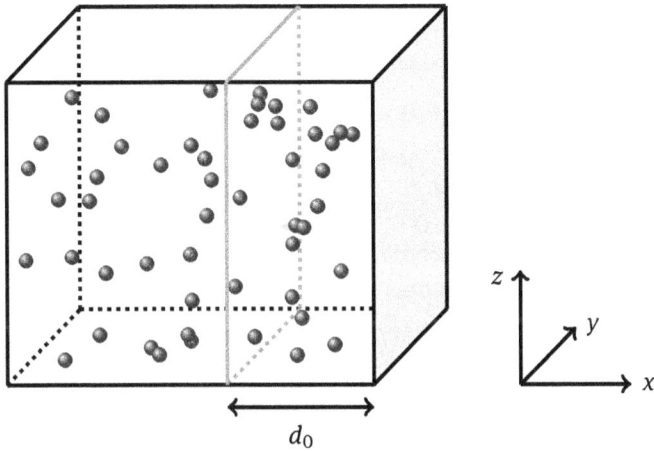

Abb. 3.3: Zur Grundgleichung der kinetischen Gastheorie.

chung liegt nahe, muss die Wand doch durch den ständigen Beschuss von Molekülen einen gewissen Rückstoß erfahren, den wir als Druck wahrnehmen können. Sortieren wir die Teilchen zunächst nach der Geschwindigkeit, was wir mathematisch durch einen Index i kenntlich machen. Der Index beziffert eine bestimmte Gruppe von Teilchen, welche sich mit ähnlicher Geschwindigkeit bewegen. Von diesen Gruppen gibt es üblicherweise sehr viele. Dann picken wir die Teilchen heraus, welche sich in x-Richtung betragsmäßig mit der Geschwindigkeit $v_{x,i}$ bewegen. Insgesamt gibt es zu einem Zeitpunkt N_i solcher Teilchen. Im Durchschnitt (hier kommt nun die Statistik ins Spiel) fliegen auf die rechte und auf die linke Wand etwa gleich viele Teilchen mit der Geschwindigkeit $v_{x,i}$ zu, auf die in der Abbildung eingefärbte Wand also $1/2\,N_i$ Teilchen. Nun geben wir ein kleines Zeitintervall Δt vor und fragen, wie viele der N_i Teilchen bei der rechten Wand auch ankommen. Da wir die Geschwindigkeit und die Zeit vorgeben, darf sich ein Molekül zu Beginn dieses Rennens nicht weiter als

$$d_0 = v_{x,i}\,\Delta t \tag{3.28}$$

von der Wand entfernt aufhalten, sonst kommt es nicht rechtzeitig an und wird nicht mitgezählt.[11] Dieser Abstand ist in der Abbildung ebenfalls eingezeichnet. Alle Teilchen, die es schaffen, befinden sich in diesem Teilvolumen, welches am Gesamtvolumen des Kastens den relativen Anteil $A d_0 / V$ besitzt. Die darin befindliche Zahl von Molekülen, die sich auf die rechte Wand zubewegen, hat an allen momentan betrach-

---

[11] Da wir nur eine Geschwindigkeitskomponente betrachten, wäre es möglich, dass ein Molekül in einer anderen Richtung viel schneller unterwegs ist und deswegen vielleicht die obere oder die hintere Wand trifft. Um möglichst wenige solche Ausreißer mitzuzählen, wählen wir das Zeitintervall einfach sehr kurz.

teten Teilchen $1/2\,N_i$ genau diesen Anteil. Die Anzahl von Molekülen, die es im Zeitintervall Δt zur Wand schaffen, beträgt also:

$$N_i' = \frac{1}{2}N_i\frac{A\,d_0}{V} = \frac{N_i\,A v_{x,i}\,\Delta t}{2V}. \tag{3.29}$$

Jedes einzelne ändert beim Abprallen an der Wand seinen Impuls. Aus der Mechanik wissen wir, dass diese Impulsänderung aufgrund der Impulserhaltung auf die Wand übertragen wird. Wir erinnern uns auch noch daran, dass eine Impulsänderung pro Zeitintervall Δt gleich einer Kraft ist, die hier die Wand nach rechts drückt. Den entstehenden Druck wollen wir jetzt bestimmen. Zur Unterscheidung zwischen Druck und Impuls bezeichnen wir den Impuls hier mit $\tilde{p}$:

$$p_i = \frac{F_i}{A} = \frac{\Delta\tilde{p}_i}{A\,\Delta t}. \tag{3.30}$$

Die Impulsänderung der Wand $\Delta\tilde{p}_i$ wird durch alle N_i' Moleküle verursacht, die es in der Zeit Δt zur Wand schaffen. Wie groß ist dieser Impulsübertrag? Um diese Frage zu beantworten, gehen wir noch eine Ebene weiter hinunter und betrachten ein einziges Molekül, das auf die Wand zufliegt, an ihr reflektiert wird und zurückfliegt. Die Wand ist viel schwerer als das Molekül, und deswegen ändert sich ihre Geschwindigkeit dabei fast nicht. Das Molekül hingegen fliegt nach dem Stoß mit der gleichen Geschwindigkeit weiter wie davor, nur hat sich beim Abprallen die Richtung geändert.[12] Wenn wir die Geschwindigkeiten vor und nach dem Stoß mit v_1 bzw. v_2 bezeichnen, muss also gelten:

$$v_1 = -v_2. \tag{3.31}$$

Die Änderung der Geschwindigkeit eines Moleküls ist

$$\Delta v_{\mathrm{mol}} = v_2 - v_1 = -2v_1. \tag{3.32}$$

Und schließlich können wir noch die Impulsänderung des Moleküls angeben:

$$\Delta\tilde{p}_{\mathrm{mol}} = -2mv_1. \tag{3.33}$$

Damit der Gesamtimpuls von Wand und Molekül in der Summe erhalten bleibt, muss die Wand die gleiche Impulsänderung in der anderen Richtung erfahren, also $-\Delta\tilde{p}_{\mathrm{mol}}$. Nun gehen wir wieder eine Ebene nach oben und schauen uns den Impulsübertrag aller N_i' Moleküle an, die in der Zeit Δt auf die Wand treffen. Jedes einzelne trägt gleichermaßen zum Impulsübertrag bei und wir können unser gerade erhaltenes Ergebnis

---

12 Man kann sich das auch gut mit einem Ball und einer Mauer veranschaulichen. Der Ball hat unmittelbar vor und nach dem Stoß betragsmäßig die gleiche Geschwindigkeit, aber genau die entgegengesetzte Flugrichtung.

einfach mit N_i' multiplizieren, um den Teildruck p_i anzugeben. Den Ausdruck (3.29) für N_i' setzen wir auch gleich ein:

$$p_i = \frac{2N_i'mv_{x,i}}{A\,\Delta t}$$
$$\overset{(3.29)}{=} \frac{2N_iAv_{x,i}\Delta t\,mv_{x,i}}{2VA\,\Delta t}$$
$$= \frac{N_imv_{x,i}^2}{V}. \tag{3.34}$$

Wie wir sehen, hängt der Teildruck p_i nicht von der Fläche A und auch nicht vom betrachteten Zeitintervall Δt ab. Zum Schluss zählen wir noch alle Teildrücke zusammen. Wir bilden also eine Summe über alle Geschwindigkeitskomponenten $v_{x,i}$, die im Gas vorkommen:

$$p = \sum_{i=1}^{N_{\text{int}}} \frac{N_imv_{x,i}^2}{V}. \tag{3.35}$$

Wir wären auf dasselbe Ergebnis gekommen, wenn wir anfangs Moleküle gezählt hätten, die sich in y- oder in z-Richtung mit der gerade betrachteten Geschwindigkeit bewegen. Da keine Raumrichtung vor den anderen durch irgend etwas ausgezeichnet wird, finden wir durchschnittlich gleich viele Moleküle N_i, die sich mit einer bestimmten Geschwindigkeit in x-Richtung bewegen wie in die anderen Raumrichtungen. Wir ändern am Ergebnis also nichts, wenn wir alle drei Teilergebnisse erst addieren und anschließend durch 3 dividieren:

$$p = \sum_{i=1}^{N_{\text{int}}} \frac{N_im\left(v_{x,i}^2+v_{y,i}^2+v_{z,i}^2\right)}{3V}. \tag{3.36}$$

Weiterhin definieren wir das mittlere Geschwindigkeitsquadrat

$$\overline{v^2} = \frac{1}{N}\sum_{i=1}^{N_{\text{int}}} N_i\left(v_{x,i}^2+v_{y,i}^2+v_{z,i}^2\right) = \frac{1}{N}\sum_{i=1}^{N_{\text{int}}} N_iv_i^2, \tag{3.37}$$

und erhalten schließlich ein sehr knappes Ergebnis für den Druck im Gas.

Satz 3.5 *Grundgleichung der kinetischen Gastheorie*
Druck und Volumen in einem Gas hängen in einfacher Weise vom mittleren Geschwindigkeitsquadrat ab:

$$pV = \frac{1}{3}Nm\overline{v^2}. \tag{3.38}$$

Man bezeichnet den Zusammenhang (3.38) als *Grundgleichung der kinetischen Gastheorie*. In ihr ist die makroskopische Größe Druck mit einer mikroskopischen Größe, dem mittleren Geschwindigkeitsquadrat, verknüpft.

Als kleine Wiederholung kann man sich einmal mit folgender Frage beschäftigen:

Warum gilt die Grundgleichung der kinetischen Gastheorie nur für ideale Gase?

Wir haben jetzt eine Erklärung für den Ursprung des Drucks in einem Gas gefunden und konnten eine quantitative Aussage dafür herleiten. Dieser Zusammenhang lässt sich noch etwas anders schreiben, wenn wir die Teilchendichte $n = N/V$ und die Massendichte $\varrho = Nm/V$ verwenden:

$$p = \frac{1}{3}nm\overline{v^2} \tag{3.39}$$

$$p = \frac{1}{3}\varrho\overline{v^2}. \tag{3.40}$$

Diese Gleichungen sind natürlich nur deswegen so kurz, weil wir einen sehr wichtigen Teil durch das neu definierte mittlere Geschwindigkeitsquadrat abgekürzt haben. Wie dies wiederum ausgewertet wird, ist bis jetzt völlig offen. Wir begnügen uns vorerst damit, dass so etwas wohl existiert, auch wenn wir nicht wissen, wie man die Summe in (3.37) auswertet. Wir werden uns im nächsten Abschnitt damit beschäftigen. Vorher sollten wir uns aber noch mit der Definition des mittleren Geschwindigkeitsquadrats ein wenig vertraut machen. Bei der Bildung der Mittelwerte gehen wir in folgender Reihenfolge vor: Zuerst werden die Teilchengeschwindigkeiten quadriert und mit einer Teilchenzahl gewichtet, anschließend wird summiert. Das Quadrieren kommt vor der Mittelung. Dreht man diese Reihenfolge um, erhält man etwas völlig anderes. Bei der Mittelung der Teilchengeschwindigkeiten kommt Null heraus, da man zu jedem Teilchen einen Partner finden kann, der sich mit der gleichen Geschwindigkeit in die entgegengesetzte Richtung bewegt. Schließlich hat man bei 10^{23} sich vollkommen ungeordnet bewegenden Molekülen eine gewisse Auswahl. Quadriert man diesen Mittelwert, bleibt die Null natürlich stehen. In der kurzen Formelsprache der Mathematik bedeutet das:

$$\overline{v^2} \neq \overline{v}^2. \tag{3.41}$$

Beispiel 3.6 *Verschiedene Mittelwerte*

Man betrachte ein „Gas" aus drei Teilchen, die sich zu einem gegebenen Zeitpunkt mit den Geschwindigkeiten

$$v_1 = \begin{pmatrix} 1 \\ 1 \\ 2 \end{pmatrix} \frac{m}{s}, \quad v_2 = \begin{pmatrix} 3 \\ -5 \\ 1 \end{pmatrix} \frac{m}{s}, \quad v_3 = \begin{pmatrix} -4 \\ 4 \\ 1 \end{pmatrix} \frac{m}{s}$$

durch den Raum bewegen. Wie groß ist das mittlere Geschwindigkeitsquadrat und das Quadrat der mittleren Geschwindigkeit?

Lösung: Um das mittlere Geschwindigkeitsquadrat zu bestimmen, benötigen wir zunächst die Betragsquadrate der drei Geschwindigkeitsvektoren:

$$v_1^2 = \left(1^2 + 1^2 + 2^2\right)\frac{m^2}{s^2} = 6\,\frac{m^2}{s^2},$$

$$v_2^2 = \left(3^2 + (-5)^2 + 1^2\right)\frac{m^2}{s^2} = 35\,\frac{m^2}{s^2},$$

$$v_3^2 = \left((-4)^2 + 4^2 + 1^2\right)\frac{m^2}{s^2} = 33\,\frac{m^2}{s^2}.$$

Somit finden wir für das mittlere Geschwindigkeitsquadrat:

$$\overline{v^2} = \frac{1}{3}\left(v_1^2 + v_2^2 + v_3^2\right) = \frac{1}{3}\left(6\,\frac{m^2}{s^2} + 35\,\frac{m^2}{s^2} + 33\,\frac{m^2}{s^2}\right) = 74\,\frac{m^2}{s^2}.$$

Das Quadrat der mittleren Geschwindigkeit ist hingegen:

$$\overline{v}^2 = \left(\frac{1}{3}\left(\begin{pmatrix}1\\1\\2\end{pmatrix} + \begin{pmatrix}3\\-5\\1\end{pmatrix} + \begin{pmatrix}-4\\4\\1\end{pmatrix}\right)\frac{m}{s}\right)^2 = \left(\frac{1}{3}\begin{pmatrix}0\\0\\4\end{pmatrix}\frac{m}{s}\right)^2 = \frac{16}{9}\frac{m^2}{s^2}.$$

Mit Hilfe der Grundgleichung der kinetischen Gastheorie sollte man auch in der Lage sein, die folgende Frage zu beantworten:

Warum ist es falsch zu sagen, dass Luft gesaugt wird?

3.2.1.2 Vergleich mit der Zustandsgleichung

Die Grundgleichung der kinetischen Gastheorie (3.38) weist eine Ähnlichkeit mit der Zustandsgleichung idealer Gase (3.24) auf. Jeweils auf der linken Seite finden wir das Produkt aus dem Gasdruck p und seinem Volumen V, beides Größen, die den Zustand des Gases kennzeichnen. Die experimentell begründete Gleichung (3.24) enthält auf ihrer rechten Seite noch eine weitere Zustandsgröße, die Temperatur T. Die Teilchenzahl kommt in beiden Zusammenhängen in gleicher Form vor. Das Produkt aus Masse und mittlerem Geschwindigkeitsquadrat in (3.38) hat fast schon die Form einer kinetischen Energie, es fehlt nur noch ein Vorfaktor. Diesen können wir noch einfügen (natürlich ohne die Gleichung zu verändern), und erhalten:

$$pV = \frac{2}{3}N\frac{m}{2}\overline{v^2} = \frac{2}{3}N\overline{E}_{\text{kin}}. \tag{3.42}$$

Auch die kinetische Energie eines Moleküls ist ein Mittelwert, der über alle Moleküle gebildet wird. Jetzt können wir (3.42) ganz einfach mit der Zustandsgleichung (3.24) vergleichen und sehen, dass die mittlere kinetische Energie der einzelnen Moleküle proportional ist zur Temperatur.

> **Satz 3.6** *Mittlere kinetische Energie und Temperatur*
> In einem idealen, einatomigen Gas ist die mittlere kinetische Energie der Atome proportional zur
> Temperatur:
>
> $$\overline{E}_{\text{kin}} = \frac{3}{2} k_B T. \tag{3.43}$$

Der Faktor 3 kam ins Spiel, als wir die drei unterschiedlichen Bewegungsrichtungen der Moleküle in die Rechnung einbezogen haben. Behalten wir dies schon mal im Hinterkopf, wir werden es später noch verallgemeinern.

3.2.2 Maxwell'sche Geschwindigkeitsverteilung

3.2.2.1 Die Verteilungsfunktion

Im vorangegangenen Abschnitt haben wir angenommen, dass die Teilchengeschwindigkeiten in einem Gas unterschiedlich sind. Durch Sortieren der Teilchen nach den verschiedenen Geschwindigkeiten konnten wir die mittlere quadratische Geschwindigkeit berechnen, jedenfalls in der Theorie. Was uns fehlt, ist die tatsächliche Anzahl von Molekülen bei einer bestimmten Geschwindigkeit, sonst können wir die ganze Summe (3.37) nur als Definition ohne konkrete Aussage sehen. Da wir es aber mit einer unvorstellbar großen Zahl von Teilchen zu tun haben, wird es nicht möglich sein, die Summe auf diese Art zu berechnen. Zur Ermittlung eines Mittelwertes müssen wir also anders vorgehen. Um es uns etwas leichter zu machen, nehmen wir einen Computer zu Hilfe, untersuchen aber zunächst eine sehr kleine Gasmenge, die lediglich aus 10^3 Teilchen besteht. In unserem Computermodell sind diese Teilchen wie in Abbildung 3.3 in einem kleinen Kasten eingesperrt und bewegen sich ohne den Einfluss äußerer Kräfte. Solange ein Teilchen also weder auf die Wand noch auf ein anderes Teilchen trifft, bewegt es sich mit konstanter Geschwindigkeit geradlinig durch den Raum. Damit es überhaupt auf ein anderes Teilchen stoßen kann, benötigt es eine kleine räumliche Ausdehnung. Die Geschwindigkeiten nach einem Stoß kann man mit dem Impulssatz berechnen. Nun gibt man noch die gesamte Bewegungsenergie aller Moleküle vor und verteilt diese zufällig auf alle Teilchen. Jedes Teilchen bewegt sich in diesem ersten Moment also mit einer bestimmten Geschwindigkeit in eine bestimmte Richtung und der Computer wäre damit in der Lage, auch das mittlere Geschwindigkeitsquadrat zu bestimmen (eine Summe von 1000 Zahlen stellt noch keine Herausforderung dar). Wir lassen die Teilchen im Computer aber zuerst einmal eine Weile fliegen und Stöße untereinander sowie mit der Wand ausführen, damit sich ein sogenanntes thermodynamisches Gleichgewicht einstellen kann (worin dieses Gleichgewicht besteht, werden wir gleich sehen). Nun halten wir die zeitliche Entwicklung an und betrachten die Geschwindigkeiten aller Teilchen. Wir bilden aber noch keinen Mittelwert, sondern lassen uns vom Rechner zuerst eine Statistik erstellen. Die Aufgabe lautet, alle Teilchen zu zählen, deren Geschwindigkeiten in bestimmten Bereichen

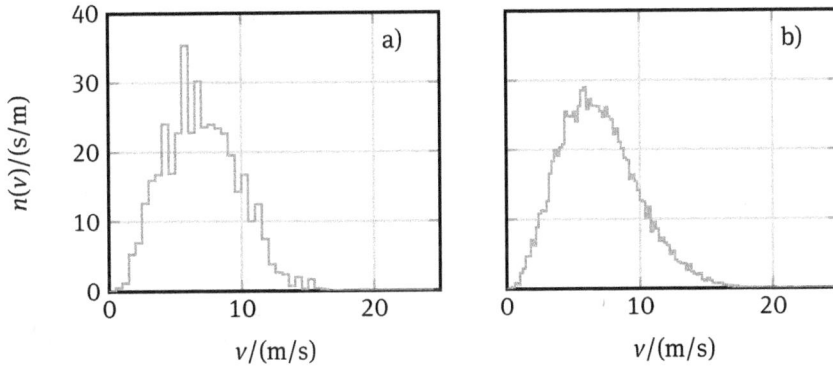

Abb. 3.4: Verteilung von Teilchen auf unterschiedliche Geschwindigkeiten.

liegen, also z.B. zwischen 0 und 1 m/s, zwischen 1 m/s und 2 m/s usw. Wir sind nicht daran interessiert, Teilchen bei einer ganz bestimmten Geschwindigkeit zu zählen. Eine solche Geschwindigkeit wie z.B. $v = 2,7546$ m/s wird nämlich mit großer Wahrscheinlichkeit nur ein einziges Teilchen besitzen, wenn es überhaupt eines gibt. Wenn wir das Blickfeld um diese Geschwindigkeit herum etwas erweitern, werden wir aber wohl ein paar Teilchen finden, abhängig von der jeweiligen Geschwindigkeit. Die Teilchenzahl N_i in jedem dieser Geschwindigkeitsintervalle (wir nummerieren mit dem Index i) teilen wir noch durch die Intervallgröße Δv. Dieser letzte Schritt ist nötig, da sehr kleine Intervalle auch nur sehr wenige Teilchen fassen. Sortiert man mehrmals mit unterschiedlichen Intervallgrößen, könnte man deswegen die verschiedenen Statistiken nicht so gut vergleichen. Das Ergebnis einer solchen Simulation sehen wir in Abbildung 3.4 a). Man erkennt, dass bei sehr kleinen Geschwindigkeiten auch nur wenige Teilchen in einem Intervall zu finden sind. Dann gibt es eine Geschwindigkeit, um die herum die meisten Teilchen zu finden sind, während wieder nur wenige Teilchen mit sehr großen Geschwindigkeiten fliegen. Die Verteilung der Teilchen auf die Intervalle ist eindeutig keine glatte Funktion, die Werte springen doch sehr von Intervall zu Intervall. Es handelt sich aber auch nur um einen Schnappschuss der momentanen Verteilung. Nimmt man sehr viele solcher Schnappschüsse auf und bildet darüber die Mittelwerte, wird die Verteilung immer glatter, wie in Abbildung 3.4 b) zu sehen ist. Hier wurde außerdem noch die Intervallgröße verkleinert. Das „Springen" der Funktionswerte ist dann als Abweichung von diesem Mittelwert anzusehen, ein Verhalten, das so in jeder Statistik vorkommt.

Halten wir aber zunächst fest: Wir haben eine Verteilungsfunktion mit Hilfe einer Simulation gewonnen, die uns angibt, wie viele Teilchen pro Geschwindigkeitsintervall um eine bestimmte Geschwindigkeit herum zu finden sind. Wir haben auch gesehen, dass die Division durch die Intervallgröße nötig ist, wenn wir unterschiedliche Intervallgrößen verwenden. An dieser Stelle überlegen wir uns, wie wir eigentlich einen Mittelwert wie die mittlere quadratische Geschwindigkeit bilden. Wir zählen die

Teilchen in jedem Geschwindigkeitsintervall und multiplizieren mit dem Quadrat der Geschwindigkeit in der Mitte des Intervalls. Anschließend summieren wir über alle Intervalle und teilen am Ende durch die Gesamtzahl der Teilchen:

$$\overline{v^2} \approx \frac{1}{N} \sum_{i=1}^{N_{\text{int}}} v_i^2 N_i. \tag{3.44}$$

Hierin ist N_i wieder die Anzahl der Teilchen im Intervall i, v_i die zugehörige Geschwindigkeit, N_{int} die Anzahl der Intervalle und N die Zahl aller Teilchen. Dieser Mittelwert ist nicht exakt, da wir alle Teilchen in einem Intervall so behandeln, als hätten sie die gleiche Geschwindigkeit. Diese Näherung wird aber besser, wenn das Intervall klein wird, da sich die Geschwindigkeiten darin dann nur wenig unterscheiden. Unsere Verteilungsfunktion gibt aber keine Teilchenzahlen aus, sondern Teilchen pro Geschwindigkeit. Dieses Verhältnis bezeichnen wir mit n_i und es gilt $N_i = n_i \Delta v$. Unsere Näherung lautet damit:

$$\overline{v^2} \approx \frac{1}{N} \sum_{i=1}^{N_{\text{int}}} n_i v_i^2 \Delta v. \tag{3.45}$$

Schließlich wird die Näherung exakt, wenn wir die Intervallgröße gegen Null und die Anzahl der Intervalle gegen unendlich gehen lassen, also einen Grenzwert bilden. Dabei müssen wir aber ein paar Dinge beachten: Die Anzahl der Teilchen muss gleichzeitig gegen unendlich streben,[13] der Index entfällt und n_i/N wird zu einer kontinuierlichen Funktion $n(v)$. Aus der Summe wird dabei ein Integral über alle Geschwindigkeiten:

$$\overline{v^2} = \int_{v=0}^{\infty} n(v) v^2 \, dv. \tag{3.46}$$

Diesem Schritt fehlt es natürlich an mathematischer Strenge, wir wollen aber die Anschaulichkeit in den Vordergrund stellen. Die Verteilung $n(v)$ hat gegenüber der ursprünglichen Verteilung n_i eine kleine Änderung in der Interpretation erfahren. Die letzte Größe gibt eine Teilchenzahl pro Geschwindigkeit an, die erste den Anteil der Teilchen pro Geschwindigkeit bezogen auf alle Teilchen.

Im Fall endlich vieler Teilchen und Intervalle muss die Summe aller Teilchen in allen Intervallen die Gesamtzahl der Teilchen, also N, ergeben. Eine ähnliche Bedingung muss auch die Verteilung $n(v)$ erfüllen. Da wir es aber mit Anteilen und nicht mehr mit Teilchenzahlen zu tun haben, müssen wir fordern, dass die *Anteile* in allen

---

13 Physikalisch gesehen gibt es natürlich in jedem Gas nur endlich viele Teilchen, jedoch ist deren Zahl so groß, dass keine noch so genaue Messung einen Unterschied zwischen der Summe (3.45) und dem Integral (3.46) feststellen könnte.

Intervallen zusammen 1 ergeben müssen. Es muss also für diese Verteilung gelten:

$$\int\limits_{v=0}^{\infty} n(v)\,dv = 1. \tag{3.47}$$

Den Funktionsverlauf von n (genauer: von $n(v) \cdot N$ bei einer endlichen Teilchenzahl) haben wir mit Hilfe einer Simulation schon grafisch darstellen können. Es steht noch ein funktionaler Zusammenhang aus. Dieser lässt sich tatsächlich herleiten, allerdings würde dies den Rahmen dieses Buches übersteigen und wir geben statt dessen nur das Ergebnis an.

Satz 3.7 *Maxwell'sche Geschwindigkeitsverteilung*
Der Anteil an allen Teilchen pro Geschwindigkeitsintervall bei einer Temperatur T wird beschrieben durch die Maxwell'sche Geschwindigkeitsverteilung:

$$n(v)\,dv = \frac{4}{\sqrt{\pi}} \left(\frac{m}{2k_B T} \right)^{3/2} v^2 e^{-\frac{mv^2}{2k_B T}}\,dv. \tag{3.48}$$

Der Ausdruck $n(v)\,dv$ gibt an, welcher Anteil aller Teilchen sich in der Nähe der Geschwindigkeit v aufhält. Die Masse der Teilchen ist m, das Gas besitzt die Temperatur T, k_B ist die Boltzmann-Konstante. Bei kleinen Geschwindigkeiten dominiert der quadratische Anteil, die Funktion wächst also erst einmal an. Die e-Funktion sorgt dafür, dass n für große Geschwindigkeiten gegen Null strebt, dazwischen liegt ein Maximum.
   Interessant ist nun die Temperaturabhängigkeit der Maxwell-Verteilung. In Abbildung 3.5 ist die Verteilung für zwei verschiedene Temperaturen T_1 und T_2, mit $T_1 < T_2$, dargestellt. Man erkennt, dass das Maximum für kleine Temperaturen bei kleineren Geschwindigkeiten liegt und sich außerdem mehr Teilchen dort aufhalten, weil die Verteilungsfunktion in diesem Bereich stärker lokalisiert ist, d.h. ein eng begrenztes Maximum besitzt. Große Temperaturen bewirken hingegen eine Streuung der Teilchen über große Geschwindigkeitsbereiche, jenseits des Maximums gibt es immer noch sehr viele Teilchen. Dies ist übrigens auch ein Grund dafür, dass heißer Kaffee in einer Tasse dampft. In der Flüssigkeit gibt es ebenfalls langsamere und schnellere Teilchen, wobei letztere sogar durch die Oberfläche der Flüssigkeit fliegen können und Dampf bilden. Auch bei Gasen ist es möglich, die schnellsten Teilchen entweichen zu lassen. Bildlich gesprochen schneidet man die Maxwell-Verteilung oberhalb einer bestimmten Geschwindigkeit ab. Das bedeutet, dass man die Verteilungsfunktion oberhalb einer bestimmten Geschwindigkeit auf Null setzt, denn wenn es kein Teilchen oberhalb dieser Geschwindigkeit mehr gibt, ist die Wahrscheinlichkeit ein solches zu finden, exakt Null. Doch wie reagiert das Gas darauf? Auch hier hilft die Simulation vom Anfang dieses Abschnitts. Lässt man die Teilchen eine Weile fliegen und Stöße ausführen, stellt sich wieder eine Maxwell-Verteilung ein, allerdings ist die Temperatur jetzt kleiner geworden, da die schnellsten und damit „heißesten" Teilchen entfernt wurden. Diese Art der Kühlung wird in der experimentellen Atomphysik auch tatsächlich verwendet. Solange die Geschwindigkeitsverteilung noch nicht durch (3.48)

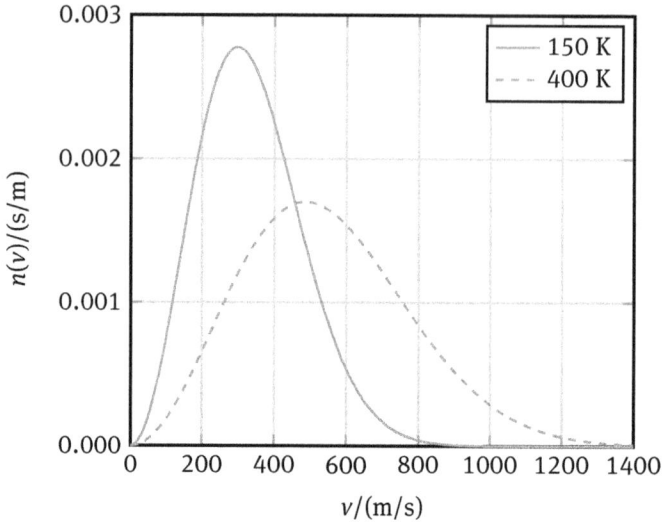

Abb. 3.5: Die Maxwell'sche Geschwindigkeitsverteilung von Stickstoffmolekülen bei zwei verschiedenen Temperaturen, 150 K und 400 K. Man sieht deutlich die Verschiebung des Maximums zu größeren Geschwindigkeiten bei der hohen Temperatur, ebenso die Verbreiterung der Verteilungsfunktion.

beschrieben werden kann, befindet sich das Gas nicht in einem thermodynamischen Gleichgewicht. Erst mit der Zeit stellt sich ein Zustand ein, in dem sich die Teilchen gemäß (3.48) auf die verschiedenen Geschwindigkeiten verteilen. Der Anfangszustand ist übrigens nicht wichtig für das Endergebnis. Das Gas wird zur Thermalisierung nur unterschiedlich lange benötigen, mit der Zeit aber immer in die Maxwell-Verteilung übergehen. Die Teilchen müssen untereinander aber stoßen können, also auch eine kleine Ausdehnung besitzen, sonst behalten sie ihre anfänglichen Geschwindigkeiten für immer bei und es wird sich keine Maxwell-Verteilung ergeben. In der Natur haben aber alle Teilchen eine gewisse Ausdehnung.

3.2.2.2 Charakteristische Größen

Mit der Maxwell-Verteilung (3.48) lassen sich beliebige Mittelwerte von Größen bilden, die von der Geschwindigkeit abhängen. Das Geschwindigkeitsquadrat ist nur eine davon. Da wir die Verteilungsfunktion jetzt kennen, können wir den Mittelwert auch berechnen. Das bedeutet, die Maxwell-Verteilung (3.48) in das Integral (3.46) zur Bildung des Mittelwerts einzusetzen und die Integration auszuführen:

$$\overline{v^2} = \int\limits_{v=0}^{\infty} \frac{4}{\sqrt{\pi}} \left(\frac{m}{2k_{\mathrm{B}}T} \right)^{(3/2)} v^2 e^{-\frac{mv^2}{2k_{\mathrm{B}}T}} v^2 \, \mathrm{d}v. \tag{3.49}$$

Zuerst ziehen wir alle Konstanten vor das Integral und fassen im Integranden zusammen:

$$\overline{v^2} = \frac{4}{\sqrt{\pi}} \left(\frac{m}{2k_B T} \right)^{(3/2)} \int\limits_{v=0}^{\infty} v^4 e^{-\frac{mv^2}{2k_B T}} \, dv. \tag{3.50}$$

Im nächsten Schritt führen wir eine lineare Substitution durch, damit im Exponenten nur noch die Integrationsvariable stehen bleibt. Hierfür müssen wir eine neue Variable einführen, die wir mit u bezeichnen und die mit v wie folgt zusammenhängt:

$$v = \sqrt{\frac{2k_B T}{m}} u. \tag{3.51}$$

Damit können wir die Integrationsvariable v an jeder Stelle durch u ersetzen. Die Grenzen des Integrals ändern sich nicht, da bei $v = 0$ und $v = \infty$ auch $u = 0$ bzw. $u = \infty$ gilt. Es bleibt noch dv übrig. Wir bilden hierzu die Ableitung von v nach u:

$$\frac{dv}{du} = \sqrt{\frac{2k_B T}{m}}. \tag{3.52}$$

Daraus erhalten wir sofort:

$$dv = \sqrt{\frac{2k_B T}{m}} \, du. \tag{3.53}$$

Wenn wir das alles in unser Integral einsetzen, und die Konstanten wieder vor das Integral ziehen, erhalten wir:

$$\overline{v^2} = \frac{4}{\sqrt{\pi}} \frac{2k_B T}{m} \int\limits_{u=0}^{\infty} u^4 e^{-u^2} \, du. \tag{3.54}$$

Dieses Integral lässt sich z.B. mit mehrfacher partieller Integration berechnen und ist in Tabellen zu finden. Das Ergebnis ist $3\sqrt{\pi}/8$, und der Wert für das mittlere Geschwindigkeitsquadrat lautet:

$$\overline{v^2} = \frac{3k_B T}{m}. \tag{3.55}$$

Auf die gleiche Weise lässt sich auch der mittlere Geschwindigkeitsbetrag berechnen. Das Integral, welches wir lösen müssen, lautet:

$$\overline{v} = \int\limits_{v=0}^{\infty} n(v)v \, dv. \tag{3.56}$$

Die Rechnung verläuft ähnlich und das Ergebnis lautet:

$$\overline{v} = \sqrt{\frac{8k_B T}{\pi m}}. \tag{3.57}$$

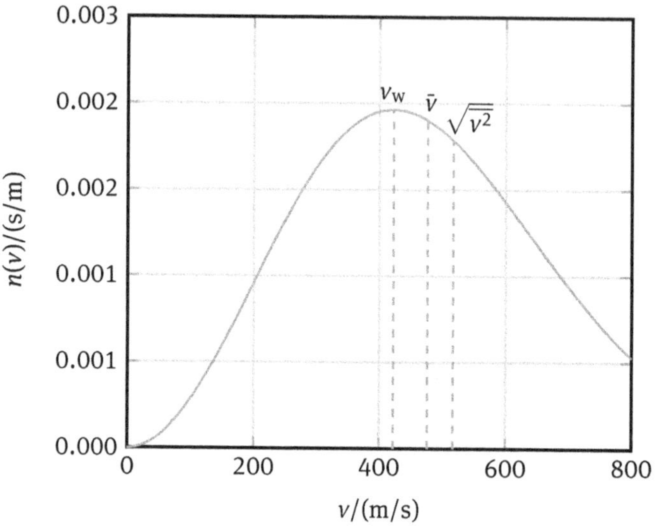

Abb. 3.6: Die Maxwell'sche Geschwindigkeitsverteilung von Stickstoffmolekülen bei einer Temperatur von 300 K. Die wahrscheinlichste Geschwindigkeit v_W, die mittlere Geschwindigkeit $\bar{v}$ und die Wurzel aus dem mittleren Geschwindigkeitsquadrat $\sqrt{\bar{v^2}}$ sind eingezeichnet.

Eine weitere charakteristische Größe der Maxwell-Verteilung ist die Geschwindigkeit, bei der sie ihr Maximum hat. Um sie zu bestimmen, muss man ein Extremwertproblem lösen. Im ersten Schritt bestimmt man also die Ableitung von $n(v)$ und sucht im zweiten Schritt die Nullstellen. Achtung: Auch bei $v = 0$ wird man hier fündig, diese Lösung ist aber nicht relevant. Diese Aufgabe findet sich in den Übungen, und das Ergebnis lautet:

$$v_W = \sqrt{\frac{2k_B T}{m}}. \tag{3.58}$$

Die drei Größen $\sqrt{\bar{v^2}}$, $\bar{v}$ und v_W sind zusammen mit einer Maxwell-Verteilung in Abbildung 3.6 dargestellt.

Beispiel 3.7 *Schnelle Stickstoffmoleküle*

Welche Werte besitzen $\bar{v^2}$, $\bar{v}$ und v_W für Stickstoff bei Raumtemperatur (20 °C)?

Lösung: Stickstoffmoleküle (N_2) besitzen nach Tabelle 3.2 eine relative Atommasse von 28,02. Die absolute Masse eines Stickstoffmoleküls beträgt nach (3.17):

$$m = m_a \, m_r = 1,66 \cdot 10^{-27} \text{ kg} \cdot 28,02 = 4,56 \cdot 10^{-26} \text{ kg}.$$

Das mittlere Geschwindigkeitsquadrat beträgt somit:

$$\bar{v^2} = \frac{3k_B T}{m} = \frac{3 \cdot 1,38 \cdot 10^{-23} \text{ J K}^{-1} \cdot 293,15 \text{ K}}{4,56 \cdot 10^{-26} \text{ kg}} = 2,66 \cdot 10^5 \frac{\text{m}^2}{\text{s}^2}.$$

Um es wieder auf die Einheit einer Geschwindigkeit zu bringen, zieht man daraus noch die Wurzel:

$$\sqrt{\overline{v^2}} = \sqrt{2{,}66 \cdot 10^5 \frac{m^2}{s^2}} = 516 \frac{m}{s}.$$

Die beiden anderen Größen berechnet man entsprechend:

$$\overline{v} = \sqrt{\frac{8 k_B T}{\pi m}} = \sqrt{\frac{8 \cdot 1{,}38 \cdot 10^{-23} \, J \, K^{-1} \cdot 293{,}15 \, K}{\pi \cdot 4{,}56 \cdot 10^{-26} \, kg}} = 475 \frac{m}{s},$$

$$v_W = \sqrt{\frac{2 k_B T}{m}} = \sqrt{\frac{2 \cdot 1{,}38 \cdot 10^{-23} \, J \, K^{-1} \cdot 293{,}15 \, K}{4{,}56 \cdot 10^{-26} \, kg}} = 421 \frac{m}{s}.$$

3.2.3 Innere Energie und Freiheitsgrade

Die einzige Energieform, die in einem idealen Gas steckt, ist kinetische Energie der Moleküle, da die Teilchen nicht verformbar sind und keinerlei Kräfte aufeinander ausüben, die noch potentielle Energie in das System bringen könnten. Man bezeichnet die gesamte Energie, welche die Moleküle tragen, als *innere Energie U*. Bei einem idealen Gas ist sie direkt proportional zur Temperatur, wie wir schon weiter oben in (3.43) gesehen haben.

Satz 3.8 *Innere Energie eines idealen Gases*
Die innere Energie eines idealen Gases ist die Summe aller kinetischen Energiebeiträge der Teilchen, was sich mit Hilfe der mittleren kinetischen Energie sehr einfach darstellen lässt:

$$U = N \overline{E}_{kin} = \frac{3}{2} N k_B T. \tag{3.59}$$

Jedes einzelne Molekül trägt also im Durchschnitt mit $3/2 \, k_B T$ zur inneren Energie bei. Jetzt kommen wir wieder auf den schon oben angesprochenen Faktor 3 zurück, der dadurch in die Rechnung Eingang fand, weil sich die Moleküle unabhängig in drei Raumrichtungen bewegen können. Jede dieser drei Bewegungsmöglichkeiten nennt man einen *Freiheitsgrad*, und jeder davon trägt die Energie $1/2 \, k_B T$. Bisher war die Annahme, dass ein ideales Gas genau 3 Freiheitsgrade aufweist. Moleküle bestehen aber aus mindestens zwei Atomen, und es gibt noch weitere Möglichkeiten wie ein solches Molekül Energie aufnehmen kann. Diese sind in Abbildung 3.7 veranschaulicht. In Bild a) ist die reine Translation in drei Raumrichtungen dargestellt, welche wir bis jetzt als alleinige Möglichkeit, Energie aufzunehmen, in Betracht gezogen haben. Weiterhin kann ein zweiatomiges Molekül aber auch rotieren, und das um drei verschiedene (paarweise senkrechte) Achsen. Bezüglich der Symmetrieachse wird jedoch keine Rotationsenergie aufgenommen. Man veranschaulicht sich dies z.B. mit einer dünnen Metallstange. Man muss (fast) keine Arbeit aufwenden, um die Stange um ihre Symmetrieachse zu rotieren, weswegen in dieser Bewegung auch (fast) keine Energie steckt.

a)

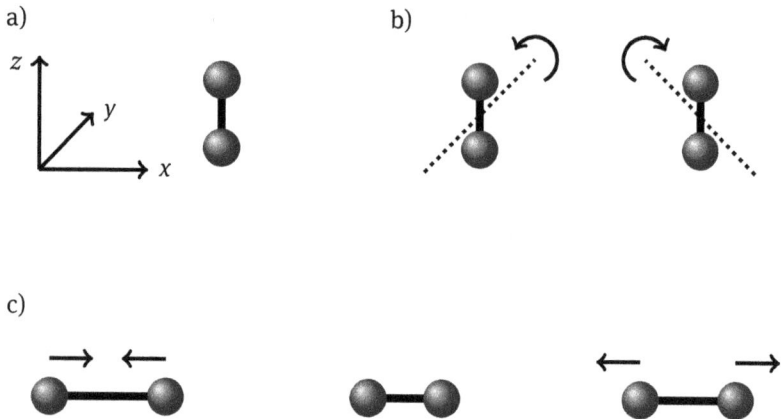

b)

c)

Abb. 3.7: Freiheitsgrade eines zweiatomigen Moleküls. Das Molekül kann sich a) in drei Raumrichtungen bewegen, b) um zwei Achsen drehen und c) schwingen. D a die Schwingung zwei Freiheitsgrade bereit hält, gibt es insgesamt 7 mögliche Freiheitsgrade.

Bleiben also noch zwei Achsen, die jeweils senkrecht zur Symmetrieachse des Moleküls stehen, wie in Bild b) dargestellt. Analog stellt man sich wider die Metallstange vor. Man muss spürbar Arbeit verrichten, um sie bezüglich dieser Achsen in Rotation zu versetzen. Dadurch kommen also zu den drei Translationsfreiheitsgraden schon zwei Rotationsfreiheitsgrade hinzu. Schließlich ist die Verbindung der beiden Atome nicht vollkommen starr, sondern weist eine gewisse Elastizität auf, sodass Schwingungen der Atome gegeneinander möglich sind. Ein solcher Schwingungsvorgang ist in Bild c) skizziert. Auch hier muss man genau überlegen, wie Energie in dieser Bewegung gespeichert wird. Wir denken an das Federpendel (die Verbindung der beiden Atome wirkt wie eine Feder): Die Masse bewegt sich und trägt somit kinetische Energie. Die Feder ist ein weiterer Energiespeicher und beinhaltet die potentielle Energie der Bewegung. Zwar wird ständig Energie zwischen diesen beiden Speichern hin und her befördert, im zeitlichen Mittel tragen sie jedoch beide die gleiche Energiemenge in sich. Somit kommen noch einmal zwei Freiheitsgrade durch die Schwingung hinzu, sodass insgesamt 7 Freiheitsgrade zur Verfügung stehen, um thermische Energie aufzunehmen. Auch wenn sich diese Energieform auf völlig unterschiedliche Bewegungsformen verteilt, bekommt jeder Freiheitsgrad im zeitlichen Mittel (oder über alle Moleküle im Gas gemittelt) gleich viel Energie ab.

> **Satz 3.9** *Gleichverteilungssatz*
> Im Mittel (zeitlich oder bezüglich aller Moleküle im Gas) trägt jeder zur Verfügung stehende Freiheitsgrad eines Moleküls die thermische Energie $1/2\, k_B T$.

Auf einen strengen Beweis dieses Satzes verzichten wir an dieser Stelle, es ist aber möglich, diese Aussage tiefer zu begründen. Statt dessen kann man sich als Vorgriff auf später einmal die folgende Frage zu Gemüte führen:

Wie könnte sich eine unterschiedliche Anzahl von Freiheitsgraden auf makroskopischer Ebene auswirken?

Der Gleichverteilungssatz 3.9 enthält einen wichtigen Zusatz. Es werden nur die Freiheitsgrade gezählt, die auch zur Verfügung stehen. Welche sind das? Und wovon hängt es ab, ob ein Freiheitsgrad Energie aufnehmen kann? Diese beiden Fragen werden wir im nächsten Abschnitt beantworten.

3.2.3.1 Welche Freiheitsgrade stehen zur Verfügung?

Für die im Folgenden angestellten Überlegungen müssen wir etwas ausholen. Wenn der Leser im ersten Anlauf seine Schwierigkeiten damit hat, genügt es auch, gleich zum Ergebnis zu springen, das in Satz 3.10 zusammengefasst ist, und die Begründung später noch einmal anzusehen.

Eine klassische Schwingung ist uns vertraut: Zwei Massen (keine Atome, sondern sichtbar große Kugeln), die durch eine Feder verbunden sind, können in gewissen Grenzen beliebig ausgelenkt werden und schwingen nach dem Loslassen gegeneinander. Abhängig davon, wie weit die Feder gedehnt wird, ist mehr oder weniger Energie in der Schwingung gespeichert. Die Menge der Energie kann jedoch jeden Wert annehmen (sofern wir die Feder nicht zerreißen), es gibt keine „verbotenen" Werte oder gar Wertebereiche. Die Auslenkung oder die gespeicherte Energie sind *kontinuierliche* Größen. Um das Jahr 1900 herum war man der festen Überzeugung, dass ein solcher Sachverhalt, der ja letztlich nichts anderes als einfache Mechanik ist, auch für Atome in einem Gas gilt. Damals wurde den Physikern jedoch immer bewusster, dass die bekannten Gesetze der Mechanik in der Welt des Allerkleinsten ihre Gültigkeit verlieren müssen. Zu dieser Einsicht wurden sie durch (damals) neue Experimente gezwungen. Es war die Geburtsstunde der Quantenmechanik, die auch das Verhalten von Atomen und Molekülen zufriedenstellend, das heißt im Einklang mit Experimenten, beschreiben konnte. Das einschließende Wörtchen „auch" bedeutet, dass die Quantenmechanik nicht nur Atome in ihrer Bewegung korrekt beschreibt, sondern ebenfalls die schon erwähnten Kugeln. Die uns bekannten Gesetze der Mechanik hingegen erfassen nur große Objekte. Die Quantenmechanik ist also allgemeiner.

Doch welcher Unterschied besteht zwischen großen Kugeln und kleinen Atomen? Zwar sind die beiden Atome in einem Molekül nicht durch eine reale Feder verbunden, die zwischen ihnen wirkende Kraft nimmt aber ebenfalls linear mit dem Abstand zu, wie bei einer klassischen Feder. Ein ganz wesentlicher Unterschied besteht in der Energie, die ein zweiatomiges Molekül aufnehmen kann. Diese Energiemenge kann im Gegensatz zu den klassischen Kugeln *nicht* jeden beliebigen Wert annehmen. Vielmehr sind nur ganz bestimmte Werte zulässig. Diese Aussage widerspricht ganz klar dem, was wir aus unserer klassischen Welt kennen, könnte man meinen. In der Tat hatten auch gestandene Physiker um 1900 herum große Probleme damit und versuchten,

a)   b)

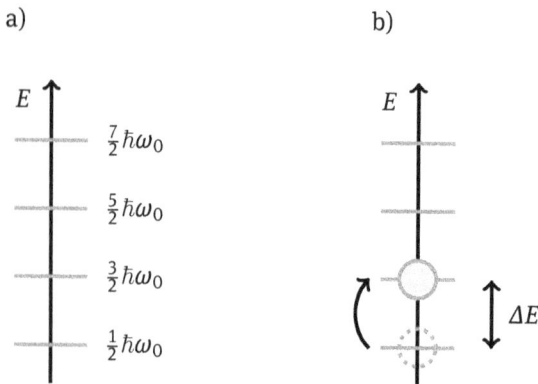

Abb. 3.8: Schwingungsanregungen in einem Molekül. Die Anregungsenergie ist nicht beliebig wie bei einer klassischen Schwingung, sondern quantisiert. Um eine Schwingung anregen zu können, muss die Differenz von $\hbar\omega_0$ zum ersten Niveau durch die thermische Energie überwunden werden.

diese neue Mechanik durch irgendeine andere, verständlichere Theorie zu ersetzen. Bis heute ist jeder Versuch in dieser Richtung fehlgeschlagen. Wir müssen uns also mit diesen *quantisierten* Energieniveaus abfinden. Für eine Schwingung, wie wir sie gerade untersuchen, sehen die erlaubten Energieniveaus so aus, wie in Abbildung 3.8 dargestellt. Alle haben denselben Abstand $\hbar\omega_0$. Dabei ist ω_0 die Kreisfrequenz der Schwingung und $\hbar$ (lies: „h quer") eine Naturkonstante, das Planck'sche Wirkungsquantum. Sein Wert ist unvorstellbar klein, $\hbar = 1,05 \cdot 10^{-34}$ Js. In Formeln ausgedrückt lassen sich die Energieniveaus auch nummerieren:

$$E_n = \frac{\hbar\omega_0}{2} + n\hbar\omega_0, \qquad n = 0, 1, 2, \dots \tag{3.60}$$

Bevor wir nun verstehen wollen, was das alles mit Freiheitsgraden zu tun hat, klären wir noch, wie diese quantisierten Werte mit den klassischen kontinuierlichen Werten zusammenpassen. Dazu muss man sich nur den unvorstellbar kleinen Zahlenwert von $\hbar$ vor Augen halten. Eine klassische Schwingung hat eine Frequenz von wenigen Hertz. Der Abstand zweier Energieniveaus beträgt deswegen $\Delta E = \hbar\omega_0 \sim 10^{-34}$ J. Dies ist ein so winziger Wert, dass wir keinen Unterschied zwischen zwei Niveaus ausmachen können und die Energieskala somit als kontinuierlich erscheint. Atome in einem Molekül schwingen mit wesentlich größeren Frequenzen, man findet hier typischerweise 10^{14} Hz. Damit liegt der Energieabstand zwar immer noch bei winzigen 10^{-20} J, in der Welt der Atome ist dies jedoch schon ein bedeutender Wert. Denn welche Energiemenge wird thermisch zur Verfügung gestellt? Nach dem Gleichverteilungssatz liegt sie bei $1/2\, k_B T$. Bei Raumtemperatur (300 K) liegt man in der Größenordnung von 10^{-21} J. Wir sehen also: Die Energieniveaus liegen zwar sehr dicht beieinander, jedoch erhalten die Moleküle auch nur solch winzige Mengen an thermischer Energie, dass die Quantisierung der Energie deutlich sichtbar wird. Jetzt fehlt nur noch ein kleiner Schritt, um den Gedankengang abzuschließen und zu verstehen, unter welcher Voraussetzung ein Freiheitsgrad wie eine Schwingung angeregt ist. Wir wissen schon, welche Energie nötig ist, um eine Schwingung anzuregen. Ob es nun Moleküle gibt, die auch genügend Energie aufnehmen, um eines der höheren Niveaus zu besetzen, ist eine Frage der Statistik. Schließlich haben wir es mit 10^{23} Molekülen zu tun. Bei einer so großen Anzahl wird sich ein bestimmter Prozentsatz in einem der ersten paar Schwingungszustände befinden. Wenn dieser Anteil merklich groß wird, sagen wir, dass Schwingungen angeregt oder die entsprechenden Freiheitsgrade *aufgetaut* sind. Dann nehmen sie thermische Energie auf. Ist der Anteil hingegen klein, sprechen wir von *eingefrorenen* Freiheitsgraden. Diese dürfen dann nicht mitgezählt werden, wenn es um die Verteilung thermischer Energie geht. Die Wahrscheinlichkeit für eine Anregung in das Energieniveau $E_n = n\hbar\omega_0 + \hbar\omega_0/2$ (oder der Prozentsatz der Moleküle mit dieser Schwingungsenergie) wird durch die Boltzmann-Verteilung (auch Boltzmann-Faktor genannt) beschrieben, die wir hier auch nur im Ergebnis angeben:

$$W(E_n) = e^{-\frac{n\hbar\omega_0}{k_B T}}. \tag{3.61}$$

Wir interessieren uns nur für Anregungen in das erste Niveau. Sobald wir hierin eine größere Zahl von Teilchen finden, können wir von einer Anregung im makroskopischen Maßstab sprechen. Die Lage dieses Energieniveaus ist festgelegt, aber an der Temperatur kann man drehen. Bei kleinen Temperaturen T wird der Bruch im Exponenten von (3.61) groß, und da es sich um eine abfallende Exponentialfunktion handelt, wird deren Wert entsprechend klein. Bei großen Temperaturen nähert sich die e-Funktion der 1 an, also 100%. Das bedeutet, dass Schwingungen bei kleinen Temperaturen mit einer verschwindenden Wahrscheinlichkeit angeregt sind, die zugehörigen Freiheitsgrade also erst bei hohen Temperaturen zur Verfügung stehen. Von einer nennenswerten Anzahl von angeregten Molekülen spricht man, wenn der Exponent 1 wird. Diese Festlegung dient aber nur dem Erzielen von mathematischen Aussagen, man könnte genauso gut auch einen Wert von 0,7 oder 1,5 fordern. Der Übergang ist fließend und nicht sprungartig.

Die vorangegangenen Überlegungen sind nicht nur für Schwingungen gültig, sondern auch für Rotationen. Auch bei dieser Bewegungsform sind die Energieniveaus quantisiert, nur sehen sie hier anders aus. So ist der Abstand der unteren Niveaus deutlich kleiner als bei Schwingungen, sodass auch bei Raumtemperatur die Wahrscheinlichkeit für Anregungen schon sehr groß ist und Rotationsfreiheitsgrade zur Verfügung stehen.

Satz 3.10 *Wann stehen Freiheitsgrade zur Verfügung?*
Quantenmechanische Effekte sorgen dafür, dass manche Freiheitsgrade erst oberhalb einer bestimmten Temperatur Energie aufnehmen können. Stehen sie zur Verfügung, sagt man, sie seien aufgetaut, sonst nennt man sie eingefroren. Translationsfreiheitsgrade stehen in einem Gas immer zur Verfügung, auch Rotationen von mehratomigen Molekülen sind schon bei sehr geringen Temperaturen möglich. Schwingungen benötigen zur Anregung höhere Temperaturen, sonst nehmen sie keine thermische Energie auf und bleiben eingefroren.

Beispiel 3.8 *Sind die Freiheitsgrade angeregt?*

Wasserstoffmoleküle besitzen eine Schwingungsfrequenz von $f = 1,32 \cdot 10^{14}$ Hz, Chlormoleküle schwingen bei $f = 1,7 \cdot 10^{13}$ Hz. Man untersuche, ob die Schwingungen bei Raumtemperatur ($T = 300$ K) angeregt sind.

Lösung: Bei Wasserstoff ist $\hbar\omega_0/(k_B T) = \hbar \cdot 2\pi f/(k_B T) = 21,0$. Die Wahrscheinlichkeit, ein angeregtes Molekül zu finden, ist mit $e^{-21,0}$ so klein, dass Schwingungsfreiheitsgrade im Wasserstoff bei Raumtemperatur eingefroren sind. Bei Chlor findet man hingegen eine Anregungswahrscheinlichkeit von $e^{-2,71}$, sodass man sich gerade im Übergangsbereich zu Anregungen befindet. Das bedeutet, dass bei einer etwas höheren Temperatur sämtliche Moleküle schwingen.

Wir werden noch untersuchen, wie man eine unterschiedliche Anzahl von Freiheitsgraden wahrnimmt. Interessant ist auf jeden Fall, dass wir hier Quantenmechanik direkt „sehen" können.

Aufgaben

Aufgabe 3.8 Molekularstrahlverfahren
Um die Geschwindigkeit von Molekülen in einem Gas zu bestimmen, verwendet man das Molekularstrahlverfahren. Dieses liefert die Verteilung der Moleküle auf die verschiedenene Geschwindigkeiten. Bei einer Messung an einem Gas findet man bei 25 °C eine Verteilung, die zwei deutlich ausgeprägte Maxima aufweist. Das eine liegt bei 394 m s^{-1}, das andere bei 1574 m s^{-1}. Aus welchen Molekülen besteht das Gas?

Aufgabe 3.9 Maxwell'sche Geschwindigkeitsverteilung
a) Man zeige, dass das Maximum der Maxwell'schen Geschwindigkeitsverteilung (3.48) den Wert

$$v_W = \sqrt{\frac{2k_B T}{m}}$$

annimmt.
b) Man berechne die häufigste Geschwindigkeit für molekularen Wasserstoff, atomares Helium und molekularen Stickstoff bei einer Temperatur von 100 °C. Welcher Anteil der Teilchen hat jeweils diese Geschwindigkeit?

Aufgabe 3.10 Temperatur von Helium
Welche Temperatur besitzt Helium, wenn die mittlere Geschwindigkeit der Atome 1500 m s^{-1} beträgt?

Aufgabe 3.11 Wegsumme
Wasserstoff befinde sich in einem Volumen von 1,00 mm^3, habe die Temperatur 20 °C und es herrsche ein Druck von 0,10 MPa.
a) Man berechne den Weg, den alle Moleküle zusammen in der Zeit $t = 1,00$ s zurücklegen. Dazu bestimme man zuerst den mittleren Weg, den ein einziges Molekül zurücklegt.
b) Wie lange benötigt das Licht mit einer Geschwindigkeit von $3,00 \cdot 10^8$ m s^{-1} für diese Strecke?

Aufgabe 3.12 Molekülschwingungen

In Kohlenstoffverbindungen beträgt die Frequenz, mit der zwei benachbarte, einfach gebundene Kohlenstoffatome gegeneinander schwingen, etwa 10^{13} Hz. Wie groß ist der Boltzmann-Faktor für diese Schwingung? Wie weit müsste man eine solche Verbindung erwärmen, damit ein wesentlicher Anteil der Moleküle an dieser Verbindungsstelle schwingt und somit zur Wärmekapazität einen Beitrag leisten kann?

3.3 Reale Gase

Nach unserem bisherigen Verständnis von Gasen bestehen diese aus einer großen Ansammlung von Teilchen, die als punktförmig angesehen werden können und keinerlei Kräfte aufeinander ausüben, außer bei zentralen Stößen. Die Eigenschaften eines solchen idealen Gases werden durch die Zustandsgleichung (3.24) beschrieben. Der Gültigkeitsbereich unserer Idealisierungen liegt bei hohen Temperaturen (große Geschwindigkeiten) und kleinen Dichten (viel Platz für die Teilchen), weil sich Teilchen dann nur sehr kurzzeitig nahe kommen und sich die meiste Zeit als kleine Punkte sehen. Die Wechselwirkungen zwischen ihnen haben auch nur dann einen spürbaren Einfluss, wenn sich zwei Teilchen zentral treffen, bei einem nahen Vorbeiflug sind sie gegenüber der hohen kinetischen Energie einfach zu klein. Erst bei niedrigen Temperaturen oder größeren Teilchendichten ergibt sich ein anderes Bild. Zwei Teilchen sehen sich nun nicht mehr als ferne Punkte, sondern kommen sich für längere Zeit so nahe, dass sie ihre gegenseitige Ausdehnung wahrnehmen können. Ebenso spüren sie immer stärker eine anziehende Kraft. Diese beiden Modifikationen wollen wir nun in unser Modell aufnehmen und deren Auswirkungen auf das für uns messbare Verhalten der Gase untersuchen. Eine qualitative Aussage können wir schon jetzt treffen: Jeder weiß, dass ein Gas wie z.B. Wasserdampf unterhalb einer bestimmten Temperatur zu flüssigem Wasser wird. Auch andere Gase lassen sich verflüssigen, nur bei sehr viel kleineren Temperaturen. Erst solche *Phasenübergänge* machen Leben auf unserem Planeten möglich. Auch werden sie technisch intensiv genutzt. Wie wir sehen werden, sind bereits die oben genannten kleinen Abwandlungen unseres Modells ausreichend, um die Existenz von Phasenübergängen zu begründen, sogar quantitative Aussagen lassen sich damit schon treffen.

3.3.1 Herleitung der Zustandsgleichung realer Gase

Wir wollen nun eine Zustandsgleichung finden, welche auch reale Gase beschreibt. Diese muss in die Zustandsgleichung eines idealen Gases übergehen, wenn wir das Gas wieder idealisiert betrachten. Wir erinnern uns, dass ideale Gase durch folgende Zustandsgleichung beschrieben werden:

$$pV = vRT. \tag{3.62}$$

Den Druck p messen wir über die Kraft, die auf eine Wand (oder Membran eines Manometers) wirkt. Das Volumen V ist das des Kastens, in dem sich das Gas befindet und welches ihm vollständig zur Verfügung steht. Wenn wir den Teilchen im Gas aber selbst auch ein Volumen zuschreiben und davon ausgehen, dass sich zwei Teilchen nicht gegenseitig durchdringen können,[14] so bleibt insgesamt weniger Volumen übrig, in dem sich Atome und Moleküle bewegen können. Betrachten wir zunächst nur ein Mol Gas, welches sich in einer Box mit Volumen V_m befindet (der Index bezieht sich auf das Mol). Das *Eigenvolumen* der Moleküle im Gas, auch *Kovolumen* genannt, wird mit b bezeichnet.[15] Dieses Eigenvolumen wird natürlich für jedes Gas einen anderen Wert annehmen, ist also ein Materialwert und muss experimentell bestimmt werden. Das korrigierte Volumen, welches dem Gas effektiv zur Verfügung steht, ist also

$$V^{korr} = V_m - b. \tag{3.63}$$

Dieses Volumen wird in die Zustandsgleichung, welche wir gerade aufstellen wollen, eingehen.

Die nächste Erweiterung unseres Modells ist die Wechselwirkung zwischen den Molekülen. Zwischen diesen besteht immer eine kleine Anziehung, welche durch zufällige Verschiebungen der elektrischen Ladungen in den Molekülen zustande kommt und *van der Waals-Wechselwirkung* genannt wird. Wenn sich nun ein Molekül auf die Wand zubewegt und durch den Stoß ein Druck entsteht, so muss man berücksichtigen, dass das Molekül von allen anderen Molekülen, die hinter ihm liegen, etwas gebremst wird und somit nicht den gleichen Impuls auf die Wand überträgt, wie wenn man die Wechselwirkung außer Acht ließe. Man misst deswegen einen etwas zu kleinen Druck p, und der korrigierte Druckwert ist

$$p^{korr} = p + \Delta p. \tag{3.64}$$

Die Druckkorrektur Δp aufgrund der Wechselwirkung hängt natürlich von der Stärke der Wechselwirkung ab, welche wieder von Gas zu Gas verschieden ist und als ein zweiter Materialwert in die Zustandsgleichung eingehen wird. Dieser Materialwert wird mit a bezeichnet, die resultierende Korrektur Δp nennt man *Binnendruck*. Eine größere Massendichte $n = m/V_m$ führt dazu, dass ein Teilchen beim Flug auf die Wand von seinen Artgenossen stärker gebremst wird (anziehende van der Waals-Kraft). Gleichzeitig fliegen dadurch aber insgesamt mehr Teilchen auf die Wand, was sich wieder in einer deutlicher ausgeprägten Korrektur Δp niederschlägt. Durch diese zweimalige Proportionalität von Δp zur Dichte gilt also:

$$\Delta p \sim \frac{1}{V_m^2}. \tag{3.65}$$

---

14 Die Teilchen verhalten sich in diesem Modell wie harte Kugeln. Denkbar sind auch weiche Kugeln, welche wieder eine bessere Annäherung an die Realität darstellen, aber schwieriger zu untersuchen sind.

15 Man beachte, dass sich b immer auf ein Mol Gas bezieht.

Die Druckkorrektur lautet somit:

$$p^{\text{korr}} = p + \frac{a}{V_m^2}. \tag{3.66}$$

Nun können wir die Zustandsgleichung aufstellen. Wir gehen von der Zustandsgleichung eines idealen Gases aus und ersetzen darin das Volumen und den Druck durch die neu gewonnenen Größen V^{korr} und p^{korr}.

Satz 3.11 *Zustandsgleichung realer Gase*
Ein reales Gas der Stoffmenge 1 Mol wird durch die *van der Waals-Gleichung* beschrieben:

$$\left(p + \frac{a}{V_m^2}\right)(V_m - b) = RT. \tag{3.67}$$

Bei einer Stoffmenge von v Mol gilt entsprechend mit $V = vV_m$:

$$\left(p + \frac{av^2}{V^2}\right)(V - vb) = vRT. \tag{3.68}$$

Die Einheit von a ist $\text{Pa} \cdot \text{m}^6 \cdot \text{mol}^{-2}$, b hat die Einheit $\text{m}^3 \cdot \text{mol}^{-1}$.

Die van der Waals-Gleichung (3.68) ist die gewünschte Erweiterung zur Zustandsgleichung idealer Gase und geht für verschwindende Wechselwirkung (a wird Null) und vernachlässigbares Eigenvolumen (b wird ebenfalls Null) in diese über. Es sei noch angemerkt, dass man (3.68) auch systematischer herleiten kann, was aber der statistischen Mechanik vorbehalten bleibt. Im nächsten Abschnitt wollen wir uns mit den Konsequenzen der Erweiterungen unseres Modells näher befassen.

3.3.2 Phasenübergänge

Ideale Gase zeigen ein sehr einfaches Verhalten, wenn man die Temperatur konstant lässt und nur das Volumen variiert: Mit wachsendem Volumen sinkt der Druck, es gilt $p \sim 1/v$. Die van der Waals-Gleichung (3.67) zur Beschreibung realer Gase ist ein wenig komplizierter aufgebaut. Wir untersuchen nun zuerst die Abhängigkeit des Drucks vom Volumen bei konstanter Temperatur. Man nennt eine solche Funktion auch *Isotherme*.

3.3.2.1 Isotermen der van der Waals-Gleichung

Um Isothermen der van der Waals-Gleichung diskutieren zu können, lösen wir (3.67) nach dem Druck p auf und merken uns dabei, dass die Temperatur T jetzt ein Parameter ist, dem wir einen beliebigen Wert zuweisen können, ihn aber beim Zeichnen der Funktion nicht mehr verändern. Wir erhalten:

$$p(V) = \frac{RT}{V_m - b} - \frac{a}{V_m^2}. \tag{3.69}$$

Tab. 3.3: Kritische Temperaturen und Drücke sowie die van der Waals-Koeffizienten a und b verschiedener Gase.

Gas	T_{krit}/K	p_{krit}/bar	$a / \left(\frac{N \cdot m^4}{mol^2} \right)$	$b / \left(10^{-6} \frac{m^3}{mol} \right)$
Helium	5,19	2,26	0,0033	24
Wasserstoff	33,2	13	0,025	27
Stickstoff	126	35	0,136	38,5
Sauerstoff	154,6	50,8	0,137	31,6
CO_2	306,2	72,9	0,365	42,5
NH_3	405,5	108,9	0,424	37,2

Erfüllen wir diese Funktion nun mit Leben und nehmen beispielhaft Kohlenstoffdioxid, CO_2, für das wir in der Tabelle 3.3 die van der Waals-Koeffizienten a und b ablesen können. In Abbildung 3.9 sind Isothermen der van der Waals-Gleichung bei verschiedenen Temperaturen dargestellt. Bei der größten Temperatur, $T = 320$ K, verläuft die Isotherme streng monoton fallend, fast schon wie die eines idealen Gases. Verringert man die Temperatur auf $T = 304,2$ K, fällt die Funktion nur noch monoton, an einem Punkt verläuft sie waagrecht. Senkt man die Temperatur noch weiter ab, ist es mit der Monotonie vorbei. Die Isotherme fällt erst ab, erreicht ein Minimum, steigt anschließend auf einen Maximalwert um dann endgültig gegen Null zu streben. Ein derartiges Verhalten findet man auch bei anderen Gasen, nur die Zahlenwerte unterscheiden sich.

Die Temperatur entscheidet also über den qualitativen Verlauf der Isotherme: Entweder verläuft die Funktion monoton, oder sie tut es nicht. Bei einer bestimmten Temperatur fällt die Isotherme gerade nicht mehr streng monoton. Da wir diese Temperatur gleich noch benötigen werden, überlegen wir uns, wie wir sie aus der van der Waals-Gleichung bekommen können. Das mathematische Hilfsmittel hierfür ist die Kurvendiskussion. Erinnern wir uns: Eine Funktion kann verschiedene Extrempunkte besitzen: Hochpunkte, Tiefpunkte und Wendepunkte. Unterhalb von $T = 304$ K besitzen die Isothermen von CO_2 jeweils einen Hoch- und einen Tiefpunkt. Dazwischen liegt ein Wendepunkt, weil die Funktion von einer „Linkskrümmung" zu einer „Rechtskrümmung" wechseln muss (man fahre doch einmal auf der Kurve entlang). Am Wendepunkt nimmt die Steigung der Funktion, also deren Ableitung, einen Extremwert an. Doch auch oberhalb von 304 K gibt es einen Wendepunkt. Die Steigung nimmt hier einen minimalen Wert an. Genau bei $T = 304,2$ K ist der Wendepunkt dadurch ausgezeichnet, dass an ihm die Steigung verschwindet. Mathematisch gesprochen sind also sowohl die erste als auch die zweite Ableitung Null. Dies liefert uns nun zwei Gleichungen, und wir werden uns gleich überlegen, welche Folgerungen wir dar-

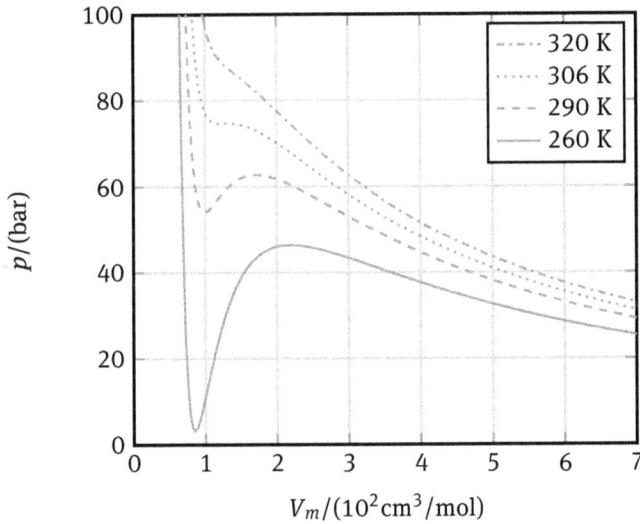

Abb. 3.9: Isothermen der van der Waals-Gleichung für CO_2.

aus ziehen können:

$$\frac{\mathrm{d}p}{\mathrm{d}V} = 0, \tag{3.70}$$

$$\frac{\mathrm{d}^2p}{\mathrm{d}V^2} = 0. \tag{3.71}$$

Führt man diese Ableitungen aus (man versuche es auch selbst einmal, es ist nicht schwer), erhält man folgende Bedingungen:

$$\frac{RT}{(V_m - b)^2} = \frac{2a}{V_m^3}, \tag{3.72}$$

$$\frac{2RT}{(V_m - b)^3} = \frac{6a}{V_m^4}. \tag{3.73}$$

Teilen wir diese beiden Gleichungen durcheinander, bleibt eine einzige Gleichung für V_m übrig:

$$\frac{V_m - b}{2} = \frac{V_m}{3}. \tag{3.74}$$

Dies können wir leicht nach V_m auflösen. Da es sich hierbei nicht um irgendein Volumen handelt, sondern um eines, welches das Gas bei der gesuchten (und noch nicht gefundenen) Temperatur in einem besonderen Zustand annimmt, den wir weiter unten als kritisch bezeichnen werden, fügen wir ein entsprechendes Kürzel an:

$$V_m^{\mathrm{krit}} = 3b. \tag{3.75}$$

Die zugehörige kritische Temperatur erhalten wir, indem wir das soeben gewonnene kritische Volumen (3.75) z.B. in die Bedingung (3.72) einsetzen und anschließend nach der Temperatur auflösen:

$$T^{\text{krit}} = \frac{8a}{27Rb}. \tag{3.76}$$

Der zugehörige Druck folgt aus der van der Waals-Gleichung (3.67):

$$p^{\text{krit}} = \frac{a}{27b^2}. \tag{3.77}$$

Fassen wir diese Ergebnisse noch einmal zusammen.

> **Satz 3.12** *Kritische Werte der Zustandsgrößen realer Gase*
> Die van der Waals-Gleichung beschreibt unterhalb einer bestimmten, kritischen Temperatur T^{krit} Isothermen, die sowohl ein Minimum als auch ein Maximum aufweisen. Diese Temperatur lautet:
>
> $$T^{\text{krit}} = \frac{8a}{27Rb}. \tag{3.78}$$
>
> Dazu gehören ein kritisches Volumen und ein kritischer Druck:
>
> $$V_{\text{m}}^{\text{krit}} = 3b, \tag{3.79}$$
> $$p^{\text{krit}} = \frac{a}{27b^2}. \tag{3.80}$$

Für einige Gase sind diese kritischen Werte in der Tabelle 3.3 aufgeführt.

3.3.2.2 Physikalische Interpretation der Isothermen und Phasenübergänge

Wenn man ein Gas komprimiert und dabei die Temperatur konstant hält, so wird der Druck steigen. Damit widersetzt sich das Gas der Kompression. Was würde passieren, wenn der Druck beim Komprimieren abnähme? Es würde immer weiter schrumpfen, ohne dass man dafür etwas tun müsste, da der Widerstand des Gases beim Schrumpfen kleiner würde. Man nennt eine solche Eigenschaft eine Instabilität. Offenbar kommt dies in der Realität nicht vor, denn sonst wäre jedes Gas schon längst in sich zusammengefallen. Leider macht die van der Waals-Gleichung aber genau diese unphysikalische Aussage, wenn man Temperaturen unterhalb T^{krit} betrachtet. Man sieht dies in Abbildung 3.9 daran, dass der Druck ein Minimum aufweist. Zwischen diesem und dem sich anschließenden Maximum sinkt der Druck mit abnehmendem Volumen - offenbar stimmt hier etwas nicht. Glücklicherweise muss man deswegen aber nicht die Gleichung komplett in den Papierkorb stecken. Oberhalb von T^{krit} gleicht sie sich ja immer mehr der Zustandsgleichung idealer Gase an, und man erhält sie wie erwähnt auch aus einer anderen Theorie heraus. Trotzdem müssen wir das auftretende Minimum und damit auch das Maximum aus den Isothermen entfernen. Von Maxwell stammt der Vorschlag, den Bereich, in welchem die Extrempunkte auftreten, durch eine waagrechte Gerade zu ersetzen. Wie in Abbildung 3.10 zu sehen ist, schneidet eine waagrechte Gerade eine Isotherme unterhalb T^{krit} genau

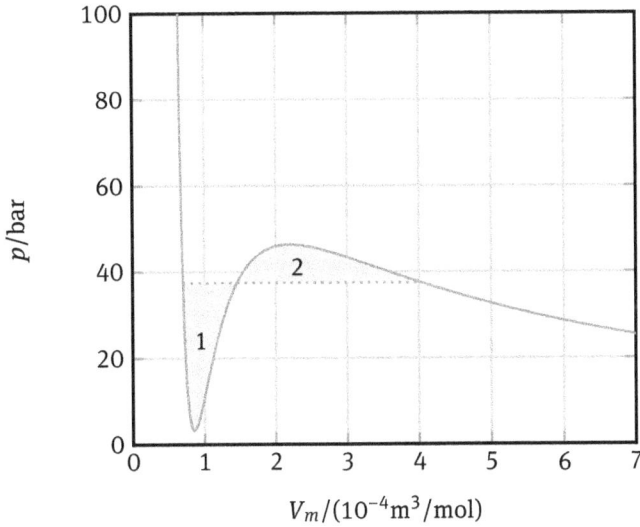

Abb. 3.10: Zur Maxwell-Konstruktion. Die Isotherme wird so von einer waagrechten Geraden geschnitten, dass die entstehenden Flächen 1 und 2 gleich groß sind. Anschließend wird die Kurve in diesem Bereich durch die Gerade ersetzt.

dreimal. Die Isotherme schließt mit der Geraden zwei Flächen ein, eine unterhalb der Geraden und eine oberhalb. Nach Maxwell muss die Gerade so positioniert werden, dass beide Flächen gleich groß sind. Dieses Geradenstück ersetzt schließlich die Isotherme zwischen den beiden äußeren Schnittpunkten. Man nennt dieses Verfahren die *Maxwell-Konstruktion*. Macht man dies für alle Isothermen mit $T < T^{krit}$, so liegen die Randpunkte der Geradenstücke auf einer Kurve, die zusammen mit einigen Isothermen in Abbildung 3.11 dargestellt ist.

Die so modifizierten Isothermen zeigen das richtige physikalische Verhalten. Offenbar gibt es unterhalb der kritischen Temperatur drei getrennte Bereiche. Im eben vorgestellten mittleren Bereich verläuft die Isotherme waagrecht, im linken Bereich hingegen steigt sie wesentlich schneller an, wenn man das Gas komprimiert, als es im rechten Bereich der Fall ist. Die Interpretation ist nun die folgende: Unterhalb der kritischen Temperatur wird aus dem Gas eine Flüssigkeit, wenn man das Volumen immer kleiner macht. Im rechten Bereich ist die gasförmige Phase, im linken die flüssige. Im modifizierten mittleren Bereich existieren Flüssigkeit und Gas gemeinsam, man spricht auch von einem Koexistenzgebiet. Man kann sich das anschaulich leicht klarmachen: Komprimiert man ein Gas, so steigt der Druck nur wenig an. Eine Flüssigkeit hingegen reagiert mit einem sehr starken Druckanstieg auf eine Kompression. Genau dieses Verhalten zeigen die beiden Abschnitte der Isothermen in den Gebieten 1 und 3. Wenn Gas und Flüssigkeit zusammen existieren, bleibt der Druck konstant. Eine Volumenänderung wird aber dazu führen, dass sich das Mischungsverhältnis von Flüs-

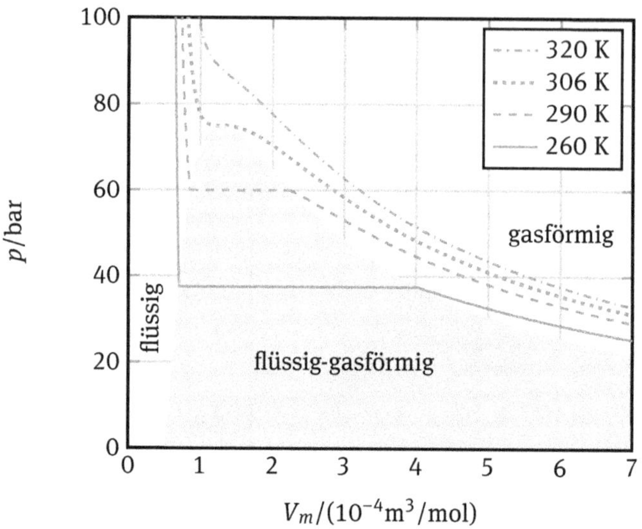

Abb. 3.11: Aus der van der Waals-Gleichung abgeleitetes Phasendiagramm für CO_2.

sigkeit und Gas ändert. Vergrößert man das Volumen immer mehr, wird die Flüssigkeit weiter und weiter verdampfen, bis sie schließlich beim Übergang in die Gasphase vollständig in Gas umgewandelt wurde. Dies geschieht entlang der Isothermen bei einem konstanten Druck, den man *Dampfdruck* nennt. Er entsteht, weil aus der Flüssigkeit Teilchen in den restlichen zur Verfügung stehenden Raum abwandern und gegen die Wände des Behälters fliegen. Weil die Oberfläche der Flüssigkeit für den Dampf ebenfalls eine Art Wand darstellt, werden auch wieder Teilchen von der Flüssigkeit aufgenommen. Im Gleichgewicht ist die Rate, mit der Teilchen aus der Flüssigkeit entweichen genauso groß wie die Rate, mit der sie zurückkommen. Nur eine Temperaturänderung führt zu einem neuen Gleichgewichtszustand und damit zu einem anderen Dampfdruck. Die van der Waals-Theorie liefert somit eine rudimentäre Beschreibung von *Phasenübergängen*.

Anhand von Abbildung 3.11 lassen sich noch weitere Phänomene untersuchen. Zum einen taucht die Frage auf, was eigentlich oberhalb der kritischen Temperatur passiert. Das Koexistenzgebiet, in welchem man zwischen Gas und Flüssigkeit unterscheiden konnte, gibt es hier nicht mehr. Es zeigt sich, dass beide Phasen die gleiche Dichte besitzen, ein Phänomen, das unterhalb der kritischen Temperatur nicht auftritt. Oberhalb dieser Temperatur ist es auch mit noch so großem Druck nicht möglich, den Gasanteil zu verflüssigen. Wasser muss man immerhin auf $T = 374\,°C$ erhitzen, damit Gas und Flüssigkeit die gleiche Dichte aufweisen. Der kritische Druck liegt bei 221 bar. Neben dem kritischen Punkt gibt es eine Begrenzung der van der Waals-Isothermen hinsichtlich des Volumens; das Kovolumen b kann nicht unterschritten werden. In diesem Bereich macht die Theorie keine Aussage. Tatsächlich kommen sich die Teil-

a)

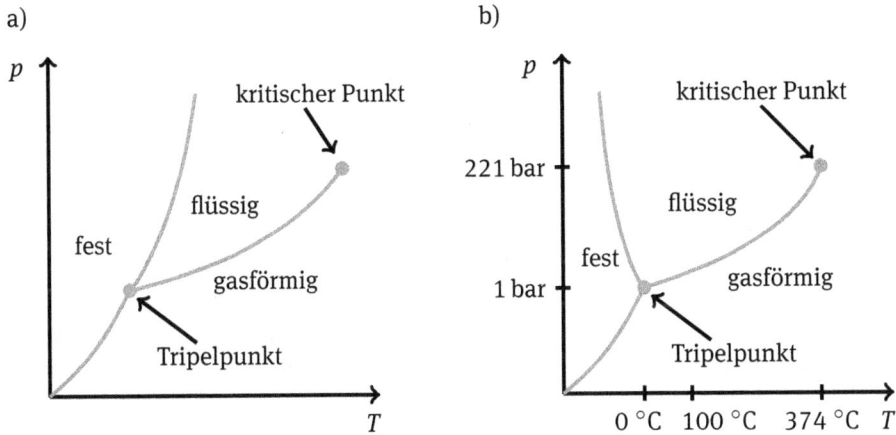

b)

Abb. **3.12:** Schematische Phasendiagramme eines normalen Stoffes (a) und von Wasser (b).

chen hier so nahe, dass der Stoff fest wird. Ebenso gibt es ein Koexistenzgebiet von fester und gasförmiger Phase, welches unterhalb eines bestimmten Drucks vorliegt. Zuletzt gibt es noch einen Punkt im Phasendiagramm, an dem alle drei Phasen zugleich existieren. Man nennt dies den *Tripelpunkt*. Eine schematische Darstellung des Phasendiagramms von CO_2, wie man es durch experimentelle Untersuchungen findet, ist in Abbildung 3.12 a) gezeigt. Aus Konventionsgründen werden die Phasengrenzen hier in einem pT-Diagramm aufgetragen.

Welchen Vorteil bieten Dampfkochtöpfe gegenüber normalen Töpfen?

Abschließend sei zu Phasenübergängen noch angemerkt, dass es sich um ein sehr umfangreiches Gebiet handelt, in welches wir hier nur einen kurzen Einblick geben können. Viele weitere Effekte, wie z.B. die Anomalie des Wassers (Abbildung 3.12 b), können wir hier nicht näher diskutieren. Auch haben wir uns auf drei verschiedene Phasen eines Stoffs beschränkt, es gibt jedoch noch viele weitere Arten von Phasen. Dazu gehören verschiedene strukturelle Phasen in Metallen oder magnetische Phasen. Von technischer Bedeutung sind Phasenübergänge somit z.B. in der Metallverarbeitung, in der Medizin (supraleitende Magnete in Kernspintomographen), aber auch in Kühlschränken und Klimaanlagen.

Aufgaben

Aufgabe 3.13 CO_2 am kritischen Punkt
a) Wie groß ist das kritische Volumen von einem Mol CO_2 am kritischen Punkt?
b) Welche Dichte hat CO_2 unter diesen Bedingungen? Die relative Atommasse beträgt $m_r = 44$.

c) Man schätze den Durchmesser eines CO_2-Moleküls damit ab unter der Annahme, dass dieses kugelförmig ist.

3.4 Wärmeenergie und der 1. Hauptsatz

In diesem Abschnitt wird es wieder einmal um Energie gehen, die ja in der gesamten Physik eine zentrale Rolle spielt. Sie hat ein etwas schwieriges Wesen: Man kann Energie nicht anfassen, aber ihre Wirkung ist überall präsent. Aus der Mechanik wissen wir schon, dass sie in ganz unterschiedlichen Formen auftreten und zwischen diesen auch wechseln kann. Bei den Umwandlungen ändert sich aber eines nicht: die Menge der Energie insgesamt. In der Thermodynamik kommt noch eine weitere Energie hinzu, die es in der Mechanik nicht gibt: die Wärme. Damit schließen wir in gewissem Sinn eine Lücke, denn während in der Mechanik Reibung immer zu Verlusten führt, finden wir diese Energie hier nun in einer ganz speziellen Form wieder.

3.4.1 Innere Energie und Wärmeenergie

In Abschnitt 3.2.3 haben wir die innere Energie U eines einatomigen idealen Gases kennengelernt. Sie ist die gesamte Energie, welche die Teilchen besitzen. In dem oben untersuchten Modell tragen die Atome nur kinetische Energie, und die innere Energie hat den Wert

$$U = \frac{3}{2} N k_B T. \tag{3.81}$$

Erinnern wir uns auch noch an den Gleichverteilungssatz 3.9. Dieser besagt, dass jeder Freiheitsgrad, den ein Atom oder Molekül besitzt, im Mittel die Energie $1/2 k_B T$ aufnimmt. Bei drei Freiheitsgraden wie in dem einatomigen Gas (Bewegung in drei Raumrichtungen) und insgesamt N Atomen führt dies auf die angegebene innere Energie. Doch wie ist es bei Molekülen, die sich ja auch drehen oder Schwingungen ausführen können? Der Gleichverteilungssatz besagt, dass *jeder zur Verfügung stehende Freiheitsgrad* im Mittel die Energie $1/2 k_B T$ aufnimmt. Mit wachsender Zahl f von Freiheitsgraden erhöht sich bei einer gegebenen Temperatur somit die innere Energie.

Satz 3.13 *Innere Energie eines Gases mit f Freiheitsgraden*
Ein Gas aus N Molekülen mit je f Freiheitsgraden besitzt die innere Energie

$$U = \frac{f}{2} N k_B T. \tag{3.82}$$

Ebenso wie die Temperatur beschreibt auch die innere Energie den *Zustand* eines Gases. Dadurch besitzt die innere Energie immer den gleichen Wert, wenn sich das Gas im gleichen Zustand befindet, ganz egal, wie es in diesen Zustand gekommen ist. Im

Gegensatz zu jeder Energieform, die wir in der Mechanik kennengelernt haben, besitzt die innere Energie die Eigenschaft, dass sie sich auf alle Freiheitsgrade verteilt, und zwar *statistisch*. Es handelt sich somit um eine *ungeordnete* Energieform. Vergleichen wir das Gas mit einem sich drehenden Rad. Im Rad bewegen sich alle Teilchen geordnet, nämlich mit der gleichen Rotationsgeschwindigkeit um die gleiche Achse. Bei jedem Teilchen, das man aussucht, wird man die gleiche Bewegung vorfinden. Im Vergleich dazu kann man bei einem zufällig ausgesuchten Teilchen im Gas nicht sagen, welche Energie ein bestimmter Freiheitsgrad gerade besitzt. Die statistische Verteilung der inneren Energie besagt ja gerade, dass man nur im Mittel, also wenn man viele Teilchen aus dem Gas ausgesucht und ihre Energie gemessen hat, die Energie $1/2 k_B T$ pro Freiheitsgrad findet.

Wie kann man die innere Energie eines Gases ändern? Anders formuliert: Wie kann man einem Gas Energie zu- oder abführen? Wer einmal mit einer Luftpumpe einen Fahrradschlauch aufgepumpt hat, der weiß, dass sich die Pumpe nach einiger Zeit wärmer anfühlt. Durch das ständige Komprimieren einer neuen Luftmasse leisten wir Arbeit, und die erzeugte Energie sucht sich den einzig möglichen Platz: Sie wandert in die Luft in der Pumpe und im Schlauch. Da sich deren innere Energie dadurch erhöht und die Temperatur direkt mit der inneren Energie zusammenhängt, erwärmt sich die Luftpumpe ein wenig. Mechanische Arbeit an einem Gas ist also eine Möglichkeit, die innere Energie zu verändern. Auch Reibungsarbeit ist eine mechanische Form von Arbeit. Dass dadurch Luft erwärmt werden kann, sieht man bei jedem Eintritt eines schnell fliegenden Objekts in unsere Erdatmosphäre. Ein kleines Staubkorn, das sich schnell bewegt, erhitzt sich und die umgebende Luft so stark, dass die Luft sogar zu leuchten beginnt - den Leuchtstreifen bezeichnen wir als Sternschnuppe. Bemannte Raketen müssen für den Wiedereintritt mit einem starken Hitzeschild ausgestattet sein. In beiden Fällen wird ein Teil der Bewegungsenergie des Objekts in innere Energie des umgebenden Gases (und des Objekts) umgewandelt. Die zweite Möglichkeit, die innere Energie zu ändern, besteht darin, zwei Körper unterschiedlicher Temperatur in thermischen Kontakt zu bringen. Dabei wird keine mechanische Arbeit verrichtet und wir sind deswegen gezwungen, eine neue Form der Energie festzulegen, die wir als *Wärmeenergie* bezeichnen. Der wärmere Körper kühlt sich dabei ab, der kältere erwärmt sich, bis schließlich beide die gleiche Temperatur besitzen. Ein Beispiel für Wärmeübertragung ist ein Heizkörper in einem Zimmer. Die Luft in der Nähe des Heizkörpers nimmt Wärmeenergie von der Heizung auf, wodurch sich ihre innere Energie und damit die Temperatur erhöht. Ohne Energienachschub würde sich der Heizkörper dadurch abkühlen, ein Brennkessel liefert die nötige Energie immer wieder nach.

Wie Wärme übertragen wird, ist an dieser Stelle noch nicht das Thema, wir kommen darauf in Abschnitt 3.10 zu sprechen. Hier ist zunächst wichtig, dass es zwei Arten von Energieformen gibt, welche zu einer Änderung der inneren Energie eines Gases führen: geordnete (mechanische) und ungeordnete (Wärmeenergie). Außerdem sind diese Energieformen im Gegensatz zur inneren Energie *keine* Zustandsgrößen.

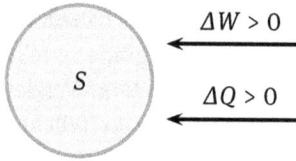

Abb. 3.13: Zur Vorzeichenkonvention der übertragenen Energiemengen ΔW und ΔQ.

Die Übertragung von Energie ist ein Prozess und es handelt sich somit um Prozessgrößen.

3.4.2 Der 1. Hauptsatz

Die soeben angestellten Überlegungen lassen sich in einen sehr kurzen Satz gießen, den 1. Hauptsatz der Wärmelehre. Wir werden darin das Gas etwas abstrakter als ein System S ansehen, da wir diese Beschreibung auch später noch benötigen werden. Die Abstraktion hat den Vorteil, dass wir nicht näher spezifizieren müssen, worin sich das Gas befindet. Zwar wird es immer noch in einem Behälter eingeschlossen sein, ob dieser nun eine Gasflasche oder ein Zylinder mit Kolben in einem Motor ist, spielt keine Rolle. Auch die Energieflüsse können wir ganz einfach mit Pfeilen angeben. Dieses Schema ist in Abbildung 3.13 gezeigt.

> **Satz 3.14** *1. Hauptsatz der Wärmelehre*
> Die Änderung der inneren Energie ΔU ist gleich der Summe der verrichteten mechanischen Arbeit ΔW und der übertragenen Wärmeenergie ΔQ:
>
> $$\Delta U = \Delta W + \Delta Q. \tag{3.83}$$
>
> Die Arbeit und die Wärmemenge sind dabei so definiert, dass sie positive Werte annehmen, wenn sie in das System S hineingehen, und negativ, wenn sie aus dem System herauskommen.

Die Vorzeichendefinition ist nötig, weil Energie ja in zwei Richtungen fließen kann. Und um die Flussrichtung der Energie mathematisch berücksichtigen zu können, müssen wir das Vorzeichen definieren.

3.4.3 Mechanische Arbeit an einem Gas

Greifen wir das Beispiel mit der Luftpumpe noch einmal auf. Wir wollen wissen, welche Arbeit wir verrichten, wenn wir den Kolben der Pumpe bewegen. Ein Schnitt durch die Pumpe ist in Abbildung 3.14 zu sehen.

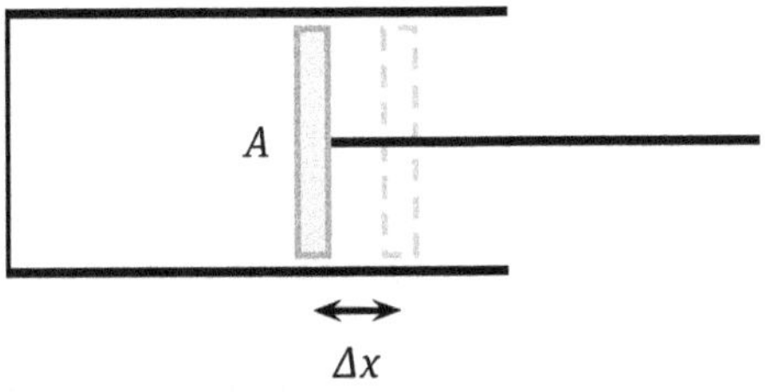

Abb. 3.14: Schnitt durch eine Pumpe. Der Kolben besitzt die Oberfläche A und wird beim Komprimieren des Gases um eine Strecke Δx nach links bewegt. Die resultierende Volumenänderung ist negativ.

Der Kolben schließt die Luft im Volumen V ein, darin herrsche der Druck p. Die Fläche des Kolbens ist A. Im ersten Anlauf gehen wir davon aus, dass sich der Druck nicht ändert, wenn wir den Kolben ein kleines Stück Δx bewegen und die Luft komprimieren. Erinnern wir uns an die Definition mechanischer Arbeit. Sie ist das Produkt aus der Kraft F in Richtung des Weges und der Wegstrecke Δx:

$$\Delta W = F \cdot \Delta x. \tag{3.84}$$

Die Wegstrecke können wir vorgeben. Aber welche Kraft müssen wir aufwenden, um den Kolben überhaupt bewegen zu können? Das Gas widersetzt sich dieser Bewegung umso mehr, je größer der Druck im Inneren der Pumpe ist. Ein Blick auf die Definition des Drucks liefert die Antwort: Druck ist das Verhältnis von Kraft zu Fläche, und wir können deswegen aus der Kolbenfläche A und dem Luftdruck p die Kraft berechnen, mit der wir den Kolben in die Pumpe schieben müssen. Die umgebende Luft unterstützt uns dabei:

$$F = pA. \tag{3.85}$$

Setzen wir diesen Ausdruck für die Kraft in (3.84) ein, so erhalten wir:

$$\Delta W = pA\Delta x. \tag{3.86}$$

Darin taucht das Produkt aus der Wegstrecke Δx und der Kolbenfläche A auf, was nichts Anderes als die Volumenänderung ΔV des Gases in der Pumpe ist:

$$\Delta W = p\Delta V. \tag{3.87}$$

Nun überprüfen wir noch das Vorzeichen der geleisteten Arbeit, denn diese muss ja unserer Konvention entsprechen, bei von außen geleisteter Arbeit positiv zu sein. Wir verkleinern das Volumen des Gases, also ist ΔV negativ. Der Druck ist immer eine positive Zahl und somit ist ΔW ebenfalls negativ. Das widerspricht aber unserer Konvention, und wir müssen deswegen ein Vorzeichen hinzufügen.[16] Als Zwischenergebnis halten wir fest:

$$\Delta W = -p\,\Delta V. \tag{3.88}$$

Allerdings gilt dies nur unter der Voraussetzung, dass sich der Druck beim Komprimieren nicht ändert. Wer schon Fahrradreifen aufgepumpt hat, weiß aber, dass sich das Gas immer mehr widersetzt, je weiter man den Kolben in die Pumpe hineinschieben will. Der Druck steigt mit sinkendem Volumen. Wir können (3.88) als eine Näherung auffassen, die dann gut wird, wenn die Volumenänderung sehr klein ist, mathematisch aus der endlichen Volumenänderung ΔV eine unendliche kleine Änderung dV wird. Gedanklich können wir den Kolben nun stückweise immer weiter bewegen und für jedes Stück die Arbeit $p\,dV$ mit einem neuen (beim Komprimieren größer werdenden) Druck berechnen. Am Ende zählen wir die einzelnen Elemente zusammen und erhalten die insgesamt verrichtete Arbeit ΔW. Mathematisch geht die Summe in ein Integral über:

$$\sum_i p(V_i)\,\Delta V \to \int_{V_1}^{V_2} p(V)\,dV.$$

Satz 3.15 *Volumenarbeit an einem Gas*
Ändert man das Volumen eines Gases um ΔV unter der Voraussetzung, der Druck p bleibe konstant, so verrichtet man die Arbeit

$$\Delta W = -p\,\Delta V. \tag{3.89}$$

Wenn der Druck vom Volumen abhängt, muss man alle verrichteten Teilarbeiten vom Volumen V_1 bis V_2 zusammenzählen, d.h. integrieren:

$$\Delta W = -\int_{V_1}^{V_2} p(V)\,dV. \tag{3.90}$$

Aufgaben

Aufgabe 3.14 Expansion eines Gases I
In einem Zylinder mit dem Durchmesser 15 cm befindet sich Gas, welches mit einem Schieber komprimiert und expandiert werden kann. Bei 20 °C nimmt das Gas ein Volumen von 0,045 m³ ein. Nun wird das Gas bei konstantem Druck (1013 hPa) auf 30 °C erwärmt.

---

16 Künstlich ein Vorzeichen einzufügen ist an dieser Stelle kein Fehler, sondern entsteht aus der Notwendigkeit, eine Vorzeichenkonvention zu erfüllen. Letztere ist willkürlich, weder falsch noch richtig. Man muss sich nur an diese Spielregel halten, wenn man sie einmal festgelegt hat.

a) Welches Volumen nimmt das Gas schließlich ein?
b) Welche Arbeit leistet es bei der Expansion?

Aufgabe 3.15 Expansion eines Gases II
In einem Zylinder befindet sich Gas, welches von 0,03 m³ auf 0,05 m³ expandiert wird. Der Druck soll sich dabei gemäß

$$p(V) = \frac{300\ \text{hPa}}{\text{l}} (100\ \text{l} - V)$$

ändern. Welche Arbeit wird verrichtet?

Aufgabe 3.16 Füllen einer Gasflasche
Eine bis auf Atmosphärendruck (1013 hPa) entleerte Gasflasche mit einem Innenvolumen von 40 l wird mit Sauerstoff (relative Atommasse m_r = 32) befüllt, der bei Atmosphärendruck und 18 °C ein Volumen von 6 m³ einnimmt. Das Füllen geschieht so langsam, dass das Gas immer dieselbe Temperatur besitzt.
a) Welche Masse wird in die Flasche gepumpt?
b) Welche Arbeit muss geleistet werden, wenn der ganze Sauerstoff auf das Volumen der Gasflasche komprimiert wird? Die Abhängigkeit des Drucks vom Volumen erhält man aus der Zustandsgleichung idealer Gase unter der Berücksichtigung, dass die Temperatur konstant bleibt.
c) Wo verbleibt die aufgewendete Energie?

3.5 Die Wärmekapazität

Im letzten Abschnitt haben wir untersucht, wie man die innere Energie eines Gases durch das Verrichten mechanischer Arbeit oder die Zufuhr von Wärme verändern kann. Jetzt wollen wir uns den „Speicher" für Energie etwas genauer ansehen.

3.5.1 Spezifische und molare Wärmekapazität

Widmen wir uns zuerst der Frage, was wir unter der Wärmekapazität eines Gases oder allgemein eines Stoffs in fester, flüssiger oder gasförmiger Form verstehen wollen. Wir wissen, dass wir die innere Energie und damit auch die Temperatur erhöhen können, wenn wir Wärme zuführen. Das ist eine Folge des 1. Hauptsatzes. Eine definierte Menge an Wärmeenergie wird dabei zu einer ganz bestimmten Temperaturerhöhung führen. Sinnvoll wird eine Definition der Wärmekapazität wohl sein, wenn diese größer ist bei einer großen Menge an hineingesteckter Wärmeenergie als bei einer kleinen Menge, mit der man dieselbe Temperaturerhöhung erzielt. Schließlich gibt die Temperaturerhöhung an, wie weit sich die innere Energie erhöht hat. Da diese eine Zustandsgröße ist, dient sie uns als Maß für die gespeicherte Energie.

Tab. 3.4: Spezifische Wärmekapazitäten einiger Stoffe bei 20 °C (außer Eis).

Stoff	$c \mathbin{/} \left(\frac{kJ}{kg\,K}\right)$
Wasser	4,182
Äthylalkohol	2,43
Quecksilber	0,14
Aluminium	0,896
Eisen	0,45
Gold	0,13
Kupfer	0,383
Eis (0 °C)	2,1

Weiterhin soll die Wärmekapazität spezifisch für einen Stoff sein, gleich welche Menge davon genommen wird. Hier müssen wir aber unterscheiden: Messen wir die Stoffmenge in Mol oder in kg, beziehen wir die Wärmekapazität also auf die Anzahl der Moleküle im Gas oder auf deren Masse? Da beides Verwendung findet, führen wir nun zwei Definitionen ein und unterscheiden die Wärmekapazitäten bezüglich Masse und Molzahl durch einen Index.

Definition 3.7 *Spezifische und molare Wärmekapazität*
Die spezifische Wärmekapazität c gibt an, welche Wärmemenge ΔQ man pro Masse m benötigt, um eine bestimmte Temperaturerhöhung ΔT zu erzielen:

$$c = \frac{1}{m}\frac{\Delta Q}{\Delta T}. \tag{3.91}$$

Entsprechend kann man die zugeführte Energie auch auf die Molzahl v beziehen und führt damit die molare Wärmekapazität ein:

$$C_m = \frac{1}{v}\frac{\Delta Q}{\Delta T}. \tag{3.92}$$

Man kann die Wärmemengen und Temperaturänderungen auch unendlich klein werden lassen und geht damit zu einer Ableitung über:

$$c = \frac{1}{m}\frac{dQ}{dT}, \tag{3.93}$$

$$C_m = \frac{1}{v}\frac{dQ}{dT}. \tag{3.94}$$

Diese Definitionen nutzt man, wenn die zugeführte Wärmemenge nicht bei jeder Temperatur zur gleichen Temperaturänderung führt.

Kennt man die Wärmekapazität eines Stoffs, so kann man z.B. berechnen, welche Wärmemenge man zuführen muss, um eine gewünschte Temperaturerhöhung zu erreichen. In Tabelle 3.4 sind einige spezifische Wärmekapazitäten aufgeführt. Man sieht, dass man für Wasser eine relativ große Menge Energie zur Erwärmung benötigt. Ein Umstand, der maßgeblich zur Stromrechnung beiträgt, denn die meiste Energie wird im Haushalt zur Erwärmung von Wasser benötigt, sei es beim Waschen, Trocknen oder

Kochen. Allerdings nutzt man Wasser auch als Wärmespeicher, z.B. in Kleinkraftwerken für Haushalte. Hier ist die große Wärmekapazität von Wasser wiederum positiv zu bewerten, jedenfalls aus wirtschaftlicher Sicht. Schauen wir uns die Wärmekapazität noch an zwei Beispielen an. Zuerst bleiben wir noch beim Wasser.

Beispiel 3.9 *Energieverbrauch einer Waschmaschine*

Wie viel Wärmeenergie muss eine Waschmaschine aufbringen, um für den Waschgang 10 l Wasser von 15 °C auf 30 °C zu erwärmen? Wie viel Energie spart man dadurch gegenüber einem Waschgang bei 40 °C? Man gebe die Energiemengen in der Einheit kWh an.

Lösung: Der Tabelle 3.4 entnehmen wir für die spezifische Wärmekapazität von Wasser einen Wert von 4,182 kJ kg^{-1} K^{-1}. Die Dichte von Wasser liegt in guter Näherung bei 1 kg/l. Zu erwärmen sind also 10 kg Wasser. Im ersten Fall beträgt die Temperaturdifferenz 15 K, also gilt für die nötige Wärmemenge nach (3.91):

$$\Delta Q = c\, m\, \Delta T = 4{,}182\,\frac{kJ}{kg\,K} \cdot 10\ kg \cdot 15\ K = 627{,}3\ kJ.$$

Bringt man das Wasser auf eine Temperatur von 40 °C, benötigt man

$$\Delta Q = 4{,}182\,\frac{kJ}{kg\,K} \cdot 10\ kg \cdot 25\ K = 1045{,}5\ kJ.$$

Die Umrechnung in kWh erfolgt auf folgende Weise:

$$627{,}3\ kJ = 627{,}3\ kWs = 627{,}3\ kW \cdot \frac{1}{3600}\ h = 0{,}174\ kWh,$$

$$1045{,}5\ kJ = 0{,}290\ kWh.$$

Als nächstes untersuchen wir einen Bremsvorgang. Dabei wird üblicherweise ebenfalls Wärme erzeugt.

Beispiel 3.10 *Scharf gebremst*

Ein Auto der Masse 1300 kg fährt im Stadtverkehr mit 50 $^{km}/_h$. An einer roten Ampel muss es bis zum Stillstand bremsen. Jede der vier Bremsen ist aus Eisen und wiegt 10 kg. Wie stark erwärmen sich die Bremsen, wenn die Temperatur anfänglich bei 20 °C liegt?

Lösung: Die Bremsen müssen die gesamte kinetische Energie des Fahrzeugs aufnehmen. Diese beträgt

$$E_{kin} = \frac{1}{2}mv^2 = \frac{1}{2} \cdot 1300\ kg \cdot \left(50 \cdot \frac{1000\ m}{3600\ s}\right)^2 = 1{,}25 \cdot 10^5\ J.$$

Jede der Bremsen setzt davon ein Viertel in Wärmeenergie um:

$$\Delta Q = \frac{1}{4}E_{kin} = 3{,}13 \cdot 10^4\ J.$$

Nach der Definition der spezifischen Wärmekapazität (3.91) und der spezifischen Wärmekapazität von Eisen aus Tabelle 3.4 ergibt sich dadurch folgende Temperaturerhöhung:

$$\Delta T = \frac{\Delta Q}{c\,m} = \frac{3,13 \cdot 10^4 \text{ J}}{0,45 \frac{\text{kJ}}{\text{kg K}} \cdot 1300 \text{ kg}} = 53,5 \text{ K}.$$

Die Bremsen erhitzen sich auf etwa 74 °C.

3.5.2 Wärmekapazität idealer Gase

Nach einer allgemeinen Definition der Wärmekapazität wollen wir uns nun wieder den Gasen zuwenden, da wir hier sehr einfache Aussagen über deren Verhalten beim Erwärmen treffen können. Zunächst betrachten wir nur einatomige ideale Gase, im nächsten Abschnitt werden wir mit mehratomigen Gasen den Einfluss weiterer Freiheitsgrade untersuchen. Ideale Gase werden durch eine Zustandsgleichung beschrieben, welche die Größen Druck, Volumen und Temperatur miteinander verknüpft. Führt man einem Gas Wärmeenergie zu, so muss dies nicht unbedingt eine Temperaturänderung zur Folge haben, das kommt auf die Änderung von Druck und Volumen an. Für die Anwendung relevant sind hier insbesondere zwei Fälle. Im einen Fall hält man während der Wärmezufuhr den Druck des Gases konstant, im anderen das Volumen. Daraus werden sich unterschiedliche Werte für die Wärmekapazität ergeben, und wir unterscheiden diese durch einen Index. Unter $C_{V,\text{m}}$ werden wir die Wärmekapazität bei konstantem Volumen verstehen, $C_{p,\text{m}}$ wird die entsprechende Größe bei konstantem Druck kennzeichnen.

Schauen wir uns zuerst an, was passiert, wenn man das Volumen konstant hält. Nach dem 1. Hauptsatz teilt sich die zugeführte Wärmeenergie auf in eine Änderung der inneren Energie und mechanische Arbeit, welche das Gas verrichten kann:

$$\Delta Q = \Delta U - \Delta W. \tag{3.95}$$

Da wir das Volumen aber konstant halten und mechanische Arbeit das Produkt aus Druck und Volumenänderung ist, wird keine Arbeit verrichtet. Damit ist $\Delta W = 0$ und sämtliche Wärmeenergie führt zu einer Änderung der inneren Energie. Für ein einatomiges ideales Gas lautet diese:

$$U = \frac{3}{2}vRT \quad \Leftrightarrow \quad \Delta U = \frac{3}{2}vR\Delta T. \tag{3.96}$$

Damit erhalten wir:

$$\Delta Q = \frac{3}{2}vR\Delta T \quad \Leftrightarrow \quad \frac{1}{v}\frac{\Delta Q}{\Delta T} = \frac{3}{2}R. \tag{3.97}$$

Durch einen Blick auf (3.92) sehen wir, dass hier genau die molare Wärmekapazität steht, die bei einem einatomigen idealen Gas, dessen Volumen konstant gehalten wird, den Wert $3/2R$ annimmt:

$$C_{V,\text{m}} = \frac{3}{2}R. \tag{3.98}$$

Einatomige Gase mögen also aus unterschiedlichen Stoffen bestehen, z.B. Helium oder Argon. Die molare Wärmekapazität bei konstantem Volumen weist aber nach unserer Rechnung immer den gleichen Wert auf.

Der zweite Fall, den wir untersuchen müssen, betrifft die Wärmezufuhr bei konstantem Druck. Wir werden in den folgenden Rechenschritten nur differentielle Größen verwenden (also dU, dT...), da wir am Ende der Rechnung daraus eine Ableitung bilden werden. Ansonsten rechnet man mit einem dU genauso wie mit einem ΔU. Nach der Zustandsgleichung idealer Gase (3.26) ist klar, dass man bei konstantem Druck für einer Temperaturänderung auch das Volumen ändern muss, sonst kann die Gleichung nicht erfüllt werden. Wie sieht es dann mit der Energiebilanz aus? Ein expandierendes Gas verrichtet Arbeit, wodurch sich seine innere Energie verringert. Diese Energie muss man von der zugeführten Wärmemenge abziehen, weswegen die Temperaturänderung geringer ausfällt und die Wärmekapazität steigt.[17] Man kann an dieser Stelle schon vermuten, dass die Wärmekapazität bei konstantem Druck wohl mit der bei konstantem Volumen zusammenhängt. Schauen wir uns das genauer an. Die Änderung der inneren Energie hängt ausschließlich von der Temperaturänderung ab. Wie letztere hervorgerufen wird, also durch Wärmezufuhr oder mechanische Arbeit, spielt keine Rolle. Wir wissen aber schon:

$$dU = \frac{3}{2}\nu R\, dT \stackrel{(3.98)}{=} \nu C_{V,m}\, dT. \tag{3.99}$$

Hier geht die molare Wärmekapazität bei konstantem Volumen $C_{V,m}$ ein, weil in der Temperaturänderung eben nicht steht, wie sie zustande kommt. Nun ändern wir die Temperatur wieder um dT, jetzt aber explizit bei konstantem Druck. Um dies kenntlich zu machen, verwenden wir den Index p nach einem senkrechten Strich. Nach dem 1. Hauptsatz gilt:

$$dU = (dQ + dW)|_p \stackrel{(3.99)}{=} \nu C_{V,m} dT. \tag{3.100}$$

Damit steht schon die Verbindung zur molaren Wärmekapazität bei konstantem Volumen $C_{V,m}$. Das Ziel ist jetzt, die Wärmemenge dQ zu berechnen, die wir für die Temperaturänderung dT benötigen. Zunächst verwenden wir den bekannten Ausdruck für die mechanische Arbeit:

$$(dQ - p\, dV)|_p = \nu C_{V,m} dT. \tag{3.101}$$

Dann teilen wir auf beiden Seiten durch die Temperaturänderung dT:

$$\left.\frac{dQ}{dT}\right|_p - p\left.\frac{dV}{dT}\right|_p = \nu C_{V,m}. \tag{3.102}$$

---

17 Das mag etwas eigenartig klingen, da ein Teil der zugeführten Wärme gar nicht im Gas gespeichert wird, sondern in Form von mechanischer Arbeit abwandert. Man darf den Begriff „Kapazität" nicht zu sehr mit einem „Speicher" für Energie identifizieren.

Der Term $dV/dT|_p$ beschreibt die Ableitung des Volumens nach der Temperatur bei konstant gehaltenem Druck. Das Volumen als Funktion der Temperatur erhalten wir aus der Zustandsgleichung:

$$V = \frac{vRT}{p}.\tag{3.103}$$

Die Ableitung lässt sich leicht bilden und in (3.102) einsetzen:

$$\left.\frac{dQ}{dT}\right|_p - p\frac{vR}{p} = vC_{V,\mathrm{m}}.\tag{3.104}$$

Nun müssen wir nur noch durch die Molzahl v teilen und die Definition der molaren Wärmekapazität (3.94) verwenden und erhalten folgendes Ergebnis:

$$\frac{1}{v}\left.\frac{dQ}{dT}\right|_p = C_{p,\mathrm{m}} = R + C_{V,\mathrm{m}} = \left(\frac{3}{2}+1\right)R.\tag{3.105}$$

Satz 3.16 *Molare Wärmekapazitäten einatomiger idealer Gase*
Die molare Wärmekapazität eines einatomigen idealen Gases bei konstantem Volumen ist

$$C_{V,\mathrm{m}} = \frac{3}{2}R.\tag{3.106}$$

Bei konstantem Druck erhält man:

$$C_{p,\mathrm{m}} = \left(\frac{3}{2}+1\right)R.\tag{3.107}$$

Letztere ist größer, da man Wärme nicht nur für die Temperaturerhöhung benötigt, sondern auch noch für die Expansion des Gases, bei der dieses Arbeit verrichtet und somit nicht die ganze zugeführte Wärme zur Erhöhung der inneren Energie beiträgt.

3.5.3 Wärmekapazität mehratomiger Gase

Gase, welche aus mehratomigen Molekülen bestehen, besitzen im Gegensatz zu den einatomigen Gasen weitere innere Freiheitsgrade. Die innere Energie lautet in diesem Fall

$$U = \frac{f}{2}vRT.\tag{3.108}$$

Die beiden eben durchgeführten Rechnungen laufen dann genauso, lediglich die 3 muss durch die allgemeine Zahl von Freiheitsgraden, also f ersetzt werden.

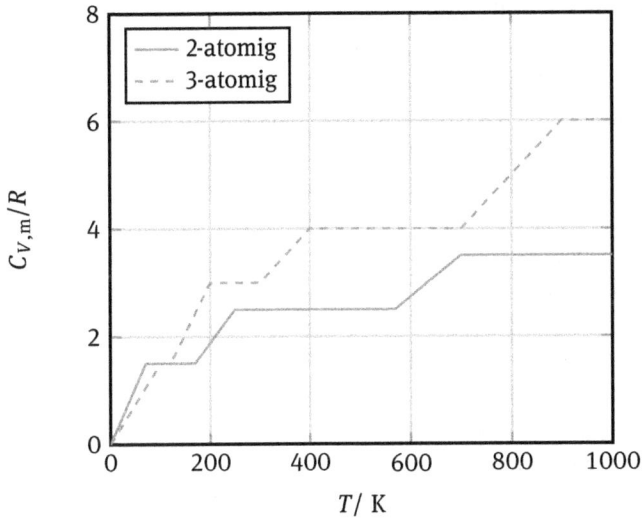

Abb. 3.15: Schematischer Verlauf der molaren Wärmekapazität bei konstantem Volumen in Abhängigkeit von der Temperatur. Bei einem 2-atomigen Gas werden zuerst Translationen der Moleküle, dann Rotationen und schließlich Schwingungen angeregt, wie man an den einzelnen Stufen sehen kann. Insgesamt gibt es 7 Freiheitsgrade und $C_{V,m}/R$ nimmt den maximalen Wert 3,5 an. Bei 3-atomigen Molekülen werden 3 Rotationen angeregt sowie erst eine und dann nochmal 2 verschiedene Schwingungsformen (im gezeigten Beispiel, allgemein kann die Zahl eine andere sein). Die Zahl der Freiheitsgrade beträgt bei sehr hohen Temperaturen also 12.

Satz 3.17 *Wärmekapazitäten idealer Gase aus mehratomigen Molekülen*
Ein ideales Gas, das aus mehratomigen Molekülen mit jeweils f Freiheitsgraden besteht, besitzt folgende Wärmekapazitäten bei konstantem Volumen bzw. konstantem Druck:

$$C_{V,m} = \frac{f}{2}R, \tag{3.109}$$

$$C_{p,m} = \left(\frac{f}{2} + 1\right)R. \tag{3.110}$$

Wir sehen, dass sich eine größere Zahl von Freiheitsgraden in einer größeren Wärmekapazität bemerkbar macht. Ob ein Freiheitsgrad zur Verfügung steht, haben wir schon in Abschnitt 3.2.3 untersucht. Das Ergebnis war, dass insbesondere Molekülschwingungen erst bei höheren Temperaturen angeregt werden und als Freiheitsgrade zur Verfügung stehen. Die Wärmekapazität sollte also temperaturabhängig sein. In bestimmten Bereichen wird sie konstant sein, sobald die Temperatur aber die Schwelle zur Anregung weiterer Freiheitsgrade übersteigt, gibt es auch einen Sprung in der Wärmekapazität. Den Verlauf der molaren Wärmekapazität bei konstantem Volumen zeigt schematisch die Abbildung 3.15. Dargestellt sind die Verläufe für 2- und 3-atomige Moleküle. Aus der aufgetragenen Größe $C_{V,m}/R$ kann man direkt die Zahl der Freiheitsgrade ablesen, da $C_{V,m}/R = f/2$. Man sieht, dass die Wärmekapazität am absoluten Nullpunkt bei Null startet und dann stetig größer wird, bis sie bei $1,5R$ liegt. Dann können sich die Moleküle frei in alle Raumrichtungen bewegen. Nun entwickeln sich die Wärmekapazitäten für die beiden Molekülarten unterschiedlich. Während bei 2-atomigen Molekülen als nächstes 2 verschiedene Rotationen möglich werden, kann sich ein 3-atomiges (nicht-rotationssymmetrisches) Molekül um 3 Achsen drehen (Bei einer Drehung um die Symmetrieachse nimmt ein 2-atomiges Molekül keine Energie auf, deshalb gibt es nur 2 relevante Drehachsen). Entsprechend kommen 2 bzw. 3 weitere Freiheitsgrade hinzu. Der Verlauf dazwischen ist graduell, da die Wahrscheinlichkeit, ein rotierendes Molekül im Gas zu finden, stetig von 0 auf 1 anwächst. Schwingungen, die erst bei sehr hohen Temperaturen möglich werden, liefern bei 2-atomigen Molekülen 2 weitere Freiheitsgrade, bei dem beispielhaften 3-atomigen Molekül sind es 6. Die 6 Freiheitsgrade gehören zu 3 Schwingungsformen. In einem gewinkelten Molekül können die beiden äußeren Atome gegeneinander schwingen, sodass der Winkel periodisch größer und kleiner wird. Außerdem können die äußeren Atome unabhängig voneinander gegen das mittlere Atom schwingen. Man erkennt die Reihenfolge der Anregungen an der Größe der Sprünge von $C_{V,m}/R$. Erst kommt die Scherschwingung hinzu, was sich in einem Sprung von 1 zeigt, dann die beiden Streckschwingungen (ein Sprung von 2).

Man sieht an diesem Beispiel, welche Aussagen durch boße Messung der Wärmekapazität über den atomaren Aufbau eines Gases möglich sind. Aus der Zahl der Freiheitsgrade, die mit steigender Temperatur hinzukommen, kann man auf die Symmetrie schließen, oder auch, welche Arten von Schwingungen in einem Molekül möglich sind. Die Diskretisierung der Wärmekapazität ist eine direkte Folge der Quantenmechanik: In den einzelnen Stufen spiegelt sich die Quantisierung der Anregungsenergie wider.

3.5.4 Wärmekapazität von kristallinen Festkörpern

Ein Festkörper unterscheidet sich von einem Gas in verschiedener Hinsicht. Man muss nicht mehr unterscheiden, ob man ihn bei konstantem Druck oder konstantem Volumen erwärmt, da seine Ausdehung während dieses Vorgangs gegenüber der eines Gases vernachlässigbar klein ausfällt. Außerdem ist ein Festkörper wie z.B. Eisen mikroskopisch betrachtet eine regelmäßige Anordnung von Atomen, ein sogenanntes Kristallgitter. Die Atome können sich hier nicht wie in einem Gas frei bewegen, sondern nur ein wenig um ihre Gitterplätze schwingen. Auch Rotationen sind nicht möglich. Da jedes Atom in drei Raumrichtungen schwingen kann, und jede Schwingung zwei Freiheitsgrade liefert, stehen für die Speicherung von Wärmeenergie insgesamt 6 Freiheitsgrade zur Verfügung.

Satz 3.18 *Gesetz von Dulong und Petit*
Kristalline Festkörper wie z.B. Metalle besitzen 6 Freiheitsgrade, ihre molare Wärmekapazität liegt deswegen konstant bei $3R$.

3.5.5 Mischungstemperaturen

Um Stahl zu härten, nimmt man das noch glühende Werkstück und kühlt es schlagartig in kaltem Wasser ab. Dabei erwärmt sich das Wasser, und beide Stoffe, Stahl und Wasser, nehmen dieselbe Temperatur an. Ein weiteres Beispiel für einen solchen Mischungsvorgang ist die Kühlung eines Verbrennungsmotors durch ein spezielles Kühlmittel. Dieses strömt in den Motor, nimmt von diesem Wärme auf und strömt heißer wieder heraus. Um solche Mischtemperaturen berechnen zu können, greifen wir auf die nun gewonnenen Erkenntnisse über Wärmekapazitäten zurück. Das Ziel ist, bei gegebenen Wärmekapazitäten der beteiligten Stoffe, also z.B. Wasser und Eisen, sowie deren Temperaturen und Massen die Mischtemperatur auszurechnen. Aus einem solchen Zusammenhang lässt sich dann aber auch die Wärmekapazität eines noch unbekannten Stoffs ermitteln, oder dessen ursprüngliche Temperatur. Der zeitliche Verlauf der Temperaturen bis zur Einstellung einer gemeinsamen Temperatur soll hier nicht untersucht werden.

Überlegen wir einmal, was bei einem Mischungsvorgang eigentlich passiert. Als Beispiel soll uns ein heißes Stück Metall in einem Wasserbad dienen. Das Metall verringert seine Temperatur, indem es Wärmeenergie abgibt. Diese Wärmeenergie kann aber nicht verloren gehen. Sie wird im Wesentlichen vom umgebenden Wasser aufgenommen, der restliche Teil geht in die Luft. Wenn sich das Wasser in einem speziellen Behälter befindet, der keine Wärme nach außen abgibt, können wir die Luft in unserer Betrachtung sogar weglassen. Das Metall gibt also Wärme ab, das Wasser nimmt diese vollständig auf. Dies soll uns nun als Ansatz dienen, die Mischungstemperatur zu berechnen. Mathematisch sieht diese Buchhaltung der beiden Wärmemengen so aus:

$$\Delta Q_W + \Delta Q_{Fe} = 0. \tag{3.111}$$

Da Wasser Wärme aufnimmt, wird ΔQ_W nach unserer Vorzeichenkonvention positiv gewertet, Eisen gibt Energie ab und ΔQ_{Fe} ist dementsprechend negativ. Daher addieren wir beide Größen. Die weitere Rechnung besteht darin, für die Wärmemengen bekannte Größen einzusetzen, sie also durch die Temperaturänderung und die jeweiligen Wärmekapazitäten auszudrücken. Da wir es nicht mit Gasen zu tun haben, ist es üblich, nicht mit molaren, sondern mit spezifischen Wärmekapazitäten zu rechnen. Zwingend ist dies nicht. Wir verwenden nun also die Definition der spezifischen Wärmekapazität (3.91) und ersetzen damit die beiden Wärmemengen:

$$c_W m_W \Delta T_W + c_{Fe} m_{Fe} \Delta T_{Fe} = 0. \tag{3.112}$$

Die Temperaturänderungen von Wasser und Eisen sind unterschiedlich und ergeben sich als Differenz aus Mischungstemperatur T_M und der anfänglichen Temperatur T_0:

$$\Delta T_W = T_M - T_{0,W}, \tag{3.113}$$

$$\Delta T_{Fe} = T_M - T_{0,Fe}. \tag{3.114}$$

Diese Ausdrücke fügen wir nun in die Summe (3.112) ein:

$$c_W m_W \left(T_M - T_{0,W} \right) + c_{Fe} m_{Fe} \left(T_M - T_{0,Fe} \right) = 0. \tag{3.115}$$

Diesen Ausdruck können wir ganz einfach nach der Mischungstemperatur T_M umformen und erhalten:

$$T_M = \frac{c_W m_W T_{0,W} + c_{Fe} m_{Fe} T_{0,Fe}}{c_W m_W + c_{Fe} m_{Fe}}. \tag{3.116}$$

Beispiel 3.11 *Heißes Eisen*

In ein Gefäß mit 0,5 l Wasser bei 20 °C wird ein Stück Eisen mit einer Masse von 50 g und einer Temperatur von 200 °C geworfen. Welche Mischungstemperatur stellt sich ein?

Lösung: Die Dichte von Wasser beträgt in guter Näherung 1 kg/l, in dem Gefäß befinden sich also 0,5 kg Wasser. Seine Temperatur liegt auf der Kelvin-Skala bei 293,15 K. Das Eisenstück ist 473,15 K heiß. Die Wärmekapazitäten entnehmen wir der Tabelle 3.4. Jetzt können wir alle Zahlenwerte in (3.116) einsetzen:

$$T_M = \frac{4{,}182 \frac{kJ}{kg\,K} \cdot 0{,}5\ kg \cdot 293{,}15\ K + 0{,}45 \frac{kJ}{kg\,K} \cdot 0{,}05\ kg \cdot 473{,}15\ K}{4{,}182 \frac{kJ}{kg\,K} \cdot 0{,}5\ kg + 0{,}45 \frac{kJ}{kg\,K} \cdot 0{,}05\ kg}$$

$$= 295{,}1\ K$$

$$= 21{,}9\ °C.$$

Obwohl das Eisen sehr heiß war, fällt die Temperaturänderung des Wassers sehr gering aus. Das liegt zum einen natürlich daran, dass das Eisenstück recht klein war, zum anderen aber auch an dessen viel geringerer Wärmekapazität.

Unser Ergebnis für die Mischungstemperatur (3.116) lässt sich noch verallgemeinern. Zum einen ist man nicht darauf beschränkt, Wasser und Eisen zu mischen. Wir können auch andere Stoffe verwenden, die wir einmal mit A und B bezeichnen wollen. Dann lautet die Mischungstemperatur:

$$T_M = \frac{c_A m_A T_{0,A} + c_B m_B T_{0,B}}{c_A m_A + c_B m_B}. \tag{3.117}$$

Zum anderen dürfen auch mehr als nur zwei Stoffe gemischt werden. In diesem Fall muss man den Ansatz noch etwas erweitern, denn in diesen gehen bis jetzt nur die Wärmemengen von zwei Stoffen ein. Das ist aber kein Problem, man fügt einfach die transportierte Wärmemenge eines dritten oder vierten Körpers hinzu. Die Mischtemperatur lautet dann (beispielhaft für drei beteiligte Körper A, B, und C):

$$T_M = \frac{c_A m_A T_{0,A} + c_B m_B T_{0,B} + c_C m_C T_{0,C}}{c_A m_A + c_B m_B + c_C m_C}. \tag{3.118}$$

Die Erweiterung auf mehr als drei Körper läuft nach dem gleichen Muster ab. In der Anwendung gibt es natürlich auch den Fall, dass man gar nicht die Mischungstemperatur, sondern eine andere Größe berechnen will, z.B. die anfängliche Temperatur eines der beteiligten Stoffe. Auch die übertragene Wärmemenge eines Körpers in die Mischung kann von Interesse sein.

Satz 3.19 *Temperatur nach dem Mischen verschiedener Stoffe*
Beim Mischen zweier Stoffe A und B unterschiedlicher Temperatur stellt sich nach einer gewissen Zeit eine Mischungstemperatur ein. Diese lautet:

$$T_M = \frac{c_A m_A T_{0,A} + c_B m_B T_{0,B}}{c_A m_A + c_B m_B}. \tag{3.119}$$

3.5.6 Schmelz- und Verdampfungswärmen

Wasserdampf, der aus einem Kochtopf oder einem Eierkocher entweicht, hat eine Temperatur von 100 °C. Mit diesem Dampf in Berührung zu kommen, ist eine sehr schmerzhafte Erfahrung, der Dampf ist ja sehr heiß. Doch das ist nicht der einzige Grund. Beim Hautkontakt kühlt sich der Dampf nur wenig ab, was aber ausreicht, um aus ihm wieder flüssiges Wasser werden zu lassen. Warum gerade das Kondensieren des Dampfes so unangenehm ist und was bei diesem Vorgang passiert, wollen wir jetzt näher beleuchten. Wir gehen den umgekehrten Weg und erwärmen flüssiges Wasser, indem wir einen elektrisch betriebenen Heizstab eintauchen. Dieser wird mit konstanter Leistung betrieben, sodass wir durch eine Zeitmessung feststellen können, welche Wärmemenge ΔQ schon in das Wasser gebracht wurde. Diese ist das Produkt aus der Heizleistung P und der Zeitspanne Δt:

$$\Delta Q = P \Delta t. \tag{3.120}$$

Wenn wir als Näherung annehmen, dass die Wärmekapazität von Wasser bei jeder Temperatur die gleiche ist, können wir aus der eingebrachten Wärmemenge auf die Temperaturerhöhung ΔT schließen:

$$\Delta Q = c_W \, m \, \Delta T \quad \Leftrightarrow \quad \Delta T = \frac{\Delta Q}{c_W \, m}. \tag{3.121}$$

Die Wärmemenge wächst mit der Zeit, und wir finden somit folgenden Zeitverlauf der Temperatur:

$$\Delta T = \frac{P \Delta t}{c_W \, m}. \tag{3.122}$$

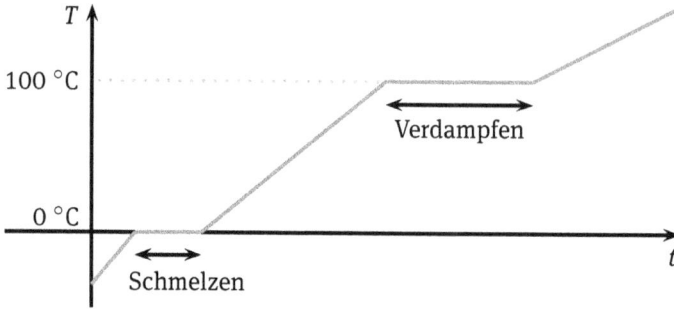

Abb. 3.16: Typischer Verlauf der Temperatur beim Schmelzen und Verdampfen eines Stoffes. Während der beiden Phasenübergänge ändert sich die Temperatur nicht, da die zugeführte Wärme zum Aufbrechen von Bindungen benötigt wird.

Bei der Erwärmung von Eis erhält man einen entsprechenden Ausdruck, nur die Wärmekapazität ist eine andere (siehe auch Tabelle 3.4). Soweit die Theorie. Wenn die Temperatur auf 100 °C angestiegen ist, gilt dieser einfache Zusammenhang allerdings nicht mehr. Was genau passiert, zeigt das Experiment. Für ein solches ist in Abbildung 3.16 schematisch die gemessene Temperatur über der Zeit aufgetragen. Bei $t = 0$ beginnt die Messung, die Temperatur ist negativ und das Wasser somit noch gefroren. Das Eis nimmt Wärmeenergie auf und die Temperatur steigt linear an. Dann geschieht eine Weile scheinbar nichts, die Temperatur erhöht sich nicht mehr und bleibt bei 0 °C stehen. Erst nach einer gewissen Zeit stellt man wieder einen Temperaturanstieg fest, der andauert, bis 100 °C erreicht sind. Dann bleibt die Temperatur bei 100 °C wieder eine Weile konstant, um anschließend noch einmal zu steigen. Offenbar wird die Wärmeenergie am Schmelzpunkt (0 °C) und am Siedepunkt (100 °C) für etwas anderes benötigt, als die Temperatur zu erhöhen. Tatsächlich werden hier Bindungen zwischen den Wassermolekülen aufgebrochen, sodass sich diese freier bewegen können. An der kinetischen Energie ändert das aber nichts, nur der mittlere Abstand wächst. Für dieses Aufbrechen von Bindungen ist Energie nötig, die man als *Schmelzwärme* λ_S und als *Verdampfungswärme* λ_V bezeichnet.

Satz 3.20 *Schmelzen und Verdampfen*
Um Stoffe zu schmelzen und zu verdampfen, benötigt man Energie, die nur zum Aufbrechen von Molekülbindungen genutzt wird und nicht zu einer Temperaturerhöhung führt. Man nennt sie Schmelzwärme λ_S und Verdampfungswärme λ_V. Sie sind auf die Masse eines Stoffs bezogen, die Einheit ist jeweils

$$[\lambda_{S,V}] = \frac{kJ}{kg}. \tag{3.123}$$

Schmelz- und Verdampfungswärmen kann man für verschiedene Stoffe messen, die gefundenen Werte sind in Tabelle 3.5 angegeben.

Tab. 3.5: Schmelz- und Verdampfungswärmen einiger Stoffe.

Stoff	λ_S / $\frac{kJ}{kg}$	λ_V / $\frac{kJ}{kg}$
Wasser		2256
Äthylalkohol		840
Quecksilber		285
Aluminium	397	10900
Eisen	277	6340
Gold	65	16500
Kupfer	205	4790
Eis	332,8	

Beispiel 3.12 *Schmelzwärme vs. Wärmekapazität*

Auf welche Temperatur kann man Wasser von 0 °C erwärmen, wenn man die gleiche Energiemenge zuführt, wie man zum Schmelzen derselben Eismenge benötigt?

Lösung: Zum Schmelzen von Eis der Masse m benötigt man nach Tabelle 3.5 die Energie

$$\Delta Q_S = m\,\lambda_S.$$

Diese Energie wird nun auch verwendet, um flüssiges Wasser zu erwärmen. Für die Temperaturerhöhung gilt damit:

$$\Delta T = \frac{\Delta Q_S}{c\,m} = \frac{m\,\lambda_S}{c\,m} = \frac{\lambda_S}{c}.$$

Mit den Zahlenwerten aus den Tabellen 3.4 und 3.5 ergibt sich folgende Temperaturerhöhung:

$$\Delta T = \frac{332,8 \text{ kJ kg}^{-1}}{4,182 \text{ kJ kg}^{-1}\text{K}^{-1}} = 79,5 \text{ K}.$$

Man benötigt zum bloßen Schmelzen einer Menge Eis also die gleiche Energie wie zum Erwärmen des flüssigen Wassers von 0 °C auf 79,5 °C.

Gerade bei Wasser sieht man auch, dass eine sehr große Energiemenge nötig ist, um es in die Dampfphase zu überführen. Diese Energie ist es, welche beim Kontakt mit Wasserdampf für Verbrühungen sorgen kann, denn sie muss von der Haut aufgenommen werden und erhöht dort die Temperatur sehr stark.

Aufgaben

Aufgabe 3.17 Teewasser
Wie lange dauert es, bis man mit einem Wasserkocher, der eine Leistung von 3000 W besitzt, 1 l Wasser für eine Kanne Tee von 20 °C auf 100 °C erhitzt hat?

Aufgabe 3.18 Wärmeabfuhr bei Kompression
Welche Wärmemenge muss man abführen, wenn man 1 mol eines idealen Gases, welches 5 Freiheitsgrade besitzt, bei konstantem Druck (1013 hPa) von 25 l auf 20 l komprimieren will?

Aufgabe 3.19 Auch Hämmern erzeugt Wärme
Ein Eisennagel der Masse 5 g wird 6 cm tief in einen Holzbalken gerieben. Wie stark erwärmt er sich dabei, wenn die durchschnittliche Krafteinwirkung 1000 N beträgt?

Aufgabe 3.20 Milchkaffee
In eine Tasse (200 ml) mit 90 °C heißem Kaffee wird etwas Milch (30 ml) der Temperatur 6 °C gegeben. Welche Temperatur besitzt die Mischung, wenn man für beide Flüssigkeiten die Dichte von Wasser (1 kg l^{-1}) verwendet?

Aufgabe 3.21 Eiswürfel
Ein Eiswürfel mit einer Masse von 13 g und einer Temperatur von −18 °C wird in ein Glas mit 200 g Wasser der Temperatur 20 °C geworfen. Welche Mischungstemperatur stellt sich nach dem Schmelzen des Eiswürfels ein, wenn man den Wärmeaustausch mit dem Glas vernachlässigt?

Aufgabe 3.22 Motorkühlung
Ein Elektromotor erzeugt im Betrieb Abwärme und muss gekühlt werden. Dazu werden pro Minute 5 l Wasser durch ihn hindurch gepumpt. Dieses erwärmt sich dabei von 25 °C auf 50 °C. Wie groß ist die Wärmeleistung des Motors?

Aufgabe 3.23 Gebremste Radfahrt
Ein Radfahrer fährt unter Betätigung der Bremse mit konstanter Geschwindigkeit einen Berg hinab, wobei ein Höhenunterschied von 40 m überwunden wird. Fahrer und Rad wiegen zusammen 80 kg, die Bremse weitere 0,3 kg und die Wärmekapazität der Bremse beträgt 0,45 kJ mol^{-1} K^{-1}. Wie weit erwärmt sich die Bremse, wenn 50 % der erzeugten Wärme an die Umgebung abgeführt werden?

3.6 Zustandsänderungen

In diesem Abschnitt legen wir das Fundament für Anwendungen der Thermodynamik, von denen wir einige in den folgenden Abschnitten besprechen werden. Als Anwendungen sind Maschinen gemeint, die z.B. Arbeit verrichten, etwa in einem Auto. Oft kommen dabei Gase zum Einsatz, aber auch die Umwandlung von Stoffen kann nutzbar gemacht werden. Wir wollen uns auf Gase beschränken. Dennoch werden diese in jeder Maschine Veränderungen unterzogen, indem sie komprimiert, expandiert, abgekühlt und erhitzt werden. Man überführt ein Gas also von einem Zustand in den nächsten, und dies kann auf ganz unterschiedliche Arten geschehen. Diese zu kategorisieren und einzeln zu untersuchen ist der Inhalt dieses Abschnitts. Das nötige Rüstzeug dafür haben wir mit dem 1. Hauptsatz und der Wärmekapazität bereits gesammelt, hier wird es intensiv zur Anwendung kommen.

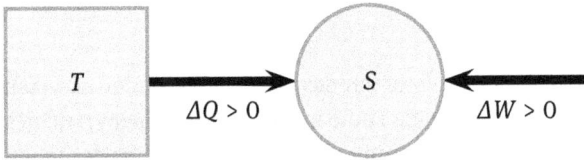

Abb. 3.17: Abstrakte Darstellung eines thermodynamischen Systems S mit der Ankopplung an eine Umgebung mit der Temperatur T. Fließt von dieser Umgebung Wärme ΔQ in das System, so wird die Energie positiv gezählt, gleiches gilt für die mechanische Arbeit ΔW.

3.6.1 Das betrachtete System

In Hinblick auf die Anwendung in Maschinen werden wir im Folgenden ein ideales Gas untersuchen, welches sich in einem Kolben mit beweglichem Schieber befindet. Diesen benötigen wir, um an dem Gas mechanische Arbeit leisten zu können, bzw. das Gas arbeiten zu lassen. Wärmezu- und abfuhr geschieht durch den Kontakt des Kolbens zur Umgebung, die eine bestimmte Temperatur besitzt und dem Gas jede beliebige Menge an Wärme zur Verfügung stellen bzw. von diesem aufnehmen kann. Die Umgebung bezeichnet man deswegen auch als Wärmebad. Wie gut der thermische Kontakt ist, wird die Zustandsänderung maßgeblich beeinflussen. Wir werden auch im späteren Verlauf die schon bekannte abstrakte Darstellung des Gases im Kolben sowie dessen thermische und mechanische Ankopplung an die Umgebung verwenden. Eine solche Darstellung bestehend aus dem Gas, bezeichnet als System S, dem Wärmebad mit der Temperatur T und der Vorzeichenkonvention der jeweiligen Energieüberträge ΔQ und ΔW ist in Abbildung 3.17 gezeigt.

Wie lässt sich das Gas (oder System) nun von einem Zustand (beschrieben durch die Zustandsgleichung idealer Gase) in einen anderen Zustand überführen? Die Möglichkeiten sind unbegrenzt, es gibt aber vier Spezialfälle, die sich noch ohne Anwendung eines Computers berechnen lassen. Im ersten Fall koppelt man das Gas ausschließlich an die thermische Umgebung, mechanische Arbeit wird nicht verrichtet. Das bedeutet, dass man den Schieber nicht bewegen darf, er ist während des Vorgangs arretiert und das Volumen bleibt somit konstant. Eine solche Zustandsänderung bei konstantem Volumen bezeichnet man als *isochor*. Der zweite Fall betrifft die Änderung bei konstantem Druck, man nennt diesen Vorgang *isobar*. Im dritten Fall verändert man den Zustand des Gases, lässt aber die Temperatur konstant. Dies nennt man eine *isotherme* Zustandsänderung. Das Gegenstück dazu ist eine *adiabatische* Zustandsänderung. Hier unterbindet man den Austausch von Wärmeenergie und lässt ausschließlich die mechanische Bewegung des Kolbens zu. Diese vier Fälle wollen wir im Folgenden näher untersuchen. Unser Augenmerk legen wir darauf, welche Energiemengen ausgetauscht werden und in welchem Zustand sich das System nach dem Prozess befindet.

3.6.2 Isochore Zustandsänderung

Eine isochore Zustandsänderung lässt das Volumen des Gases unverändert. Da sich der Schieber im Kolben nicht bewegt, wird auch keine mechanische Arbeit verrichtet. Das ist sicher intuitiv einsichtig, mathematisch äußert sich das darin, dass der schon früher gefundene Ausdruck für mechanische Arbeit,

$$dW = -p\, dV, \tag{3.124}$$

verschwindet, wenn die Volumenänderung dV Null wird. Auch hier verwenden wir die differentielle Schreibweise, um später leichter zu Ableitungen übergehen zu können. Ansonsten gilt wie immer, dass wir mit differentiellen Größen genauso rechnen können, wie mit Zahlen auch. Nach dem 1. Hauptsatz wird die Änderung der inneren Energie des Gases also allein durch die zu- oder abgeführte Wärme dQ bestimmt. Da mit der Änderung der inneren Energie direkt eine Änderung der Temperatur verknüpft ist, finden wir für eine isochore Zustandsänderung:

$$dU = v C_{V,m} dT = dQ. \tag{3.125}$$

Satz 3.21 *Isochore Zustandsänderung*
Bei einer isochoren Zustandsänderung ergibt sich die Temperaturänderung direkt aus der zugeführten Wärmemenge:

$$dT = \frac{dQ}{v C_{V,m}}. \tag{3.126}$$

3.6.3 Isobare Zustandsänderung

Lassen wir den Druck des Gases im Kolben während der Zustandsänderung konstant beim Außendruck p_a, so sind die zugeführte Wärme und die Erhöhung der Temperatur gemäß der Definition der Wärmekapazität bei konstantem Druck (3.107) verknüpft:

$$dQ = v C_{p,m} dT. \tag{3.127}$$

Gehen wir zu einer endlichen Temperaturänderung über und bezeichnen die Anfangstemperatur (also vor der Zustandsänderung) mit T_1 und die Endtemperatur mit T_2, so gilt für die Wärmemenge

$$\Delta Q = v C_{p,m} \Delta T = v C_{p,m} (T_2 - T_1). \tag{3.128}$$

Nach der Zustandsgleichung muss sich bei einer Temperaturerhöhung das Gas ausdehnen, wenn sich am Druck nichts ändert. Bei einer isobaren Zustandsänderung ist das Volumen ja proportional zur Temperatur. Also wird auch mechanische Arbeit verrichtet. In differentieller Form lautet diese:

$$dW = -p\,dV = -p_a\,dV.$$
(3.129)

Da der Druck hier nicht vom Volumen abhängt, kann man direkt zu endlichen Volumenänderungen übergehen:

$$\Delta W = -p_a \Delta V = -p_a\,(V_2 - V_1) = p_a\,(V_1 - V_2).$$
(3.130)

Weil Volumen und Temperatur nicht unabhängig sind, wird die geleistete Arbeit direkt durch die Wärmezufuhr festgelegt.

Beispiel 3.13 *Arbeitsleistung bei einer isobaren Zustandsänderung*

Ein Kolben enthält $v = 0{,}1$ Mol eines idealen einatomigen Gases bei Raumtemperatur (20 °C) und Normaldruck (1013 hPa). Welche Arbeit leistet das Gas nach der Zufuhr von 0,1 kJ Wärmeenergie?

Lösung: Zuerst sind die Wärmekapazität und das Volumen vor der Wärmezufuhr zu berechnen. Da wir es mit einem einatomigen Gas zu tun haben, welches also nur 3 Freiheitsgrade besitzt, können wir die Wärmekapazität bei konstantem Druck sofort angeben. Sie lautet:

$$C_{p,m} = \left(\frac{f}{2} + 1\right) R = \frac{5}{2} R = 20{,}7\,\frac{J}{mol\,K}.$$

Das anfängliche Volumen erhalten wir über die Zustandsgleichung:

$$V_1 = \frac{vRT_1}{p} = \frac{0{,}1\,mol \cdot 8{,}31\,\frac{J}{mol\,K} \cdot 293{,}15\,K}{1{,}013 \cdot 10^5\,Pa} = 0{,}0024\,m^3.$$

Die Wärmezufuhr bewirkt eine Temperaturerhöhung von

$$\Delta T = (T_2 - T_1) = \frac{\Delta Q}{vC_{p,m}} = \frac{0{,}1\,kJ}{0{,}1\,mol \cdot 20{,}7\,\frac{J}{mol\,K}} = 48{,}3\,K.$$

Das Gas besitzt am Ende also eine Temperatur von 341 K. Damit und mit dem konstant gebliebenen Druck lässt sich das Volumen nach der Expansion berechnen:

$$V_2 = \frac{vRT_2}{p} = \frac{0{,}1\,mol \cdot 8{,}31\,\frac{J}{mol\,K} \cdot 341\,K}{1{,}013 \cdot 10^5\,Pa} = 0{,}00280\,m^3.$$

Die dabei nun erbrachte Arbeitsleistung beträgt

$$\Delta W = p\,(V_1 - V_2) = 1{,}013 \cdot 10^5\,Pa \cdot (0{,}0024\,m^3 - 0{,}00280\,m^3) = -40{,}2\,J.$$

Man sieht, dass das Gas Arbeit leistet, da $\Delta W < 0$ ist. Außerdem ist die geleistete Arbeit kleiner als die aufgewendete Wärme. Das liegt daran, dass ein Teil der Wärme zur Erhöhung der Temperatur genutzt wurde.

Satz 3.22 *Isobare Zustandsänderung*

Trägt man bei konstantem Druck p die Wärmemenge ΔQ in ein Gas ein, so ändert sich dessen Temperatur um

$$\Delta T = \frac{\Delta Q}{\nu C_{p,\mathrm{m}}}. \tag{3.131}$$

Das Gas ändert sein Volumen von anfänglich V_1 nach V_2 und verrichtet die Arbeit

$$\Delta W = p\,(V_1 - V_2)\,. \tag{3.132}$$

Die Volumina V_1 und V_2 sind über die Zustandsgleichung mit den jeweiligen Temperaturen verknüpft und müssen darüber bestimmt werden. Die Zustandsänderung kann auch in der anderen Richtung erfolgen und durch Verrichten von Arbeit Wärmeenergie aus dem Gas entnommen werden.

3.6.4 Isotherme Zustandsänderung

Bewegt man den Schieber im Kolben sehr langsam und sind die Wände des Kolbens sehr gut wärmeleitend, so hat das Gas im Inneren immer genügend Zeit, die gleiche Temperatur anzunehmen wie die Umgebung. Wieder stellt sich die Frage, welche Wärmemenge man dem Gas zuführen oder entnehmen muss, wenn man sein Volumen von V_1 nach V_2 bei konstanter Temperatur (also isotherm) verändert. Da es dabei um eine Energiebilanz geht, ziehen wir wieder den 1. Hauptsatz heran. Das Volumen und der Druck des Gases ändern sich zwar, da aber die dritte Größe im Bunde, die Temperatur, konstant bleibt, ändert sich die innere Energie nicht. Diese hängt ja nur von der Temperatur und sonst keiner weiteren Größe ab. In differentieller Form lautet der 1. Hauptsatz somit:

$$\mathrm{d}U = \mathrm{d}Q + \mathrm{d}W = 0 \quad \Leftrightarrow \quad \mathrm{d}Q = -\mathrm{d}W. \tag{3.133}$$

Dieser Zusammenhang bedeutet, dass die *hineingesteckte* Wärmeenergie gleich der *abgeführten* mechanischen Arbeit. Das Gas ist bei isothermer Änderung also nur Durchgangsstation für Energie. Nun wollen wir die Arbeit auch quantitativ bestimmen. Wir machen dies mit Hilfe des schon öfter verwendeten Zusammenhangs

$$\mathrm{d}W = -p\,\mathrm{d}V. \tag{3.134}$$

Nun kommt der etwas schwierigere Teil. Verschwindend kleine Arbeitsleistungen lassen sich wie angegeben berechnen, da man den Druck bei einer verschwindend kleinen Volumenänderung als konstant betrachten kann. Wenn wir das Volumen von V_1 bis V_2 soweit verändern, dass auch der Druck beeinflusst wird, landen wir wieder beim Integral (3.90), das sich von V_1 bis V_2 erstreckt:

$$\int_{V_1}^{V_2} \mathrm{d}W = \Delta W = \int_{V_1}^{V_2} (-p)\,\mathrm{d}V. \tag{3.135}$$

Die summierten Teilarbeiten ergeben die gesamte geleistete Arbeit ΔW, auf der rechten Seite ist noch nichts passiert. Wie schon in der Näherung muss in jedem verschwindend kleinen Intervall dV ein anderer Druck berücksichtigt werden. Für ein ideales Gas kennen wir aber die Abhängigkeit des Drucks vom Volumen. Sie wird durch die Zustandsgleichung bestimmt und lautet:

$$p(V) = \frac{vRT}{V}. \tag{3.136}$$

Die Temperatur ist keine Variable, da wir sie während der Zustandsänderung konstant halten wollen. Diese Funktion $p(V)$ setzen wir nun in das Integral ein und lösen es:

$$\Delta W = - \int_{V_1}^{V_2} \frac{vRT}{V} \, dV. \tag{3.137}$$

Sämtliche Konstanten darf man als Faktor vor das Integral ziehen. Die Funktion, die man nun integrieren muss, ist $1/v$, und die Stammfunktion ist der natürliche Logarithmus:

$$\begin{aligned}
\Delta W &= -vRT \int_{V_1}^{V_2} \frac{1}{V} \, dV \\
&= -vRT \, [\ln V]_{V_1}^{V_2} \\
&= -vRT \, (\ln V_2 - \ln V_1) \\
&= -vRT \ln \frac{V_2}{V_1}.
\end{aligned} \tag{3.138}$$

Im letzten Schritt haben wir ein Logarithmengesetz verwendet. Man sieht, dass bei einer Expansion, wenn also das Volumen V_2 größer ist als das ursprüngliche Volumen V_1, Arbeit vom Gas geleistet wird. Der Logarithmus ist in diesem Fall eine positive Zahl und die Arbeit ΔW somit negativ, was nach unserer Vorzeichenkonvention bedeutet, dass Arbeit nach außen geht. Diese Energie muss, um die Temperatur konstant zu halten, in Form von Wärme hineingesteckt werden.

Beispiel 3.14 *Wärmezufuhr bei einer isothermen Zustandsänderung*

Welche Wärme muss man 0,1 Mol Gas bei Raumtemperatur (20 °C) zuführen, um es von einem Volumen $V_1 = 0,0024 \text{ m}^3$ auf ein Volumen $V_2 = 0,0028 \text{ m}^3$ isotherm zu expandieren?

Lösung: Die zugeführte Wärme ist gleich der vom Gas geleisteten Arbeit, welche wir nun berechnen können:

$$\begin{aligned}
\Delta Q &= -\Delta W = vRT \ln \frac{V_2}{V_1} \\
&= 0,1 \, \text{mol} \cdot 8,31 \frac{\text{J}}{\text{mol K}} \cdot 293,15 \text{ K} \cdot \ln \frac{0,0028 \text{ m}^3}{0,0024 \text{ m}^3} = 37,6 \text{ J}.
\end{aligned}$$

Ein Vergleich mit der entsprechenden isobaren Expansion zeigt, dass jetzt weniger Arbeit geleistet wird. Das liegt daran, dass der Druck während der Expansion fällt, während bei einer isobaren Expansion alle Teilarbeiten gleich groß waren.

Satz 3.23 *Isotherme Zustandsänderung*
Expandiert ein Gas isotherm von einem Volumen V_1 auf ein Volumen V_2, so leistet es dabei die Arbeit

$$\Delta W = -vRT \ln \frac{V_2}{V_1}.$$

(3.139)

Um die Temperatur dabei konstant zu halten, muss dieselbe Energiemenge als Wärme zugeführt werden. Bei einer Kompression wird entsprechend viel Wärme nach außen abgegeben.

3.6.5 Adiabatische Zustandsänderung

Während bei einer isothermen Zustandsänderung die Wärmeleitung der Wände des Kolbens als perfekt angesehen wird, bzw. der Prozess unendlich langsam abläuft, wird bei einer adiabatischen Zustandsänderung keinerlei Wärme mit der Umgebung ausgetauscht. Die Wände isolieren vollständig gegenüber der Umgebung oder der Prozess läuft so schnell ab, dass kein Wärmeaustausch möglich wird. In dieser Hinsicht stellt dies das Gegenstück zu isothermen Prozessen dar.

Der fehlende Wärmeaustausch, $dQ = 0$, hat wieder mit Energie zu tun und ist ein klarer Fall für den 1. Hauptsatz. Dieser lautet nun:

$$dU = dW.$$

(3.140)

Wenn das Gas Arbeit leistet, so kommt die dafür nötige Energie vollständig aus dem Gas selbst, es muss diese Arbeit mit innerer Energie bezahlen. Dadurch wird sich auch die Temperatur verringern. Die Verknüpfung der Temperaturänderung mit der Änderung der inneren Energie wird immer durch die molare Wärmekapazität bei konstantem Volumen hergestellt:

$$dU = vC_{V,\mathrm{m}} \, dT.$$

(3.141)

Für die geleistete Arbeit setzen wir wieder den bekannten Term $-p \, dV$ ein. Mit dem 1. Hauptsatz gilt dann folgender Zusammenhang:

$$vC_{V,\mathrm{m}} \, dT = -p \, dV.$$

(3.142)

Nun gehen wir wie bei der isothermen Zustandsänderung vor und setzen die Zustandsgleichung ein:

$$vC_{V,\mathrm{m}} \, dT = -\frac{vRT}{V} \, dV.$$

(3.143)

Die Molzahl tritt auf beiden Seiten als Faktor auf und lässt sich durch Division entfernen. Was wir uns in Erweiterung zu den isothermen Prozessen aber klarmachen sollten, ist die Tatsache, dass sich nun nicht mehr ausschließlich das Volumen ändert, sondern auch noch die Temperatur. Damit wird T zu einer weiteren Variable. Wir haben in unserem Fall aber Glück: Es ist möglich, die Variablen T und V zusammen mit deren Änderungen dT und dV jeweils auf eine Seite der Gleichung zu bringen.[18] Wie uns das der Lösung näher bringt, sehen wir anschließend:

$$\frac{1}{T}\,dT = -\frac{R}{C_{V,m}}\frac{1}{V}\,dV. \tag{3.144}$$

An dieser Stelle haben wir bei den isothermen Prozessen auf beiden Seiten integriert, und zwar in den Grenzen V_1 bis V_2. Wir werden hier nun ebenfalls integrieren, allerdings ohne Grenzen anzugeben. In der Mathematik spricht man von einem unbestimmten Integral.

$$\int \frac{1}{T}\,dT = -\frac{R}{C_{V,m}}\int \frac{1}{V}\,dV. \tag{3.145}$$

Auf beiden Seiten stehen nun Funktionen, deren Stammfunktion wir kennen und im letzten Abschnitt auch angewendet haben. Bei der Lösung von unbestimmten Integralen muss man aber beachten, dass es immer unendlich viele Stammfunktionen gibt, die sich alle um eine Konstante unterscheiden. Eine solche Konstante tritt auf beiden Seiten auf, da jeweils ein unbestimmtes Integral gelöst wird. Wir bringen diese Konstanten auf eine Seite und bezeichnen diese ganz allgemein mit A. Dann erhalten wir:

$$\ln T + \frac{R}{C_{V,m}}\ln V = A. \tag{3.146}$$

Damit haben wir die Integration hinter uns. Der letzte Schritt besteht darin, den Zusammenhang zwischen T und V zu vereinfachen. Bisher stehen beide Größen ja unter einem Logarithmus. Um diesen zu entfernen, bildet man auf beiden Seiten die Umkehrfunktion, also $e^{\cdots}$. Dann benötigen wir einen Griff in die Kiste der Logarithmengesetze:

$$e^{\ln T + \frac{R}{C_{V,m}}\ln V} = T \cdot e^{\frac{R}{C_{V,m}}\ln V} = T V^{\frac{R}{C_{V,m}}} = e^{A}. \tag{3.147}$$

Wir führen nun eine neue thermodynamische Größe ein, die wir *Adiabatenexponent* γ nennen werden und für welche die folgende Definition gilt:

---

[18] In der Mathematik nennt man das im Rahmen der Differentialgleichungen auch Separation der Variablen.

> **Definition 3.8** *Der Adiabatenexponent*
> Der Adiabatenexponent eines Gases ist
>
> $$\gamma = \frac{C_{p,\mathrm{m}}}{C_{V,\mathrm{m}}}. \tag{3.148}$$
>
> Da die molare Wärmekapazität bei konstantem Volumen nur von der Zahl der Freiheitsgrade des Gases bestimmt wird, gilt dies auch für den Adiabatenexponenten:
>
> $$\gamma = \frac{\frac{f}{2}+1}{\frac{f}{2}} = 1 + \frac{2}{f}. \tag{3.149}$$

Diese Definition hat, wie man sieht, zunächst einmal den Charakter einer bloßen Abkürzung. Im Exponenten steht ja der Term $R/C_{V,\mathrm{m}}$, was sich vereinfachen lässt zu $2/f$. Drückt man dies durch den Adiabatenexponenten aus, so erhält man:

$$TV^{\gamma-1} = e^A = \mathrm{const.} \tag{3.150}$$

Dieses Ergebnis bedeutet folgendes: Während des gesamten adiabatischen Vorgangs bleibt das Produkt $TV^{\gamma-1}$ konstant, behält also den Wert, den es zu Beginn hatte. Somit haben wir für adiabatische Prozesse einen Zusammenhang zwischen dem Volumen und der Temperatur gefunden. Allerdings gilt dieser Zusammenhang *nur während* eines adiabatischen Prozesses. Insbesondere beschreibt er nicht den Zustand eines Gases, das bleibt allein der Zustandsgleichung vorbehalten. Als weitere Größe geht der Adiabatenexponent ein, der ausschließlich von der Zahl der Freiheitsgrade im Gas bestimmt wird (und umgekehrt durch eine Messung des Zusammenhangs zwischen Temperatur und Volumen Rückschlüsse auf die atomaren Eigenschaften des Gases zulässt).

Mit Hilfe der Zustandsgleichung lassen sich noch zwei weitere Aussagen finden, die während des adiabatischen Vorgangs gelten. Ersetzt man die Temperatur in (3.150), so erhält man:

$$\frac{pV}{\nu R}V^{\gamma-1} = \mathrm{const} \quad \Leftrightarrow \quad pV^{\gamma} = \mathrm{const.} \tag{3.151}$$

Die dritte Kombination, die noch bleibt, ist ein Zusammenhang zwischen dem Druck und der Temperatur. Wieder mit Hilfe der Zustandsgleichung findet man:

$$T\left(\frac{\nu RT}{p}\right)^{\gamma-1} = \mathrm{const} \quad \Leftrightarrow \quad T^{\gamma}p^{1-\gamma} = \mathrm{const.} \tag{3.152}$$

Diese drei Zusammenhänge bilden das zentrale Ergebnis für adiabatische Prozesse. Es handelt sich nicht um Zustandsgleichungen, da sie nur während eines Prozesses gelten.

Satz 3.24 *Adiabatische Zustandsänderungen*
Während eines adiabatischen Prozesses wird keine Wärme mit der Umgebung ausgetauscht, es gilt deswegen

$$dQ = 0. \tag{3.153}$$

Daraus lassen sich die sogenannten *Adiabatengleichungen* ableiten, die den Druck, die Temperatur und das Volumen des Gases während eines adiabatischen Vorgangs verknüpfen:

$$TV^{\gamma-1} = \text{const}, \tag{3.154}$$
$$pV^{\gamma} = \text{const}, \tag{3.155}$$
$$T^{\gamma}p^{1-\gamma} = \text{const}. \tag{3.156}$$

Die Werte der Konstanten erhält man, indem man Druck, Temperatur und Volumen zu Beginn des Prozesses einsetzt.

Beispiel 3.15 *Schnelle Expansion eines Gases*

In einem Kolben befinden sich 0,1 Mol eines einatomigen idealen Gases bei 20 °C und einem Druck von 1013 hPa. Nun wird das Gas adiabatisch auf das Volumen $V_2 = 0{,}0028$ m^3 expandiert. Welche Temperatur und welcher Druck herrschen dann im Gas?

Lösung: Zuerst benötigen wir wieder zur Vervollständigung das Ausgangsvolumen V_1. Dieses beziehen wir über die Zustandsgleichung:

$$V_1 = \frac{vRT_1}{p_1} = \frac{0{,}1\,\text{mol} \cdot 8{,}31\,\frac{\text{J}}{\text{mol K}} \cdot 293{,}15\,\text{K}}{1{,}013 \cdot 10^5\,\text{Pa}} = 0{,}0024\,\text{m}^3.$$

Dann benötigen wir für die Adiabatengleichungen noch den Adiabatenexponenten γ. Da das Gas einatomig ist, besitzt es nur 3 Freiheitsgrade, weswegen sich für den Adiabatenexponenten folgender Wert ergibt:

$$\gamma = 1 + \frac{2}{f} = \frac{5}{3}. \tag{3.157}$$

Da wir das Volumen am Ende des Prozesses kennen, und die Temperatur und den Druck bestimmen wollen, bieten sich die beiden ersten Adiabatengleichungen (3.154) und (3.155) an. Berechnen wir zuerst die neue Temperatur:

$$T_2 V_2^{\gamma-1} = T_1 V_1^{\gamma-1}$$
$$\Leftrightarrow T_2 = T_1 \cdot \left(\frac{V_1}{V_2}\right)^{\gamma-1} = 293{,}15\,\text{K} \cdot \left(\frac{0{,}0024\,\text{m}^3}{0{,}0028\,\text{m}^3}\right)^{5/3-1} = 264{,}5\,\text{K}.$$

Das Gas kühlt sich dabei auf $-8{,}63$ °C ab. Jetzt berechnen wir auf ähnliche Art den Druck. Mit der Adiabatengleichung (3.155) finden wir:

$$p_2 V_2^{\gamma} = p_1 V_1^{\gamma}$$
$$\Leftrightarrow p_2 = p_1 \cdot \left(\frac{V_1}{V_2}\right)^{\gamma} = 1{,}013 \cdot 10^5\,\text{Pa} \cdot \left(\frac{0{,}0024\,\text{m}^3}{0{,}0028\,\text{m}^3}\right)^{5/3} = 7{,}83 \cdot 10^5\,\text{Pa}.$$

Der Druck fällt auf 783 hPa ab.

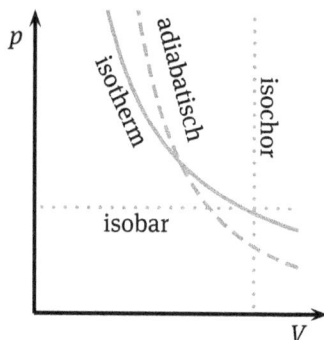

Abb. 3.18: Zusammenstellung der vier diskutierten Zustandsänderungen in einem pV-Diagramm. Isobare und isochore Prozesse erkennt man leicht an den Geraden, die Isotherme unterscheidet sich von der Adiabaten durch einen weniger steilen Abfall bei wachsendem Volumen.

3.6.6 Zusammenfassung der Zustandsänderungen

Die vier besprochenen Zustandsänderungen sind in Abbildung 3.18 noch einmal zusammengestellt. Man erkennt, dass die Isotherme im Vergleich zur Adiabate weniger steil verläuft. Dies liegt mathematisch daran, dass der Adiabatenexponent immer größer als 1 ist und $p \sim V^{-\gamma}$ gilt, während im isothermen Fall $p \sim V^{-1}$ ist. Die Isochore verläuft in diesem Bild senkrecht, die Isobare hingegen waagrecht. Es ist zweckmäßig, eine solche Darstellung zu benutzen, auch wenn sie die Temperaturen nicht aufzeigt. Der Druck und das Volumen sind aber die beiden einzigen Größen, die bei der Berechnung mechanischer Arbeit benötigt werden, und um arbeitsfähige Maschinen soll es in den nächsten Abschnitten gehen. Das pV-Diagramm wird sich auch dort als nützlich erweisen.

Aufgaben

Aufgabe 3.24 Zustandsänderungen eines idealen Gases
Ein ideales Gas der Temperatur $T_1 = 300$ K befinde sich bei einem Druck von $p_1 = 1{,}00 \cdot 10^6$ Pa in einem Volumen $V_1 = 3{,}00$ m³.
a) Das Gas wird isotherm auf das Volumen $V_2 = 2{,}00$ m³ komprimiert. Wie lautet anschließend der Druck p_2? Welche Wärmemenge wurde dabei übertragen? Hat das Gas Wärme aufgenommen oder abgegeben?
b) Nun wird das Gas isobar auf sein ursprüngliches Volumen V_1 expandiert. Welche Arbeit wird dabei verrichtet?

Aufgabe 3.25 Wie viele Freiheitsgrade?
Bei der Expansion eines Gases stellt man fest, dass das Produkt $pV^{9/7}$ konstant bleibt. Wie viele Freiheitsgrade besitzen die Moleküle im Gas?

Aufgabe 3.26   Vergleich von isothermer und adiabatischer Kompression

Es soll 1 mol Luft (5 Freiheitsgrade) der Temperatur 0,0 °C von 1 bar auf den zehnfachen Druck komprimiert werden. Man berechne den dafür erforderlichen Arbeitsaufwand bei isothermer und adiabatischer Kompression.

Aufgabe 3.27   Druckluftkompressor

Um Gasflaschen zu befüllen, benötigt man einen Kompressor. Dieser komprimiert Luft von 1013 hPa auf 35 bar. Dieser Vorgang läuft bei einer konstanten Temperatur von 27 °C ab. Die anfallende Wärme muss von einem Kühlsystem abtransportiert werden. Welche Wärmemenge ergibt sich in einer Stunde, wenn in dieser Zeit 10 kg Luft komprimiert werden? Luft besteht vereinfacht zu 78 % aus Stickstoff (m_r = 28) und 22 % aus Sauerstoff (m_r = 32).

3.7 Der 2. Hauptsatz

Wir stehen an einem Punkt, wo wir schon alle Grundelemente gesammelt haben, um rudimentäre thermodynamische Maschinen zu verstehen. Woraus bestehen Maschinen und wie erhalten wir durch sie einen Nutzen? Nehmen wir als Beispiel einen Verbrennungsmotor. Dieser besteht aus Zylindern (nicht der Wanckelmotor), in denen Gas verbrannt wird um damit einen Kolben[19] zu bewegen. Die dabei ablaufenden Prozesse sind sehr komplex und die Optimierung schon weit vorangeschritten. Sicherlich wird aber Gas im Zylinder komprimiert und expandiert, wobei sich die Temperatur ständig ändert. Solche Zustandsänderungen haben wir im letzten Abschnitt aber ausführlich untersucht. Jetzt schalten wir sie hintereinander, um den Motor laufen lassen zu können. Dabei werden wir kein Gas verbrennen, sondern in einem einfachen Modell wieder ein ideales Gas in einem Zylinder betrachten, das von außen erhitzt oder abgekühlt werden kann. Dabei lassen sich sehr allgemein verwendbare Aussagen über den Wirkungsgrad solcher Maschinen treffen, die näherungsweise auch für die wesentlich komplizierteren realen Motoren gelten, dort aber viel aufwändiger zu beschaffen sind. Außerdem führt uns die Untersuchung in natürlicher Weise zum 2. Hauptsatz.

3.7.1 Kreisprozesse

Wenn man sagt, ein Motor laufe „rund" , so meint man damit die ruhige Arbeitsweise der Maschine. Für einen solch runden Lauf bedarf es einer Abfolge von Zustandsänderungen am Gas, die dazu führen, dass es immer wieder in den gleichen Zustand kommt. Eine solche Abfolge bezeichnet man als *Kreisprozess*. Alle Zustandsgrößen nehmen wiederkehrend immer die gleichen Werte an. Insbesondere gilt dies auch

---

19 Es gibt hier eine sprachliche Doppeldeutigkeit: Wir haben unter einem Kolben bisher das verstanden, was wir nun als Zylinder bezeichnen, und der Schieber ist nun der Kolben.

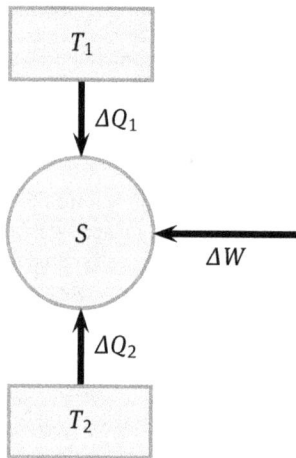

Abb. 3.19: Schematische Darstellung einer thermodynamischen Maschine. Sie besteht aus einem Gas in einem Behälter, was abstrakt mit dem System S bezeichnet wird, zwei Wärmebädern mit den Temperaturen T_1 und T_2, sowie einer Mechanik. Das Wärmebad mit der Temperatur T_1 ist das heißere, es gilt $T_1 > T_2$. Die Energieflüsse entsprechen unserer Vorzeichenkonvention und sind jeweils positiv, wenn Energie in das System wandert.

für die innere Energie U. Während der einzelnen Prozessschritte können Änderungen an dieser auftreten, zählt man diese alle zusammen, muss aber Null herauskommen. Nummerieren wir die Schritte mit dem Index i und bezeichnen die jeweiligen Änderungen der inneren Energie mit ΔU_i, so gilt also

$$\Delta U = \sum_i \Delta U_i = 0. \tag{3.158}$$

Wenn die Maschine Arbeit verrichten soll, muss man auch Energie in Form von Wärme hineinstecken. Um das Gas zu erhitzen, brauchen wir also ein heißes Wärmereservoir. Während des Betriebs wird aber auch Abwärme anfallen, die man abführen muss. Dafür benötigt man noch ein zweites, kaltes Wärmereservoir. Denkbar sind auch mehr als zwei Temperaturstufen, bei denen Wärme ausgetauscht wird, wir beschränken uns der Einfachheit halber aber auf diese zwei. Eine abstrakte Darstellung einer thermodynamischen Maschine findet sich in Abbildung 3.19. Abseits von Kühlungsschläuchen und Zylinderanordnungen konzentrieren wir uns nur auf die wesentlichen Merkmale. Das heiße Wärmebad hat eine Temperatur T_1 und liefert dem Gas im Zylinder, also dem System S, eine Wärmemenge ΔQ_1, wenn man in Pfeilrichtung liest. Ebenfalls in Pfeilrichtung gelesen liefert das kältere Wärmebad der Temperatur T_2 dem System eine Wärmemenge ΔQ_2. Da dieses Wärmebad aber nur Energie aufnehmen wird, Energie also entgegen der Pfeilrichtung fließt, können wir jetzt schon sagen, das $\Delta Q_2 < 0$ ist. Schließlich soll noch Arbeit verrichtet werden. Wenn diese in das Gas gesteckt wird, ist sie wie gewohnt positiv zu werten. Nun sind alle Voraussetzungen vorhanden,

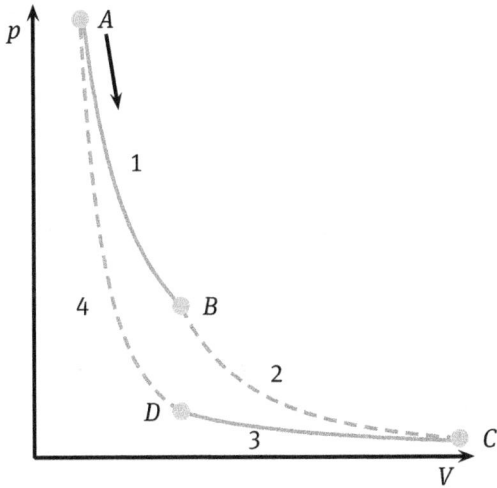

Abb. 3.20: Ein Carnot-Prozess im pV-Diagramm. Die betrachteten Zustände, bei denen jeweils ein Wechsel von einer adiabatischen zu einer isothermen Zustandsänderung stattfindet (und umgekehrt), sind mit Punkten markiert und Buchstaben versehen. Die Zustandsänderungen selbst werden mit Zahlen zur Nummerierung bezeichnet. Zur besseren Unterscheidung sind die Adiabaten gestrichelt und die Isothermen durchgezogen gezeichnet. Der Pfeil markiert die Richtung, in welcher der Prozess durchlaufen wird.

um das Gas im Zylinder verschiedenen Veränderungen zu unterwerfen, von denen wir eine spezielle Abfolge herausgreifen und im nächsten Abschnitt besprechen.

3.7.2 Der Carnot-Prozess

Der Carnot-Prozess beschreibt folgende Sequenz von Zustandsänderungen: Zuerst wird das Gas im Zylinder bei konstanter Temperatur T_1 expandiert. Dann schließt eine schnelle Expansion ohne Wärmeaustausch an, also ein adiabatischer Prozess. Dabei kühlt sich das Gas auf die Temperatur T_2 ab. Nun wird etwas langsamer komprimiert und die Temperatur konstant bei T_2 gehalten. Zum Schluss folgt eine adiabatische Kompression, die das Gas wieder in den Ausgangszustand überführt und der Kreisprozess von Neuem beginnen kann. Die Frage lautet, welche Wärmemenge man hineinstecken muss und wie viel Arbeit man dafür bekommt. Dafür sind ein paar kleinere Rechnungen nötig, die auf ein sehr einfaches Ergebnis führen werden. Im wesentlichen sammeln wir aber die Ergebnisse aus dem Abschnitt 3.6 über Zustandsänderungen und summieren Arbeits- und Wärmeleistungen auf.

Schauen wir zuerst den Prozess im pV-Diagramm an, dargestellt in Abbildung 3.20. Man sieht die sich abwechselnde Überführung des Gases von einem Zustand in den anderen durch adiabatische und isotherme Zustandsänderungen. An den markierten Punkten werden wir die Zustandsgrößen berechnen, für die Prozessschritte 1 bis 4 jeweils die Arbeit ΔW und die zugeführte Wärme ΔQ. Die Zustandsgrößen Druck und Volumen nummerieren wir ebenfalls durch, und zwar so, dass z.B. V_1 das Volumen zu Beginn des Prozessschritts 1 bezeichnet, V_2 das Volumen zu Beginn von Schritt 2 usw. Die Temperatur kann bei den vier betrachteten Zuständen insgesamt aber nur zwei Werte annehmen, weil es nur zwei Wärmebäder gibt. Deswegen tauchen in der Rechnung nur die Werte T_1 und T_2 auf. Die abgeführte Wärme ist in diesem Kreisprozess noch nicht von Interesse, wir werden sie in späteren Beispielen verwenden (müssen). Das Ziel dabei ist, eine Aussage über die Effizienz dieser Maschine zu treffen. Jede Maschine, die Wärme in mechanische Arbeit umwandelt, soll von letzterer ja möglichst viel liefern, und das bei geringen Kosten.

Beginnen wir mit einer Buchhaltung der Energiebeiträge. Im ersten Prozessschritt wird das Gas isotherm expandiert, vom Volumen V_1 auf das Volumen V_2. Während dieser Expansion steht das Gas in Kontakt mit dem heißen Wärmebad der Temperatur T_1. Der Druck sinkt von p_1 auf p_2, wie man in Abbildung 3.20 sehen kann. Die verrichtete Arbeit und die aufgenommene Wärme haben wir früher schon ausgerechnet, das Ergebnis (3.139) lautet angepasst auf die hier verwendeten Indizes:

$$\Delta W_1 = -\Delta Q_1 = -\nu R T_1 \ln \frac{V_2}{V_1}. \tag{3.159}$$

Weil das Volumen V_2 größer ist als V_1, ist ΔW negativ, was eine Arbeitsleistung des Gases nach außen bedeutet. In diesem Schritt gewinnen wir also etwas Arbeit, müssen aber eine ebenso große Menge an Wärme hineinstecken. Es schließt sich eine adiabatische Expansion vom Volumen V_2 auf ein Volumen V_3 an, die Temperatur fällt auf die des kalten Wärmebads T_2. Wärme wird hier weder aufgenommen noch abgegeben, aber wir erhalten weitere nutzbare Arbeit. Gemäß (3.141) beträgt diese:

$$\Delta W_2 = \Delta U = \nu C_{V,m}\Delta T = \nu C_{V,m}(T_2 - T_1). \tag{3.160}$$

Nun komprimieren wir das Gas wieder. Zuerst isotherm, und koppeln es währenddessen an das kalte Wärmebad T_2. Für Arbeit und übertragene Wärme gilt:

$$\Delta W_3 = -\Delta Q_3 = -\nu R T_2 \ln \frac{V_4}{V_3}. \tag{3.161}$$

Diese Arbeit ist positiv, sie muss also von außen aufgebracht werden. Dann entfernen wir die thermische Kopplung wieder und komprimieren adiabatisch weiter bis in den Ausgangszustand. Auch dabei müssen wir Arbeit verrichten:

$$\Delta W_4 = \Delta U = \nu C_{V,m}\Delta T = \nu C_{V,m}(T_1 - T_2). \tag{3.162}$$

Die insgesamt geleistete Arbeit ist die Summe aller Teilarbeiten:

$$\Delta W = \Delta W_1 + \Delta W_2 + \Delta W_3 + \Delta W_4. \tag{3.163}$$

Intuitiv würde man erwarten (oder wünschen?), dass mehr Arbeit herauskommt, als bei der Kompression hineingesteckt wurde. Doch für eine quantitative Aussage müssen wir noch etwas rechnen. Setzt man die eben erhaltenen Ausdrücke für die Teilarbeiten lediglich ein, so addieren sich ΔW_2 und ΔW_4 zu Null, und es bleibt übrig:

$$\Delta W = -vRT_1 \ln \frac{V_2}{V_1} - vRT_2 \ln \frac{V_4}{V_3}. \tag{3.164}$$

Die vier Volumina sind noch etwas störend, ein kürzerer Ausdruck wäre schöner. Hier helfen uns die Adiabatengleichungen. Wir verwenden (3.154), welche die Temperatur und das Volumen miteinander verknüpft. Für die beiden adiabatischen Zustandsänderungen finden wir damit:

$$T_1 V_2^{\gamma-1} = T_2 V_3^{\gamma-1} \quad \Leftrightarrow \quad \frac{T_1}{T_2} = \left(\frac{V_3}{V_2}\right)^{\gamma-1}, \tag{3.165}$$

$$T_2 V_4^{\gamma-1} = T_1 V_1^{\gamma-1} \quad \Leftrightarrow \quad \frac{T_1}{T_2} = \left(\frac{V_4}{V_1}\right)^{\gamma-1}. \tag{3.166}$$

Noch eine kleine Umformung liefert:

$$\frac{V_1}{V_2} = \frac{V_4}{V_3}. \tag{3.167}$$

Damit ersetzen wir den Term mit dem Verhältnis V_4/V_3 in (3.164) und erhalten unter Zuhilfenahme eines Logarithmengesetzes das folgende Ergebnis für die geleistete Arbeit:

$$\Delta W = -vR(T_1 - T_2) \ln \frac{V_2}{V_1}. \tag{3.168}$$

Damit sind wir schon fast am Ziel angekommen. Die geleistete Arbeit ist der Nutzen, den wir ziehen, doch wir haben auch Kosten. Die stecken gleich im ersten Prozessschritt, da wir bei einer isothermen Expansion Wärme in das System geben müssen. Sonst haben wir an keiner Stelle mehr Ausgaben. Eine Größe, welche die Effizienz der Maschine beschreibt (und im Englischen auch so heißt), ist der Wirkungsgrad. Er ist ganz allgemein definiert als das Verhältnis von Nutzen und Kosten und wird mit dem Symbol η bezeichnet:

$$\eta = \frac{\text{Nutzen}}{\text{Kosten}}. \tag{3.169}$$

Der Wirkungsgrad ist eine positive Zahl. Da die geleistete Arbeit jedoch negativ ist, machen wir durch einen Vorzeichenwechsel daraus eine positive Zahl. Dann setzen wir den Nutzen und die Kosten unserer Maschine ein:

$$\eta = \frac{-\Delta W}{\Delta Q_1} = \frac{vR(T_1 - T_2) \ln \frac{V_2}{V_1}}{vRT_1 \ln \frac{V_2}{V_1}}$$

$$= \frac{T_1 - T_2}{T_1} = 1 - \frac{T_2}{T_1}. \tag{3.170}$$

Dies ist das gewünschte Ergebnis, mit dem wir die Effizienz der Maschine beziffern können.

Satz 3.25 *Wirkungsgrad einer Carnot-Maschine*
Der Wirkungsgrad einer Maschine beschreibt das Verhältnis vom Nutzen zum Aufwand, mit dem dieser Nutzen gewonnen wird:

$$\eta = \frac{\text{Nutzen}}{\text{Kosten}}. \tag{3.171}$$

Für die Carnot-Maschine findet man:

$$\eta = 1 - \frac{T_2}{T_1}. \tag{3.172}$$

Der Wirkungsgrad ist nur abhängig von den Temperaturen der Wärmebäder und immer kleiner als 1. Um ihn zu maximieren, muss man das heiße Wärmebad auf eine möglichst hohe Temperatur bringen, oder das kältere auf eine möglichst niedrige.

Beispiel 3.16 *Heißer = effizienter*

Welchen Wirkungsgrad hat eine Carnot-Maschine, die Wärme aus einem Reservoir bei $T_1 = 300\,°C$ entnimmt und Abwärme bei Raumtemperatur (20 °C) abgibt? Welche prozentuale Verbesserung erzielt man, wenn man Wärme bei 400 °C zuführt?

Lösung: Gemäß (3.172) findet man für die Wirkungsgrade der beiden Maschinen:

$$\eta_1 = 1 - \frac{T_2}{T_1} = 1 - \frac{293{,}15\,\text{K}}{573{,}15\,\text{K}} = 48{,}9\,\%,$$

$$\eta_2 = 1 - \frac{T_2}{T_1} = 1 - \frac{293{,}15\,\text{K}}{673{,}15\,\text{K}} = 56{,}5\,\%.$$

Die prozentuale Steigerung der Effizienz durch die höhere Temperatur beträgt:

$$\frac{\eta_2 - \eta_1}{\eta_1} = \frac{56{,}5\,\% - 48{,}9\,\%}{48{,}9\,\%} = 15{,}4\,\%.$$

Die Stellschrauben zur Maximierung des Wirkungsgrades sind also prinzipiell sehr einfach: Wärmezufuhr bei einer möglichst hohen Temperatur oder Wärmeabfuhr bei einer möglichst niedrigen. Auch wenn die Carnot-Maschine sehr idealisiert ist, so wird in der Motorentechnik genau das angestrebt: Die Verbrennung des Treibstoffs soll bei möglichst hohen Temperaturen erfolgen. Doch wie man es auch anstellen mag, der Wirkungsgrad ist begrenzt. Dieses Ergebnis ist die zweite wichtige Feststellung, die wir treffen können. Offenbar ist es nicht möglich, die hineingesteckte Wärme vollständig in mechanische Arbeit zu verwandeln. Abwärme entsteht immer und ist ökonomisch gesehen verloren. Wir können dafür zwar keine echte Erklärung liefern (das kann auch sonst niemand), aber dennoch etwas darauf eingehen.

3.7.3 Der 2. Hauptsatz

Wer noch einmal genau nachliest, was wir im Abschnitt 3.7.1 über Kreisprozesse geschrieben haben, wird feststellen, dass sich schon in der Einleitung etwas ganz Wichtiges nebenbei eingeschlichen hat: Wir haben dort gesagt, dass wir mindestens zwei Wärmebäder benötigen, damit die Maschine periodisch arbeiten kann. Nach dem 1. Hauptsatz wäre es möglich, genau die gleiche Menge an Wärme hineinzustecken, wie man als Arbeit wieder herausholt. Sogar die innere Energie ändert sich dabei nicht. Dennoch ist eine solche Maschine nicht möglich, und da wir erstens kein Kriterium besitzen, welches sie ausschließt, und es sich zweitens um eine sehr wichtige Aussage handelt, gönnen wir ihr einen eigenen Satz.

> **Satz 3.26**   *Der 2. Hauptsatz der Thermodynamik*
> Der 2. Hauptsatz der Thermodynamik lautet in der Formulierung nach Kelvin:
> Es gibt keine periodisch arbeitende thermodynamische Maschine, deren *einzige* Wirkung darin besteht, Wärme vollständig in mechanische Arbeit zu verwandeln.

Mit diesem Satz wird klar, dass man immer mindestens ein weiteres Wärmebad benötigt, da immer Abwärme entsteht, welche man in ein kälteres Bad abführen muss. Einen Beweis dafür gibt es nicht, wir finden die Bestätigung für seine Gültigkeit rein empirisch. Wir nehmen den 2. Hauptsatz als Erfahrungswert hin und werden ihn im folgenden noch umformulieren.

3.7.4 Reversible und irreversible Prozesse

Meistens schaut man sich einen Film in Vorwärtsrichtung an, sodass die Ereignisse, die auf dem Bildschirm ablaufen, in der Zeit voranschreiten. Filme kann man auch rückwärts abspielen, was manchmal als Stilmittel gebraucht wird. In der Natur läuft die Zeit nur in eine Richtung. Es gibt nun Vorgänge, die man in zwei Richtungen ablaufen lassen kann und die dabei genauso aussehen, als würde man einen Film des Vorgangs einmal vorwärts und einmal rückwärts abspielen. Ein Beispiel für einen solchen Vorgang ist die adiabatische Expansion eines Gases in einem Zylinder, in dem sich der Kolben *reibungsfrei* bewegt. In dieser Richtung leistet das Gas Arbeit und seine innere Energie verringert sich. Die andere Richtung sieht so aus: Der Kolben wird unter Arbeitsaufwand adiabatisch (also sehr schnell) in den Zylinder geschoben. Wendet man dieselbe Arbeitsmenge auf, die vorher frei wurde, so erreicht das Gas wieder exakt seine ursprüngliche Temperatur (oder innere Energie). Der Vorgang läuft genauso ab, wie ein rückwärts laufender Film der Expansion. Solche Vorgänge, zu denen ein zeitlich spiegelbildlicher Vorgang existiert, nennt man *reversibel*. Natürlich kann man an dieser Stelle berechtigt einwenden, dass so etwas ja gar nicht möglich ist. Jeder Kolben reibt mehr oder weniger stark an der Zylinderwand. Welche Konsequenz hat das? Reibung erwärmt die Zylinderwand, ein Teil der inneren Energie wird also nicht in Arbeit verwandelt, sondern als Wärme abgegeben. Nun bewegt man den Kolben wieder zurück. Erreicht man dann wieder den ursprünglichen Zustand? Sicherlich nicht, denn die vorher erzeugte Wärme müsste bei vollständiger Umkehrbarkeit dabei zurückfließen. Statt dessen wird noch einmal Wärme erzeugt und bei vollständiger Rückführung der gewonnenen Arbeit kann der Ausgangszustand nicht mehr erreicht werden. Ein rückwärts ablaufender Film würde aber zeigen, dass Wärme aus der Zylinderwand zurückfließt und sich die Wand abkühlt (mit einer Wärmekamera wäre so etwas durchaus sichtbar zu machen). So etwas hat noch niemand beobachtet. Ein weiteres Beispiel ist ein durch Reibung gebremster Eisstock. Man wird niemals die Umkehrung dieses Vorgangs beobachten, dass sich nämlich der Untergrund abkühlt und sich die Wärmeenergie in Bewegungsenergie des Eisstocks verwandelt. Solche Vorgänge nennt man *irreversibel*. Sie haben immer damit zu tun, dass Wärme erzeugt wird, die in der anderen Richtung nicht mehr in mechanische Energie umgewandelt werden kann. Ein letztes Beispiel führt uns schließlich zu einer weiteren, äquivalenten Formulierung es 2. Hauptsatzes. Bringt man einen wärmeren und einen kälteren Körper in thermischen Kontakt, so fließt Wärme von selbst immer vom warmen zum kalten Körper, niemals umgekehrt.

> **Satz 3.27**   *Der 2. Hauptsatz der Thermodynamik - weitere Formulierung*
> In der Formulierung von Clausius lautet der 2. Hauptsatz:
> Es gibt keinen thermodynamischen Vorgang, dessen *einzige* Wirkung darin besteht, Wärme von einem kalten zu einem warmen Reservoir zu transportieren.

Beide Formulierungen des 2. Hauptsatzes geben Erfahrungen in Worten wieder. Sie sind Merksätze, was ihnen jedoch fehlt, ist die Fähigkeit, quantitativ verwendbar zu sein. Rechnungen erlauben sie also nicht. Im folgenden befassen wir uns mit einer mathematischen Formulierung des 2. Hauptsatzes.

3.7.5 Die Entropie

Gehen wir ein paar Schritte zurück zur Berechnung des Wirkungsgrades der Carnot-Maschine. In der Gleichung (3.170) sind wir auf auf folgendes Ergebnis gekommen:

$$\frac{-\Delta W}{\Delta Q_1} = 1 - \frac{T_2}{T_1}. \tag{3.173}$$

Zur Berechnung der Arbeit waren nur die beiden isothermen Schritte nötig, da während der adiabaten Zustandsänderungen netto keine Arbeit verrichtet wurde. Die isotherm erbrachte Arbeit ist gleich der hineingesteckten Wärmemengen in den beiden Schritten. Wir formen deswegen wie folgt um:

$$\frac{\Delta Q_1 + \Delta Q_3}{\Delta Q_1} = 1 + \frac{\Delta Q_3}{\Delta Q_1} = 1 - \frac{T_2}{T_1} \quad \Leftrightarrow \quad \frac{\Delta Q_3}{T_2} + \frac{\Delta Q_1}{T_1} = 0. \tag{3.174}$$

Diesen Zusammenhang müssen wir ein wenig einwirken lassen. Die Wärmemenge ΔQ_1 wurde im ersten Schritt aus dem heißen Wärmebad bei der Temperatur T_1 entnommen, die Wärmemenge ΔQ_3 im dritten Schritt an das kältere Reservoir der Temperatur T_2 abgegeben. In (3.174) sehen wir, dass die Quotienten aus der transportierten Wärmemenge und der dabei herrschenden Temperatur in der Summe verschwinden. Wir haben dieses Ergebnis beispielhaft am Carnot-Prozess gefunden, es gilt jedoch auch für alle anderen reversiblen Kreisprozesse. Man kann also jeden Kreisprozess in einzelne Teilschritte i zerlegen, während derer die Temperatur, bei welcher Wärme zu- oder abgeführt wird, konstant bleibt und findet für die Summe der Verhältnisse aus ΔQ_i und der jeweiligen Transporttemperatur T_i:

$$\sum_i \frac{\Delta Q_i}{T_i} = 0. \tag{3.175}$$

Die Größe $\Delta Q/T$ muss also die Änderung einer Zustandsgröße sein, denn bei einem kompletten Umlauf eines reversiblen Prozesses summieren sich die Änderungen an dieser zu Null und die Größe nimmt damit nach dem Prozess denselben Wert an wie davor. Entscheidend ist, dass die Wärmemenge ΔQ reversibel aufgenommen wird. Die Zustandsgröße, deren Änderung wir soeben untersucht haben, nennt man *Entropie* und bezeichnet diese mit dem Buchstaben S. Fassen wir dieses Zwischenergebnis zusammen.

Satz 3.28 *Die Entropie - eine neue Zustandsgröße*
Man bezeichnet das Verhältnis aus reversibel aufgenommener Wärme und der zugehörigen Temperatur, bei welcher die Wärme transportiert wurde, als Entropieänderung ΔS:

$$\Delta S = \frac{\Delta Q^{\text{rev}}}{T}. \tag{3.176}$$

Bei jedem reversiblen Kreisprozess summieren sich die Entropieänderungen der einzelnen Schritte zu Null:

$$\sum_i \Delta S_i = 0. \tag{3.177}$$

Man kann auch die Entropieänderung differentiell untersuchen, wenn sich z.B. die Temperatur kontinuierlich verändert. Dann gilt entsprechend:

$$dS = \frac{dQ^{\text{rev}}}{T}. \tag{3.178}$$

Aus der Summe über endlich viele kleine Entropieänderungen wird dann ein Integral über unendlich viele, aber unendlich kleine Änderungen dS. Da das Integral aber dort endet wo es beginnt (der Kreisprozess beginnt und endet auch im selben Zustand), macht man durch folgende Schreibweise deutlich, dass es sich um ein Integral entlang eines geschlossenen Weges handelt:

$$\oint \frac{dQ^{\text{rev}}}{T} = 0. \tag{3.179}$$

Da die Entropie sich als Zustandsgröße während eines vollständigen Umlaufs nicht ändert, ist klar, weswegen immer mindestens zwei Wärmebäder nötig sind, um eine periodisch arbeitende Maschine am Laufen zu halten. Holt sich das Gas bei einer hohen Temperatur Wärme aus einem Reservoir und damit eine Entropiemenge ΔS_i, so muss es diese Entropiemenge wieder loswerden, um am Ende im selben Zustand sein zu können wie am Anfang des Prozesses. Dies geht nur, wenn es Wärme bei einer niedrigeren Temperatur in ein kälteres Wärmebad abführt. Stimmt das Verhältnis aus abgeführter Wärme und der zugehörigen Temperatur mit der Entropieaufnahme überein, ist die Bedingung (3.177) erfüllt. Damit haben wir den zweiten Hauptsatz für reversible Kreisprozesse auch auf ein mathematisches Fundament erhoben. Er lautet in sehr kurzer Form, dass die Entropieänderung nach einem vollständigen Umlauf verschwinden muss. Für Kreisprozesse mit irreversiblen Anteilen ist noch eine kleine Änderung nötig, die wir hier nicht näher begründen. Irreversible Prozesse führen dazu, dass Entropie global gesehen erzeugt wird, ohne wieder vernichtet werden zu können. Die Entropieänderung eines abgeschlossenen Systems ist damit nicht mehr Null, sondern nimmt eine positiven Wert an. „Abgeschlossen" bedeutet, das Gas und seine Umgebung als ganze Einheit zu betrachten. In irgend einem Bereich darf auch bei irreversiblen Prozessen die Entropie kleiner werden, nur muss sie dafür an anderen Stellen soweit zunehmen, dass sie insgesamt (eben global) größer wird. Mit dieser Ergänzung haben wir eine mathematische Formulierung des 2. Hauptsatzes gefunden.

Satz 3.29 *Der 2. Hauptsatz und das Anwachsen der Entropie*
Für abgeschlossene Systeme gilt:

$$\Delta S \geq 0. \tag{3.180}$$

Dies ist eine mathematische Form des 2. Hauptsatzes der Thermodynamik. Für reversible Kreisprozesse gilt die Gleichheit, Kreisprozesse mit irreversiblen Anteilen erzeugen Entropie.

Die Entropie gehört zu den schwierigsten Begriffen der Thermodynamik. Wir können ihn hier nur aus der Sicht der klassischen Wärmelehre verstehen, einen tieferen Einblick liefert erst die statistische Mechanik. Dort sieht man, dass die Entropie ein Maß ist für die Anzahl der Zustände, die einem System auf mikroskopischer Ebene zur Verfügung stehen. Eine hoch geordnete Information wie in einem DNA-Molekül besitzt demnach eine sehr geringe Entropie, den Molekülen eines Gases stehen sehr viele räumliche und Impulszustände zur Verfügung, sodass die Entropie ein Maximum annimmt. Da die Entropie nach dem 2. Hauptsatz immer nur größer werden kann, hat man dadurch einen natürlichen Konkurrenten für Ordnung.

Aufgaben

Aufgabe 3.28 Wirkungsgrad einer Carnot-Maschine
Eine Carnot-Maschine arbeitet mit einem Wirkungsgrad $\eta = 40\%$. Während man die Temperatur des kälteren Wärmespeichers bei $\vartheta_2 = 0\,°C$ konstant hält, soll der Wirkungsgrad der Maschine auf $\eta' =$

50 % gesteigert werden, indem die Temperatur des heißeren Wärmereservoirs erhöht wird. Um wie viel muss sie erhöht werden?

Aufgabe 3.29 Entropieänderung bei Volumenzunahme - isotherm
In einem Behälter befinden sich 10 l Gas bei einer Temperatur von 25 °C und einem Druck von 1500 hPa. Wie groß ist die Entropieänderung, wenn man das Gas isotherm und reversibel soweit expandiert, dass der Druck auf 1013 hPa abfällt?

Aufgabe 3.30 Entropieänderung bei Volumenzunahme - isobar
Es soll 1 mol Gas (3 Freiheitsgrade) von einem anfänglichen Druck $p_1 = 1013$ hPa und einem Volumen $V_1 = 24$ l isobar und reversibel auf das Volumen $V_2 = 30$ l expandiert werden. Wie ändert sich die Entropie?

3.8 Thermodynamische Maschinen

Der Carnot-Prozess ist ein gedankliches Modell zur theoretischen Untersuchung von thermodynamischen Maschinen. Wir haben ihn bisher nur in einer Richtung betrieben, um durch Zufuhr von Wärme mechanische Arbeit zu gewinnen. Doch auch die umgekehrte Richtung ist möglich. Man steckt Arbeit hinein und transportiert die Wärme vom kalten zum heißen Wärmebad. Und neben der speziellen Abfolge von Zustandsänderungen in der Carnot-Maschine sind natürlich auch andere Prozesse denkbar und tauchen in technischen Anwendungen auch auf. Solche Prozesse werden wir ebenfalls unter die Lupe nehmen. Die letzte Idealisierung, von der wir zumindest zeitweise Abschied nehmen, ist die des Gases selbst. Technisch kommen auch reale Gase zum Einsatz, die Phasenübergänge erlauben und somit verflüssigt werden können. Welche physikalischen Einschränkungen dabei berücksichtigt werden müssen, schauen wir uns am Ende dieses Abschnitts an.

3.8.1 Der Kühlschrank

Ein Kühlschrank hat den Zweck, sein Inneres auf eine kleinere Temperatur zu bringen als die der Umgebung. Wieder bewegen wir unseren Blick weg von den technischen Details, mit denen solch ein Gerät heute geschmückt wird, und schauen nur auf die Energieflüsse. Die Carnot-Maschine, wie sie in Abbildung 3.19 abstrakt dargestellt ist, kann uns als Kühlschrank dienen. Die beiden Wärmebäder stehen für den Innenraum und die Umgebung, das System S umfasst alle Rohrleitungen und den Motor, sowie ein Gas, welches darin bewegt wird. Lässt man den Carnot-Prozess nun in der umgekehrten Richtung ablaufen, steckt man Arbeit in das System und transportiert dabei Wärme vom kalten Wärmebad zum wärmeren. Wie dies funktioniert, zeigt uns das pV-Diagramm des Carnot-Prozesses 3.20. Wir beginnen im Punkt A und gehen entgegen der Pfeilrichtung. Das Gas steht unter hohem Druck und besitzt die Temperatur T_1 der

Umgebung. Nun wird es durch ein Rohrstück geschickt, welches keinen thermischen Kontakt zur Außenwelt besitzt. In diesem Rohrelement lässt man das Gas expandieren, wobei es sich auf die Innentemperatur des Kühlschranks abkühlt (Punkt D). Dann folgt eine Ankopplung an den Innenraum und man expandiert das Gas isotherm weiter (Punkt C). Dabei nimmt es Wärme aus dem Innenraum auf. Nun erhöht man die Temperatur des Gases in einem isolierten Rohrstück durch Kompression auf die Umgebungstemperatur und landet im Punkt B. Um die im Innenraum aufgenommene Wärme abzugeben, komprimiert man bei thermischer Kopplung an die Umgebung bis zum Ausgangsvolumen und landet wieder im Punkt A. So wird das Innere kühl gehalten. Tatsächlich kann man auch weiter abkühlen, dann muss die Gastemperatur nach der adiabatischen Kompression etwas unterhalb der Kühlschranktemperatur liegen. Die Wärmeentnahme sorgt dann für einen Temperaturabfall.

Welche Energiewerte sind hier von Interesse? Zum einen die Arbeit ΔW, die man für die Kompression benötigt. Hier stecken die Kosten für den Kühlschrank. Der Wärmestrom zwischen Umgebung (T_1) und System S ist nicht wichtig, wir sind vielmehr an der transportierten Wärme vom kalten Reservoir in das Gas interessiert (Schritt 3). Die aus dem Innenraum abtransportierte Wärme ist unser Nutzen. Diese beiden Größen haben wir schon einmal ausgerechnet, als wir die Bilanz der Energie für den Carnot-Prozess aufstellten. Da der Prozess jetzt aber in der anderen Richtung durchlaufen wird, drehen sich sämtliche Vorzeichen der Energiebeiträge um. Was vorher in das System hineingesteckt wurde, kommt nun heraus und umgekehrt. Wir können deswegen im wesentlichen abschreiben und finden folgenden Wirkungsgrad:

$$\eta = \frac{\Delta Q_3}{\Delta W} \overset{(3.161), (3.168)}{=} \frac{-vRT_2 \ln \frac{V_4}{V_3}}{vR(T_1 - T_2) \ln \frac{V_2}{V_1}} \overset{(3.167)}{=} \frac{-T_2 \ln \frac{V_1}{V_2}}{(T_1 - T_2) \ln \frac{V_2}{V_1}}$$

$$= \frac{T_2}{T_1 - T_2}. \tag{3.181}$$

Dieses Ergebnis haben wir zwar nur für einen reversiblen Carnot-Prozess gefunden, es gilt jedoch auch für alle anderen reversiblen Kreisprozesse.

Satz 3.30 *Der Wirkungsgrad eines Kühlschranks*
Ein Kühlschrank mit Innentemperatur T_2, der in einer Umgebung mit Temperatur T_1 steht, besitzt den Wirkungsgrad

$$\eta = \frac{T_2}{T_1 - T_2}, \tag{3.182}$$

wenn er unter vollkommen reversiblen Bedingungen läuft.

Beispiel 3.17 *Kalte Getränke im Sommer und im Winter*

Wie effizient arbeitet ein Kühlschrank im Sommer bei einer Umgebungstemperatur von 27 °C und im Winter bei 21 °C, wenn das Innere bei 7 °C gehalten werden soll?

Lösung: Die beiden Wirkungsgrade lauten:

$$\eta_{\text{Sommer}} = \frac{T_2}{T_1 - T_2} = \frac{280{,}15 \text{ K}}{300{,}15 \text{ K} - 280{,}15 \text{ K}} = 14{,}0 = 1400\,\%,$$

$$\eta_{\text{Winter}} = \frac{T_2}{T_1 - T_2} = \frac{280{,}15 \text{ K}}{294{,}15 \text{ K} - 280{,}15 \text{ K}} = 20{,}0 = 2000\,\%.$$

Das Beispiel zeigt, dass die Wirkungsgrade riesig werden. Die Carnot-Maschine hatte bei 100 % begrenzte Effizienz. Der Kühlschrank dreht den Carnot-Prozess aber zum einen um, zum anderen sind wir an einer anderen Wärmemenge interessiert. Theoretisch kann der Wirkungsgrad über alle Grenzen wachsen, wenn die Umgebungstemperatur immer näher an die des Innenraums herankommt. Er kann aber auch gegen Null streben, was der Fall ist bei einer unendlich hohen Umgebungstemperatur. Allgemein muss der Kühlschrank mehr Arbeit leisten, um gegen eine größere Temperaturdifferenz anzukommen. Welche technischen Tricks man aber auch immer anwenden mag, bei gegebenen Temperaturen kann man den Wirkungsgrad nicht weiter steigern als durch (3.182) festgelegt. Man hat jedoch dadurch eine Einschätzung, wie gut man einen Kühlschrank gebaut hat. Die Entfernung zu einem Ziel ist in der Entwicklung ein gewichtiges Argument, in der einen wie in der anderen Richtung.

In einem thermisch isolierten Raum steht ein Kühlschrank. Ein schlauer Mensch kommt auf die Idee, diesen bei geöffneter Kühlschranktür als Klimaanlage zu gebrauchen. Wird das funktionieren?

3.8.2 Die Wärmepumpe

Zwei von drei Energieströmen im Carnot-Prozess haben wir jetzt schon nutzbar gemacht, fehlt noch der dritte. Das ist die Wärmeenergie, die das System mit dem heißen Wärmebad austauscht. Diese wird in modernen Heizungsanlagen verwendet. Eine Wärmepumpe transportiert Wärme von einem kalten Reservoir, dem Erdboden, in eine wärmeres, die zu beheizende Wohnung. Auch dies geschieht nicht von allein, wie wir wissen, sondern man muss dafür Arbeit aufwenden. Der Prozess läuft also genau wie der Kühlschrank ab, nur dass der Nutzen diesmal ein anderer ist. Im pV-Diagramm des Carnot-Prozesses ist dies die Wärmemenge ΔQ_1, die (in umgekehrter Richtung gelesen) während der isothermen Kompression des Gases an das Wärmebad der Temperatur T_1 (in diesem Fall die Wohnung) abgeführt wird. Für den Wirkungsgrad ergibt sich:

$$\eta = \frac{\Delta Q_1}{\Delta W} \overset{(3.159),\ (3.168)}{=} \frac{\nu R T_1 \ln \frac{V_2}{V_1}}{\nu R (T_1 - T_2) \ln \frac{V_2}{V_1}}$$

$$= \frac{T_1}{T_1 - T_2}. \tag{3.183}$$

Um einen positiven Wirkungsgrad zu erhalten, haben wir im Zähler das Vorzeichen umgedreht. Die an das wärmere Reservoir geleitete Wärme wäre nach unserer Konvention ja negativ, die aufgewendete Arbeit aber positiv. Ein Vergleich mit dem Carnot-Wirkungsgrad (3.172) zeigt, dass die Wärmepumpe gerade den inversen Wirkungsgrad besitzt. Während also der Wirkungsgrad immer kleiner als 1 ist, liegt der Wirkungsgrad der Wärmepumpe immer oberhalb von 1.

> **Satz 3.31** *Wirkungsgrad einer Wärmepumpe*
> Der Wirkungsgrad einer Wärmepumpe, die Wärme von einem kalten Reservoir der Temperatur T_2 zu einem warmen Reservoir T_1 befördert, liegt bei
>
> $$\eta = \frac{T_1}{T_1 - T_2}. \tag{3.184}$$
>
> Dieser Wirkungsgrad ist immer größer als 1.

Bei Wärmepumpen sprechen Installateure übrigens statt einem Wirkungsgrad von einer sogenannten Leistungszahl. Der Begriff ist ein anderer, die Bedeutung aber die gleiche.

Beispiel 3.18 *Kosten für eine Wärmepumpe*

Wie groß ist der Anteil der elektrischen Energie für den Betrieb des Motors einer Wärmepumpe an der genutzten Wärme, wenn diese Wärme aus dem 4 °C kalten Erdreich in eine 50 °C warme Heizung transportiert werden soll?

Lösung: Der Wirkungsgrad beträgt

$$\eta = \frac{T_1}{T_1 - T_2} = \frac{323{,}15\ \text{K}}{323{,}15\ \text{K} - 277{,}15\ \text{K}} = 7{,}0 = 700\,\%.$$

Der Nutzen überwiegt die Kosten um einen Faktor 7,0, sodass man gemessen an der transportierten Wärme nur etwa 1/7 ≈ 14 % für die elektrische Energie bereitstellen muss. In der Realität liegen diese Kosten höher, etwa bei 20 – 25 %, was an den bei realen Maschinen üblichen Verlusten liegt. Der Wirkungsgrad ist größer als 100 %, da Heizungswärme nicht wie im konventionellen Betrieb erzeugt, sondern nur transportiert wird. Erzeugungskosten sind höher als bloße Transportkosten.

3.8.3 Der Stirling-Motor

Ein Stirling-Motor ist eine Maschine, in der sich in einem Zylinder ein Kolben hin- und herbewegt und dabei Arbeit verrichtet. Das Besondere ist, dass in dem Zylinder nur Luft ist, geheizt wird diese an einem Ende des Zylinders von außen. Der Kolben ist so gebaut, dass er ständig die erhitzte Luft zum anderen Ende transportiert, wo sie sich wieder abkühlen kann. Außerdem besitzt er die weitere Besonderheit, kurzzeitig Wärme aus der Luft im Kolben zwischenspeichern zu können. Der Kreisprozess ist in einem pV-Diagramm sehr einfach zu verstehen. Er besteht aus einer Abfolge von

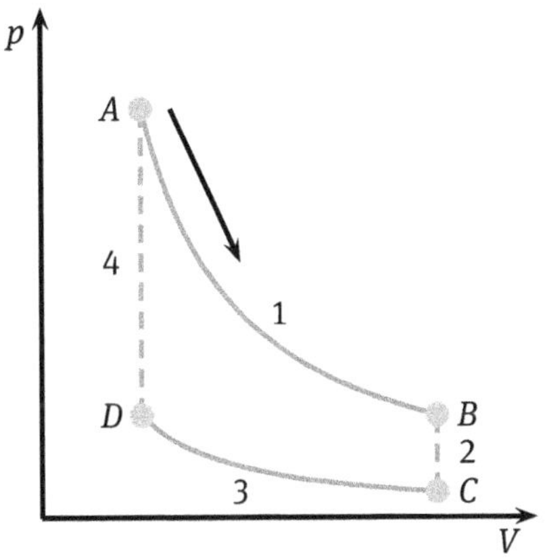

Abb. 3.21: Der Stirling-Motor im pV-Diagramm. Die Isothermen sind durchgezogen gezeichnet, die Isochoren gestrichelt.

isothermen und isochoren Prozessen, dargestellt in Abbildung 3.21. Der Prozess beginnt im Punkt A bei einem Volumen V_1 und einem Druck p_1 sowie einer Temperatur T_1. Die Luft im Zylinder nimmt bei der anschließenden isothermen Expansion Wärme ΔQ_1 aus dem heißen Reservoir auf. Anschließend bleibt das Volumen eine gewisse Zeit konstant und der Druck sinkt weiter. Dabei wird keine Arbeit verrichtet, aber es muss eine Wärmemenge ΔQ_2 abgegeben werden. Die Temperatur fällt auf die des kälteren Reservoirs T_2. Dann folgt wieder eine isotherme Kompression, es wird Arbeit ΔW_3 hineingesteckt und das Gas gibt Wärme ΔQ_3 an das kalte Reservoir ab. Um alles wieder in den Ausgangszustand zu bringen, folgt noch eine Temperaturerhöhung bei konstantem Volumen V_1. Dabei wird Wärme ΔQ_4 aufgenommen.

Wo liegen nun die Kosten? Das ist aus dem pV-Diagramm nicht direkt ersichtlich, man muss dazu etwas über die Bauweise des Stirling-Motors wissen. Wie schon erwähnt, besitzt er einen Speicher für Wärme, welcher direkt im Kolben integriert ist. Dieser nimmt während der isochoren Abkühlung im zweiten Schritt Energie auf und gibt dieselbe Menge im letzten Schritt wieder an das Gas ab. Die Wärmebäder sind in diesen beiden Schritten nicht beteiligt, der Wärmeaustausch geschieht nur zwischen dem Wärmespeicher im Kolben und der Luft im Zylinder. Aus dem heißen Reservoir muss also nur im ersten Schritt Wärme aufgenommen werden, weitere Kosten fallen nicht an. Wir wissen bereits, wie viel Wärme bei einer isothermen Zustandsänderung aufgenommen wird, wenn sich das Volumen dabei von V_1 auf V_2 vergrößert:

$$\Delta Q_1 = \nu R T_1 \ln \frac{V_2}{V_1}. \tag{3.185}$$

Ebenso groß ist die vom Gas dabei erbrachte Arbeit:

$$\Delta W_1 = -\Delta Q_1 = -\nu R T_1 \ln \frac{V_2}{V_1}. \tag{3.186}$$

Während der zweiten isothermen Kompression muss etwas Arbeit von außen aufgewendet werden. Das geschieht bei der Temperatur T_2 und das Volumen verkleinert sich von V_2 auf V_1:

$$\Delta W_3 = -\nu R T_2 \ln \frac{V_1}{V_2} = \nu R T_2 \ln \frac{V_2}{V_1}. \tag{3.187}$$

Netto wird vom Stirling-Motor also die Arbeit erbracht, mit

$$\Delta W = \Delta W_1 + \Delta W_3 = -\nu R T_1 \ln \frac{V_2}{V_1} + \nu R T_2 \ln \frac{V_2}{V_1}$$

$$= \nu R (T_2 - T_1) \ln \frac{V_2}{V_1}. \tag{3.188}$$

Jetzt sind alle Kosten und der Nutzen auf dem Tisch, sodass wir den Wirkungsgrad berechnen können:

$$\eta = \frac{-\Delta W}{\Delta Q_1} = \frac{-\nu R (T_2 - T_1) \ln \frac{V_2}{V_1}}{\nu R T_1 \ln \frac{V_2}{V_1}}$$

$$= \frac{T_1 - T_2}{T_1} = 1 - \frac{T_2}{T_1}. \tag{3.189}$$

Wieder erhalten wir ein sehr kurzes Ergebnis für einen Wirkungsgrad einer Wärmekraftmaschine.

Satz 3.32 *Wirkungsgrad des Stirling-Motors*
Der Wirkungsgrad eines Stirling-Motors beträgt:

$$\eta = 1 - \frac{T_2}{T_1}. \tag{3.190}$$

Er ist identisch mit dem Wirkungsgrad der Carnot-Maschine.

3.8.4 Gasverflüssigung und der Joule-Thomson-Effekt

Jenseits von Wärmetransport oder Arbeitsverrichtung durch thermodynamische Maschinen besitzt das Verflüssigen von Gasen ein enormes Anwendungspotential. Flüssiger Stickstoff spielt z.B. beim Kühlen von Supraleitern eine wichtige Rolle, welche wiederum in der Medizintechnik eingesetzt werden. Technisch gesehen steckt dahinter das Linde-Verfahren, dessen physikalische Grundlagen wir zumindest qualitativ verstehen wollen. Bei der Diskussion realer Gase haben wir festgestellt, dass diese unterhalb einer kritischen Temperatur in mindestens zwei verschiedenen Phasen auftreten können, gasförmig und flüssig. Eine zentrale Ergänzung zu idealen Gasen war ein zusätzlicher Druckterm in der Zustandsgleichung, den wir als Binnendruck bezeichnet haben. Dieser kam durch eine anziehende Kraft zwischen den Atomen oder Molekülen im Gas zustande. Diese Anziehung der Teilchen hat sich auch an einer weiteren

Stelle bemerkbar gemacht. Beim Schmelzen oder Verdampfen eines Stoffes haben wir gesehen, dass man eine Weile Wärmeenergie zuführen kann, ohne dass sich die Temperatur ändert. Wir haben dies so erklärt, dass vor einer Erhöhung der thermischen Energie erst die Bindungen zwischen den Teilchen gelockert oder gelöst werden müssen, was ebenfalls Energie kostet und aus der zugeführten Wärme gespeist wird. Die gesamte innere Energie eines realen Stoffes (egal ob gasförmig, fest oder flüssig) setzt sich also aus einem thermischen Anteil zusammen sowie der Bindungsenergie. Für ein Mol lässt sich dafür schreiben:

$$U = \frac{f}{2}RT - \frac{a}{V_\mathrm{m}}. \tag{3.191}$$

Der erste Term auf der rechten Seite ist die bekannte thermische Energie idealer Gase. Bei diesen war sie die einzige Energieform, und sie hängt nur von der Temperatur ab. Der zweite Term ist negativ und hängt nur vom molaren Volumen V_m ab. Die Konstante a ist der van der Waals-Koeffizient für den Binnendruck. Vergrößert man das Volumen bei konstanter Temperatur, so wird auch die innere Energie größer (man zieht weniger potentielle Energie a/V_m von der thermischen Energie ab). Beim Schmelzen oder Verdampfen geht man umgekehrt vor: Durch Zuführen von Wärme steigt die innere Energie, wodurch eine Vergrößerung des Volumens und das Aufbrechen von Bindungen ermöglicht wird.

Was kann nun passieren, wenn man das Volumen des Gases vergrößert, ohne Wärme zu- oder abzuführen oder einen Kolben in einem Zylinder zu bewegen? Eine adiabatische Zustandsänderung ohne Arbeitsleistung ist an dieser Stelle neu. Technisch lässt sich so ein Vorgang mittels einer Drossel realisieren, durch die das Gas in einem Rohr strömt und dahinter expandiert. Man beachte: Dem Gas wird lediglich ein größerer Raum zur Verfügung gestellt. Die innere Energie bleibt gleich, und nach (3.191) erzwingt ein größeres Volumen deswegen eine kleinere Temperatur. Reale Gase kühlen sich also ab, wenn sie durch eine Drossel strömen. Dies bezeichnet man als den *Joule-Thomson-Effekt*. Die Abkühlung kann sehr groß werden, wenn man die Druckänderung über die Drossel entsprechend wählt. Das Linde-Verfahren beruht auf diesem Effekt und kühlt mit dem expandierten, kalten Gas, das einströmende Gas vor. Führt man diesen Vorgang mehrmals periodisch durch, gelangt man schließlich zu so kleinen Temperaturen, dass das Gas in die flüssige Phase übergeht. Doch es gibt eine Einschränkung: Die Abkühlung bei der Expansion wird erst unterhalb einer sogenannten *Inversionstemperatur* T_i möglich. Oberhalb von T_i findet man statt dessen eine Erwärmung des Gases. Diese Inversionstemperatur lässt sich für van der Waals-Gase explizit berechnen, auf die Herleitung verzichten wir hier jedoch.

> **Satz 3.33** *Verflüssigen von Gasen*
> Lässt man ein reales Gas in einem Rohr durch eine Drossel strömen und expandieren, so kühlt es sich dabei ab, wenn die anfängliche Temperatur unterhalb der Inversionstemperatur
>
> $$T_i = \frac{2a}{Rb}.$$
> (3.192)
>
> liegt. Oberhalb von T_i erwärmt sich das Gas bei der Expansion.

Die folgende Frage hat ebenfalls mit der Bindung zwischen Teilchen zu tun:

> Mischt man drei Gewichtsteile zerstoßenes Eis mit einem Gewichtsteil Salz, so sinkt die Temperatur der Mischung auf etwa −18 °C. Warum fällt die Temperatur ab?

Das Eis wird dabei übrigens flüssig, ein Effekt, den im Winter die Streudienste nutzen, wenn sie mit Hilfe von Salz die Straßen eisfrei bekommen wollen.

Aufgaben

Aufgabe 3.31 Warmwasserheizung
Aus dem Boden um ein Wohnhaus soll Wärme entnommen werden, wobei die Temperatur im Erdreich 6 °C betrage. Der Heizungsanlage, deren Wassertemperatur bei 70 °C liegt und die nach dem Carnot-Prinzip arbeitet, wird nun die Wärmemenge $3{,}6 \cdot 10^9$ J zugeführt.
a) Wie groß ist der Wirkungsgrad?
b) Welche Arbeit muss man aufwenden?
c) Man gehe davon aus, dass die Energie elektrisch zugeführt wird und der Strompreis bei 0,25 € pro kWh liegt. Wie groß ist die Differenz der Ausgaben im Vergleich zu einer idealen elektrischen Erwärmung des Heizwassers (Wirkungsgrad 100 %)?

Aufgabe 3.32 Verflüssigen von CO_2
CO_2 (van der Waals-Koeffizienten $a = 0{,}365$ N m^4 mol^{-2}, $b = 42{,}5 \cdot 10^{-6}$ m^3 mol^{-1}) wird bei Raumtemperatur gemäß des Joule-Thomson-Versuchs expandiert. Kommt es dabei zu einer Abkühlung oder Erwärmung?

3.9 Der 3. Hauptsatz

Zwei Hauptsätze kennen wir schon. Der erste bedeutet die Erhaltung der Energie, wobei im Gegensatz zur Mechanik auch Wärme als Energieform berücksichtigt wird. Bei der Untersuchung einer reversiblen Carnot-Maschine haben wir jedoch gesehen, dass die Energieerhaltung nicht genügen kann, um thermodynamische Vorgänge zu beschreiben. Allein nach dem 1. Hauptsatz wäre es ja möglich, Wärme vollständig in Arbeit umzuwandeln. Der 2. Hauptsatz macht uns bei periodisch arbeitenden Maschinen einen Strich durch die Rechnung und verlangt seinerseits eine gewisse Menge an Abwärme, die für die Erzeugung von Arbeit nicht mehr zur Verfügung steht. In der umgekehrten Richtung wie z.B. bei einem Kühlschrank muss man deswegen Arbeit investieren, um Wärme aus dem kalten Reservoir in das wärmere zu transportieren. Genau diesen Vorgang wollen wir jetzt etwas weiter verfolgen. Wir fragen uns, was wohl passiert, wenn ein Kühlschrank im Dauerbetrieb läuft. Wenn ein Kühlschrank das erste Mal in Betrieb genommen wird, arbeitet der Motor eine ganze Weile, bis die Innenraumtemperatur auf den gewünschten Wert gesunken ist. Dann schaltet der Motor ab und fängt erst wieder mit der Arbeit an, wenn ausreichend Wärme durch die Isolierung nach innen gedrungen ist und die Temperatur deswegen über dem eingestellten Wert liegt. Nehmen wir an, es gäbe einen perfekt isolierten Kühlschrank mit einer Temperaturregelung, die man bis auf die physikalisch kleinste Temperatur von 0 K einstellen kann. An die Stromkosten für dieses Unterfangen denken wir erst einmal nicht. Sehen wir uns einen Arbeitsschritt der Maschine an. Die Außentemperatur liegt bei T_1, die Innentemperatur hat gerade den Wert T_2 angenommen. Wenn der Motor in einem Arbeitsschritt die Arbeit ΔW aufwenden kann, so kann bei einem vollkommen reibungsfrei arbeitenden Kühlschrank folgende Wärme aus dem Inneren entfernt werden:

$$\Delta Q = \eta \, \Delta W. \tag{3.193}$$

Den Wirkungsgrad eines Kühlschranks bei den vorliegenden Temperaturen T_1 und T_2 kennen wir schon und können diesen Wert gleich einsetzen:

$$\Delta Q \overset{(3.182)}{=} \frac{T_2}{T_1 - T_2} \Delta W. \tag{3.194}$$

Die Außentemperatur T_1 ist fest. Die Innentemperatur T_2 wird aber mit jedem Arbeitsschritt kleiner und geht gegen Null. Damit wird aber auch der Wirkungsgrad und die entnommene Wärme immer kleiner, wenn man davon ausgeht, dass der Kühlschrank immer die gleiche Arbeit verrichtet. Wird aber nach jedem Schritt immer weniger Wärme abgeführt, so sinkt auch die Temperatur immer langsamer. Somit dauert es immer länger, die Temperatur um einen bestimmten Wert abzusenken, und man muss unendlich lange warten, bis $T_2 = 0$ erreicht wird. Diese Tatsache bezeichnet man als den 3. Hauptsatz der Thermodynamik.

Satz 3.34 *Der 3. Hauptsatz der Thermodynamik*
Der 3. Hauptsatz der Thermodynamik, auch Nernst'sches Wärmetheorem genannt, besagt, dass es prinzipiell unmöglich ist, den absoluten Temperaturnullpunkt zu erreichen.

3.10 Wärmetransport

Schon bei der Diskussion des 1. Hauptsatzes sind wir auf die Frage gestoßen, wie Wärme transportiert werden kann. Diese wollen wir in diesem Abschnitt beantworten. An dem folgenden einfachen Beispiel können wir uns klarmachen, welche grundsätzlichen Möglichkeiten es für den Wärmetransport gibt: Ein Topf mit Wasser wird auf einem Glaskeramikherd erhitzt, wobei das anfangs kalte Wasser auch an seiner Oberfläche heiß wird. Das Kochfeld eines Glaskeramikherds besteht aus einer Heizspirale und einer darüber liegenden dunklen Keramikfläche. Diese ist allerdings für infrarotes Licht durchsichtig. Schaltet man den Herd an, beginnt die Heizspirale, infrarotes Licht hoher Intensität abzustrahlen. Wir sehen dies nicht, dennoch nehmen wir ein rotes Aufleuchten wahr. Den Grund dafür werden wir in Abschnitt 3.10.2 näher untersuchen. Die abgegebene Strahlung trifft anschließend auf den Topfboden und erwärmt diesen. Die Übertragung von Wärme geschieht in diesem Bereich also durch Strahlung. Der Boden eines Topfes besteht aus speziellen Materialien, welche die Wärme sehr gut leiten. So wandert Wärme schließlich zum Wasser im Topf. Dieses leitet die Wärme erheblich schlechter als das darunterliegende Metall. Statt dessen besitzt es die Fähigkeit zu fließen, und das heiße Wasser wandert mitsamt der in ihm deponierten Wärmeenergie nach oben. Durch diese Durchmischung wird sich eine gleichmäßige Temperaturverteilung einstellen. Wir können also drei verschiedene Typen von Wärmetransport unterscheiden: Transport durch Strahlung, Wärmeleitung und Transport von Wärmeenergie im Zusammenhang mit Materie, auch Konvektion genannt. Letztere ist nicht allein in der Thermodynamik verankert. Vielmehr werden strömende Flüssigkeiten und Gase in der Strömungslehre behandelt und das Modell mehr oder weniger komplex, sodass bei der Beschreibung von Strömungsvorgängen die Thermodynamik nur bei Bedarf angekoppelt wird. Wir können diese Art von Transportvorgängen deswegen nicht näher untersuchen. Jedoch können wir einen kleinen Einblick in die Mechanismen der Wärmeleitung geben, und ebenso die Wärmestrahlung diskutieren. Beides findet natürlich auch außerhalb der Küche rege Verwendung, und selbst ein einfacher Herd ist schon ein High-Tech-Gerät.

3.10.1 Wärmeleitung

Wenn man zwei Festkörper unterschiedlicher Temperatur in Berührung bringt, fließt Wärme vom heißen zum kalten Körper. Da sich die Festkörper, nehmen wir zwei Metallstücke als Beispiel, dabei augenscheinlich nicht verändern, müssen wir die beiden Körper soweit vergrößern, bis wir eine Struktur sehen. Wir gelangen wieder einmal in die Welt von Atomen. In einem Metall sind diese sehr regelmäßig angeordnet, man spricht von einem Kristallgitter. Die Atome sind in dieser Konfiguration weitgehend festgehalten, können sich aber ein wenig hin- und herbewegen. Sie besitzen also kinetische Energie, und schließlich haben wir auch eine endliche Wärmekapazität für Festkörper gefunden (siehe hierzu das Dulong-Petit-Gesetz 3.18). In einem sehr einfachen Modell stellt man sich die Atome deswegen so vor, dass sie durch eine Art Federn miteinander verbunden sind. Diese Federn sind natürlich nicht wirklich vorhanden, aber sie stehen näherungsweise für die Wirkung, welche sonst die komplizierteren Kräfte

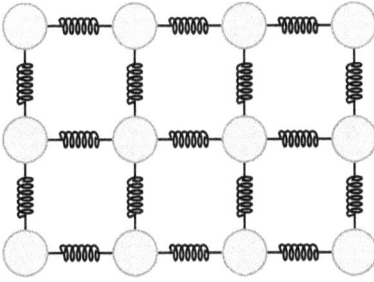

Abb. 3.22: Ein einfaches Modell eines kristallinen Festkörpers. Die Atome sind regelmäßig angeordnet und gedanklich durch Federn verbunden, sodass sie um eine Gleichgewichtslage hin und her schwingen können, wodurch sie thermische Energie speichern. Der gezeigt Ausschnitt des Gitters ist auf zwei Dimensionen reduziert, um die Darstellung nicht zu überladen. In Wirklichkeit gibt es noch weitere Ebenen und Federverbindungen dazwischen.

zwischen den Atomen hervorrufen. Ein Bild von einem solchen Festkörper sehen wir in Abbildung 3.22. Eine hohe Temperatur macht sich in starken Schwingungen der Atome bemerkbar. Berührt das Kristallgitter hoher Temperatur eines mit kleinerer Temperatur, so regen die stark schwingenden Atome die weniger stark schwingenden immer mehr an, wodurch sich die Temperatur des kälteren Körpers erhöht. Außerdem wandern die Schwingungen durch den ganzen Kristall, sodass dieser sich durch und durch erwärmt. Die Geschwindigkeit, mit der Wärme in einem Kristall übertragen wird, also die Wärmeleitfähigkeit, hängt von der Kopplungsstärke ab und damit vom verwendeten Material. Im Folgenden wollen wir nun (wieder auf makroskopischer Ebene) ein Modell entwickeln, das die Temperaturverteilung im Festkörper räumlich und zeitlich beschreibt.

3.10.1.1 Die Wärmeleitungsgleichung

Ein Festkörper ist ein dreidimensionales Gebilde. Um die folgenden Überlegungen so einfach wie möglich zu halten, betrachten wir aber nur einen sehr dünnen Stab. Unser Ziel ist es, die Temperaturverteilung entlang des Stabes zu berechnen, wenn der Stab beispielsweise an einem Ende erwärmt wird. Der Querschnitt des Stabes soll so klein sein, dass innerhalb dieser Ebene keine Temperaturänderung auftritt. Was wir also suchen, ist die Abhängigkeit der Temperatur T vom Ort x. Doch dieses Temperaturprofil kann sich insgesamt auch noch zeitlich verändern. Beispielsweise sei die Temperatur in einem Stück Draht zunächst konstant. Wenn aber das eine Ende mit einem Lötkolben erhitzt wird, so ändert sich die konstante Funktion hin zu einem Gefälle. Dies ist schematisch in Abbildung 3.23 dargestellt. Für eine Funktion T, die sowohl vom Ort als auch von der Zeit abhängt, schreibt man $T(x, t)$. Die Bedingungen, denen das Temperaturprofil gehorcht, überlegen wir uns anhand der Abbildung 3.24. Sie zeigt einen Festkörper mit Querschnittsfläche A, der links die Temperatur T_1 be-

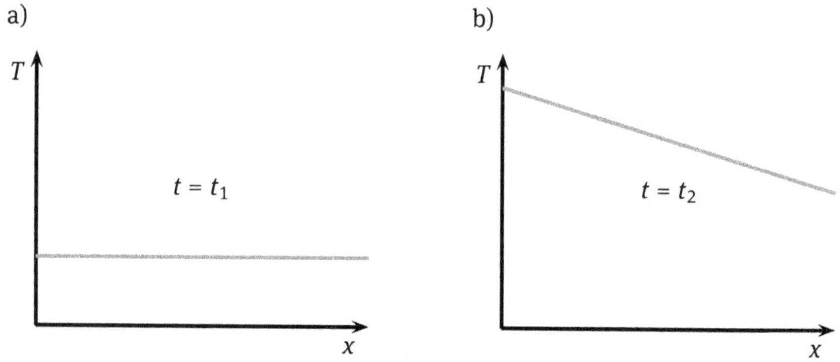

a)

b)

Abb. 3.23: Die Temperaturverteilung in einem Draht vor (a) und nach (b) dem Kontakt mit einem Lötkolben. Die Berührung findet am linken Ende des Drahtes statt. Zum Zeitpunkt $t = t_1$ ist die Temperatur überall die gleiche, später ($t = t_2$) hat sich ein Temperaturgefälle ausgebildet. Die Temperaturen sind nicht maßstabsgetreu gezeichnet.

sitzt und rechts die Temperatur T_2. Pro Zeiteinheit dt kann an beiden Enden Wärme ein- oder ausströmen, und zwar links die Menge dQ_1 und rechts dQ_2. Wieder arbeiten wir mit Differentialen, um leichter zu den Ableitungen übergehen zu können. Nun greifen wir uns eine sehr dünne Schicht heraus, die von x_a bis x_b reicht und die Dicke dx besitzt. Innerhalb dieser dünnen Schicht ändert sich die Temperatur um dT, bezogen auf die Dicke dx der Schicht ergibt das dT/dx. Welche Wärmemenge dQ_a fließt nun pro Zeiteinheit dt bei x_a in die Schicht hinein? Das hängt von mehreren Faktoren ab. Es erscheint sicher einleuchtend, dass bei einem doppelt so großen Querschnitt auch doppelt soviel Wärme hindurch strömt. Außerdem wird der Wärmestrom vom Temperaturgefälle in der Schicht abhängen. sind die Temperaturen bei x_a und bei x_b gleich, ist also $dT = 0$, wird keine Wärme hindurch fließen, die Temperaturen sind ja schon ausgeglichen. Fällt die Temperatur hingegen sehr stark ab, so wird der Wärmestrom entsprechend groß, um einen möglichst schnellen Temperaturausgleich in der Schicht zu erreichen. Im mikroskopischen Modell des Festkörpers sieht das so aus: Links bewegen sich die Atome deutlich stärker als rechts, und somit wird von links viel thermische Energie nach rechts übertragen. Ein Temperatur*gefälle* ($dT/dx < 0$) hat einen nach rechts gerichteten und damit positiven Wärmestrom ($dQ_a > 0$) zur Folge. Somit wird der Wärmestrom proportional zum Negativen des Temperaturgefälles sein, $dQ_a/dt \sim -dT/dx$. Zum Schluss wird der Wärmestrom bei gleichen Temperaturen nicht bei jedem Material der gleiche sein. In einem Metall wird der Wärmestrom größer sein als in Plastik. Diese Wärmeleitfähigkeit ist die oben angesprochene Materialkonstante, die wir mit λ bezeichnen. Nun können wir den Wärmestrom aus diesen drei Größen, Querschnittsfläche, Temperaturgefälle und Wärmeleitfähigkeit, zusammenstellen:

$$\frac{dQ_a}{dt} = -\lambda A \frac{\partial T(x_a, t)}{\partial x}.$$

(3.195)

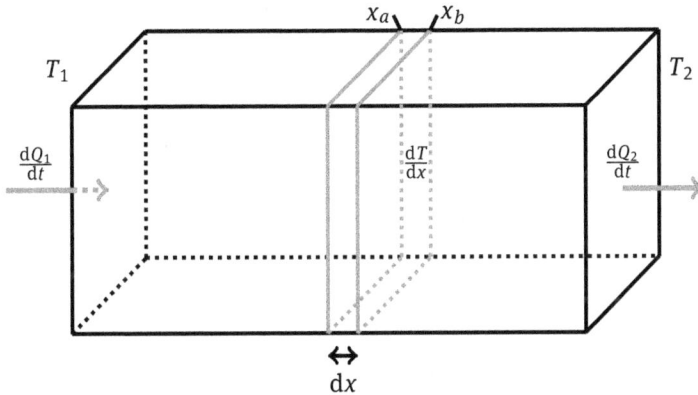

Abb. 3.24: Zur Herleitung der Wärmeleitungsgleichung.

Hier taucht eine Symbolik auf, die wir bereits von der Wellengleichung (2.222) her kennen: die Ableitung wird mit $\partial T(x,t)/\partial x$ bezeichnet. Für unsere Zwecke ist das ∂ fast gleichbedeutend mit dem herkömmlichen d, jedoch verwendet man bei Funktionen, die von mehreren Variablen abhängen, zur Bildung der Ableitung nach einer dieser Variablen das Symbol ∂. Man spricht von einer *partiellen* Ableitung.

Beispiel 3.19 *Ableiten mal nach der einen, mal nach der anderen Variable*

Man bilde die Ableitungen der Funktion $f(x, y) = x + 3y$ und $g(x) = {}^x\!/_y$ jeweils nach x und y.

Lösung: Bei der Ableitung nach x sind alle y konstant und man behandelt sie wie Zahlen. Entsprechendes gilt umgekehrt. Damit findet man:

$$\frac{\partial f(x, y)}{\partial x} = 1,$$

$$\frac{\partial f(x, y)}{\partial y} = 3,$$

$$\frac{\partial g(x, y)}{\partial x} = \frac{1}{y},$$

$$\frac{\partial g(x, y)}{\partial y} = -\frac{x}{y^2}.$$

Das partielle ∂ und das d sind nur fast gleichbedeutend. Wir dürfen die beiden z.B. nicht dividieren und damit kürzen. Diese Kurzanleitung soll uns hier genügen, die Feinheiten, wann ein ∂ und wann ein d verwendet wird, ist Teil der Mathematikvorlesungen.

Die Einheit der Wärmeleitfähigkeit muss $\mathrm{W\,m^{-1}\,K^{-1}}$ sein, wie man sich aus den Einheiten der übrigen Größen klarmachen kann. Die Wärmeleitfähigkeiten einiger Stoffe sind in Tabelle 3.6 zusammengestellt. Bei x_b wird ebenfalls Wärme strömen,

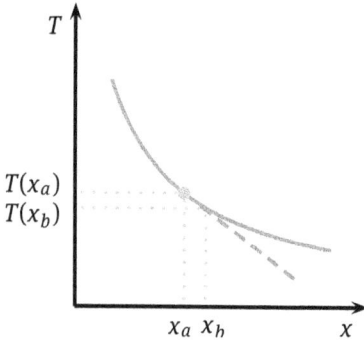

Abb. 3.25: Zur Linearisierung einer Funktion $T(x)$ in der Nähe eines Punktes $(x_a, T(x_a))$. Die angelegte gestrichelte Tangente unterscheidet sich bei x_b nur sehr wenig von der Funktion $T(x)$. Erst bei größeren Entfernungen zu x_a wird der Unterschied deutlich und eine lineare Funktion gibt $T(x)$ nicht mehr gut wieder.

die Menge bezogen auf ein Zeitintervall bezeichnen wir entsprechend mit dQ_b/dt, und es gilt der gleiche Zusammenhang wie bei x_a:

$$\frac{dQ_b}{dt} = -\lambda A \frac{\partial T(x_b, t)}{\partial x}. \tag{3.196}$$

Wir rechnen beide Wärmeströme getrennt voneinander aus, da diese nicht gleich sein müssen. Es besteht die Möglichkeit, dass mehr Wärme hinein fließt, als wieder herauskommt, da das Volumen auch Wärme speichern kann. Dazu kommen wir gleich. Doch zunächst wäre es schön, wenn wir das Temperaturgefälle nicht an zwei Punkten x_a und x_b bräuchten, um die beiden Wärmeströme zu berechnen. Es wäre besser, aus der Änderung der Temperatur bei x_a auf die Änderung bei x_b schließen zu können. Dadurch wären auch die Wärmeströme miteinander verknüpft. Doch wie schließt man aus dem Verhalten einer Funktion T am Punkt x_a auf das, was bei x_b passiert, wenn x_b nur eine Winzigkeit von x_a entfernt ist? Die einfachste Antwort, die man geben kann ist: Die Funktionswerte sind beide so gut wie gleich. Doch es geht genauer. Man kann „in Richtung" der Funktion weitergehen. Wenn die Funktion fällt, dann geht man ein kleines Stück nur dieses Gefälle entlang. Mathematisch ist dieses Gefälle eine Gerade, und die Richtung wird durch die Ableitung bei x_a beschrieben. In der unmittelbaren Umgebung von x_a sieht die Funktion T auch tatsächlich aus wie eine Gerade. Wie in Abbildung 3.25 zu sehen ist, kann man die Funktion T also in der Nähe von x_a wie folgt auswerten:

$$T(x_a + dx, t) = T(x_b, t) \approx T(x_a, t) + \left(\frac{\partial}{\partial x} T(x_a, t) \right) dx. \tag{3.197}$$

Lassen wir uns von den unterschiedlich verwendeten ∂ und d nicht verwirren: Die anschauliche Deutung ist, dass man die Funktion T in der Nähe von x_a durch eine Gerade annähert, wobei die Zeit t beim Ableiten eine Konstante ist (man behandelt t also wie eine feste Zahl).

Tab. 3.6: Einige Wärmeleitzahlen fester, flüssiger und gasförmiger Stoffe. Metalle leiten die Wärme allgemein sehr gut, da sie aus einem regelmäßigen Kristallgitter bestehen. Stoffe wie Holz oder Beton dagegen enthalten viel Luft, die ein schlechter Wärmeleiter ist. Auch Flüssigkeiten eignen sich nicht sehr gut für die Wärmeübertragung.

Stoff	λ / $\frac{W}{m\,K}$	Stoff	λ / $\frac{W}{m\,K}$
Aluminium	221	Glas	0,8
Eisen	67	Holz	0,13
Gold	314	Eis	2,2
Kupfer	393	Wasser	0,6
Normalbeton	2,1	Luft	0,026
Gasbeton	0,22	CO_2	0,015

Die Ableitungsfunktion von T kann man auf die gleiche Weise durch eine Gerade nähern:

$$\frac{\partial T(x_a + dx, t)}{\partial x} = \frac{\partial T(x_b, t)}{\partial x} \approx \frac{\partial T(x_a, t)}{\partial x} + \left(\frac{\partial}{\partial x} \frac{\partial T(x_a, t)}{\partial x} \right) dx$$

$$= \frac{\partial T(x_a, t)}{\partial x} + \left(\frac{\partial^2 T(x_a, t)}{\partial x^2} \right) dx. \tag{3.198}$$

Da dx unendlich klein wird, kann man sogar mathematisch exakt aus dem Ungefährzeichen ein Gleichheitszeichen machen. Wie wir sehen, lässt sich das Temperaturgefälle am Ort x_b also aus dem Verhalten der Temperatur bei x_a bestimmen. Somit hängt auch der Wärmestrom dQ_b/dt vom Temperaturverhalten bei x_a ab:

$$\frac{dQ_b}{dt} = -\lambda\, A \left(\frac{\partial T(x_a, t)}{\partial x} + \left(\frac{\partial^2 T(x_a, t)}{\partial x^2} \right) dx \right). \tag{3.199}$$

Jetzt können wir uns der Frage zuwenden, wie der Nettowärmestrom aussieht, wie groß also die Differenz zwischen dQ_b/dt und dQ_a/dt ist. Wenn diese Differenz nicht verschwindet, muss die betrachtete Schicht in ihrem Volumen entweder Wärme aufnehmen oder abgeben. Die Größe des Volumens erhalten wir über das Produkt aus Dicke und Querschnittsfläche,

$$dV = A\, dx. \tag{3.200}$$

Nun bilden wir die Differenz der Wärmeströme:

$$\frac{dQ}{dt} = \frac{dQ_b}{dt} - \frac{dQ_a}{dt}$$

$$= -\lambda\, A \left(\frac{\partial T(x_a, t)}{\partial x} + \frac{\partial^2 T(x_a, t)}{\partial x^2} dx \right) + \lambda\, A\, \frac{\partial T(x_a, t)}{\partial x}$$

$$= -\lambda\, A \left(\frac{\partial T(x_a, t)}{\partial x} + \frac{\partial^2 T(x_a, t)}{\partial x^2} dx - \frac{\partial T(x_a, t)}{\partial x} \right)$$

$$= -\lambda\, A\, \frac{\partial^2 T(x_a, t)}{\partial x^2}\, dx = -\lambda\, \frac{\partial^2 T(x_a, t)}{\partial x^2}\, dV. \tag{3.201}$$

Als letztes bringen wir diesen Wärmestrom mit der spezifischen Wärmekapazität des Festkörpers in Verbindung. Die eingetragene Wärmemenge dQ hängt von der (jetzt zeitlichen) Änderung ∂T der Temperatur ab:

$$\mathrm{d}Q = c\, m\, \partial T(x_a, t). \tag{3.202}$$

Hierin steckt noch die Masse m der Schicht, welche wir wie folgt über die Dichte ϱ und das Volumen dV ausdrücken können:

$$\mathrm{d}Q = c\, \varrho\, \partial T(x_a, t)\, \mathrm{d}V. \tag{3.203}$$

Pro Zeiteinheit gilt damit:

$$\frac{\mathrm{d}Q}{\mathrm{d}t} = c\, \varrho\, \frac{\partial T(x_a, t)}{\partial t}\, \mathrm{d}V. \tag{3.204}$$

Diesen Wärmestrom können wir nun gleichsetzten mit dem oben berechneten und erhalten:

$$c\, \varrho\, \frac{\partial T(x_a, t)}{\partial t}\, \mathrm{d}V = -\lambda\, \frac{\partial^2 T(x_a, t)}{\partial x^2}\, \mathrm{d}V \quad \Leftrightarrow \quad \frac{\partial T(x_a, t)}{\partial t} = -\frac{\lambda}{c\, \varrho}\, \frac{\partial^2 T(x_a, t)}{\partial x^2}. \tag{3.205}$$

Diesen Zusammenhang haben wir für eine bestimmte Schicht im Festkörper hergeleitet, er gilt jedoch nicht nur bei x_a, sondern überall. Den Index a können wir also weglassen. Da dieses Ergebnis sehr wichtig ist, fassen wir es in einem eigenen Satz zusammen.

Satz 3.35 *Die Wärmeleitungsgleichung in einer Dimension*
Die zeitliche Änderung eines Temperaturprofils in einem Festkörper wird in einer Dimension beschrieben durch die *Wärmeleitungsgleichung*:

$$\frac{\partial T(x, t)}{\partial t} = -\frac{\lambda}{c\, \varrho}\, \frac{\partial^2 T(x, t)}{\partial x^2}. \tag{3.206}$$

Darin ist λ die Wärmeleitfähigkeit des Festkörpers mit der Einheit $\mathrm{W\, m^{-1}\, K^{-1}}$, c ist die spezifische Wärmekapazität und ϱ die Dichte.

Die Wärmeleitungsgleichung (3.206) ist eine Gleichung, die die Änderung der Temperatur an einem *Ort* x zu einem *Zeitpunkt* t miteinander Verknüpft. Die Änderungen der Temperatur hinsichtlich Ort und Zeit werden durch Ableitungen erfasst. Da es sich dabei auch noch um partielle Ableitungen handelt, handelt es sich wie auch bei der Wellengleichung (2.222) um eine *partielle Differentialgleichung*. Diese kommen in der Physik häufig vor, auch die oben angesprochenen Strömungsvorgänge werden durch eine solche Art Gleichung beschrieben. Sie zu lösen erfordert in der realen Anwendung üblicherweise den Einsatz von Computern. Selbst moderne Geräte kann man damit längere Zeit beschäftigen, wenn es das Problem erfordert. Spezialfälle lassen sich aber mit kleinem Aufwand von Hand lösen, und einen solchen schauen wir uns gleich noch an, um ein wenig Gespür für die Handhabung der Wärmeleitungsgleichung zu

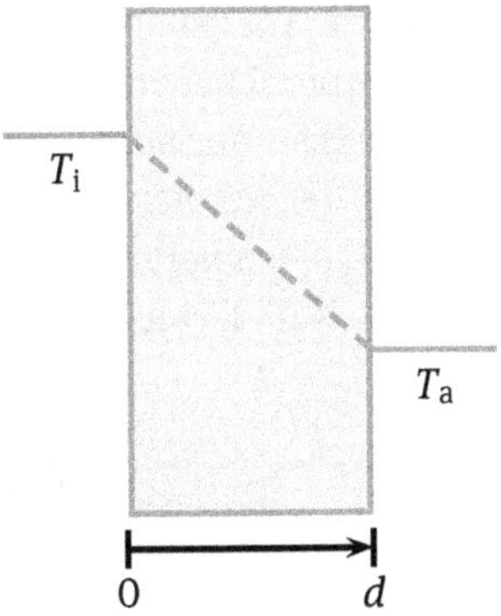

Abb. 3.26: Zur Berechnung des Temperaturprofils in einer Hauswand. Die Wand beginnt innen bei $x = 0$ und besitzt hier die Temperatur T_i. Sie endet bei $x = d$ und hat dort die Temperatur T_a. Das gestrichelte Temperaturprofil dazwischen soll mit Hilfe der Wärmeleitungsgleichung bestimmt werden.

erhalten. Doch zuvor geben wir der Vollständigkeit halber und für Referenzzwecke noch deren Erweiterung für drei Raumdimensionen an.

Satz 3.36 *Die Wärmeleitungsgleichung in drei Dimensionen*
Um das Temperaturprofil $T(x, y, z, t)$ in einem dreidimensionalen Körper beschreiben zu können, benötigt man die Wärmeleitungsgleichung in einer erweiterten Form:

$$\frac{\partial T(x, t)}{\partial t} = -\frac{\lambda}{c\,\varrho} \left(\frac{\partial^2}{\partial x^2} + \frac{\partial^2}{\partial y^2} + \frac{\partial^2}{\partial z^2} \right) T(x, y, z, t). \tag{3.207}$$

Warum fühlt sich Wasser bei 20 °C kälter an als Luft derselben Temperatur?

3.10.1.2 Temperaturgefälle in einem homogenen Körper

Ein einfacher Anwendungsfall für die Wärmeleitungsgleichung (3.206) ist die Berechnung des Temperaturprofils in einer Hauswand der Dicke d bei konstanter Innen- und Außentemperatur, T_i und T_a. Nehmen wir der Einfachheit halber an, die Wand bestehe nur aus einem einzigen Material. Die beiden Temperaturen innen und außen sollen schon so lange konstant sein, dass sich ein Temperaturprofil in der Wand ausgebildet hat, welches sich zeitlich nicht mehr verändert. Im Winter kann die Außentemperatur über längere Zeit (tags und nachts) unverändert bleiben, die Heizung sorgt für die konstante Innentemperatur. Das Beispiel ist also nicht unrealistisch. Die Wärmeleitfähigkeit und Wärmekapazität der Wand sind ganz allgemein λ und c, die Dichte des Materials ist ϱ. Mit diesen Gegebenheiten wollen wir eine Lösung der Wärmeleitungsgleichung finden.

Die erste Vereinfachung kommt aus der Aufgabenstellung selbst. Wir gehen davon aus, dass sich ein zeitlich nicht mehr veränderliches Temperaturprofil bereits eingestellt hat. Das bedeutet, dass die Temperatur nicht mehr von der Zeit, nur noch vom Ort x abhängt. Wir haben es also mit einer Funktion $T(x)$ zu tun. In der Wärmeleitungsgleichung steht aber auf der linken Seite die zeitliche Ableitung der Temperaturfunktion. Da T keine Zeitabhängigkeit mehr besitzt, ist die linke Seite Null. Es bleibt also noch zu lösen:

$$0 = \frac{\lambda}{c\,\varrho} \frac{\mathrm{d}^2 T(x)}{\mathrm{d}x^2}. \tag{3.208}$$

Wir haben gleich die partielle Ableitung gegen die sonst übliche Ableitung ausgewechselt, weil die Temperatur jetzt nur noch von einer Variablen abhängt und die Differential- und Integralrechnung in der schon bekannten Form anzuwenden ist. Man sieht, dass weder die Wärmeleitfähigkeit, noch die Dichte oder die Wärmekapazität eine Rolle spielen. Sie sind Faktoren, und die linke Seite ist Null. Also verschwinden sie, wenn man mit ihren Kehrwerten multipliziert. Somit bleibt folgendes übrig:

$$\frac{\mathrm{d}^2 T(x)}{\mathrm{d}x^2} = 0. \tag{3.209}$$

Diese Gleichung stellt als einzige Bedingung, dass die zweite räumliche Ableitung der Temperatur verschwindet. Versuchen wir es mit folgender Funktion als Ansatz:

$$T(x) = ax + b. \tag{3.210}$$

Dieser Ansatz beschreibt eine lineare Funktion mit der Steigung a und einer Verschiebung b. Die ersten beiden Ableitungen nach x lauten:

$$T'(x) = a, \tag{3.211}$$
$$T''(x) = 0. \tag{3.212}$$

Unser Ansatz war also gut, er löst die Wärmeleitungsgleichung für ein zeitunabhängiges Temperaturprofil. Doch sind wir damit schon fertig? Nein, denn die beiden Konstanten a und b sind ja noch vollkommen unbestimmt, und wir haben die Innen- und Außentemperatur gar nicht berücksichtigt. Indem wir diese Information verwenden, können wir die Koeffizienten bestimmen. Die Wand beginnt innen bei $x = 0$ und endet außen bei $x = d$. An diesen beiden Punkten sind die Temperaturen fest vorgegeben:

$$T(0) = T_\mathrm{i} = a \cdot 0 + b, \tag{3.213}$$
$$T(d) = T_\mathrm{a} = a \cdot d + b. \tag{3.214}$$

Dieses Gleichungssystem lässt sich leicht nach a und b auflösen:

$$a = \frac{T_\mathrm{a} - T_\mathrm{i}}{d}, \tag{3.215}$$
$$b = T_\mathrm{i}. \tag{3.216}$$

Jetzt können wir das Temperaturprofil in der Wand vollständig angeben:

$$T(x) = \frac{T_a - T_i}{d} x + T_i, \quad 0 < x < d. \tag{3.217}$$

Die Temperatur fällt linear von der Innentemperatur T_i ab, bis an der Außenseite der Wand schließlich die Temperatur T_a erreicht ist.

Beispiel 3.20   *Ungedämmte Hauswand*

Wie groß ist die Wärmeleistung, die durch einen Quadratmeter einer 30 cm dicken Gasbetonwand nach außen abgegeben wird, wenn die Innentemperatur 20 °C und die Außentemperatur −4 °C beträgt?

Lösung: Bei einem zeitlich unveränderlichen Temperaturprofil muss in jeder Schicht der Wand die einströmende Wärme gleich der ausströmenden Wärme sein, sonst würde sich in einer Schicht aufgrund der anwachsenden oder kleiner werdenden thermischen Energie die Temperatur mit der Zeit verändern. Der Wärmestrom ist also konstant für jede Schicht. Bei der Herleitung der Wärmeleitungsgleichung haben wir gesehen, dass für die einströmende Wärmeleistung gilt:

$$\frac{dQ}{dt} = -\lambda A \frac{dT(x)}{dx} = \text{const.}$$

Diese Wärmeleistung wird insbesondere auch an der Innenseite in die Wand eingetragen und geht als Abwärme nach draußen. Das Temperaturprofil $T(x)$ ist eine lineare Funktion:

$$T(x) = \frac{T_a - T_i}{d} x + T_i.$$

Für die Ableitung finden wir:

$$T'(x) = \frac{T_a - T_i}{d} = \frac{269{,}15\ \text{K} - 293{,}15\ \text{K}}{0{,}3\ \text{m}} = -80\ \frac{\text{K}}{\text{m}}.$$

Mit der Wärmeleitfähigkeit von Gasbeton aus Tabelle 3.6 erhält man für die Wärmeverluste über einen Quadratmeter Wand:

$$\frac{dQ}{dt} = -0{,}22\ \frac{\text{W}}{\text{m K}} \cdot 1\ \text{m}^2 \cdot \left(-80\ \frac{\text{K}}{\text{m}}\right) = 17{,}6\ \text{W}.$$

Man erkennt, dass die Dicke der Wand die Verlustleistung beeinflusst. Eine Dämmung würde für ein zweites Temperaturgefälle sorgen. Die Verluste werden dadurch weiter verkleinert.

3.10.2 Wärmestrahlung

Eine weitere Möglichkeit, Wärme von einem Ort zu einem anderen zu übertragen, bietet elektromagnetische Strahlung, also z.B. sichtbares Licht, infrarotes Licht oder Mikrowellen. Die Hitze eines Ofens oder eines Lagerfeuers spürt man, weil Wärme in Form von Strahlung ausgesendet wird, welche wir dann absorbieren und uns aufwärmen. In der Solarthermie nutzt man die Sonnenstrahlung, um damit Wasser zu erhitzen. Um diese Art der Energieübertragung etwas besser zu verstehen, fangen wir mit

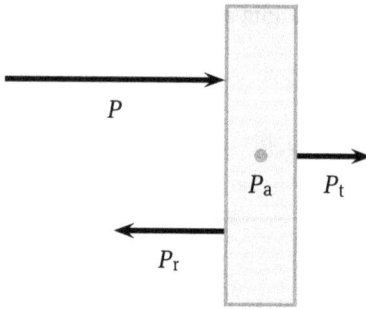

Abb. 3.27: Fällt Strahlung der Leistung P auf einen Körper, so kann er diese transmittieren (P_t), reflektieren (P_r) oder absorbieren (P_a).

einer Energiebilanz an. Anschließend werden wir ein Gesetz kennenlernen, welches die Temperatur eines Körpers mit dessen Wärmestrahlung verbindet. Diese Strahlung besitzt ein charakteristisches Spektrum, welches wir am Ende dieses Abschnitts diskutieren werden.

3.10.2.1 Eine Energiebilanz

Was kann ein Körper mit der Strahlung, die auf ihn trifft, tun? Denken wir an ein Stück Glas. Dieses wird den meisten Teil des Lichtes durchlassen, man sagt auch transmittieren. Einen kleinen Teil wird es aber auch reflektieren. Sehr dickes oder gefärbtes Glas „verschluckt" auch noch einen Teil der Strahlung, man nennt dies Absorption. Nicht nur Glas wird auf diese drei Arten auf einfallende Strahlung reagieren, das tun alle Materialien. Metalle reflektieren eher, lassen aber kaum Licht durch. Und die Innenwände eines Backofens sind schwarz, wodurch sie den meisten Teil einfallender Strahlung absorbieren. In Abbildung sind diese drei Möglichkeiten noch einmal schematisch zusammengetragen. Aus Gründen der Energieerhaltung muss sich die einfallende Leistung P auf die reflektierte Leistung P_r, die transmittierte Leistung P_t und die absorbierte Leistung P_a aufteilen:

$$P = P_r + P_t + P_a. \tag{3.218}$$

Optisch sehr dichte Materialien lassen keine Strahlung durch, und in diesem Fall gilt:

$$P = P_r + P_a. \tag{3.219}$$

Durch die Absorption von Strahlung steigt der Energiegehalt des Körpers an. Dem steht eine abgestrahlte Leistung entgegen, die wir als emittierte Leistung P_e bezeichnen. Was ist der Unterschied zwischen P_e und P_r? Bei der Reflexion wird die aufgenommene Energie sofort wieder abgegeben, wobei für die Richtungen der ein- und ausfallenden Strahlen das Reflexionsgesetz aus der Optik gilt. Emittierte Strahlung ist etwas anderes. Die absorbierte Energie der Strahlung wird in thermische Energie des Körpers umgewandelt, wodurch sich dieser erwärmt. Bei dieser Umwandlung geht die Information über die eingegangene Leistung verloren. Weder die Richtung, aus der die Strahlung kam, noch deren Wellenlänge (oder Farbe) kann aus der thermischen Energie rekonstruiert werden. Die emittierte Leistung hängt, wie wir sehen werden, nur von der Temperatur des Körpers ab und besitzt immer die gleiche Charakteristik. Insofern ist die Reflexion von der Emission zu unterscheiden.

Wir definieren nun einige Materialwerte, um die Fähigkeit eines Körpers, Strahlung transmittieren, reflektieren und absorbieren zu können, zu beschreiben:

$$\text{Absorptionsgrad}: \quad \alpha \;=\; \frac{P_a}{P}, \tag{3.220}$$

$$\text{Reflexionsgrad}: \quad r \;=\; \frac{P_r}{P}, \tag{3.221}$$

$$\text{Transmissionsgrad}: \quad t \;=\; \frac{P_t}{P}. \tag{3.222}$$

Nun kommt ein Objekt ins Spiel, das unter allen Materialien eine Besonderheit aufweist: Es soll weder reflektieren noch transmittieren können, sondern sämtliche einfallende Leistung absorbieren. Dieses Objekt nennt man einen *schwarzen Körper*, und er wird durch $\alpha_s = 1$ charakterisiert. Der Grund für diese Bezeichnung liegt auf der Hand: Wenn ein Körper sämtliches einfallendes Licht absorbiert, sieht er für uns schwarz aus. Jedenfalls für unsere Augen. Bei konstanter Temperatur, also unveränderlichem Energiegehalt im Inneren, muss sämtliche einfallende Leistung auch wieder emittiert werden. Kein anderes Objekt erzeugt unter gleichen Bedingungen also mehr Strahlung, denn sobald nicht mehr alles absorbiert wird, muss auch entsprechend weniger emittiert werden. Im Vergleich zur Emissionsleistung $P_{e,s}$ eines schwarzen Körpers lautet die Emissionsleistung P_e eines beliebigen Körpers:

$$P_e = \varepsilon P_{e,s}. \tag{3.223}$$

Man nennt ε den Emissionsgrad. Für einen schwarzen Körper ist dieser genau 1, für alle anderen Körper liegt er darunter. Doch im thermischen Gleichgewicht, also wenn sich der Energiegehalt eines Körpers durch Strahlung nicht mehr ändert, muss die emittierte Leistung auch eines beliebigen Körpers gleich der absorbierten Leistung sein.

Satz 3.37 *Kirchoff'sches Strahlungsgesetz*
Im thermischen Gleichgewicht absorbiert ein Körper die gleiche Menge an Strahlung, wie er emittiert:

$$\alpha = \varepsilon. \tag{3.224}$$

Dies ist das Kirchhoff'sche Strahlungsgesetz.

Das Kirchhoff'sche Strahlungsgesetz ermöglicht es uns, nur schwarze Körper untersuchen zu müssen, da man auf beliebige Körper sofort umrechnen kann:

$$P_e = \varepsilon P_{e,\,s} = \alpha P_{e,\,s}. \tag{3.225}$$

Was uns jetzt fehlt, ist noch ein Gesetz, das die Strahlungsleistung in Abhängigkeit von der Temperatur beschreiben kann. Das zeigen wir im folgenden Abschnitt.

3.10.2.2 Strahlungsleistung schwarzer Körper

Wie schon weiter oben angesprochen, geht bei der Absorption von Strahlung sämtliche Information über diese verloren, weil sie in thermische Energie umgewandelt wird und daraus keine Information mehr zu gewinnen ist. Entsprechend kann die emittierte Leistung auch nur noch vom thermischen Energiegehalt, also der Temperatur des Körpers, und seiner Oberfläche abhängen. Diese Abhängigkeit ist für alle schwarzen Körper universell und lässt sich auch auf beliebige Körper mit Hilfe von (3.225) erweitern. Experimentell findet man das folgende Gesetz.

Satz 3.38 *Das Stefan-Boltzmann-Gesetz*
Die Strahlungsleistung eines schwarzen Strahlers hängt nur von dessen Temperatur und der Größe seiner Oberfläche ab:

$$P_{e,\,s} = A\sigma T^4. \tag{3.226}$$

Man nennt (3.226) das Stefan-Boltzmann-Gesetz. Darin ist A die Oberfläche des schwarzen Körpers und σ die Stefan-Boltzmann-Konstante, die den Wert

$$\sigma = 5{,}67 \cdot 10^{-8}\ \frac{W}{m^2\,K^4} \tag{3.227}$$

besitzt. Für die Strahlungsdichte, also die pro Fläche abgestrahlte Leistung, schreibt man:

$$S_{e,\,s} = \frac{P_{e,\,s}}{A} = \sigma T^4. \tag{3.228}$$

Warum ist es ratsam, im Sommer helle Kleidung zu tragen?

Diese Frage hat mit der Absorption von Wärmestrahlung zu tun. Das nächste Beispiel hingegen mit der Emission.

Beispiel 3.21 *Noch ein heißes Eisen*

Welche Strahlungsleistung emittiert ein Stück Eisen mit einer Oberfläche von 100 cm² bei einer Temperatur von 600 °C, wenn der Emissionsgrad bei 90 % liegt?

Lösung: Nach dem Stefan-Boltzmann-Gesetz (3.226) emittiert ein schwarzer Körper die Leistung

$$P_{e,\,s} = A\sigma T^4 = 100\ cm^2 \cdot 5{,}67 \cdot 10^{-8}\ \frac{W}{m^2\,K^4} \cdot (873{,}15\ K)^4 = 330\ W.$$

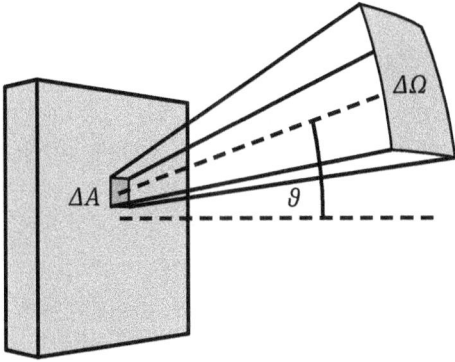

Abb. 3.28: Zur Winkelabhängigkeit der abgestrahlten Leistung. Ein Flächenelement des Körpers ΔA strahlt unter dem Winkel ϑ gegen die Flächennormale in ein Raumwinkelelement $\Delta \Omega$. Für $\vartheta = 0°$ ist die abgestrahlte Leistung maximal, bei $\vartheta = 90°$ wird die Projektion des Flächenelements und somit die Strahlungsleistung in dieser Richtung Null.

Eisen emittiert nach (3.225) nur einen Teil davon:

$$P_e = \varepsilon P_{e,s} = 0{,}9 \cdot 330 \text{ W} = 297 \text{ W}.$$

3.10.2.3 Winkel- und Wellenlängenabhängigkeit der Schwarzkörperstrahlung

Ein schwarzer Körper strahlt nicht in jeder Richtung mit der gleichen Intensität. Man kann sich dies leicht mit einer Kochplatte veranschaulichen. Senkrecht über dem Kochfeld spürt man eine wesentlich höhere Strahlungsleistung als unter einem schrägen Winkel. Parallel zum Kochfeld wird keine Strahlung abgegeben. Um dies genauer zu verstehen, sehen wir uns den Körper in Abbildung 3.28 an. Auf seiner Oberfläche ist ein kleines Stück ΔA hervorgehoben. Dieses strahlt in den kompletten Raum, ein kleiner Teil, der *Raumwinkel $\Delta \Omega$*, soll davon nun betrachtet werden.[20] Die Strahlung in Abbildung 3.28 wird nicht senkrecht zur Oberfläche in das Raumwinkelelement ausgesendet, sondern bildet mit der Oberflächennormalen einen Winkel ϑ. Ist dieser Winkel Null, geht eine maximale Strahlungsmenge durch das Raumwinkelelement, bei einem Winkel von 90° wird das gezeigt Oberflächenelement auf dem Körper keinen Beitrag zur Strahlungsleistung durch den Raumwinkel liefern. Für andere Winkel liegt der Faktor zwischen 0 und 1, und da es sich um die Sicht auf das Oberflächenelement unter einem bestimmten Winkel handelt, also eine Projektion, kommt als

---

20 Ein Raumwinkel ist ein Oberflächenelement auf einer Kugel geteilt durch das Radiusquadrat der Kugel und wird in der Einheit Steradiant gemessen. Der volle Raumwinkel beträgt 4π, weil die Kugeloberfläche den Wert $4\pi r^2$ annimmt. In zwei Dimensionen ist der Vollwinkel entsprechend der Kreisumfang geteilt durch den Radius, also 2π, und jeder beliebige Winkel ein Teil davon. Dieser Winkel wird in der Einheit Radiant gemessen.

Faktor nur $\cos \vartheta$ in Frage (eine genauere Begründung findet man unter dem Stichwort Skalarprodukt in den Mathematikvorlesungen).

Die Strahlungsleistung wird außerdem bei doppeltem Raumwinkel auch doppelt so groß werden, ebenso bei doppeltem Oberflächenelement. Diese drei Faktoren bilden den Anteil an der gesamten Strahlungsleistung (genauer: Strahlungsdichte), welche durch das Raumwinkelelement geht:

$$\Delta P = \frac{S_{e,s}}{4\pi} \cos \vartheta \, \Delta A \, \Delta \Omega. \tag{3.229}$$

Der Faktor $1/4\pi$ wird noch aus Normierungsgründen benötigt. Ohne ihn wäre die Strahlungsleistung durch den vollen Raumwinkel (also 4π) genau um den Faktor 4π zu groß. Die Strahlungsdichte bezogen auf den vollen Raumwinkel 4π bekommt noch eine eigene Abkürzung:

$$S_{e,s}^{*} = \frac{S_{e,s}}{4\pi}. \tag{3.230}$$

Die Wärmestrahlung besitzt aber nicht nur eine Winkelabhängigkeit. Elektromagnetische Strahlung wird charakterisiert durch ihre Wellenlänge. Die unterschiedlichen Farben, die wir wahrnehmen, sind nichts anders als elektromagnetische Wellen unterschiedlicher Wellenlänge. Den größten Teil des Spektrums können wir mit unseren Augen gar nicht wahrnehmen, infrarote Strahlung oder Mikrowellen sind viel zu langwellig dafür. Jeder Körper strahlt nun aufgrund seiner thermischen Energie bei *allen* Wellenlängen. Allerdings ist die abgestrahlte Leistung *wellenlängenabhängig*. Wenn man Eisen auf etwa 500 °C erhitzt, beginnt es allmählich rötlich zu leuchten. Der weitaus größere Teil der Leistung wird aber im infraroten Bereich emittiert. Mit steigender Temperatur wird das Leuchten heller und gelblicher. Der Wolframdraht in einer Halogenbirne besitzt eine Temperatur von etwa 2000 °C und leuchtet fast weiß. Eine solche Wellenlängenabhängigkeit der Strahlungsleistung haben wir bisher aber nicht erfasst. So gibt $S_{e,s}^{*}$ die gesamte Leistungsdichte über alle Wellenlängen an (nur bezogen auf den vollen Raumwinkel 4π). Die Leistungsdichte pro Wellenlängenbereich bekommt noch ein weiteres Symbol spendiert, $\tilde{S}_{e,s}^{*}(\lambda)$. Für diese Leistungsdichte pro Wellenlängenbereich $d\lambda$ lässt sich ebenfalls ein Gesetz ableiten. Dieses stammt von Max Planck, der damit im Jahr 1900 die Quantenmechanik eingeläutet hat.

Satz 3.39 *Das Planck'sche Strahlungsgesetz für schwarze Körper*
Die spektrale Leistungsdichte $\tilde{S}_{e,s}^{*}$ der Schwarzkörperstrahlung hängt von der Wellenlänge λ ab. Planck hat dafür folgende Gesetzmäßigkeit abgeleitet:

$$\tilde{S}_{e,s}^{*}(\lambda)\, d\lambda = \frac{2\pi h c^2}{\lambda^5} \frac{d\lambda}{e^{\frac{hc}{\lambda k_B T}} - 1}. \tag{3.231}$$

Darin ist h das Planck'sche Wirkungsquantum und c die Lichtgeschwindigkeit:

$$h = 6{,}63 \cdot 10^{-34} \text{ J s}, \tag{3.232}$$

$$c = 3 \cdot 10^{8} \text{ ms}^{-1}. \tag{3.233}$$

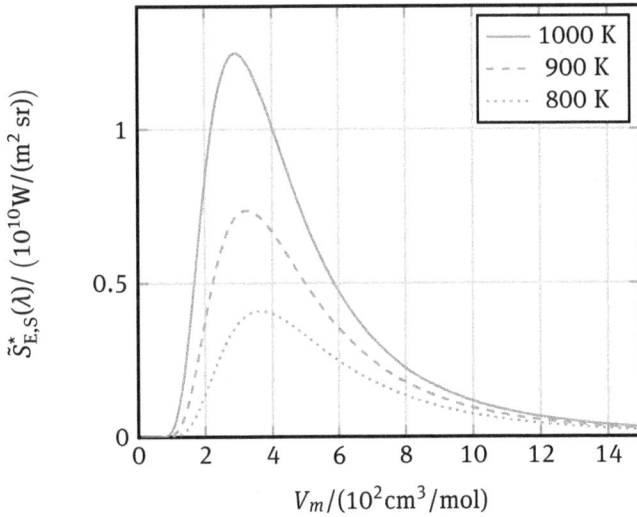

Abb. 3.29: Die wellenlängenabhängige Strahlungsleistung eines schwarzen Körpers für verschiedene Temperaturen.

Um die Wellenlängenabhängigkeit besser zu verstehen, schauen wir uns ein Bild von ihr an. In Abbildung 3.29 sieht man die Verteilung der Strahlungsdichte über der Wellenlänge für verschiedene Temperaturen eines schwarzen Körpers. Man erkennt, dass bei sehr kleinen Wellenlängen (nahe der Null) so gut wie keine Leistung abgestrahlt wird. Dafür sorgt in (3.231) die Exponentialfunktion. Ebenfalls wird bei großen Wellenlängen wenig emittiert, wofür der Faktor $1/\lambda^5$ verantwortlich ist. Dazwischen gibt es ein Maximum der Leistungsdichte. Mit steigender Temperatur verlagert sich dieses hin zu kleineren Wellenlängen (und liegt wegen der insgesamt größeren emittierten Leistung höher), bis es schließlich bei einer Temperatur von etwa 6000 K im sichtbaren Bereich liegt. Bei den Temperaturen, mit denen wir es im Alltag zu tun bekommen, liegt es viel zu weit rechts, und wir sehen (wenn überhaupt) nur eine verschwindend kleine Menge der emittierten Leistung aus dem sehr flachen Bereich links. Aus diesem Grund sind Glühbirnen auch sehr verschwenderisch: Selbst bei einem 2000 °C heißen Wolframdraht ist die meiste abgestrahlte Leistung nicht sichtbar. Moderne LED-Leuchtmittel haben dagegen das Problem, dass sie Licht nur bei bestimmten Wellenlängen aussenden, die man so kombinieren muss, dass der Eindruck von weißem Licht entsteht. Das gewohnte Spektrum eines schwarzen Strahlers kann man damit nur näherungsweise erzeugen, doch auch hier schreitet die Entwicklung weiter.

In einem Mikrowellenherd werden Speisen mittels Strahlung erwärmt. Handelt es sich dabei auch um Wärmestrahlung?

Die Lage des Maximums im Planck-Spektrum hängt von der Temperatur ab. Mit analytischen Mitteln kann man es nicht mehr bestimmen, dennoch gibt es ein sehr einfaches Gesetz, welches die Wellenlänge des Maximums mit der Temperatur verbindet.

Satz 3.40 *Das Wien'sche Verschiebungsgesetz*
Die Wellenlänge λ_{max} des Maximums im Planck-Spektrum hängt wie folgt mit der Temperatur T des schwarzen Körpers zusammen:

$$\lambda_{max} = \frac{2{,}8978 \text{ mm K}}{T}.$$

(3.234)

Wir haben nun gesehen, dass ein schwarzer Körper bei einer gegebenen Temperatur ein charakteristisches Strahlungsspektrum besitzt. Dieses ist ausschließlich von der Temperatur abhängig. Durch Messung des Leistungsspektrums ist es somit möglich, auf die Temperatur zu schließen. Für die Sonne findet man z.B. eine Oberflächentemperatur von etwa 6000 K.

Aufgaben

Aufgabe 3.33 Heißwasserleitung
Üblicherweise werden Heißwasserleitungen in Wohnhäusern isoliert. Um die Wirkung der Isolierung zu verdeutlichen, gehen wir von einer nicht isolierten Leitung aus und berechnen die Verlustwärme. Die Leitung besteht aus einem 10 m langen Eisenrohr (λ = 67 W m^{-1} K^{-1}) mit einer Wandstärke von 3 mm. Der mittlere Durchmesser beträgt 24 mm.
a) Welche Wärmemenge geht in einer Sekunde verloren, wenn die Wassertemperatur 80 °C und die Außentemperatur des Rohres 78 °C beträgt?
b) Welche Kosten verursacht der Wärmeverlust, wenn insgesamt einen Monat lang Wasser durch das Rohr geflossen ist? Das Wasser wird elektrisch mit einem Wirkungsgrad von 100 % erhitzt und die Stromkosten liegen bei 0,25 € pro kWh.

Aufgabe 3.34 Isolierte Wand
Eine Hauswand besteht aus einer 25 cm dicken Betonschicht (λ_{Beton} = 2,1 W m^{-1} K^{-1}) und darauffolgender 15 cm dicken Isolierung (λ_{Iso} = 0,03 W m^{-1} K^{-1}). Welche Wärmeleistung geht pro Quadratmeter Wandfläche nach draußen, wenn die Innentemperatur 20 °C und beträgt und die Außentemperatur bei −4 °C liegt?

Aufgabe 3.35 Wärmeleitung bei ungleichmäßigem Querschnitt
Wir betrachten einen rotationssymmetrischen Körper, dessen Radius durch die Funktion

$$r(x) = \frac{a}{b + \frac{x}{L}}$$

beschrieben wird. Die Länge des aus Eisen bestehenden Körpers (λ = 67 W m^{-1} K^{-1}) ist L = 5,00 mm. Bei x = 0 beträgt der Radius 3,00 mm, bei x = L sind es 2,00 mm. Die Temperatur beträgt bei x = 0 100 °C, bei x = L 90 °C.
a) Man bestimme die Konstanten a und b.
b) Für den Fall einer stationären Wärmeleitung berechne man das Temperaturprofil $T(x)$ entlang der Symmetrieachse, also y = 0 und z = 0. Anleitung: Die Wärmeleistung dQ/dt, die durch eine Quer-

schnittsfläche des Körpers geht, ist an jeder Stelle x dieselbe. Die Querschnittfläche selbst ist x-abhängig. Unter dieser Voraussetzung lässt sich eine Lösung zu (3.196) finden.

c) Welche Wärmemenge wird pro Sekunde übertragen?

Aufgabe 3.36   Sonnenstrahlung

Auf jeden Quadratmeter strahlt die Sonne bei senkrechtem Einfall mit einer Leistung von 1400 W. Welche Temperatur erreicht dabei eine Straße, wenn sie 50 % der einfallenden Strahlung absorbiert?

Aufgabe 3.37   Mikrowellenhintergrund

Aus jeder Richtung treffen Mikrowellen auf die Erde, deren spektrale Verteilung einem Planck-Spektrum entspricht. Das Maximum liegt bei einer Wellenlänge von 1063 μm. Welche Temperatur hat der zugehörige „Körper" ? Anmerkung: Das beobachtete Spektrum ist ein Relikt aus der Frühphase des Universums, ausgesendet von dem damals sehr heißen Plasma, aus dem später Sonnensysteme und Galaxien entstanden sind. Für die Entdeckung dieses Spektrums gab es für Penzias und Wilson den Nobelpreis für Physik.

4 Elektrizitätslehre und Magnetismus

Als James Clerk Maxwell (1831–1879) und Michael Faraday (1791–1867) im 19. Jahrhundert ihre Experimente und Theorien zur Elektrostatik und Elektrodynamik durchführten und aufstellten, konnten sie vielleicht erahnen, dass diese Forschungen das Bild der Welt verändern würden, aber der Umfang dieser Veränderungen war und konnte ihnen sicherlich nicht bewusst gewesen sein. Heute, über 150 Jahre später, sind Elektrizität und Magnetismus so selbstverständlich in unseren Alltag integriert, dass wir uns selten im Klaren darüber sind, was für eine fantastische Entdeckung und deren Nutzung uns täglich das Leben vereinfachen (zumindest meistens). Wir telefonieren mit Smartphones, welche durch Akkus gespeist werden, Speichern währenddessen Daten auf der Festplatte ab, die wir nachher noch für ein Meeting per Mail verschicken wollen, warten gleichzeitig auf das Essen, welches seit drei Minuten in der Mikrowelle erwärmt wird und neben uns liegt das Tablet, auf dem die Zeitung von heute angezeigt wird. Das alles ist nur möglich, weil viele interessante und spannende Entdeckungen der letzten Jahrzehnte es uns ermöglichen, Elektrizität zuverlässig zu erzeugen, bereit zu stellen und zu nutzen. Darum ist es lohnenswert, sich mit den grundlegenden physikalischen Zusammenhängen, die hierbei eine Rolle spielen, auseinanderzusetzen, um sich die Prinzipien und weiterführenden Theorien erarbeiten zu können, welche uns die Schönheit der Natur, in der wir leben dürfen, richtig vor Augen führen können. Natürlich ist es uns hier nur möglich, einen kleinen Ein- und Überblick über die Thematik zu geben, denn das Gebiet ist mittlerweile so sehr gewachsen, dass eine Vielzahl an Vorlesungen unterschiedlichster Schwerpunkte an Hochschulen und Universitäten angeboten werden. Aber alles muss ja einmal klein beginnen und so setzen wir uns mit dem auseinander, was ein jeder bei der Aufnahme eines naturwissenschaftlichen oder technischen Studiengangs schon einmal in Wort und Formel gehört haben sollte.

4.1 Das elektrische Feld mit Anhang

4.1.1 Elektrische Ladung

Die grundlegende Größe, die man zu betrachten hat, wenn man anfängt, sich mit der Elektrizitätslehre (Elektrostatik und Elektrodynamik) zu beschäftigen, ist die Ladung. Genau wie die Masse eines Objektes, ist sie eine fundamentale Eigenschaft von Materie. Im Gegensatz zur Masse bemerken wir sie aber nur in seltenen Fällen. Heben wir einen Körper mit einem Volumen von einem Kubikdezimeter in die Höhe, so merken wir (bzw. der gerade belastete Rücken) sofort, ob dieser aus Aluminium oder aus Gold ist. Letzteres ist besser für den Geldbeutel, aber schlechter für den Rücken. Die in dem Körper verteilten Ladungen bemerken wir in der Regel nicht, denn von ihnen gibt es zwei Sorten, positive und negative. Durch die anziehende Wirkung, die beide Arten

https://doi.org/10.1515/9783110703931-004

aufeinander ausüben, bilden sich Moleküle und komplexere Körper. Dabei findet ein neutralisierender Effekt statt, sodass wir tief in die Trick- und Experimentierkiste der Physik greifen müssen, um mehr über diese Größe in Erfahrung zu bringen. Deswegen sind Grundlagenvorlesungen in Experimentalphysik auch voll von den verschiedenartigsten Versuchen. Die elementaren Ladungsträger bezeichnen wir bei negativen Ladungen als Elektronen, bei positiven Ladungen als Protonen. Hieraus und aus dem Träger der neutralen Ladung, dem Neutron, ist die sichtbare Materie aufgebaut. Wir halten fest:

> **Definition 4.1** *Ladung*
> Es gibt zwei Sorten von Ladung, positive und negative. Ihr Symbol ist das Q oder auch q. Die elektrische Ladung ist eine Erhaltungsgröße und ihre Einheit ist das Coulomb:
>
> $$[Q] = 1\,C \tag{4.1}$$
>
> Die Elementarladung, also die kleinstmögliche Ladungsportion, beträgt
>
> $$e = 1{,}602 \cdot 10^{-19}\,C. \tag{4.2}$$
>
> Die Ladungsträger bezeichnet man nach der Art der Ladung:
> - Ladung $-e$: Ladungsträger Elektron
> - Ladung $+e$: Ladungsträger Proton
> - Ladung neutral: Neutron

Wann wir die vorhandenen Ladungen eines Stoffes zu spüren bekommen, hängt nun davon ab, wie Elektronen und Protonen relativ zueinander vorhanden sind. Stoffe können
- positiv geladen sein, wenn Elektronenmangel herrscht,
- neutral geladen sein, wenn die Ladungen ausgeglichen sind oder
- negativ geladen sein, wenn die Elektronen in der Überzahl sind (Elektronenüberschuss).

Ladungen bzw. die Ladungsträger können nun miteinander interagieren. Das tun sie auf eine ganz charakteristische und immer gleiche Weise.

> **Satz 4.1** *Interaktion von Ladungen*
> Ladungen üben Kräfte aufeinander aus und interagieren dabei wie folgt: Gleichnamige Ladungen stoßen sich ab (plus–plus oder minus–minus), ungleichnamige ziehen sich an (plus–minus).

Besitzt ein Stoff frei bewegliche Ladungen, die dadurch bedingt leicht verschoben werden können (hohe elektrische Leitfähigkeit), so spricht man in seinem Fall von einem *Leiter*. Können die Ladungen nur sehr schwer oder gar nicht verschoben werden, so besitzt der Stoff eine geringe elektrische Leitfähigkeit. Es liegt ein Isolator vor.

> **Definition 4.2** *Leiter*
> Ein Stoff mit freien Ladungen und einer dadurch bedingten hohen elektrischen Leitfähigkeit bezeichnen wir als Leiter. Aus Satz 4.1 folgt, dass sich die überschüssigen Ladungen bei Leitern stets an der Oberfläche derselben befinden müssen.

Wenn wir vom Verschieben von Ladungen sprechen, dann ergibt sich daraus ganz zwanglos die nächste notwendige Größe, die wir bei der vorliegenden Thematik benötigen, der (elektrische) Strom.

4.1.2 Der elektrische Strom

Bisher haben wir vom Verschieben von Ladungen gesprochen. Dieser Terminus ist eher etwas ungünstig. Wir wollen lieber sagen, dass Ladungen fließen. So wie wir in der Mechanik die Geschwindigkeit als Meter pro Sekunde festgelegt haben, so verwenden wir auch hier die Zeit als Größe im Nenner, um die pro Sekunde geflossene Ladung zu ermitteln. Diese Größe nennen wir dann elektrischer Strom und verpassen diesem eine eigene Einheit.

> **Definition 4.3** *Elektrischer Strom*
> Fließen Ladungen (positiv oder negativ), dann sprechen wir von einem Strom. Es gilt:
>
> $$\frac{\text{Ladungsänderung in Coulomb}}{\text{Zeit in Sekunden}} = \frac{\Delta Q}{\Delta t} = I \qquad (4.3)$$
>
> Die Einheit für den Strom bzw. die Stromstärke ist das Ampere (A):
>
> $$[I] = 1\,\frac{C}{s} = 1\,A \qquad (4.4)$$
>
> Da wir es mit der zeitlichen Änderung der Ladung zu tun haben, können wir hier die aus der Differentialrechnung bekannten Techniken anwenden und das Zeitintervall gedanklich unendlich klein werden lassen. Dadurch ergibt sich, dass der Strom die Ableitung der Ladung nach der Zeit ist. Wir fassen daher Q und I als Funktionen der Zeit auf und schreiben:
>
> $$I(t) = \frac{dQ}{dt} = \dot{Q}(t) \qquad (4.5)$$

Diesen Zusammenhang (Gleichung (4.5)) werden wir später noch einige Male benötigen (Laden und Entladen von Kondensatoren, Berechnung eines Schwingkreises etc.). Natürlich lässt sich dieser auch von der anderen Seite betrachten: Wenn wir die Stromstärken pro Zeitintervall aufsummieren, erhalten wir die geflossene Ladung. Es ist daher

$$Q_{\text{geflossen}} = \int_{t_A}^{t_B} I(t)\,dt = Q(t_B) - Q(t_A). \qquad (4.6)$$

Es können sowohl negative als auch positive Ladungen für den Ladungstransport zum Einsatz kommen, es hängt nur davon ab, welcher Stoff bzw. auch welcher Aggregatzustand des Stoffes vorliegt. Wir geben hier eine ganz grobe Einteilung diesbezüglich an.

> **Satz 4.2** *Ladungstransport in verschiedenen Medien*
> Der Ladungstransport erfolgt
> – bei Metallen durch Elektronen,
> – bei Halbleitern durch Elektronen oder Löcher (Elektronenmangel),
> – bei Flüssigkeiten durch Ionen (positiv/negativ).

Wir haben bereits festgehalten (siehe Satz 4.1), dass Ladungen Kräfte aufeinander ausüben, wenn wir sie zusammenbringen. Dies wollen wir nun näher betrachten.

4.1.3 Das elektrische Feld – Eine Form, Kräfte auf Ladungen wirken zu lassen

Wir wollen zuerst einmal festhalten, was wir unter einem elektrischen Feld verstehen.

> **Definition 4.4** *Elektrisches Feld*
> Ein elektrisches Feld übt eine Kraft auf geladene Körper aus. Das elektrische Feld selbst wird durch Ladungen erzeugt und durch Feldlinien dargestellt. Je dichter die Feldlinien liegen, desto stärker ist das zugehörige Feld.
> Die elektrischen Feldlinien entspringen auf positiven Ladungen und enden auf negativen Ladungen, womit die Richtung der Kraft auf negative und positive Ladungen festgelegt ist.
> Die Kraft, welche ein elektrisches Feld auf eine positive Ladung q ausübt, wirkt in jedem Punkt des Feldes in Richtung der Tangente an die jeweilige Feldlinie.

Dass die Kraft eine vektorielle Größe ist (Betrag und Richtung), wissen wir bereits aus der Mechanik. Da Ladungen Felder erzeugen, verändert jede noch so kleine Ladung q in einem elektrischen Feld dieses an sich. Bei hinreichend kleinen Probeladungen (wovon wir in den hier betrachteten Fällen immer ausgehen können) ist der Effekt aber klein genug, um ihn vernachlässigen zu können.

Wir wollen uns mit den wirkenden Kräften in einem elektrischen Feld ein wenig auseinander setzen. Bevor wir aber zu den wesentlichen Formeln kommen, formulieren wir ein grundlegendes Prinzip, welches uns schon aus der Mechanik bekannt sein dürfte und welches auch hier für elektrische Felder zum Glück zum Einsatz kommen kann: Das Superpositionsprinzip.

> **Satz 4.3** *Superpositionsprinzip bei elektrischen Feldern*
> Für elektrische Felder gilt das Superpositionsprinzip, d.h. sie durchdringen einander ungestört, ihre Wirkungen addieren sich.

Das hat natürlich Konsequenzen für die Kraft auf eine (kleine) Probeladung, die sich im Feld anderer Ladungen befindet (Ladungssystem). Die wirkenden Kräfte werden vektoriell addiert (Kräfteparallelogramm). Dies ist als Beispiel in Abbildung 4.1 dargestellt.

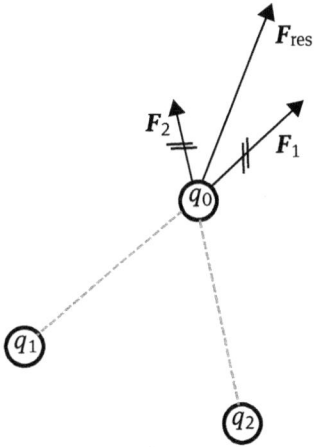

Abb. 4.1: Da das Superpositionsprinzip für elektrische Felder gilt, addieren sich die wirkenden Kräfte wie Vektoren. Die Richtung ist in diesem Fall dadurch vorgegeben, dass sich gleichnamige Ladungen abstoßen. Wir gehen hierbei davon aus, dass die Ladungen q_1 und q_2 ortsfest sind und die Ladung q_0 so klein, dass ihr elektrisches Feld keinen nennenswerten Effekt erzeugt.

Die Stärke des elektrischen Feldes lässt sich über die bereits bekannten Größen Kraft und Ladung definieren. Wieder gehen wir dabei von einer im Vergleich zum Feld kleinen Probeladung aus, die das zu untersuchende elektrische Feld nicht nennenswert stört.

Definition 4.5 *Die elektrische Feldstärke*
Übt ein elektrisches Feld auf eine Probeladung q die Kraft F aus, dann besitzt es die *elektrische Feldstärke*

$$E = \frac{F}{q}. \tag{4.7}$$

Wie die Kraft ist die Feldstärke eine vektorielle, d.h. gerichtete Größe und zeigt in die gleiche Richtung wie die Kraft, die auf eine positive Ladung wirkt. Ihre Einheit:

$$[E] = 1\,\frac{\text{N}}{\text{C}} = 1\,\frac{\text{V}}{\text{m}}. \tag{4.8}$$

Der letzte Quotient der beiden Einheiten Volt und Meter erschließt sich uns, wenn wir den Begriff der Spannung diskutiert haben.

Da wir bereits das Superpositionsprinzip erwähnt haben, wonach sich elektrische Felder ungestört überlagern, können wir nun auch sagen, dass sich die E-Vektoren einfach vektoriell addieren lassen. Die Ursache des elektrischen Feldes sind die vorhandenen Ladungen. Wie sich die Kräfte zwischen diesen berechnen lassen und wie wir daraus das elektrische Feld einer Punktladung mittels Integration erhalten, das sehen wir in den Abschnitten 4.1.4 und 4.1.5.

Wir müssen nun noch ein paar wichtige Begriffe auflisten, mit denen wir zwar noch nicht rechnen können, welche aber von Bedeutung für die betrachtete Thematik sind.

Definition 4.6 *Influenz*
Da bei elektrischen Leitern die Leitungselektronen leicht verschoben bzw. getrennt werden können, geschieht genau dies, wenn man einen solchen in ein elektrisches Feld einbringt. Diesen Effekt nennt man *Influenz*.

Einen ähnlichen, wenngleich auch deutlich schwächeren Effekt kann man bei Nichtleitern beobachten.

Definition 4.7 *Elektrische Polarisation*
Bringt man einen Nichtleiter in ein elektrisches Feld, so kann man *elektrische Polarisation* beobachten. Wir unterscheiden dabei:
Verschiebungspolarisation: Die Elektronen werden gegenüber den ortsfesten Atomkernen verschoben. Die Verschiebung lässt sich in Atomabständen messen.
Orientierungspolarisation: In bestimmten Stoffen (z.B. in Wasser) besitzen die Moleküle eine entsprechende Geometrie, sodass die Schwerpunkte der positiven und negativen Ladungen nicht zusammenfallen. Es existieren sog. Dipole. Diese werden durch das anliegende Feld ausgerichtet, also orientiert.

4.1.4 Das Coulomb'sche Gesetz – Kräfte zwischen Punktladungen

Die zwischen zwei Punktladungen wirkende Kraft, egal ob abstoßend oder anziehend, wir durch das sog. *Coulomb'sche Gesetz* beschrieben. Es bildet die Grundlage der Elektrostatik, also dem Teilgebiet der Physik, das sich mit ruhenden elektrischen Ladungen, deren Anordnung und den resultierenden elektrischen Feldern beschäftigt. Wir notieren die zugehörige Formel und erläutern diese im Anschluss.

Definition 4.8 *Das Coulomb'sche Gesetz*
Befinden sich zwei Punktladungen q_1 und q_2 im Vakuum im Abstand r zueinander, so gilt für den Betrag F der wirkenden Kraft zwischen diesen die Formel

$$F = \frac{1}{4\pi\varepsilon_0} \cdot \frac{q_1 q_2}{r^2}. \tag{4.9}$$

Dabei ist ε_0 die sog. *Dielektrizitätskonstante* oder elektrische Feldkonstante des Vakuums. Sie ist das Maß für die Durchlässigkeit des Vakuums für elektrische Felder und wird experimentell bestimmt. Es gilt:

$$\varepsilon_0 = 8{,}854 \cdot 10^{-12} \, \frac{A \cdot s}{V \cdot m} \tag{4.10}$$

Wir können beim Coulomb'schen Gesetz eine starke Ähnlichkeit zum Gravitationsgesetz erkennen. In beiden Fällen steht im Zähler das Produkt der beteiligten Größen, wobei es hier die Ladungen, im Falle vom Gravitationsgesetz die Massen sind. Die Kraft ist umgekehrt proportional zum Quadrat des Abstandes r der beiden Ladungen.

Strukturell sind also das Gravitationsgesetz und das Coulomb'sche Gesetz identisch. Die wesentlichen Unterschiede sind:
– Beim Coulomb'schen Gesetz steht das Produkt der Ladungen im Zähler, beim Gravitationsgesetz ist es das Produkt der Massen.
– Der Vorfaktor beim Coulomb'schen Gesetz ist um viele 10er-Potenzen größer als der des Gravitationsgesetzes. Während wir bei letzterem $G = 6{,}67 \cdot 10^{-11} \frac{m^3}{kg \cdot s^2}$ als Vorfaktor hatten, ist es beim Coulomb'schen Gesetz der Vorfaktor $\frac{1}{4\pi\varepsilon_0} = 8{,}99 \cdot 10^9 \frac{N \cdot m^2}{C^2}$. Vergleichen wir nur die Hochzahlen miteinander, so sehen wir, dass ein Unterschied von 20 Größenordnungen vorliegt. Die üblicherweise verwendeten Ladungen sind jedoch winzig klein, sodass wir den gewaltigen Unterschied in der Stärke der Wechselwirkung normalerweise nicht spüren.

Natürlich kann das Coulomb'sche Gesetz auch mit Vektoren niedergeschrieben werden. Da auch hier ein kugelsymmetrisches Kraftfeld vorliegt, notieren wir wie beim Gravitationsgesetz die Gleichung mit dem Einheitsvektor $\boldsymbol{e}_r$:

$$\boldsymbol{F} = \frac{1}{4\pi\varepsilon_0} \cdot \frac{q_1 q_2}{r^2} \cdot \boldsymbol{e}_r. \tag{4.11}$$

Um ein Gefühl für die Größenordnungen und die Formel zu erhalten, betrachten wir hierzu ein kleines Beispiel.

Beispiel 4.1 *Abstand zweier Punktladungen*

Wir betrachten einen zweifach positiv geladenen Atomkern ($q = +2e$) und ein einzelnes Elektron, welches den Abstand $r_0 = 1\,nm = 10^{-9}\,m$ von diesem hat.
a) Wie groß ist die Coulombkraft?
b) Wie groß ist die Coulombkraft, wenn der Abstand verdoppelt wird?

Lösung:
a) Wir setzen in die Formel ein. Dabei beachten wir, dass das Elektron die Ladung $q_e = -e = -1{,}602 \cdot 10^{-19}\,C$ besitzt. Für den Kern setzen wir die doppelte Ladung ein. Es ist:

$$F = \frac{1}{4\pi\varepsilon_0} \cdot \frac{2e \cdot (-e)}{(10^{-9}\,m)^2} = -8{,}99 \cdot 10^9 \frac{N \cdot m^2}{C^2} \cdot \frac{2 \cdot (1{,}602 \cdot 10^{-19}\,C)^2}{(10^{-9}\,m)^2}$$
$$= -4{,}61 \cdot 10^{-10}\,N$$

b) Das einzige, was sich hier ändert, ist, dass wir anstatt r_0 nun $2r_0$ in die Gleichung einsetzen. Da dieser Wert quadriert wird, gilt:

$$F_{neu} = \frac{1}{4\pi\varepsilon_0} \cdot \frac{2e \cdot (-e)}{(2r_0)^2} = \frac{1}{4\pi\varepsilon_0} \cdot \frac{2e \cdot (-e)}{4r_0^2} = \frac{1}{4} \cdot \frac{1}{4\pi\varepsilon_0} \cdot \frac{2e \cdot (-e)}{r_0^2}$$
$$= \frac{1}{4}F$$

Damit reduziert sich die Kraft auf ein Viertel der ursprünglichen Kraft, also $F_{neu} = -1{,}15 \cdot 10^{-10}\,N$. Die Richtung bleibt dieselbe, die Ladungen ziehen sich an.

Damit können wir jetzt auch eine Formel für das elektrische Feld einer Punktladung angeben. Da ja $E = Q \cdot F$ gilt und Q hier für die Ladung des sich im Feld von q befindlichen Teilchens steht, ergibt sich durch Vergleich der Formeln die Formel für das elektrische Feld einer Punktladung.

Satz 4.4 *Elektrisches Feld einer Punktladung*
Das elektrische Feld einer Punktladung q im Vakuum ist direkt proportional zu der Ladung selbst und umgekehrt proportional zum quadratischen Abstand r zur Ladung. Es gilt:

$$E(r) = \frac{1}{4\pi\varepsilon_0} \cdot \frac{q}{r^2} \cdot e_r \tag{4.12}$$

Diese Formel werden wir im nächsten Abschnitt benötigen, wenn wir den bereits aus der Mechanik bekannten Begriff des Potentials bei uns hier einführen.

4.1.5 Arbeit, Potential und Spannung im E-Feld

Aus der Mechanik ist uns bekannt, dass das Produkt aus Kraft und Weg die verrichtete Arbeit wiedergibt. Da in einem elektrischen Feld eine Kraft auf die in ihm platzierte Probeladung wirkt, muss Arbeit aufgewendet werden, um die Ladung innerhalb des Feldes zu verschieben. Natürlich ist auch hier Arbeit gegenüber dem Gravitationsfeld zu verrichten, da unsere Probeladung ja auch eine Masse haben muss, aber da die Gravitationskraft der elektrischen Feldkraft um etliche Größenordnungen hinterherhinkt, kann sie in solchen Fällen getrost vernachlässigt werden. Man muss das betrachtete Modell ja auch nicht zu kompliziert gestalten, darum fliegt das Unwichtige erst einmal aus der Untersuchung raus (auch das kennen wir bereits aus der Mechanik und der Thermodynamik). Wir platzieren also eine Probeladung in einem elektrischen Feld am Punkt P_1 und wollen diese zum Punkt P_2 verschieben. Dabei kann uns folgende Frage in den Sinn kommen.

Ist der Weg beim Verschieben der Ladung relevant oder sind nur Anfangs- und Endpunkt des gewählten Weges von Interesse?

Wenn die Frage schon so formuliert ist, gibt vermutlich der zweite Teil die Realität wieder. Wir sollten uns aber überlegen, warum dies so ist. Dazu betrachten wir die Abbildung 4.2. Erinnern wir uns an die Mechanik. Dort hatten wir die Gleichung

$$dW = F \cdot dr. \tag{4.13}$$

Das war die zu verrichtende Arbeit, um eine Masse ein Stückchen dr entlang einer gegebenen Kurve (eines gegebenen Weges) zu verschieben. Die Kraft F war dabei z.B. die Gravitationskraft. In unserem Fall ist es nun die Kraft, die das elektrische Feld auf unsere Probeladung ausübt, wir nennen sie zur Unterscheidung F_{el}. Um nun die im

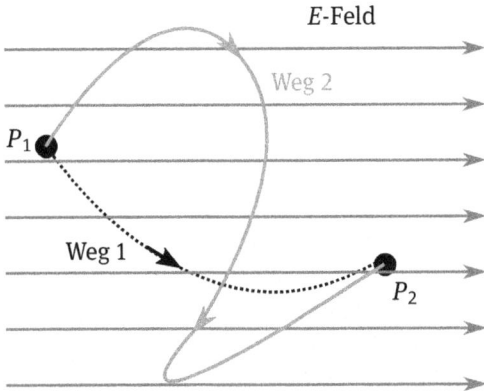

Abb. 4.2: Eine Punktladung wird entlang zweier verschiedener Wege vom Punkt P_1 in den Punkt P_2 verschoben. Die dazu benötigte Arbeit ist für beide Wege identisch. Die Begründung findet sich im Text.

Gesamten zu verrichtende Arbeit zu ermitteln, müssen wir alle Abschnitte aufsummieren. Bei infinitesimal kleinen Abschnitten hilft uns die Integralrechnung dabei weiter. Damit können wir die zwischen den Punkten P_1 und P_2 zu verrichtende Arbeit (negatives Vorzeichen, denn wir arbeiten ja gegen die Feldkraft) folgendermaßen niederschreiben:

$$W_{12} = -\int_{P_1}^{P_2} \boldsymbol{F}_{\text{el}} \cdot \mathrm{d}\boldsymbol{r} = -Q \cdot \int_{P_1}^{P_2} \boldsymbol{E} \cdot \mathrm{d}\boldsymbol{r} \qquad (4.14)$$

Für die Umformung haben wir ausgenutzt, dass $\boldsymbol{F} = Q \cdot \boldsymbol{E}$ gilt. Da wir im Integral prinzipiell ein Skalarprodukt notiert haben, dieses aber letztendlich nur die Projektion des Weges auf die Richtung des elektrischen Feldes darstellt. Projizieren wir aber beide Wege gedanklich auf die Richtung des elektrischen Feldes, erhalten wir in beiden Fällen ein identisches Ergebnis. Physikalisch lässt sich das so erklären: Die elektrische Kraft $\boldsymbol{F}_{\text{el}}$ wirkt entlang des elektrischen Feldes $\boldsymbol{E}$, es gilt, dass $\boldsymbol{F}_{\text{el}} \parallel \boldsymbol{E}$. Verschieben wir nun unser Teilchen parallel zur entlang der Feldlinien wirkenden Kraft, so gilt, dass

$$\mathrm{d}W = -\boldsymbol{F}_{\text{el}} \cdot \mathrm{d}\boldsymbol{r} = -|\boldsymbol{F}_{\text{el}}| \cdot |\mathrm{d}\boldsymbol{r}|.$$

Weichen wir aber von der Parallelität um den Winkel α ab, so müssen wir uns betragsmäßig nur noch mit der Kraft $F_{\text{nicht parallel}} = |\boldsymbol{F}_{\text{el}}| \cdot \cos(\alpha)$ auseinandersetzen. Die vertikale Bewegung spielt bei der zu verrichtenden Arbeit keine Rolle. Da wir aber bei jedem beliebigen Weg die gleiche Strecke parallel zu den Feldlinien zurückzulegen haben, hängt der Wert des Integrals in (4.14) nur vom Anfangs- und Endpunkt der Kurve ab. Dies funktioniert, weil ein konservatives Kraftfeld vorliegt, welches die Energie erhält. Dadurch existiert ein Potential φ mit dessen Hilfe wir das Integral auswerten können. Wir erhalten dann

$$W_{12} = -\int_{P_1}^{P_2} \boldsymbol{F}_{el} \cdot d\boldsymbol{r} = -Q \cdot \int_{P_1}^{P_2} \boldsymbol{E} \cdot d\boldsymbol{r}$$

$$= Q \cdot [\varphi(\boldsymbol{r})]_{P_1}^{P_2} = Q \cdot (\varphi(P_2) - \varphi(P_1)).$$

Die Potentialdifferenz $\Delta\varphi = \varphi(P_2) - \varphi(P_1)$ bekommt nun einen eigenen Namen. Wir bezeichnen sie als *Spannung U*, genauer als U_{21}. Diese Potentialdifferenz ist immer unabhängig von der Wahl des Nullpunktes. Die Potentialwerte hängen natürlich von der Wahl des Null- oder Bezugspunktes ab, aber für den zu ermittelnden Spannungswert hat das aber keine Auswirkungen.[21] Halten wir das Gefundene nochmal fest:

Definition 4.9   *Das elektrische Potential*
Berechnet man die Verschiebungsarbeit, die es braucht, um eine Probeladung Q in einem elektrischen Feld vom Punkt P_1 zum Punkt P_2 zu bringen, so kann man auf Grund des konservativen Kraftfeldes $\boldsymbol{F}_{el}$ ein Potential φ finden, wodurch die Auswertung des Integrals einfach möglich ist. Es gilt:

$$W_{12} = -Q \cdot \int_{P_1}^{P_2} \boldsymbol{E} \cdot d\boldsymbol{r} = Q \cdot (\varphi(P_2) - \varphi(P_1)) \tag{4.15}$$

Die zu verrichtende Arbeit hängt also nur vom Anfangs- und Endpunkt der Verschiebung ab. Die Potentialdifferenz definieren wir als neue Größe:

$$W_{12} = Q \cdot \Delta\varphi = Q \cdot U_{21} \Leftrightarrow U_{21} = -U_{12} = \frac{W_{12}}{Q} \tag{4.16}$$

Diese Größe bezeichnen wir als Spannung. Für ihre Einheit gilt, dass

$$[U] = 1\,\frac{J}{C} = 1\,V \tag{4.17}$$

Die elektrische Feldstärke hatten wir bisher in der Einheit $\frac{N}{C}$ angegeben. Für Umrechnungen ist es manchmal hilfreich, eine Beziehung zu verwenden, die sich durch die neue Einheit Volt ergibt. Wir formen um:

$$1\,\frac{N}{C} = 1\,N \cdot \frac{1}{C} \overset{(4.17)}{=} 1\,N \cdot \frac{V}{J} = 1\,N \cdot \frac{V}{N \cdot m} = 1\,\frac{V}{m} \tag{4.18}$$

Mathematisch haben wir also bei der Ermittlung der Verschiebungsenergie von einem Punkt in den anderen nur ein Integral zu lösen. Je nachdem wohin man die Ladung verschieben will, kann dieses auch ein uneigentliches Integral sein. Möchte man nämlich Elektron und Kern trennen, so muss man das Elektron abspalten, also in die Unendlichkeit verschieben (∞). Die dadurch berechnete Arbeit bzw. Energie nennen wir

---

21 Daran erkennt man einmal mehr, dass ein Potential hier nur einen unterstützenden Charakter hat und keine Messgröße ist.

Ionisierungsenergie. Nehmen wir unser Beispiel von vorher und berechnen wir das elektrische Feld $E(r)$ für unseren Atomkern mit zwei Protonen.

Beispiel 4.2 *Ionisierungsenergie*

Gegeben sei erneut ein zweifach positiv geladener Atomkern ($q_{Kern} = +2e$). Welche Ionisierungsenergie wird benötigt, um das zugehörige Elektron mit $q_{El} = -e$ im Abstand $r_0 = 1$ nm $= 10^{-9}$ m vom Kern zu trennen?

Lösung: Wir müssen das Elektron von seinem angestammten Abstand r_0 soweit wegschieben, dass es das elektrische Feld des Kerns nicht mehr spürt. Mathematisch verschieben wir es in den Punkt unendlich (∞). Hierzu haben wir über das elektrische Feld nach Gleichung (4.12) zu integrieren. Die Integrationsgrenzen sind 0 und ∞. Damit liegt ein uneigentliches Integral vor. Dieses löst man, indem man anfangs anstatt ∞ eine Variable einsetzt, z.B. r_1. Der Vektor e_r zeigt in Richtung des Abstandselements dr und besitzt die Länge 1, sodass sich das Produkt aus e_r und dr auf den Betrag des Abstandselements reduziert:

$$W_{r_0 r_1} = -q_{El} \cdot \int_{r_0}^{r_1} \frac{1}{4\pi\varepsilon_0} \cdot \frac{q_{Kern}}{r^2} e_r \cdot dr$$

$$= -q_{El} \cdot \int_{r_0}^{r_1} \frac{1}{4\pi\varepsilon_0} \cdot \frac{q_{Kern}}{r^2} dr$$

Wir müssen nun über den Abstand r integrieren und aufpassen, welche Ladung wir wo einsetzen:

$$W_{r_0 r_1} = -\frac{q_{El} \cdot q_{Kern}}{4\pi\varepsilon_0} \int_{r_0}^{r_1} \frac{1}{r^2} dr$$

$$= -\frac{q_{El} \cdot q_{Kern}}{4\pi\varepsilon_0} \cdot \left[-\frac{1}{r} \right]_{r_0}^{r_1} = \frac{q_{El} \cdot q_{Kern}}{4\pi\varepsilon_0} \cdot \left[\frac{1}{r_1} - \frac{1}{r_0} \right]$$

Lassen wir jetzt r_1 gegen unendlich gehen, so geht der Term $\frac{1}{r_1}$ gegen 0. Wir erhalten daher (Vorzeichen gleich miteinander verrechnet)

$$W_{r_0\infty} = W_{Ion} = \frac{q_{El} \cdot q_{Kern}}{4\pi\varepsilon_0} \cdot \left[\frac{1}{r_0} \right].$$

Das Einsetzen aller Zahlenwerte liefert uns

$$W_{Ion} = 8{,}99 \cdot 10^9 \, \frac{N \cdot m^2}{C^2} \cdot 2 \cdot \left(1{,}602 \cdot 10^{-19} \, C \right)^2 \cdot \frac{1}{10^{-9} \, m} = 4{,}61 \cdot 10^{-19} \, J$$

Diese Energie muss aufgebracht werden, um das Elektron zu einem freien Elektron werden zu lassen, das seine Bindung an den Kern verloren hat.

Das Wasserstoffatom werden wir in Kapitel 5 noch etwas genauer untersuchen. Dort wird es auch darum gehen, dass Elektronen nicht nur in einzelnen Atomen gebunden sein können, sondern beispielsweise auch in Festkörpern. Wenn man Elektronen aus einem bindenden Objekt wie einem Metall herauslösen will, muss man ebenfalls eine bestimmte Ionisierungsenergie aufwenden.

Aufgaben

Aufgabe 4.1 Wasserstoffatom
Eine beliebte Aufgabe ist, diverse Berechnungen für das Wasserstoffatom durchzuführen. Der Abstand zwischen dem Kern (ein Proton) und dem die Atomhülle bevölkernden Elektron beträgt $r_0 = 0,1$ nm $= 10^{-10}$ m.
a) Man berechne die Coulomb-Kraft zwischen den beiden Teilchen.
b) Man gebe das elektrische Feld des Kerns in Abhängigkeit vom Abstand r an.
c) Man berechne die Ionisierungsenergie.
d) Es sind $m_{\text{Elektron}} = 9,11 \cdot 10^{-31}$ kg und $m_{\text{Proton}} = 1,67 \cdot 10^{-27}$ kg die Massen von Elektron und Proton. Damit ist die Gravitationskraft zwischen den beiden Teilchen im Abstand r zu bestimmen und mit der Coulomb-Kraft zu vergleichen.
e) Zu Teil (d): Wie groß müsste die Masse des Protons sein, damit die Gravitationskraft den gleichen Betrag hat wie die Coulomb-Kraft, wenn ansonsten alle Größen gleich bleiben?

Aufgabe 4.2 Gleichnamige Ladungen – Abstand des feldfreien Punktes
Wir betrachten zwei Ladungen $q_1 = -3$ C und $q_2 = -6$ C. Die Ladungen haben den Abstand $r_0 = 2,0$ m voneinander und können als Punkte angesehen werden. Da sich die beiden Ladungen abstoßen, gibt es auf der direkten Verbindungslinie einen feldfreien Punkt (Feldstärke 0). Wie groß ist dessen Abstand zu q_1 und q_2?

Aufgabe 4.3 Gleichnamige Ladungen – Abstand finden
Wir betrachten zwei Ladungen $q_1 = -3$ C und $q_2 = -6$ C. Die Ladungen haben den Abstand r_0 voneinander und können als Punkte angesehen werden. Da sich die beiden Ladungen abstoßen, gibt es auf der direkten Verbindungslinie einen feldfreien Punkt (Feldstärke 0). Wie groß muss r_0 sein, damit der Punkt den Abstand $r_1 = 0,5$ m von q_1 besitzt?

Aufgabe 4.4 Gleichnamige Ladungen – Verhältnis berechnen
Wir betrachten zwei Ladungen $q_1 = q$ und $q_2 = n \cdot q$ mit einer beliebigen natürlichen Zahl n (also $n = 1, 2, 3, \ldots$). Die Ladungen haben den Abstand r_0 voneinander und können als Punkte angesehen werden. Da sich die beiden Ladungen abstoßen, gibt es auf der direkten Verbindungslinie einen feldfreien Punkt (Feldstärke 0). In welchem Verhältnis teilt der feldfreie Punkt die Strecke r_0?

Aufgabe 4.5 Gleichnamige Ladungen – Abstand gesucht
Zwei positiv geladene Körper stoßen sich mit der Kraft $F = 0,5$ N ab, wobei für beide $q = 5$ µC gilt. Wie weit sind sie voneinander entfernt?

Aufgabe 4.6 Ungleichnamige Ladungen – Anziehende Wirkung
Zwei Körper mit den Ladungen $q_1 = q$ mit $q > 0$ und $q_2 = -2q$ seien einen Meter voneinander entfernt. Wo auf der direkten Verbindungslinie zwischen den beiden Körpern befindet sich ein Punkt minimaler Feldstärke? In welche Richtung zeigt der Kraftvektor?

4.2 Rechnen in Gleichstromkreisen

4.2.1 Das Ohm'sche Gesetz

Wir hatten bereits vor einigen Seiten festgestellt, dass sich die Ladungen bei einem Leiter an der Oberfläche befinden. Damit ist sein Inneres feldfrei, die Leiteroberfläche besitzt dasselbe Potential. Erzeugen wir nun eine Potentialdifferenz, indem wir eine Spannung U an den Leiter anlegen, so bringen wir den Leiter aus seinem elektrostatischen Gleichgewicht, wie man so schön sagt. Das bedeutet, dass die Natur bestrebt ist, den unausgeglichenen Zustand zu beheben. Daher fließt ein Strom I. Damit haben wir zwei Größen: Den Strom I und die Spannung U. In den meisten Materialien sind diese beiden linear miteinander verbunden. Die Stromstärke ist proportional zur angelegten Spannung. Das bedeutet, dass ihr Quotient eine Konstante ist, welche sich näherungsweise über die Länge des Leiters nicht ändert. Dieser Zusammenhang ist so bedeutend, dass er einen eigenen Namen erhalten hat.

Satz 4.5 *Das Ohm'sche Gesetz*
Bei den meisten Materialien ist der Quotient aus Spannung U und Strom I eine konstante Größe. Legt man daher eine Spannung U an, so ist der fließende Strom durch den *Widerstand R* begrenzt. Es gilt

$$R = \frac{U}{I} \tag{4.19}$$

Die Einheit des Widerstands ist das Ohm:

$$[R] = 1\,\frac{V}{A} = 1\,\Omega \tag{4.20}$$

Der Widerstand ist eine Materialeigenschaft des Leiters und als solche eine des hier betrachteten Bauelements, welches wir selbst auch als Widerstand bezeichnen wollen. Für Berechnungen in Stromkreisen ist die Formel (4.19) meistens ausreichend. Das werden wir uns im Folgenden gleich näher anschauen. Es kommt hierbei v.a. auf die Kombinationen der Widerstände an. In manchen Fällen ist es aber durchaus von Interesse, den Widerstand aus der Geometrie des Bauteils zu berechnen. Wenn wir uns den Strom als sich bewegende Teilchen vorstellen, liegt es auf der Hand, dass ein umso größerer Widerstand zum Transport der Teilchen zu überwinden ist, je länger das zu durchquerende Objekt ist. Gleichzeitig verringert sich aber auch der Widerstand, wenn mehrere Teilchen parallel zueinander laufen können. Damit nimmt der Widerstand mit zunehmender Querschnittsfläche des Leiters ab. Dies ist natürlich keine Herleitung des tatsächlichen Zusammenhangs, es soll nur verdeutlicht werden, welche Überlegungen letztendlich zu einer Formel führen können. Tatsächlich ist der Widerstand R proportional zu dem Quotienten aus Länge l und Querschnitt A. Der zugehörige Proportionalitätsfaktor ϱ wird als spezifischer Widerstand bezeichnet. Er hängt von den Stoffeigenschaften und der Temperatur ab.

Satz 4.6 *Widerstand und Leitergeometrie*
Bei einem Leiter der Länge *l* und dem Querschnitt *A* berechnet sich der Widerstand *R* mittels der Formel

$$R = \varrho \cdot \frac{l}{A}. \tag{4.21}$$

Dabei ist der Proportionalitätsfaktor der sog. *spezifische Widerstand*, der von dem verwendeten Material und den herrschenden Temperaturen abhängt.

Um nun Kombinationsschaltungen von Widerständen berechnen zu können, d.h. einen für sie möglichen Ersatzwiderstand zu finden, müssen wir lediglich zwei mögliche Schaltungen anschauen und diese auch nur für den einfachsten Fall, nämlich für zwei Widerstände. Alle weiteren Schaltungen lassen sich dann problemlos aus diesen beiden ableiten.

4.2.1.1 Die Reihenschaltung
Unser Ziel ist es für die *Reihenschaltung* zweier Widerstände einen Ersatzwiderstand zu berechnen, sodass wir die beiden Bauteile durch ein einziges ersetzen können. Betrachten wir Abbildung 4.3.

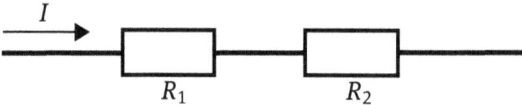

Abb. 4.3: Reihenschaltung zweier Widerstände R_1 und R_2.

Es fließe der Strom I. Was wir bis jetzt noch nicht notiert haben, das ist die insgesamt abfallende Spannung. Wir bezeichnen sie mit U. Will man also von links nach rechts, so hat man die Spannung U zu überwinden. Da wir zwei Widerstände haben, können wir die Spannung in zwei Etappen überqueren. Über dem Widerstand R_1 fällt die Spannung U_1 ab, über dem Widerstand R_2 die Spannung U_2. Da wir dann beide Widerstände hinter uns gelassen haben, muss ganz offensichtlich $U = U_1 + U_2$ gelten (siehe Abbildung 4.4). Damit können wir unseren Ersatzwiderstand R aus den beiden gegebenen Widerständen berechnen, denn für alle muss ja das Ohm'sche Gesetz gelten. Der wesentliche Faktor ist nur der, dass man immer die richtigen Größen verwendet. Bei allen Unterschieden haben nämlich die drei Widerstände (R_1, R_2 und der Ersatzmann R) eines gemeinsam: Durch alle drei muss der Strom I fließen. Da nämlich alle Teilchen von links nach rechts in unseren Abbildungen fließen und dabei an unseren Widerständen vorbeikommen, gilt ebenso offensichtlich, dass $I = I_1 = I_2$ ist. Damit können wir nun rechnen. Es ist:

$$R = \frac{U}{I} = \frac{U_1 + U_2}{I} = \frac{U_1}{I} + \frac{U_2}{I} = \frac{U_1}{I_1} + \frac{U_2}{I_2} = R_1 + R_2.$$

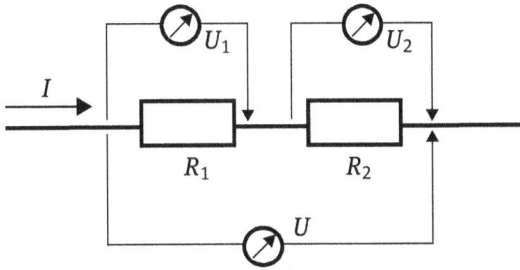

Abb. 4.4: Reihenschaltung mit allen zur Berechnung wichtigen Größen. Erläuterungen dazu finden sich im Text.

Das war es auch schon. Da wir unsere Vorgehensweise leicht auf beliebig viele in Reihe geschaltete Widerstände erweitern können, lässt sich der folgende Merksatz formulieren.

Satz 4.7 *Reihenschaltung bei Widerständen*
Schalten wir n ($n \in \mathbb{N}$) Widerstände R_1 bis R_n in Reihe (also hintereinander), so berechnet sich ihr Ersatzwiderstand R als Summe aller beteiligten Widerstände. Es gilt:

$$R = R_1 + R_2 + \ldots + R_n = \sum_{i=1}^{n} R_i \tag{4.22}$$

Das Summenzeichen ist eine abkürzende Schreibweise für den Term davor und dabei mathematisch deutlich präziser in der Formulierung.

4.2.1.2 Die Parallelschaltung

Auch für die *Parallelschaltung* (siehe Abbildung 4.5) sind wir bestrebt, einen Ersatzwiderstand R zu berechnen. Erneut sammeln wir die beteiligten Größen zusammen, überlegen uns, welche Gemeinsamkeiten und welche Unterschiede bestehen und wenden am Ende das Ohm'sche Gesetz an. Um die Sache sehr entspannt zu gestalten, verwenden wir wieder nur zwei Widerstände. Der allgemeine Fall lässt sich aus diesem durch eine induktive Vorgehensweise ebenso leicht erschließen wie bei der Reihenschaltung. Die Rechnungen sind zwar nicht schwer, da aber den meisten Leuten zu Beginn eines Themas das Rechnen mit Buchstaben etwas schwer fällt, verwenden wir diese Überlegungen als Einstiegsübungen. Was bleibt gleich, was verändert sich? Beginnen wir mit dem, was gleich bleibt. Wollen wir von links nach rechts, dann ist es egal welchen Weg wir wählen, den oberen oder den unteren, wir müssen uns immer mit der gesamten anliegenden Spannung U abquälen. Diese fällt über dem gesamten Konstrukt ab und damit auch über den beiden parallelen Wegen. Daher halten wir fest, dass $U = U_1 = U_2$ gilt. Anders verhält es sich mit dem Strom. Eine Kolonne der Teilchen (wenn wir wieder zu unserer Vorstellung fließender Teilchen zurückkehren) wählt den Weg über den Widerstand R_1, die andere über den Widerstand R_2. Damit

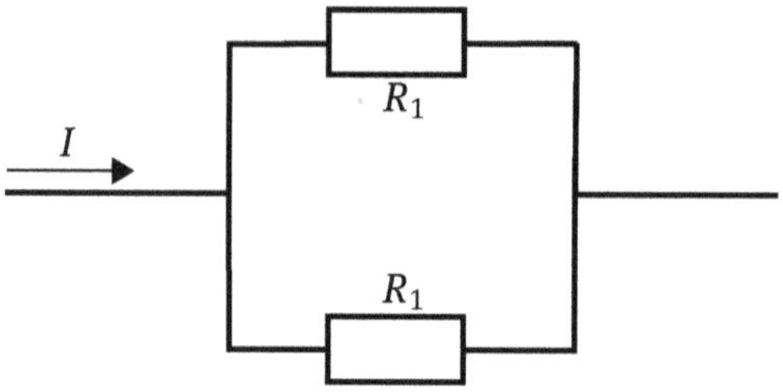

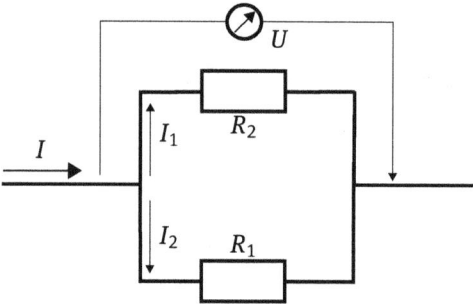

Abb. 4.5: Parallelschaltung zweier Widerstände.

fließen zwei Teilströme I_1 und I_2. Da keine Ladung verloren geht (ist ja eine Erhaltungsgröße), muss zwingend gelten, dass $I = I_1 + I_2$. Unsere Überlegungen sind in Abbildung 4.6 eingetragen.

Abb. 4.6: Parallelschaltung zweier Widerstände mit den Eintragungen, die sich aus den im Text gemachten Überlegungen ergeben.

Damit können wir die Berechnung des Ersatzwiderstands durchführen. Aus praktischen Gründen wählen wir aber dieses Mal den Kehrwert des Widerstands, den sog. Leitwert G.

Definition 4.10 *Leitwert*
Den Kehrwert des Widerstands R bezeichnen wir als Leitwert G. Es gilt also:

$$G = \frac{1}{R} = \frac{I}{U} \tag{4.23}$$

Warum wir den Leitwert verwenden, können wir an der folgenden Rechnung sehen:

$$G = \frac{1}{R} = \frac{I}{U} = \frac{I_1 + I_2}{U} = \frac{I_1}{U} + \frac{I_2}{U} = \frac{I_1}{U_1} + \frac{I_2}{U_2}$$
$$= \frac{1}{R_1} + \frac{1}{R_2} = G_1 + G_2$$

Wir erkennen hier, dass durch die Verwendung des Leitwertes das Kürzen überhaupt erst möglich ist. Daher waren lediglich unsere mathematischen Befindlichkeiten für die Wahl des Leitwerts ausschlaggebend. Möchte man den Ersatzwiderstand angeben, so muss man am Ende der Rechnung nur noch den Kehrwert bilden. Das sieht als allgemeine Formel aber nicht wirklich schön aus, denn allein für den Fall mit zwei Widerständen lautet die Formel dann

$$R = \frac{R_1 R_2}{R_1 + R_2}. \tag{4.24}$$

Wir merken uns daher lieber den Zusammenhang mit dem Leitwert bzw. mit den Kehrwerten der Widerstände.

Satz 4.8 *Parallelschaltung bei Widerständen*
Schalten wir n ($n \in \mathbb{N}$) Widerstände R_1 bis R_n parallel, so berechnen wir den Ersatzwiderstand über die Summe der Kehrwerte der Widerstände. Es gilt:

$$\frac{1}{R} = \frac{1}{R_1} + \frac{1}{R_2} + \ldots + \frac{1}{R_n} = \sum_{i=1}^{n} \frac{1}{R_i} \tag{4.25}$$

Das ist nichts anderes als die Summe der Leitwerte: $G = G_1 + G_2 + \ldots + G_n$. Um den Ersatzwiderstand zu erhalten, muss man vom Ergebnis dann noch den Kehrwert bilden.

Da wir nun die beiden Kombinationsmöglichkeiten von Widerständen besprochen haben, wollen wir uns den Umgang mit den Formeln ein wenig trainieren. Dazu betrachten wir ein Beispiel.

Beispiel 4.3 *Widerstandsschaltung*

Gegeben sei die in Abbildung 4.7 gezeigte Schaltung von Widerständen mit $R_1 = 10\ \Omega$ und $R_2 = 5\ \Omega$. Man berechne ihren Ersatzwiderstand.

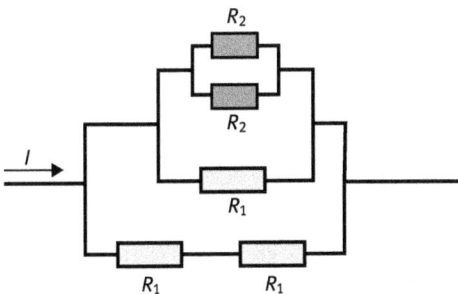

Abb. 4.7: Schaltung von Widerständen zu Beispiel 4.3.

Lösung: Um eine solche Aufgabe zu lösen, arbeiten wir uns von innen nach außen, vom Kleinen zum Großen. Dazu markieren wir uns die einzelnen Einheiten, welche wir nacheinander berechnen wollen. Dies ist in Abbildung 4.8 gezeigt. Die Ersatzwiderstände bezeichnen wir mit R_{T1} bis R_{T4}.

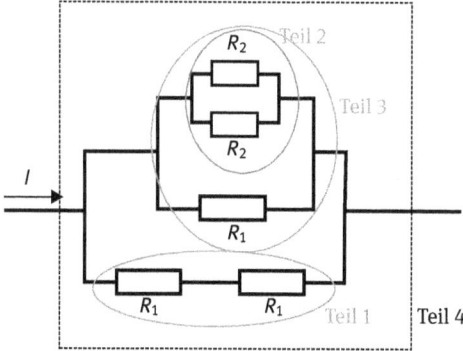

Abb. 4.8: Schaltung von Widerständen zu Beispiel 4.3 mit Reihenfolge der durchgeführten Berechnungen.

Berechnen wir die einzelnen Teile:

- *Teil 1:* $R_{T1} = R_1 + R_1 = 2R_1 = 20\ \Omega$
- *Teil 2:*

$$\frac{1}{R_{T2}} = \frac{1}{R_2} + \frac{1}{R_2} = \frac{2}{R_2} = \frac{2}{5\ \Omega}$$

Damit ist dann $R_{T2} = \frac{5}{2}\ \Omega = 2,5\ \Omega$.

- *Teil 3:*

$$\frac{1}{R_{T3}} = \frac{1}{R_{T2}} + \frac{1}{R_1} = \frac{2}{5\ \Omega} + \frac{1}{10\ \Omega} = \frac{4}{10\ \Omega} + \frac{1}{10\ \Omega}$$
$$= \frac{5}{10\ \Omega} = \frac{1}{2\ \Omega}$$

Damit haben wir $R_{T3} = 2\ \Omega$ gefunden.

- *Teil 4:*

$$\frac{1}{R_{T4}} = \frac{1}{R_{T1}} + \frac{1}{R_{T3}} = \frac{1}{20\ \Omega} + \frac{1}{2\ \Omega} = \frac{1}{20\ \Omega} + \frac{10}{20\ \Omega} = \frac{11}{20\ \Omega}$$

Letztendlich ergibt sich dann also $R_{T4} = \frac{20}{11}\ \Omega = 1,82\ \Omega$.

Der Widerstand R_{T4} ist dann auch schon der gesuchte und wir sind fertig.

Nach diesem Beispiel bleiben uns für diesen Abschnitt nur noch zwei kleine Ergänzungen übrig. Sie befassen sich damit, dass die Widerstände in derartigen Schaltungen, wie wir sie hier betrachtet haben, mal als *Spannungsteiler* und mal als *Stromteiler* fungieren. Von den Zusammenhängen kann man sich anhand der hergeleiteten Formeln leicht überzeugen. Für Reihenschaltungen finden wir:

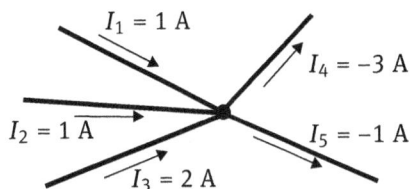

$I_1 = 1$ A

$I_4 = -3$ A

$I_2 = 1$ A

$I_5 = -1$ A

$I_3 = 2$ A

Abb. 4.9: Illustration zur Knotenregel. Was in den Knoten hinein fließt, muss auch wieder von ihm abfließen.

Satz 4.9 *Widerstände als Spannungsteiler*
In einer Reihenschaltung fungieren Widerstände als Spannungsteiler. Es gilt für die über den Widerständen R_I und R_{II} abfallenden Spannungen U_I und U_{II}, dass

$$\frac{R_I}{R_{II}} = \frac{U_I}{U_{II}}. \tag{4.26}$$

Und bei Parallelschaltungen finden wir:

Satz 4.10 *Widerstände als Stromteiler*
In einer Parallelschaltung fungieren Widerstände als Stromteiler. Es gilt für die durch die Widerstände R_I und R_{II} fließenden Ströme I_I und I_{II}, dass

$$\frac{R_I}{R_{II}} = \frac{I_{II}}{I_I}. \tag{4.27}$$

Achtung: Hier sind die Ströme auf der rechten Seite vertauscht!

Nicht in allen Fällen ist eine Reduzierung einer vorliegenden Widerstandsschaltung auf einen Ersatzwiderstand möglich. Solange wir uns in einem Stromkreis mit einer Spannungsquelle aufhalten, solange ist alles in bester Ordnung. Dann sind die gefundenen Regeln für Reihen- und Parallelschaltungen ausreichend. Aber was macht man in den anderen Fällen?

4.2.2 Die Kirchhoff'schen Regeln

Die *Kirchhoff'schen Regeln* stellen zwei grundlegende Gesetzmäßigkeiten dar, die man verwenden kann, um beliebige Stromkreise zu untersuchen. Sie stellen die Erhaltung der Ladung und der Energie in einer Form dar, die einem hilft, Ströme und Spannungen zu berechnen. Bevor wir aber versuchen, die neuen Regeln an einem Beispiel zu erläutern, wollen wir diese zuerst formulieren und uns kurz ein paar Gedanken zum Gesagten machen.

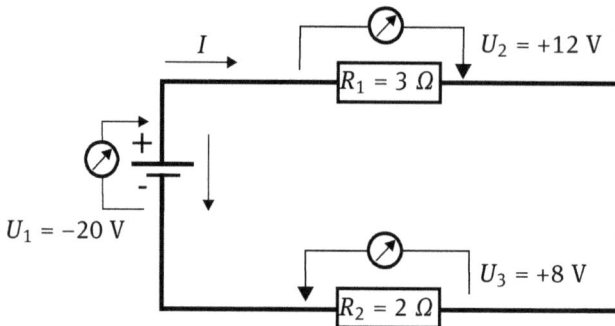

Abb. 4.10: Illustration zu Maschenregel. Alle Spannungen im Umlauf sind mit einem positiven Vorzeichen zu versehen, nur beim Durchlaufen der Quelle dreht sich dieses Vorzeichen um. Das liegt daran, dass eine Quelle Energie liefert, während Widerstände die Energie aufnehmen (und letztlich als Wärme an die Umgebung abgeben).

Satz 4.11   *Erste Kirchhoff'sche Regel – Die Knotenregel*
An jedem Punkt eines Stromnetzwerkes fließt genauso viel Strom hinein, wie davon wieder abfließt:

$$I_1 + I_2 + \cdots = \sum_{k=1}^{n} I_k = 0. \tag{4.28}$$

Die definierte Pfeilrichtung unterscheidet zwischen Zu- und Abfluss. Entsprechend muss einmal ein positiver und einmal ein negativer Wert für den Strom eingesetzt werden.

Diese Regel ist im Grunde nur eine andere Beschreibung der Ladungserhaltung. Ladung (und damit auch Strom) kann nicht vernichtet werden oder aus dem Nichts entstehen. Dabei muss man noch das Vorzeichen des Stroms berücksichtigen. Das illustriert Abbildung 4.9. Die Pfeile sind eine willkürliche Definition, in welcher Richtung der Strom positiv gezählt werden soll. Alles, was in den Knoten hineinläuft, wird positiv gewertet, die auslaufenden Pfeile sorgen für ein negatives Vorzeichen.

Die zweite Kirchhoff'sche Regel macht eine Aussage über die Spannungen in einem geschlossenen Zweig.

Satz 4.12   *Zweite Kirchhoff'sche Regel – Die Maschenregel*
Durchläuft man in einem beliebigen Stromkreis (Umlaufsinn frei wählbar) eine in sich geschlossene Schleife (*Masche*), so ist die Summe aller Spannungen gleich Null, d.h.

$$U_1 + U_2 + \ldots + U_n = \sum_{k=1}^{n} U_k = 0. \tag{4.29}$$

Wie auch bei Verrechnung von Strömen muss man auf das definierte Vorzeichen der Umlaufrichtung in der Masche achten.

Auch hier ist die Plausibilitätserklärung nicht aufwendiger als bei der Knotenregel. Mit den Spannungen bezeichnen wir Potentialdifferenzen. Laufen wir einmal im Kreis, so starten und enden wir auf demselben Potential. Damit ist die Potentialdifferenz Null. Anders ausgedrückt kann man auch sagen, dass wir beim Durchlaufen eines geschlossenen Kreises genauso viel Energie aufnehmen wie abgeben (Spannung ist die aufgenommene oder abgegebene Energie pro Ladung). Die Energie ist auch in der Elektrostatik eine Erhaltungsgröße. Wichtig bei der Verrechnung der Spannungen ist, dass man die richtigen Vorzeichen wählt und eine eventuell vorhandene Quelle berücksichtigt. Das illustriert Abbildung 4.10. Der Pfeil an der Spannungsquelle gibt an, in welcher Richtung der Strom fließen muss, damit die Quelle als Verbraucher zählt. Bei mehreren Quellen (dazu folgt gleich ein Beispiel) ist es nämlich auch möglich, dass der Strom auch in Richtung des Spannungspfeils fließt. Das bedeutet, dass die Quelle als Verbraucher fungiert. Bei einer elektrochemischen Quelle wie einem Akku läuft dann ein Ladevorgang ab, bis die Spannung des Akkus gleich der Spannung der eigentlichen Quelle ist und aufgrund der Potentialgleichheit kein Strom mehr fließen kann.

Nun haben wir alles zusammen, um uns an eine hinreichend schwere Aufgabe wagen zu können. Das Neue wird sein, dass wir jetzt mehrere Spannungsquellen (hier sind es zwei, wir wollen es ja für den Anfang nicht übertreiben) im Stromnetzwerk haben, wodurch wir auf die Kirchhoff'schen Regeln angewiesen sind.

Beispiel 4.4 *Zwei Spannungsquellen*

Gegeben sei die in Abbildung 4.11 gezeigte Schaltung mit den zwei eingezeichneten Spannungsquellen. Alle notwendigen Angaben sind der Abbildung zu entnehmen. Wie groß sind die nicht angegebenen Ströme und Spannungen?

Hinweis: In der Regel wird die Spannung der Quelle ohne Vorzeichen angegeben, wir müssen dies dann für die Rechnung mit der Maschenregel anpassen. Das wurde hier bereits für uns getan!

Lösung: Hier können wir die Maschenregel anwenden und zwar für die linke und für die rechte Masche. Wir erhalten die folgenden beiden Gleichungen:

$$U_1 + U_2 + U_{Q1} = 0$$
$$U_2 + U_3 + U_{Q2} = 0$$

Nun wenden wir das Ohm'sche Gesetz in der Form $U = R \cdot I$ an und ergänzen unsere Gleichungen um eine, die wir aus der Knotenregel ableiten können:

$$1{,}0\ \Omega \cdot I_1 + 2{,}0\ \Omega \cdot I_2 + (-8\ \text{V}) = 0$$
$$2{,}0\ \Omega \cdot I_2 + 2{,}0\ \Omega \cdot I_3 + (-2\ \text{V}) = 0$$
$$I_1 + (-I_2) + I_3 = 0$$

Hier haben wir ein lineares Gleichungssystem (LGS) mit drei Gleichungen und drei Unbekannten. Löst man dieses z.B. mit dem Gauß-Verfahren, dann erhalten wir:

$$I_1 = 3{,}5\ \text{A}$$
$$I_2 = 2{,}25\ \text{A}$$
$$I_3 = -1{,}25\ \text{A}$$

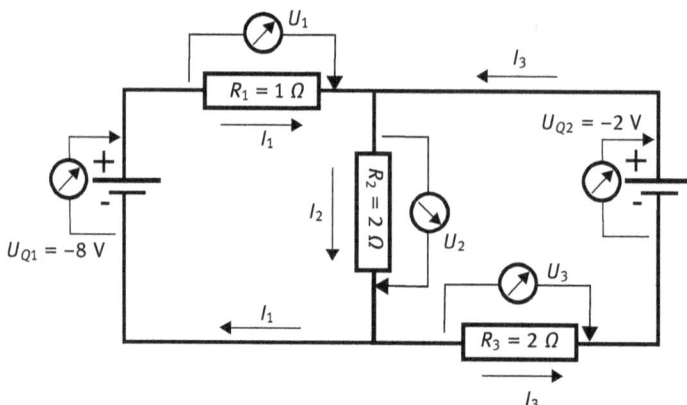

Abb. 4.11: Zu berechnende Schaltung mit zwei Spannungsquellen. Die Richtungen für die Ströme und Spannungen sind willkürlich und einfach nach dem gewählten Umlaufsinn (mit den Richtungen der Ströme und Spannungen identisch) gewählt. Tatsächlich können sie auch entgegen des gewählten Umlaufsinns zeigen. Ihre korrekte Ausrichtung ergibt sich aber erst durch die Rechnung. Darum haben wir sie auch erst einmal so eingezeichnet. Allein die Spannungen der Quellen sind gegeben, mit dem richtigen Vorzeichen für die Rechnung.

Damit folgen dann die Spannungen (Multiplikation mit dem jeweiligen Widerstand):

$U_1 = 3,5$ V

$U_2 = 4,5$ V

$U_3 = -2,5$ V

Wir sehen an diesem Beispiel, wie man die Vorzeichen von Spannungen und Strömen zu verstehen hat. Wir müssen uns verdeutlichen, dass es Definitionssache ist, wie man die Richtungen der Spannungs- und Strompfeile wählt. Dreht man die Richtung eines Pfeils um, schlägt sich das in einem Vorzeichen im Gleichungssystem nieder, und ebenso in der Lösung. An den Beträgen ändert sich nichts, aber nur mit Beträgen darf man eben nicht rechnen.

Aufgaben

Aufgabe 4.7   So viele gleiche Widerstände
In Abbildung 4.12 sehen wir eine Schaltung von Widerständen (farbig unterlegt). Alle gezeigten Widerstände seien gleich. Wie groß sind sie dann, wenn der errechnete Ersatzwiderstand für die Schaltung $R_{Ersatz} = 1,2$ Ω beträgt?

Aufgabe 4.8   Im Inneren ist alles gleich
Die farbig unterlegten Widerstände in Abbildung 4.13 sind alle gleich groß (Widerstand R). Der fließende Gesamtstrom betrage $I = 0,25$ A, die angelegte Spannung $U = 120$ V. Wie groß sind die farbig unterlegten Widerstände?

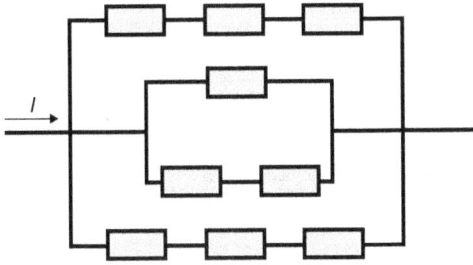

Abb. 4.12: Schaltung von Widerständen (farbig unterlegt), alle gleich groß, zu Aufgabe 4.7.

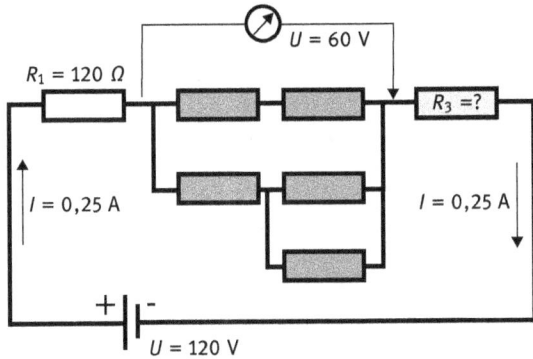

Abb. 4.13: Schaltung von Widerständen (gleich große sind farbig unterlegt) zu Aufgabe 4.8.

Aufgabe 4.9   Nochmal alles gleich

Alle Widerstände in Abbildung 4.14 seien gleich groß (Widerstand R). Man berechne R und den Ersatzwiderstand für die Schaltung (gegebenen Strom beachten!).

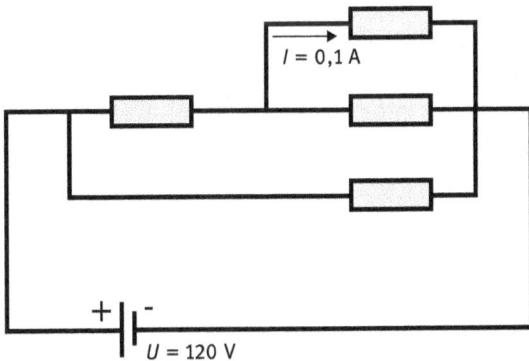

Abb. 4.14: Schaltung von Widerständen (alle gleich groß) zu Aufgabe 4.9.

Aufgabe 4.10 Einsatz für Kirchhoff

In Abbildung 4.10 ist ein Netzwerk von zwei Spannungsquellen und vier Widerständen gegeben.

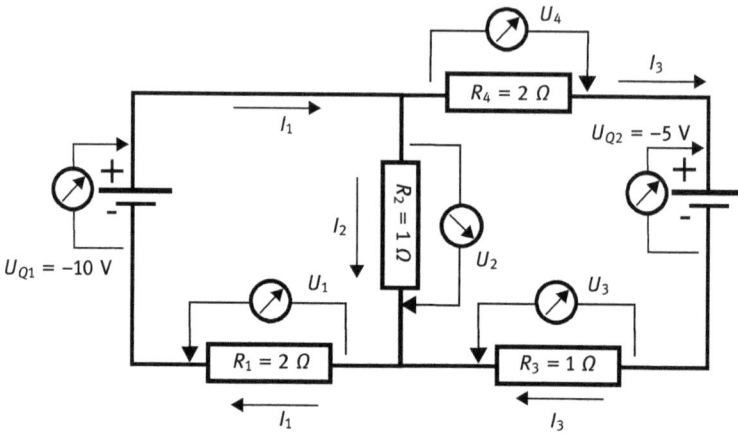

Abb. 4.15: Schaltung von vier Widerständen und zwei Spannungsquellen (zu Aufgabe 4.10).

Wie groß sind die fehlenden Ströme und Spannungen?

4.3 Der Kondensator

Zu Beginn eines Abschnitts über Kondensatoren steht meistens ein Satz, der angibt, was ein Kondensator kann: Ein Kondensator ist eine Anordnung zum Speichern von Ladung und damit von (elektrischer) Energie. Damit ist er für nahezu jedes elektrisch betriebene Gerät von Bedeutung und findet sich auch in den verschiedensten Formen in den einzelnen Artikeln wie Smartphones, Tablets, grafikfähigen Taschenrechnern etc. wieder. Wir wollen uns hier mit den Größen, die für einen Kondensator relevant sind, beschäftigen, uns ein wenig über die Mathematik der Auf- und Entladevorgänge informieren, Schaltungen von Kondensatoren in Analogie zu denen bei Widerständen betrachten und die Bewegung von Ladungen in einem von einem Kondensator erzeugten elektrischen Feld untersuchen.

4.3.1 Wichtige Größen

Die für einen Kondensator (ohne seine Geometrie zu kennen) wichtigste Größe ist die Kapazität, welche als Quotient aus Ladung und Spannung definiert ist.

Definition 4.11 *Die Kapazität eines Kondensators*
Die Kapazität C eines Kondensators ist definiert als Quotient aus der Ladung Q, welche bei der angelegten Spannung U auf dem Kondensator gespeichert werden kann. Es gilt:

$$C = \frac{Q}{U} \tag{4.30}$$

Die Einheit der Kapazität ist das Farad (F):

$$[C] = 1\,\frac{C}{V} = 1\,F \tag{4.31}$$

Natürlich gibt es auch trickreichere Kombinationen, aber im wesentlichen ist ein Kondensator immer aus zwei Leiterplatten aufgebaut, welche mit einem Abstand d zueinander (parallel im Falle der simpelsten Art, dem Plattenkondensator) positioniert werden. In unseren Schaltbildchen sieht das dann wie in Abbildung 4.16 aus, wenn wir einen Kondensator im Netzwerk vorliegen haben.

Abb. 4.16: Schaltungssymbol für einen Kondensator.

Was passiert nun beim Kondensator, warum verwenden wir diese Definition? Für unsere Vorstellung gehen wir am besten von einem Plattenkondensator aus, wobei das Prinzip immer das gleiche ist. Ist der Kondensator mit einer Spannungsquelle verbunden, so fließt negative Ladung von der einen Platte ab und auf die andere drauf. Die Ladungen werden also getrennt. Die Ladungen fließen so lange, bis die Potentialdifferenz der beiden Platten der angelegten Spannung entspricht. Dann ist der Kondensator vollständig geladen. Die auf ihm gespeicherte Ladung Q ist daher (neben der Geometrie der Platten natürlich, aber dazu nachher mehr) von der angelegten Spannung U abhängig und zu dieser proportional. Der Proportionalitätsfaktor ist die Kapazität C.

4.3.1.1 Die Energie im elektrischen Feld

Wir denken uns einen Gleichstromkreis. Fließt in diesem bei der Spannung U die Ladung Q, so können wir nach Gleichung (4.16) leicht die verrichtete Arbeit berechnen. Denn wenn die Ladung den Stromkreis durchlaufen hat, dann hat sie auch die Spannung U durchlaufen, womit eine elektrische Arbeit $W_{\text{elektrisch}}$ verrichtet wurde.

Satz 4.13 *Elektrische Arbeit im Gleichstromkreis*
Durchläuft die Ladung Q in einem Stromkreis die Spannung U, so berechnet sich die elektrische Arbeit $W_{elektrisch}$ zu

$$W_{elektrisch} = U \cdot Q = U \cdot I \cdot t. \tag{4.32}$$

Dabei wurde bei Gleichstrom der Zusammenhang ausgenutzt, dass der Strom I konstant ist und daher $Q = I \cdot t$ verwendet werden kann.

Analog zu unseren Erkenntnissen aus der Mechanik können wir auch die elektrische Leistung $P_{elektrisch}$ definieren. Dies ist einfach die verrichtet elektrische Arbeit pro Zeit.

Satz 4.14 *Elektrische Leistung im Gleichstromkreis*
Durchläuft die Ladung Q in einem Stromkreis die Spannung U in der Zeit t, wird also die elektrische Arbeit $W_{elektrisch}$ in der Zeit t verrichtet, so berechnet sich die elektrische Leistung $P_{elektrisch}$ zu

$$P_{elektrisch} = \frac{W_{elektrisch}}{t} = \frac{U \cdot Q}{t} = UI = RI^2 = \frac{U^2}{R}. \tag{4.33}$$

Dabei wurde für die einzelnen Umformungen das Ohm'sche Gesetz $R = \frac{U}{I}$ verwendet.

Wenden wir uns der in einem Kondensator gespeicherten Energie zu. Wir hatten bereits erwähnt, dass ein Kondensator Ladung speichert und diese dabei trennt. Das haben wir mit der Speicherung von Energie gleichgesetzt. Warum das begründet ist, wollen wir uns hier kurz überlegen.

4.3.1.2 Berechnung der Kapazität eines Plattenkondensators

In einem Plattenkondensator entsteht ein sog. *homogenes elektrisches Feld*. Das bedeutet, dass die Kraft auf eine Probeladung im Feld nicht vom Ort abhängt. Sie ist immer gleich groß und gleich gerichtet, der Vektor E ist also konstant und damit auch der Betrag E. Mit letzterem können wir hier jetzt rechnen, da alle E-Vektoren sowieso parallel zueinander sind. Wenn wir uns an Gleichung (4.15) zurück erinnern oder sie auf Seite 244 kurz nachschlagen, dann erkennen wir den Zusammenhang, dass

$$U_{21} = -\int_{P_1}^{P_2} E \cdot dr \tag{4.34}$$

ist. In einem homogenen Feld wird die Lösung des Integrals nun sehr einfach. Haben die zwei Platten beim Plattenkondensator den Abstand d voneinander, dann ist das Integral einfach nur das Produkt aus der Feldstärke E und diesem Abstand d. Da E ortsunabhängig ist, kann es aus dem Integral herausgezogen werden, man muss nur noch über den Weg integrieren. Da bei konservativen Kraftfeldern aber nur der Anfangs- und der Endpunkt zählen und hier auch nur der horizontale Abstand, welcher maximal der Abstand der beiden Platten sein kann, ergibt sich einfach das Produkt von E und d zur Berechnung der Spannung U. Wir halten fest:

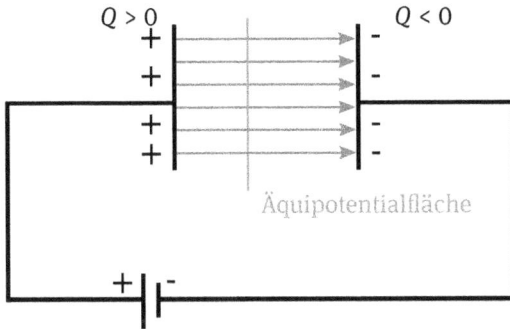

Abb. 4.17: Plattenkondensator mit eingezeichnetem homogenen Feld und einer Äquipotentialfläche.

Satz 4.15 *Das elektrische Feld in einem Plattenkondensator*
In einem Plattenkondensator ist das innere elektrische Feld näherungsweise homogen (außer an den Rändern). Ist die Spannung U angelegt und der Kondensator vollständig geladen, so hat sich in ihm ebenfalls die Potentialdifferenz (Spannung) U aufgebaut. Die elektrische Feldstärke berechnet sich dann einfach über

$$E = \frac{U}{d}. \tag{4.35}$$

Dabei ist E die Feldstärke, U die angelegte Spannung und d der Plattenabstand.

Eine weitere komfortable Eigenschaft des homogenen Feldes eines Plattenkondensators ist die, dass man gedanklich zu den Platten parallele Ebenen einziehen kann. Durch die erwähnten Eigenschaften des Feldes haben alle Punkte auf diesen Ebenen/Flächen das gleiche Potential, wir sprechen von sog. *Äquipotentialflächen* (s. Abbildung 4.17).

Was uns nun noch fehlt, ist der Einbau der Geometrie in die Formeln für die Kapazität eines Plattenkondensators, will heißen, dass wir die Flächen der Kondensatorplatten und ihren Abstand berücksichtigen. Hierbei kann man nun ausnutzen, dass der Quotient aus auf die Platten geflossener Ladung Q und der Fläche A der Platten proportional zur Feldstärke E ist, da die Ladungen ja das Feld erzeugen. Der Proportionalitätsfaktor ist die elektrische Feldkonstante ε_0. Es gilt daher:

Satz 4.16 *Die Flächenladungsdichte beim Plattenkondensator*
Mit σ bezeichnen wir die Flächenladungsdichte, wenn die das elektrische Feld erzeugende Ladung Q über die Fläche A verteilt ist. Es gilt

$$\sigma = \frac{Q}{A}. \tag{4.36}$$

Im Falle eines Plattenkondensators gilt der Zusammenhang

$$\sigma = \varepsilon_0 \cdot E. \tag{4.37}$$

Verwenden wir dann die Formeln $C = \frac{Q}{U}$, $E = \frac{U}{d}$ und $\sigma = \frac{Q}{A} = \varepsilon_0 \cdot E$ zusammen, so erhalten wir die Kapazitätsformel für einen Plattenkondensator ohne die Spannung U wissen zu müssen.

Satz 4.17 *Kapazität eines Plattenkondensators ohne U*
Die Kapazität eines Plattenkondensators mit Platten der Fläche A (jeweils) im Abstand d berechnet sich zu

$$C = \varepsilon_0 \cdot \frac{A}{d}. \tag{4.38}$$

Die Kapazität ist also proportional zur Plattenfläche A und umgekehrt proportional zum Abstand d der Platten.

Doch wie viel Energie speichert ein solcher Plattenkondensator? Die Antwort ist die, dass er die Arbeit bzw. Energie speichert, die man zum Aufladen reinsteckt. Die Energieportionen sind $U \cdot dQ$. Diese gilt es alle aufzusummieren, d.h. über die gesamte Ladung zu integrieren. Wir erhalten:

$$W_{\text{elektrisch}} = \int U \, dQ = \int \frac{Q}{C} \, dQ = \frac{1}{2} \cdot \frac{Q^2}{C}$$

Diesen Term kann man natürlich noch mit Hilfe der Beziehung, dass $C = \frac{Q}{U}$ ist, umformen und den jeweiligen Gegebenheiten anpassen.

Satz 4.18 *Energie des elektrischen Feldes*
Um einen Kondensator aufzuladen benötigen wir die Energie

$$W_{\text{elektrisch}} = \frac{1}{2} \cdot \frac{Q^2}{C} = \frac{1}{2} \cdot C \cdot Q^2 = \frac{1}{2} \cdot Q \cdot U. \tag{4.39}$$

Dies ist dann auch die Energie des aufgebauten elektrischen Feldes.

Setzt man bei einem Plattenkondensator die Flächenladungsdichte $\sigma = \frac{Q}{A}$ und das elektrische Feld $E = \frac{U}{d}$ ein, so ergibt sich, dass

$$W_{\text{elektrisch}} = \frac{1}{2} \cdot \varepsilon_0 \cdot E^2 \cdot d \cdot A = \frac{1}{2} \cdot \varepsilon_0 \cdot E^2 \cdot V \tag{4.40}$$

gilt. Dabei wurde das Produkt aus Plattenfläche A und dem Plattenabstand d durch das Volumen V des Kondensators ersetzt. Hieraus folgt eine weitere, manchmal durchaus brauchbare Größe.

Definition 4.12 *Energiedichte des elektrischen Feldes beim Plattenkondensator*
Dividiert man die in einem elektrischen Feld gespeicherte Energie durch das Volumen, in dem das Feld existiert, so erhält man die Energiedichte $w_{\text{elektrisch}}$ mit

$$w_{\text{elektrisch}} = \frac{W_{\text{elektrisch}}}{V} = \frac{1}{2} \cdot \varepsilon_0 \cdot E^2. \tag{4.41}$$

4.3.1.3 Dielektrikum

Als Dielektrikum werden schwach leitende oder nichtleitende Stoffe bezeichnet (Aggregatzustand: fest, flüssig, gasförmig möglich). Bringt man ein Dielektrikum zwischen die Kondensatorplatten, werden Ladungen im Dielektrikum etwas verschoben und ein Gegenfeld aufgebaut. Dadurch vergrößert sich die Kapazität, die Coulomb-Kraft wird kleiner. Es gilt dann:

Satz 4.19 *Coulomb'sches Gesetz und Plattenkondensator mit Dielektrikum*
In Gegenwart eines Dielektrikums verändern sich die bereits bekannten Formeln wie folgt:
Kapazität eines Plattenkondensators

$$C = \varepsilon_r \cdot \varepsilon_0 \cdot \frac{A}{d} \tag{4.42}$$

Coulomb'sches Gesetz (Betrag)

$$F = \frac{1}{4\pi\varepsilon_r\varepsilon_0} \cdot \frac{q_1 \cdot q_2}{r^2} \tag{4.43}$$

Generell kann man sich merken, dass jede Gleichung mit ε_0 einfach um den Faktor ε_r ergänzt wird. Es ist $\varepsilon_r = 1$ im Vakuum oder näherungsweise in der Luft, ansonsten ist $\varepsilon_r > 1$. Die Größe ε_r wird als *Permittivitätszahl* oder *Dielektrizitätszahl* bezeichnet. Ihre Werte für einzelne Stoffe entnimmt man passenden Tabellenwerken.

4.3.2 Exkurs: Lösen einer linearen DGL 1. Ordnung

Um die im Folgenden anstehenden Auf- und Entladevorgänge mathematisch nachvollziehen zu können (die Physik ist dabei nicht so problematisch), benötigen wir ein wenig Rechentechnik aus dem Bereich der Differentialgleichungen (DGLs). Wir haben bereits in der Mechanik den Typ der linearen DGL 2. Ordnung kennengelernt und uns ein wenig mit dieser Art von Gleichungen auseinandergesetzt. Das Besondere war, dass wir es nicht mehr mit einer Gleichung zu tun hatten, deren Lösung eine Zahl ist, sondern dass es hier darum ging, eine Funktion zu finden, die eben die Gleichung, welche aus der Funktion und ihren Ableitungen besteht, zu finden. Bei der Schwingungs-DGL in der Mechanik kam höchstens die zweite Ableitung vor und keine der Ableitungen oder die Funktion selbst waren zum Quadrat erhoben, in der Wurzel stehend oder mit ähnlichen Sauereien verbunden. Darum sprachen wir von einer linearen DGL 2. Ordnung. Hier geht es uns nun um eine lineare DGL 1. Ordnung. Halten wir zuerst einmal fest, was wir unter einer solchen verstehen wollen.

Definition 4.13 *Lineare DGL 1. Ordnung*
Eine Differentialgleichung der Form

$$a(x) \cdot y' + b(x) \cdot y = f(x), \qquad (4.44)$$

wobei alle Funktionen a, b, f auf einem Teilintervall I der reellen Zahlen $\mathbb{R}$ definiert sein müssen, nennen wir *lineare Differentialgleichung 1. Ordnung* (lin. DGL 1. Ordnung). Die zu findende Funktion y hängt von x ab. Es ist also $y = y(x)$ in der Gleichung, was wir aus Gründen der Übersichtlichkeit nicht ausschreiben.

Wie können wir eine solche DGL nun lösen? Dazu sind zwei Schritte nötig:
1. Berechnung der homogenen Lösung.
2. Verwenden der homogenen Lösung um über die Variation der Konstanten eine sog. partikuläre Lösung zu finden.

Die hierbei verwendeten Begriffe werden bei der Besprechung dieser beiden Schritte im Detail erläutert.

4.3.2.1 Lösen der homogenen linearen DGL 1. Ordnung

Aus jeder linearen DGL 1. Ordnung können wir eine homogene lineare DGL 1. Ordnung machen, indem wir einfach die rechte Seite (d.h. die Funktion f) weg lassen und statt ihrer eine Null setzen. Die allgemeine homogene lineare DGL 1. Ordnung lautet dann

$$a(x) \cdot y' + b(x) \cdot y = 0. \qquad (4.45)$$

Diese DGL ist eine *separierbare DGL*, d.h. die beiden Variablen x und y (unabhängige und abhängige Variable) können voneinander getrennt werden, sodass auf der linken Seite nur Terme mit y und auf der rechten Seite nur Terme mit x stehen. Dabei notieren wir die Ableitung y' in der sogenannten *Leibniz-Notation* $y' = \frac{dy}{dx}$ und rechnen mit dy und dx, als wären es normale Variable. Haben wir die Trennung vollzogen, so können wir beide Seiten integrieren und sind mit der Rechnung fertig. Schauen wir uns ein Beispiel zu einer separierbaren DGL an.

Beispiel 4.5 *Separierbare DGL*

In diesem Beispiel wollen wir die DGL

$$y' = x^3 \cdot y^2 \text{ mit } x > 0 \qquad (4.46)$$

lösen. Dies ist keine lineare DGL, weil das y die Hochzahl 2 besitzt. Uns geht es aber hier nur um die Technik für separierbare DGLs und diese lässt sich hier ganz gut demonstrieren. Wir schreiben die DGL erst einmal mit der Leibniz-Notation nieder:

$$\frac{dy}{dx} = x^3 \cdot y^2$$

Jetzt bringen wir alle x (inklusive dx) auf eine Seite der Gleichung und alle y (inklusive dy) auf die andere Seite. Dabei achten wir darauf, dass sowohl dy, als auch dx im Zähler stehen und uns nicht unter einen Bruchstrich geraten. Wir multiplizieren daher mit dx durch und dividieren y^2 ab. Es ergibt sich:

$$\frac{1}{y^2}\,dy = x^3\,dx$$

Nun integrieren wir beide Seiten. Auf der linken Seite ist y die Integrationsvariable, daher müssen wir uns um x keine Gedanken machen, auf der rechten Seite ist es x, sodass y hier keine Rolle spielt. Wir erhalten:

$$\int \frac{1}{y^2}\,dy = \int x^3\,dx, \text{ also } -\frac{1}{y} = \frac{1}{4}x^4 + \frac{c}{4}$$

Beim Integrieren kommt eine frei wählbare Integrationskonstante hinzu, die wir hier $\frac{c}{4}$ gesetzt haben. Dadurch wird die nachfolgende Umformung einfacher, da die Nenner bereits gleich sind und wir keine Erweiterung der Brüche durchführen müssen. Wir lösen nach y auf, denn das ist ja die gesuchte Funktion und es ergibt sich

$$y(x) = -\frac{4}{x^4 + c},$$

was unsere gesuchte Funktion ist.

Dieses Beispiel diente zur Illustration der Technik für separierbare DGLs. Führen wir das nun an unserer homogenen linearen DGL 1. Ordnung durch, welche uns Gleichung (4.45) wiedergibt. Wir beginnen wieder mit der Leibniz-Notation:

$$a(x) \cdot \frac{dy}{dx} + b(x) \cdot y = 0$$

Wir bringen den Term mit y durch Subtraktion auf die rechte Seite und multiplizieren mit dx durch. Das Zwischenergebnis lautet daher:

$$a(x) \cdot dy = -b(x) \cdot y\,dx$$

Jetzt dividieren wir durch y und $a(x)$ und erhalten:

$$\frac{1}{y}\,dy = -\frac{b(x)}{a(x)}\,dx$$

Das Separieren ist damit abgeschlossen, denn links steht nur noch ein Term mit y und rechts nur noch mit x. Die Integration beider Seiten liefert:

$$\ln|y| = -\int \frac{b(x)}{a(x)}\,dx + c.$$

Das Integral auf der linken Seite steht in jeder Integraltafel und wird sicher auch in den Mathematikvorlesungen behandelt. Wir gehen hier jetzt nicht näher darauf ein. Wir können uns diesen Zusammenhang aber als Regel merken, falls gewollt. Der natürliche Logarithmus ist die Umkehrfunktion der e-Funktion. Indem wir beide Seiten als Hochzahlen interpretieren, ergibt sich die Gleichung:

$$e^{\ln|y|} = e^{-\int \frac{b(x)}{a(x)}\,dx + c}.$$

Auf der linken Seite heben sich ln- und e-Funktion gegenseitig weg und auf der rechten Seite können wir die Betragsstriche von $|y|$ mit e^c verrechnen, denn nach den Potenzgesetzen gilt, dass

$$e^{-\int \frac{b(x)}{a(x)}\, dx + c} = e^{-\int \frac{b(x)}{a(x)}\, dx} \cdot e^c.$$

e^c ist größer als Null, aber mit den Betragsstrichen in der eigentlichen Gleichung können wir $\pm e^c$ setzen und das dann durch eine beliebige Konstante C aus ganz $\mathbb{R}$ austauschen. Letztendlich erhalten wir das im folgenden Satz festgehaltene Ergebnis.

Satz 4.20 *Lösung einer homogenen linearen DGL 1. Ordnung*
Eine homogene lineare DGL 1. Ordnung, gegeben durch

$$a(x) \cdot y' + b(x) \cdot y = 0, \tag{4.47}$$

besitzt die Lösung

$$y(x) = C \cdot e^{-\int \frac{b(x)}{a(x)}\, dx}. \tag{4.48}$$

Was für jeden Fall separat durchgeführt werden muss, ist die Berechnung des Integrals in der Hochzahl (Exponenten), was beliebig schwer sein kann. Das C kann nur bestimmt werden, wenn zusätzlich noch ein Funktionswert mit zugehöriger x-Stelle gegeben ist (*Anfangswertproblem (AWP)*). Ansonsten bleibt es einfach stehen.

Diese Formel sollte einmal an einem Beispiel erprobt werden, bevor wir uns um den inhomogenen Fall und die partikuläre Lösung kümmern.

Beispiel 4.6 *Homogene lineare DGL 1. Ordnung*

Wir wollen die folgende homogene lineare DGL 1. Ordnung lösen:

$$xy' + y = 0 \text{ mit } x > 0. \tag{4.49}$$

Wenn wir diese Gleichung mit der allgemeinen Darstellung einer solchen DGL vergleichen, dann erkennen wir, dass $a(x) = x$ und $b(x) = 1$ gilt. Wir erhalten daher mit der Lösungsformel den Ausdruck

$$y(x) = C \cdot e^{-\int \frac{1}{x}\, dx} = C \cdot e^{-\ln x} = C \cdot (e^{\ln x})^{-1} = C \cdot x^{-1} = \frac{C}{x}$$

Die Betragsstriche können wir hier gleich weg lassen, da $x > 0$ vorgegeben war. Wir haben wieder das bereits bekannte Integral verwendet und die Potenzgesetze angewandt. Damit haben wir die Lösung der hier gegebenen DGL bereits gefunden.

4.3.2.2 Auffinden einer partikulären Lösung

Bisher sind wir von einer mit Null identischen rechten Seite ausgegangen. Was passiert aber, wenn nun ein von Null verschiedener Wert oder sogar eine beliebige Funktion auf der rechten Seite steht. Was machen wir dann? In diesem Fall hilft uns die *Variation der Konstanten* weiter. Diese Methode wollen wir hier nicht herleiten oder vertiefend diskutieren, das ist den Mathematikvorlesungen vorbehalten, sondern uns geht es allein um die Vorgehensweise, die immer die gleiche ist und von einem lediglich verlangt, dass man die Differentialrechnung beherrscht und ein wenig integrieren kann (oder zumindest eine Integraltafel lesen kann). Bei der Variation der Konstanten arbeiten wir die folgenden Punkte ab:

Satz 4.21 *Arbeitsschritte für die Variation der Konstanten*
Die folgenden vier Arbeitsschritte sind bei inhomogenen linearen DGLs 1. Ordnung abzuarbeiten:
Schritt 1: Aus der Lösung der homogenen DGL wird ein Ansatz für die Lösung der inhomogenen DGL bestimmt, indem man die noch offene Konstante als Funktion $C(x)$ auffasst.
Schritt 2: Wir bilden die erste Ableitung.
Schritt 3: Ableitung und Funktion in die inhomogene DGL einsetzen. Wenn man alles richtig gemacht hat, sollte die Ableitung von $C(x)$ stehen bleiben, also $C'(x) = \dots$
Schritt 4: Durch Integration bestimmt man $C(x)$ und setzt das Ergebnis in den Ansatz ein. Damit hat man eine partikuläre Lösung, welche zusammen mit der Lösung der homogenen DGL alle Lösungsfunktionen ergibt.

Das war jetzt ein ziemlicher Crash-Kurs im Lösen einer bestimmten Art von DGLs. Wir schauen uns deshalb die vier Schritte an einem Beispiel an. Und damit wir uns hier etwas Arbeit sparen, nehmen wir die DGL aus Beispiel 4.6 und verpassen ihr eine von Null verschiedene rechte Seite.

Beispiel 4.7 *Auffinden einer partikulären Lösung*

Unsere DGL lautet für dieses Beispiel

$$xy' + y = \frac{1}{x^2} \text{ immer noch mit } x > 0. \tag{4.50}$$

Die Lösung der zugehörigen homogenen DGL $xy' + y = 0$ haben wir bereits in Beispiel 4.6 gefunden. Sie lautet:

$$y_h(x) = \frac{C}{x}. \tag{4.51}$$

Die einzige Neuerung ist, dass wir noch den *Index h* hinzufügen, um betonen zu können, dass es die Lösung der homogenen DGL ist. Nun können wir die einzelnen Schritte abarbeiten.
Schritt 1: Wir wählen, basierend auf der homogenen Lösung, den Ansatz

$$y_p(x) = \frac{C(x)}{x}. \tag{4.52}$$

Schritt 2: Wir bilden die benötigte Ableitung, achten dabei aber darauf, dass wir einen Quotienten ableiten und somit die Quotientenregel notwendig ist, um ein korrektes Ergebnis zu erhalten. Es ist:

$$y'_p(x) = \frac{C'(x) \cdot x - C(x) \cdot 1}{x^2} = \frac{C'(x)}{x} - \frac{C(x)}{x^2} \tag{4.53}$$

Schritt 3: Wir setzen den Ansatz und die zugehörige Ableitung in die DGL $xy' + y = \frac{1}{x^2}$ ein.

$$x \cdot \left(\frac{C'(x)}{x} - \frac{C(x)}{x^2} \right) + \frac{C(x)}{x} = \frac{1}{x^2}$$

$$C'(x) - \frac{C(x)}{x} + \frac{C(x)}{x} = \frac{1}{x^2}$$

$$C'(x) = \frac{1}{x^2} \tag{4.54}$$

Schritt 4: Die Gleichung (4.54) wird nun integriert und wir erhalten (ohne eine Integrationskonstante, die können wir uns wegen der homogenen Lösung hier sparen)

$$C(x) = -\frac{1}{x}. \tag{4.55}$$

Setzen wir alles ein, so haben wir eine partikuläre Lösung gefunden:

$$y_p(x) = -\frac{1}{x^2} \tag{4.56}$$

Die Lösung der gegebenen DGL ist dann

$$y(x) = y_h(x) + y_p(x) = \frac{C}{x} - \frac{1}{x^2}. \tag{4.57}$$

Das C bleibt stehen und kann erst für einen Anfangswert, wenn er denn gegeben ist, wie $y(1) = 1$ bestimmt werden.

Damit haben wir nun eine grobe Vorstellung davon, wie eine inhomogene lineare DGL 1. Ordnung gelöst werden kann. Damit sind wir soweit gewappnet, dass wir uns mit dem Auf- und Entladen eines Kondensators beschäftigen können. Wir können sogar ein klein wenig mehr, was einfach nur als Ausblick auf die kommende, sehr spannende Mathematik gedacht war.

4.3.3 Auf- und Entladevorgänge

Indem wir einen Kondensator in einen Stromkreis packen, können wir ihn aufladen, bei Umkehrung der Stromrichtung entladen. Um Strom- und Spannungsverlauf während der Auflade- bzw. Entladephase nachvollziehen zu können, brauchen wir im Wesentlichen zwei Dinge:

1. Die Kirchhoff'sche Maschenregel
2. Das Wissen über lineare DGL 1. Ordnung

Um einen Kondensator zu laden oder zu entladen, können wir z.B. eine Rechteckspannung (konstante Spannung der Quelle in der Aufladephase, keine Spannung in der Entladephase) verwenden oder über einen Schalter die Stromrichtung umkehren. Welche Methode man auch verwendet, in jedem Fall spielt ein in Reihe geschalteter Widerstand eine entscheidende Rolle. Betrachten wir hierzu Abbildung 4.18. Nach der

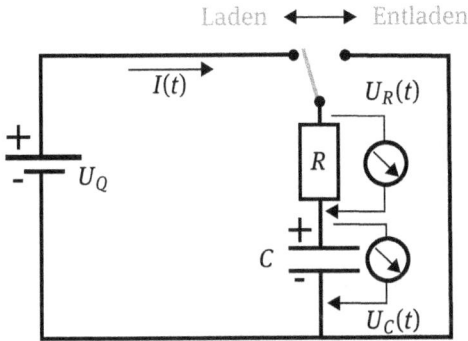

Abb. 4.18: Widerstand und Kondensator in Reihe geschaltet, inklusive Schalter zum Auf- und Entladen des Kondensators.

Maschenregel muss die Spannung im kompletten Umlauf gerade Null ergeben. Es gilt also:

$$U_Q + U_R(t) + U_C(t) = 0 \qquad (4.58)$$

Die Größen sind, bis auf U_Q, von der Zeit abhängig, da auf den Kondensator ja Ladung fließt, wodurch sich die Spannung am Kondensator ändert. Damit ist auch die Spannung über R zeitabhängig, da sich der durchfließende Strom mit der Zeit ändert. Für den Widerstand gilt das Ohm'sche Gesetz und für die Spannung am Kondensator der bekannte Zusammenhang mit der Kapazität. Setzen wir das ein, so verändert sich Gleichung (4.58) zu

$$U_Q + R \cdot I(t) + \frac{Q(t)}{C} = 0. \qquad (4.59)$$

Mit dieser Gleichung können wir für den Moment noch nicht so viel anfangen. Wenn wir uns aber in Erinnerung rufen, dass $I(t) = \frac{dQ(t)}{dt}$ ist, dann kann uns klar sein, dass das Ableiten der Gleichung einen Sinn ergibt. Dabei dividieren wir gleich durch R als konstante Größe und beachten, dass beim Ableiten U_Q als nicht zeitabhängige Größe verschwindet (getrennt betrachtet für Auf- und Entladevorgang). Wir erhalten:

$$\dot{I}(t) + \frac{1}{RC} \cdot \underbrace{I(t)}_{= \frac{dQ}{dt}} = 0 \qquad (4.60)$$

Das ist eine homogene lineare DGL 1. Ordnung. Vergleichen wir mit Gleichung (4.47), so erkennen wir, dass $a(t) = 1$ und $b(t) = \frac{1}{RC}$ sind. Mit unserer Lösungsformel (4.48) ergibt sich daher

$$I(t) = C \cdot e^{-\int \frac{1}{RC} \, dt}.$$

Das Integral ist leicht zu lösen, da einfach nur ein t ergänzt werden muss. Die Konstante C taufen wir in I_0 um, damit keine Verwechslung mit der Kapazität vorkommt.

Damit haben wir den Strom zum Zeitpunkt t gefunden:

$$I(t) = I_0 \cdot e^{-\frac{1}{RC}t}$$

Setzt man diesen Strom nun in unsere anfängliche, aus der Maschenregel erhaltene Formel (4.59) ein und formt um, dann ergibt sich die Spannung am Kondensator

$$U_C(t) = -U_Q - RI_0 \cdot e^{-\frac{1}{RC}t}.$$

Abschließend werden der Aufladevorgang und der Entladevorgang diskutiert, da uns noch Werte für I_0, den Strom also zum Zeitpunkt $t = 0$ bei beiden Vorgängen, fehlen.

- *Aufladevorgang:* In diesem Fall ist $U_Q = -U_0$ (für die Maschenregel, da plus und minus vertauscht) und konstant. Daraus folgt mit der Gleichung (4.59), dass

$$I_0 = -\frac{-U_0}{R} - \frac{Q(0)}{C} = \frac{U_0}{R}$$

  ist. Dabei ist $Q(0) = 0$, weil ja noch keine Ladung auf den Kondensator fließen konnte. Hier gilt dann auch, dass $RI_0 = U_0$ ist.

- *Entladevorgang:* Hier muss $U_Q = 0$ sein, da wir ja den Schalter umgelegt haben. Gleichzeitig ist der Kondensator voll geladen und es gilt daher für die an ihm anliegende Spannung, dass $U_C(0) = U_0$ ist, da er ja aufgeladen ist, wenn er betragsmäßig die gleiche Spannung wie die Quelle besitzt. Damit erhalten wir wieder über Gleichung (4.59)

$$I_0 = -\frac{0}{R} - \frac{U_0}{R} = -\frac{U_0}{R}.$$

Fassen wir das alles zusammen, so erhalten wir das folgende Ergebnis.

Satz 4.22 *Auf- und Entladevorgänge am Kondensator*
Wird der Kondensator mit der Kapazität C über den Widerstand R auf- bzw. entladen und ist die Quellspannung beim Aufladen $U_Q = U_0$, dann ergeben sich die folgenden Gleichungen für den fließenden Strom im Stromkreis und die Spannung U_C am Kondensator:
Aufladen:

$$I(t) = \frac{U_0}{R} \cdot e^{-\frac{1}{RC}t} \tag{4.61}$$

$$U_C(t) = U_0 \cdot \left(1 - e^{-\frac{1}{RC}t}\right) \tag{4.62}$$

Entladen:

$$I(t) = -\frac{U_0}{R} \cdot e^{-\frac{1}{RC}t} \tag{4.63}$$

$$U_C(t) = U_0 \cdot e^{-\frac{1}{RC}t} \tag{4.64}$$

Eine wichtige Kenngröße für die Dauer des Auf- und Entladevorgangs ist die *Zeitkonstante* τ. Je größer sie ist, desto länger dauert der jeweilige Vorgang. Man erhält sie, indem man die Halbwertszeit untersucht, also die Zeit, die beim Entladen benötigt wird, um die Spannung am Kondensator auf den halben Wert sinken zu lassen. Dabei kommt man zu folgendem Ergebnis:

Satz 4.23 *Zeitkonstante* τ

Die Zeitkonstante τ berechnet sich zu

$$\tau = RC. \tag{4.65}$$

Für die Halbwertszeit T_H beim Entladen des Kondensators (Spannung fällt auf den halben Wert ab) gilt mit ihr, dass

$$T_H = \tau \cdot \ln 2. \tag{4.66}$$

Schauen wir uns hierzu ein kleines Beispiel an, damit wir auch einmal Zahlenwerte in die Formeln eingesetzt haben.

Beispiel 4.8 *Ladevorgänge beim Kondensator*

Ein Kondensator habe die Kapazität $C = 500\ \mu F$ und wird über einen Widerstand von $R = 20\ k\Omega$ geladen. Nach 5 Sekunden beträgt die Spannung am Kondensator $U_C(5\ s) = 50\ V$. Wie groß ist die angelegte Spannung? Wie groß ist die maximal zu speichernde Ladung Q_{max}?

Lösung: Wir müssen hier Gleichung (4.62) nach U_0 auflösen. Es ist

$$U_C(t) = U_0 \cdot \left(1 - e^{-\frac{1}{RC}t}\right)$$

$$U_0 = \frac{U_C(t)}{1 - e^{-\frac{1}{RC}t}}$$

Jetzt setzen wir die gegebenen Werte ein, wobei wir in die Einheiten Farad und Ohm umrechnen müssen. Daher haben wir $C = 500\ \mu F = 500 \cdot 10^{-6}\ F = 5 \cdot 10^{-4}\ F$ und $R = 20\ k\Omega = 20000\ \Omega$. Eingesetzt erhalten wir damit

$$U_0 = \frac{50\ V}{1 - e^{-\frac{1}{20000 \cdot 5 \cdot 10^{-4}} \cdot 5}} = 127{,}075\ V.$$

Die maximal zu speichernde Ladung ist einfach das Produkt aus der angelegten Spannung U_0 und der Kapazität C. Es folgt daher

$$Q_{max} = C \cdot U_0 = 5 \cdot 10^{-4}\ F \cdot 127{,}075\ V \approx 0{,}064\ C.$$

4.3.4 Kondensatoren kombiniert

Wie bei Widerständen ist es möglich, Kondensatoren in Reihe und parallel zu schalten. Auch hierfür gibt es einfache Regeln, die angeben, wie dann die einzelnen Kapazitäten der Kondensatoren miteinander zu verrechnen sind. Wir werden uns die beiden Schaltungen wieder für zwei Bauteile anschauen, uns überlegen, was gleich bleibt

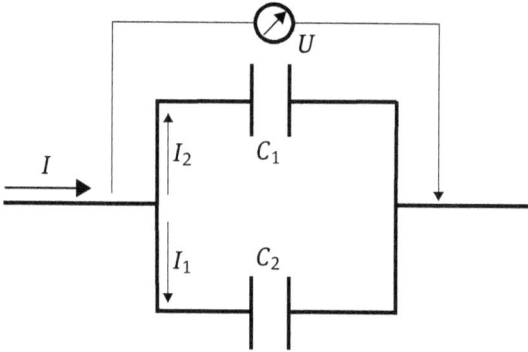

Abb. 4.19: Parallelschaltung bei zwei Kondensatoren. Die angelegte Spannung ist für beide Kondensatoren gleich.

und was sich verändert und daraus die geltenden Formeln ableiten. Eine Erweiterung dieser auf beliebig viele Kondensatoren ist dann kein Problem mehr. Auch hier kann man wie bei Widerständen induktiv argumentieren. Wir beginnen im Fall des Kondensators mit der Parallelschaltung.

4.3.4.1 Die Parallelschaltung

Wir betrachten Abbildung 4.19. Dort haben wir bereits die Spannung, abgegriffen vor und nach der Parallelschaltung vermerkt. Es ist egal, welchen Weg wir nehmen, die Spannung ist in beiden Fällen U, also $U = U_1 = U_2$. Der Kondensator C_1 trägt dann die Ladung Q_1, der Kondensator C_2 die Ladung Q_2. Insgesamt wird daher die Ladung $Q = Q_1 + Q_2$ gespeichert. Das können wir zusammenfassen:

$$C = \frac{Q}{U} = \frac{Q_1 + Q_2}{U} = \frac{Q_1}{U} + \frac{Q_2}{U} = \frac{Q_1}{U_1} + \frac{Q_2}{U_2} = C_1 + C_2.$$

Die Kapazität ist also einfach die Summe der einzelnen Kapazitäten. Das macht auch durchaus Sinn, denn wir können uns die beiden Kondensatoren zu einem zusammengefügt denken, sodass sich die Flächen der Platten (wenn wir uns einen Plattenkondensator vorstellen) gerade addieren. Wir halten daher fest:

Satz 4.24 *Parallelschaltung bei Kondensatoren*
Schalten wir n ($n \in \mathbb{N}$) Kondensatoren C_1 bis C_n parallel, so berechnet sich die Ersatzkapazität C als Summe aller beteiligten Kapazitäten. Es gilt:

$$C = C_1 + C_2 + \ldots + C_n = \sum_{i=1}^{n} C_i \qquad (4.67)$$

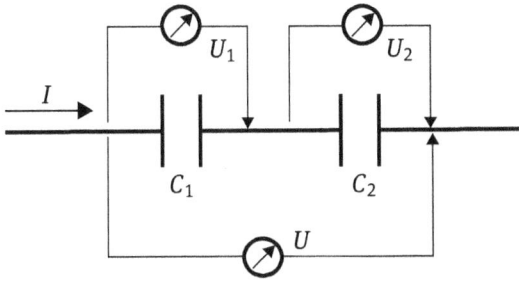

Abb. 4.20: Reihenschaltung bei zwei Kondensatoren. Die Ladung auf beiden Kondensatoren ist gleich.

4.3.4.2 Die Reihenschaltung

Bei der Reihenschaltung (siehe Abbildung 4.20) addieren sich die über den Kondensatoren abfallenden Spannungen zu $U = U_1 + U_2$. Durch elektrische Influenz finden wir auf jeder Platte die gleiche Ladung $Q = Q_1 = Q_2$. Das leuchtet ein, weil ansonsten zwischen der rechten Platte des einen Kondensators und der linken Platte des nächsten Kondensators wegen verschiedener Ladungen, ein Strom zum Ausgleich fließen müssten. So ist aber alles schön im Gleichgewicht. Analog zur Parallelschaltung bei Widerständen bietet es sich hier an, mit dem Kehrwert der Kapazität zu rechnen. Es ist:

$$\frac{1}{C} = \frac{U}{Q} = \frac{U_1 + U_2}{Q} = \frac{U_1}{Q} + \frac{U_2}{Q} = \frac{U_1}{Q_1} + \frac{U_2}{Q_2} = \frac{1}{C_1} + \frac{1}{C_2}. \tag{4.68}$$

Satz 4.25 *Reihenschaltung bei Kondensatoren*
Schalten wir n ($n \in \mathbb{N}$) Kondensatoren C_1 bis C_n in Reihe, so berechnen wir die Ersatzkapazität über die Summe der Kehrwerte der Kapazitäten. Es gilt:

$$\frac{1}{C} = \frac{1}{C_1} + \frac{1}{C_2} + \ldots + \frac{1}{C_n} = \sum_{i=1}^{n} \frac{1}{C_i} \tag{4.69}$$

Analog zu den Widerständen rechnen wir auch hier einmal ein Beispiel durch. Aufgebaut ist es gleich wie das entsprechende Beispiel bei den Widerständen, nur die Bauteile sind eben in diesem Fall Kondensatoren.

Beispiel 4.9 *Kondensatorschaltung*

Gegeben sei die in Abbildung 4.21 gezeigte Schaltung von Kondensatoren mit $C_1 = 10 \cdot 10^{-4}$ F und $C_2 = 5 \cdot 10^{-4}$ F. Man berechne ihre Ersatzkapazität.

Lösung: Um eine solche Aufgabe zu lösen, arbeiten wir uns (analog zu den Widerständen, nur eine etwas andere Reihenfolge, denn so ist es etwas besser zu rechnen) von innen nach außen, vom Kleinen zum Großen. Dazu markieren wir uns die einzelnen Einheiten, welche wir nacheinander berechnen wollen. Dies ist in Abbildung 4.22 gezeigt. Die Ersatzkapazitäten bezeichnen wir mit C_{T1} bis C_{T4}.

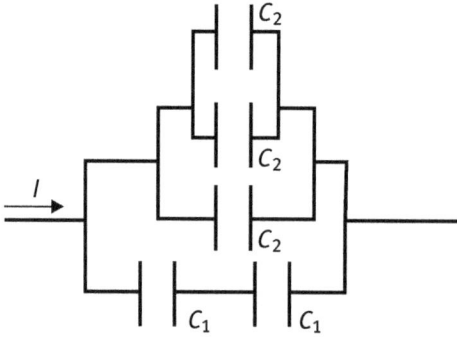

Abb. 4.21: Schaltung von Kondensatoren zu Beispiel 4.9.

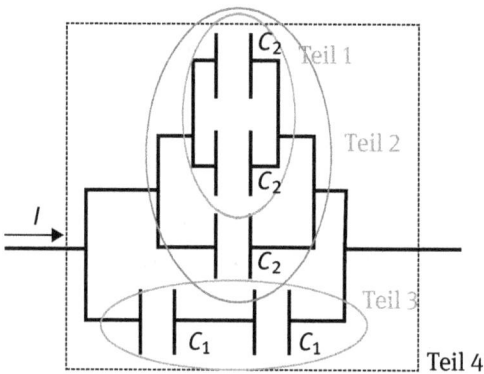

Abb. 4.22: Schaltung von Kondensatoren zu Beispiel 4.9 mit Reihenfolge der durchgeführten Berechnungen.

Berechnen wir die einzelnen Teile:
- *Teil 1:* $C_{T1} = C_2 + C_2 = 2C_2 = 10 \cdot 10^{-4}$ F $= 10^{-3}$ F
- *Teil 2:* $C_{T2} = C_{T1} + C_2 = 10 \cdot 10^{-4}$ F $+ 5 \cdot 10^{-4}$ F $= 15 \cdot 10^{-4}$ F
- *Teil 3:*

$$\frac{1}{C_{T3}} = \frac{1}{C_1} + \frac{1}{C_1} = \frac{2}{10 \cdot 10^{-4} \text{ F}} = \frac{1}{5 \cdot 10^{-4} \text{ F}}$$

Damit haben wir $C_{T3} = 5 \cdot 10^{-4}$ F gefunden.
- *Teil 4:*

$$C_{T4} = C_{T2} + C_{T3} = 15 \cdot 10^{-4} \text{ F} + 5 \cdot 10^{-4} \text{ F}$$
$$= 20 \cdot 10^{-4} \text{ F} = 2 \cdot 10^{-3} \text{ F}$$

Die Kapazität C_{T4} ist dann auch schon die gesuchte und wir sind fertig.

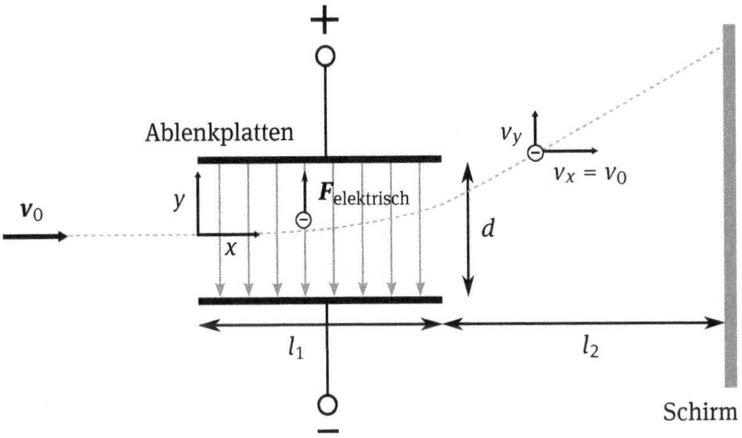

Abb. 4.23: Das elektrische Feld im Kondensator lenkt das horizontal eingeschossene Elektron in Richtung der positiv geladenen Platte ab. Es wirkt die Kraft $F_{\text{elektrisch}}$, die das Teilchen vertikal zur Flugrichtung beschleunigt. In welcher Höhe das Teilchen austritt, hängt von der Startgeschwindigkeit v_0 und deren Richtung ab (hier vertikal zu den Feldlinien). Das Elektron trägt die Ladung e (Vorzeichen ist für die Energiebetrachtung im Anschluss nicht notwendig).

4.3.5 Bewegte Ladungen im Kondensator

Auch wenn Röhrenmonitore, in denen Elektronen mittels elektrischer und magnetischer Felder auf der Mattscheibe Leuchtpunkte hinterlassen, heute schon lange nicht mehr zum Alltag gehören, ist es doch interessant zu verstehen, wie man Teilchen an eine bestimmte Position manövrieren kann. Da die Berechnungen auch noch sehr ähnlich denen des schiefen und waagrechten Wurfs sind, sollten wir in der Lage sein, uns zumindest ein grundlegendes Verständnis der Vorgänge zu erarbeiten. Wir betrachten zu Beginn die in Abbildung 4.23 gezeigte Anordnung.

Der Einfachheit halber gehen wir von einem horizontalen Einschuss aus, beliebige Winkel bauen wir später dann ein. Wir müssen uns erst kurz Gedanken dazu machen, wie wir das Teilchen auf die Geschwindigkeit bekommen. Hierzu lassen wir es einfach eine Spannung U durchlaufen. Wir wissen bereits, dass eine Ladung q durch die Spannung U die Energie $W = U \cdot q$ erhält (mit W bezeichnet, damit wir mit der Bezeichnung für das elektrische Feld keine Scherereien bekommen). Das ist kinetische Energie, sodass wir diese mit $E_{\text{kin}} = \frac{1}{2}mv^2$ gleichsetzen können, wobei wir wegen der einfachen Anordnung gleich mit dem Betrag der Geschwindigkeit rechnen können. Es ist dann, wenn das Teilchen hier ein Elektron ist mit der Ladung $q = e$ und der Masse m_e:

$$\frac{1}{2}m_e v^2 = U \cdot e, \text{ also } v = \sqrt{\frac{2Ue}{m_e}}. \tag{4.70}$$

Damit haben wir die Geschwindigkeit in horizontaler Richtung bzw. in x-Richtung berechnet. Diese ändert sich auch während des ganzen Fluges nicht. Die Zeit bis zum

Eintritt in das elektrische Feld ist so kurz, dass die Erdbeschleunigung hier keinen nennenswerten Effekt verursacht. Im Feld dominiert dann deutlich die elektrische Kraft, was wir ja bereits in der ein oder anderen Aufgabe in diesem Kapitel gesehen haben. Nach dem Austritt aus dem Bereich des Kondensators gilt das Gleiche wie vor dem Eintritt, nämlich dass die Zeit zu kurz ist für einen nennenswerten Effekt, verursacht durch die Erdbeschleunigung. Im elektrischen Feld wirkt die Kraft in vertikaler Richtung (y-Achse) zur ursprünglichen geradlinigen Bewegung. Wir haben diese Achsenbezeichnungen und die beiden Geschwindigkeitskomponenten nach Verlassen des Feldes ebenfalls schematisch in Abbildung 4.23 eingezeichnet. Nur die Geschwindigkeit in y-Richtung ändert sich im Feld, danach ist die Bewegung wieder eine gleichförmige. In welche Richtung die elektrische Kraft zeigt, hängt von der Ladung des Teilchens und der Polung des Kondensators ab. In unserem Fall erfährt das negativ geladene Elektron eine Kraft in positive y-Richtung.

Im Folgenden werden wir die Rechnung mit den Beträgen durchführen, was sich wegen der strikten Trennung der Bewegungen in x- und y-Richtung auch gut anbietet. Im elektrischen Feld wirkt also die Kraft $F_{\text{elektrisch}}$, welche das Elektron in positiver y-Richtung beschleunigt. Nach Newton wissen wir, dass

$$F_{\text{elektrisch}} = m_e \cdot a_y \Leftrightarrow a_y = \frac{F_{\text{elektrisch}}}{m_e} \tag{4.71}$$

ist. Wir haben die Beschleunigung in y-Richtung hierbei a_y getauft. Da wir uns im homogenen Feld eines Kondensators bewegen, können wir $E = \frac{U_{\text{Kon}}}{d}$ anwenden, wobei U_{Kon} die am Kondensator angelegte Spannung ist. Mit $F_{\text{elektrisch}} = E \cdot e$ (weil hier ja $q = e$ ist) ergibt sich nacheinander durch Einsetzen der folgende Ausdruck für die Beschleunigung a_y:

$$a_y = \frac{F_{\text{elektrisch}}}{m_e} = \frac{E \cdot e}{m_e} = \frac{U_{\text{Kon}} \cdot e}{d \cdot m_e} \tag{4.72}$$

Das bedeutet, dass (solange wir im Feld des Kondensators sind) die Position in y-Richtung einfach durch

$$y(t) = \frac{1}{2} a_y t^2 = \frac{1}{2} \cdot \frac{U_{\text{Kon}} \cdot e}{d \cdot m_e} \cdot t^2 \tag{4.73}$$

gegeben ist, wie bei jeder anderen gleichförmig beschleunigten Bewegung auch. Die Position in x-Richtung wird durch

$$x(t) = v_0 \cdot t \tag{4.74}$$

beschrieben. In beiden Fällen rechnen wir ab dem Eintritt in das Feld. Nehmen wir nun Gleichung (4.74) und lösen sie nach t auf, so können wir $t = \frac{x}{v_0}$ in die Gleichung (4.73) einsetzen und so den Zeitparameter eliminieren und y in Abhängigkeit von x darstellen. Wir erhalten:

$$y(x) = \frac{1}{2} \cdot \frac{U_{\text{Kon}} \cdot e}{d \cdot m_e \cdot v_0^2} \cdot x^2 \tag{4.75}$$

Damit erkennen wir, dass sich das Elektron auf einer nach oben geöffneten Parabel bewegt, solange es innerhalb des Feldes ist. Verlässt es das Feld, so besitzt es die Geschwindigkeiten $v_x = v_0$ in x-Richtung und $v_y = a_y \cdot t_{\text{im Feld}}$ in y-Richtung. Wie groß dabei $t_{\text{im Feld}}$ ist, hängt von v_0 ab, denn das Teilchen benötigt zum Durchqueren des Kondensators die Zeit

$$t_{\text{im Feld}} = \frac{l_1}{v_0}. \tag{4.76}$$

Damit haben wir, wenn wir die Formel für a_y zusätzlich verwenden, den folgenden Geschwindigkeitsvektor nach dem Verlassen des Kondensators:

$$\boldsymbol{v} = \begin{pmatrix} v_x \\ v_y \end{pmatrix} = \begin{pmatrix} v_0 \\ \frac{U_{\text{Kon}} \cdot e}{d \cdot m_e} \cdot \frac{l_1}{v_0} \end{pmatrix}$$

Halten wir das Ganze in einem Kasten fest.

Satz 4.26 *Elektron im Kondensator*

Wird ein Elektron vertikal zu dem elektrischen Feld eines Kondensators in diesen eingeschossen, so beschreibt es eine Parabelbahn bis zum Austritt aus dem Feld. Danach führt es eine gleichförmige Bewegung mit dem Geschwindigkeitsvektor

$$\boldsymbol{v} = \begin{pmatrix} v_x \\ v_y \end{pmatrix} = \begin{pmatrix} v_0 \\ \frac{U_{\text{Kon}} \cdot e}{d \cdot m_e} \cdot \frac{l_1}{v_0} \end{pmatrix} \tag{4.77}$$

durch. Dabei sind U_{Kon} die am Kondensator anliegende Spannung, l_1 die Länge des Kondensators und d der Plattenabstand.

Was ist nun aber, wenn wir das Teilchen unter einem Winkel α zur Horizontalen in den Kondensator schießen? Betrachten wir hierzu Abbildung 4.24. Wir sehen, dass wir zwei Fälle zu betrachten haben. In beiden können wir aber sagen, wenn der farbig unterlegte Winkel (nennen wir α) jeweils betragsmäßig gemessen wird (ohne Orientierung), dass die Bewegung vor dem Feldeintritt in x-Richtung mit $v_x = v_0 \cdot \cos \alpha$ geschieht, in vertikaler Richtung mit $v_y = v_0 \cdot \sin \alpha$. Wir betrachten die Fälle nacheinander. Für beide Untersuchungen gilt, dass die Zeit t ab dem Eintritt ins elektrische Feld von Null an läuft.

4.3.5.1 Schräger Einschuss von oben

In diesem Fall lautet unser Geschwindigkeitsvektor

$$\boldsymbol{v}_0 = \begin{pmatrix} v_x \\ v_y \end{pmatrix} = \begin{pmatrix} v_0 \cdot \cos \alpha \\ -v_0 \cdot \sin \alpha \end{pmatrix} \tag{4.78}$$

Im Kondensator gilt dann für die x-Komponente des Teilchenortes

$$x(t) = v_0 \cdot \cos \alpha \cdot t. \tag{4.79}$$

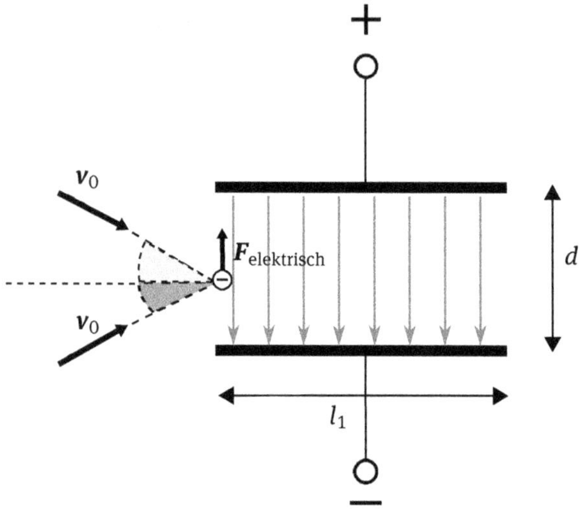

Abb. 4.24: Schräger Einschuss in den Kondensator mit Geschwindigkeit v_0.

Für die y-Komponente müssen wir berücksichtigen, dass wir nun eine nach unten gerichtete konstante Komponente der Eintrittsgeschwindigkeit haben. Die Beschleunigung berechnet sich aber trotzdem wie in Gleichung (4.72). Für die y-Komponente müssen wir dann eben die von Null verschiedene und nach unten gerichtete Eintrittsgeschwindigkeit v_y berücksichtigen. Wir erhalten:

$$y(t) = \frac{1}{2}a_y t^2 + v_y \cdot t = \frac{1}{2} \cdot \frac{U_{\text{Kon}} \cdot e}{d \cdot m_e} \cdot t^2 - v_0 \cdot \sin \alpha \cdot t \tag{4.80}$$

Natürlich kann man auch hier wieder den Zeitparameter über Gleichung (4.79) eliminieren. Wir haben dann:

$$y(x) = \frac{1}{2} \cdot \frac{U_{\text{Kon}} \cdot e}{d \cdot m_e} \cdot \frac{1}{v_0^2 \cdot \cos^2 \alpha} \cdot x^2 - \tan \alpha \cdot x \tag{4.81}$$

Es entsteht eine Parabel als Flugkurve, allerdings mit verschobenem Scheitel. Dieser befindet sich rechts vom Eintrittsort des Teilchens. Der Tangens kann verwendet werden, da der Zusammenhang $\tan \alpha = \frac{\sin \alpha}{\cos \alpha}$ zwischen den trigonometrischen Funktionen besteht.

4.3.5.2 Schräger Einschuss von unten

Der Geschwindigkeitsvektor wird wie im vorherigen Fall angesetzt:

$$\mathbf{v}_0 = \begin{pmatrix} v_x \\ v_y \end{pmatrix} = \begin{pmatrix} v_0 \cdot \cos \alpha \\ v_0 \cdot \sin \alpha \end{pmatrix} \tag{4.82}$$

Im Kondensator gilt dann für die x-Komponente des Teilchenortes (hier ändert sich nichts)

$$x(t) = v_0 \cdot \cos \alpha \cdot t. \tag{4.83}$$

Für die y-Komponente müssen wir jetzt berücksichtigen, dass wir nun eine nach oben gerichtete konstante Komponente der Eintrittsgeschwindigkeit haben. Die Beschleunigung berechnet sich aber trotzdem wie in Gleichung (4.72). Für die y-Komponente müssen wir dann eben die von Null verschiedene und nach oben gerichtete Eintrittsgeschwindigkeit v_y berücksichtigen. Wir erhalten:

$$y(t) = \frac{1}{2}a_y t^2 + v_y \cdot t = \frac{1}{2} \cdot \frac{U_{\text{Kon}} \cdot e}{d \cdot m_e} \cdot t^2 + v_0 \cdot \sin \alpha \cdot t \tag{4.84}$$

Natürlich kann man auch hier wieder den Zeitparameter über Gleichung (4.83) eliminieren:

$$y(x) = \frac{1}{2} \cdot \frac{U_{\text{Kon}} \cdot e}{d \cdot m_e} \cdot \frac{1}{v_0^2 \cdot \cos^2 \alpha} \cdot x^2 + \tan \alpha \cdot x \tag{4.85}$$

Erneut entsteht eine Parabel als Flugkurve, allerdings wieder mit verschobenem Scheitel. Dieser befindet sich links vom Eintrittsort des Teilchens.

Für Protonen bzw. generell für positiv geladene Teilchen vertauschen die beiden Fälle, wenn das Feld von der Ausrichtung her das gleiche bleibt.

Aufgaben

Aufgabe 4.11 Berechnung eines Plattenkondensators
Ein Plattenkondensator werde an eine Spannungsquelle mit $U = 150$ V angeschlossen und geladen. Gemessen wird ein elektrisches Feld der Stärke $E = 3,0 \cdot 10^3 \frac{V}{m}$.
a) Welchen Abstand haben die Platten voneinander?
b) Wie groß ist die Kapazität im Vakuum, wenn die Platten eine Fläche von jeweils 100 cm² haben?

Aufgabe 4.12 Es hängt eine Kugel am Faden
An einem masselosen (idealisierten) Faden der Länge $l = 1,0$ m hängt eine kleine Kugel, die die Ladung $q = +150,0$ nC trägt. Sie habe eine Masse $m = 1,0$ g. Sie hängt (siehe Abbildung 4.25) in der Mitte des elektrischen Feld eines Plattenkondensators mit Plattenabstand $d = 6,0$ cm. Die Spannung am Kondensator betrage $U_C = 100$ V. Wie weit wird das Pendel aus der Ruhelage ausgelenkt (Angabe des Winkels aus der Abbildung)?

Aufgabe 4.13 Kondensatorkombination I
Gegeben sei die in Abbildung 4.26 gezeigte Schaltung von sechs gleichen Kondensatoren der Kapazität C. Man gebe eine möglichst kompakte Formel für die Ersatzkapazität an.

Aufgabe 4.14 Kondensatorkombination II
Gegeben sei die in Abbildung 4.27 gezeigte Schaltung von neun gleichen Kondensatoren der Kapazität C. Man gebe eine möglichst kompakte Formel für die Ersatzkapazität an.

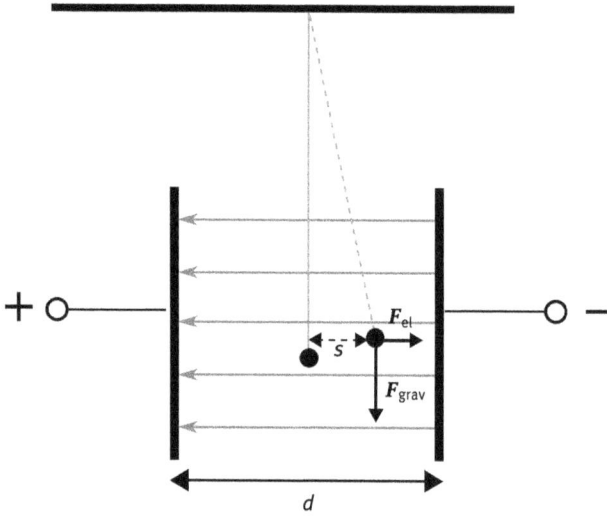

Abb. 4.25: Fadenpendel im elektrischen Feld, Maße sind dem Text von Aufgabe 4.12 zu entnehmen.

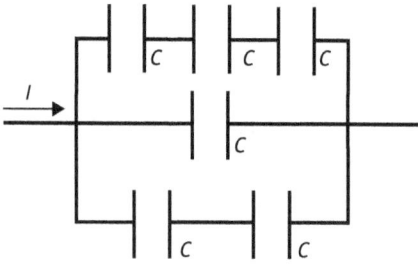

Abb. 4.26: Schaltung der Kondensatoren zu Aufgabe 4.13.

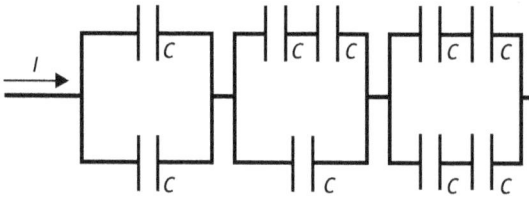

Abb. 4.27: Schaltung der Kondensatoren zu Aufgabe 4.14.

Aufgabe 4.15   Lösen von Differentialgleichungen
Wie lauten die Lösungen der drei linearen Differentialgleichungen 1. Ordnung?
a) $y' + x^2 y = 0$
b) $y' + x^2 y = x \cdot e^{-\frac{1}{3} \cdot x^3}$
c) $xy' + y = \frac{1}{x}$ mit $x > 0$

Aufgabe 4.16   Rechentechnik zum Aufladen
Wir haben uns Gleichung (4.62) hergeleitet. Diese Formel ist so niedergeschrieben, dass die Span-
nung $U_C(t)$ berechnet werden kann. Die Formel soll umgestellt, d.h. nacheinander nach der Zeit t, der
Quellspannung U_0, dem Widerstand R und der Kapazität C aufgelöst werden.

Aufgabe 4.17   Halbwertszeit
Man zeige, dass beim Entladevorgang die Zeit tatsächlich $T_H = \tau \cdot \ln 2$ beträgt bis die anfängliche
Spannung U_0 auf den halben Wert gefallen ist. Wie lässt sich begründen, dass der Ausdruck RC die
Einheit Sekunde hat?

Aufgabe 4.18   Im Rausch der Geschwindigkeit
Man berechne die Geschwindigkeit eines Elektrons und eines Protons ($m_{Elektron} = 9{,}11 \cdot 10^{-31}$ kg und
$m_{Proton} = 1{,}67 \cdot 10^{-27}$ kg) für eine Beschleunigungsspannung von $U = 500$ V. Wie groß ist bei den
beiden die kinetische Energie? Gibt es hier einen Unterschied?

Aufgabe 4.19   Man kann auch kürzen
Man zeige, dass die Gleichung (4.75) unabhängig vom Ausdruck $\frac{e}{m_e}$ ist, wenn man berücksichtigt, wie
man v_0 bekommt.

Aufgabe 4.20   Triff den Schirm I
Ein Elektron wird durch $U = 120$ V beschleunigt und tritt dann mittig in den Kondensator ein (siehe als
Skizze z.B. Abbildung 4.23), parallel zur x-Achse. Der Kondensator habe die Länge $l_1 = 5{,}0$ cm und
den Plattenabstand $d = 3{,}0$ cm. Der Schirm sei in einer Entfernung von $l_2 = 50$ cm positioniert und
zwar symmetrisch zur x-Achse. Wie breit muss er sein, damit ihn das Elektron bei einer Spannung von
$U_C = 80$ V am Kondensator gerade noch trifft?

Aufgabe 4.21   Triff den Schirm II
Wir betrachten Abbildung 4.23. Wenn der Abstand von Kondensator und Schirm wie eingezeichnet
l_2 beträgt, welche y-Koordinate hat dann der Einschlagpunkt des Elektrons auf dem Schirm bei der
angelegten Spannung U_C am Kondensator? Gesucht ist also der Punkt $P(l_1 + l_2 / ?)$ und eine allgemeine
Formel für die unbekannte Koordinate in Abhängigkeit von d, U, U_C und den beiden Länge l_1 und l_2.

Aufgabe 4.22   An die Wand gefahren
Ein Elektron wird mit Hilfe der Spannung $U = 180$ V beschleunigt. Danach tritt es mittig und parallel
zur x-Achse (siehe nochmal Abbildung 4.23) in das Feld eines Plattenkondensators mit Plattenabstand
$d = 2{,}0$ cm ein. Der Kondensator hat eine Länge von $l_1 = 4{,}0$ cm. Ab welcher am Kondensator angelegten Spannung U_C verlässt das Elektron den Kondensator nicht mehr?

Aufgabe 4.23   Längs des Feldes
Bisher tauchte unser Elektron immer senkrecht zu den Feldlinien des Kondensatorfeldes ein. Nun ge-
schieht es längs der Feldlinien, sodass die Kraft entgegen der Bewegungsrichtung des Elektrons wirkt.
Vor dem Eintritt durchläuft es eine Spannung von $U = 100$ V, der Kondensator hat bei beiden Platten
je die Plattenfläche $A = 20$ cm^2 und den Abstand $d = 3{,}0$ cm. Es sei die am Kondensator angelegte
Spannung $U_C = 200$ V. Wie tief dringt dann das Elektron in das Feld ein?

4.4 Das magnetische Feld

Eng verbunden mit dem Fließen elektrischer Ströme ist das magnetische Feld. Bis ins 19. Jahrhundert hinein waren nur Permanentmagnete bekannt, was sich allerdings mit den Forschungen von Alessandro Volta änderte, der die Batterie erfand. Hans Christian Oerstedt entdeckte dann Anfang des 19. Jahrhunderts, genauer 1820, dass elektrische Ströme Magnetfelder erzeugen. Wie bei einem elektrischen Feld können wir bei einem magnetischen Feld Kräfte beobachten, abstoßende und anziehende. Magnetische Objekte besitzen zwei Pole, einen Nord- und einen Südpol. Gleichnamig Pole stoßen sich ab (Süd-Süd, Nord-Nord), ungleichnamige (Süd-Nord) ziehen sich an. Erzeugt wird ein magnetisches Feld durch *Permanentmagneten*, also dauerhaft magnetische Materialien, deren Magnetismus auf atomarer Ebene seinen Ursprung hat, oder durch elektrische Ströme. Wir werden jetzt letztere Ursache näher betrachten.

4.4.0.1 Die magnetische Feldstärke oder Flussdichte

Wie macht sich ein Magnetfeld bemerkbar? Bringen wir einen geraden Leiter der Länge l, der von einem Strom I durchflossen wird, in ein magnetisches Feld, so wirkt auf ihn eine Kraft. Drehen wir ihn im Feld, so fällt uns eventuell auf, dass die Kraft auf ihn am größten ist, wenn er senkrecht zu den Feldlinien liegt. Drehen wir nun an der Stromstärke oder verwenden einen Leiter anderer Länge, so ist das Ergebnis, dass die beobachtete magnetische Kraft F_{mag} proportional zur Länge des Leiters und zum Strom ist. Den Proportionalitätsfaktor nennen wir B und geben ihm den Namen *magnetische Flussdichte* oder *magnetische Feldstärke*, wobei v.a. die erstere Namensgebung in der Physik gebräuchlich ist.

> **Definition 4.14** *Die magnetische Flussdichte*
> Auf einen geraden Leiter der Länge l, welcher senkrecht zu den Feldlinien eines Magnetfeldes liegt, wirkt in diesem eine Kraft F_{mag}, wenn er von einem Strom I durchflossen wird. Diese Kraft ist proportional zum Produkt $I \cdot l$. Der Proportionalitätsfaktor B wird als magnetische Flussdichte oder Feldstärke bezeichnet. Es gilt:
>
> $$B = \frac{F_{mag}}{I \cdot l} \tag{4.86}$$
>
> Die Einheit der magnetischen Flussdichte ist das Tesla:
>
> $$[B] = 1 \, \frac{N}{A \cdot m} = 1 \, T \tag{4.87}$$

Da die Kraft abhängig von der Lage des Leiters ist und wir es mit einem Feld zu tun haben, ist B nur der Betrag der magnetischen Feldstärke. Eigentlich liegt eine vektorielle Größe $\boldsymbol{B}$ vor. In welche Richtung die resultierende Kraft zeigt, hängt von der Richtung von I und von der Richtung des magnetischen Feldes ab. Hierfür merkt man sich am besten die Regeln für die rechte Hand.

↑ Daumen = Strom

Zeigefinger = Magnetfeld ←

↙ Mittelfinger = Kraft

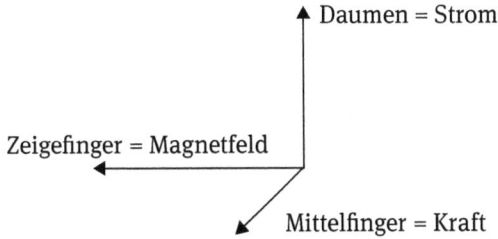

Abb. 4.28: Haltung der rechten Hand für die Ermittlung der Kraftrichtung.

Satz 4.27 *Richtung eines magnetischen Wirbelfeldes*
Um den Umlaufsinn eines von einem Strom durchflossenen, geraden Leiters zu bestimmen, verwendet man die rechte Hand. Der Daumen zeigt wie bei dem Zeichen für „Alles in Ordnung" nach oben und in Richtung des technischen Stromes (von plus nach minus). Die restliche Hand wird leicht geöffnet. Diese Finger geben dann die Richtung des magnetischen Wirbelfeldes an.

Satz 4.28 *Richtung der Kraft auf einen geraden, stromdurchflossenen Leiter*
Der Daumen, der Zeige- und der Mittelfinger der rechten Hand bilden ein räumliches Dreibein (siehe Abbildung 4.28). Dabei zeigt der Daumen in die technische Stromrichtung (plus nach minus) und der Zeigefinger in Richtung des magnetischen Feldes. Der Mittelfinger zeigt dann in Richtung der magnetischen Kraft.

Um die Richtung des magnetischen Feldes in Zeichnungen wiedergeben zu können, ohne dass wir uns zeichnerisch einen abbrechen müssen, benötigen wir noch zwei Symbole. Diese sind in Abbildung 4.29 gezeigt. Da wir es eigentlich mit einer vektoriellen Größe bei der magnetischen Flussdichte zu tun haben, lässt sich der Zusammenhang zwischen Kraft, Strom und Flussdichte auch in einer Vektorgleichung formulieren. Dabei muss man auch dem Strom eine Richtung geben. Aus I wird daher $\boldsymbol{I}$. Wir erhalten dann:

Satz 4.29 *Die magnetische Flussdichte als Vektor*
Ein magnetisches Feld der Stärke $\boldsymbol{B}$ übt auf einen stromdurchflossenen Leiter (Strom $\boldsymbol{I}$, Länge l) die Kraft $\boldsymbol{F}_{mag}$ aus, die sich über das Kreuzprodukt berechnen lässt. Es gilt:

$$\boldsymbol{F}_{mag} = l \cdot \boldsymbol{I} \times \boldsymbol{B} \tag{4.88}$$

Berechnen wir den Betrag der magnetischen Flussdichte, so folgt aus dem Betrag des Kreuzproduktes sofort

$$F_{mag} = lBl \sin \alpha, \tag{4.89}$$

wobei der Strom und das magnetische Feld den Winkel α einschließen.

Abb. 4.29: Symbol für ein Magnetfeld, das senkrecht aus der Zeichenebene herauskommt (links, soll einen Pfeil von oben darstellen) und das senkrecht in die Zeichenebene eintaucht (rechts, soll einen Pfeil von hinten darstellen).

4.4.0.2 Die Lorentz-Kraft

Das magnetische Feld übt nicht nur Kräfte auf ganze stromdurchflossene Leiter aus, sondern auch auf einzelne Ladungen, die sich im magnetischen Feld bewegen. Die Kraft wirkt dabei immer senkrecht zur Richtung der Geschwindigkeit v_0 des Teilchens (Elektron, Proton, ...), verändert also ihren Betrag nicht. Trotzdem ist es eine beschleunigte Bewegung, da die Geschwindigkeit eine Richtungsänderung erfährt: Das Teilchen wird auf eine Kreisbahn gezwungen. Die Kraft, die dabei auf ein einzelnes Teilchen wirkt, nennen wir *Lorentz-Kraft*. Sie ergibt sich aus der Formel für die Kraft auf einen stromdurchflossenen Leiter und der Driftgeschwindigkeit des betrachteten Teilchens. Wir wollen hier nur das Ergebnis notieren.

Satz 4.30 *Die Lorentz-Kraft (Betrag)*
Durch ein Magnetfeld der Flussdichte B wirkt auf ein *senkrecht* in das Magnetfeld eingeschossenes geladenes Teilchen (Ladung q) mit der Geschwindigkeit v_0 eine Kraft F_L mit

$$F_L = qv_0B. \tag{4.90}$$

Diese Kraft bezeichnen wir als *Lorentzkraft*. Sie wirkt immer senkrecht zur Richtung der Geschwindigkeit v_0.

Für die Richtung der Kraft haben wir zwei Fälle zu unterscheiden:
1. *Positive Ladung:* Wir verwenden die *rechte Hand*, formen wieder ein Dreibein, wobei der Daumen für die Richtung der Geschwindigkeit steht, der Zeigefinger für die des Magnetfeldes und der Mittelfinger für die wirkende Kraft.
2. *Negative Ladung:* Wir verwenden die *linke Hand*, formen wieder ein Dreibein, wobei der Daumen für die Richtung der Geschwindigkeit steht, der Zeigefinger für die des Magnetfeldes und der Mittelfinger für die wirkende Kraft.

Schließen Einschussrichtung und Magnetfeld einen Winkel α miteinander ein, dann wird die Lorentz-Kraft mit dem Winkel berechnet. Hierfür eignet sich wieder das Kreuzprodukt.

Satz 4.31 *Die Lorentz-Kraft vektoriell betrachtet*
Ein magnetisches Feld der Stärke B übt auf ein in das Feld mit der Geschwindigkeit v_0 eingeschossenes Teilchen der Ladung q die Kraft F_{mag} mit

$$F_L = q \cdot v \times B \tag{4.91}$$

aus. Berechnen wir den Betrag der Kraft, so folgt aus dem Betrag des Kreuzproduktes sofort, dass

$$F_L = qvB \sin \alpha, \tag{4.92}$$

wobei der Geschwindigkeitsvektor und das magnetische Feld den Winkel α einschließen. Die Richtung der Kraft ist durch das Kreuzprodukt und das Vorzeichen der Ladung festgelegt.

Da die Lorentz-Kraft immer senkrecht zur Bewegungsrichtung wirkt, können wir hier mit der Formel für die Zentrifugal-/Zentripetalkraft agieren, was uns bei Aufgaben oft weiterhilft.

Uns fehlt nun noch, analog zu unserem Wissen beim elektrischen Feld, eine Möglichkeit (also eine Formel), die Energie des magnetischen Feldes zu berechnen. Die Überlegungen hierzu stellen wir für den Moment hinten an, da wir zuerst ein paar weitere Begrifflichkeiten benötigen, um eine solche Formel aufstellen zu können. Hierfür müssen wir uns noch bis Kapitel 4.6.3 gedulden.

Aufgaben

Aufgabe 4.24 Drahtig
Ein Leiterbügel der Breite $b = 15,0$ cm wird von dem Strom $I = 2,0$ A durchflossen und wie in Abbildung 4.30 in ein Magnetfeld $B = 0,1$ T eingetaucht. Seine anderen beiden Seiten sind dabei $d = 30,0$ cm lang. Sofort nach dem Eintauchen wirkt die durch das magnetische Feld und den Strom verursachte Kraft F_{mag} auf den Leiterbügel, die diesen in das Feld hineinzieht. Wenn man ihn nun sich selber überlässt, wie lange dauert es, bis er komplett in das magnetische Feld eingetaucht ist, wenn seine Masse $m = 50$ g beträgt?

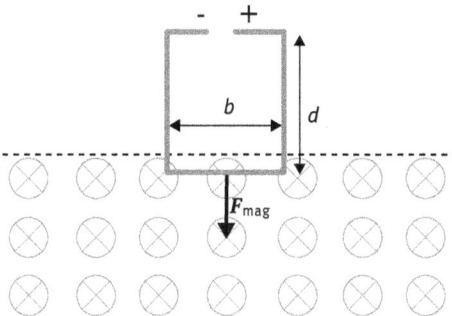

Abb. 4.30: Leiterbügel zu Aufgabe 4.24.

Aufgabe 4.25 Kreisbahn

Wir schießen ein Teilchen der Ladung $q = +2e$ und der Masse $m = 6{,}4 \cdot 10^{-27}$ kg senkrecht in ein magnetisches Feld der Flussdichte $B = 0{,}5$ T ein. Davor wurde es durch eine Spannungsquelle mit $U = 50$ V beschleunigt. Wie groß ist der Durchmesser der resultierenden Kreisbahn?

Aufgabe 4.26 Etwas allgemeiner

Man stelle für die vorangegangene Aufgabe 4.25 die Formel auf, die bei den dort gemachten Angaben einem direkt den Radius r der Kreisbahn wiedergibt.

4.5 Messung der Flussdichte mit der Hall-Sonde

Den Zusammenhang zwischen magnetischem Feld und seinem Einfluss auf bewegte Ladungen können wir zu Messzwecken gebrauchen. Bei der sog. *Hall-Sonde* besteht eine direkte Proportionalität zwischen der Hall-Spannung U_H und der magnetischen Flussdichte B des magnetischen Feldes, sodass diese hierüber bestimmt werden kann. Um die Hall-Spannung zu erhalten, wird ein stromdurchflossener Leiter von einem Magnetfeld durchsetzt. Damit die Rechnung möglichst einfach ist, schließen Leiter und Magnetfeld einen rechten Winkel ein. Wir betrachten für die weiteren Erläuterungen Abbildung 4.31. Die Elektronen in dem Leiter bewegen sich entgegen der technischen Stromrichtung I. Aus der Tatsache, dass sie sich bewegen und aus dem senkrecht zur Bewegungsrichtung angelegten Magnetfeld resultiert eine Lorentz-Kraft F_L. Diese zieht die Elektronen in unserer Skizze nach oben (Querdrift), womit wir dort einen Überschuss an negativer Ladung im Leiter erhalten. Gleichzeitig herrscht dadurch aber im unteren Teil ein Elektronenmangel. Folglich haben wir einen Pluspol am unteren Ende des Leiters und einen Minuspol am oberen Ende. Aus dieser Ladungstrennung resultiert ein in guter Näherung homogenes elektrisches Feld, das wiederum einen Kraft F_{el} auf die Elektronen ausübt. Durch die Homogenität des elektrischen Feldes, können wir

$$E_H = \frac{U_H}{d} \tag{4.93}$$

rechnen, wobei d die Höhe des Leiterstücks ist, das von dem Magnetfeld durchdrungen wird. Die Breite des Leiterstücks sei b. Irgendwann wird bei diesem Prozess ein Gleichgewicht erreicht und zwar zwischen der Lorentz-Kraft und der elektrischen Feldkraft die auf die Ladung $q = e$ (es sind ja Elektronen, das Vorzeichen ist hier uninteressant) wirken. Es gilt:

$$F_L = -F_{el}. \tag{4.94}$$

Das Minuszeichen gibt hierbei nur an, dass die Kräfte in entgegengesetzte Richtungen wirken, sodass kein weiterer Querdrift der Elektronen verursacht wird. Ab dieser Stelle können wir auch mit den Beträgen weiter rechnen, da wir durch die Verwendung eines zum Leiter senkrechten magnetischen Feldes keinen störenden Winkel berücksichtigen müssen. Verwenden wir nun für die elektrische Kraft den Zusammenhang

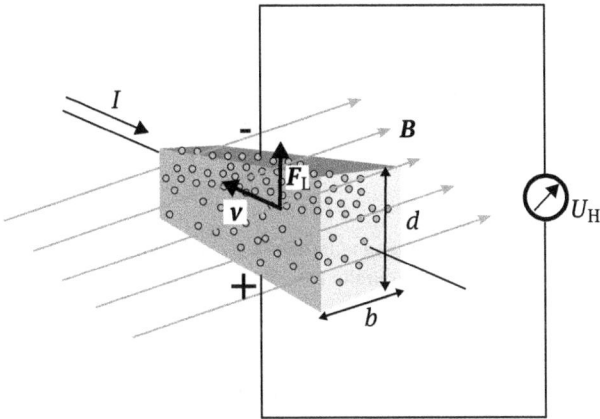

Abb. 4.31: Skizze zur Erläuterung der Hall-Spannung U_H.

mit der elektrischen Feldstärke, also

$$F_{el} = e \cdot E_H \tag{4.95}$$

und für die Lorentz-Kraft die bekannte Formel

$$F_L = e \cdot v \cdot B, \tag{4.96}$$

dann ergibt sich mit Gleichung (4.94) durch Kürzen der Ladung e die Gleichung

$$E_H = v \cdot B. \tag{4.97}$$

Da wir die sog. Driftgeschwindigkeit v nicht vorliegen haben und auch die Stärke des elektrischen Feldes eine etwas schwierige Größe in diesem Zusammenhang darstellt, sollten wir hier noch etwas nachbessern. Eine erste Verbesserung ist die Verwendung der Gleichung (4.95). Damit finden wir

$$U_H = v \cdot B \cdot d. \tag{4.98}$$

Jetzt stört immer noch die Driftgeschwindigkeit v. Aber mit Hilfe des fließenden Stroms I, den wir leicht messen können, bekommen wir auch dieses Problem in den Griff. Dazu müssen wir wie folgt argumentieren: Im Volumen $V = b \cdot d \cdot s$, wobei s die Länge des Leiters im Magnetfeld ist, befinden sich n Elektronen der Ladung e (Einheit von n ist $\frac{1}{m^3}$, n ist die Teilchendichte). Sie benötigen mit der Geschwindigkeit v die Zeit t, um den Leiterteil zu durchqueren. Es gilt $v = \frac{s}{t}$. Damit hat das Produkt $I = n \cdot e \cdot \frac{V}{t} = n \cdot v \cdot e \cdot A$ die Einheit Ampere und ist der fließende Strom. Wir lösen nach der Driftgeschwindigkeit v auf und setzen in Gleichung (4.98) ein. Es ergibt sich sofort

$$U_H = \frac{I \cdot B}{n \cdot e \cdot b} = \frac{1}{ne} \cdot \frac{IB}{b}. \tag{4.99}$$

Der vom Material abhängige Proportionalitätsfaktor $\frac{1}{ne} = R_H$ ist die *Hall-Konstante* des verwendeten Materials. Die Hall-Konstanten kann man experimentell bestimmen und dann direkt von der Hall-Spannung U_H auf die Flussdichte des magnetischen Feldes schließen. Kennt man natürlich umgekehrt die Flussdichte, so kann man, wenn man den Strom I kennt, von U_H auf die Teilchendichte n schließen.

Satz 4.32 *Über Hall-Sonden*
Mit einer Hall-Sonde kann man die Flussdichte B eines magnetischen Feldes messen. Es gilt für die *Hall-Spannung*, wenn der Strom I durch einen Leiter der Breite b fließt, dass

$$U_H = R_H \cdot \frac{IB}{b}.$$

(4.100)

Dabei ist $R_H = \frac{1}{ne}$ die *Hall-Konstante* des Leitermaterials. Die Teilchendichte n ist stoffabhängig und kann Tabellenwerken entnommen werden. Bei bekanntem magnetischen Fluss B ist ihre Bestimmung mit der Hall-Sonde möglich.

Aufgaben

Aufgabe 4.27 Kupfer
Wie groß ist die Hall-Konstante von Kupfer, wenn wir bei einem Magnetfeld mit $B = 1{,}8$ T und einem Strom $I = 12{,}0$ A in einem Leiter der Breite $b = 0{,}1$ cm eine Spannung $U_H = -1{,}2$ µV messen? Wie groß ist die Driftgeschwindigkeit v, wenn $d = 2{,}0$ cm ist?

4.6 Die Spule

Als weiteres wichtiges Bauteil neben dem Widerstand und dem Kondensator ist die Spule zu nennen, die den Magnetismus in unsere Betrachtungen mit hineinbringt. Eine Spule ist nichts anderes als eine Reihenschaltung von einer bestimmten Anzahl an Leiterschleifen. Diese sind die Windungen der Spule. Ist einem dies bekannt, so kann man sich zuerst mit den Eigenschaften und Gesetzen einer einzigen Leiterschleife auseinandersetzen und dann das Ganze auf N Leiterschleifen und damit beliebig große Spulen erweitern. Die wichtigsten Begriffe in diesem Zusammenhang sind die Induktivität und der magnetische Fluss. Diese werden wir uns zu Beginn anschauen und dann die bereits von Widerstand und Kondensator her bekannten Spielchen durchführen (An- und Ausschalten von Spulen, Kombinationen von Spulen etc.).

4.6.1 Wichtige Größen

Ströme können nicht nur von magnetischen Feldern beeinflusst werden, sie erzeugen auch magnetische Felder. Je nachdem durch welchen Leiter der Strom fließt, erzeugt er ein magnetisches Feld mit einer bestimmten Flussdichte B (hier können wir es beim Betrag belassen, die Richtung ist durch die Anordnung vorgegeben und kann bei Bedarf eingebaut werden, indem man den Betrag mit einem entsprechenden Richtungsvektor multipliziert). Für uns von Interesse sind im Prinzip gerade Leiter und lange Spulen. Sie erzeugen Magnetfelder mit den folgenden Flussdichten (eine nähere Erläuterung der Zusammenhänge sparen wir uns hier, sie fußen wieder auf Experimenten und Proportionalitätsbetrachtungen).

Satz 4.33 *Gerade Leiter und lange Spulen*
Gerader Leiter:
Wird ein gerader Leiter von einem Strom I durchflossen, so misst man im Abstand r von ihm die magnetische Flussdichte

$$B = \mu_0 \cdot \mu_r \cdot \frac{I}{2\pi r}. \tag{4.101}$$

Satz 4.34 *Lange Spule:*
Wird eine lange Spule der Länge l und mit der Windungszahl N (Anzahl der Schleifen) von einem Spulenstrom I durchflossen, so ist das magnetische Feld in ihrem Inneren näherungsweise homogen. Die magnetische Flussdichte berechnet sich zu

$$B = \mu_0 \cdot \mu_r \cdot I \cdot \frac{N}{l}. \tag{4.102}$$

Der Kasten bringt uns zwar schon etwas, aber eben noch nicht viel, denn wir haben zwei Größen in den Formeln, die wir noch nicht zuordnen können: μ_0 und μ_r. Worum es hierbei geht, lässt sich aber vielleicht schon erahnen. Analog zum elektrischen Feld gibt es eben auch für magnetische Felder eine Feldkonstante, hier μ_0 genannt, und auch Materialien, die den magnetischen Fluss beeinflussen können (verstärken *und* abschwächen). Das ist eines Kastens würdig.

Definition 4.15 *Magnetische Feldkonstante und Permeabilitätszahl*
Die Größe μ_0 bezeichnen wir als *magnetische Feldkonstante*. Es gilt:

$$\mu_0 = 4\pi \cdot 10^{-7} \, \frac{Vs}{Am} \approx 1{,}2566 \cdot 10^{-6} \, \frac{Vs}{Am} \tag{4.103}$$

Ist der Raum mit einem anderen Stoff gefüllt, benötigen wir zusätzlich die *Permeabilitätszahl* μ_r. Sie ist positiv und kann folgende Wertebereiche einnehmen, abhängig vom jeweiligen Stoff (wobei man verschiedene Arten von Magnetismus unterscheidet):
– $\mu_r \gg 1$: deutliche Verstärkung (z.B. bei Eisen): ferromagnetisch
– $\mu_r > 1$: leichte Verstärkung (z.B. Luft): paramagnetisch
– $\mu_r < 1$: leichte Abschwächung (z.B. Wasser, Kupfer): diamagnetisch

Wenden wir uns jetzt den Spulen zu: Eine Spule ist aus Leiterschleifen aufgebaut. Betrachten wir nun eine einzelne, ebene Leiterschleife und setzen diese einem magnetischen Feld mit der Flussdichte $\boldsymbol{B}$ aus. Wir beobachten zwar, dass nichts passiert. Trotz-

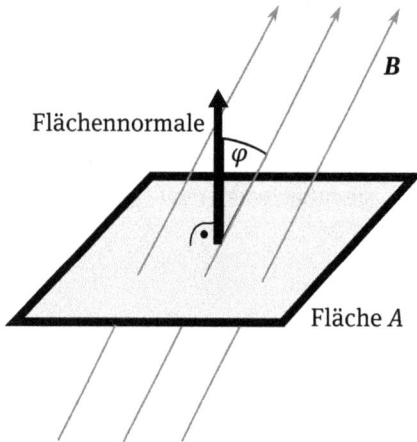

Abb. 4.32: Skizze zur Illustration des magnetischen Flusses.

dem bietet es sich an, eine neue Größe zu definieren. Warum dem so ist, das sehen wir bei unseren weiteren Untersuchungen. Wir definieren eine neue Größe mit dem Namen *magnetischer Fluss* und sie erhält den Buchstaben Φ (ein großes Phi). Dafür benötigen wir einen sog. Normalenvektor. Liegt die Leiterschleife in einer Ebene E, dann gibt es Vektoren $\boldsymbol{n}$, die senkrecht auf dieser Ebene stehen. Diese Vektoren nennen wir *Normalenvektoren*. Einen jeden Vektor, der nicht ortsgebunden ist und somit beliebig im Raum verschoben werden kann, können wir normieren, d.h. auf die Länge 1 bringen. Für einen beliebigen Vektor $\boldsymbol{n}$ ist der zugehörige normierte Vektor gegeben durch

$$\boldsymbol{n}_0 = \frac{\boldsymbol{n}}{|\boldsymbol{n}|} = \frac{\boldsymbol{n}}{n}. \tag{4.104}$$

Hat die Leiterschleife in der Eben E nun den Flächeninhalt A, so definieren wir den magnetischen Fluss als Skalarprodukt der *Flächennormalen* $\boldsymbol{n}_A = A \cdot \boldsymbol{n}_0$ und dem magnetische Fluss $\boldsymbol{B}$.

> **Definition 4.16** *Der magnetische Fluss*
> Das Skalarprodukt aus der Flächennormalen der vom magnetischen Feld durchsetzten Fläche und dessen Flussdichte $\boldsymbol{B}$ nennen wir *magnetischer Fluss*. Es ist
>
> $$\Phi = \boldsymbol{n}_A \cdot \boldsymbol{B} = A\boldsymbol{n}_0 \cdot \boldsymbol{B} = A \cdot B \cdot \cos\varphi. \tag{4.105}$$
>
> Dabei ist φ der Winkel, den die Flächennormale mit der Richtung des magnetischen Feldes einschließt.

Das Besondere beim magnetischen Fluss ist nun das, dass wir ihn in der Leiterschleife nicht bemerken, solange er sich nicht ändert! Ändert er sich, so wird eine Spannung induziert, die ihrer Ursache, also der Flussänderung, entgegenwirkt und diese zu kompensieren versucht. Das nennt man die *Lenz'sche Regel*.

Satz 4.35   *Lenz'sche Regel*
Wir bezeichnen das, was hier passiert, als elektromagnetische Induktion. Bei dieser ist die induzierte Spannung und damit der induzierte Strom bzw. die induzierte Feldstärke stets so gerichtet, dass sie ihrer Ursache, der Flussänderung, entgegenwirkt.

Daraus ergibt sich das *Induktionsgesetz* für eine Leiterschleife bzw. für Spulen mit N Leiterschleifen. Wir wollen es gleich in der allgemeineren Version formulieren.

Satz 4.36   *Das Induktionsgesetz*
Die Induktionsspannung in einer Spule, die von einem sich ändernden magnetischen Fluss $\Phi(t)$ durchsetzt wird, berechnet sich zu

$$U_{\text{ind}} = -N \cdot \frac{d\Phi}{dt} = -N \cdot \dot{\Phi}(t). \tag{4.106}$$

Das negative Vorzeichen resultiert daher, weil die Induktionsspannung entgegen ihrer Ursache wirkt.

Die Flussänderung kann zum einen dadurch verursacht werden, dass wir am magnetischen Feld drehen oder die Leiterschleife z.B. im Feld rotieren lassen. Letzteres ist ein gutes Mittel, eine Wechselspannung bzw. einen Wechselstrom zu erzeugen.

Satz 4.37   *Wechselspannung*
Lassen wir eine Leiterschleife mit konstanter Winkelgeschwindigkeit ω in einem homogenen Magnetfeld rotieren, so erzeugen wir eine Wechselspannung. Es gilt:

$$U(t) = U_0 \cdot \sin \omega t, \tag{4.107}$$

und damit auch $I(t) = I_0 \cdot \sin \omega t$.

Unser Netz in Deutschland wird mit einer Frequenz von $\nu = 50$ Hz und einer Wechselspannung von 230 V betrieben. Der Hauptgrund, warum wir Wechselstrom verwenden, ist der, dass dieser leicht auf hohe Spannungen transformiert[22] werden und dann verlustfreier zum Endverbraucher transportiert werden kann.

Beispiel 4.10   *Auf dem Weg ins Magnetfeld*

Wir betrachten eine rechteckige Leiterschleife die sich mit einer konstanten Geschwindigkeit $v = 2{,}0\ \frac{cm}{s}$ in ein magnetisches Feld mit $B = 1{,}0$ T hinein bewegt (siehe Abbildung 4.33). Anfänglich befindet sie sich außerhalb des Feldes. Für die Rechnungen seien $b = 10{,}0$ cm und $d = 20{,}0$ cm. Die Leiterschleife werde senkrecht von dem magnetischen Feld durchsetzt. Man bestimme die Induktionsspannung für den Eintauchvorgang. Was passiert, wenn die Leiterschleife vollständig im Magnetfeld angekommen ist?

---

22 Wie ein Transformator funktioniert führen wir kurz in Kapitel 4.9 aus.

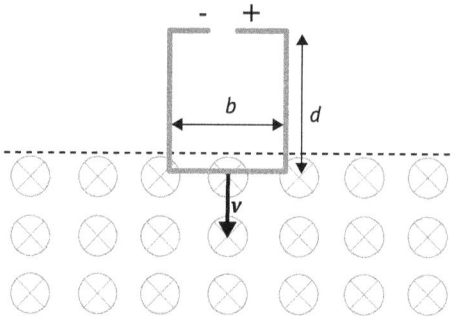

Abb. 4.33: Leiterschleife, die in ein Magnetfeld eintaucht.

Lösung: Bis die Leiterschleife ins magnetische Feld eintaucht, wird keine Spannung induziert, da sich der Fluss durch sie nicht ändert. Der Eintauchvorgang an sich dauert dann

$$t = \frac{d}{v} = \frac{20{,}0\ \text{cm}}{2{,}0\ \frac{\text{cm}}{\text{s}}} = 10\ \text{s}. \tag{4.108}$$

In dieser Zeit ändert sich der Fluss, weil die Fläche mit der Zeit konstant zunimmt. Es ist

$$A(t) = b \cdot v \cdot t, \tag{4.109}$$

gemessen ab dem ersten Kontakt der Leiterschleife mit dem magnetischen Feld. Damit haben wir den magnetischen Fluss gegeben. Dieser berechnet sich zu

$$\Phi(t) = A(t) \cdot B = B \cdot b \cdot v \cdot t. \tag{4.110}$$

Damit erhalten wir sofort die induzierte Spannung, indem wir ableiten:

$$U_{\text{ind}} = -\frac{d\Phi}{dt} = B \cdot b \cdot v \tag{4.111}$$

Setzen wir die Werte mit den richtigen Einheiten ein, so ergibt sich $U_{\text{ind}} = -2$ mV. Sobald die Leiterschleife ganz im magnetischen Feld ist, ändert sich der Fluss nicht mehr, die induzierte Spannung geht wieder auf Null zurück.

4.6.2 An- und Ausschaltvorgänge

Bei Kondensatoren haben wir Auf- und Entladevorgänge bei Reihenschaltung mit einem Widerstand R betrachtet. Gegenstand dieses Abschnitts sind die sog. *LR*-Kreise. Hier werden Spule und Widerstand in Reihe geschaltet. Verbindet man diese Kombination mit einer Spannungsquelle und schließt den Kreis, setzt der Stromfluss ein, der Strom ändert sich, somit hat $\frac{dI}{dt}$ einen von Null verschiedenen Wert. Wir haben daher zu jedem Zeitpunkt einen momentanen Strom $I(t)$ und eine momentane Änderungsrate $\frac{dI}{dt}$ desselben. Der Strom ist für unseren Widerstand interessant, die Stromänderung für die Vorgänge in der Spule, denn diese widersetzt sich dem Geschehen im Stromkreis. Generell gilt in jedem Stromkreis, dass die Änderung der Stromstärke eine Selbstinduktionsspannung bewirkt, die der Stromänderung entgegenwirkt. Die induzierte Spannung ist dabei proportional zur Änderung der Flussdichte und, weil sich die Fläche der Leiterschleifen nicht ändert, auch zur Änderung des magnetischen Flusses. Da diese proportional zur Stromänderung sind, ist es auch die induzierte Spannung. Der Proportionalitätsfaktor bekommt den Buchstaben L und wir nennen ihn die *Induktivität* der Spule bzw. des Stromkreises.

Definition 4.17   *Induktivität*

Die induzierte Spannung in einem Leiterkreis (einer Spule) ist proportional zur Änderung der Stromstärke. Die induzierte Spannung entsteht durch Selbstindukton. Es gilt:

$$U_{\text{ind}} = -L \cdot \frac{\mathrm{d}I}{\mathrm{d}t} \tag{4.112}$$

Der Proportionalitätsfaktor L heißt *Induktivität* des Leiterkreises (der Spule). Die Induktivität wird in Henry angegeben:

$$[L] = 1\,\text{H} = 1\,\frac{\text{Vs}}{\text{A}} \tag{4.113}$$

Uns interessiert nun, was in einem Stromkreis mit Spule und Widerstand passiert. Die ohm'schen Widerstände sind alle in R zusammengefasst, die Induktivitäten in L. Jetzt kommt wieder die Maschenregel zum Einsatz. Für die Spannungen bei Spule, Widerstand und Quelle gilt, dass

$$U_L(t) + U_R(t) + U_Q(t) = 0 \tag{4.114}$$

ist. Es ist hierbei $U_Q(t) = U_0$, wenn wir einschalten und $U_Q(t) = 0$, wenn die Quelle ausgeschaltet wird. Setzen wir hier nun die Formel für die Induktionsspannung und für die Spannung am ohm'schen Widerstand ein, so folgt

$$L \cdot \frac{\mathrm{d}I}{\mathrm{d}t} + R \cdot I(t) - U_0 = 0. \tag{4.115}$$

Wir dividieren durch L und sehen, dass eine inhomogene lineare DGL 1. Ordnung für den Einschaltvorgang vorliegt:

$$\frac{\mathrm{d}I}{\mathrm{d}t} + \frac{R}{L} \cdot I = \frac{U_0}{L} \tag{4.116}$$

Für den Ausschaltvorgang gilt:

$$\frac{\mathrm{d}I}{\mathrm{d}t} + \frac{R}{L} \cdot I = 0 \tag{4.117}$$

Diese DGL sind von der Struktur her denen beim Kondensator gleich. Wir finden analog die Lösungen. Da das Lösen von Differentialgleichungen natürlich immer noch ziemliches Neuland sein dürfte, werden wir die Rechnung auch für diesen Fall exemplarisch durchführen. Dabei halten wir uns strikt an die vom Kondensatorproblem her bekannte Vorgehensweise, wobei wir natürlich die entsprechend anders benannten Variablen und Größen verwenden. Aus taktischen Gründen beginnen wir mit der

DGL für den Ausschaltvorgang. Das liegt daran, weil hier eine homogene lineare DGL 1. Ordnung vorliegt. Gleichzeitig sind die DGLs aber fast identisch, eben nur die rechten Seiten sind verschieden. Daher können wir aus den Formeln für den Ausschaltvorgang ziemlich zügig auf die für den Einschaltvorgang kommen. Wir betrachten also die DGL

$$\frac{dI}{dt} + \frac{R}{L} \cdot I = 0$$

Bei dieser homogenen linearen DGL 1. Ordnung erhalten wir durch Vergleich mit Gleichung (4.47), dass $a(t) = 1$ und $b(t) = \frac{R}{L}$ sind. Die zugehörige Lösungsformel (4.48) liefert daher

$$I(t) = C \cdot e^{-\int \frac{R}{L} dt}.$$

Das Integral ist wie beim Kondensator leicht zu lösen, da einfach wieder nur ein t ergänzt werden muss. Die Konstante C benennen wir in I_0 um. Das begründet sich darin, dass zu Beginn des Ausschaltvorgangs der Strom noch die Stärke I_0 hat. Setzen wir diese Voraussetzung in die Funktionsgleichung ein, so erhalten wir mit $t = 0$ sofort $C = I_0$. Wir haben also

$$I(t) = I_0 \cdot e^{-\frac{R}{L} t}$$

gefunden. Mit dem Zusammenhang $I_0 = U_0/R$ über den in Reihe geschalteten Widerstand R erhalten wir

$$I(t) = \frac{U_0}{R} \cdot e^{-\frac{R}{L} t}.$$

Die Spannung an der Spule ergibt sich sofort aus $U_L(t) = -R \cdot I(t)$ (Spannung mit umgekehrtem Vorzeichen, da sich die Spule ja gegen jegliche Änderung wehrt) zu

$$U_L(t) = -U_0 \cdot e^{-\frac{R}{L} t}.$$

Damit kümmern wir uns um den Einschaltvorgang. Dabei variieren wir die Konstante. Um Missverständnisse zu vermeiden und nicht zu viele I's in der Gleichung zu haben, wählen wir die homogene Lösung mit der Konstanten C und notieren den Ansatz

$$I_p(t) = C(t) \cdot e^{-\frac{R}{L} t}.$$

Wir leiten einmal ab und vergessen dabei die Produktregel auch nicht:

$$\dot{I}_p(t) = \dot{C}(t) \cdot e^{-\frac{R}{L} t} - C(t) \cdot \frac{R}{L} \cdot e^{-\frac{R}{L} t}$$

Nun werden der Ansatz und die Ableitung des Ansatzes in die zu lösende DGL, also

$$\frac{dI}{dt} + \frac{R}{L} \cdot I = \frac{U_0}{L},$$

eingesetzt. Es folgt

$$\dot{C}(t) \cdot e^{-\frac{R}{L}t} - C(t) \cdot \frac{R}{L} \cdot e^{-\frac{R}{L}t} + \frac{R}{L} \cdot C(t) \cdot e^{-\frac{R}{L}t} = \frac{U_0}{L}.$$

Auf der linken Seite heben sich die Terme mit $C(t)$ weg. Dividieren wir noch durch $e^{-\frac{R}{L}t}$ haben wir

$$\dot{C}(t) = \frac{U_0}{L} \cdot e^{\frac{R}{L}t} \tag{4.118}$$

gefunden. Dabei haben wir, um einen Bruchterm zu vermeiden, das Vorzeichen des Exponenten getauscht. Integrieren wir jetzt um $C(t)$ zu erhalten (wobei hier keine Integrationskonstante benötigt wird, da wir nur an einer partikulären Lösung interessiert sein müssen), erhalten wir

$$C(t) = \frac{U_0}{L} \cdot \frac{L}{R} \cdot e^{\frac{R}{L}t} = \frac{U_0}{R} \cdot e^{\frac{R}{L}t} \tag{4.119}$$

in Händen (im übertragenen Sinne). Das Ergebnis wandert abschließend in den Ansatz:

$$I_p(t) = \frac{U_0}{R} \cdot e^{\frac{R}{L}t} \cdot e^{-\frac{R}{L}t} = \frac{U_0}{R}$$

Unsere homogene Lösung lautet hier

$$I_h(t) = C \cdot e^{-\frac{R}{L}t}.$$

Das C ist in diesem Fall noch nicht bestimmt, das muss nämlich die Einschaltbedingung $I(0) = 0$ liefern. Darum haben wir auch wieder die Konstante C verwendet, weil das $C = I_0$ des Ausschaltvorgangs schon ein durch die Ausschaltbedingung $I(0) = I_0$ festgelegter Wert war, den wir hier auf Grund der anderen Anfangsbedingung nicht verwenden dürfen. Wir haben also

$$I(t) = \frac{U_0}{R} + C \cdot e^{-\frac{R}{L}t}$$

als Summe von homogener und partikulärer Lösung für den Einschaltvorgang ermittelt. Das Lösen des Anfangswertproblems durch das Ausnutzen der Gleichung $I(0) = 0$ hat $C = -\frac{U_0}{R}$ zur Folge und damit ist

$$I(t) = \frac{U_0}{R} \cdot \left(1 - e^{-\frac{R}{L}t}\right)$$

nach einem kosmetisch bedingten Ausklammern gefunden. Die Spannung der Spule ist U_0 zu Beginn und fällt dann exponentiell ab. Damit ist

$$U_L(t) = U_0 \cdot e^{-\frac{R}{L}t}.$$

Fassen wir die Ergebnisse noch einmal zusammen.

Satz 4.38 *An- und Ausschaltvorgänge bei einer Spule*
Wird eine Spule mit der Induktivität L mit einem Widerstand R in Reihe geschaltet und das Ganze mit einer Spannungsquelle verbunden, deren Quellspannung beim Einschaltvorgang $U_Q = U_0$ und beim Ausschaltvorgang $U_Q = 0$ ist, ergeben sich die folgenden Gleichungen für den fließenden Strom im Stromkreis und die Spannung U_L an der Spule:
Einschalten:

$$I(t) = \frac{U_0}{R} \cdot \left(1 - e^{-\frac{R}{L}t}\right) \tag{4.120}$$

$$U_L(t) = U_0 \cdot e^{-\frac{R}{L}t} \tag{4.121}$$

Ausschalten:

$$I(t) = \frac{U_0}{R} \cdot e^{-\frac{R}{L}t} \tag{4.122}$$

$$U_L(t) = -U_0 \cdot e^{-\frac{R}{L}t} \tag{4.123}$$

Zu beachten ist hierbei, dass die Spannung einen Sprung zwischen den beiden Vorgängen macht, der Übergang nicht (wie beim Kondensator) stetig erfolgt.

Wie auch bei Kondensatoren gibt es wieder eine Zeitkonstante, welche die Dauer des Ein- und Ausschaltvorgangs beschreibt. Mit ihr kann man auch die Halbwertszeit angeben, also jene Zeit, bis zu der Spannung und Strom den halben Maximalwert erreicht haben.

Satz 4.39 *Zeitkonstante τ*
Die Zeitkonstante τ berechnet sich hier zu

$$\tau = \frac{L}{R}. \tag{4.124}$$

Für die Halbwertszeit T_H beim Ausschaltvorgang (Spannung fällt auf den halben Wert ab) gilt mit ihr, dass

$$T_H = \tau \cdot \ln 2. \tag{4.125}$$

Wir haben ja bereits über Spulen gesprochen und dabei die sog. lange Spule erwähnt. Bisher haben wir die Induktivität nur über die Stromänderung und die induzierte Spannung berechnet. Aber es gibt natürlich auch Terme, die es einem ermöglichen, aus den Daten der Spule die Induktivität anzugeben.

Satz 4.40 *Induktivität einer lang gestreckten (Zylinder-)Spule*
Bei einer lang gestreckten Zylinderspule der Länge l mit N Leiterschleifen und dem Querschnitt A, erhalten wir die Induktivität zu

$$L = \mu_0 \cdot \mu_r \cdot \frac{N^2}{l} \cdot A. \tag{4.126}$$

Diese Aussage gilt aber nur für den Spezialfall langer Spulen.

4.6.3 Über die Energie des magnetischen Feldes

Wird ein Feld, in diesem Fall das magnetische, aufgebaut, so wird dabei Arbeit verrichtet. Diese geht dabei natürlich nicht verloren, sondern wir finden sie im Feld wieder.[23] Wir wollen uns kurz überlegen, wie wir eine Formel für die Energie des magnetischen Feldes erhalten. Dabei helfen uns die Selbstinduktion und die Beobachtungen, die wir bei Ein- und Ausschaltvorgang durch die DGL gemacht haben.

Schaltet man im Leiterkreis einer Spule die Strom- bzw. Spannungsquelle ab, so „wehrt" sich die Spule gegen diesen Vorgang und hält den Stromfluss bedingt durch die Selbstinduktion noch eine Zeit lang aufrecht. Die induzierte Spannung U_{ind} ist somit dafür verantwortlich. Sie ist mit der elektrischen Leistung über $P_{el} = U_{ind} \cdot I$ verbunden. Da wir von der Spannungsquelle des Leiterkreises nichts mehr zu erwarten haben, muss die elektrische Energie aus dem Magnetfeld stammen, was uns die Energieerhaltung vorschreibt. Berechnen wir also die komplette elektrische Energie bis zum Abbau des Magnetfeldes, so wissen wir, wie viel Energie in ihm gespeichert war. Das Problem bei der Berechnung ist nur, dass sowohl U_{ind} als auch I von der Zeit abhängen, also $U_{ind} = U_{ind}(t)$ und $I = I(t)$. Wir bemühen jetzt Gleichung (4.33), wobei wir die Leistung in $P_{el}(t) = U_{ind}(t) \cdot I(t)$ immer in infinitesimal kleinen Zeitabschnitten dt betrachten und mit diesen multiplizieren. Damit haben wir lauter kleine „Energieportionen", die wir aufsummieren müssen. Das macht in einem solchen Fall das Integral. Dabei integrieren wir über die Zeit, die es braucht, bis die Stromstärke von I_0 auf 0 abgenommen hat. Wir starten zum Zeitpunkt $t = 0$ mit dem Ausschalten der Spannungsquelle des Leiterkreises und warten bis zur Zeit $t = T$, bis kein Strom mehr fließt. Damit ergibt sich

$$W_{mag} = \int_0^T P_{el}\, dt.$$

Nun setzen wir die bekannten Zusammenhänge ein. Diese wollen wir zuerst auflisten, damit die nachfolgende Rechnung ohne weitere Kommentare nachvollziehbar ist. Wir wissen:

$$P_{el}(t) = U_{ind}(t) \cdot I(t)$$

$$U_{ind} = -L \cdot \frac{dI}{dt}$$

Wir erhalten also:

$$W_{mag} = \int_0^T U_{ind}(t) \cdot I(t) dt = \int_0^T \left(-I(t) \cdot L \cdot \frac{dI}{dt}\right) dt$$

---

23 Die Energie wird im Magnetfeld gespeichert.

Ein wenig umgeformt folgt:

$$W_{\mathrm{mag}} = -L \cdot \int\limits_{I_0}^{0} I \, \mathrm{d}I$$

Da wir hiermit die Integrationsvariable getauscht haben, sind zwei Veränderungen an dem Integral notwendig. Erstens sind die Integrationsgrenzen anzupassen, sodass Anfangs- und Endwert der neuen Variablen verwendet werden. Das sind die Stromstärken zu Beginn (I_0) und nach dem Abklingen (also 0). Zweitens können wir I statt $I(t)$ schreiben. Da wir nach I integrieren, spielt die Zeitabhängigkeit des Stroms für diese Integration keine Rolle mehr. Wir müssen nur noch eine ganz simple lineare Funktion integrieren. Das liefert:

$$W_{\mathrm{mag}} = -L \cdot \int\limits_{I_0}^{0} I \, \mathrm{d}I = -L \cdot \left[\frac{1}{2} I^2 \right]_{I_0}^{0} = \frac{1}{2} L I_0^2$$

Damit haben wir die Energie des magnetischen Feldes gefunden (bei vollständiger Umwandlung der elektrischen in magnetische Energie, ohne z.B. Wärmeverluste). Wir halten unsere Erkenntnis in einem Kasten fest:

> **Satz 4.41** *Energie des magnetischen Feldes einer Spule*
> Wird eine Spule der Induktivität L von einem Strom der Stärke I durchflossen, so speichert ihr magnetisches Feld die Energie
>
> $$W_{\mathrm{mag}} = \frac{1}{2} L I^2 \qquad\qquad (4.127)$$

Verwenden wir Gleichung (4.126), die uns die Induktivität einer lang gestreckten Spule verrät, mit unserem Wissen über die magnetische Flussdichte bei eben einer solchen Spule (Gleichung (4.102)), kann die Energie des Magnetfeldes auch durch den Querschnitt A und die Länge l der Spule ausgedrückt werden. Die Windungszahl N spielt dabei keine Rolle. Aus Gleichung (4.102) folgt

$$I = \frac{Bl}{\mu_0 \mu_r N} \qquad\qquad (4.128)$$

und wir erhalten:

$$W_{\mathrm{mag}} = \frac{1}{2} L I^2 = \frac{1}{2} \cdot \underbrace{\mu_0 \cdot \mu_r \cdot \frac{N^2}{l} \cdot A}_{=L} \cdot \underbrace{\left(\frac{Bl}{\mu_0 \mu_r N} \right)^2}_{=I^2} = \frac{Al}{2\mu_0 \mu_r} B^2.$$

Analog zum elektrischen Feld können wir auch hier wieder eine Energiedichte angeben. Dabei berücksichtigen wir, dass das Volumen V der Spule durch $V = A \cdot l$ gegeben ist. Durch dieses dividieren wir die Energie. Das bringt uns zu folgendem Ergebnis:

Definition 4.18 *Energiedichte des magnetischen Feldes bei einer langen Spule*
Dividiert man die in einem magnetischen Feld gespeicherte Energie durch das Volumen $V = Al$ der langen Spule, in der das Feld existiert, so erhält man die Energiedichte $w_{magnetisch}$ mit

$$w_{magnetisch} = \frac{W_{magnetisch}}{Al} = \frac{1}{2\mu_0\mu_r} \cdot B^2. \tag{4.129}$$

In einer langen Spule ist das Feld homogen und die Rechnung daher auch erlaubt. Bei einem beliebigen Feld muss man dieses in abschnittsweise homogene Felder zerlegen und dann untersuchen. Wählt man den Ausschnitt klein genug, kann man auch in diesem Teil des allgemeinen Feldes näherungsweise von einem homogenen Feld ausgehen, für das die gezeigte Formel gilt. Kennt man dann die Änderung bzw. den Verlauf der Stärke des magnetischen Feldes, hilft einem die Integralrechnung wieder weiter. Das führen wir hier nicht weiter aus.

4.6.4 Spulen kombiniert

Wir haben bereits Widerstände für sich und Kondensatoren für sich in Reihe geschaltet. Es fehlen uns nur noch die Spulen. Diese verhalten sich aber dankenswerter Weise bei Reihen- und Parallelschaltungen genauso wie Widerstände. Dies wollen wir an dieser Stelle einfach nur festhalten und zur Erinnerung ein kleines Beispiel rechnen.

Satz 4.42 *Reihenschaltung bei Spulen*
Schalten wir n ($n \in \mathbb{N}$) Spulen L_1 bis L_n in Reihe, so berechnet sich ihre Ersatzinduktivität oder Gesamtinduktivität L als Summe aller beteiligten Induktivitäten. Es gilt:

$$L = L_1 + L_2 + \ldots + L_n = \sum_{i=1}^{n} L_i \tag{4.130}$$

Satz 4.43 *Parallelschaltung bei Spulen*
Schalten wir n ($n \in \mathbb{N}$) Spulen L_1 bis L_n parallel, so berechnet sich die Ersatzinduktivität über die Summe der Kehrwerte der Induktivitäten. Es gilt:

$$\frac{1}{L} = \frac{1}{L_1} + \frac{1}{L_2} + \ldots + \frac{1}{L_n} = \sum_{i=1}^{n} \frac{1}{L_i} \tag{4.131}$$

Beispiel 4.11 *Spulenschaltung*

Gegeben sei die in Abbildung 4.34 gezeigte Schaltung von Spulen mit $L_1 = 1$ H und $L_2 = 0,5$ H. Man berechne ihre Ersatzinduktivität.

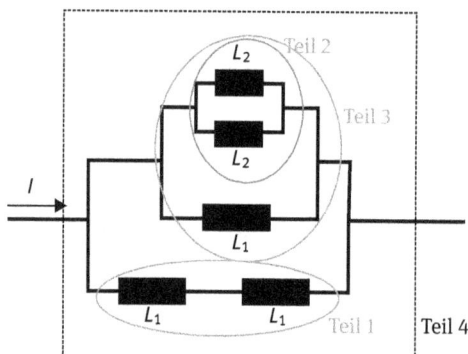

Abb. 4.34: Schaltung von Spulen zu Beispiel 4.11.

Lösung: Um die Aufgabe zu lösen, arbeiten wir uns zum dritten Mal von innen nach außen, vom Kleinen zum Großen. Dazu markieren wir uns erneut die einzelnen Einheiten, welche wir nacheinander berechnen wollen. Dies ist ebenfalls in Abbildung 4.34 gezeigt. Die Ersatzinduktivitäten bezeichnen wir mit L_{T1} bis L_{T4}. Berechnen wir die einzelnen Teile:

– *Teil 1:* $L_{T1} = L_1 + L_1 = 2L_1 = 2$ H
– *Teil 2:*

$$\frac{1}{L_{T2}} = \frac{1}{L_2} + \frac{1}{L_2} = \frac{2}{L_2} = \frac{2}{0{,}5\,\text{H}}$$

Damit ist dann $L_{T2} = \frac{0{,}5}{2}$ H $= 0{,}25$ H.
– *Teil 3:*

$$\frac{1}{L_{T3}} = \frac{1}{L_{T2}} + \frac{1}{L_1} = \frac{4}{1\,\text{H}} + \frac{1}{1\,\text{H}} = \frac{5}{1\,\text{H}}$$

Damit haben wir $L_{T3} = \frac{1}{5}$ H $= 0{,}2$ H gefunden.
– *Teil 4:*

$$\frac{1}{L_{T4}} = \frac{1}{L_{T1}} + \frac{1}{L_{T3}} = \frac{1}{2\,\text{H}} + \frac{5}{1\,\text{H}} = \frac{1}{2\,\text{H}} + \frac{10}{2\,\text{H}} = \frac{11}{2\,\text{H}}$$

Letztendlich ergibt sich dann also $L_{T4} = \frac{2}{11}$ H $= 0{,}182$ H.
Die Induktivität L_{T4} ist dann auch schon die gesuchte und wir sind fertig.

Abschließend sei angemerkt, dass es keine Rolle spielt, wie eine Spule gewickelt wurde. Die Verschaltung wird effektiv nur mittels der Induktivitäten berechnet.

Aufgaben

Aufgabe 4.28 Auf dem Weg aus dem Magnetfeld
Man verdopple bei Beispiel 4.10 die Geschwindigkeit der Leiterschleife und berechne die induzierte Spannung beim Verlassen des Magnetfeldes (Verlauf analog zum Eintritt ins Magnetfeld). Wie lange dauert der ganze Vorgang des Austritts?

Aufgabe 4.29 Wenn's schneller gehen muss
Wir betrachten nochmal Beispiel 4.10. Wie lautet die induzierte Spannung, wenn die Leiterschleife mit der konstanten Beschleunigung $a = 1,0 \; \frac{cm}{s^2}$ in das Magnetfeld eintaucht? Wie lange dauert dann der Eintauchvorgang?

Aufgabe 4.30 Wenn die Spannungsquelle aus ist
Wie lange dauert es beim Ausschalten im diskutierten LR-Kreis bis die induzierte auf ein Viertel Ihres Ausgangswertes gefallen ist? Man gebe hierfür eine Formel an.

Aufgabe 4.31 So viele gleiche Spulen
In Abbildung 4.35 sehen wir eine Schaltung von Spulen. Alle gezeigten Spulen haben die gleiche Induktivität.

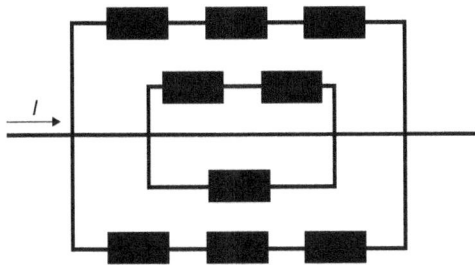

Abb. 4.35: Schaltung von Spulen, alle gleich groß, zu Aufgabe 4.31.

Wie groß ist diese Induktivität, wenn die errechnete Ersatzinduktivität für die Schaltung $L_{\text{Ersatz}} = 0,12$ H beträgt?

4.7 Kombination von elektrischem und magnetischem Feld

Da sowohl ein elektrisches Feld eine Kraft auf Ladungen ausübt, als auch ein magnetisches Feld (auf bewegte Ladungen), könnten wir auf die Idee kommen, diese zu kombinieren, genauer gesagt, zu kreuzen. Auf die Idee sind auch schon andere gekommen und darum gibt es bereits sog. *Geschwindigkeitsfilter*, welche z.B. in Teilchenbeschleunigern wie dem LHC zum Einsatz kommen (technisch natürlich wesentlich ausgefeilter, aber mit demselben Grundprinzip). Um zu verstehen, wie ein solcher Geschwindigkeitsfilter funktioniert und warum er überhaupt was filtern kann, beginnen wir mit einer kleinen Skizze (Abbildung 4.36). Damit legen wir auch fest, wie die Felder kombiniert werden und wie die entsprechenden Kräfte wirken. Für den Geschwindigkeitsfilter gilt, dass für eine bestimmte Geschwindigkeit der positiv geladenen Teilchen mit der Ladung q, die Lorentz-Kraft F_L und die elektrische Feldkraft F_{el} gleich groß sind, aber in entgegengesetzte Richtungen wirken. Daher können wir (Vorzeichen lassen

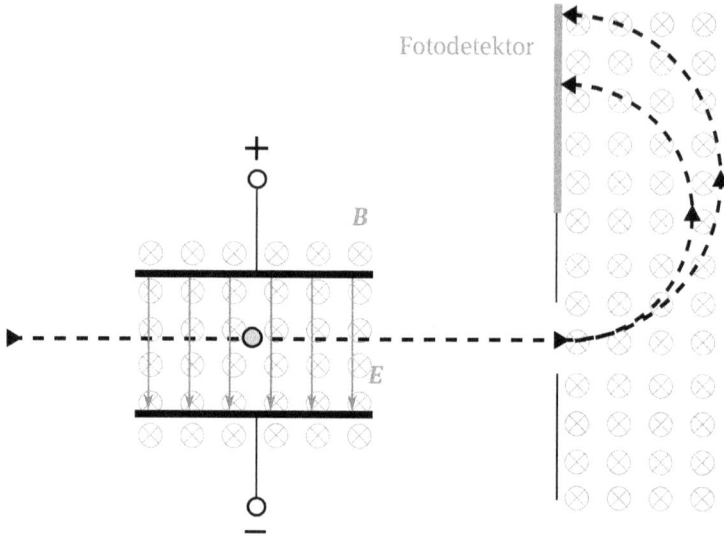

Abb. 4.36: Ein positiv geladenes Teilchen durchfliegt die beiden gekreuzten Felder. Hat es die passende Geschwindigkeit, verlässt es die Anordnung in der gleichen Richtung, in der es eingeschossen wurde. Durch ein zweites magnetisches Feld, werden die so aussortierten Teilchen auf einen Fotodetektor umgelenkt und nach ihren Massen sortiert. Damit haben wir hier ein Massenspektroskop (hinteres Magnetfeld), kombiniert mit einem Geschwindigkeitsfilter (gekreuzte Felder links im Bild).

wir weg)

$$F_L = F_{el} \tag{4.132}$$

setzen und die bereits bekannten Terme hierfür einsetzen. Wir erhalten dann

$$q \cdot v \cdot B = q \cdot E. \tag{4.133}$$

Damit haben wir die notwendige Geschwindigkeit, die ein Teilchen durch den Geschwindigkeitsfilter kommen lässt. Es ist

$$v = \frac{E}{B}. \tag{4.134}$$

Im zweiten Magnetfeld wirkt die Lorentz-Kraft dann wieder als Zentripetalkraft, so dass hier

$$q \cdot v \cdot B = \frac{mv^2}{r} \tag{4.135}$$

gilt. Damit ergibt sich für die Radien die Gleichung

$$r = \frac{mv}{qB} = \frac{m \cdot E}{q \cdot B^2}. \tag{4.136}$$

Die Teilchen werden, wenn sie alle gleich geladen sind, proportional zu ihrer Masse auf eine Kreisbahn gezwungen. Die unterschiedlichen Massen können so detektiert werden. Aus diesem Grund bezeichnen wir eine solche Anordnung als *Massenspektroskop*.

Aufgaben

Aufgabe 4.32 Wie groß ist der Detektor?
Welche Länge muss der Fotodetektor in Abbildung 4.36 haben, damit Teilchen der gleichen Ladung q detektiert werden können, sich ihre Massen dabei aber um den Faktor 5 unterscheiden? Man bestimme eine Formel in Abhängigkeit von q und m. Die Geschwindigkeit $v = \frac{E}{B}$ sei konstant und für alle Teilchen, die registriert werden, gleich.

4.8 Dreierlei elektrische Schwingkreise

Wir haben bereits Widerstände für sich, Kondensatoren für sich und auch Spulen für sich in Reihe oder parallel zueinander geschaltet. Auch die Reihenschaltungen von Kondensator und Widerstand bzw. Spule und Widerstand haben wir schon betrachtet, nämlich beim Aufladen eines Kondensators. In diesem Abschnitt wollen wir nun LC- und LCR-Kreise betrachten, mit und ohne Spannungsquelle. Wir schalten die Bauteile Spule und Kondensator, später dann Spule, Kondensator und Widerstand in Reihe. Hierbei werden wir, wer hätte es gedacht, erneut auf Differentialgleichungen treffen und auch auf komplexe Zahlen. Die Ergebnisse werden sein, dass die beiden betrachteten Kreise mit Differentialgleichungen bearbeitet werden können, die uns bereits aus der Mechanik bekannt sind. Wir haben es hier mit linearen Differentialgleichungen 2. Ordnung zu tun. Solange wir die Spannungsquelle weg lassen, sind diese homogen. Mit Spannungsquelle wird ein inhomogener Fall daraus und wir haben es mit erzwungenen Schwingungen zu tun. Durch die Analogien zur Mechanik wird sich der ein oder andere Vergleich ergeben und uns bei der Vorstellung, was hier eigentlich passiert, behilflich sein. Beginnen wir mit dem einfachsten der drei Fälle (Nummer 1: LC, Nummer 2: LCR, Nummer 3: LCR mit zusätzlicher Spannungsquelle). Dieser Abschnitt ist als lang angelegte Übung gedacht und soll die Ergebnisse der Mechanik nochmal aufgreifen. Aufgaben gibt es daher hier am Ende nicht.

4.8.1 Der LC-Kreis

Wir schalten einen Kondensator der Kapazität C und eine Spule der Induktivität L in Reihe und schließen die Leitungen zu einem Kreis. Eine zusätzliche Spannungsquelle ist nicht dabei. Damit überhaupt etwas passiert, müssen wir den Kondensator laden. Wir laden also den Kondensator, sodass er die anfängliche Maximalladung q_0 trägt.

Das führen wir separat durch und bringen ihn anschließend in den LC-Kreis. Sobald Spule und Kondensator in einem Kreis verbunden sind, so beginnt die Ladung vom Kondensator zu fließen, ein Strom I ist im Kreis zu messen. Strom ist die zeitliche Änderung von Ladung. Da wir nur die Ladung vom Kondensator im Stromkreis haben gilt, dass

$$I = \frac{dq}{dt}. \tag{4.137}$$

Beginnt der Strom zu fließen, so wird in der Spule als Reaktion eine Gegenspannung aufgebaut. Nach der auch hier gültigen Maschenregel von Kirchhoff gilt, dass

$$U_L(t) + U_C(t) = 0 \tag{4.138}$$

ist. Wir wissen nun aber in beiden Fällen, wie die Spannungen berechnet werden. Es gilt:
– Für den Kondensator: $U_C(t) = \frac{q(t)}{C}$
– Für die Spule: $U_L(t) = L \cdot \frac{dI}{dt} = L \cdot \frac{d^2q}{dt^2}$

Damit erhalten wir eine Differentialgleichung (DGL) für die Funktion q, also für die Ladung auf dem Kondensator in Abhängigkeit von der Zeit. Es ist:

$$L \cdot \frac{d^2q}{dt^2} + \frac{q}{C} = 0 \tag{4.139}$$

Die DGL ist eine homogene lineare DGL 2. Ordnung. Eine solche können wir aber bereits lösen. Das Ergebnis haben wir im Mechanikkapitel in Gleichung (2.167) auf Seite 93 notiert. Angepasst für unsere Variablen lautet es

$$q(t) = A \sin \omega_0 t + B \cos \omega_0 t. \tag{4.140}$$

War die Kreisfrequenz ω_0 in der Mechanik gegeben als $\omega_0 = \sqrt{\frac{D}{m}}$, so haben hier L und $\frac{1}{C}$ die Rollen von Masse und der Federkonstante D übernommen. Wir erhalten also die Kreisfrequenz für den LC-Kreis zu

$$\omega_0 = \sqrt{\frac{1}{LC}}. \tag{4.141}$$

Der Kehrwert der Kapazität treibt somit die Schwingung voran, während die Induktivität eine Art Trägheitsmaß für den Schwingkreis darstellt. Leiten wir nun Gleichung (4.140) ab, so haben wir auch einen Ausdruck für den Strom. Es ist

$$I(t) = \dot{q}(t) = A\omega_0 \cdot \cos \omega_0 t - B\omega_0 \cdot \sin \omega_0 t. \tag{4.142}$$

Aus den Anfangsbedingungen am Kondensator ($q(0) = q_0$ und $I(0) = 0$) folgen aus (4.140) und (4.142) durch Einsetzen die beiden Gleichungen

$$B = q_0 \text{ und } A = 0. \tag{4.143}$$

Damit haben wir die Gleichungen für Strom und Ladung in einem LC-Kreis gefunden.

Satz 4.44   *Gleichungen des LC-Kreises*

Werden ein geladener Kondensator mit Kapazität C und eine Spule der Induktivität L in einem Strom-kreis ohne zusätzliche Spannungsquelle verbunden, so sind die Gleichungen für die Ladung $q(t)$ auf dem Kondensator und für den Strom $I(t)$ gegeben durch die beiden Gleichungen:

$$q(t) = q_0 \cdot \cos \omega_0 t \qquad\qquad (4.144)$$

$$I(t) = -q_0\omega_0 \cdot \sin \omega_0 t = I_0 \cdot \sin \omega_0 t \qquad\qquad (4.145)$$

Die Kreisfrequenz ω_0 berechnet sich aus der Kapazität C und der Induktivität L zu $\omega_0 = \sqrt{\frac{1}{LC}}$.

Nutzt man aus, dass $\omega_0 = \frac{2\pi}{T}$ ist und löst diese Gleichung nach der Schwingungsdauer T auf, so erhält man die *Thomson'sche Schwingungsgleichung*.

Satz 4.45   *Thomson'sche Schwingungsgleichung*

Als Thomson'sche Schwingungsgleichung bezeichnet man die Gleichung

$$T = 2\pi \cdot \sqrt{LC}. \qquad\qquad (4.146)$$

Wenn wir am Kondensator den Zusammenhang $C = \frac{Q}{U_C} \Leftrightarrow U_C = \frac{1}{C} \cdot Q$ ausnutzen, erhalten wir auch einen trigonometrischen Term für die Spannung. Es ist

$$U_C(t) = \frac{q_0}{C} \cdot \cos \omega_0 t = U_0 \cdot \cos \omega_0 t. \qquad\qquad (4.147)$$

Ladung, Strom und Spannung oszillieren daher in dem betrachteten Kreis, wir beob-achten freie und ungedämpfte elektrische Schwingungen. Hierin ist auch begründet, warum man in diesem Zusammenhang von einem *Schwingkreis* spricht. Die Ladung wird hin und her geschoben, dadurch verändern sich ebenso Strom und Spannung, werden maximal, wechseln die Richtung und erreichen wieder einen betragsmäßig maximalen Wert mit umgekehrten Vorzeichen. Mit den bereits gefundenen Gleichun-gen können wir auch die Spannung für die Spule berechnen. Wir erhalten dabei:

$$U_L(t) = -U_C(t) = -U_0 \cdot \cos \omega_0 t \qquad\qquad (4.148)$$

Wir haben es hier mit sinusförmigen (damit ist der Cosinus auch gemeint) Wechsel-spannungen und -strömen zu tun. Beim Kondensator und bei der Spule sind die Strö-me gegenüber den Spannungen um $\frac{\pi}{2}$ phasenverschoben. Beim Kondensator ist der Strom immer um $\frac{\pi}{2}$ der Spannung voraus, erreicht also den jeweiligen maximalen bzw. minimalen Wert um den Wert $\frac{T}{4}$ früher. Bei der Spule eilt die Spannung um $\frac{\pi}{2}$ voraus. Da wir bei den Bauteilen Kondensator und Spule Phasenverschiebungen zwischen Strom und Spannung haben, ist es leider nicht mehr ganz so einfach mit der Berech-nung des Widerstandes in einem Stromkreis. Dieser Berechnung wenden wir uns auf Seite 309 zu. Zuvor wollen wir uns zu dem Thema hier ein Beispiel anschauen und dann die beiden noch offenen Fälle diskutieren.

Beispiel 4.12 *LC-Kreis mit Zahlenwerten*

In einem *LC*-Kreis seien ein Kondensator mit $C = 4\ \mu F$ und eine Spule mit $L = 8\ \mu H$ zusammenge-schaltet. Der Kondensator sei anfänglich voll geladen und $U_0 = 25$ V. Man berechne:
- Die maximale Ladung auf dem Kondensator.
- Den maximalen Strom.
- Die Frequenz und die Thomson'sche Schwingungsgleichung.

Lösung: Die maximale Ladung auf dem Kondensator kann direkt berechnen:

$$C = \frac{q_0}{U} \Leftrightarrow q_0 = C \cdot U = 4 \cdot 10^{-6}\ F \cdot 25\ V = 100 \cdot 10^{-6}\ C = 100\ \mu C$$

Aus Gleichung (4.145) erhalten wir den Zusammenhang, dass

$$I_0 = \omega_0 \cdot q_0 = \sqrt{\frac{1}{LC}} \cdot q_0 = \sqrt{\frac{1}{4 \cdot 10^{-6}\ F \cdot 8 \cdot 10^{-6}\ H}} \cdot 100 \cdot 10^{-6}\ C = 17{,}68\ A$$

ist. Fehlen nur noch die Frequenz und die Thomson'sche Schwingungsgleichung. Für die Frequenz gilt $\omega_0 = 2\pi \nu_0 \Leftrightarrow \nu_0 = \frac{\omega_0}{2\pi}$. Daher erhalten wir

$$\nu_0 = \sqrt{\frac{1}{LC}} \cdot \frac{1}{2\pi} = \frac{1}{2\pi \cdot \sqrt{4 \cdot 10^{-6}\ F \cdot 8 \cdot 10^{-6}\ H}} = 28134{,}9\ Hz.$$

Der Kehrwert davon ist schon die Thomson'sche Schwingungsgleichung. Es ergibt sich

$$T = \frac{1}{\nu_0} = 0{,}000036\ s = 36\ \mu s.$$

Analog zu den harmonischen Schwingungen in der Mechanik lässt sich auch hier eine Energiebilanz aufstellen. Die Gesamtenergie, also die Summe der elektrostatischen Energie im Kondensator und der magnetischen Energie in der Spule, bleibt dabei immer konstant. Das lässt sich auch leicht zeigen. Wir haben
- die elektrostatische Energie $W_\text{elektrisch} = \frac{1}{2} \cdot \frac{(q(t))^2}{C}$ und
- die magnetische Energie $W_\text{magnetisch} = \frac{1}{2} \cdot L \cdot (I(t))^2$.

Setzen wir hier die für die Ladung und den Strom gefundenen Formeln (4.144) und (4.145) ein, so erhalten wir:

$$\begin{aligned} W_\text{elektrisch} + W_\text{magnetisch} &= \frac{1}{2} \cdot \frac{(q(t))^2}{C} + \frac{1}{2} \cdot L \cdot (I(t))^2 \\ &= \frac{1}{2} \cdot \frac{(q_0 \cdot \cos \omega_0 t)^2}{C} + \frac{1}{2} \cdot L \cdot (-q_0 \omega_0 \cdot \sin \omega_0 t)^2 \\ &= \frac{q_0^2}{2C} \cdot \cos^2 \omega_0 t + \frac{q_0^2 L \omega_0^2}{2} \cdot \sin^2 \omega_0 t \\ &= \frac{q_0^2}{2C} \cdot \underbrace{\left(\cos^2 \omega_0 t + \sin^2 \omega_0 t\right)}_{=1} = \frac{q_0^2}{2C}. \end{aligned}$$

Der gefundene Ausdruck ist unabhängig von der Zeit. Bei der letzten Umformung haben wir den Zusammenhang $\omega_0 = \sqrt{\frac{1}{LC}}$ ausgenutzt und damit die Induktivität L eliminiert.

4.8.2 Der *LCR*-Kreis

Die Vermutung liegt nahe, dass bei Hinzunahme eines Widerstands wieder Analogien zur Mechanik festgestellt werden können. Dort hatten wir als nächstes die Dämpfung eingebaut. Genau dies bewirkt der Widerstand beim elektrischen Schwingkreis. Beim *LC*-Kreis könnte das Hin- und Herschieben der Ladung und der damit verbundenen Energie bis in alle Ewigkeit weiter gehen. In der Realität gibt es aber Verluste, die Schwingung klingt ab. Dies wird im Modell mit dem Widerstand, im *LCR*-Kreis, berücksichtigt. Wir starten mit der Maschenregel. In unserem Fall gilt, dass

$$U_L(t) + U_C(t) + U_R(t) = 0 \qquad (4.149)$$

ist. Beim Widerstand gilt das Ohm'sche Gesetz $R = \frac{U}{I}$, Strom und Spannung sind hier in Phase (keine Verschiebungen wie bei Kondensator und Spule). Eingesetzt ergibt sich die Gleichung

$$L \cdot \frac{\mathrm{d}I}{\mathrm{d}t} + \frac{q}{C} + R \cdot I = 0. \qquad (4.150)$$

Vertauschen wir die hinteren beiden Summanden und ersetzen den Strom durch die Ableitung der Ladung nach der Zeit, dann haben wir eine homogene lineare DGL 2. Ordnung vorliegen:

$$L \cdot \frac{\mathrm{d}^2 q}{\mathrm{d}t^2} + R \cdot \frac{\mathrm{d}q}{\mathrm{d}t} + \frac{1}{C} \cdot q = 0$$

Satz 4.46 *DGL des LCR-Kreises*
Schalten wir einen geladenen Kondensator C, eine Spule L und einen Widerstand R ohne zusätzliche Spannungsquelle in Reihe und schließen den Stromkreis, dann gehorcht der vorliegende *LCR*-Kreis der folgenden homogenen linearen DGL 2. Ordnung

$$L \cdot \frac{\mathrm{d}^2 q}{\mathrm{d}t^2} + R \cdot \frac{\mathrm{d}q}{\mathrm{d}t} + \frac{1}{C} \cdot q = 0. \qquad (4.151)$$

Auch eine solche DGL kennen wir bereits aus der Mechanik, sie beschreibt eine gedämpfte Schwingung. Der neu hinzugefügte Widerstand dämpft die Schwingung, die Gesamtenergie ist nicht mehr konstant, da Energie in Form von Wärme verloren geht. Eine ausführliche Diskussion der hier vorliegenden Differentialgleichung findet sich in Abschnitt 2.6.3 auf Seite 94. Es ist dabei lediglich zu beachten, dass hier

$$\gamma = \frac{R}{2L} \qquad (4.152)$$

ist. Über das Verhältnis von Widerstand und Spule kann dann die Dämpfung diskutiert werden.

4.8.3 Der *LCR*-Kreis und eine zusätzliche Spannungsquelle

Zu unserem Glück fehlt uns jetzt nur noch eine Spannungsquelle in dem betrachteten Stromkreis. Diese ist dann in der Lage bei entsprechender Frequenz das Manko der Dämpfung zu beheben. Unsere Schwingung ist dann eine getriebene, aber auch das wissen wir bereits aus der Mechanik. Bisher hatten wir es bei Stromkreisen nur mit Gleichstrom zu tun. Nun soll die Spannung eine Frequenz haben, d.h. es liegt Wechselstrom vor. Über Wechselstrom haben wir bereits etwas beim magnetischen Fluss gehört. An dieser Stelle müssen wir diese Thematik aber nicht vertiefen. Es reicht aus zu wissen, dass wir in unserem Stromkreis eine Spannungsquelle mit

$$U_Q(t) = U_0 \cdot \cos \omega_d t \tag{4.153}$$

eingebaut haben, wobei wir hier den Cosinus verwenden. Wieder greift die Maschenregel und wir haben

$$U_L(t) + U_C(t) + U_R(t) = U_Q(t). \tag{4.154}$$

Wieder machen wir das Spielchen mit dem Ersetzen der Terme, d.h. aus

$$L \cdot \frac{dI}{dt} + \frac{q}{C} + R \cdot I = U_0 \cdot \cos \omega_d t \tag{4.155}$$

wird durch die Verwendung der Ableitungen der Ladungsfunktion $q(t)$ die nun inhomogene lineare DGL 2. Ordnung

$$L \cdot \frac{d^2q}{dt^2} + R \cdot \frac{dq}{dt} + \frac{1}{C} \cdot q = U_0 \cdot \cos \omega_d t.$$

Satz 4.47 *DGL des LCR-Kreises mit zusätzlicher Spannungsquelle*
Schalten wir einen geladenen Kondensator C, eine Spule L und einen Widerstand R mit einer zusätzlichen Spannungsquelle ($U_Q(t) = U_0 \cdot \cos \omega_d t$) in Reihe und schließen den Stromkreis, dann gehorcht der vorliegende *LCR*-Kreis der folgenden inhomogenen linearen DGL 2. Ordnung

$$L \cdot \frac{d^2q}{dt^2} + R \cdot \frac{dq}{dt} + \frac{1}{C} \cdot q = U_Q(t) = U_0 \cdot \cos \omega_d t. \tag{4.156}$$

Auch dieser Fall wurde in der Mechanik ausführlich diskutiert. Es ergab sich, nach einer gewissen Einschwingphase, die wir nicht näher beschreiben wollen, erneut eine sinusförmige Schwingung. Die durch den Widerstand vorhandene Dämpfung wurde damit aufgehoben. Allerdings haben wir eine zweite Kreisfrequenz ω_d durch die zusätzliche Spannungsquelle im System, die die Amplitude der erzwungenen Schwingung maßgeblich beeinflusst, genauso wie die Phasenverschiebung zwischen der Anregung und der Antwort des Systems aus Kondensator, Spule und Widerstand. Setzen

wir unsere Größen in die Gleichungen von Abschnitt 2.6.4 ein, so haben wir die hier
relevanten Gleichungen als Diskussionsgrundlage. Damit wir diese Gleichungen aber
einigermaßen erträglich niederschreiben können, müssen wir uns ein wenig mit der
Wechselstromthematik und ihren Konsequenzen für die Kenngrößen unserer Bauteile auseinandersetzen. Die Alternative wäre, einfach neue Symbole einzuführen, als
Abkürzungen. Aber nur Symbole um der Symbole Willen und wegen Schreibfaulheit
einzuführen, sollte nie der Motivationsgrund dafür sein.

4.8.4 Impedanzen

In diesem Abschnitt übertragen wir Begriffe wie Widerstand und Leistung auf Stromkreise in denen ein Wechselstrom beheimatet ist. Durch die Änderung des Stroms werden bei Kondensatoren und Spulen die bereits untersuchten Effekte hervorgerufen,
die dann natürlich weitere Konsequenzen nach sich ziehen. Ohne zu sehr ins Detail
zu gehen, werden wir uns die Bauteile Widerstand, Kondensator und Spule anschau-
en und ihnen Widerstände (Impedanzen) zuordnen.

4.8.4.1 Widerstand und Wechselspannung
Wir kombinieren einen Widerstand R und eine Wechselspannungsquelle in einer einfachen Schaltung. Die Spannung ist gegeben durch

$$U_Q(t) = U_0 \cdot \cos \omega t.$$

Da auch hier die Maschenregel anwendbar ist, gilt, dass

$$U_Q(t) - U_R = 0.$$

Damit haben wir sofort die Spannung erhalten, die über dem Widerstand abfällt, denn
$U_Q(t) = U_R$. Hieraus folgt sofort der durch den Widerstand fließende Strom, da R ja
konstant ist. Es gilt

$$I(t) = \frac{U_Q(t)}{R} = \frac{U_0}{R} \cdot \cos \omega t = I_0 \cdot \cos \omega t.$$

Wir stellen fest, dass Strom und Spannung beim Widerstand mit der gleichen trigonometrischen Funktion und identischen Vorzeichen beschrieben wird.

Satz 4.48 *Widerstand und Wechselstrom*
Befindet sich ein Widerstand in einem Wechselstromkreis, so sind bei ihm Strom und Spannung in
Phase.

Da wir nun einen Ausdruck für den Strom haben, können wir auch die Leistung zur
Zeit t berechnen. Wir müssen hier einfach nur unsere zeitabhängigen Größen einsetzen. Daraus folgt:

$$P(t) = (I(t))^2 \cdot R = (I_0 \cdot \cos \omega t)^2 \cdot R = \underbrace{I_0^2 R}_{=P_0} \cdot \cos^2 \omega t$$

Was wir hier sehen, das ist ein Momentanwert. Aus allen Momentanwerten kann man einen Mittelwert bilden. Damit wissen wir, welche Leistung $\overline{P}$ die Wechselspannungsquelle im Mittel liefert, welche Leistung also eine vergleichbare Gleichspannungsquelle liefern müsste. Das Aufsummieren erfolgt über das Integrieren der Leistungsfunktion $P(t)$ über die Periodendauer T. Unser Problem lautet daher:

$$\int_0^T \left(I_0^2 R \cdot \cos^2 \omega t \right) dt = I_0^2 R \cdot \int_0^T \cos^2 \omega t \, dt$$

Damit haben wir von physikalischer Seite schon alles erledigt, das noch verbleibende Problem ist rein mathematischer Natur: Wir müssen das Integral lösen! Dabei kann uns hier die partielle Integration helfen, die in den Grundlagen kurz erläutert wurde. Wir führen die Rechnung als Beispielaufgabe an dieser Stelle durch.

Beispiel 4.13 *Partielle Integration*

Man löse das Integral

$$\int_0^T \cos^2 \omega t \, dt \text{ mit } T = \frac{2\pi}{\omega}. \tag{4.157}$$

Lösung: In diesem Fall müssen wir partiell integrieren. Wir verwenden dazu die bekannte Formel

$$\int u(t)\dot{v}(t)\, dt = [u(t)v(t)] - \int \dot{u}(t)v(t)\, dt.$$

Nun haben wir nur noch festzulegen, wer was ist und zu beachten, dass

$$\int \cos \omega t \, dt = \frac{1}{\omega} \cdot \sin \omega t \text{ und } \frac{d(\cos \omega t)}{dt} = -\omega \cdot \sin \omega t$$

gilt. Packen wir es also an. Wir haben:

$$\int_0^T \cos^2 \omega t \, dt = \int_0^T \cos \omega t \cdot \cos \omega t \, dt$$

$$= \int_0^T \underbrace{\cos \omega t}_{=u(t)} \cdot \underbrace{\cos \omega t}_{=\dot{v}(t)} \, dt$$

$$= \left[\cos \omega t \cdot \frac{1}{\omega} \cdot \sin \omega t \right]_0^T + \int_0^T \left(\omega \cdot \sin \omega t \cdot \frac{1}{\omega} \cdot \sin \omega t \right) dt$$

$$= \left[\frac{1}{\omega} \cdot \cos \omega t \cdot \sin \omega t \right]_0^T + \int_0^T \sin^2 \omega t \, dt$$

Jetzt haben wir ein kleines Problem, denn das Integral auf der rechten Seite ist von der gleichen bescheidenen Sorte wie unser Startintegral. Aber die Lösung dieses Problems ist uns auch schon bekannt, wenn auch wohl gerade noch nicht bewusst. Wir können den Sinus in eine Kosinus umwandeln.

Dafür haben wir ein passendes Additionstheorem, nämlich $\sin^2\varphi + \cos^2\varphi = 1 \Leftrightarrow \sin^2\varphi = 1 - \cos^2\varphi$. Das wenden wir hier an:

$$\int_0^T \cos^2\omega t\,dt = \left[\frac{1}{\omega}\cdot\cos\omega t\cdot\sin\omega t\right]_0^T + \int_0^T (1-\cos^2\omega t)\,dt$$

$$= \left[\frac{1}{\omega}\cdot\cos\omega t\cdot\sin\omega t\right]_0^T + \int_0^T 1\,dt - \int_0^T \cos^2\omega t\,dt$$

Das Startintegral haben wir nun auf beiden Seiten der Gleichung stehen und zwar mit unterschiedlichen Vorzeichen. Wir bringen die Gemeinsamkeiten nach links und erhalten damit:

$$2\cdot\int_0^T \cos^2\omega t\,dt = \left[\frac{1}{\omega}\cdot\cos\omega t\cdot\sin\omega t\right]_0^T + \int_0^T 1\,dt$$

Setzen wir bei der eckigen Klammer die Integrationsgrenzen ein, so erhalten wir eine Null, denn für $t = 0$ und für die volle Periode $T = \frac{2\pi}{\omega}$ wird der Sinusfaktor Null. Dividieren wir noch durch die 2, so haben wir

$$\int_0^T \cos^2\omega t\,dt = \frac{1}{2}\cdot\int_0^T 1\,dt$$

gefunden. Das hintere Integral ist einfach zu lösen (Ergebnis: $[t]_0^T = T$). Unser finales Ergebnis lautet daher

$$\int_0^T \cos^2\omega t\,dt = \frac{T}{2} = \frac{\pi}{\omega}. \tag{4.158}$$

Damit haben wir den mathematisch problematischen Teil gemeistert. Nun können wir uns dem eigentlichen Mittelwert einer Funktion über einem Intervall zuwenden. Es gilt:

Definition 4.19 *Mittelwert einer Funktion*
Der Mittelwert einer Funktion f mit $f(t)$ über einem Intervall $[a;b]$ berechnet sich zu

$$\bar{f} = \frac{1}{b-a}\cdot\int_a^b f(t)\,dt. \tag{4.159}$$

Damit können wir die zeitlich gemittelte Leistung am ohm'schen Widerstand bei angelegter Wechselspannung berechnen.

Satz 4.49 *Zeitlich gemittelte Leistung am ohm'schen Widerstand*
Der zeitliche Mittelwert der Leistung am ohm'schen Widerstand im Wechselstromkreis lautet:

$$\bar{P} = \frac{I_0^2 R}{T}\cdot\int_0^T \cos^2\omega t\,dt = \frac{I_0^2 R}{T}\cdot\frac{T}{2} = \frac{I_0^2 R}{2}. \tag{4.160}$$

Leistung wird am Widerstand also auch bei Wechselspannung abgegeben.

4.8.4.2 Kondensator, Spule und Wechselspannung

Wie verhält es sich nun beim Kondensator bzw. bei der Spule mit der Wechselspannung und ihrem Widerstand? Um bei einem Kondensator die benötigte Spannung $U_C(t)$ zu berechnen, müssen wir wissen, wie es mit seiner Ladung $q(t)$ bestellt ist. Diese Information liefert uns der fließende Strom. Sei nun $I(t) = I_0 \cdot \sin \omega t$ der fließende Wechselstrom, dann müssen wir nur integrieren, um den gewünschten Term zu erhalten. Es ist

$$q(t) = \int I(t)\,dt = I_0 \cdot \int \sin \omega t\,dt = -\frac{I_0}{\omega} \cdot \cos \omega t. \tag{4.161}$$

Wir wissen ja bereits, dass beim Kondensator $C = \frac{Q}{U}$ gilt, also setzen wir unsere gefundene Ladung ein und lösen nach der Spannung auf:

$$U_C(t) = \frac{1}{C} \cdot q(t) = \frac{I_0}{\omega \cdot C} \cdot \cos \omega t = -U_0 \cdot \cos \omega t \tag{4.162}$$

Strom und Spannung sind damit phasenverschoben, der Strom eilt der Spannung um $\frac{\pi}{2}$ voraus. Mit den erhaltenen Termen können wir die Impedanz eines Kondensators angeben, welche wir auch als *kapazitiven Wechselstromwiderstand* X_C bezeichnen.

> **Definition 4.20** *Kapazitiver Wechselstromwiderstand X_C*
> Für einen Kondensator der Kapazität C definieren wir den *kapazitiven Wechselstromwiderstand X_C* über die Scheitelwerte von Strom und Spannung. Es ist:
>
> $$X_C = \frac{U_0}{I_0} = \frac{1}{\omega C} = \frac{1}{2\pi \nu C} \tag{4.163}$$
>
> Der Strom eilt der Spannung um $\frac{\pi}{2}$ voraus.

Uns fehlt noch die Argumentation für die Spule, die aber analog zu der beim Kondensator verläuft. Starten wir wieder mit dem Strom $I(t) = I_0 \cdot \sin \omega t$. Bei einer Spule der Induktivität L wissen wir, dass

$$U_L(t) = L\frac{dI}{dt} \tag{4.164}$$

gilt. Leiten wir die Stromfunktion ab, so können wir sofort

$$U_L(t) = \omega L \cdot I_0 \cdot \cos \omega t = U_0 \cdot \cos \omega t \tag{4.165}$$

notieren. Wie beim Kondensator sind wir jetzt in der Lage, die Impedanz der Spule, welche wir auch als *induktiven Widerstand* X_L bezeichnen, zu definieren. Auch hier sind Strom und Spannung phasenverschoben. Dieses Mal liegt die Spannung um $\frac{\pi}{2}$ vorne.

Definition 4.21 *Induktiver Wechselstromwiderstand X_L*
Für eine Spule der Induktivität L definieren wir den *induktiven Wechselstromwiderstand X_L* über die Scheitelwerte von Strom und Spannung. Es ist:

$$X_L = \frac{U_0}{I_0} = \frac{\omega L \cdot I_0}{I_0} = \omega L = 2\pi\nu L \tag{4.166}$$

Die Spannung eilt dem Strom um $\frac{\pi}{2}$ voraus.

Nun haben wir alles beieinander, um uns noch einmal dem getriebenen LCR-Kreis zuzuwenden.

4.8.5 Nochmal der getriebene LCR-Kreis

Mit den neuen Größen können wir die Betrachtung des getriebenen LCR-Kreises, also mit einer zusätzlichen Spannungsquelle, abschließen. Wir hatten die DGL

$$L \cdot \frac{\mathrm{d}^2 q}{\mathrm{d}t^2} + R \cdot \frac{\mathrm{d}q}{\mathrm{d}t} + \frac{1}{C} \cdot q = U_Q(t) = U_0 \cdot \cos \omega_d t.$$

Bei einer solchen Schwingung gibt der Erreger den Ton an, d.h. die rechte Seite. Das System schwingt mit der Kreisfrequenz ω_d. In der Mechanik hatten wir als Lösung einer solchen DGL die allgemeine Funktionsgleichung

$$q(t) = D \cdot \sin(\omega_d t - \varphi)$$

mit dem Phasenwinkel φ gefunden (das C aus dem Mechanikkapitel haben wir in ein D umbenannt, um Verwechslungen mit der Kapazität zu vermeiden). Die Lösung hier unterscheidet sich nur in den zu bestimmenden Konstanten. Es ist

$$\varphi = \arctan \frac{X_L - X_C}{R}. \tag{4.167}$$

Doch wie kommen wir darauf? Wenn wir uns nochmal in Erinnerung rufen, was wir über die einzelnen Impedanzen sagten, dann können wir uns eine Hilfskonstruktion mit komplexen Zahlen bauen. Die Spannung beim Widerstand ist mit dem Strom in Phase, beim Kondensator hinkt sie um $\frac{\pi}{2}$ hinterher, bei der Spule ist sie um $\frac{\pi}{2}$ vorausgeeilt. Das kann man mit komplexen Zahlen notieren und zwar gleich für die Widerstände. Es ist

$$\tilde{Z} = R + \mathrm{i}X_L - \mathrm{i}X_C = R + \mathrm{i}(X_L - X_C). \tag{4.168}$$

Da Realteil und Imaginärteil nach dem Grundlagenkapitel senkrecht aufeinander stehen, können wir sofort den Phasenwinkel φ berechnen. Es ist

$$\varphi = \arctan \frac{\text{Imaginärteil}}{\text{Realteil}} = \arctan \frac{X_L - X_C}{R}.$$

Das war ja die gezeigte Formel. Die Länge des zu $\tilde{Z}$ gehörenden Zeigers ergibt sich einfach über den Satz des Pythagoras, wegen des rechten Winkels. Das ist dann die Impedanz Z des getriebenen LCR-Kreises.

Definition 4.22 *Impedanz Z*

Die *Impedanz Z* eines Schwingkreises, auch *Schweinwiderstand* genannt, berechnet sich als Betrag einer komplexen Zahl zu

$$Z = \sqrt{R^2 + (X_L - X_C)^2}. \tag{4.169}$$

Den durch Spule und Kondensator gebildeten Imaginärteil bezeichnet man als *Blindwiderstand*. Liegt Resonanz vor, d.h. $X_L = X_C$, dann wird die Impedanz minimal und da $I = \frac{U}{Z}$ gilt (Ohm'sches Gesetz), wird der Strom maximal. Dies ist dann die bereits in der Mechanik diskutierte Resonanzkatastrophe, welche wir an dieser Stelle nicht vertiefend betrachten wollen.

4.9 Der Transformator

Tritt man eine Reise an, z.B. in die Vereinigten Staaten von Amerika, steht man vor dem Problem, das die mitgebrachten elektrischen Geräte mit ihrer Spannung nicht zum dortigen Netz passen. Da wir uns schon kurz damit auseinandergesetzt haben, wie man eine Wechselspannung bzw. einen Wechselstrom erzeugen kann, ist es als Abschluss unserer einführenden Betrachtungen zur Elektrizitätslehre eine naheliegende Wahl, uns mit einem sog. *Transformator* (oder kurz Trafo) zu beschäftigen. Die notwendigen mathematischen Techniken beherrschen wir und die physikalischen Grundlagen liegen auch alle auf dem Tisch. Wir müssen wie sooft nur alles zusammensetzen. Dazu legen wir erst einmal den Aufbau eines Transformators fest. Was er kann und wozu das gut ist, das folgt im Anschluss.

Definition 4.23 *Der Transformator*

Koppelt man zwei Spulen unterschiedlicher Windungszahlen N_1 und N_2 induktiv, indem man sie über einen gemeinsamen Eisenkern in Verbindung bringt, ist das die Realisierung eines einfachen Transformators. Eine Skizze hierzu zeigt Abbildung 4.37.

Was macht nun ein solcher Transformator und warum arbeiten wir hier mit Wechselstrom?

Ein Transformator setzt eine in einem Wechselstromkreis vorgegebene Spannung in eine andere, zu dem zu betreibenden Gerät passende Spannung um. Diese Umsetzung passiert nahezu ohne Leistungsverlust. Die sog. *Primärspule* ist dabei an die Spannungsquelle mit der Eingangsspannung angeschlossen. Der gemeinsame Eisenkern

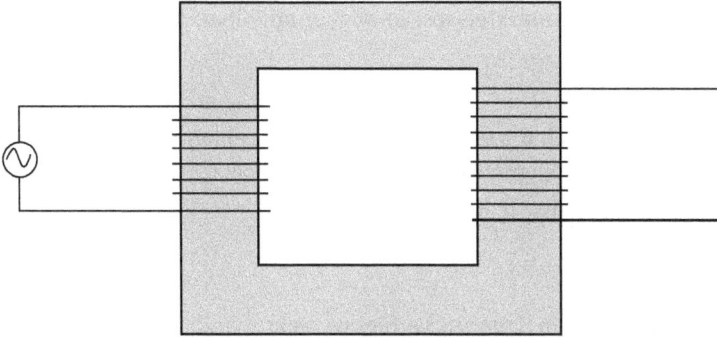

Abb. 4.37: Skizze zum Transformator. Die Spule links bezeichnen wir als Primärspule, die rechte als Sekundärspule. Sie teilen sich den in der Skizze grau unterlegten Eisenkern.

verstärkt das magnetische Feld und dient als Übermittler eben dieses Feldes zur zweiten, der sog. *Sekundärspule*. Diese wird durch das sich ändernde magnetische Feld der ersten Spule durchsetzt, wodurch in dem zweiten Leiterkreis eine Spannung induziert wird. Die neue Spannung hängt vom Verhältnis der beiden Windungszahlen der Primärspule (N_1) und der Sekundärspule (N_2) ab. Natürlich können durch einen Wechsel der Verkabelungen die Spulen auch ihre Rollen tauschen. Im realen Fall existieren selbstverständlich Verluste, diese können aber von uns bei den folgenden Überlegungen vernachlässigt werden.

4.9.0.1 Fall 1: Der unbelastete Transformator

Wir betrachten nun den folgenden Transformator:
- *Primärspule:* Windungszahl N_1, Primärspannung U_1
- *Sekundärspule:* Windungszahl N_2, der zugehörige Leiterkreis ist offen (unbelastet)

Der Eisenkern hat die Aufgabe, den Magnetisierungsstrom zu verstärken. Dadurch kann der ohm'sche Widerstand, der einer Spule ja auch zu eigen ist, vernachlässigt werden und diese als rein induktiver Widerstand betrachtet werden, was die Rechnung natürlich vereinfacht. Wir wissen durch das vorangegangene Kapitel, dass in einer Spule Spannung und Strom um $\frac{\pi}{2}$ phasenverschoben sind, dadurch geht im Idealfall keine zur Verfügung gestellte Leistung (die der Spannungsquelle im Primärkreis) verloren. Wir haben zwei Spannungen vorliegen: Die der Spannungsquelle U_1 und die über der Primärspule abfallende Spannung U_{P1}. Für letztere gilt nach dem Induktionsgesetz

$$U_{P1} = N_1 \cdot \frac{\mathrm{d}\Phi}{\mathrm{d}t}.$$

Dabei steht das Φ für den magnetischen Fluss pro Wicklung der Primärspule. Da N_1 Wicklungen in Reihe geschaltet sind, ergibt sich der gezeigte Zusammenhang. Lassen wir die Maschenregel auf den Primärkreis los, so folgt unmittelbar, dass

$$U_1 - U_{P1} = 0 \text{ also } U_1 = N_1 \cdot \frac{\mathrm{d}\Phi}{\mathrm{d}t}.$$

In der Sekundärspule wird durch die enge Verbindung der beiden Spulen über den Eisenkern auch diese von dem magnetischen Fluss Φ durchsetzt. Sie wehrt sich natürlich gegen die Änderung, wodurch die Spannung

$$U_2 = -N_2 \cdot \frac{\mathrm{d}\Phi}{\mathrm{d}t} \qquad (4.170)$$

induziert wird, die auf der rechten Seite zur Verfügung steht. Wir haben also:
- *Primärkreis:* $\frac{\mathrm{d}\Phi}{\mathrm{d}t} = \frac{U_1}{N_1}$
- *Sekundärkreis:* $\frac{\mathrm{d}\Phi}{\mathrm{d}t} = -\frac{U_2}{N_2}$

Es folgt daher sofort durch Vergleich, dass

$$\frac{U_2}{U_1} = -\frac{N_2}{N_1} \qquad (4.171)$$

gilt. Die Spannungen im Primär- und Sekundärkreis sind phasenverschoben (um π). Da man aber bei der Rechnung nur an den Beträgen interessiert ist und wie die *Übersetzungszahl* $\frac{N_2}{N_1}$, also das Verhältnis der Spulen, ist, können wir uns Folgendes merken:

Satz 4.50 *Der unbelastete Transformator (Leerlauf)*
Bei einem Transformator mit der Primärspannung U_1 und der Windungszahl N_1 der Primärspule gilt für die Spannung U_2 im Leiterkreis der Sekundärspule mit der Windungszahl N_2 der Zusammenhang

$$\frac{U_2}{U_1} = \frac{N_2}{N_1}. \qquad (4.172)$$

4.9.0.2 Fall 2: Der belastete Transformator

Bevor wir uns mit dem belasteten Transformator auseinandersetzen, müssen wir noch den Begriff des Effektivwerts für Spannung und Strom einführen. Der Effektivwert für Wechselstrom und Wechselspannung basiert darauf, dass wir die im zeitlichen Mittel umgewandelte Wärmeleistung mit einem Gleichstrom vergleichen, der genau die gleiche Wärmeleistung über den gleichen Zeitraum liefert wie der Wechselstrom.

Definition 4.24 *Effektive Stromstärke*
Die effektive Stromstärke I_{eff} für einen zeitlich veränderlichen Strom $I(t)$ mit der Periodendauer T (Zeitintervall bis zur erstmaligen Wiederholung) ist definiert als

$$I_{\text{eff}} = \sqrt{\frac{1}{T} \int_0^T [I(t)]^2 \, \mathrm{d}t}. \qquad (4.173)$$

Analog definiert man den *Effektivwert der Wechselspannung*.

Definition 4.25 *Effektivwert der Wechselspannung*
Der Effektivwert der Wechselspannung U_{eff} für eine zeitlich veränderliche Spannung $U(t)$ mit der Periodendauer T (Zeitintervall bis zur erstmaligen Wiederholung) ist definiert als

$$U_{\text{eff}} = \sqrt{\frac{1}{T} \int_0^T [U(t)]^2 \, dt}. \tag{4.174}$$

Haben wir einen sinusförmigen Strom $I(t) = I_0 \cdot \sin(\omega t)$ bzw. eine sinusförmige Wechselspannung $U(t) = U_0 \cdot \sin(\omega t)$ mit der Periodendauer $T = \frac{2\pi}{\omega}$ vorliegen, so können wir mit Hilfe der Rechnung in Kapitel 4.8.4 leicht die Ergebnisse des folgenden Kastens finden.

Satz 4.51 *Effektivwerte bei sinusförmiger Wechselspannung bzw. Wechselstrom*
Für einen sinusförmigen Strom $I(t) = I_0 \cdot \sin(\omega t)$ gilt

$$I_{\text{eff}} = \frac{I_0}{\sqrt{2}}. \tag{4.175}$$

Für eine sinusförmige Wechselspannung $U(t) = U_0 \cdot \sin(\omega t)$ gilt

$$U_{\text{eff}} = \frac{U_0}{\sqrt{2}}. \tag{4.176}$$

Formulieren wir das ohm'sche Gesetz mit Effektivwerten, so lautet dieses

$$R = \frac{U_{\text{eff}}}{I_{\text{eff}}}. \tag{4.177}$$

Im sinusförmigen Fall ist das auch ganz leicht einzusehen, da sich einfach die Koeffizienten $\frac{1}{\sqrt{2}}$ kürzen.

Kommen wir nun dazu den Transformator zu belasten. Dazu bringen wir im Kreis der Sekundärspule den sog. *Lastwiderstand* an. Daraus resultiert ein Strom I_2, der mit der induzierten Spannung U_2 vom unbelasteten Fall in Phase ist. Durch den nun fließenden Strom entsteht ein weiterer magnetischer Fluss Φ_S, der dem Primärfluss Φ entgegenwirkt und daher diesen vermindert. Da aber die Spannung U_1 durch die Quelle vorgegeben ist, fließt auch hier ein zusätzlicher Strom I_1. Die beiden Ströme I_1 und I_2 sind über den zusätzlichen magnetischen Fluss Φ_S bzw. durch dessen Änderung miteinander verknüpft, woraus sich

$$\frac{N_1}{N_2} = -\frac{I_2}{I_1} \tag{4.178}$$

ergibt.[24] Das Minus kommt wieder von der Phasenverschiebung um π. Die Indizies bei den Strömen sind gegenüber denen der Windungszahlen vertauscht, was zu beachten ist!

Betreibt man den Transformator nun mit einer Wechselspannungsquelle, so liefert dieser die Leistung

$$P_1 = U_{\text{eff},1} \cdot I_{\text{eff},1}$$

nach der bekannten Leistungsformel. Gibt es keine Verluste, so gilt $P_1 = P_2$, wobei P_2 die Leistung im Sekundärkreis ist. Auch hier werden die Effektivwerte eingesetzt und durch Vergleich folgt

$$\frac{U_{\text{eff},1}}{U_{\text{eff},2}} = \frac{I_{\text{eff},2}}{I_{\text{eff},1}} \tag{4.179}$$

für den Zusammenhang der Effektivwerte. Diese benötigen wir in einem Wechselstromkreis zur Angabe der Leistung, weswegen sich hier nun die Einführung dieser Größen erschließen lässt.

Bleibt noch ein prominentes Beispiel für den Einsatz von Transformatoren zu nennen. Natürlich gilt auch das am Anfang genannten Urlaubsbeispiel. Aber wo wir tagtäglich davon Gebrauch machen, ohne es zu bemerken, das ist beim Nutzen einer jeden Steckdose. Bei uns ist $U_{\text{eff}} = 230$ V die Netzspannung. Würde unser Strom bei dieser Spannung über die Leitungen zu uns gebracht werden, hätten wir enorme Wärmeverluste durch den hohen fließenden Strom. Verwendet man nun größere Spannungen (viele tausend Volt) verkleinert sich der Strom, die Verluste beim Transport lassen sich deutlich reduzieren und auch der Querschnitt der verwendeten Kabel. Für das Transformieren auf die für uns übliche Netzspannung sind dann Umspannwerke in der Nähe der Verbraucher zuständig.

Aufgaben

Aufgabe 4.33 Dimensionierung
Eine Primärspule mit $N_1 = 1000$ Windungen wird mit der Netzspannung $U_{\text{eff},1} = 110$ V betrieben. Die Sekundärspule hat nur $\frac{1}{25}$ der Windungen.
a) Auf welche Spannung wird herunter transformiert?
b) Welcher Strom fließt im Primärkreis, wenn $I_{\text{eff},2} = 0{,}5$ A ist?

---

24 Das ist der sog. Kurzschlussfall mit einander entgegengerichteten Strömen I_1 und I_2.

5 Einführung in die Quantenmechanik

Flash-Speicher in Handys und Computern, Bildschirme aus Quantenpunkten, Quantencomputer und Quantensimulatoren sind nur einige Beispiele für den Einzug der Quantenmechanik in das tägliche Leben. Teils nutzen wir diese Dinge schon aktiv (und oft ohne es zu wissen), manches befindet sich auch noch in der Entwicklung, und es ist nicht absehbar, wie weit diese gedeihen kann. Angesichts dieser immer weiter reichenden technischen Möglichkeiten ist es angebracht, den physikalischen Hintergrund auch einem breiteren Publikum zur Verfügung zu stellen. Denn sowohl was die Entwicklung, aber auch die Nutzung von Produkten auf Basis der Quantenmechanik angeht, ist ein Verständnis der physikalischen Grundlagen hilfreich, um diese Produkte souverän zu gestalten bzw. zu verwenden. Mit diesem Kapitel soll ein Beitrag zur Verbreitung diese Wissens geleistet werden, indem einige Grundlagen der Quantenmechanik in knapper Form zusammengestellt werden.

In der Physik ist die Quantenmechanik eine der beiden tragenden Säulen (die andere ist die allgemeine Relativitätstheorie). Sie wurde in der ersten Hälfte des 20. Jahrhunderts aus der Notwendigkeit heraus entwickelt, dass Vorgänge im Allerkleinsten (also in der Welt der Atome und Moleküle) sich nicht so beschreiben ließen, wie man es von „alltäglichen" mechanischen Vorgängen wie etwa Planetenbewegungen kannte. Die Entwicklung ging so weit, dass scheinbar unumstößliche Begriffe wie der Aufenthaltsort einer Masse aufgegeben und durch vollkommen neue Konzepte ersetzt werden mussten. Das ging keinesfalls geräuschlos vor sich, selbst herausragende Physiker wie Albert Einstein, der ja mit der Relativitätstheorie eine ganze Revolution in der Physik angestoßen hatte, setzten viel daran, Lücken in diesem neuen Weltbild zu finden und es als absurd darzustellen. Bis heute hat die Quantenmechanik jedem Versuch standgehalten, etwas zu finden, womit man sie experimentell widerlegen könnte. Diesen Versuchen liegt der (menschliche) Wunsch zugrunde, neue Erkenntnisse in eine Ordnung zu bringen, die sich an bekannten alltäglichen Erfahrungen orientiert. Die Erfahrung hat dazu geführt, dass wir Begriffe gebildet haben, um die Umwelt beschreiben zu können. Ist eine Theorie nun nicht in der Lage, die Wirklichkeit mit diesen Begriffen zu beschreiben, wird sie (ebenfalls menschlich) tendenziell als falsch abgelehnt. Bei der Entwicklung der Quantenmechanik mussten die Physiker sich daher trauen, den Versuch aufzugeben, mit den vorhandenen Begriffen auszukommen. Statt dessen wurden neue Begriffe gebildet, die gültig werden, wenn man besagte Atome und Moleküle beschreiben will. Diese Begriffswelt ist eine der größten Schwierigkeiten, die man beim Erlernen der Quantenmechanik überwinden muss. Um die Begriffe einordnen zu können, haben sich im Laufe der Zeit unterschiedliche Interpretationen entwickelt (wie etwa die Standardinterpretation nach Niels Bohr). Diese sollen hier nicht im Vergleich und näher besprochen werden, statt dessen verwenden wir die Standardinterpretation, da sie weitgehend akzeptiert ist und eine pragmatische Ausrichtung besitzt. Denn am Ende muss die Theorie Aussagen machen, die sich im

https://doi.org/10.1515/9783110703931-005

Experiment überprüfen lassen. Wir werden zeigen, wie man solche messbaren Ergebnisse gewinnen kann. Bestimmte Begriffe wie die Wellenfunktion nutzen wir dabei als Hilfestellung, und wir werden an den entsprechenden Stellen darauf hinweisen, dass man solche Größen im Alltag nicht vorfindet und daher keine daran orientierte Vorstellung entwickeln darf. Statt dessen werden wir hervorheben, was nun mit Messgeräten als „wirklich" erfasst werden kann. Durch diese Unterscheidung soll der Leser erkennen, was man tatsächlich als gegeben akzeptieren muss (z.B. im Rahmen einer bestimmten Interpretation) und was eine messbare und eindeutige Folgerung ist.

Wir werden immer wieder den Begriff „klassisch" verwenden. Damit werden jene physikalischen Erkenntnisse beschrieben, die sich ohne die Verwendung der Quantenmechanik erklären lassen. Historisch gesehen endet die klassische Physik mit dem Jahr 1900, als Max Planck mit der Vorstellung einer umfassenden Beschreibung der Wärmestrahlung (siehe dazu auch Abschnitt 3.10.2 und speziell die Strahlungsformel (3.231)) erstmals quantenmechanische Konzepte in die Physik einbrachte.

Dieses Kapitel ist nur als erste Einführung gedacht. Einerseits werden einige Schlüsselexperimente besprochen, die man vielleicht schon von der Schule kennt. Andererseits soll ein Stück weit schon die mathematische Struktur aufgezeigt werden, wie man sie im Studium lernt. Wir werden sehen, dass viele Rechnungen in der Quantenmechanik sehr länglich sind, da insbesondere viel integriert wird. Einige Ergebnisse müssen daher ohne eine ausführlichere Begründung diskutiert werden. Für ein tieferes Verständnis sei auf speziellere Literatur verwiesen.

5.1 Einige Schlüsselexperimente

Eine Theorie wird nie ohne Grund entwickelt. Ziel ist immer, für eine Reihe von Erkenntnissen, die man aus Messungen gewonnen hat, eine konsistente und möglichst einfache Beschreibung zu finden. Im frühen 20. Jahrhundert wurden einige sehr unterschiedliche Experimente mit atomaren Teilchen durchgeführt, deren Ergebnisse sich nicht mit den vorhandenen Theorien erklären ließen. Ein paar dieser Experimente sollen hier vorgestellt werden, um zu zeigen, vor welchen Schwierigkeiten die Physiker der damaligen Zeit standen, als sie versuchten, dafür ein Verständnis zu entwickeln.

5.1.1 Der Stern-Gerlach-Versuch

Beim Experiment von Stern und Gerlach (1921) werden Silberatome durch ein magnetisches Feld geschickt und auf einem Beobachtungsschirm registriert. Der Aufbau ist in Abbildung 5.1 schematisch dargestellt. Silberatome haben die Eigenschaft, dass sie magnetisch sind. Sie erfahren daher in einem (inhomogenen) Magnetfeld eine Kraft, welche die Teilchen beschleunigt. Nach klassischer Vorstellung hängt diese Kraft von der Orientierung eines solchen Magneten im Feld ab. Je weiter sich der Magnet in Rich-

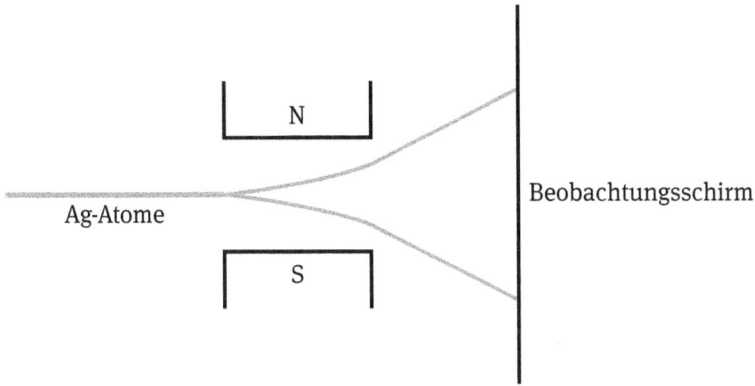

Abb. 5.1: Der Aufbau des Stern-Gerlach-Versuchs. Silberatome kommen aus einem Ofen und fliegen danach durch ein inhomogenes magnetisches Feld. Dieses lenkt die Atome aufgrund der magnetischen Wechselwirkung und je nach Ausrichtung der magnetischen Momente ab. Allerdings nur nach oben oder nach unten, wie man auf dem Schirm erkennen kann.

tung des Feldes dreht, umso stärker wird die Kraft. Bei vielen Silberatomen, die aus dem Ofen fliegen, wird man nach klassischer Vorstellung davon ausgehen, dass die magnetischen Momente völlig zufällig in alle möglichen Richtungen zeigen. Und man wird auch jede Ausrichtung als möglich betrachten, also jeden Winkel zwischen 0° und 180° bezüglich der Feldlinien. In der Folge sollten also die Atome auf dem Schirm in einem bestimmten Bereich landen und wegen der Beliebigkeit der Orientierung jeden Punkt in diesem Bereich treffen können.

Das Experiment zeigt jedoch, dass die Silberatome nur am oberen und am unteren Rand dieses Bereichs landen, nicht aber dazwischen. Das bedeutet, dass es nur zwei mögliche Einstellwinkel des magnetischen Moments zu geben scheint: in Richtung des Feldes und genau entgegen des Feldes. Das widerspricht klar unserer gewohnten Vorstellung, dass man beispielsweise einen Stabmagnet beliebig im Raum orientieren kann. Nur auf der Ebene von atomaren Teilchen scheint dies nicht zu gelten.

Der Versuch wurde übrigens nicht nur mit Silber, sondern später auch mit Wasserstoff durchgeführt, mit dem gleichen Ergebnis. Die Tatsache, dass das magnetische Moment eines Atoms nur ganz bestimmte (im Fall von Silber und Wasserstoff offenbar zwei) Ausrichtungen kennt, nennt man Richtungsquantisierung. Zwar kann man ein Verständnis dafür schaffen, warum ein Atom überhaupt magnetisch ist. Wasserstoff besitzt nur ein einziges Elektron, und dieses wiederum hat einen eigenen Drehimpuls, den man Spin nennt. Mit diesem Drehimpuls ist ein magnetisches Moment verknüpft. Der Spin ist eine intrinsische Eigenschaft des Elektrons. Es besitzt den Eigendrehimpuls genauso, wie es eine Masse und eine Ladung besitzt. Man kann im Rahmen des mathematischen Gerüsts der Quantenmechanik zeigen, dass Drehimpulse im allgemeinen nur in ganz bestimmte Richtungen zeigen können. Das liefert jedoch keine intuitive Vorstellung der Richtungsquantisierung. Man muss diese Tatsache als etwas

nicht-klassisches hinnehmen. Allerdings kann man im Rahmen der Quantenmechanik auch zeigen, weshalb wir einen Stabmagneten (oder einen sich drehenden Kreisel) beliebig orientieren können, obwohl im atomaren Bereich eine Quantisierung der
Orientierung vorgeschrieben ist. Je größer der Drehimpuls eines Objekts wird, umso
mehr Einstellmöglichkeiten gibt es zwischen den Extremen. Ein Elektron besitzt nur
zwei Einstellungen, ein klassischer Kreisel hingegen so viele, dass man nicht mehr
dazwischen unterscheiden kann. Auf diese Art ist immer ein Übergang von der Quantenmechanik zur klassischen Welt möglich. Die Quantenmechanik ist somit eine um-
fassendere Theorie als die klassische Physik.

Beim Stern-Gerlach-Versuch zeigen sich uns die Silberatome in nur zwei verschiedenen magnetischen Zuständen. Auf dem Schirm sind die beiden Streifen, auf denen
die Atome ankommen, gleich intensiv. Daher sind beide Zustände auch gleich häufig anzutreffen. Man könnten das daher so verstehen, dass die Atome aus dem Ofen
kommen, und dabei eine Hälfte in Nord-Süd-Richtung magnetisiert ist, und die andere Hälfte in Süd-Nord-Richtung. Diese beiden Hälften werden anschließend durch
das magnetische Feld aufgetrennt und so auf dem Schirm unterscheidbar. Das wäre
eine klassische Erklärung. Doch wo genau kommt es zu dieser Trennung in zwei verschiedene Magnetisierungen? Und was würde beispielsweise passieren, wenn man
das Magnetfeld um 90° dreht? Die Antwort auf die zweite Frage lässt sich natürlich
experimentell leicht beantworten. Das beobachtete Muster auf dem Schirm dreht sich
mit. Und damit sind wir auch schon bei der ersten Frage. Wenn nämlich die Ausrichtung des Musters auf dem Schirm dem Magnetfeld folgt, können die Silberatome nicht
schon nach dem Verlassen des Ofens ausgerichtet sein. Bei der Untersuchung von Elektronen am Doppelspalt werden wir auf eine ähnliche Frage stoßen und dort so beantworten, dass jedes Teilchen immer die gesamte Menge möglicher Messzustände speichert und erst bei der Messung selbst einen dieser Zustände annimmt. Hier bedeutet
das, dass die Festlegung des Atoms auf die konkrete Magnetisierungsrichtung erst im
Magnetfeld erfolgt, da die Aufspaltung in zwei Teilstrahlen einer Positionsmessung
entspricht.

5.1.2 Optische Spektroskopie von Wasserstoff

Messungen an Atomen werden häufig auf optischem Weg durchgeführt. Das Licht, das
von Atomen ausgesendet wird, lässt sich hochpräzise analysieren und liefert daher
sehr genaue Informationen über das Atom selbst. Licht ist ein elektromagnetisches
Phänomen, klassisch betrachtet (und das genügt erst einmal) handelt es sich um Wellen im elektromagnetischen Feld, die sich im Raum ausbreiten (was durch die Wellengleichung (2.223) beschrieben wird). Die unterschiedlichen Farben, die wir wahrnehmen können, entsprechen verschiedenen Wellenlängen, die etwa zwischen 780 nm
(rot) und 400 nm (blau-violett) liegen. Außerhalb dieses Bereichs können wir zwar
mit unseren Augen nichts mehr sehen, aber mit entsprechenden Hilfsmitteln (wie z.B.

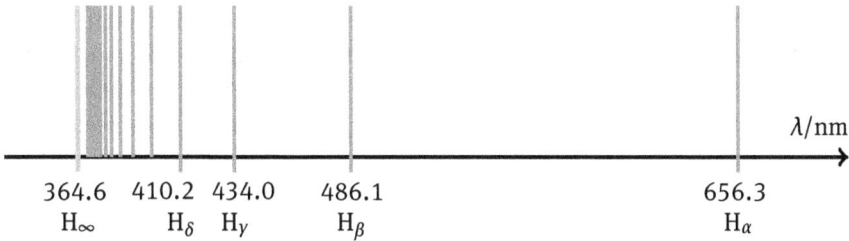

Abb. 5.2: Ausschnitt aus dem Spektrum von atomarem Wasserstoff, gezeigt ist die Balmer-Serie. Vier Wellenlängen aus diesem Spektrum liegen im sichtbaren Bereich, die historisch mit H_α, H_β, H_γ und H_δ bezeichnet werden. Die restlichen Wellenlängen aus dem Spektrum liegen immer dichter beieinander und besitzen als Grenze die Linie H_∞ bei 364.7 nm.

Fotopapier) lässt sich auch UV-Licht oder Röntgenstrahlung sichtbar machen. Auch Mikro- oder Radiowellen können detektiert werden.

Um die verschiedenen Wellenlängen „sortenrein" analysieren zu können, muss das Licht entweder durch ein Prisma laufen, um dort gebrochen zu werden (wie bei einem Regenbogen), oder man beugt das Licht an einem optischen Gitter (was man z.B. bei einer CD beobachten kann). In beiden Fällen werden die einzelnen Wellenlängen aufgefächert und können auf einem Beobachtungsschirm detektiert werden. Das entstehende Bild nennt man ein Spektrum.

Es ist möglich, atomaren Wasserstoff in Gasentladungsröhren zum Leuchten zu bringen. Analysiert man das ausgesendete Licht, so stellt man fest, dass in dessen Spektrum nur ganz bestimmte Wellenlängen vorkommen, ganz im Gegensatz zu einem Regenbogen, in dem alle Farben vertreten sind. Ein Teil dieses Spektrums ist in Abbildung 5.2 dargestellt. Vier Wellenlängen liegen im sichtbaren Bereich. Man bezeichnet diese Linien mit H_α, H_β, H_γ und H_δ. Auffällig ist, dass diese Linien hin zu kleineren Wellenlängen immer dichter aneinander rücken. Diese Entdeckung wurde 1885 von Johann Jakob Balmer gemacht, nach ihm ist heute diese Serie von Linien auch benannt. Die Abfolge der Linien konvergiert sogar, dies ist mit der Seriengrenze H_∞ eingezeichnet (aufgrund der endlichen Strichdicke wurden nicht mehr alle Linien bis zur Grenze eingezeichnet, sonst ergäbe sich nur noch ein einzelner farbiger Bereich). Balmer hat sogar eine mathematische Gesetzmäßigkeit festgestellt, nach welcher die Linien im Spektrum verteilt sind. In seiner heutigen Form sieht dieses Gesetz wie folgt aus:

$$\frac{1}{\lambda} = R_H \left(\frac{1}{2^2} - \frac{1}{n^2} \right), \tag{5.1}$$

wobei n eine ganze Zahl größer als 2 ist. Die Zahl R_H ist die sogenannte Rydberg-Konstante, sie besitzt den Wert $R_H = 1{,}0973731 \cdot 10^7$ m^{-1}.

Zur damaligen Zeit war dieses Phänomen nicht mit vorhandenen Modellen von Atomen erklärbar. Die Balmer-Serie ist auch nicht die einzige Menge möglicher Wellenlängen, die ein Wasserstoffatom aussenden kann. Im Infrarot sowie im UV-Bereich findet man ähnliche Abfolgen von Linien, etwa die Paschen-, Bracket- oder Lyman-Serien. Immer gibt es einen Beginn der Serie und eine Grenze, dazwischen rücken die Wellenlängen immer dichter zusammen. Doch nicht nur qualitativ sind diese Serien einander ähnlich, sie lassen sich durch eine einzige Gesetzmäßigkeit beschreiben:

$$\frac{1}{\lambda} = R_{\mathrm{H}} \left(\frac{1}{n_1^2} - \frac{1}{n_2^2} \right) , \tag{5.2}$$

mit $n_2 > n_1$, jeweils ganzzahlig. Diese Gleichung ist offensichtlich eine Erweiterung der Balmer-Formel (5.1). Sie wurde zuerst von Johannes Rydberg aufgestellt. Alle im Spektrum vorkommenden Linien werden dadurch sehr präzise beschrieben, was die Vermutung nahe legt, dass diese Gleichung nicht nur empirische Gültigkeit besitzt (also eben eine große Menge von Zahlen korrekt beschreibt), sondern dass in ihr eine grundlegende Gesetzmäßigkeit steckt.

Wir werden das Wasserstoffatom noch genauer besprechen, doch es sei hier schon angemerkt, dass die möglichen Wellenlängen immer einer Energiedifferenz entsprechen. Das Wasserstoffatom kann nur ganz bestimmte Energiewerte annehmen, was auch wieder eine Quantisierung darstellt. Wechselt es von einem Zustand höherer Energie zu einem Zustand niedrigerer Energie, muss es die Differenz in Form von Licht abgeben. In der Rydberg-Formel stehen nun immer zwei mögliche Energiewerte, die voneinander abgezogen werden. Sie ist damit nicht nur ein sehr einfaches und präzises Gesetz, sondern enthält tatsächlich eine fundamentale Eigenschaft von Wasserstoffatomen, die sich letztlich erst durch die Quantenmechanik erklären lässt. Und nicht nur bei Wasserstoff, auch bei anderen Atomen kann man derartige Spektren messen. Wasserstoff ist aber das einfachste Atom, daher sind alle anderen atomaren Spektren komplizierter aufgebaut und erfordern eine ausführlichere quantenmechanische Behandlung. Dies soll hier nicht näher besprochen werden, wir merken uns nur, dass die spektroskopischen Untersuchungen von Atomen einen Einblick in deren energetische Struktur geben und dass man diese im Fall von Wasserstoff sehr einfach beschreiben kann.

5.1.3 Der Photoeffekt

Beim lichtelektrischen Effekt, auch Photoeffekt genannt, wird Licht auf eine geladene Metallplatte gestrahlt, wobei aus dem Metall Elektronen herausfliegen. Schematisch ist dies in Abbildung 5.3 dargestellt.

Auch diese Beobachtung wurde schon Ende des 19. Jahrhunderts gemacht, eine Erklärung dafür lieferte aber erst Albert Einstein im Jahr 1905 (dafür, und nicht für die Relativitätstheorie, bekam er auch den Nobelpreis für Physik). Bevor es um die Einordnung in die Quantenmechanik geht, muss man sich den Effekt noch etwas genauer ansehen. Elektronen sind in einem Metall sehr frei beweglich, deshalb sind Metalle auch elektrische Leiter. Dennoch sind sie an das Kristallgitter gebunden, sie können

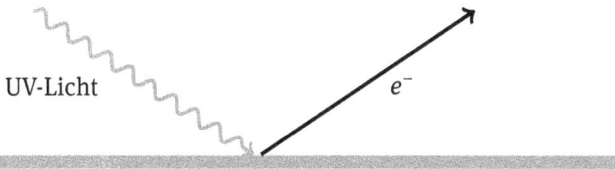

Abb. 5.3: Zum lichtelektrischen Effekt. Licht trifft auf eine geladene Metallplatte, wobei daraus Elektronen gelöst werden, die mit der Geschwindigkeit v davonfliegen.

nicht einfach so das Metall verlassen. Licht überträgt also Energie auf die Elektronen, sodass sie sich aus dem Metall lösen. Die frei gewordenen Elektronen kann man dann mit einer weiteren Elektrode (der sogenannten Anode) auffangen und den Strom messen. Man stellt dabei fest, dass eine größere Lichtintensität auch einen größeren Strom zur Folge hat, was man schon klassisch gesehen so erwarten würde.

Man kann aber noch etwas mehr messen, nämlich die Energie, welche die Elektronen nach dem Austritt aus dem Metall besitzen. Da sie dann frei durch den Raum fliegen und keine Kräfte wirken, ist die einzige Energieform der Elektronen kinetische Energie. Diese ist dadurch messbar, indem man die Elektronen durch ein elektrisches Feld abbremst, sodass sie die Anode gerade nicht mehr erreichen. Die Stärke dieses Feldes wird durch eine angelegte Spannung U bestimmt, wie es auch in Abschnitt 4.3.5 beim Flug von Ladungen durch einen Kondensator besprochen wurde. Beim Abbremsen der Elektronen (Ladung e) bei angelegter Spannung U wird die Bremsarbeit $W = U \cdot e$ verrichtet, wobei den Elektronen ihre kinetische Energie vollständig entzogen wird (sie sollen die Anode ja gerade nicht mehr erreichen, also kurz vorher zum Stillstand kommen). Die Bremsarbeit ist daher so groß wie die kinetische Energie:

$$U \cdot e = E_{\text{kin}} = \frac{1}{2} m_e v^2 \tag{5.3}$$

Nochmal: Dies gilt nur für den Fall, dass die Elektronen nach dem Austritt aus dem Metall kurz vor der Anode auf die Geschwindigkeit Null abgebremst werden. Die dafür notwendige Spannung U ist also ein Maß dafür, welche Energie die Elektronen nach dem Verlassen des Metalls noch haben.

Die Messgröße ist damit geklärt. Aber der eigentliche Vorgang „Licht trifft auf Metall" ist noch zu ungenau beschrieben. Denn Licht gibt es ja mit verschiedenen Wellenlängen bzw. Frequenzen. Damit kann man ebenfalls spielen und so für verschiedene Frequenzen v die notwendige Bremsspannung U messen. Das Ergebnis einer solchen Messung ist in Abbildung 5.4 dargestellt.

Man erkennt zwei Dinge: Erstens erreichen unterhalb einer Grenzfrequenz v_0 auch ohne bremsende Gegenspannung keine Elektronen die Anode. Das bedeutet, dass unterhalb v_0 kein Elektron das Metall verlässt. Dieses Verhalten ist vollständig unabhängig von der eingestrahlten Lichtintensität. Klassisch könnte man ja erwarten, dass „mehr Licht" auch „mehr Energie" bedeutet, sodass bei ausreichender Lichtstärke bzw. ausreichend langer Beleuchtung ein Elektron auch genügend Energie

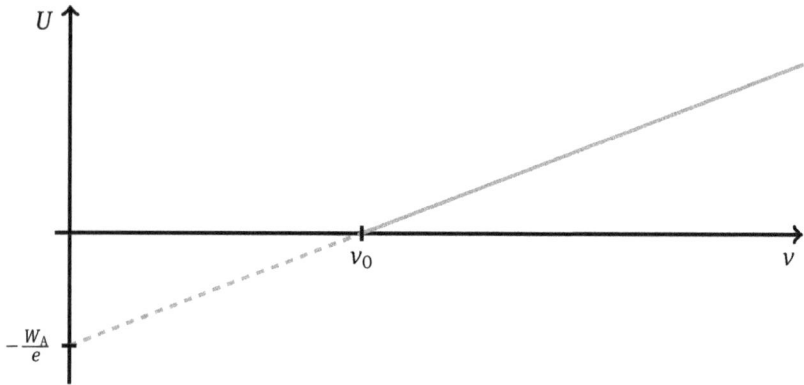

Abb. 5.4: Die gemessene Bremsspannung U in Abhängigkeit von der eingestrahlten Lichtfrequenz v. Erst ab einer minimalen Frequenz v_0 werden überhaupt Elektronen aus dem Metall gelöst. Verlängert man die Gerade hin zur Frequenz Null, erhält man die Spannung, die nötig wäre, um auch ohne Lichteinwirkung Elektronen aus dem Metall zu ziehen. Das ist dann keine bremsende Spannung mehr, sondern vielmehr eine beschleunigende.

abbekommt. Das ist jedoch offenbar nicht der Fall. Für das Herauslösen ist natürlich Energie nötig, und offenbar wird diese von den Elektronen erst aufgenommen, wenn die Frequenz des Lichts einen bestimmten Wert überschreitet. Energie scheint also nur als Päckchen übertragen zu werden und nicht kontinuierlich (sonst würde ein Elektron nach ausreichend langer Bestrahlung genügend Energie besitzen, um das Metall zu verlassen).

Die zweite Beobachtung ist der lineare Verlauf der Bremsspannung. Die Spannung ist proportional zur Energie der Elektronen, also ist diese Energie auch proportional zur Frequenz des eingestrahlten Lichts. Licht scheint also aus Energiepäckchen zu bestehen, deren Größe direkt von der Frequenz abhängt. Der Proportionalitätsfaktor wird im folgenden mit h bezeichnet, sodass wir die Energie eines Lichtquants wie folgt angeben können:

$$E = h \cdot v. \tag{5.4}$$

Wie groß h ist, lässt sich aus den Messdaten bestimmen. Dafür stellt man zuerst eine Energiebilanz auf. Die eingestrahlte Lichtenergie $h \cdot v$ wird von einem Elektron aufgenommen, wobei ein Teil für die Austrittsarbeit W_A benötigt wird, während der verbleibende Rest in die kinetische Energie E_{kin} geht:

$$h \cdot v = W_A + E_{kin}. \tag{5.5}$$

Die kinetische Energie wird durch die Gegenspannung gemessen, wie in (5.3) beschrieben. Damit können wir den gemessenen linearen Verlauf der Bremsspannung auch mathematisch reproduzieren:

$$h \cdot \nu = W_A + U \cdot e \tag{5.6}$$

$$\Leftrightarrow U(\nu) = -\frac{W_A}{e} + \frac{h}{e} \cdot \nu. \tag{5.7}$$

Die Steigung der Geraden ist h/e, und wenn man die bekannte Elektronenladung einsetzt, lässt sich die noch unbekannte Konstante h bestimmen. Da sie in der Quantenmechanik die zentrale Naturkonstante ist, erhält sie auch einen eigenen Namen, was wir in der folgenden Definition festhalten:

Definition 5.1 *Das Planck'sche Wirkungsquantum*
In der Quantenmechanik hängen sämtliche Vorgänge von der Größe des Planck'schen Wirkungsquantums h ab:

$$h = 6{,}624 \cdot 10^{-34} \text{ J s} \tag{5.8}$$

Aus Gründen der Bequemlichkeit definiert man noch eine weitere Größe, das reduzierte Planck'sche Wirkungsquantum $\hbar$ (lies: h quer).

$$\hbar = \frac{h}{2\pi} = 1{,}055 \cdot 10^{-34} \text{ J s} \tag{5.9}$$

Wir haben h auch schon in der Thermodynamik kennengelernt, und zwar im Rahmen der Planck'schen Strahlungsformel (3.231). Auch in diesem Zusammenhang spielt Licht eine Rolle, und das entscheidende Argument, welches Planck bei der Herleitung dieser Formel verwendet hatte, war ebenfalls die Quantisierung der Energiemenge, welche von Licht übertragen werden kann. Wir werden das Wirkungsquantum überall in der Quantenmechanik antreffen. Es hat einen sehr kleinen Wert, und diese Größenordnung ist auch der Grund, weshalb uns Quanteneffekte im täglichen Leben verborgen bleiben.

5.1.4 Experimente mit dem Doppelspalt, Interferenz

Beim klassischen Doppelspaltexperiment schickt man Laserlicht durch zwei eng nebeneinander liegende schmale Spalte und beobachtet auf einem Schirm dahinter ein bestimmtes Helligkeitsmuster. Bevor wir dies auf die Quantenmechanik übertragen, stellen wir den Versuch einmal aus der Sicht der Wellenoptik vor. Der Aufbau ist in Abbildung 5.5 skizziert. Jeder der beiden Spalte dient als Quelle von sich kreisförmig in alle Richtungen ausbreitenden Wellen. Die Abbildung 5.5 ist eine Momentaufnahme, in welcher nur die Wellenberge und Wellentäler der ausgesendeten Wellen dargestellt sind. Laufen die beiden Teilwellen ineinander, so kommt es zu einer Überlagerung der jeweiligen Auslenkung. Diese Überlagerung nennt man Interferenz. Im einen Extremfall treffen dabei ein Wellenberg und ein Wellental zusammen, wodurch die Auslenkung in Summe Null wird. Man bezeichnet dies als destruktive Interferenz. Der andere

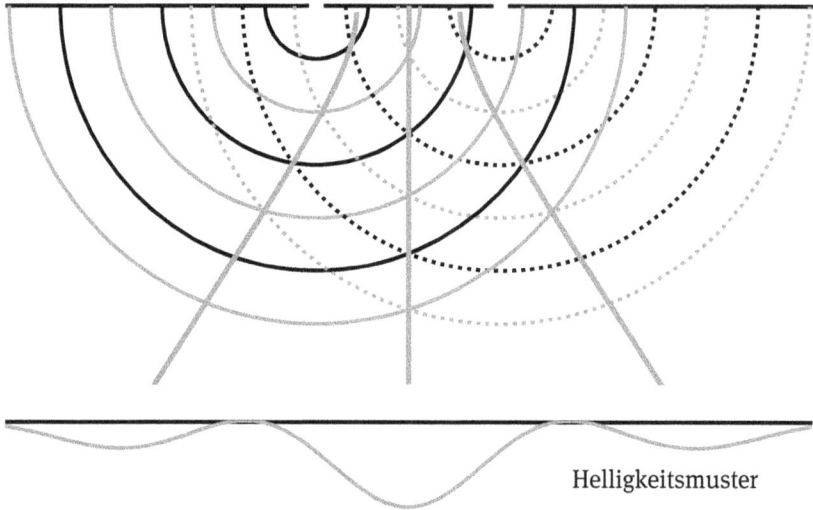

Helligkeitsmuster

Abb. 5.5: Zur Beugung von Licht an einem Doppelspalt. Von jedem der beiden Spalte gehen kreisförmig Wellen aus. Wellenberge sind farbig dargestellt, Wellentäler schwarz. Entlang der grauen Linien haben die Wellen aus beiden Spalten jeweils die gleiche Auslenkung, was zu einer Verstärkung der Welle führt. Entsprechende Linien kann man für die Überlagerung genau entgegen gerichteter Auslenkungen finden. Auf dem Beobachtungsschirm führt die Überlagerung schließlich zu einem Muster aus hellen und dunklen Bereichen.

Extremfall bezeichnet die Überlagerung von zwei Wellenbergen oder zwei Wellentälern, wodurch die Auslenkung in Summe verdoppelt wird. Dies nennt man konstruktive Interferenz. Man sieht in Abbildung 5.5 drei Linien, entlang derer es an jedem Punkt zu konstruktiver Interferenz kommt. Verlängert man diese Linien hin zum Beobachtungsschirm, so wird es an diesen Punkten besonders hell. Die Linien, auf denen es zu destruktiver Interferenz kommt, sind nicht eingezeichnet, man kann sie aber leicht selbst nachspuren. An den entsprechenden Punkten auf dem Beobachtungsschirm bleibt es folglich dunkel.

Dieses Interferenzbild kann man detailliert berechnen, es hängt von der Wellenlänge und dem Abstand der beiden Spalte ab. Diese Rechnung wollen wir hier jedoch nicht darstellen, es geht vielmehr um ein qualitatives Verständnis von Interferenz. Welcher Art die Wellen sind, spielt keine Rolle, der Versuch lässt sich sowohl mit Laserlicht als auch mit Wasserwellen in einer Badewanne oder Schallwellen durchführen.[25] Im Falle von Licht untermauert der Versuch, dass es sich dabei um ein Wellenphänomen handelt. Das ist insbesondere deshalb bemerkenswert, weil man im Jahr 1802, als Thomas Young dies zuerst demonstrierte, der Ansicht war, Licht bestehe aus Teil-

---

25 Konzertsäle werden entsprechend gebaut, sodass keine störenden Interferenzmuster auftreten und Zuhörer auf allen Plätzen ein gutes Hörerlebnis haben.

chen. Verwunderlich ist diese Vorstellung nicht, denn bevor man elektromagnetische Erscheinungen verstanden hatte (und das war erst zur Mitte des 19. Jahrhunderts der Fall), war die Mechanik die einzige Theorie in der Physik, die vollumfänglich formuliert war. Und in der Mechanik geht es nunmal um die Bewegung von Teilchen, weshalb man versuchte, alle weiteren Beobachtungen in dieses mechanistische Weltbild einzugliedern. Young brachte mit dem Doppelspaltexperiment jedoch eine Beobachtung ins Spiel, die nur erklärt werden konnte, wenn man Licht als etwas Wellenartiges ansah. Bestätigt wurde die Wellennatur des Lichts erst recht in der zweiten Hälfte des 19. Jahrhunderts, als James Maxwell eine vollständige mathematische Beschreibung des Elektromagnetismus geliefert und später Heinrich Hertz experimentell gezeigt hatte, dass Licht eine Störung im elektromagnetischen Feld ist, die sich räumlich ausbreitet.

Und nun kam zu diesem gefestigten Wissen 1905 mit Einsteins Erklärung des Photoeffekts die gegenteilige Natur des Lichts wieder hervor. Denn wie passt es zusammen, dass Licht Energie immer nur in bestimmten Portionen an Elektronen im Metall überträgt? Fasst man Licht als einzelne Teilchen auf, so sind auch die Energiepäckchen verständlich. Aber Teilchen würden sich am Doppelspalt anders verhalten, außerdem war der Elektromagnetismus schon damals eine sehr genau bestätigte Theorie, die man nicht einfach vollständig in Frage stellen kann. Somit steckte die Physik in einem Dilemma. Doch nicht nur Licht zeigt die beiden Gesichter „Welle" und „Teilchen", man beobachtet dies auch beispielsweise bei Elektronen. Der Davison-Germer-Versuch von 1927 ist der erste dieser Art, bei dem Elektronen miteinander zur Interferenz gebracht wurden. Allerdings wurde dabei kein Doppelspalt verwendet, sondern ein Nickelkristall als Beugungsgitter. Konzeptionell unterscheidet sich dieser Versuch daher ein wenig vom hier beschriebenen Doppelspaltexperiment. Es dauerte noch bis 1961, als Claus Jönsson seine Ergebnisse zur Beugung von Elektronen an einem Doppelspalt veröffentlichte. Es ist also möglich, massive Teilchen (im Gegensatz zu Licht, wo keine Masse im Spiel ist) an einem Doppelspalt zur Interferenz zu bringen, sodass sich das gleiche Intensitätsmuster auf dem Beobachtungsschirm ergibt. Zwar muss der Spaltabstand bei der Verwendung von Elektronen viel kleiner sein als wenn man Laserlicht nimmt, doch das entstehende Muster auf dem Schirm lässt sich nur verstehen, wenn man die Elektronen auch als Wellen beschreibt.

Die Kunst der Experimentalphysiker ging sogar noch weiter. Olivier Carnal und Jürgen Mlynek konnten 1990 Heliumatome zur Interferenz bringen, später wurde das Doppelspaltexperiment noch mit den vergleichsweise riesigen C_{60}-Molekülen durchgeführt. Immer konnte das Beugungsbild auf dem Schirm bestätigt werden. Man bezeichnet diese zwei Erscheinungsformen, in denen Elektronen, Atome, Moleküle oder Licht auftreten, auch Welle-Teilchen-Dualismus.

Das Interferenzmuster auf dem Schirm entsteht schließlich dadurch, dass dort viele Elektronen einzelne Abdrücke hinterlassen. In manchen Bereichen mehr, in anderen weniger und an einzelnen Stellen gar keine. Die Helligkeitsverteilung von Laserlicht korrespondiert bei Elektronen (und auch Atomen oder Molekülen) mit einer Häufigkeitsverteilung. Diese Tatsache ist wichtig, um später den statistischen Charakter einer Wellenfunktion verstehen zu können.

Interessant ist wie auch beim Stern-Gerlach-Versuch die Frage, ob das Elektron vor dem Flug durch den Doppelspalt weiß, welchen Weg es nehmen wird. Klassisch betrachtet würden wir davon ausgehen, dass zumindest das Teilchen selbst diese Information in irgend einer Form schon mit sich trägt. Und als klassisches Teilchen müsste es sich für einen der beiden Spalte entscheiden, durch diesen fliegen und auf dem Schirm ankommen. Unter dieser Annahme sollte man beispielsweise durch Abdecken eines Spalts feststellen können, durch welchen ein einzelnes Elektron nun fliegt. Führt man eine solche Messung durch, ergibt sich jedoch ein ganz anderes Muster auf dem Beobachtungsschirm als wenn man nicht versucht, das Elektron zur Herausgabe dieser Information zu zwingen. Man interpretiert diese Tatsache so, dass ein quantenmechanisches Teilchen keine Information darüber trägt, wo es sich bei einer Messung zeigen wird, sondern lediglich, welche möglichen Messwerte es gibt und mit welcher Wahrscheinlichkeit diese auftreten. Das ist also etwas völlig anderes als die klassische Sicht, wonach jedes Elektron auf genau einen möglichen Messwert vor der Messung schon festgelegt ist.

Das Doppelspaltexperiment zeigt also, dass durch eine Messung nicht etwa eine schon vorher vorhandene Information über den Messwert erfragt wird, sondern aus einer Fülle möglicher Werte ein bestimmter ausgesucht wird. Erst nach der Messung hat daher das Elektron die Information über einen konkreten Aufenthaltsort gespeichert, und die davor noch existierende Information über die zu diesem Zeitpunkt möglichen anderen Messwerte ist durch die Messung verschwunden. Wir werden im Anschluss eine mathematische Formulierung für diesen Sachverhalt kennen lernen. Was allerdings ungeklärt bleiben wird (und nach derzeitigem Wissensstand auch ungeklärt ist), ist die Frage nach dem Auswahlprozess eines Messwerts bei der Messung. Man reduziert beim Messen die Menge möglicher Werte auf genau einen Wert. Dieser wird allerdings zufällig ausgewählt. Eine Tatsache, welche Einstein zu dem Ausspruch „Gott würfelt nicht" veranlasst hat. Für ihn (wie auch für viele andere) war die Existenz des Zufalls in der Physik undenkbar. Damit muss man sich jedoch leider abfinden.

Aufgaben

Aufgabe 5.1 Serien im Wasserstoffspektrum
Die Lyman-Serie umfasst Spektrallinien, die in der Rydberg-Formel zu $n_1 = 1$ gehören. Bei welcher Wellenlänge beginnt die Serie und wo endet sie? Wie sieht dies bei der Paschen-Serie ($n_1 = 3$) und der Bracket-Serie ($n_1 = 4$) aus?

5.2 Mathematische Aspekte, physikalische Interpretation

Nachdem wir nun einige der zentralen Experimente in der Quantenmechanik vorgestellt haben, wollen wir das heute als gültig angesehene mathematische Gerüst und damit verbunden eine Interpretation dieser Mathematik vorstellen. Mehr als in jeder anderen Disziplin der Physik muss man in der Quantenmechanik unterscheiden zwischen einem mathematischen Objekt und einer physikalischen Größe, welche man beschreiben will. Hier liegt die größte Schwierigkeit beim Erlernen der Quantenmechanik, denn der Bezug zwischen Physik und Mathematik ist viel weniger direkt als dies beispielsweise in der klassischen Mechanik der Fall ist. Dort wird beispielsweise eine Kraft durch einen Vektor beschrieben. Ein Vektor ist zwar ein mathematisches Objekt, man gewinnt aber schnell ein intuitives Verständnis dafür, weil jeder mit Geometrie ganz selbstverständlich umgeht, schon um sich in der Welt orientieren zu können. Auch dass Kräfte nicht nur einen Betrag, sondern außerdem noch eine Richtung besitzen, ist eine recht einfache Erkenntnis. Beide Objekte besitzen also große Ähnlichkeit und der Unterschied zwischen Mathematik und Physik verwischt an dieser Stelle sehr leicht. In der Quantenmechanik hingegen werden wir keine so direkte Verknüpfung zwischen der beobachteten physikalischen Größe und dem beschreibenden mathematischen Objekt mehr finden. Wir müssen vielmehr akzeptieren, dass es einen Formalismus gibt, mit dem man Beobachtungen sehr genau beschreiben kann, der aber für sich genommen nicht intuitiv ist.

5.2.1 Der Zustandsvektor

Beim Stern-Gerlach-Versuch und bei den Experimenten am Doppelspalt haben wir gesehen, dass Teilchen vor einer Messung noch nicht auf ein konkretes Messergebnis festgelegt sind, sondern nur wissen, welche möglichen Messwerte es gibt, und mit welcher Wahrscheinlichkeit diese auftreten. Diese Informationsmenge trägt jedes Teilchen fest mit sich, es befindet sich so gesehen in einem klar definierten Zustand. Die möglichen Messwerte (wir sprechen auch von einer Messbasis) und die zugehörigen Wahrscheinlichkeiten müssen wir in passenden mathematischen Objekten „abspeichern". Für die Wahrscheinlichkeiten wählen wir einen Vektor, denn in diesem können wir mehrere Zahlenwerte gesammelt hinterlegen.[26] Da er alle Information über den Zustand des Teilchens enthält, die man jemals durch Messungen in Erfahrung bringen kann, nennen wir ihn Zustandsvektor. Beim Stern-Gerlach-Versuch enthält der Zustandsvektor zwei Einträge, entsprechend der beiden möglichen Magnetisierungen, die man messen kann. Beide Wahrscheinlichkeiten sind gleich groß, und daher auch beide Einträge identisch.

---

26 Die Messwerte und die Darstellung von Messgrößen besprechen wir später.

Aus später noch besser zu verstehenden Gründen muss man nun ein Postulat, also ein nicht weiter zu hinterfragendes Gesetz einführen, wie man aus den Einträgen des Zustandsvektors die Messwahrscheinlichkeiten bildet. Dieses lautet: Die Messwahrscheinlichkeiten sind die Betragsquadrate der Einträge des Zustandsvektors. Im Zustandsvektor stehen also nicht direkt die Messwahrscheinlichkeiten, sondern reelle Zahlen mit einem Vorzeichen oder sogar komplexe Zahlen. Diese Vorschrift müssen wir zwar hinnehmen, mit der Zeit werden wir aber feststellen, dass man sie in gewisser Hinsicht auch verstehen, zumindest aber einsehen kann. Anders als bisher wird jedoch in der Quantenmechanik eine neue Schreibweise für Vektoren verwendet, da diese nicht mehr im räumlichen Sinne zu verstehen sind, sondern lediglich eine Ansammlung von Zahlenwerten repräsentieren. Der Zustandsvektor wird meist in der Form $|\psi\rangle$ geschrieben (der Buchstabe ist auswechselbar, die Klammern sind der Unterschied zur bisherigen Schreibweise). Die Silberatome mit ihren beiden möglichen Magnetisierungen werden also durch den folgenden Zustandsvektor beschrieben:

$$|\psi\rangle = \frac{1}{\sqrt{2}} \begin{pmatrix} 1 \\ 1 \end{pmatrix} \tag{5.10}$$

Gemäß unserer Rechenvorschrift erhält man durch Bildung des Betragsquadrats die beiden Wahrscheinlichkeiten, jeweils also 1/2.

In diesem Zustand befinden sich die Silberatome vor der Aufspaltung in zwei Teilstrahlen. Nach dem Durchlaufen des Magnetfelds nehmen die Atome zwei verschiedene Zustände an, die wir auch messen können. Es sind gewissermaßen Basiszustände bezüglich der Messbasis:

$$|\varphi_1\rangle = \begin{pmatrix} 1 \\ 0 \end{pmatrix} \tag{5.11}$$

$$|\varphi_2\rangle = \begin{pmatrix} 0 \\ 1 \end{pmatrix} \tag{5.12}$$

Die Atome im Zustand $|\varphi_1\rangle$ zeigen bei der Messung mit der Wahrscheinlichkeit 1, also mit Sicherheit, die Magnetisierung ↑, während die Atome im Zustand $|\varphi_2\rangle$ sicher die Magnetisierung ↓ besitzen. Hier erkennt man auch wieder den Unterschied zwischen einer klassischen Mischung von Teilchen in verschiedenen Zuständen und dem einen quantenmechanischen Zustand, in dem sich alle Teilchen befinden, wobei aber das Messergebnis noch nicht feststeht. Bezüglich unserer Messbasis kann man den Zustand $|\psi\rangle$ auch als eine Überlagerung darstellen. Schließlich handelt es sich um Vektoren, und diese kann man (trotz neuer Schreibweise) immer noch wie gewohnt komponentenweise addieren:

$$|\psi\rangle = \frac{1}{\sqrt{2}} |\varphi_1\rangle + \frac{1}{\sqrt{2}} |\varphi_2\rangle = a_1 |\psi_1\rangle + a_2 |\psi_2\rangle \tag{5.13}$$

Man beachte den Vorfaktor $1/\sqrt{2}$, welchen wir aufgrund der Normierung benötigen. Die Summe aller Messwahrscheinlichkeiten muss 1 ergeben, denn irgendeinen Wert werden wir mit Sicherheit auch messen. Diese Überlagerung ist der Grund, weshalb man öfter liest, das Atom befinde sich gleichzeitig in zwei verschiedenen Zuständen (aktuell findet man das besonders häufig im Kontext des Quantencomputers). Das ist allerdings ungünstig ausgedrückt, tatsächlich befindet sich das Atom in nur einem Zustand, welcher die Information trägt, dass es zwei mögliche Messwerte gibt, die es bei der Messung mit gleicher Wahrscheinlichkeit annehmen kann. Nach der Aufspaltung in die zwei Teilstrahlen befindet sich ein Atom immer noch in genau einem Zustand, aber jetzt mit der Information, dass es den einen Wert mit der Wahrscheinlichkeit 1 annehmen wird, und den anderen mit der Wahrscheinlichkeit 0. Die Messung hat also den Zustand des Atoms verändert.

Wir haben die Überlagerung der beiden Basiszustände noch in etwas allgemeinerer Form geschrieben. Die Koeffizienten a_1 und a_2 drücken die Anteile der Basiszustände im resultierenden Zustandsvektor aus. Ihre Betragsquadrate sind die bekannten Messwahrscheinlichkeiten, a_1 und a_2 selbst bezeichnet man als Wahrscheinlichkeitsamplituden. Kennt man nur den Zustand $|\psi\rangle$ und die Vektoren der Messbasis, so kann man die Wahrscheinlichkeitsamplituden nach den Gesetzen der Vektorrechnung bestimmen. Genauer bildet man das Skalarprodukt aus Basisvektor und Zustandsvektor, was man in diesem Fall leicht nachvollziehen kann:

$$a_1 = \begin{pmatrix} 1 & 0 \end{pmatrix} \cdot \begin{pmatrix} \frac{1}{\sqrt{2}} \\ \frac{1}{\sqrt{2}} \end{pmatrix} = \frac{1}{\sqrt{2}} \qquad (5.14)$$

Auf die gleiche Art erhält man den Koeffizienten a_2. Wir haben die Vektoren so geschrieben, dass man die Rechenregel „Zeile mal Spalte" anwenden kann.

In den Koeffizienten a_i steckt sämtliche Information über den Zustand des Atoms. Und für unterschiedliche Messbasen erhält man auch verschiedene Wahrscheinlichkeitsamplituden. Man kann also an Atomen im gleichen Zustand unterschiedliche Messungen vornehmen und erhält dabei natürlich unterschiedliche Werte mit jeweils eigenen Messwahrscheinlichkeiten. Das mag physikalisch gesehen weniger verwunderlich sein, wir haben jetzt aber einen Einblick in den mathematischen Apparat erhalten, an welchen man sich erst einmal gewöhnen muss.

Zuletzt noch etwas zur neuen Vektornotation. Diese erlaubt eine elegante Formulierung des Skalarprodukts. Der Vektor, den man von links multipliziert, wird in der Form $\langle \phi_i |$ geschrieben, sodass das Skalarprodukt wie folgt aussieht:

$$a_i = \langle \varphi_i | \psi \rangle \qquad (5.15)$$

Diesen ersten Teil unserer mathematischen Beschreibung und der zugehörigen physikalischen Interpretation wollen wir einmal zusammenfassen.

> **Satz 5.1** *Der Zustandsvektor*
>
> In der Quantenmechanik wird ein Teilchen beschrieben durch einen Zustandsvektor $|\psi\rangle$. In diesem ist die Information über die Wahrscheinlichkeiten der möglichen Messwerte in Form von komplexen Zahlen kodiert. Deren Betragsquadrate ergeben die Messwahrscheinlichkeiten. Die Komponenten des Zustandsvektors, also die Wahrscheinlichkeitsamplituden, hängen von der Wahl der Messbasis ab. Physikalisch bedeutet dies, dass man unterschiedliche Messungen vornehmen kann, wobei man unterschiedliche Messwerte mit dazugehörigen Wahrscheinlichkeiten erhält.
>
> Die Summe aller Messwahrscheinlichkeiten muss 1 ergeben, da man irgendeinen Wert mit Sicherheit messen wird. Für eine Messbasis $|\varphi_i\rangle$ und Wahrscheinlichkeitsamplituden a_i bedeutet dies:
>
> $$\sum_i |a_i|^2 = \sum_i |\langle \varphi_i | \psi \rangle|^2 = 1 \tag{5.16}$$

Doch nicht nur beim Stern-Gerlach-Versuch benötigen wir den Zustandsvektor, um das physikalische Geschehen mathematisch zu erfassen. Auch die Verteilung der Elektronen nach dem Durchlaufen eines Doppelspalts wird mit Hilfe dieses neuen mathematischen Objekts beschrieben. Die Messbasis ist hier eine ganz andere als bei magnetischen Silberatomen. Die Intensitätsverteilung wird an jedem Punkt auf dem Schirm gemessen, also sind die Orte x die möglichen Messwerte. Vergleichen wir das mit dem Stern-Gerlach-Versuch: Dort gibt es nur zwei diskrete mögliche Messwerte (die beiden Magnetisierungsrichtungen), hier jedoch unendliche viele, da der Ort eine kontinuierliche Größe ist. Und zu unendlich vielen Messwerten müssen wir jeweils eine Messwahrscheinlichkeit angeben. Der Zustandsvektor $|\psi\rangle$ wird nun also dargestellt in der sogenannten Ortsbasis, und die Wahrscheinlichkeitsamplituden können nicht mehr mit einem diskreten Index nummeriert werden, sondern hängen von einer kontinuierlichen Größe x ab:

$$\psi(x) = \langle x | \psi \rangle \tag{5.17}$$

Die Funktion $\psi(x)$ nennt man auch Wellenfunktion. Sie beschreibt die Wahrscheinlichkeitsamplitude am Ort x. Wie man die Ortsbasis mathematisch genau erfassen kann, können wir hier nicht weiter ausführen, da dies den Rahmen der Einführung sprengen und eine umfassendere Beschreibung der nötigen Mathematik erfordern würde. Wir machen uns aber zumindest qualitativ klar, dass $|\psi\rangle$ unendlich viele Wahrscheinlichkeitsamplituden beinhaltet, und durch das Skalarprodukt $\langle x | \psi \rangle$ jene zum Ort x herausgegriffen wird.

Die Wellenfunktion ist wie jede Wahrscheinlichkeitsamplitude eine komplexe Zahl, und anhand der Experimente am Doppelspalt können wir nun auch etwas besser verstehen, wozu wir diese Freiheit benötigen und nicht mit positiven reellen Zahlen auskommen. Denn am Doppelspalt werden zwei Teilwellen überlagert und auf dem Schirm addiert. Dabei kann es zur Verstärkung, aber auch zur Auslöschung der einzelnen Wahrscheinlichkeitsamplituden kommen. Mit ausschließlich positiven Zahlen wäre eine solche Überlagerung nicht zu beschreiben. Eine rein reelle Darstellung der beiden Teilwellen in Abbildung 5.5 wäre zwar möglich, meist erleichtern einem die komplexen Zahlen aber die Rechnung. Daher lässt man im Zustandsvektor bzw. in der Wellenfunktion komplexe Zahlen zu.

Um den Zusammenhang zwischen der Wahrscheinlichkeitsamplitude $\psi(x)$ und der Messwahrscheinlichkeit haben wir uns noch etwas herumgedrückt. Bei einer kontinuierlichen Funktion müssen wir nämlich ein wenig anders an die Sache herangehen als beim Zustandsvektor für die Silberatome im Magnetfeld. Besitzt der Zustandsvektor bezogen auf eine Messbasis diskrete Einträge, so sind deren Betragsquadrate die Messwahrscheinlichkeiten und die Summe darüber muss 1 ergeben. Bei einer kontinuierlichen Funktion kann man aber keine Summe mehr bilden. Statt dessen müssen wir hier integrieren. Ganz analog zum diskreten Zustandsvektor soll dieses Integral aber auch wieder 1 ergeben:

$$\int_{-\infty}^{\infty} |\psi(x)|^2 \, dx = \int_{-\infty}^{\infty} \psi^*(x)\psi(x) \, dx = 1. \tag{5.18}$$

Die physikalische Einheit von $|\psi(x)|^2$ ist also 1 /m, denn dx besitzt als (infinitesimal kleines) Wegelement die Einheit m. Daher spricht man von einer Wahrscheinlichkeitsdichte. Das Produkt $|\psi(x)|^2 \, dx$ gibt dann die Wahrscheinlichkeit an, ein Teilchen im Bereich dx um den Ort x herum zu finden. Entsprechend könnte man auch fragen, wie groß die Wahrscheinlichkeit ist, ein Teilchen im Bereich zwischen x_1 und x_2 zu finden. Dafür muss man wieder integrieren:

$$w = \int_{x_1}^{x_2} |\psi(x)|^2 \, dx. \tag{5.19}$$

Damit wollen wir die Diskussion des Zustandsvektors und der Wellenfunktion beenden. Als nächstes wenden wir uns der Frage zu, wodurch der Zustandsvektor eigentlich bestimmt wird, also wie die Wahrscheinlichkeiten überhaupt zustande kommen, wenn man ein Experiment aufgebaut hat. Und wir werden sehen, dass sich der Zustandsvektor zeitlich auch verändern kann. Auch in der Quantenmechanik ist schließlich Bewegung im Spiel.

5.2.2 Die Schrödinger-Gleichung

In der klassischen Mechanik geht es darum, die Bewegung von Teilchen unter dem Einfluss von Kräften zu beschreiben. Zentrale Größe ist daher die Bahnkurve, auf der sich ein Teilchen bewegt. Diese wird bestimmt durch die Newton'sche Bewegungsgleichung. In der Quantenmechanik beschreiben wir keine Bahnkurven, sondern Wahrscheinlichkeiten bezüglich einer bestimmten Messgröße. Der Zustandsvektor nimmt daher in der Quantenmechanik die Rolle ein, welche der Bahnkurve in der klassischen Mechanik zukommt. Im vorangegangenen Abschnitt haben wir nur Szenarien besprochen, in welchen der Zustandsvektor sich nicht verändert. Das ist aber nicht immer der

Fall, die Wahrscheinlichkeiten besitzen im Allgemeinen eine Zeitabhängigkeit. Beispiele dazu werden wir kennen lernen, wenn wir uns verschiedene Modellsysteme anschauen.

Diese Zeitabhängigkeit gehorcht einer Bewegungsgleichung, die 1926 von Erwin Schrödinger veröffentlicht wurde. Es ist nicht möglich diese Gleichung zu beweisen. Man kann sie nur durch Plausibilitätsbetrachtungen „herleiten". Wir verzichten hier auf eine entsprechende Begründung, da wir auch im weiteren Verlauf dieses Kapitels eher an den Ergebnissen interessiert sind, die man mit Hilfe dieser Gleichung gewinnen kann. Daher führen wir sie nun wie auch den Zustandsvektor als Postulat ein. Dabei beschränken wir uns auf eine räumliche Messbasis, zu beschreiben ist also die Dynamik der Wellenfunktion $\psi(x, t)$. In der Quantenmechanik findet der Begriff der Kraft keine Verwendung, statt dessen benötigt man das Potential $V(x)$. Was in der klassischen Mechanik also eher die Rolle einer Hilfsgröße spielt, wird in der Quantenmechanik mit einer viel größeren Bedeutung bemessen.

Satz 5.2 *Die Schrödinger-Gleichung*
Die zeitliche Veränderung einer Wellenfunktion in Ortsdarstellung wird durch die Schrödinger-Gleichung beschrieben:

$$i\hbar \frac{\partial \psi(x, t)}{\partial t} = -\frac{\hbar^2}{2m} \frac{\partial^2 \psi(x, t)}{\partial x^2} + V(x)\psi(x, t). \tag{5.20}$$

Darin ist $\hbar$ das reduzierte Planck'sche Wirkungsquantum, m die Masse des Teilchens, $V(x)$ das Potential und i die imaginäre Einheit.

Anders als die Newton'sche Bewegungsgleichung ist die Schrödinger-Gleichung eine partielle Differentialgleichung. Ein solches Konstrukt haben wie schon bei der Beschreibung von Wellen und beim Transport von Wärme kennen gelernt. Mathematisch ist sie schwierig zu lösen, wir werden im nächsten Abschnitt daher nur einige einfache Modellsysteme untersuchen, um den Rahmen nicht zu sprengen.

Wir können aber hier schon zwei Typen von Lösungen unterscheiden. In der klassischen Mechanik gibt es fortschreitende und stehende Wellen. Eine stehende Welle besitzt die Besonderheit, dass sich das räumliche Muster mit der Zeit an jedem Punkt gleich verändert, die Wellenfunktion zerfällt in ein Produkt aus einem rein räumlichen Anteil und einem zeitlich veränderlichen Faktor. Dieser Ansatz ist auch bei der Lösung der Schrödinger-Gleichung möglich und wir wollen die Rechnung einmal vorstellen und die Konsequenzen besprechen. Wir machen also folgenden Ansatz für die Wellenfunktion:

$$\psi(x, t) = \vartheta(t) \cdot \varphi(x). \tag{5.21}$$

Diesen Ansatz setzen wir in die Schrödinger-Gleichung (5.20) ein. Da sich die zeitliche und die räumliche Abhängigkeit auf zwei getrennte Faktoren verteilen, können wir beim Ableiten nach der Zeit und nach dem Ort jeweils einen der beiden Faktoren als konstant betrachten:

$$i\hbar\varphi(x) \cdot \dot{\vartheta}(t) = -\frac{\hbar^2}{2m} \cdot \vartheta(t) \cdot \varphi''(x) + V(x) \cdot \vartheta(t) \cdot \varphi(x). \tag{5.22}$$

Diese Gleichung dividieren wir einmal durch ϑ und durch φ:

$$i\hbar\frac{\dot{\vartheta}(t)}{\vartheta(t)} = -\frac{\hbar^2}{2m}\frac{\varphi''(x)}{\varphi(x)} + V(x). \tag{5.23}$$

Die linke Seite dieser Gleichung hängt nur von der Zeit ab, die rechte Seite nur vom Ort. Da man diese Variablen unabhängig voneinander verändern kann, lässt sich die Gleichung nur lösen, wenn beide Seiten gleich einer einzigen Konstante sind. Wir nennen sie E und erhalten damit zwei getrennte Gleichungen:

$$i\hbar\frac{\dot{\vartheta}(t)}{\vartheta(t)} = E \tag{5.24}$$

$$-\frac{\hbar^2}{2m}\frac{\varphi''(x)}{\varphi(x)} + V(x) = E \tag{5.25}$$

Wir formen weiter um, indem wir in beiden Gleichungen mit der jeweiligen Lösungsfunktion multiplizieren:

$$i\hbar\dot{\vartheta}(t) = E\vartheta(t) \tag{5.26}$$

$$-\frac{\hbar^2}{2m}\varphi''(x) + V(x)\varphi(x) = E\varphi(x) \tag{5.27}$$

Die Gleichung (5.26) lässt sich ohne weitere Angaben mit einem Exponentialansatz lösen:

$$\vartheta(t) = e^{-\frac{iE}{\hbar}t} \tag{5.28}$$

Gleichung (5.27) muss hingegen so stehen bleiben. Sie kann erst gelöst werden, wenn das Potential $V(x)$ gegeben ist. Man nennt sie die zeitunabhängige Schrödinger-Gleichung. Die Konstante E besitzt nicht nur die physikalische Einheit einer Energie, man muss sie tatsächlich als messbaren Energiewert interpretieren, den das Teilchen im Potential V besitzen kann. Auch diese Interpretation ist ein Postulat, man kann die Gültigkeit letztlich nur dadurch begründen, dass dieses Modell die Realität korrekt beschreibt.

> **Satz 5.3** *Die zeitunabhängige Schrödinger-Gleichung*
> Eine spezielle Klasse von Lösungen der Schrödinger-Gleichung bilden solche Wellenfunktionen, die sich in der Form
>
> $$\psi(x, t) = \varphi(x) \cdot e^{-\frac{iE}{\hbar}t} \tag{5.29}$$
>
> schreiben lassen. Die Wellenfunktion $\varphi(x)$ wird bestimmt durch die zeitunabhängige Schrödinger-Gleichung:
>
> $$-\frac{\hbar^2}{2m} \varphi''(x) + V(x)\,\varphi(x) = E\varphi(x). \tag{5.30}$$
>
> Man bezeichnet $\varphi(x)$ als stationären Zustand, in dem sich das Teilchen befindet. Die Konstante E beschreibt alle möglichen Energiewerte, welche das Teilchen im Potential $V(x)$ annehmen kann. Wie die Wellenfunktion selbst werden die Energiewerte erst beim Lösen der Gleichung bestimmt. Die Lösung besteht immer aus einem Paar oder mehreren Paaren von Wellenfunktion und Energiewert.

Während in der klassischen Mechanik die Lösung der Bewegungsgleichung im Zentrum steht, muss man in der Quantenmechanik die Schrödinger-Gleichung lösen, um den Zustandsvektor (bzw. die Wellenfunktion) eines Teilchens zu erhalten. Die stationären Zustände beschreiben zeitlich unveränderliche Aufenthaltswahrscheinlichkeiten und sie sind verknüpft mit festen Energiewerten, die man messen kann. Meist ist man an ebendiesem Spektrum von Energiewerten interessiert, da man mit Mitteln der Optik ein solches Spektrum präzise messen kann. Wahrscheinlichkeitsamplituden im atomaren und molekularen Bereich sind im Experiment nicht so leicht zugänglich. Sie spielen aber beispielsweise eine Rolle, wenn man die chemische Bindung und speziell die räumliche Struktur von Molekülen verstehen will. Diese wird durch die Form der Wellenfunktion bestimmt.

Die bisher betrachteten Zustände bzw. Wellenfunktionen beziehen sich nur auf eine einzige messbare Größe, nämlich den Ort x. Ein Teilchen kann sich aber in drei Dimensionen aufhalten, und daher muss man die Schrödinger-Gleichung auf die y- und z-Richtung ausweiten.

> **Satz 5.4** *Die Schrödinger-Gleichung in drei Raumdimensionen*
> In drei Raumdimensionen lautet die Schrödinger-Gleichung:
>
> $$i\hbar\frac{\partial \psi(r, t)}{\partial t} = -\frac{\hbar^2}{2m}\left(\frac{\partial^2 \psi(r, t)}{\partial x^2} + \frac{\partial^2 \psi(r, t)}{\partial y^2} + \frac{\partial^2 \psi(r, t)}{\partial z^2}\right) + V(r)\,\psi(r, t), \tag{5.31}$$
>
> mit
>
> $$r = \begin{pmatrix} x \\ y \\ z \end{pmatrix}. \tag{5.32}$$

Wir werden die dreidimensionale Version der Schrödinger-Gleichung benötigen, wenn wir das Wasserstoffatom untersuchen, denn das in diesem Atom gebundene

Elektron hält sich eben in drei Dimensionen auf. Sonst greifen wir auf die einfachere Variante zurück.

5.2.3 Operatoren und Messungen

Schauen wir uns die zeitunabhängige Schrödinger-Gleichung (5.30) noch einmal etwas näher an. Wir klammern die Wellenfunktion auf der linken Seite aus:

$$\left(-\frac{\hbar^2}{2m}\frac{\mathrm{d}^2}{\mathrm{d}x^2} + V(x)\right)\varphi(x) = E\varphi(x). \tag{5.33}$$

Dann können wir eine Analogie zur klassischen Mechanik ziehen. Dort haben wir den Energieerhaltungssatz kennen gelernt, der besagt, dass die Summe aus kinetischer Energie und potentieller Energie konstant ist:

$$E_{\text{kin}} + V(x) = E. \tag{5.34}$$

In der Physik spielt die Energie eine zentrale Rolle. Sie kommt in jeder Disziplin vor, in der Mechanik, in der Thermodynamik, in der Elektrizitätslehre und eben auch in der Quantenmechanik. Sie zeigt immer die Eigenheit, dass sie insgesamt gleich bleiben muss. Man kann Energie zwar in verschiedene Formen wandeln, aber sie ist immer eine Erhaltungsgröße.[27] Die zeitunabhängige Schrödinger-Gleichung hat eine gewisse Ähnlichkeit mit dem Energieerhaltungssatz. Zwar steht eine Wellenfunktion mit dabei, die es im klassischen Energiesatz nicht gibt, und statt einem Ausdruck für die kinetische Energie haben wir es mit einem Ableitungsoperator zu tun. Aber eine Ähnlichkeit kommt eben zum Vorschein, und diese wollen wir ein bisschen besser verstehen. Doch zuvor noch eine Definition, was eigentlich ein Operator ist.

Definition 5.2   *Operatoren*
Ein Operator ist ein mathematisches Objekt, welches die nachfolgende Funktion verändert, beispielsweise durch Ableiten oder durch Integrieren. Im Falle eines Vektors ist ein Operator eine Matrix. Auch diese wirkt auf den Vektor ein und verdreht ihn oder ändert seine Länge.
Um Operatoren von Variablen besser unterscheiden zu können, schreiben wir Operatoren mit einem Dach über dem Symbol: $\hat{O}$.

Beispiel 5.1   *Einige Operatoren*

Die Ableitung ist ein bekannter Operator. Wir schreiben dafür:

$$\hat{O}_1 = \frac{\mathrm{d}}{\mathrm{d}x} \tag{5.35}$$

---

27 Das gilt auch, wenn Reibungskräfte im Spiel sind, denn dann entsteht Wärme und diese stellt wiederum nur eine bestimmte Form von Energie dar.

Dieser Operator wirkt auf eine Funktion, welche von der Variable x abhängt:

$$\hat{O}_1 f(x) = \frac{\mathrm{d}}{\mathrm{d}x} f(x) \tag{5.36}$$

Ein anderer Operator ist der folgende:

$$\hat{O}_2 = \left(-\frac{1}{2} \frac{\mathrm{d}^2}{\mathrm{d}x^2} + x^2 \right) \tag{5.37}$$

Dieser Operator leitet die Funktion nicht nur zweimal ab, sondern zählt auch noch etwas dazu. Am Ende steht jeweils eine neue Funktion. Auch Matrizen sind Operatoren, sie wirken jedoch auf Vektoren mit diskreten Einträgen:

$$\hat{O}_3 = \begin{pmatrix} 0 & i \\ -i & 0 \end{pmatrix}. \tag{5.38}$$

Matrizen drehen oder strecken Vektoren.

Anhand der Analogie zwischen Energiesatz und Schrödinger-Gleichung können wir nun ein Verständnis dafür gewinnen, wie Messgrößen in der Quantenmechanik repräsentiert werden. In der klassischen Mechanik haben wir die kinetische Energie immer über die Geschwindigkeit des Teilchens ausgedrückt. Für unseren Analogieschluss ist hingegen der Teilchenimpuls $p = mv$ geschickter. Die kinetische Energie in Abhängigkeit des Impulses sieht dann wie folgt aus:

$$E_{\text{kin}} = \frac{p^2}{2m} \tag{5.39}$$

Das kommt dem Ableitungsterm in der Schrödinger-Gleichung schon etwas näher. Wir kommen aber nicht umhin, den Impuls, der in der klassischen Mechanik eine reelle Zahl (inklusive einer physikalischen Einheit) ist, zu übertragen in einen Ableitungsoperator. Dieser muss wie folgt aussehen:

$$\hat{p} = \frac{\hbar}{i} \frac{\mathrm{d}}{\mathrm{d}x}. \tag{5.40}$$

Für den Operator der kinetischen Energie erhalten wir damit:

$$\hat{E}_{\text{kin}} = \frac{\hat{p}^2}{2m} = -\frac{\hbar^2}{2m} \frac{\mathrm{d}^2}{\mathrm{d}x^2}. \tag{5.41}$$

Das ist genau das Ergebnis, welches wir haben wollten, um eine Übersetzungsvorschrift zu bekommen, die beschreibt, wie wir die Terme aus der zeitunabhängigen Schrödinger-Gleichung übersetzen müssen, damit sie mit bekannten Größen aus der klassischen Mechanik korrespondieren.

Natürlich wirkt diese Analogie zunächst einmal seltsam, da wir es gewohnt sind, eine Messgröße wie den Teilchenimpuls als reelle Zahl zu betrachten. In der Quantenmechanik ist dieses Objekt plötzlich ein Operator. Und wie „misst" man schon Operatoren? Das erscheint nicht sinnvoll, und tatsächlich werden Operatoren auch nicht gemessen. Der eigentliche Messwert steht in der Schrödinger-Gleichung auf der rechten Seite, und das ist die Energie. Auf der linken Seite hingegen steht ein Operator, welcher das quantenmechanische System definiert. In ihm steht ja der Potentialverlauf, die einzige Größe, anhand derer sich verschiedene Systeme unterscheiden. Und zu diesem Energieoperator gehören nun ganz bestimmte messbare Energiewerte und Wellenfunktionen, sodass die Schrödinger-Gleichung erfüllt wird. Meist sind nur einzelne Energiewerte Lösung der Schrödinger-Gleichung und eben nicht mehr beliebige wie in der klassischen Mechanik. Der Energieoperator erhält noch einen eigenen Namen, man nennt ihn den Hamilton-Operator.

Satz 5.5 *Der Hamilton-Operator*
Eine der wichtigsten Messgrößen in der Quantenmechanik ist die Energie. Das zu vermessende System wird beschreiben durch den Hamilton-Operator $\hat{H}$:

$$\hat{H} = -\frac{\hbar^2}{2m}\frac{d^2}{dx^2} + V(x). \tag{5.42}$$

Die zu diesem Operator gehörenden Lösungen E in der Schrödinger-Gleichung stellen die eigentlichen Messwerte dar.

Doch in der Schrödinger-Gleichung steht ja auch noch die Wellenfunktion. Diese muss so beschaffen sein, dass der Hamilton-Operator lediglich ihre „Länge" ändert, und zwar um den Faktor E. Man nennt solche Funktionen, die durch einen Operator nur um einen Faktor verändert werden, aber sonst den Verlauf beibehalten, Eigenfunktionen zu diesem Operator. Die zugehörigen Werte, um welche die Funktion vergrößert oder verkleinert wird, nennt man Eigenwerte. In der Quantenmechanik repräsentiert der Hamilton-Operator also das zu vermessende System, seine Eigenwerte sind die möglichen Energiemesswerte und die Eigenfunktionen geben die Wahrscheinlichkeitsamplituden wider, mit denen sich das Teilchen an einem bestimmten Ort aufhält. In dieser Hinsicht ist das Programm der Quantenmechanik genauso klar umrissen wie in der klassischen Mechanik. Dort stellt man die Kräfte auf, welche auf ein Teilchen wirken und löst damit die Newton'sche Bewegungsgleichung. Hier gibt man einen Potentialverlauf vor und löst die Schrödinger-Gleichung, wodurch man die möglichen Energiemesswerte und die Aufenthaltswahrscheinlichkeiten erhält.

Doch es gibt ja auch noch andere Messwerte, wie wir beispielsweise beim Stern-Gerlach-Versuch gesehen haben. Die beiden Messwerte beziehen sich auf den Drehimpuls eines Silberatoms. Zu der Messgröße „Drehimpuls" muss man wieder einen Operator definieren und seine Eigenwerte bestimmen. Hier tut sich nun ein größeres Feld auf, welches wir im Rahmen dieser Einführung nicht weiter untersuchen werden. Es sei nur so viel gesagt, dass jede Messgröße durch einen passenden Operator ausgedrückt werden kann und die möglichen Messwerte durch dessen Eigenwerte gegeben sind. Dieses Prinzip muss man in der Quantenmechanik als gegeben hinnehmen, es ist wie schon zu Beginn dieses Kapitels angedeutet die größere Schwierigkeit als das bloße Rechnen. Am besten macht man sich klar, dass es eine Korrespondenz gibt zwischen mathematischen Objekten (Operatoren, Eigenwerte und Eigenfunktionen) und physikalischen Objekten (Messgrößen, Messwerte und Messwahrscheinlichkeiten), und dass man eine solche Korrespondenz streng genommen auch in allen anderen physikalischen Disziplinen kennt, nur eben nicht in einer solch abstrakten Form.

Satz 5.6 *Operatoren, Messwerte und Messwahrscheinlichkeiten*
In der Quantenmechanik geht es darum, zu einer Messgröße die möglichen messbaren Werte und die zugehörigen Messwahrscheinlichkeiten zu finden. Messgrößen werden mathematisch durch Operatoren beschrieben, die Messwerte sind die zugehörigen Eigenwerte. Messwahrscheinlichkeiten hinsichtlich einer bestimmten Messgröße werden durch die Eigenfunktionen festgelegt. In der hier verwendeten Ortsdarstellung haben wir den Hamilton-Operator und den Impuls-Operator kennen gelernt:

$$\hat{p} = \frac{\hbar}{i} \frac{d}{dx} \tag{5.43}$$

$$\hat{H} = -\frac{\hbar^2}{2m} \frac{d^2}{dx^2} + V(x). \tag{5.44}$$

Auch der Ort ist eine Messgröße. Der Ortsoperator kann aber in Ortsdarstellung einfach durch einen Faktor x ersetzt werden:

$$\hat{x} \rightarrow x \tag{5.45}$$

5.2.4 Mittelwerte, Schwankungen und die Unschärferelation

Wenn sich ein Teilchen in einem Eigenzustand des Hamilton-Operators befindet, so kann man sagen, es hat eine ganz bestimmte Energie, denn diese gehört als Eigenwert fest zu diesem Zustand. Nehmen wir an, wir hätten die Schrödinger-Gleichung für ein gegebenes Potential gelöst und die Eigenfunktionen φ_n des Hamilton-Operators stünden uns zur Verfügung. Dann können wir folgende Umformung vornehmen:

$$\hat{H}\varphi_n(x) = E_n\varphi_n(x) \quad \Big| \cdot \varphi_n^*(x) \tag{5.46}$$

$$\Leftrightarrow \varphi_n^*(x)\hat{H}\varphi_n(x) = E_n\varphi_n^*(x)\varphi_n(x) \tag{5.47}$$

Jetzt integrieren wir beide Seiten über die komplette reelle Achse. Aufgrund der Normierung der Wellenfunktion (5.18) wissen wir, dass auf der rechten Seite ein Faktor 1 entsteht, die Energie also als einzige Größe übrig bleibt. Denn bei dieser Integration zählen wir auf der rechten Seite die Wahrscheinlichkeiten an jedem Punkt im Raum zusammen, mit denen das Teilchen bei einer Ortsmessung dort angetroffen wird, und diese Wahrscheinlichkeit muss eben gerade 1 ergeben. Somit erhalten wir bei Kenntnis der Eigenfunktionen φ_n auf die folgende (vielleicht zunächst noch etwas umständlich anmutende) Art den zugehörigen Energiemesswert E_n:

$$E_n = \int_{-\infty}^{\infty} \varphi_n^*(x)\hat{H}\varphi_n(x)\,\mathrm{d}x. \tag{5.48}$$

Soweit ist dies noch eine Art Spielerei, denn sowohl φ_n als auch E_n kennen wir ja nach Voraussetzung schon. Machen wir uns aber noch einmal klar, dass wir bei einer Energiemessung im Zustand φ_n mit Sicherheit, also der Wahrscheinlichkeit 1, den Energiewert E_n messen werden. Und jetzt erweitern wir die Fragestellung etwas, denn in der Quantenmechanik sind, wie wir seit dem Stern-Gerlach-Versuch wissen, auch Zustände möglich, die sich aus einer Überlagerung aus der Messbasis ergeben. Nehmen wir der Einfachheit halber nur zwei solcher Eigenzustände des Hamilton-Operators und erzeugen daraus einen neuen Zustand, in dem wie auch beim Stern-Gerlach-Versuch beide Basiszustände mit der gleichen Wahrscheinlichkeit vertreten sind:

$$\psi(x) = \frac{1}{\sqrt{2}}\varphi_1(x) + \frac{1}{\sqrt{2}}\varphi_2(x). \tag{5.49}$$

Die beiden Messzustände φ_1 und φ_2 sowie die zugehörigen Energiewerte E_1 und E_2 werden wir jeweils mit der Wahrscheinlichkeit $1/2$ messen. Bei sehr vielen Messungen ist es sinnvoll, eine Aussage über den mittleren Messwert zu treffen. In diesem Fall lautet dieser Mittelwert:

$$\bar{E} = \frac{1}{2}E_1 + \frac{1}{2}E_2 \tag{5.50}$$

Wir können die Überlagerung auch allgemeiner halten, und beliebig viele Basiszustände mit beliebigen Wahrscheinlichkeitsamplituden zulassen:

$$\psi(x) = \sum_n a_n\varphi_n(x). \tag{5.51}$$

Da wir bei einer Messung wieder mit Sicherheit einen der Basiszustände messen werden, müssen die Wahrscheinlichkeitsamplituden immer noch normiert sein:

$$\sum_n |a_n|^2 = 1. \tag{5.52}$$

Und wieder können wir auch den über viele Messungen gemittelten Energiewert berechnen:

$$\bar{E} = \sum_n |a_n|^2 E_n. \tag{5.53}$$

Diese Rechnung hat bis jetzt leider nur den Haken, dass wir zur Berechnung eines Energiemittelwerts die Basiszustände des Hamilton-Operators kennen müssen. Doch es geht einfacher. Wir versuchen auf die gleiche Art wie in (5.48) eine Energie zu berechnen. Dabei setzen wir für $\psi(x)$ die gegebene Überlagerung der Basiszustände ein:

$$\int_{-\infty}^{\infty} \psi^*(x)\hat{H}\psi(x)\,\mathrm{d}x = \int_{-\infty}^{\infty} \sum_n a_n^* \varphi_n^*(x)\hat{H} \sum_m a_m \varphi_m(x)\,\mathrm{d}x \tag{5.54}$$

$$= \int_{-\infty}^{\infty} \sum_n a_n^* \varphi_n^*(x) \sum_m a_m \hat{H}\varphi_m(x)\,\mathrm{d}x. \tag{5.55}$$

Da φ_m eine Eigenfunktion zu $\hat{H}$ ist, können wir statt dessen den Energiemesswert E_m schreiben:

$$\int_{-\infty}^{\infty} \psi^*(x)\hat{H}\psi(x)\,\mathrm{d}x = \int_{-\infty}^{\infty} \sum_n a_n^* \varphi_n^*(x) \sum_m a_m E_m \varphi_m(x)\,\mathrm{d}x \tag{5.56}$$

$$= \sum_n \sum_m a_n^* a_m E_m \int_{-\infty}^{\infty} \varphi_n^*(x)\varphi_m(x)\,\mathrm{d}x \tag{5.57}$$

In der Quantenmechanik ist es nun so, dass Basiszustände immer senkrecht aufeinander stehen,[28] sodass alle Integrale über Kombinationen aus φ_n und φ_m verschwinden, wenn $n \neq m$, und sonst 1 ergeben. Daher reduziert sich eine der beiden Summen auf einen einzigen Summanden:

$$\int_{-\infty}^{\infty} \psi^*(x)\hat{H}\psi(x)\,\mathrm{d}x = \sum_n |a_n|^2\, E_n \cdot 1. \tag{5.58}$$

Im Ergebnis sehen wir, dass die rechte Seite gerade der Energiemittelwert ist. Auch ohne vorher alle Eigenzustände zu berechnen, können wir also bei Vorgabe eines beliebigen Zustands sagen, welche mittlere Energie bei vielen Einzelmessungen gemessen wird.

Satz 5.7 *Mittlere Energie*
Befindet sich ein Teilchen in einem beliebigen Zustand $\psi(x)$, so wird man über viele einzelne Messungen die mittlere Energie

$$\bar{E} = \int_{-\infty}^{\infty} \psi^*(x)\hat{H}\psi(x)\,\mathrm{d}x \tag{5.59}$$

messen.

Ein Mittelwert ist jedoch nur eine von vielen statistischen Größen, die man anhand einer Wahrscheinlichkeitsverteilung berechnen kann. Eine weitere relevante Aussage

---

28 Auch das ist wieder ein Postulat.

ist die mittlere quadratische Abweichung eines Messwerts vom Mittelwert, auch Streuung genannt:

$$\Delta E = \sqrt{\overline{E^2} - \bar{E}^2} \tag{5.60}$$

$$= \sqrt{\sum_n |a_n|^2 E_n^2 - \bar{E}^2}. \tag{5.61}$$

Auch die mittlere quadratische Abweichung lässt sich analog zur mittleren Energie mit Hilfe der Wellenfunktion berechnen:

$$\Delta E = \sqrt{\int_{-\infty}^{\infty} \psi^*(x)\hat{H}^2\psi(x)\,\mathrm{d}x - \bar{E}^2}. \tag{5.62}$$

Man versuche doch einmal, diesen Zusammenhang selbst herzuleiten. Dazu setzt man die Zerlegung des Zustands $\psi(x)$ nach Eigenfunktionen des Hamilton-Operators φ_n ein und formt analog zur Berechnung des Mittelwerts um.

Doch die Energie ist ja nicht die einzige Messgröße. Ort und Impuls eines Teilchens lassen sich ebenfalls messen. Die Berechnung der mittleren Energie lässt sich nun zu einem Formalismus erweitern, sodass der mittlere Wert einer Messgröße $\hat{O}$ sowie die Streuung immer auf die gleiche Art berechnet werden können.

Satz 5.8 *Mittelwert und Streuung von Messwerten*
In einem Zustand ψ lassen sich die Mittelwerte einer Messgröße $\hat{O}$ und deren Streuungen wie folgt berechnen:

$$\bar{O} = \int_{-\infty}^{\infty} \psi^*(x)\hat{O}\psi(x)\,\mathrm{d}x \tag{5.63}$$

$$\Delta O = \sqrt{\int_{-\infty}^{\infty} \psi^*(x)\hat{O}^2\psi(x)\,\mathrm{d}x - \bar{O}^2}. \tag{5.64}$$

Unser Eingangsbeispiel, wo sich das Teilchen in einem Eigenzustand des Hamilton-Operators befand, war ein Spezialfall dieses Formalismus. Der Energiemittelwert ist für einen solchen Eigenzustand gleich dem Eigenwert, die Streuung ist Null. Man misst also immer den selben Wert. In diesem Fall sagt man auch, die Messgröße sei scharf messbar.

Beispiel 5.2 *Mittlerer Aufenthaltsort eines Teilchens, Streuung*

Ein Teilchen befindet sich in einem unendlich hohen Potentialtopf der Breite L und wird in dem Bereich von 0 bis L durch die Wellenfunktion

$$\psi(x) = N \sin\left(\frac{\pi}{L} \cdot x\right) \tag{5.65}$$

beschrieben. Außerhalb dieses Bereichs ist die Wellenfunktion 0. Man bestimme den Normierungsfaktor N und den mittleren Aufenthaltsort sowie dessen mittlere quadratische Abweichung von diesem Mittelwert.

Lösung: Zuerst berechnen wir den Normierungsfaktor. Die Bedingung dafür lautet:

$$\int_0^L |\psi(x)|^2 \, dx = \int_0^L \left| N \sin\left(\frac{\pi}{L} \cdot x\right) \right|^2 dx = 1. \tag{5.66}$$

Wir formen das Integral mittels linearer Substitution ein wenig um, damit wir es mit einem Tabellenwert vergleichen können:

$$\int_0^L \left| N \sin\left(\frac{\pi}{L} \cdot x\right) \right|^2 dx = N^2 \int_0^L \sin\left(\frac{\pi}{L} \cdot x\right)^2 dx \quad \left| y = \frac{\pi}{L} \cdot x \right. \tag{5.67}$$

$$= N^2 \int_0^\pi \sin(y)^2 \cdot \frac{L}{\pi} \, dy \overset{!}{=} 1 \tag{5.68}$$

$$\Leftrightarrow N = \sqrt{\frac{\pi}{L \int_0^\pi \sin(y)^2 \, dy}}. \tag{5.69}$$

Das Integral können wir jetzt entweder noch mit Hilfe partieller Integration lösen, oder einfach in einer Tabelle nachschlagen. In beiden Fällen erhält man schließlich für den Normierungsfaktor:

$$N = \sqrt{\frac{2}{L}}. \tag{5.70}$$

Dann wenden wir uns dem mittleren Aufenthaltsort zu. In der Ortsdarstellung können wir den Ortsoperator einfach durch einen Faktor x ersetzen:

$$\bar{x} = \int_0^L \psi^*(x) \cdot x \cdot \psi(x) \, dx \tag{5.71}$$

$$= N^2 \cdot \int_0^L x \cdot \sin\left(\frac{\pi}{L} \cdot x\right)^2 dx \quad \left| y = \frac{\pi}{L} \cdot x \right. \tag{5.72}$$

$$= N^2 \cdot \int_0^\pi \frac{L}{\pi} \cdot y \cdot \sin(y)^2 \cdot \frac{L}{\pi} \, dy = \frac{2}{L} \cdot \frac{L^2}{\pi^2} \int_0^\pi y \cdot \sin(y)^2 \, dy \tag{5.73}$$

Auch dieses Integral kann man mit partieller Integration oder einer Tabelle lösen:

$$\bar{x} = \frac{L}{2}. \tag{5.74}$$

Zuletzt schauen wir uns noch die Streuung an. Dafür müssen wir noch das folgende Integral mit Hilfe der bekannten Substitution lösen:

$$\overline{x^2} = \int_0^L \psi^*(x) \cdot x^2 \cdot \psi(x)\, dx \tag{5.75}$$

$$= N^2 \cdot \int_0^L x^2 \cdot \sin\left(\frac{\pi}{L} \cdot x\right)^2 dx \quad \Big| y = \frac{\pi}{L} \cdot x \tag{5.76}$$

$$= N^2 \cdot \int_0^\pi \frac{L^2}{\pi^2} \cdot y^2 \cdot \sin(y)^2 \cdot \frac{L}{\pi}\, dy \tag{5.77}$$

$$= \frac{2}{L} \cdot \frac{L^3}{\pi^3} \int_0^\pi y^2 \cdot \sin(y)^2\, dy. \tag{5.78}$$

Im Ergebnis erhalten wir:

$$\overline{x^2} = 2L^2 \cdot \left(\frac{1}{6} - \frac{1}{4\pi^2}\right) \tag{5.79}$$

Die Streuung ist schließlich

$$\Delta x = \sqrt{\overline{x^2} - \bar{x}^2} \tag{5.80}$$

$$= \sqrt{2L^2 \cdot \left(\frac{1}{6} - \frac{1}{4\pi^2}\right) - \frac{L^2}{4}} \tag{5.81}$$

$$= L\sqrt{2\left(\frac{1}{6} - \frac{1}{4\pi^2}\right) - \frac{1}{4}} \tag{5.82}$$

$$= L\sqrt{\frac{1}{12} - \frac{1}{2\pi^2}}. \tag{5.83}$$

Wie wir an diesem Beispiel sehen, ist die gegebene Wellenfunktion kein Eigenzustand des Ortsoperators, sonst würde man ja immer den selben Ort messen. Wir werden dieses spezielle Modellsystem noch besprechen und dabei feststellen, dass die Energie im Gegensatz zum Ort eine scharfe Messgröße in diesem Zustand ist. Und wenn wir noch Mittelwert und Streuung des Impulsoperators berechnen, werden wir wieder eine Unschärfe feststellen. Machen wir uns klar, dass die Streuung der Messwerte nichts mit einem ungenauen Messgerät zu tun hat. Bei der Messung der Teilchenposition erhält man auf dem Detektor einen scharfen Messpunkt, abhängig von der Auflösung des Geräts. Man wird nur bei jeder Messung einen anderen Ort detektieren, und bei vielen Messungen sieht man eine Häufung an einer bestimmten Stelle. Ein solches Messergebnis kennen wir schon vom Doppelspalt, nur dass dort mehrere Häufungen zu sehen sind, die jedoch mit wachsender Entfernung vom Zentrum immer kleiner werden. Auch den Impuls kann man messen und erhält bei jeder Einzelmessung einen scharfen Messwert. Erst die Vielzahl der Messungen zeigt die Streuung der Messwerte auf.

Dieses Messverhalten steht im Gegensatz zur klassischen Mechanik, wo Ort und Impuls auch bei mehreren gleichartigen Messungen immer dieselben Werte aufweisen (bis auf die übliche Ungenauigkeit des Messgeräts). In der Quantenmechanik kann man sogar noch zeigen, dass die Streuungen von Ort und Impuls eine minimale Größe aufweisen müssen. Dies wird in der Heisenberg'schen Unschärferelation festgehalten.

Satz 5.9 *Die Heisenberg'sche Unschärferelation*
Unabhängig davon, in welchem Zustand sich ein Teilchen befindet, kann man Ort und Impuls nur mit minimalen Streuungen vermessen, welche durch die Heisenberg'sche Unschärferelation bestimmt sind:

$$\Delta x \cdot \Delta p \geq \frac{\hbar}{2}. \tag{5.84}$$

Ist die Wellenfunktion eng um einen bestimmten Ort herum lokalisiert und damit Δx sehr klein, so muss die Streuung der Impulsmesswerte entsprechend größer werden, damit die Ungleichung erfüllt werden kann. Es ist nicht möglich, auch mit noch so genauen Messgeräten die Unschärferelation zu umgehen. Diese Tatsache ist rein durch den Zustand bestimmt, in dem sich das Teilchen befindet. Die Unschärferelation ist beispielsweise dafür verantwortlich, dass ein Elektron nicht in einen Atomkern stürzen kann. Denn in diesem Zustand würde das Teilchen einen sehr scharfen Ort besitzen, wodurch sein Impuls sehr stark schwanken würde und es sich (klassisch ausgedrückt) sehr schnell um den Kern herum bewegen müsste, was der Lokalisierung wieder entgegen wirkt. Somit findet zwischen Lokalisierung und Bewegung ein Ausgleich statt, der das Atom letztlich stabilisiert.

Wir haben bis jetzt sehr häufig die Ortsdarstellung verwendet. Um auch einmal mit tatsächlichen Zustandsvektoren zu rechnen, untersuchen wir den Eigendrehimpuls, genannt Spin, eines Silberatoms in einem Stern-Gerlach-Apparat. Um es zu präzisieren, schauen wir uns die z-Komponente des Spins an. Diese hat genau zwei mögliche Messwerte, nämlich $\pm\hbar/2$. Der Operator, welcher der Messgröße „Spin" zugeordnet wird, hat folgende Gestalt:

$$\hat{s}_z = \frac{\hbar}{2} \begin{pmatrix} 1 & 0 \\ 0 & -1 \end{pmatrix}. \tag{5.85}$$

Auf eine tiefere Untersuchung des Spins verzichten wir in dieser Einführung und versuchen statt dessen über die folgenden Beispiele und mit dem schon besprochenen Stern-Gerlach-Experiment ein grundlegendes Verständnis zu erhalten. Die beiden Eigenzustände haben wir oben schon kennen gelernt. Wie bei jeder Messgröße sind sie Eigenvektoren des zugehörigen Operators:

$$\hat{s}_z \left| \varphi \right\rangle = s_z \left| \varphi \right\rangle. \tag{5.86}$$

Was physikalisch sicher immer noch gewöhnungsbedürftig erscheint, reduziert sich mathematisch jedoch auf ein recht einfaches lineares Gleichungssystem:

$$\frac{\hbar}{2} \begin{pmatrix} 1 & 0 \\ 0 & -1 \end{pmatrix} \cdot \begin{pmatrix} a_1 \\ a_2 \end{pmatrix} = s_z \begin{pmatrix} a_1 \\ a_2 \end{pmatrix}. \tag{5.87}$$

Das Ergebnis kennen wir schon, aber man kann es jetzt als Übung auch einmal nachrechnen:

$$|\varphi_1\rangle = \begin{pmatrix} 1 \\ 0 \end{pmatrix} \tag{5.88}$$

$$|\varphi_2\rangle = \begin{pmatrix} 0 \\ 1 \end{pmatrix}. \tag{5.89}$$

Die dazu gehörenden Eigenwerte lauten:

$$s_{z,1} = \frac{\hbar}{2} \tag{5.90}$$

$$s_{z,2} = -\frac{\hbar}{2}. \tag{5.91}$$

Aus diesen Basiszuständen, zu denen jeweils ein scharfer Messwert gehört, setzen wir nun exemplarisch einen neuen Zustand zusammen und berechnen den mittleren Messwert.

Beispiel 5.3   *Mittlerer Spin in einer Stern-Gerlach-Apparatur*

Ein Silberatom werde so präpariert, dass sein Spinzustand bezüglich der z-Richtung durch den Zustandsvektor

$$|\psi\rangle = \sin\alpha \, |\varphi_1\rangle + \cos\alpha \, |\varphi_2\rangle \tag{5.92}$$

beschrieben wird. Darin ist α ein Parameter, durch den auch andere Wahrscheinlichkeitsverteilungen als im üblichen Stern-Gerlach-Versuch präpariert werden können. Wie groß ist der mittlere Messwert des Spins in z-Richtung?

Lösung: Der Mittelwert wird wieder gemäß des üblichen Formalismus berechnet, nur dass jetzt ein herkömmliches Skalarprodukt berechnet werden muss statt eines Integrals.

$$\bar{s}_z = \langle\psi|\,\hat{s}_z\,|\psi\rangle \tag{5.93}$$

$$= \begin{pmatrix} \sin\alpha & \cos\alpha \end{pmatrix} \cdot \frac{\hbar}{2} \begin{pmatrix} 1 & 0 \\ 0 & -1 \end{pmatrix} \cdot \begin{pmatrix} \sin\alpha \\ \cos\alpha \end{pmatrix} \tag{5.94}$$

$$= \frac{\hbar}{2} \begin{pmatrix} \sin\alpha & -\cos\alpha \end{pmatrix} \cdot \begin{pmatrix} \sin\alpha \\ \cos\alpha \end{pmatrix} \tag{5.95}$$

$$= \frac{\hbar}{2} \left(\sin^2\alpha - \cos^2\alpha \right). \tag{5.96}$$

Den Überlagerungszustand aus dem bekannten Stern-Gerlach-Versuch erhält man für $\alpha = \pi/4$. In diesem Fall sind Sinus und Kosinus gleich, sodass der Mittelwert der z-Komponente des Spins 0 ist. Das überrascht nicht, denn die beiden möglichen Messwerte $\pm \hbar/2$ kommen mit gleicher Häufigkeit vor und mitteln sich daher zu 0. Verschiebt man das Gleichgewicht ganz auf den einen oder ganz auf den anderen Eigenzustand (entsprechend $\alpha = 0$ bzw. $\alpha = \pi/2$), ist der Mittelwert gleich dem jeweiligen Eigenwert.

Aufgaben

Aufgabe 5.2 Mittelwerte der x- und y-Komponente des Spins
Ein Silberatom werde im Zustand

$$|\psi\rangle = \sin\alpha\,|\varphi_1\rangle + \cos\alpha\,|\varphi_2\rangle \tag{5.97}$$

präpariert. Wie groß ist der Mittelwert des Spins in x- und in y-Richtung? Die jeweiligen Matrizen für die beiden Messgrößen lauten:

$$\hat{s}_x = \frac{\hbar}{2}\begin{pmatrix} 0 & 1 \\ 1 & 0 \end{pmatrix} \tag{5.98}$$

$$\hat{s}_y = \frac{\hbar}{2}\begin{pmatrix} 0 & -i \\ i & 0 \end{pmatrix} \tag{5.99}$$

5.3 Modellsysteme

In diesem Abschnitt wollen wir uns im Wesentlichen der Schrödinger-Gleichung zuwenden, und diese für verschiedene Szenarien lösen. Dabei werden wir typisch quantenmechanische Beobachtungen machen wie etwa den Tunneleffekt und die Existenz diskreter möglicher Energiewerte. Den Abschluss wird ein periodisches Potential bilden, anhand dessen wir sogar schon einen Einblick in das Bändermodell erhalten, welches in der Halbleitertechnik eine so große Rolle spielt.

5.3.1 Der unendliche tiefe Potentialtopf

Der Potentialtopf, auch Kastenpotential genannt, stellt eine konstante Vertiefung im Potential dar. Wir untersuchen zuerst den idealisierten, aber etwas leichteren Fall einer Vertiefung, die links und rechts durch einen unendlich hohen Potentialwert begrenzt wird. Ein solcher Verlauf ist in Abbildung 5.6 dargestellt. Unendlich große Potentialwerte kommen zwar in der Realität nicht vor, aber wenn wir eine Ladung beschreiben wollen, welche sich in einer Speicherzelle von Flash-Speicher aufhält, stellt dies durchaus eine brauchbare Näherung dar. Effektiv ist die Ladung durch die quasi unendlich hohen Wände nämlich in der Zelle gefangen, wodurch Information dauerhaft gespeichert werden kann.

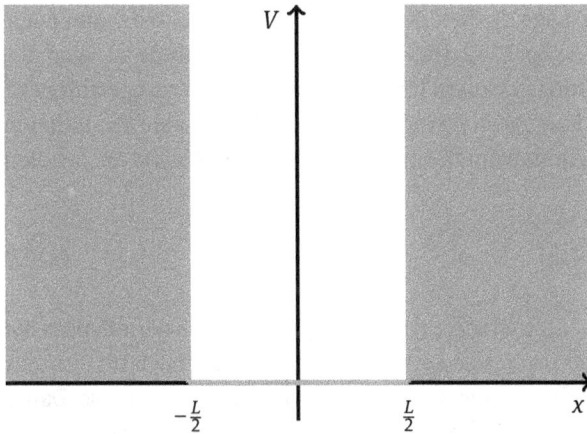

Abb. 5.6: Zum Verlauf des unendlich hohen Kastenpotentials. Zwischen $x = -L/2$ und $x = L/2$ kann sich das Teilchen beim Potentialwert 0 frei bewegen. Im grau markierten Bereich nimmt das Potential einen unendlich großen Wert an. Dort wird sich das Teilchen niemals aufhalten können.

Wir wollen uns aber nun daran machen, die Schrödinger-Gleichung für dieses Potential zu lösen und insbesondere das Energiespektrum bestimmen. Schauen wir uns zuerst die beiden Bereiche an, in denen das Potential unendlich groß ist. Um es (auch mathematisch) greifbarer zu machen, stellen wir uns für den Moment nur einen sehr großen Potentialwert V_0 vor. Dieser soll in der Schrödinger-Gleichung

$$-\frac{\hbar^2}{2m}\psi''(x) + V_0\psi(x) = E\psi(x) \tag{5.100}$$

also dominieren. Da die Wellenfunktion normiert sein soll, kann sie nicht im ganzen Bereich beliebig große Werte annehmen. Um den extrem großen Potentialterm in der Gleichung kompensieren zu können, müsste also die 2. Ableitung überall entsprechend groß werden. Das bedeutet anschaulich, dass die Lösung sehr stark oszillieren müsste. Und wenn wir dann den Übergang zu dem eigentlich unendlich hohen Potential vollziehen, würde die Oszillation entsprechend auch unendlich stark werden, was keine physikalisch sinnvolle Lösung mehr darstellen würde. Also bleibt nur die Möglichkeit, die Wellenfunktion konstant auf 0 zu setzen, dann ist die Schrödinger-Gleichung für jeden noch so großen Potentialwert sicher erfüllt.

Im Bereich zwischen $\pm L/2$ müssen wir an diese Randbedingung, $\psi(\pm L/2) = 0$, „anbauen" und die Wellenfunktion stetig fortsetzen. Wir suchen also Funktionen, welche die Gleichung

$$-\frac{\hbar^2}{2m}\psi''(x) = E\psi(x). \tag{5.101}$$

inklusive der Randbedingung erfüllen. Dieses Problem sieht genauso aus wie das einer eingespannten schwingenden Saite, die wir in Abschnitt 2.7.3.2 untersucht haben.

Der einzige Unterschied ist die Lage der beiden Ränder. Die Saite war bei 0 und L eingespannt, hier liegen die Ränder bei $\pm L/2$. Daher sind jetzt sowohl Sinus- als auch Kosinusfunktionen mögliche Lösungen, sofern ihre Periodizität gerade so gewählt wird, dass die Funktionen auf dem Rand verschwinden. Die folgenden Kosinusfunktionen erfüllen die Randbedingung, wie man durch einsetzen von $x = \pm L/2$ leicht nachprüfen kann:

$$\psi_{g,n}(x) = N \cos\left(\frac{(2n + 1)\pi}{L} x\right) . \tag{5.102}$$

Darin kann n die Werte 0, 1, 2, ... annehmen, der Index g bezieht sich darauf, dass die Kosinusfunktion achsensymmetrisch, also gerade ist. Jedoch erfüllen wir bis jetzt nur die Randbedingung, die Schrödinger-Gleichung haben wir noch nicht gelöst. Daher setzen wir diesen Ansatz jetzt in (5.101) ein, um die Energie auch noch bestimmen zu können:

$$+\frac{\hbar^2}{2m} \cdot N \cdot \left(\frac{(2n + 1)\pi}{L}\right)^2 \cdot \cos\left(\frac{(2n + 1)\pi}{L} x\right) = E \cdot N \cos\left(\frac{(2n + 1)\pi}{L} x\right) . \tag{5.103}$$

Wir klammern die Kosinusfunktion auf beiden Seiten aus, womit als einzige Unbekannte die Energie übrig bleibt. Abhängig von n kann diese folgende Werte annehmen:

$$E_{g,n} = \frac{\hbar^2}{2m} \cdot \left(\frac{(2n + 1)\pi}{L}\right)^2 = \frac{\hbar^2\pi^2}{2mL^2} \cdot (2n + 1)^2 . \tag{5.104}$$

Die zweite Art von Lösungen bilden die Sinusfunktionen, welche wie folgt aussehen, damit sie wieder die Randbedingung erfüllen:

$$\psi_{u,n}(x) = N \sin\left(\frac{2n\pi}{L} x\right) . \tag{5.105}$$

Hier schreiben wir als Index ein u, weil die Sinusfunktion punktsymmetrisch, also ungerade ist. Die Nummerierung beginnt hier bei $n = 1$ und nicht bei 0, da im letzteren Fall die Sinusfunktion verschwinden würde. Setzen wir diese Wellenfunktion in die Schrödinger-Gleichung (5.101) ein, erhalten wir wieder die zugehörigen Energiewerte:

$$E_{u,n} = \frac{2\hbar^2\pi^2}{mL^2} \cdot n^2 . \tag{5.106}$$

Untersuchen wir die jetzt gefundene Lösung noch etwas. Offenbar sind nur ganz bestimmte Energiewerte überhaupt möglich. Dieses Verhalten ist klassisch nicht verständlich, ein Teilchen zwischen zwei undurchdringlichen Wänden könnte nach der Newton'schen Theorie jeden Energiewert annehmen. Weiterhin ist der kleinste mögliche Energiewert

$$E_{g,0} = \frac{\hbar^2\pi^2}{2mL^2} . \tag{5.107}$$

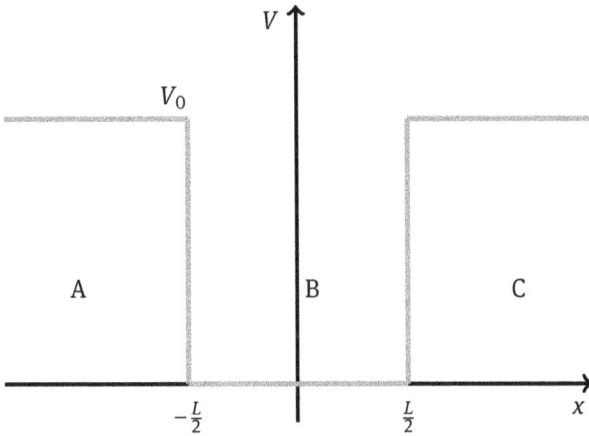

Abb. 5.7: Ein Kastenpotential endlicher Tiefe V_0. Im Bereich B kann sich das Teilchen quantenmechanisch und klassisch aufhalten, die Bereiche A und C sind klassisch verboten.

Dieser ist nicht 0, was klassisch ebenfalls nicht verständlich ist. Als Analogie könnte man sich vorstellen, das Teilchen sei ständig in Bewegung. Man spricht auch von der Nullpunktsenergie. Dass ein solches Verhalten in der Newton'schen Mechanik nicht auftritt, liegt an der Winzigkeit des Planck'schen Wirkungsquantums. Damit $E_{g,0}$ messbar wird, muss sowohl die Teilchenmasse als auch der Raum, auf dem das Teilchen eingesperrt wird, ebenfalls winzig werden. Aber bei einem Elektron der Masse $m_e = 9{,}11 \cdot 10^{-31}$ kg, welches sich in einem Bereich von $L = 1$ nm aufhalten muss, beträgt die Energie schon etwa $0{,}6 \cdot 10^{-19}$ J $= 0{,}4$ eV. Bei makroskopischen Objekten mit Massen im Bereich 1 kg ist die kleinstmögliche Energie so winzig, dass wir sie als identisch Null wahrnehmen müssen. Und auch die diskreten Energiewerte stellen keinen Widerspruch zur klassischen Mechanik dar. Denn bei makroskopischen Massen- und Längenskalen werden auch die Abstände zwischen den Energieniveaus so klein, dass man sie nicht mehr auseinanderhalten kann. Im klassischen Grenzfall ergibt sich also wieder ein Kontinuum von Energiewerten.

5.3.2 Der Potentialtopf endlicher Tiefe

Jetzt gehen wir über zu einem realistischeren Kastenpotential mit endlich hohen Wänden. Dieses ist in Abbildung 5.7 zu sehen. Um die Schrödinger-Gleichung zu lösen, machen wir uns zuerst klar, dass wir unterscheiden müssen zwischen Lösungen mit Energiewerten unterhalb V_0 und solchen oberhalb davon. Ist $E > V_0$, kann sich das Teilchen auch klassisch frei bewegen. Für $E < V_0$ ist das Teilchen gebunden. Wir schauen uns hier nur die gebundenen Zustände an, auch in Hinblick auf das periodische Kastenpotential, welches uns als einfaches Modell für einen Festkörper dienen wird.

Im Fall gebundener Zustände sind die beiden Bereiche A und B klassisch verboten, das Teilchen würde sich dort also energetisch bedingt nicht aufhalten können. Doch wir müssen uns ja strikt daran halten, die Schrödinger-Gleichung zu lösen. Diese lautet in den beiden klassisch verbotenen Bereichen:

$$-\frac{\hbar^2}{2m}\psi_{A,C}''(x) + V_0\psi_{A,C}(x) = E\psi_{A,C}(x). \tag{5.108}$$

Um uns etwas Schreibarbeit zu ersparen, führen wir nun folgende Abkürzung ein:

$$\kappa^2 = \frac{2m}{\hbar^2}(V_0 - E). \tag{5.109}$$

Damit lautet die zu lösende Gleichung:

$$\psi_{A,C}''(x) - \kappa^2\psi_{A,C}(x) = 0. \tag{5.110}$$

Dies sieht fast so aus wie die Differentialgleichung eines harmonischen Oszillators, nur steht hier ein Minuszeichen. Die Lösung ist immer noch eine e-Funktion, diesmal allerdings eine reelle und keine komplexe. Im Bereich A lautet die Lösung:

$$\psi_A(x) = a_1 e^{\kappa x} + a_2 e^{-\kappa x}. \tag{5.111}$$

Da die Wellenfunktion normiert sein muss, kann sie für $x \to -\infty$ nicht anwachsen, sodass man den Koeffizienten a_2 gleich auf 0 setzen kann:

$$\psi_A(x) = a e^{\kappa x}. \tag{5.112}$$

Mit der gleichen Argumentation findet man die Lösung im Bereich C:

$$\psi_C(x) = c e^{-\kappa x}. \tag{5.113}$$

Im Bereich B sieht die Schrödinger-Gleichung wie folgt aus:

$$-\frac{\hbar^2}{2m}\psi_B''(x) = E\psi_B(x). \tag{5.114}$$

Wir definieren wieder eine geschickte Abkürzung:

$$k^2 = \frac{2m}{\hbar^2}E. \tag{5.115}$$

Die zu lösende Gleichung sieht damit effektiv so aus:

$$\psi''(x) + k^2\psi(x) = 0. \tag{5.116}$$

Diesmal finden wir tatsächlich die Differentialgleichung eines harmonischen Oszillators und wir lösen sie ebenfalls mit einer e-Funktion, wobei wir diesmal die komplexe Variante wählen:

$$\psi_B(x) = b_1 e^{ikx} + b_2 e^{-ikx}. \tag{5.117}$$

Hier sind beide Koeffizienten noch unbestimmt. Außerdem sind ja noch die Koeffizienten der beiden anderen Teillösungen offen. Dieses Problem lässt sich aber lösen. Zum einen muss die Wellenfunktion nämlich an den Anschlusspunkten ±$L/2$ stetig fortgeführt werden. Und weiterhin muss auch noch die Ableitung stetig sein. Beide Forderungen ergeben sich aus dem einfachen mathematischen Grund, dass in der Schrödinger-Gleichung die 2. Ableitung der Wellenfunktion steht. Damit man diese bilden kann, muss schon die erste Ableitung stetig sein.

Setzt man die Teillösungen und die Ableitungen an den Anschlusspunkten jeweils gleich, so ergibt sich ein Gleichungssystem für die Koeffizienten. Bei dessen Lösung unterscheidet man wie auch beim unendlich tiefen Potentialtopf zwischen geraden und ungeraden Wellenfunktionen. Wir überspringen diesen rein mathematischen Teil und wenden uns statt dessen dem Ergebnis zu. Die geraden Wellenfunktionen besitzen folgende Gestalt:

$$\psi_\mathrm{g}(x) = N \cdot \begin{cases} e^{\kappa x} & x \leq -\frac{L}{2} \\ \frac{e^{-\kappa L/2}}{\cos kL/2} \cos kx & -\frac{L}{2} < x < \frac{L}{2} \\ e^{-\kappa x} & x \geq \frac{L}{2} \end{cases} \tag{5.118}$$

Die Konstante N wird wie üblich so bestimmt, dass die Wellenfunktion auf 1 normiert ist. Wichtiger ist jedoch die Frage nach den Energiewerten. Diese ergeben sich bei der Lösung des Gleichungssystems für die Koeffizienten, allerdings nicht wie beim unendlich tiefen Potentialtopf als eine explizite Folge von Werten, sondern in Form einer weiteren bestimmenden Gleichung:

$$k \tan kL/2 = \kappa. \tag{5.119}$$

Sowohl k als auch κ tragen als Abkürzung den Wert für E mit sich. Es ist jedoch nicht möglich, diese Gleichung allgemein nach E aufzulösen, man muss dazu ein numerisches Verfahren verwenden. Es zeigt sich aber, dass nicht jede Energie zulässig ist, sondern wie schon beim unendlich tiefen Potentialtopf nur ganz bestimmte Werte möglich sind.

Als nächstes schauen wir uns die punktsymmetrischen oder ungeraden Wellenfunktionen an. Das Lösungsprinzip bleibt das gleiche wie bei den geraden Wellenfunktionen, und wir geben wieder nur das Ergebnis an:

$$\psi_\mathrm{u}(x) = N \cdot \begin{cases} e^{\kappa x} & x \leq -\frac{L}{2} \\ -\frac{e^{-\kappa L/2}}{\sin kL/2} \sin kx & -\frac{L}{2} < x < \frac{L}{2} \\ -e^{-\kappa x} & x \geq \frac{L}{2} \end{cases} \tag{5.120}$$

Und auch für die ungeraden Wellenfunktionen findet man eine bestimmende Gleichung für die möglichen Energiewerte:

$$k \cot kL/2 = -\kappa. \tag{5.121}$$

Wieder muss man zur expliziten Bestimmung einzelner Energiewerte auf ein numerisches Lösungsverfahren zurückgreifen. Um ein Gespür für die relevanten Größenordnungen zu bekommen und die, schauen wir uns jetzt ein Zahlenbeispiel an.

Beispiel 5.4 *Elektron im Kastenpotential*

Ein Elektron besitzt die Masse $m_e = 9{,}11 \cdot 10^{-31}$ kg. Es soll sich in einem Kastenpotential der Tiefe $V_0 = 5{,}0$ eV und der Breite $L = 1{,}0$ nm aufhalten. Welche Energiewerte sind möglich?

Lösung: Schauen wir uns zuerst die Energiewerte zu den geraden Wellenfunktionen an. Schreiben wir die bestimmende Gleichung (5.119) einmal so hin, sodass wir die Energieabhängigkeit explizit sehen:

$$\sqrt{\frac{2m}{\hbar^2}E} \cdot \tan\left(\frac{L}{2} \cdot \sqrt{\frac{2m}{\hbar^2}E}\right) = \sqrt{\frac{2m}{\hbar^2}(V_0 - E)}. \tag{5.122}$$

Der Faktor $\sqrt{2m/\hbar^2}$ besitzt den Wert $1{,}29 \cdot 10^{19}$ $\mathrm{J}^{-1/2}\mathrm{m}^{-1}$. Er kommt auf beiden Seiten vor, wir teilen die Gleichung dadurch. Außerdem dividieren wir noch durch $\sqrt{E}$ und definieren die resultierenden beiden Seiten der Gleichung als Funktionen $f(E)$ und $g(E)$:

$$f(E) = \sqrt{\frac{V_0}{E} - 1} \tag{5.123}$$

$$g(E) = \tan\left(\frac{L}{2} \cdot \sqrt{\frac{2m}{\hbar^2}E}\right) \tag{5.124}$$

Diese beiden Funktionen stellen wir im folgenden Bild gemeinsam dar und lesen die Schnittpunkte ab bzw. nutzen ein numerisches Verfahren, um uns die Schnittpunkte berechnen zu lassen.

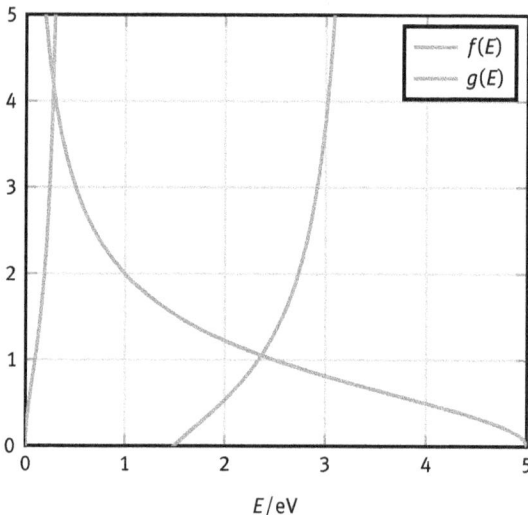

Die Funktion $f(E)$ ist nur im Bereich von 0 bis V_0 definiert, also gibt es genau zwei Schnittstellen. Die eine hat den Wert $E_1 = 0{,}27$ eV, die andere, wir nennen sie E_3, liegt bei $E_3 = 2{,}36$ eV. Somit haben wir schon zwei mögliche Energiewerte für unser Kastenpotential gefunden. Das sind jedoch noch nicht alle Lösungen, wir müssen auch die ungeraden Wellenfunktionen berücksichtigen. Dafür gibt es ebenfalls die bestimmende Gleichung (5.121), die wir wieder so aufschreiben, dass die Energie als Variable explizit sichtbar ist:

$$\sqrt{\frac{2m}{\hbar^2}E} \cdot \cot\left(\frac{L}{2} \cdot \sqrt{\frac{2m}{\hbar^2}E}\right) = -\sqrt{\frac{2m}{\hbar^2}(V_0 - E)}. \tag{5.125}$$

Wir dividieren wieder durch $\sqrt{2m/\hbar^2}$ sowie durch $\sqrt{E}$ und definieren noch einmal zwei Funktionen $f(E)$ und $g(E)$ für die beiden Seiten der resultierenden Gleichung:

$$f(E) = -\sqrt{\frac{V_0}{E} - 1} \tag{5.126}$$

$$g(E) = \cot\left(\frac{L}{2} \cdot \sqrt{\frac{2m}{\hbar^2}E}\right) \tag{5.127}$$

Diese beiden Funktionen stellen wir wieder in einem gemeinsamen Schaubild dar, damit wir die Schnittpunkte ablesen können:

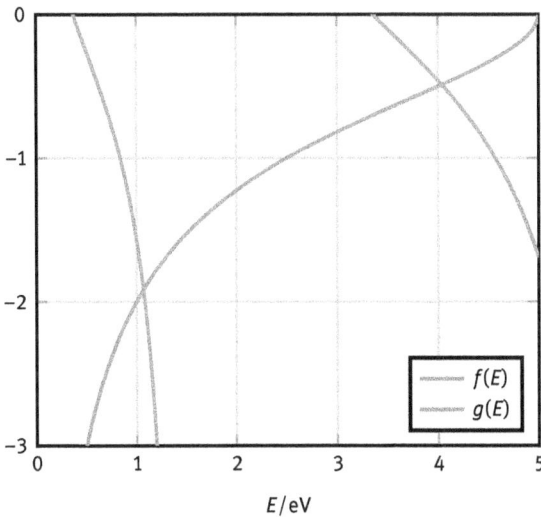

Die Lösungen lauten $E_2 = 1{,}07$ eV und $E_4 = 4{,}04$ eV. Damit ist das Energiespektrum vollständig. Zusammengefasst gibt es also vier Energieniveaus, in denen sich das Elektron aufhalten kann:

$E_1 = 0{,}27$ eV

$E_2 = 1{,}07$ eV

$E_3 = 2{,}36$ eV

$E_4 = 4{,}04$ eV

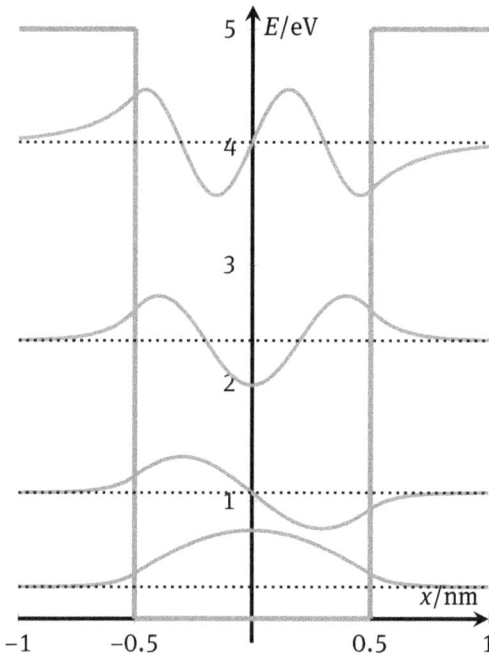

Abb. 5.8: Die Wellenfunktionen für das Kastenpotential aus Beispiel 5.4. Die gepunkteten Linien stellen die Lagen der zugehörigen Energieniveaus dar.

An diesem Beispiel erkennt man, dass die Anzahl der Energieniveaus in einem Kastenpotential begrenzt ist. Eine genauere Untersuchung zeigt, dass in jedem Fall mindestens eine Lösung existiert, und diese gehört zu einer geraden Wellenfunktion. Ob noch weitere Energiewerte möglich sind, hängt von der Tiefe des Potentials, seiner Breite und der Masse des Teilchens ab. In Abbildung 5.8 sind noch einmal Wellenfunktionen und Energieniveaus für das Kastenpotential aus Beispiel 5.4 graphisch dargestellt. Die Oszillation nimmt mit steigender Energie zu, was allgemein auch für andere Potentialverläufe gilt. Ein weiterer rein quantenmechanischer Effekt ist die Tatsache, dass das Elektron sich auch in Bereichen aufhalten kann, die klassisch gesehen energetisch unerreichbar sind. Wir haben diese Bereiche mit A und C bezeichnet. Man nennt diese Beobachtung den Tunneleffekt. Je weiter das Elektron in die Potentialwand vordringt, umso kleiner wird die Wahrscheinlichkeit, es dort anzutreffen. Eine anschauliche Erklärung für dieses Phänomen liefert die Quantenmechanik leider nicht, es folgt mathematisch direkt aus der Schrödinger-Gleichung und lässt sich experimentell belegen. Das ist die Crux der Theorie: sie ist zwar richtig, aber mehr eben nicht und kann vor allem kein intuitives Verständnis für Beobachtungen wie den Tunneleffekt liefern.

Eine typische Anwendung findet der Tunneleffekt z.B. in Flash-Speicher. Dort ist eine Ladung in einer klassisch ebenfalls undurchdringlichen Speicherzelle eingeschlossen, und kann durch elektrisch bewirktes Absenken des Potentialniveaus dieses tunneln und dadurch zu- oder abfließen. Auf diese Art werden Daten geschrieben. Auch beim α-Zerfall von Atomkernen spielt der Tunneleffekt eine Rolle sowie im Rastertunnelmikroskop. In diesem fährt eine dünne Metallspitze in geringem Abstand (etwa 1 nm) über ein Objekt und tastet die Oberfläche dadurch ab, indem Elektronen von der Oberfläche in die Spitze tunneln und der Tunnelstrom gemessen wird.

5.3.3 Der harmonische Oszillator

Der klassische harmonische Oszillator lässt sich mit Hilfe einer Feder und einer Masse realisieren. Er spielt jedoch auch eine Rolle im atomaren Bereich, z.B. in Festkörpern. Atome in einem Kristallgitter ziehen sich an, sonst würde der Kristall ja auseinanderfallen. Kommen sich die Teilchen zu nahe, stoßen sie sich aber auch wieder ab. Dadurch erlangt der Kristall seine Festigkeit. Dieses Wechselspiel aus anziehenden und abstoßenden Kräften führt letztlich zu Schwingungen im Kristallgitter, sodass sich darin Wellen ausbreiten können. Wir haben dies bereits in Abschnitt 2.7 untersucht. Auch in der Thermodynamik hatten wir mit Schwingungen zu tun, dort bei der Untersuchung der Freiheitsgrade von Molekülen, siehe Abschnitt 3.2.3.1. Die Tatsache, dass Moleküle bei üblichen Temperaturen nicht schwingen, haben wir damit erklärt, dass es einzelne Energieniveaus gibt, deren Abstand größer ist als die thermisch verfügbare Energie. Jetzt wollen wir dieses Energiespektrum näher betrachten.

Wie immer in der Quantenmechanik fragen wir nach dem Potential, in dem sich ein Teilchen bewegt, nicht nach Kräften. Für das Masse-Feder-Pendel lautet das Potential $V(x) = 1/2Dx^2$. Die Schwingungsfrequenz wird durch $\omega_0^2 = D/m$ bestimmt. Allerdings besteht ja nicht jeder Oszillator aus einer Feder. Alle Oszillatoren haben jedoch eine Schwingungsfrequenz, und daher erscheint es sinnvoller, das Potential auch damit zu beschreiben:

$$V(x) = \frac{1}{2}m\omega_0^2 x^2. \tag{5.128}$$

In dieser Form spielt es keine Rolle, wie die Schwingungsfrequenz zustande kommt bzw. was da schwingt. Die zugehörige Schrödinger-Gleichung lautet:

$$-\frac{\hbar^2}{2m}\psi''(x) + \frac{1}{2}m\omega_0^2 x^2 \psi(x) = E\psi(x). \tag{5.129}$$

Es ist üblich, eine Längenskala einzuführen, und die Wellenfunktionen bezüglich dieser Einheitslänge anzugeben. Die ab hier verwendete Länge besitzt den Wert

$$l_0 = \sqrt{\frac{\hbar}{m\omega_0}}. \tag{5.130}$$

Man drückt nun jede Ortskoordinate durch diese Basislänge aus, transformiert also auf eine dimensionslose Koordinate, die wir q nennen, um die Schrödinger-Gleichung dann nur für diese eine Skala zu lösen:

$$x = q l_0 = q \sqrt{\frac{\hbar}{m \omega_0}}. \tag{5.131}$$

Danach kann man die Lösung auf jede Öffnungsbreite des Potentials skalieren. Allerdings bedeutet die Lösung der Schrödinger-Gleichung selbst einen größeren Aufwand, wir geben daher nur das Ergebnis an und besprechen dies anschließend.

Satz 5.10 *Die Wellenfunktionen und Energiewerte des harmonischen Oszillators*
Der quantenmechanische harmonische Oszillator besitzt unendlich viele Energiezustände mit den Werten

$$E_n = \left(n + \frac{1}{2} \right) \hbar \omega_0, \tag{5.132}$$

wobei n die Werte 0, 1, 2 ... annehmen kann. Die zugehörigen Wellenfunktionen lauten in der dimensionslosen Ortskoordinate $q = \sqrt{\frac{m \omega_0}{\hbar}} x$:

$$\varphi_n(q) = \left(\frac{m \omega_0}{\pi \hbar} \right)^{\frac{1}{4}} \cdot \left(n! 2^n \right)^{-\frac{1}{2}} \cdot e^{-\frac{q^2}{2}} \cdot H_n(q), \tag{5.133}$$

mit den Hermite-Polynomen

$$H_n(q) = (-1)^n e^{q^2} \frac{d^n}{dq^n} e^{-\frac{q^2}{2}}. \tag{5.134}$$

Der einfachere Teil der Lösung sind ganz offensichtlich die Energiewerte. Diese werden bestimmt durch die Schwingungsfrequenz ω_0 sowie die an allen Stellen vertretene Planck'sche Konstante $\hbar$. Die kleinste mögliche Energie, die ein Teilchen in einem harmonischen Potential annehmen kann, ist

$$E_0 = \frac{\hbar \omega_0}{2}. \tag{5.135}$$

Man nennt dies die Grundzustandsenergie, und diese ist offenbar nicht 0. Dieses Verhalten kennen wir bereits von einem Teilchen im Kastenpotential. Man kann sich eine klassische Vorstellung für dieses Verhalten verschaffen, wenn man sich die Heisenberg'sche Unschärferelation vor Augen hält. In einem Potential ist das Teilchen räumlich eingesperrt, was zur Folge hat, dass der Impuls nicht scharf ist, sondern um einen Mittelwert herum schwankt. Diese Schwankung bedeutet eine mittlere kinetische Energie, die nicht 0 ist. Daher kann ein Teilchen auch im harmonischen Potential niemals die Energie 0 annehmen. Die restlichen Energiewerte gehen in Stufen von $\hbar \omega_0$ nach oben. Eine Grenze gibt es im Gegensatz zum endlich tiefen Kastenpotential nicht.

Die Wellenfunktionen sind schwieriger zu verstehen. Wenn wir uns die Eigenfunktion φ_n einmal anschauen, so sehen wir abseits von konstanten Vorfaktoren zwei Teile: Eine Exponentialfunktion, die für große q-Werte (positive wie negative) schnell abnimmt, sowie eine Funktion H_n, die laut Namensgebung ein Polynom ist. Wie diese

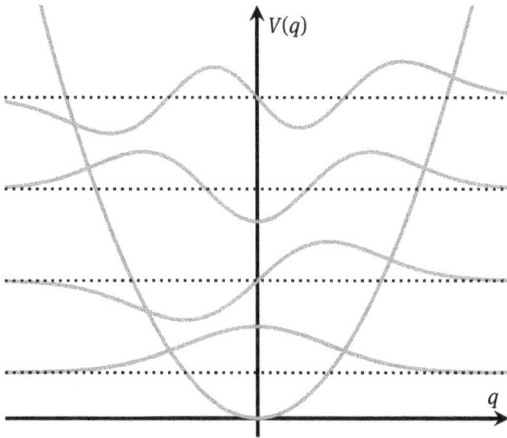

Abb. 5.9: Der Potentialverlauf eines harmonischen Oszillators mit einigen Energieniveaus und den zugehörigen Wellenfunktionen.

beiden Teilfunktionen den gesamten Verlauf bestimmen, schaut man sich am besten graphisch an. Die Wellenfunktionen φ_0 bis φ_3 sind zusammen mit ihren jeweiligen Energiewerten und in der gleichen Darstellung wie beim Kastenpotential in Abbildung 5.9 zu sehen. Mit steigender Energie erkennt man mehr Oszillationen der Wellenfunktion. Die Anzahl der Nullstellen ist gleich dem Laufindex n. Im Gegensatz zum Kastenpotential wird die Oszillation hier durch den Polynomanteil in der Wellenfunktion bestimmt. Ein Polynom vom Grad n hat genau n Nullstellen. Dass die Wellenfunktion für große q nicht immer weiter anwächst, liegt an der Exponentialfunktion. Diese geht schneller gegen 0 als jedes Polynom anwachsen kann. Wieder sehen wir auch den Tunneleffekt, denn das Teilchen kann sich in einem Bereich aufhalten, der energetisch nach klassischer Rechnung verboten wäre.

Die Hermite-Polynome haben wir mit Hilfe eines Ableitungsoperators definiert. Durch mehrmaliges Ableiten der Exponentialfunktion kommt immer ein neuer Faktor q nach unten. Außerdem muss man zusätzlich die Produktregel berücksichtigen, sodass es schnell sehr aufwendig wird, diese Polynome zu berechnen. Eine alternative Darstellungsmöglichkeit der Hermite-Polynome ist folgende Rekursion:

$$H_{n+1}(q) = 2q \cdot H_n(q) - 2n \cdot H_{n-1}(q). \tag{5.136}$$

Diese Definition ist vielleicht etwas bequemer. Man findet aber auf die eine oder die andere Art folgende explizite Darstellungen der ersten 5 Hermite-Polynome:

$$H_0(q) = 1 \tag{5.137}$$

$$H_1(q) = 2q \tag{5.138}$$

$$H_2(q) = (2q)^2 - 2 \tag{5.139}$$

$$H_3(q) = (2q)^3 - 6 \cdot (2q) \tag{5.140}$$

$$H_4(q) = (2q)^4 - 12 \cdot (2q)^2 + 12 \tag{5.141}$$

Die oben eingeführte Längenskala l_0 hat noch eine konkrete Bedeutung. Die Wellenfunktion des Grundzustands, φ_0, ist eine reine Gauß-Funktion, wie man sie auch in der Statistik bei der Beschreibung von sogenannten Normalverteilungen findet. Dort wird dieser Funktion eine Breite zugeordnet, und diese Breite ist gerade die von uns definierte Einheitslänge l_0. Entsprechend hat die Grundzustandswellenfunktion $\varphi_0(q)$ die Breite 1.

Wie immer in der Quantenmechanik kann man sich auch hier wieder die Frage stellen, wie diese Ergebnisse denn mit der klassischen Welt vereinbar sind. Ein Federpendel sehen wir schwingen, eine Wahrscheinlichkeitsverteilung ist nicht zu erkennen. Außerdem können wir klassisch jeden Energiewert messen, quantenmechanisch sind wieder nur bestimmte Werte erlaubt. Der zweite Punkt ist einfacher zu klären. Benachbarte Energiewerte haben den Abstand $\hbar\omega_0$. Klassische Oszillatoren schwingen typischerweise nicht über den GHz-Bereich hinaus. Doch selbst solch große Frequenzen ergeben im Produkt mit $\hbar$ unmessbar kleine Energiedifferenzen, sodass wir klassisch ein Kontinuum an Werten sehen. Erst wenn die Frequenzen sich im Bereich 10^{13} Hz oder mehr bewegen, liegen die Energiedifferenzen bei 10 meV oder mehr. Zum Vergleich: Das ist der Energiebereich von Molekülen bei Raumtemperatur.

Die Frage nach Schwingungen ist nicht ganz so einfach. Zunächst einmal muss man sich klar machen, dass wir bis jetzt Eigenfunktionen des Hamilton-Operators betrachten, die Messgröße ist also die Energie. Wenn wir eine schwingende Masse beobachten, messen wir den Aufenthaltsort, und dieser verändert sich mit der Zeit. Eine einzelne Wellenfunktion φ_n kann ein solches Verhalten nicht zeigen, aber die Quantenmechanik erlaubt ja auch Überlagerungen von Wellenfunktionen. Um zu verstehen, wie wir eine Zeitabhängigkeit ins Spiel bringen können, schauen wir uns ein Beispiel an.

Beispiel 5.5 *Überlagerung von Wellenfunktionen des harmonischen Oszillators*

Man betrachte die Überlagerung der Grundzustandswellenfunktion und jener des ersten angeregten Zustands eines quantenmechanischen harmonischen Oszillators. Wie sieht die zeitliche Entwicklung der Wahrscheinlichkeitsverteilung aus?

Lösung: Da es um die zeitliche Entwicklung geht, müssen wir auch die bisher noch nicht weiter benötigte Zeitabhängigkeit der Eigenfunktionen berücksichtigen. Diese ist immer eine komplexe e-Funktion, die mit konstanter Periodendauer oszilliert. Dieser Zusammenhang wurde in Gleichung (5.28) festgehalten. Die ersten beiden Zustände des harmonischen Oszillators lauten daher vollständig:

$$\varphi_0(q,t) = \left(\frac{m\omega_0}{\pi\hbar}\right)^{\frac{1}{4}} \cdot e^{-q^2/2} \cdot e^{-\frac{iE_0}{\hbar}t} \tag{5.142}$$

$$\varphi_1(q,t) = \left(\frac{m\omega_0}{\pi\hbar}\right)^{\frac{1}{4}} \cdot 2^{-\frac{1}{2}} \cdot e^{-q^2/2} \cdot 2q \cdot e^{-\frac{iE_1}{\hbar}t}. \tag{5.143}$$

Der Überlagerungszustand soll wie folgt aussehen:

$$\psi(q,t) = \frac{1}{\sqrt{2}}\varphi_0(q,t) + \frac{1}{\sqrt{2}}\varphi_1(q,t). \tag{5.144}$$

Um die Wahrscheinlichkeitsverteilung und ihre zeitliche Entwicklung anzugeben, müssen wir $|\psi(q,t)|^2$ berechnen, wobei wir unser ganzes Wissen über komplexe Zahlen zum Einsatz bringen können:

$$|\psi(q,t)|^2 = \psi^*(q,t) \cdot \psi(q,t) \tag{5.145}$$

$$= \frac{1}{\sqrt{2}}\left(\left(\frac{m\omega_0}{\pi\hbar}\right)^{\frac{1}{4}} \cdot e^{-q^2/2} \cdot e^{+\frac{iE_0}{\hbar}t} + \left(\frac{m\omega_0}{\pi\hbar}\right)^{\frac{1}{4}} \cdot 2^{-\frac{1}{2}} \cdot e^{-q^2/2} \cdot 2q \cdot e^{+\frac{iE_1}{\hbar}t}\right)$$
$$\cdot \frac{1}{\sqrt{2}}\left(\left(\frac{m\omega_0}{\pi\hbar}\right)^{\frac{1}{4}} \cdot e^{-q^2/2} \cdot e^{-\frac{iE_0}{\hbar}t} + \left(\frac{m\omega_0}{\pi\hbar}\right)^{\frac{1}{4}} \cdot 2^{-\frac{1}{2}} \cdot e^{-q^2/2} \cdot 2q \cdot e^{-\frac{iE_1}{\hbar}t}\right) \tag{5.146}$$

$$= \frac{1}{2}\left(\frac{m\omega_0}{\pi\hbar}\right)^{\frac{1}{2}} \cdot \left(e^{-q^2} + 2^{-1} \cdot e^{-q^2} \cdot 4q^2\right.$$
$$+ e^{-q^2/2} \cdot e^{+\frac{iE_0}{\hbar}t} \cdot 2^{-\frac{1}{2}} \cdot e^{-q^2/2} \cdot 2q \cdot e^{-\frac{iE_1}{\hbar}t}$$
$$\left.+ e^{-q^2/2} \cdot e^{-\frac{iE_0}{\hbar}t} \cdot 2^{-\frac{1}{2}} \cdot e^{-q^2/2} \cdot 2q \cdot e^{+\frac{iE_1}{\hbar}t}\right) \tag{5.147}$$

$$= \frac{1}{2}\left(\frac{m\omega_0}{\pi\hbar}\right)^{\frac{1}{2}} \cdot \left(e^{-q^2} + 2^{-1} \cdot e^{-q^2} \cdot 4q^2 + e^{-q^2} \cdot \sqrt{2}q \cdot \left(e^{i\frac{E_0-E_1}{\hbar}t} + e^{i\frac{E_1-E_0}{\hbar}t}\right)\right) \tag{5.148}$$

$$= \frac{1}{2}\left(\frac{m\omega_0}{\pi\hbar}\right)^{\frac{1}{2}} \cdot \left(e^{-q^2} + 2 \cdot e^{-q^2} \cdot q^2 + e^{-q^2} \cdot \sqrt{2}q \cdot 2 \cdot \cos\frac{E_0-E_1}{\hbar}t\right) \tag{5.149}$$

$$= \frac{1}{2}\left(\frac{m\omega_0}{\pi\hbar}\right)^{\frac{1}{2}} \cdot \left(1 + 2q^2 + \sqrt{8}q\cos\omega_0 t\right)e^{-q^2}. \tag{5.150}$$

Auch wenn die Rechnung zwischendurch expandiert, erhalten wir am Ende doch ein handliches Ergebnis. Darin sehen wir, dass die Wahrscheinlichkeitsverteilung der Überlagerung eine periodische Oszillation enthält, und die Kreisfrequenz entspricht gerade der Energiedifferenz der beiden beteiligten Zustände.

Dieses Beispiel zeigt, dass die aus der klassischen Mechanik bekannten Oszillationen zum Vorschein kommen, wenn man die Eigenzustände überlagert. Zwar unterscheidet sich die hier berechnete Wahrscheinlichkeitsverteilung noch von der klassischen „Verteilung". Diese besitzt immer dort einen von Null verschiedenen Wert, wo sich das Teilchen gerade befindet, sonst ist sie überall 0. Dennoch konnten wir mit einer sehr einfachen Überlagerung bereits zeigen, dass auch ein quantenmechanisches Teilchen im Potential hin- und herläuft. Das wird noch deutlicher, wenn wir uns den zeitlichen Verlauf in Form mehrerer Bilder visualisieren, wie in Abbildung 5.10 gezeigt. Man sieht zu Beginn eine Verteilung, die im rechten Bereich stark lokalisiert ist. Im Laufe der Zeit

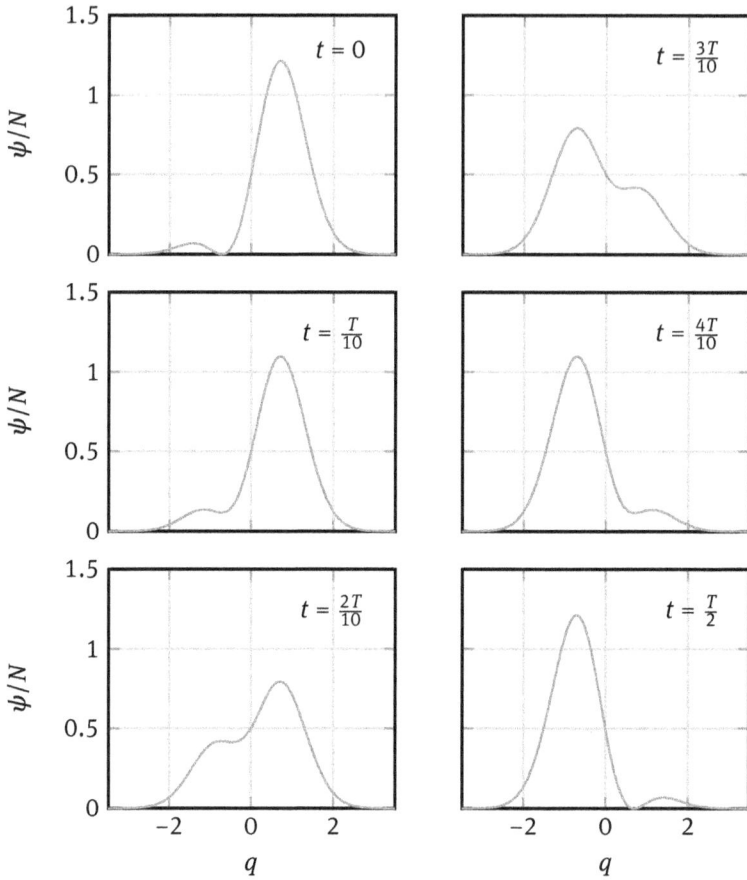

Abb. 5.10: Einige Momentaufnahmen der Wahrscheinlichkeitsverteilung aus Beispiel 5.5. Die ganze Bilderfolge zeigt eine halbe Periode.

wandert dieses Maximum immer weiter nach links, bis sich schließlich bei der halben Periodendauer genau der zum Start gespiegelte Zustand einstellt.

Es ist sogar möglich, durch eine geschickte Überlagerung aller möglichen Zustände ein Wellenpaket zu generieren, welches genau das minimale Produkt von Orts- und Impulsunschärfe aufweist und sich so klassisch wie möglich verhält. Man kennt dies unter dem Namen Glauber-Zustand, auch kohärenter Zustand genannt.

Der harmonische Oszillator kommt an vielen Stellen in der Physik vor. Die eingangs angesprochenen schwingenden Gitteratome in einem Metall oder Halbleiter sind ein solches Beispiel. Da die Energieniveaus alle die gleichen Abstände besitzen, kann man die gesamte Energie eines Oszillators angeben, indem man die Anzahl der Energiepakete $\hbar\omega_0$ zählt. Diesen Energiequanten kann man auch wieder einen Teilchencharakter zuordnen, wie wir dies schon beim Photoeffekt getan haben. Da schwingende Gitteratome in einem Festkörper mit Schallwellen zusammenhängen, nennt man die Anregungsquanten der Gitterschwingungen Phononen. Es handelt sich nicht um Teilchen im klassischen Sinn mit einer Masse und einem Ort, vielmehr bezieht sich der Teilchencharakter auf die Tatsache, dass hier eine Energieportion beschrieben wird. Die Energie einer Schwingung wird also durch die Besetzung der Schwingung mit n Phononen vollständig beschrieben. Auch Licht einer bestimmten Frequenz lässt sich als eine Menge von Anregungsquanten $\hbar\omega$ beschreiben, da Licht eine Schwingung im elektromagnetischen Feld ist. In diesem Fall nennt man die Teilchen Photonen. Diese Vorstellung ist sehr praktisch, wenn man eben versucht, den Photoeffekt zu verstehen. Und in Metallen lässt sich diese Teilchenvorstellung nutzen, um den Effekt der Supraleitung zu verstehen. Diese kommt zustande, weil es eine Wechselwirkung zwischen quantisierten Gitterschwingungen, also Phononen, und den Elektronen gibt. Die genaue Theorie dazu ist sehr umfangreich, das Beispiel verdeutlicht aber die Relevanz des harmonischen Oszillators auch in anderen Bereichen der Physik.

5.3.4 Das Wasserstoffatom

Ein Wasserstoffatom besteht aus einem positiv geladenen Atomkern und einem einzelnen Elektron, welches sich um diesen Kern herum befindet. Der Kern ist um mehrere Größenordnungen schwerer als das Elektron, daher kann man ihn in einem ersten Anlauf als ruhend ansehen. Interessant ist also nur das Elektron. Um seine möglichen Zustände und die zugehörigen Energiewerte zu beschreiben, muss man wie üblich die Schrödinger-Gleichung aufschreiben und lösen. Die potentielle Energie des Elektrons im Feld des Protons lautet (siehe dazu auch noch einmal Abschnitt 4.1.4 und Beispiel 4.2):

$$V(x,y,z) = V(r) = -\frac{e^2}{4\pi\varepsilon_0}\frac{1}{|r|} = -\frac{e^2}{4\pi\varepsilon_0}\frac{1}{\sqrt{x^2+y^2+z^2}} = -\frac{e^2}{4\pi\varepsilon_0}\frac{1}{r} \qquad (5.151)$$

Die Problemstellung bezieht sich auf den dreidimensionalen Raum, und die zugehörige Schrödinger-Gleichung lautet:

$$-\frac{\hbar^2}{2m_e}\left(\psi_{xx}(r)+\psi_{yy}(r)+\psi_{zz}(r)\right) - \frac{e^2}{4\pi\varepsilon_0}\frac{1}{r}\psi(r) = E\psi(r). \qquad (5.152)$$

Diese Gleichung zu lösen kann man als das Gesellenstück der Quantenmechanik bezeichnen. Der Lösungsprozess ist aufwendig und besteht aus mehreren Teilen, wir werden uns wieder nur auf das Ergebnis konzentrieren. Eine zentrale Erkenntnis ist das Energiespektrum. Man findet, dass es unendlich viele gebundene Zustände gibt, und die möglichen Energiewerte lassen sich durch einen einfachen Ausdruck angeben:

$$E_n = -\frac{m_e e^4}{2\hbar^2\cdot(4\pi\varepsilon_0)^2}\cdot\frac{1}{n^2}. \qquad (5.153)$$

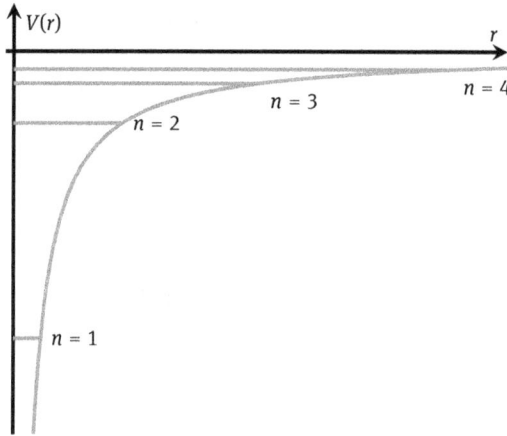

Abb. 5.11: Potentialverlauf im Wasserstoffatom und einige Energiewerte. Das niedrigste Niveau liegt bei −13,6 eV (das entspricht $n = 1$), das nächste bei −3,4 eV ($n = 2$), weiterhin sind noch die Niveaus bei −1,5 eV ($n = 3$) und bei −0,85 eV ($n = 4$) eingezeichnet.

n ist eine natürliche Zahl. Um sich eine bessere Vorstellung davon zu machen, ist das Potential sowie einige Energiewerte in Abbildung 5.11 graphisch dargestellt. Wie man sieht, gibt es einen Grundzustand für $n = 1$, und dieser gehört zur Energie $E_1 =$ −13,6 eV. Für größere n rücken die Energiewerte immer dichter aneinander. Die Zahl n wird als Hauptquantenzahl bezeichnet, weil die Energie ausschließlich von ihr abhängt. Diese Zahl ist es auch, die in die Balmer-Formel (5.1) eingeht. Das Spektrum des Wasserstoffatoms kann man nun so verstehen, dass ein angeregtes Atom (bei $n = 2$ oder höher) in einen energetisch tieferen Zustand zurückfällt und die Energiedifferenz ΔE, die proportional zu $1/n_1^2 - 1/n_2^2$ ist, in Form von Licht abgibt. Ein abgestrahltes Lichtquant besitzt daher die Frequenz $\omega = \Delta E/\hbar$. Dabei sind nur ganz bestimmte Übergänge und damit Frequenzen möglich, was das diskrete Linienspektrum erklärt. Speziell die im sichtbaren Bereich liegende Balmer-Serie gehört zu Übergängen hin zum Zustand $n = 2$. Die Linie mit der größten Wellenlänge, also der Beginn der Serie, entsteht beim Übergang von $n = 3$ hin zu $n = 2$. Dann folgt die Linie zum Übergang von $n = 4$ zu $n = 2$ usw. bis zur Seriengrenze.

Anders als beim harmonischen Oszillator oder beim Kastenpotential ist der Zustand des Atoms nicht allein durch die Angabe der Energie (also durch die Hauptquantenzahl n) bestimmt. Ein Wasserstoffatom besitzt (da es ein dreidimensionales Objekt ist) noch eine weitere Eigenschaft, nämlich einen Drehimpuls. Und auch diese physikalische Größe kann verschiedene Werte annehmen. Klassisch ist dieses Wertespektrum kontinuierlich, also jeder Wert zulässig. Quantenmechanisch findet man bei der Lösung des Wasserstoffproblems hingegen, dass auch der Drehimpuls nur ganz bestimmte Werte annehmen kann. Wie wir schon in der klassischen Mechanik gesehen haben, handelt es sich um eine vektorielle Größe. Der Drehimpuls besitzt also drei Komponenten für die x-, y- und z-Richtung. Und nun kommt etwas vollkommen Neues. In der Quantenmechanik kann man nur eine dieser drei Komponenten scharf messen, die beiden anderen nehmen bei der Messung zufällige Werte an. Der Betrag des Drehimpulsvektors ist hingegen ebenfalls scharf. Somit gibt es neben der Energie zwei weitere (quantisierte) Messwerte, die den Zustand des Atoms dann auch vollständig beschreiben. Meist wählt man neben dem Betrag des Drehimpulsvektors die z-Komponente als Messgröße, das ist aber nur Konvention. Für den Betrag des Drehimpulses gilt nun, dass er abhängig von der Energie folgende Werte annehmen kann:

$$|\boldsymbol{L}|^2 = l(l+1)\hbar^2. \tag{5.154}$$

l ist eine ganze Zahl, welche die Werte $0 \ldots n-1$ annehmen kann. Im Grundzustand, also bei $n=1$, besitzt die Drehimpulsquantenzahl l somit den Wert 0. Im ersten angeregten Zustand sind die beiden Werte $l=0$ und $l=1$ möglich. Je höher die Energie des Atoms, umso größer wird auch das Wertespektrum des Betrags von $\boldsymbol{L}$. Und nun kann man zu jedem möglichen Betrag von $\boldsymbol{L}$ noch verschiedene Werte der z-Komponente messen. Auch diesen Zusammenhang erhält man bei der Lösung der Schrödinger-Gleichung:

$$L_z = m\hbar. \tag{5.155}$$

m heißt magnetische Quantenzahl und nimmt die Werte $-l \ldots l$ an. Der Grundzustand des Wasserstoffatoms wird also vollständig durch die Angabe von $n=1$, $l=0$ und $m=0$ beschrieben. Der erste angeregte Zustand unterteilt sich weiter in den Drehimpulszustand mit $l=0$ und $m=0$ sowie die drei Zustände zu $l=1$ mit $m=\pm 1$ und $m=0$. Die Tatsache, dass zu einem Energiewert mehrere mögliche Zustände existieren, nennt man Entartung. Mit steigender Energie nimmt der Entartungsgrad also zu. Jeder vollständig definierte Zustand wird auch als Orbital bezeichnet. Zustände mit $l=0$ nennt man aus historischen Gründen s-Orbital, solche zu $l=1$ heißen p-Orbital und die zu $l=2$ werden als d-Orbital bezeichnet. s-Orbitale sind nicht entartet, hingegen gibt es immer drei verschiedene p-Orbitale und fünf d-Orbitale.

Natürlich kann man die Information, die in den drei Quantenzahl steckt, auch in Form einer Wellenfunktion darstellen. Um einen visuellen Eindruck zu gewinnen, sind in Abbildung 5.12 die Wahrscheinlichkeitsverteilungen $|\psi_{nlm}|^2$ für verschiedene Kombinationen von Quantenzahlen in der $x-z$-Ebene eingezeichnet.

Ein s-Orbital ist kugelsymmetrisch, die Wahrscheinlichkeitsverteilung sieht in jeder Richtung gleich aus. Dazu kommt noch ein radialer Anteil der Wellenfunktion, der unter anderem dafür sorgt, dass die Werte der Wellenfunktion für große Abstände zum Ursprung gegen 0 gehen. Außerdem besitzt die Radialfunktion immer $n-1$ Nullstellen. Diese sieht man bei den s-Orbitalen als Kreise eingezeichnet. Da die Bilder nur einen Schnitt durch die $x-z$-Ebene darstellen, handelt es sich also eigentlich um Kugelschalen, auf denen sich das Elektron nie aufhalten wird.

Die p-Orbitale sind hantelförmig und beinhalten selbst schon Nullstellen. Auch hier kommt noch der Radialanteil der Wellenfunktion als Faktor dazu. Die Winkelab-

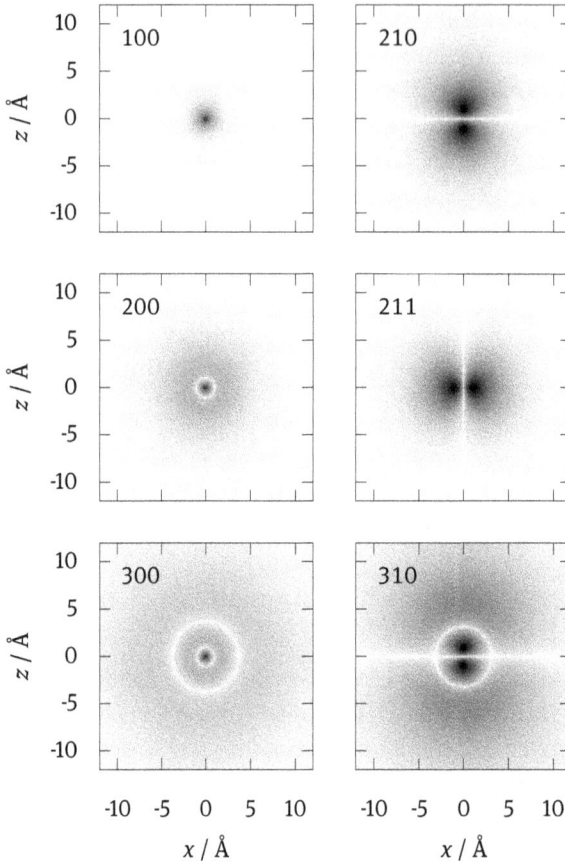

Abb. 5.12: Verschiedene Wahrscheinlichkeitsverteilungen $|\psi_{nlm}|^2$ des Elektrons im Wasserstoffatom. Alle Bilder sind rotationssymmetrisch bezüglich der z-Achse. Je dunkler, umso höher ist die Wahrscheinlichkeitsdichte. Alle Längen sind in Ångström, also 0,1 nm aufgetragen. Der Kontrast wurde im Bereich kleiner Werte von $|\psi|^2$ erhöht, um das Verhalten besser sichtbar zu machen.

hängigkeit ist es, welche besonders in der Chemie eine wichtige Rolle spielt, denn sie bestimmt nicht nur die Form einzelner Atome, sondern insbesondere das Aussehen von Molekülen. Die Elektronenverteilung im Wasserstoffatom kann man noch analytisch berechnen, Atome mit mehr als einem Elektron und insbesondere Moleküle kann man hingegen nur noch näherungsweise beschreiben. Man greift dabei aber immer wieder auf die bekannten Orbitale von Wasserstoff zurück, da man mit ihrer Hilfe auch komplexere Elektronenverteilungen zusammenbauen kann.

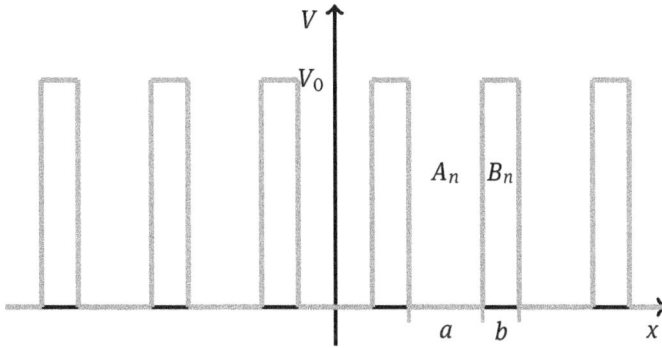

Abb. 5.13: Ein periodisches Kastenpotential. Die Bereiche, in denen das Potential den Wert 0 annimmt, haben die Breite a, die komplementären Bereiche die Breite b. Die Periodizität ist damit $l = a + b$. Jeder Potentialtopf besitzt zudem die Tiefe V_0. Der Bereich, in dem das Potential 0 ist, wird mit A_n bezeichnet, wobei n die Gitterplätze nummeriert. Entsprechend ist B_n der Bereich, in dem das Potential den Wert V_0 annimmt.

5.3.5 Periodische Potentiale und das Bändermodell

Nachdem wir nun gesehen haben, wie man die Elektronenverteilung in einem Atom verstehen kann, machen wir als nächstes einen großen Schritt hin zu sehr vielen Atomen mit jeweils mehreren Elektronen. Die Rede ist von einem Festkörper, und hier speziell ein Metall oder ein Halbleiter. Diese Materialien bestehen aus einer regelmäßigen Anordnung von Atomen, die aneinander gebunden sind. Insbesondere Metalle sind oft gute elektrische Leiter, was bedeutet, dass die Elektronen darin recht frei beweglich sein müssen. Wir wollen jetzt ein erstes und noch sehr einfaches Modell kennen lernen, mit denen man ein paar grundsätzliche Eigenschaften von elektrischen Leitern verstehen kann. Dazu machen wir uns einmal klar, dass eine regelmäßige Anordnung von Atomen für den Potentialverlauf zur Folge hat, dass er ebenfalls periodisch wird. Das gesamte Potential ist also eine Überlagerung einzelner Potentialverläufe, etwa wie jener des Wasserstoffatoms in Abbildung 5.11. Bei jedem Atomkern divergiert dieser Potentialverlauf. Da aber schon die Lösung des Wasserstoffatoms keine Kleinigkeit war, sollte man nicht erwarten, dass die Arbeit bei einem ganzen Kristallgitter geringer ausfällt. Daher müssen wir das Problem stark vereinfachen. Der Potentialverlauf, den wir untersuchen wollen, ist in Abbildung 5.13 dargestellt. Es handelt sich dabei um ein periodisches Kastenpotential, also eine Erweiterung des Potentialtopfs, den wir schon besprochen haben. Das Modell ist eindimensional, was für die Anschaulichkeit erst einmal ausreicht. Die Vertiefungen im Potential entsprechen den Positionen der Atomkerne in einem realen Festkörper. Über die Potentialtiefe V_0 sowie die beiden Breitenparameter a und b lässt sich das Modell auch noch variieren.

Mit unserem bisher gesammelten Wissen über quantenmechanische Teilchen können wir auch schon ohne Rechnungen Vermutungen anstellen, wie sich ein ein-

zelnes Elektron in diesem Potential wohl verhalten wird. Wir gehen dabei davon
aus, dass es gebunden ist, also dass seine Energie E kleiner ist als V_0. Bei der Untersuchung des einfachen Kastenpotentials haben wie schon gesehen, dass ein darin
eingesperrtes Teilchen in die Potentialwände hinein tunnelt. So wird es wohl auch
hier der Fall sein. Der Unterschied ist allerdings, dass es bei einem periodischen Potential hinter einer Wand weiter geht. Somit kann ein Elektron in einem Festkörper
zu den anderen Gitterplätzen tunneln und sich daher im gesamten Kristall aufhalten.
Das ist schon ein erster wichtiger Schritt zur Erklärung der Leitfähigkeit. Ausreichend
ist der Tunneleffekt jedoch noch nicht, denn das Fließen eines elektrischen Stroms bedeutet weiterhin, dass die Elektronen auch noch einen bestimmten Impuls besitzen,
sich also bewegen müssen. Das werden wir später noch besprechen.

Die Periodizität des Potentials ist $l = a + b$, nach dieser Strecke wiederholen sich
die Werte. Das lässt sich mathematisch wie bei jeder periodischen Funktion wie folgt
festhalten:

$$V(x + l) = V(x). \tag{5.156}$$

Die Aufenthaltswahrscheinlichkeit, also die messbare Größe $|\psi(x)|^2$ wird diese Peri-
odizität übernehmen:

$$|\psi(x + l)|^2 = |\psi(x)|^2. \tag{5.157}$$

Das Argument dafür lautet ganz einfach, dass bei einer Wahrscheinlichkeitsverteilung, die nicht periodisch ist, einzelne Potentialtöpfe anhand irgend eines Kriteriums
ausgewählt werden müssten, damit bei ihnen $|\psi|^2$ anders aussieht als sonst. Und ein
solches Kriterium gibt es nicht. Dies gilt jedoch nur für die (messbare) Wahrscheinlichkeitsverteilung. Die Wellenfunktion selbst darf sich von Potentialtopf zu Potentialtopf um einen komplexen Phasenfaktor unterscheiden, denn dieser entfällt bei der
Bildung des Betragsquadrats:

$$\psi(x + l) = e^{iKl}\psi(x). \tag{5.158}$$

Die Phase Kl durchläuft das Wertespektrum eines Vollkreises in der komplexen Ebene,
üblicherweise gibt man diesen Bereich wie folgt an:

$$-\pi < Kl \le +\pi. \tag{5.159}$$

Um es nochmal zu betonen: Der Phasenfaktor selbst ist nicht messbar, aus mathematischen Gründen haben wir jedoch die Freiheit, ihn in die Wellenfunktion einzubauen.
Und in solchen Fällen gilt immer, dass man die Freiheiten auch nutzen muss, um zu
einer vollständigen Lösung zu kommen.

Bei der Lösung geht man nun zunächst so vor wie auch beim Kastenpotential.
Im klassisch erlaubten Bereich setzt man für die Wellenfunktion eine komplexe e-
Funktion an, im Bereich der Wände eine reelle e-Funktion. Im Bereich A_0 sieht die
Wellenfunktion also wie folgt aus:

$$\psi_{A_0}(x) = a_0 e^{-ikx} + b_0 e^{ikx}, \tag{5.160}$$

wobei wie in Abschnitt 5.3.2 die Abkürzung

$$k^2 = \frac{2m}{\hbar} E \tag{5.161}$$

verwendet wird. Zudem läuft x von $-a/2$ bis $a/2$. Im Bereich B_0 gilt entsprechend:

$$\psi_{B_0}(x) = c_0 e^{-\kappa x} + d_0 e^{\kappa x}, \tag{5.162}$$

mit der Abkürzung

$$\kappa^2 = \frac{2m}{\hbar}(V_0 - E). \tag{5.163}$$

x läuft hier von $a/2$ bis $a/2+b$. Ein Sprung hin zu einer Gitterzelle n bedeutet zunächst, dass der Wertebereich von x um nl gegenüber Zelle 0 verschoben wird. Die Werte der Wellenfunktion in der Zelle n sind jedoch bis auf den Phasenfaktor identisch mit denen in Zelle 0:

$$\psi_{A_n}(x) = a_n e^{-ik(x-nl)} + b_n e^{ik(x-nl)} \tag{5.164}$$

$$\psi_{B_n}(x) = c_n e^{-\kappa(x-nl)} + d_n e^{\kappa(x-nl)}. \tag{5.165}$$

Hier läuft x insgesamt von $-a/2 + nl$ bis $a/2 + b + nl$. Den Phasenfaktor machen wir jetzt noch explizit sichtbar. Um die Zellen n und 0 vergleichen zu können, verwenden wir für x jetzt den Wertebereich zwischen $-a/2$ und $a/2 + b$:

$$\psi_{A_n}(x+nl) = a_n e^{-ikx} + b_n e^{ikx} = e^{iKnl}\left(a_0 e^{-ikx} + b_0 e^{ikx}\right) = e^{iKnl}\psi_{A_0}(x) \tag{5.166}$$

$$\psi_{B_n}(x+nl) = c_n e^{-\kappa x} + d_n e^{\kappa x} = e^{iKnl}\left(c_0 e^{-\kappa x} + d_0 e^{\kappa x}\right) = e^{iKnl}\psi_{B_0}(x). \tag{5.167}$$

Nun gilt es noch, alle Koeffizienten a_n und b_n festzulegen, dann ist die Wellenfunktion in jeder Gitterzelle vollständig bestimmt. Offenbar muss man dazu nur die vier Koeffizienten in der Zelle $n = 0$ berechnen, denn die anderen ergeben sich daraus über den Phasenfaktor:

$$a_n = e^{iKnl} \cdot a_0 \tag{5.168}$$

$$b_n = e^{iKnl} \cdot b_0 \tag{5.169}$$

$$c_n = e^{iKnl} \cdot c_0 \tag{5.170}$$

$$d_n = e^{iKnl} \cdot d_0 \tag{5.171}$$

Um an die Koeffizienten zu kommen, fordert man, dass die (stückweise definierte) Wellenfunktion überall stetig ist. Gleiches muss auch für die Ableitung gelten. Man passt also die Koeffizienten so an, dass am Anschlusspunkt bei $x = a/2$, also innerhalb einer Gitterzelle, gilt:

$$\psi_{A_0}(a/2) = \psi_{B_0}(a/2) \tag{5.172}$$

$$\psi'_{A_0}(a/2) = \psi'_{B_0}(a/2). \tag{5.173}$$

Vergleicht man die Werte an den Anschlusspunkten zweier Gitterzellen, kann man den Phasenfaktor verwenden, um die Wellenfunktion in Gitterzelle 1 durch jene in Gitterzelle 0 auszudrücken:

$$\psi_{B_0}(a/2 + b) = \psi_{A_1}(a/2 + b) = e^{iK \cdot 1 \cdot l}\psi_{A_0}(-a/2) \tag{5.174}$$

$$\psi'_{B_0}(a/2 + b) = \psi'_{A_1}(a/2 + b) = e^{iK \cdot 1 \cdot l}\psi'_{A_0}(-a/2). \tag{5.175}$$

Das sind also insgesamt 4 Gleichungen:

$$a_0 e^{-ik \cdot a/2} + b_0 e^{ik \cdot a/2} = c_0 e^{-\kappa \cdot a/2} + d_0 e^{\kappa \cdot a/2} \tag{5.176}$$

$$-ika_0 e^{-ik \cdot a/2} + ikb_0 e^{ik \cdot a/2} = -\kappa c_0 e^{-\kappa \cdot a/2} + \kappa d_0 e^{\kappa \cdot a/2} \tag{5.177}$$

$$c_0 e^{-\kappa \cdot (a/2+b)} + d_0 e^{\kappa \cdot (a/2+b)} = e^{iKl}\left(a_0 e^{+ik \cdot a/2} + b_0 e^{-ik \cdot a/2}\right) \tag{5.178}$$

$$-\kappa c_0 e^{-\kappa \cdot (a/2+b)} + \kappa d_0 e^{\kappa \cdot (a/2+b)} = e^{iKl}\left(-ika_0 e^{+ik \cdot a/2} + ikb_0 e^{-ik \cdot a/2}\right) \tag{5.179}$$

Man kann dies etwas übersichtlicher mit Hilfe einer Koeffizientenmatrix schreiben:

$$\begin{pmatrix} e^{-ika/2} & e^{ika/2} & -e^{-\kappa a/2} & -e^{\kappa a/2} \\ -ike^{-ika/2} & ike^{ika/2} & \kappa e^{-\kappa a/2} & -\kappa e^{\kappa a/2} \\ -e^{iKl}e^{ika/2} & -e^{iKl}e^{-ika/2} & e^{-\kappa(a/2+b)} & e^{\kappa(a/2+b)} \\ ike^{iKl}e^{ika/2} & -ike^{iKl}e^{-ika/2} & -\kappa e^{-\kappa(a/2+b)} & \kappa e^{\kappa(a/2+b)} \end{pmatrix} \cdot \begin{pmatrix} a_0 \\ b_0 \\ c_0 \\ d_0 \end{pmatrix} = \begin{pmatrix} 0 \\ 0 \\ 0 \\ 0 \end{pmatrix} \tag{5.180}$$

Dieses Gleichungssystem muss man nach den Koeffizienten auflösen, und die Wellenfunktion ist damit vollständig. Allerdings muss man beachten, dass auf der rechten Seite dieses LGS Nullen stehen. Das bedeutet, dass die einfachste Lösung jene ist, wenn $a_0 = b_0 = c_0 = d_0 = 0$. Das ist jedoch etwas zu einfach, denn dann verschwindet auch die Wellenfunktion und das wollen wir ja nicht. Doch es gibt noch eine weitere, nicht so einfache Lösung. Und hier kommt (nicht zum ersten Mal) die Determinante der Koeffizientenmatrix ins Spiel. Damit unser LGS eine Lösung neben der ganz einfachen besitzt, muss die Determinante 0 werden. Bei einer 4×4-Matrix ist das natürlich nicht mehr so einfach auszurechnen, aber das wollen wir für den Moment auch gar nicht. Vielmehr sollten wir uns vor Augen führen, dass wir nicht prüfen, ob die Determinante verschwindet, sondern es fordern. Und fordern kann man ja nur etwas, wenn es auch die Möglichkeit gibt, der Forderung nachzukommen. Wir brauchen einen Parameter, an dem wir so drehen können, dass die Determinante 0 wird. Und einen solchen Parameter haben wir. Schließlich stehen in den Koeffizienten ja noch die beiden Werte k und κ, welche wiederum von der Energie abhängen. Das bedeutet: Durch die Forderung $\det A = 0$ wird das Energiespektrum festgelegt. Auf diese Art sind wir auch beim einfachen Kastenpotential verfahren. Im Unterschied dazu steckt in unserem jetzigen LGS aber noch ein weiterer Parameter, den wir nicht festlegen, sondern frei vorgeben, und zwar K. Unsere Lösungsstrategie sieht also wie folgt aus: Zuerst geben wir einen Wert für K vor, und anschließend finden wir die Energiewerte, für welche die Determinante 0 wird. Das deutet auch schon die graphische Darstellung des Energiespektrums an, wir werden nämlich über dem Wertebereich von K (also im Bereich von $-\pi/l$ bis $+\pi/l$) die möglichen Energiewerte auftragen.

Doch nun zur tatsächlichen Lösung. Die Determinante zu berechnen ist eine Fleißaufgabe, die wir hier überspringen. Statt dessen geben wir wieder das Ergebnis an:

$$\det A = 8\mathrm{i}\, \mathrm{e}^{\mathrm{i}Kl} \left(k\kappa\, (\cos Kl - \cos ka \cosh \kappa b) + \frac{1}{2}(k^2 - \kappa^2)\sin ka \sinh \kappa b \right) \overset{!}{=} 0. \quad (5.181)$$

Eine solche Gleichung kann man nicht mehr analytisch lösen, hier hilft nur noch ein numerisches Verfahren. Wir schauen uns das im Rahmen eines Zahlenbeispiels an.

Beispiel 5.6 *Elektron im periodischen Kastenpotential*

Ein Elektron besitzt die Masse $m_\mathrm{e} = 9{,}11 \cdot 10^{-31}$ kg. Es soll sich in einem periodischen Kastenpotential der Tiefe $V_0 = 5{,}0$ eV und der Breite $L = 1{,}0$ nm aufhalten. Die Breite des klassisch erlaubten Bereichs beträgt $a = 0{,}85$ nm, die Wände haben die Breite $b = 0{,}15$ nm. Wie sieht das Energiespektrum aus?

Lösung: Die zulässigen Energiewerte erhält man, indem man die Lösungen der Gleichung (5.181) berechnet. Wir bringen diese Gleichung zuerst noch auf die folgende Form:

$$\cos ka \cosh \kappa b + \frac{\kappa^2 - k^2}{2k\kappa} \sin ka \sinh \kappa b = \cos Kl. \quad (5.182)$$

Die linke Seite bezeichnen wir abkürzend mit $f(E)$. Auf der rechten Seite steht eine Konstante, welche durch Vorgabe der Quantenzahl K festgelegt wird. Das Wertespektrum der rechten Seite umfasst den Bereich von −1 bis 1. Um eine konkrete Vorstellung zu bekommen, stellen wir die Funktion $f(E)$ sowie die beiden Begrenzungen der rechten Seite, also ±1, graphisch dar.

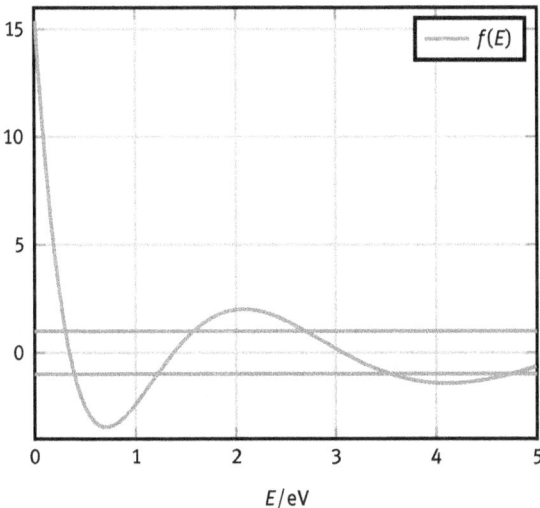

Anhand dieses Bildes kann man verstehen, wie man die Lösungen der Gleichung (5.182) findet. Deren rechte Seite nimmt Werte aus dem Bereich zwischen den beiden grauen Geraden an. Die untere Grenze entspricht $K \cdot l = \pm \pi$, die obere liegt bei $K = 0$. Allen möglichen K-Werten wird nun durch $\cos Kl$ eine Gerade dazwischen zugeordnet und diese mit der Funktion $f(E)$ geschnitten. Dabei existieren für jeden K-Wert in diesem Beispiel mehrere Lösungen. Um diese konkret zu berechnen, braucht man ein numerisches Verfahren, hier kann also nur noch der Computer helfen und für jeden einzelnen K-Wert die Schnittpunkte berechnen. Wie solche Algorithmen aufgebaut sind, ist nicht Teil dieses Buches. Wer selbst etwas programmieren möchte, kann sich beispielsweise das Sekantenverfahren anschauen, welches sehr einfach zu implementieren ist. Wir haben die Lösungen im folgenden Bild zusammengestellt.

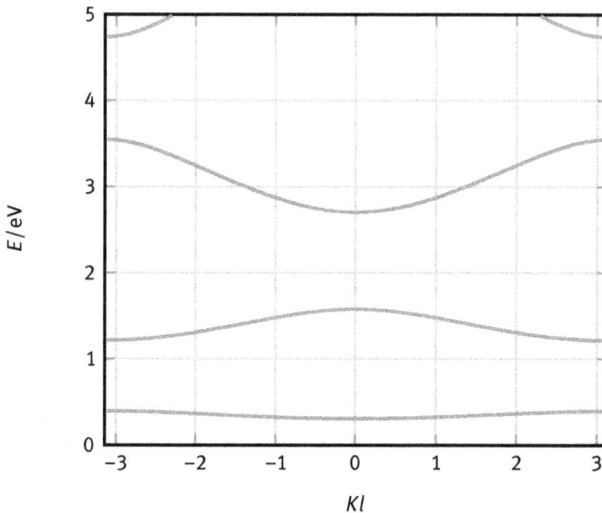

Diese Darstellung zeigt ganze Bereiche möglicher Energiewerte, im Gegensatz zu den einzelnen diskreten Linien beim einfachen Potentialtopf. Allerdings gibt es Lücken zwischen diesen Energiebändern. Im obersten Energieband sind nicht mehr alle K-Werte zulässig.

Dieses Beispiel zeigt das typische Verhalten von Festkörpern und die ebenso typische Beschreibung der Energiewerte. Die Quantenzahl K kam als eine zusätzliche Freiheit ins Spiel, weil das Potential und die Aufenthaltswahrscheinlichkeit periodisch sind. Daher rührt letztlich die Entstehung von Energiebändern.

Die vielfältigen elektronischen und optischen Eigenschaften von Metallen und Halbleitern lassen sich im Rahmen dieses Bändermodells beschreiben. Hier schließt jedoch ein ganz eigenes Themengebiet an, sodass wir es an dieser Stelle bei den Grundlagen belassen müssen.

Aufgaben

Aufgabe 5.3 Energiewerte im Kastenpotential
Man berechne analog zu Beispiel 5.4 die möglichen Energiewerte eines Elektrons in einem Kastenpotential der Breite 0,5 nm und der Tiefe 7 eV.

Lösungen der Übungsaufgaben

Grundlagen

Lösung 1.1: Man überzeugt sich, dass $c \cdot a = (a_2 b_3 - a_3 b_2) a_1 + (a_3 b_1 - a_1 b_3) a_2 + (a_1 b_2 - a_2 b_1) a_3 = 0$. Das Gleiche gilt für das Skalarprodukt $c \cdot b$.

Lösung 1.2: a) $12x^2$. b) $1/x$. c) $2/x$. d) $-2e^{-2x} \sin x + e^{-2x} \cos x$.

Lösung 1.3: a) $1/3$. b) 1. c) $1/3$. d) $\ln 4$. e) $e^x/2 \cdot (\sin x - \cos x)$. f) π.

Lösung 1.4: $z_1 \cdot z_2 = -53 - 51i$. $z_1/z_2 = -17/29 - 59i/29$.

Lösung 1.5: $\dot{f}(t) = 6i\, e^{3i\,t}$, $\ddot{f}(t) = -18e^{3i\,t}$.

Lösung 1.6: a) $x_1 = 2$, $x_2 = 4$, $x_3 = -8$. b) mehrdeutig lösbar. c) unlösbar.

Mechanik

Lösung 2.1: Das Auto fährt 51 m bis zum Stillstand, dies dauert 7,3 s.

Lösung 2.2: a) Die U-Bahn fährt 427,5 m weit. b) Der Bremsvorgang dauert 21,4 s. c) Die Haltestellen liegen 588 m weit voneinander entfernt.

Lösung 2.3: Der Brunnen besitzt eine Tiefe von 26,7 m.

Lösung 2.4: Die Bahngeschwindigkeit beträgt 107600 km/h. An einem Tag legt die Erde eine Strecke von $2,58 \cdot 10^6$ km zurück.

Lösung 2.5: Auf der Erde findet man eine Fallbeschleunigung von 9,76 m/s². In der Umlaufbahn beträgt sie nur noch 0,304 m/s².

Lösung 2.6: Der Zug rollt 737 m weit.

Lösung 2.7: Hängt man die Federn nebeneinander, so addieren sich die Kräfte beider Federn beim Auslenken. Die Gesamtkraft ist damit doppelt so groß wie bei einer einzelnen Feder, also $F_{ges} = 2Ds$, sodass $D_{ges} = 2D$ als neue Federkonstante gesehen werden muss. Bei serieller Anordnung greift nur eine Feder am Auslenkungspunkt an. Jede Feder wird bei einer gesamten Auslenkung von s nur um die Hälfte gedehnt. Die benötigte Kraft beträgt somit $F = 1/2Ds$, sodass die neue Federkonstante nun $D_{ges} = 1/2D$ beträgt.

Lösung 2.8: Ab einem Winkel von 21,8° rutscht der Klotz.

Lösung 2.9: a) In x-Richtung fliegt die Masse 2,66 m weit. b) Sie kommt unter einem Winkel von 83° auf.

Lösung 2.10: Der optimale Abschusswinkel beträgt 45°.

Lösung 2.11: Für den ersten Beschleunigungsvorgang benötigt man 31,3 kJ, für den zweiten sind es 94,0 kJ.

Lösung 2.12: Die Federkonstante beträgt 10^6 N/m.

Lösung 2.13: Die Masse besitzt eine Lageenergie von 3,53 J.

Lösung 2.14: Im Gleichgewicht ist die Feder um 14,7 cm gedehnt.

Lösung 2.15: Die Fluchtgeschwindigkeit beträgt 11,1 km/s.

Lösung 2.16: Die maximal entnehmbare Leistung beträgt 280 kW.

Lösung 2.17: Der Beschleunigungsvorgang dauert 4,6 s.

https://doi.org/10.1515/9783110703931-006

Lösung 2.18: a) Die große Masse bewegt sich nach dem Stoß mit $0,369$ m/s vorwärts. b) Sie wird auf $6,9$ mm angehoben. c) Der Auslenkungswinkel ist $8,1°$.

Lösung 2.19: Der Holzklotz schwingt mit einer Geschwindigkeit von $9,3$ cm/s los.

Lösung 2.20: In 20 s werden 2210 kg Treibstoff ausgestoßen.

Lösung 2.21: Der Schütze muss eine Kraft von 40 N aufbringen.

Lösung 2.22: Leitet man die erste Komponente des Kreuzprodukts nach der Zeit ab, so findet man den Term $\dot{a}_2 b_3 - \dot{a}_3 b_2 + a_2 \dot{b}_3 - a_3 \dot{b}_2$, was der ersten Komponente von $\dot{a} \times b + a \times \dot{b}$ entspricht. Für die anderen Komponenten findet man ähnliche Resultate.

Lösung 2.23: a) Es sind $31,5 \cdot 10^6$ s. b) Der Zusammenhang ist $v = 1,99 \cdot 10^{-7}$ s$^{-1} \cdot r$. c) Der Radius beträgt $150 \cdot 10^6$ km.

Lösung 2.24: a) Es sind $26,7$ m/s. b) Der Werfer muss eine Kraft von 3041 N aufbringen, damit könnte er eine Masse von 310 kg halten. c) Der Abstand beträgt $3,17$ m.

Lösung 2.25: Der Abstand zum Erdmittelpunkt beträgt 42100 km, das sind etwa 36000 km über dem Erdboden.

Lösung 2.26: Der Haftreibungskoeffizient beträgt $f_h = 2,6$.

Lösung 2.27: a) Es ist $v(t) = -2\pi$ cm/s $\sin \omega t$ und $a(t) = -0,4\pi^2$ cm/s^2 $\cos \omega t$. b) Die maximale Geschwindigkeit beträgt $6,28$ cm/s, die maximale Beschleunigung $3,95$ cm/s^2. c) Die maximale Geschwindigkeit wird bei $x = 0$ erreicht, die Beschleunigung ist hier Null. An den Punkten maximaler Auslenkung ist die Geschwindigkeit jeweils Null, die Beschleunigung nimmt ihren maximalen Wert an.

Lösung 2.28: Die Amplitude beträgt $3,89$ cm, die Phase nimmt den Wert $300°$ an.

Lösung 2.29: a) Die Kreisfrequenz beträgt $14,1$ s^{-1}, die Dämpfungskonstante ist $\gamma = 0,754$ s^{-1}. b) Das Verhältnis liegt bei $0,715$.

Lösung 2.30: a) Die Federkonstante ist $D = 44,1$ kN/m, die Dämpfungskonstante ist $\gamma = 33,2$ s^{-1}. b) Die Dämpfungskonstante beträgt $2,66 \cdot 10^3$ kg/s.

Lösung 2.31: a) Bei einer Geschwindigkeit von 72 km/h ist die Auslenkung am größten. b) Die maximale Schwingungsamplitude beträgt $10,2$ cm.

Lösung 2.32: Man notiere die zweite Ableitung als $f''(x) = \lim_{\varepsilon \to 0} \left(f'(x) - f'(x - \varepsilon) \right) \varepsilon^{-1}$ und setze die Definition der ersten Ableitung an den Stellen x und $x - \varepsilon$ ein.

Lösung 2.33: Man leite die beiden Funktionen jeweils zweimal nach t und nach x ab, klammere ψ in der entstehenden Gleichung aus und setze den anderen Faktor Null. Die entstehende Gleichung kann nur erfüllt werden, wenn c, k und ω über die angegebene Relation verknüpft sind.

Lösung 2.34: Gleiche Auslenkung heißt, dass das Argument der Wellenfunktion $(\omega t - k \cdot r)$ gleich einem festen Wert sein muss. Schreibt man dies als Gleichung auf und mutipliziert das Skalarprodukt $k \cdot r$ aus $(k_x x + k_y y + k_z z)$, so erhält man eine Wellengleichung. Der Normalenvektor ist übrigens k.

Thermodynamik

Lösung 3.1: Es sind $2,4 \cdot 10^{25}$ Teilchen, das entspricht $40,4$ mol.

Lösung 3.2: Die Luft wiegt 29 g.

Lösung 3.3: Das neue Volumen beträgt 104 m^3, die Dichte nimmt um 3,5 % ab.

Lösung 3.4: Der Innendurchmesser der Kapillare beträgt 0,30 mm.

Lösung 3.5: Die Höhe nimmt um 0,036 % ab.

Lösung 3.6: Die Temperatur steigt auf 66 °C.

Lösung 3.7: Das Wasser steigt auf eine Höhe von 10,3 m.

Lösung 3.8: Das Gas besteht aus Sauerstoff und Wasserstoff.

Lösung 3.9: a) Ableiten der Geschwindigkeitsverteilung und Suche der Nullstelle liefert das angegebene Ergebnis. b) Für Wasserstoff findet man eine wahrscheinlichste Geschwindigkeit von 1761 m s^{-1} bei einem relativen Anteil von 4,7 · 10^{-4}, für Helium sind es 1245 m s^{-1} (relativer Anteil 6,7 · 10^{-4}, und für Stickstoff 470,7 m s^{-1} (relativer Anteil 1,8 · 10^{-3}).

Lösung 3.10: Die Temperatur beträgt 152 °C.

Lösung 3.11: a) Die Teilchen legen in der Summe 4,26 · 10^{19} m zurück. b) Das Licht benötigt dafür 4506 Jahre.

Lösung 3.12: Der Boltzmann-Faktor liegt etwa bei 0,2. Ab 187 °C schwingt die Verbindung.

Lösung 3.13: a) Das kritische Volumen von einem Mol beträgt 1,3 · 10^{-4} m^3. b) Die Dichte beträgt rechnerisch 338 kg m^{-3}. c) Der Durchmesser liegt bei 3,2 · 10^{-10} m.

Lösung 3.14: a) Das Gas nimmt das Volumen 0, 0465 m^3 ein. b) Das Gas verrichtet die Arbeit von 156 J.

Lösung 3.15: Es wird eine Arbeit von 37,5 kJ verrichtet.

Lösung 3.16: a) Die Massenzunahme beträgt 7,98 kg. b) Es wird eine Arbeit von 3,03 MJ verrichtet. c): Die Arbeit muss in Form von Wärme abgeführt werden.

Lösung 3.17: Es dauert 112 s.

Lösung 3.18: Es müssen 1,77 kJ Wärme abgeführt werden.

Lösung 3.19: Der Nagel erwärmt sich um 27 K.

Lösung 3.20: Der Milchkaffee besitzt eine Temperatur von 79 K.

Lösung 3.21: Der Eistee hat eine Temperatur von 13,4 °C.

Lösung 3.22: Der Motor erzeugt eine Wärmeleistung von 8,8 W.

Lösung 3.23: Die Bremse erhitzt sich um 117 K.

Lösung 3.24: a) Der Druck beträgt 1,5 · 10^6 Pa. Es wird eine Wärmemenge von 1,22 · 10^6 J abgeführt. b) Es werden 1,5 · 10^6 J Arbeit verrichtet.

Lösung 3.25: Es sind 7 Freiheitsgrade.

Lösung 3.26: Bei isothermer Kompression beträgt der Arbeitsaufwand 5, 23 kJ, bei adiabatischer Kompression 5,28 kJ.

Lösung 3.27: Stündlich müssen 3,00 MJ Wärme abgeführt werden.

Lösung 3.28: Die Temperatur muss um 91 K erhöht werden.

Lösung 3.29: Die Entropie nimmt um 1,97 J K^{-1} zu.

Lösung 3.30: Die Entropie nimmt um 4,64 J K^{-1} zu.

Lösung 3.31: a) Der Wirkungsgrad beträgt 5,36. b) Man benötigt eine Arbeit von 671 MJ. c) Man spart durch die Wärmepumpe 203 €.

Lösung 3.32: Das Gas kühlt sich ab.

Lösung 3.33: a) Der Wärmeverlust beträgt $33,7$ kJ s^{-1}. b) Die Kosten liegen bei 6059 €.

Lösung 3.34: Pro Quadratmeter werden $4,7$ W Wärmeleistung nach außen transportiert.

Lösung 3.35: a) Es ist $a = 6$ mm und $b = 2$. b) Der Temperaturverlauf wird beschrieben durch $T(x) = T(0) - \left((b + x/L)^3 - b^3 \right) \dot{Q}L/3\pi a^2 \lambda$. c) Pro Sekunde werden $2,39$ J Wärme übertragen.

Lösung 3.36: Die Straße heizt sich auf 60 °C auf.

Lösung 3.37: Die Temperatur beträgt $2,73$ K.

Elektrizitätslehre

Lösung 4.1: a) $F = 2,31 \cdot 10^{-8}$ N. b) $E(r) = \frac{1,44 \cdot 10^{-9}}{r^2}$ $\frac{\text{N}}{\text{C}}$. c) $F_{\text{grav}} = \frac{1,01 \cdot 10^{-67}}{r^2}$ N. d) $\frac{F}{F_{\text{grav}}} = 2,27 \cdot 10^{39}$. e) $m_{\text{Proton}} = 3,8 \cdot 10^{12}$ kg.

Lösung 4.2: Abstand zu q_1: $0,83$ m; Abstand zu q_2: $1,17$ m.

Lösung 4.3: Es muss $r_0 = 1,21$ m sein.

Lösung 4.4: Es ist $\frac{r_1}{r_2} = \frac{1}{\sqrt{n}}$.

Lösung 4.5: Der Abstand beträgt $0,67$ m.

Lösung 4.6: Die minimale Feldstärke ist $0,44$ m von der einfachen Ladung entfernt. Der Kraftvektor kann in beide Richtungen zeigen, je nachdem von welchem Teilchen man aus schaut.

Lösung 4.7: Es ist $R = 2,6$ Ω.

Lösung 4.8: Es sind $R_3 = 120$ Ω und die gelben Widerstände $R = 280$ Ω.

Lösung 4.9: Es sind $R = 400$ Ω und $R_{\text{Ersatz}} = 240$ Ω.

Lösung 4.10: Es sind $I_1 = 3,18$ A, $I_2 = 3,63$ A und $I_3 = 0,45$ A die Ströme. Damit haben wir die Spannungen $U_1 = 6,36$ V, $U_2 = 3,64$ V, $U_3 = 0,45$ V und $U_4 = 0,91$ V.

Lösung 4.11: a) $d = 0,05$ m. b) $C = 1,77 \cdot 10^{-12}$ C

Lösung 4.12: Winkel $\varphi = 9,17$.

Lösung 4.13: Es ist $C_{\text{Ersatz}} = \frac{11}{6} C$.

Lösung 4.14: Es ist $C_{\text{Ersatz}} = \frac{6}{13} C$.

Lösung 4.15: a) $y(x) = A \cdot e^{-\frac{1}{3}x^3}$. b) $y(x) = \frac{1}{2}x^2 \cdot e^{-\frac{1}{3}x^3} + A \cdot e^{-\frac{1}{3}x^3}$. c) $y(x) = \frac{C}{x} + \frac{\ln x}{x}$.

Lösung 4.16: Es sind $U_0 = \frac{U_C}{1 - e^{-\frac{1}{RC} \cdot t}}$, $t = -RC \cdot \ln\left(1 - \frac{U_C}{U_0}\right)$, $R = -\frac{t}{C \cdot \ln\left(1 - \frac{U_C}{U_0}\right)}$ und $C = -\frac{t}{R \cdot \ln\left(1 - \frac{U_C}{U_0}\right)}$ die Umformungen.

Lösung 4.17: $\frac{U_0}{2}$ in die Gleichung einsetzen und auflösen. Die Einheit Sekunde ergibt sich durch eine Dimensionsbetrachtung.

Lösung 4.18: Für das Elektron: $v_e = 1,32 \cdot 10^7$ $\frac{\text{m}}{\text{s}}$; für das Proton: $v_p = 3,1 \cdot 10^6$ $\frac{\text{m}}{\text{s}}$. Für beide Fälle ist die kinetische Energie $8,01 \cdot 10^{-17}$ J. Beide werden durch dieselbe Spannung beschleunigt und haben betragsmäßig gleiche Ladungen.

Lösung 4.19: $y(x) = \frac{1}{4} \cdot \frac{U_{\text{Kon}}}{d \cdot U} \cdot x^2$.

Lösung 4.20: Der Schirm muss ca. $58,4$ cm breit sein.

Lösung 4.21: $y_{\text{Schirm}} = \frac{1}{2} \cdot \frac{U_C}{d} \cdot \frac{1}{U} \cdot l_1 \cdot \left(l_2 + \frac{l_1}{2}\right)$.

Lösung 4.22: Es muss $U_C = 90$ V sein.

Lösung 4.23: Die Eindringtiefe beträgt 1,5 cm.

Lösung 4.24: ca. eine Sekunde.

Lösung 4.25: etwa 2,83 mm.

Lösung 4.26: $r = \frac{1}{B}\sqrt{\frac{2Um}{q}}$.

Lösung 4.27: Es sind $R_H = 5,6 \cdot 10^{-11}$ und $v = 3,3 \cdot 10^{-5}\ \frac{m}{s}$.

Lösung 4.28: Es ist $U_{\text{ind}} = 4$ mV und das Ganze dauert etwa 5 Sekunden.

Lösung 4.29: Die induzierte Spannung hängt von der Zeit ab. Es gilt $U_{\text{ind}} = B \cdot b \cdot a \cdot t$, solange die Schleife im Feld ist. Der Vorgang dauert etwa 6,3 Sekunden.

Lösung 4.30: Es dauert einfach $2 \cdot T_H$.

Lösung 4.31: Alle Spulen haben die Induktivität $L = 0,26$ H.

Lösung 4.32: Der Detektor hat die Länge $l = \frac{8mE}{qB^2}$.

Lösung 4.33: a) 4,4 V. b) 0,002 A.

Quantenmechanik

Lösung 5.1: Beginn und Ende der Lyman-Serie: 121,5 nm und 91,1 nm. Paschen-Serie: 1875 nm bis 820 nm. Bracket-Serie: 4050 nm bis 1458 nm.

Lösung 5.2: Die Mittelwert von s_x beträgt $\bar{s}_x = \hbar \sin \alpha \cos \alpha$, der von s_y beträgt $\bar{s}_y = 0$.

Lösung 5.3: Es gibt drei mögliche Energiewerte: $E_1 = 0,881$ eV, $E_2 = 3,397$ eV, $E_3 = 6,733$ eV.

Stichwortverzeichnis

https://doi.org/10.1515/9783110703931-007

www.ingramcontent.com/pod-product-compliance
Lightning Source LLC
Chambersburg PA
CBHW080702220326
41598CB00033B/5283